Prüfungstrainer Analysis

Rolf Busam · Thomas Epp

Prüfungstrainer Analysis

Mehr als 1000 Fragen und Antworten für
Bachelor Mathematik und Physik, auch
bestens geeignet für Lehramtsstudierende

3. Auflage

Unter Mitarbeit von Pascal Klaiber

 Springer Spektrum

Rolf Busam
Mathematisches Institut
Universität Heidelberg
Heidelberg, Deutschland

Thomas Epp
Berlin, Deutschland

ISBN 978-3-662-55019-9
https://doi.org/10.1007/978-3-662-55020-5

ISBN 978-3-662-55020-5 (eBook)

Die Deutsche Nationalbibliothek verzeichnet diese Publikation in der Deutschen Nationalbibliografie; detaillierte bibliografische Daten sind im Internet über http://dnb.d-nb.de abrufbar.

Springer Spektrum
© Springer-Verlag GmbH Deutschland 2008, 2015, 2018

Verantwortlich im Verlag: Andreas Rüdinger

Gedruckt auf säurefreiem und chlorfrei gebleichtem Papier

Springer Spektrum ist Teil von Springer Nature
Die eingetragene Gesellschaft ist Springer-Verlag GmbH Deutschland
Die Anschrift der Gesellschaft ist: Heidelberger Platz 3, 14197 Berlin, Germany

Vorwort zur dritten Auflage

In dieser dritten Auflage des Prüfungstrainers Analysis haben wir einige Druckfehler und sachliche Fehler korrigiert, sowie inhaltlich Texte an einigen Stellen überarbeitet und ergänzt. Ferner kommen neue Aufgaben u. a. zu den komplexen Zahlen $\mathbb{C}$, Konvergenz (insbesondere die Richtigstellung der normalen Konvergenz, die in der Literatur vorwiegend in Form von global normaler Konvergenz auftaucht) und Reihen hinzu.

An dieser Stelle sei gesagt, dass bei den Lösungen zu den neuen Aufgaben auch einige Ideen des damaligen Vorlesungsassistenten Dr. Michael Schraudner mit eingeflossen sind.

Ganz besonders möchten wir auf die Preisaufgabe (Frage 206) zur Konvergenz der modifizierten harmonischen Reihe hinweisen, deren Lösung mit einem Buchpreis vom Springer-Verlag ausgeschrieben wird (Einsendungen an andreas.ruedinger@springer.com; zu beweisen ist die obere Grenze von 22,9206 bzw. eine bessere obere Grenze. In jedem Jahr bis drei Jahre nach Erscheinen des Werks gewinnt der Einsender mit der besten oberen Grenze. Der Rechtsweg ist ausgeschlossen.).

Modifiziert heißt in diesem Fall, dass wir über alle natürlichen Zahlen $n \in \mathbb{N}$ summieren, in denen nicht die Ziffer 9 vorkommt. Das heißt, wir betrachten für $a_n := \frac{1}{n}$ die Reihe $\sum_{n=1}^{\infty} a_n = \sum' \frac{1}{n}$ und setzen alle $a_n := 0$, in denen n die Ziffer 9 enthält.

Neu ist weiterhin ein Exkurs zu den p-adischen Zahlen. Dieser hat informativen Charakter und soll das Interesse an einem Teilgebiet der Zahlentheorie und Algebra wecken, das aufs Engste mit der Theorie der Primzahlen verknüpft ist, jedoch auch Methoden der Analysis benutzt.

Wie im Vorwort zur ersten Auflage ausgeführt, orientiert sich die Stoffauswahl an einer dreisemestrigen, einführenden Vorlesung zur Analysis. Dabei war der bewährte Analysiszyklus von Otto Forster (vgl. [8]) eine wichtige Orientierungshilfe, ebenso die Vorlesung meiner Heidelberger Kollegen Prof. Dr. Eberhard Freitag und Prof. Dr. Rainer Weissauer. Ab der sechsten Auflage des dritten Bandes (2011) hat Otto Forster die Integrationstheorie in mehreren Variablen auf eine maßtheoretische Grundlage (Mengenalgebren) gestellt, während von der ersten bis zur fünften Auflage das Lebesgue-Integral mithilfe des Daniell-Lebesgue- Prozesses eingeführt wurde. Die von uns dargestellte Einführung des Lebesgue-Integrals entspricht der Einführung von Forster in den ersten fünf Auflagen. Dass beide Methoden letztlich auf denselben Integralbegriff führen, ergibt sich aus der

Tatsache, dass das Lebesgue-Integral als Haar'sches Maß bis auf einen konstanten Faktor eindeutig bestimmt ist.

Vielfältig wird die Umstellung der Diplom- und Staatsexamensstudiengänge auf gestufte Studiengänge als Erfolg gewertet, jedoch sind bei der Stoffauswahl etliche „Perlen" der Analysis auf der Strecke geblieben. Die oben genannte Vorlesung zur Physik aber hat z. B. gezeigt, wie wichtig etwa auch Themen wie der Differenzialformenkalkül, die Integration über Untermannigfaltigkeiten oder die Integralsätze für die Anwendungen sind.

An dieser Neuauflage konnte sich Herr Thomas Epp leider aufgrund beruflicher Umstände nicht mehr beteiligen. Seine Nachfolge tritt nun Herr Pascal Klaiber, ein ehemaliger Student des erstgenannten Autors, an. Unser besonderer Dank gilt Herrn Dr. Andreas Rüdinger und Frau Bianca Alton für ihre fachkundige, aufmerksame und geduldige inhaltliche sowie organisatorische Unterstützung.

Heidelberg, im November 2017   Rolf Busam
                                                                   Pascal Klaiber

Vorwort zur zweiten Auflage

In dieser zweiten Auflage des Prüfungstrainers Analysis haben wir zahlreiche Druckfehler korrigiert, auf die wir dankenswerterweise von Studierenden hingewiesen wurden. In haltlich wurde der Text an einigen Stellen überarbeitet und ergänzt in der Absicht, den Gebrauch des Textes zu erleichtern. Neu aufgenommen wurden Fragen zur Einführung der komplexen Zahlen: einmal über das Standardmodell $\mathbb{C} = \mathbb{R}^2$, über spezielle reelle 2×2-Matrizen und über den Restklassenring $\mathbb{R}[X]/(X^2 + 1)$. Völlig überarbeitet wurde der Abschnitt über das Newton-Verfahren. Insgesamt sind 24 neue Fragen dazugekommen.

Das Literaturverzeichnis wurde ergänzt und aktualisiert. Eingeflossen sind auch die Erfahrungen des erstgenannten Autors aus einer jüngst gehaltenen Vorlesung „Höhere Mathematik für Physiker". Zwischen Analysis und Linearer Algebra gibt es mannigfache Querverbindungen, die auch in diesem Prüfungstrainer zum Ausdruck kommen (z. B. in der Formulierung des Hauptsatzes der Differenzial- und Integralrechnung in der Sprache der Linearen Algebra). Dieses Wechselspiel aufzuzeigen, war ein besonderes Anliegen in „Grundwissen Mathematikstudium" (Arens, Busam et al., vgl. die Angabe im Literaturverzeichnis [3]).

Wie im Vorwort zur ersten Auflage ausgeführt, orientiert sich die Stoffauswahl an einer dreisemestrigen, einführenden Vorlesung zur Analysis. Dabei war der bewährte Analysiszyklus von Otto Forster (vgl. [8]) eine wichtige Orientierungshilfe. Ab der sechsten Auflage des dritten Bandes (2011) hat Otto Forster die Integrationstheorie in mehreren Variablen auf eine maßtheoretische Grundlage (Mengenalgebren) gestellt, während von der ersten bis zur fünften Auflage das Lebesgue-Integral mithilfe des Daniell-Lebesgue-Prozesses eingeführt wurde. Die von uns dargestellte Einführung des Lebesgue-Integrals entspricht der Einführung von Forster in den ersten fünf Auflagen. Dass beide Methoden letztlich auf denselben Integralbegriff führen, ergibt sich aus der Tatsache, dass das Lebesgue-Integral als Haar'sches Maß bis auf einen konstanten Faktor eindeutig bestimmt ist.

Vielfältig wird die Umstellung der Diplom- und Staatsexamensstudiengänge auf gestufte Studiengänge als Erfolg gewertet, jedoch sind bei der Stoffauswahl etliche „Perlen" der Analysis auf der Strecke geblieben. Die oben genannte Vorlesung zur Physik aber hat

z. B. gezeigt, wie wichtig etwa auch Themen wie der Differenzialformenkalkül, die Integration über Untermannigfaltigkeiten oder die Integralsätze für die Anwendungen sind.

Unser besonderer Dank gilt unseren beiden Lektoren, Herrn Dr. Andreas Rüdinger und Frau Bianca Alton für ihre fachkundige, aufmerksame und geduldige inhaltliche sowie organisatorische Unterstützung.

Berlin, Heidelberg im Mai 2014   Rolf Busam
                                                                     Thomas Epp

Vorwort zur ersten Auflage

Ausgelöst durch den BOLOGNA-Prozess vollzieht sich zur Zeit an den deutschen Universitäten bezüglich Aufbau und Inhalt des Studiums ein radikaler Umbruch. Die Umstellung der klassischen Diplomstudiengänge auf die gestuften Studiengänge Bachelor (6 Semester) bzw. Master (4 Semester) hat vielerorts schon stattgefunden oder steht kurz vor der Realisierung. Wer sich jedoch zur Zeit im klassischen Diplomstudiengang Mathematik befindet, kann diesen noch abschließen, mancherorts (z. B. in Heidelberg) ist auch noch ein Einstieg in den Diplomstudiengang zum Wintersemester 2007/2008 möglich.

Was die Studieninhalte betrifft, so ist die Änderung nicht so radikal wie die Änderung der Organisationsform mit dem Erwerb von Leistungspunkten oder „Softskills". In zahlreichen Modulhandbüchern findet sich der bisherige Analysiszyklus „Analysis 1 bis 3" unter „Analysis 1", „Analysis 2" und etwa „Höhere Analysis" wieder. Sieht man sich jedoch die Inhaltsbeschreibungen dieser Vorlesungen an, so kann man feststellen, dass der bisherige dreisemestrige Grundkurs über Analysis abgespeckt wurde und etwas anspruchsvollere Themen und „Leckerbissen" der Analysis aus den Inhalten verschwunden sind.

An wen richtet sich dieser *Prüfungstrainer Analysis*? Dieser Prüfungstrainer richtet sich an Studierende mit Mathematik als Haupt- oder Nebenfach, speziell an Studierende der Mathematik (mit den Studienzielen Diplom, Bachelor, Lehramt), aber auch an Studierende der Naturwissenschaften (speziell der Physik), der Informatik oder auch der Wirtschaftswissenschaften, die nach ihrem Studienplan Grundvorlesungen in Analysis besuchen und entsprechende Prüfungen (mündlich oder schriftlich) ablegen müssen. Der Prüfungstrainer kann und will kein Lehrbuch ersetzen, und schon gar nicht den Besuch der entsprechenden Vorlesung. Wir gehen von der Voraussetzung aus, dass die Leserinnen und Leser die entsprechenden Vorlesungen gehört haben und/oder sich den Stoff anhand eines Lehrbuchs oder Scriptums erarbeitet haben, sich jedoch in konzentrierter Form auf mögliche Klausur- oder Prüfungsfragen vorbereiten wollen. Zentrale Begriffe der Analysis werden dafür in einem konzisen Frage- und Antwortspiel wiederholt. Der Prüfungstrainer ist keine Aufgabensammlung (davon gibt es zahlreiche), sondern er zielt mit seinen Fragen und Antworten hauptsächlich auf das Verständnis mathematischer Begriffe und Konzepte. Der Nutzen des Prüfungstrainers soll darin liegen, dass die Leserinnen und Leser ihr

Wissen in Analysis stichpunktartig überprüfen und trainieren können. Auch Studierende höherer Semester können schon einmal Gelerntes gezielt nachschlagen.

Fundierte Kenntnisse in den Grundlagen der Analysis sind nach unserer Meinung für jede weitere Beschäftigung mit Mathematik von grundsätzlicher Bedeutung, weshalb bei der Stoffauswahl auch Anwendungsbezüge und Zusammenhänge mit anderen mathematischen Gebieten berücksichtigt wurden. Informationselemente zum Stoff finden sich an den Kapitelanfängen und teilweise am Beginn der Unterabschnitte. Natürlich musste an einigen Stellen eine Auswahl getroffen werden, wir hoffen aber trotzdem, mit den $7 \times 11 \times 13 - 1$ Fragen ein breites Spektrum abgedeckt zu haben. Wir weisen die Leserinnen und Leser ausdrücklich darauf hin, Prüfungsfragen, die sie im Prüfungstrainer vermisst haben, an den Verlag zu senden.

Basis für diesen Prüfungstrainer waren Test- und Wiederholungsfragen des erstgenannten Autors zu einem mehrfach an der Ruprecht-Karls-Universität Heidelberg gehaltenen dreisemestrigen Analysiszyklus. Erfahrungen aus einem gerade abgeschlossenen Zyklus sind in die Fragen und Antworten eingeflossen.

Einige Tipps zur Prüfungs- und Klausurvorbereitung:

- Nehmen Sie frühzeitig vor der Prüfung mit ihrem Prüfer persönlichen Kontakt auf, fragen Sie Ihren Prüfer, auf welche Sachverhalte er einen besonderen Schwerpunkt legt.
- In einem Prüfungsgespräch wird von Ihnen erwartet, zeigen zu können, dass Sie den behandelten Stoff verstanden haben. Ein erfahrener Prüfer kann dies sehr schnell feststellen. Ein Prüfer erwartet,
  - dass Sie die grundlegenden Definitionen beherrschen (z. B. die Definition für den Konvergenzradius einer Potenzreihe),
  - dass Sie die Aussagen der wichtigen Sätze parat haben (welche Sätze das sind, hat der Prüfer bestimmt mehrmals in der Vorlesung betont),
  - dass Sie die Sätze in konkreten Fällen anwenden können (etwa den Banach'schen Fixpunktsatz zum Beweis des lokalen Umkehrsatzes),
  - dass Sie bei den fundamentalen Sätzen die Hauptargumente des Beweises kennen – neben den $7 \times 11 \times 13 - 1$ von uns gestellten Fragen gibt es unzählige andere, ein Prüfer wird in der Regel aber nicht versuchen, eine Frage zu finden, die Sie nicht beantworten können.
- Versuchen Sie, sich einen Überblick über die Vorlesung zu verschaffen. Dabei kann ein „Roter Faden" für die Vorlesung, den der Dozent hoffentlich häufig erwähnt und dem er hoffentlich auch gefolgt ist, sehr nützlich sein.
- Simulieren Sie mit Kommilitonen die Prüfungssituation, indem Sie sich gegenseitig Fragen aus dem Prüfungstrainer stellen und die Antworten mit den „Musterantworten" vergleichen.
- Wenn Sie den Prüfungstermin schon über eine längere Zeit ausgemacht haben, bringen Sie sich beim Prüfer kurz vor der Prüfung nochmals in Erinnerung.

- Haben Sie Mut zur Lücke, bekennen Sie sich freimütig zu eventuellen Wissenslücken und versuchen Sie nicht durch Herumdrucksen Zeit zu gewinnen. Eine Prüfungszeit von 30 bis 40 Minuten geht ohnehin wie im Flug vorbei.

In Klausuren werden neben Rechenfertigkeiten und Rechentechniken auch grundlegende Begriffe und Sätze abgefragt. Für die Klausurvorbereitung gelten also im Prinzip die gleichen Tipps.

Wir danken dem Verlagsteam von Spektrum Akademischer Verlag für die konstruktive Zusammenarbeit, insbesondere Herrn Dr. Andreas Rüdinger für die Idee zu diesem Prüfungstrainer und seine kompetente Beratung und Unterstützung während der Entstehungsphase.

Heidelberg/Berlin, im Juli 2007   Rolf Busam
                                                                                          Thomas Epp

Inhaltsverzeichnis

Die Systeme der reellen und komplexen Zahlen   1

Die zentralen Begriffe der Analysis wie *Konvergenz, Stetigkeit, Integrierbarkeit, Differenzierbarkeit* etc. basieren alle auf einem exakt definierten *Zahlbegriff*, dessen endgültige, befriedigende Präzisierung nach einer fast viertausendjährigen Entwicklung erst gegen Ende des 19. Jahrhunderts gelang.

Bei den folgenden Fragen gehen wir von einer *axiomatischen Beschreibung* der Menge der reellen Zahlen aus, d. h. wir betrachten die reellen Zahlen als gegeben durch

(i)   die Körperaxiome
(ii) die Anordnungsaxiome
(iii) ein Vollständigkeitsaxiom.

Als Vollständigkeitsaxiom wählen wir das *Supremumsaxiom*. Durch diese drei Serien von Axiomen sind die reellen Zahlen bis auf Isomorphie eindeutig bestimmt (vgl. etwa [6]). Einen derartigen axiomatischen Zugang findet man in vielen Lehrbüchern der Analysis wieder (z. B. [4], [8] oder [28]).

Daneben gibt es die Möglichkeit, die reellen Zahlen ausgehend von den natürlichen Zahlen, wie sie in den *Peano-Axiomen* fixiert sind, über die ganzen und rationalen Zahlen zu konstruieren. Dieser Weg ist etwas mühselig und zeitaufwendig, insbesondere die Konstruktion der reellen Zahlen aus den rationalen Zahlen erfordert Schlussweisen und Techniken, die für Studierende am Anfang ihres Studiums nur schwer verdaulich sind. Eine klassische Darstellung für diesen Weg findet man in dem Klassiker von E. Landau (vgl. [30]), eine moderne etwa bei J. Kramer und A.-M. Pippich (vgl. [29]).

Bei der axiomatischen Beschreibung der reellen Zahlen findet man die natürlichen, die ganzen und die rationalen Zahlen als spezielle Teilmengen der reellen Zahlen wieder. Hat man die reellen Zahlen zur Verfügung, dann ist das Standardmodell für die *komplexen Zahlen* relativ einfach zu konstruieren. Auch wenn die komplexen Zahlen für den Aufbau der reellen Analysis im Prinzip entbehrlich sind, erweisen sie sich doch als ausgesprochen nützliche Hilfsmittel, etwa bei Behandlung der *Schwingungsdifferenzialgleichung*, und in

© Springer-Verlag GmbH Deutschland 2018
R. Busam, T. Epp, *Prüfungstrainer Analysis*, https://doi.org/10.1007/978-3-662-55020-5_1

diesem Zusammenhang der Einführung der trigonometrischen Funktionen, ferner bei der *Partialbruchzerlegung* und *Integration der rationalen Funktionen* oder der Behandlung von *Fourier-Reihen*. Ferner sei auch an den *Fundamentalsatz der Algebra* erinnert, der besagt, dass jedes nicht konstante reelle oder komplexe Polynom vom Grad n (≥ 1) auch n (im Allgemeinen komplexe) Nullstellen hat.

1.1   Axiomatische Einführung der reellen Zahlen

Frage 1

Was bedeutet die Aussage „Die Menge der reellen Zahlen bildet einen **Körper**"?

▶ **Antwort** Die Eigenschaft der reellen Zahlen, einen Körper zu bilden, bedeutet, dass sich innerhalb von $\mathbb{R}$ (fast) ohne Einschränkung addieren, subtrahieren, multiplizieren und dividieren lässt. Als Ergebnis dieser Operationen erhält man jedes Mal wieder eine reelle Zahl. (Die einzige Ausnahme hiervon ist die Division durch Null.)

Genauer heißt das, dass die reellen Zahlen die folgende allgemeine Definition eines Körpers erfüllen.

Es sei $\mathbb{K}$ eine Menge mit zwei inneren Verknüpfungen, d. h. Abbildungen

$$+ : \mathbb{K} \times \mathbb{K} \to \mathbb{K}, \qquad (a, b) \mapsto a + b \qquad \text{(Addition)},$$
$$\cdot : \mathbb{K} \times \mathbb{K} \to \mathbb{K}, \qquad (a, b) \mapsto a \cdot b \qquad \text{(Multiplikation)}.$$

Dann heißt $\mathbb{K}$ (genauer: das Tripel $(\mathbb{K}, +, \cdot)$ ein Körper, wenn folgende Axiome erfüllt sind.

(K1)	Für alle $a, b \in \mathbb{K}$ gilt $a + b = b + a$	Kommutativgesetz bezüglich „+"
(K2)	Für alle $a, b, c \in \mathbb{K}$ gilt $(a + b) + c = a + (b + c)$	Assoziativgesetz bezüglich „+"
(K3)	Es gibt eine Zahl $0 \in \mathbb{K}$, sodass $a + 0 = a$ für alle $a \in \mathbb{K}$ gilt.	Existenz eines neutralen Elements bezüglich „+"
(K4)	Zu jedem $a \in \mathbb{K}$ gibt es eine Zahl $(-a) \in \mathbb{K}$ mit $a + (-a) = 0$	Existenz eines inversen Elements bezüglich „+"
(K5)	Für alle $a, b \in K$ gilt $a \cdot b = b \cdot a$	Kommutativgesetz bezüglich „·"
(K6)	Für alle $a, b, c \in K$ gilt $(a \cdot b) \cdot c = a \cdot (b \cdot c)$	Assoziativgesetz bezüglich „·"
(K7)	Es gibt eine Zahl $1 \in \mathbb{K}$ ($1 \neq 0$), sodass $a \cdot 1 = a$ für alle $a \in \mathbb{K}$ gilt.	Existenz eines neutralen Elements bezüglich „·"
(K8)	Zu jedem $a \in \mathbb{K} \setminus \{0\}$ gibt es eine Zahl $a^{-1} \in \mathbb{K}$ mit $a \cdot a^{-1} = 1$	Existenz eines inversen Elements bezüglich „·"
(K9)	Für alle $a, b, c \in \mathbb{K}$ gilt $a \cdot (b + c) = (a \cdot b) + (a \cdot c)$	Distributivgesetz

Die neutralen Elemente 0 und 1 sind dabei eindeutig bestimmt, ebenso wie die inversen Elemente $-a$ und a^{-1} (für $a \neq 0$).

Wir benutzen außerdem die „Vorfahrtsregel" („Punktrechnung geht vor Strichrechnung") sowie die Abkürzung ab für $a \cdot b$. Damit schreibt sich das Distributivgesetz einfach in der Form $a(b + c) = ab + ac$. ♦

Frage 2

Wie lässt sich der Körperbegriff in der Sprache der Gruppentheorie ausdrücken?

▶ **Antwort** Ein Körper $\mathbb{K}$ ist bezüglich der Verknüpfung „Addition" eine additive Abel'sche Gruppe mit dem neutralen Element 0, die von 0 verschiedenen Elemente aus $\mathbb{K}$ bilden eine Abel'sche Gruppe bezüglich der Multiplikation mit neutralem Element $1 \neq 0$, und Addition und Multiplikation sind über das Distributivgesetz miteinander verbunden. ♦

Frage 3

Kennen Sie außer dem Körper der reellen Zahlen noch andere Körper?

▶ **Antwort** Weitere Körper sind beispielsweise die rationalen Zahlen $\mathbb{Q}$ und die komplexen Zahlen $\mathbb{C}$. Beispiele für Körper mit endlich vielen Elementen sind für jede Primzahl p die Restklassenkörper $\mathbb{Z}/p\mathbb{Z}$. Zwischen $\mathbb{Q}$ und $\mathbb{R}$ bzw. $\mathbb{C}$ liegen unendlich viele *Zwischenkörper*, z. B. die Körper $\mathbb{Q}(\sqrt{2}) := \{a + b\sqrt{2}; \; a, b \in \mathbb{Q}\}$ oder $\mathbb{Q}(i) := \{a + bi; \; a, b \in \mathbb{Q}\}$.

Die natürlichen oder ganzen Zahlen sind dagegen keine Körper, weil sie beide (K8) nicht erfüllen (die natürlichen Zahlen erfüllen zudem auch (K4) nicht).

Die Elemente eines Körpers müssen nicht unbedingt Zahlen sein. So ist etwa die Menge der (gebrochen) rationalen Funktionen ebenfalls ein Körper. Die Elemente dieser Menge sind alle Funktionen des Typs $p(x)/q(x)$, wobei p und q Polynome in einem Grundkörper $\mathbb{K}$ sind und q nicht konstant null ist. ♦

Frage 4

Warum gelten in einem beliebigen Körper $\mathbb{K}$ die folgenden Rechenregeln? Dabei seien a, b beliebige Elemente aus $\mathbb{K}$.

(i) $\quad 0 \cdot a = 0,$ (ii) $\quad (-1)(-1) = 1,$ (iii) $\quad ab = 0 \iff (a = 0 \text{ oder } b = 0)$?

▶ **Antwort** (i) Mit den Bezeichnungen für die Körperaxiome aus Frage 1 gilt

$$0 \cdot a = (0 + 0) \cdot a \overset{K9}{=} 0 \cdot a + 0 \cdot a \overset{K4}{\Longrightarrow} 0 \cdot a - 0 \cdot a = 0 \cdot a \overset{K4}{\Longrightarrow} 0 = 0 \cdot a.$$

Hieraus folgt auch der fundamentale Zusammenhang $(-1)a = -a$.

(ii) Zunächst gilt mit (i)

$$0 \overset{(i)}{=} -1 \cdot 0 \overset{K4}{=} -1(1-1) \overset{K9}{=} -1 \cdot 1 + (-1) \cdot (-1) \overset{K7}{=} -1 + (-1)(-1).$$

Die Addition von 1 auf beiden Seiten der Gleichung liefert dann

$$0 + 1 = -1 + (-1)(-1) + 1 \overset{K1, K4}{\Longrightarrow} 0 + 1 = 0 + (-1)(-1) \overset{K3}{\Longrightarrow} 1 = (-1)(-1).$$

(iii) Die Richtung „$\Longleftarrow$" folgt aus (i). Für den Beweis der anderen Richtung nehmen wir oBdA $a \neq 0$ an. Dann gibt es ein Element $a^{-1} \in K$ mit $a^{-1}a = 1$. Zusammen mit (ii) folgt dann

$$ab = 0 \Longrightarrow a^{-1}ab = a^{-1} \cdot 0 \Longrightarrow 1 \cdot b = 0 \Longrightarrow b = 0. \qquad \blacklozenge$$

Frage 5

Gilt die Eigenschaft (iii) („Nullteilerfreiheit") aus Frage 4 auch für reelle 2×2-Matrizen?

▶ **Antwort** Die Eigenschaft ist nicht erfüllt. Als Gegenbeispiel betrachte man etwa

$$\begin{pmatrix} 0 & 0 \\ 0 & 1 \end{pmatrix} \cdot \begin{pmatrix} 0 & 1 \\ 0 & 0 \end{pmatrix} = \begin{pmatrix} 0 & 0 \\ 0 & 0 \end{pmatrix},$$

wobei folgende Definition der Matrizenmultiplikation verwendet wurde:

$$\begin{pmatrix} a_{11} & a_{12} \\ a_{21} & a_{22} \end{pmatrix} \cdot \begin{pmatrix} b_{11} & b_{12} \\ b_{21} & b_{22} \end{pmatrix} = \begin{pmatrix} a_{11}b_{11} + a_{12}b_{21} & a_{11}b_{12} + a_{12}b_{22} \\ a_{21}b_{11} + a_{22}b_{21} & a_{21}b_{12} + a_{22}b_{22} \end{pmatrix}.$$

Die reellen 2×2-Matrizen bilden somit keinen Körper. Das Beispiel zeigt die Anwendung eines sehr nützlichen Prinzips: *Eine Menge, die nicht nullteilerfrei ist, kann kein Körper sein.* $\qquad \blacklozenge$

Frage 6

Was wissen Sie über die Elementanzahl eines **endlichen Körpers**?

▶ **Antwort** Die Anzahl der Elemente eines endlichen Körpers ist eine Primzahl p oder allgemeiner eine Primzahlpotenz $q = p^n$ für eine natürliche Zahl $n \in \mathbb{N}, n \geq 2$.

Im ersten Fall ist der Körper isomorph zum Restklassenkörper $\mathbb{F}_p := \mathbb{Z}/p\mathbb{Z}$. Die Körper mit p^n Elementen sind dann allesamt Erweiterungskörper vom Grad n über $\mathbb{F}_p$. Das bedeutet, dass man sie aus $\mathbb{F}_p$ durch die „Adjunktion" der Nullstelle α eines irreduziblen

Polynoms $f(X) \in \mathbb{F}_p[X]$ vom Grad n erhält. Die Elemente des so erhaltenen Körpers besitzen dann alle eine eindeutige Darstellung

$$a_{n-1}\alpha^{n-1} + a_{n-2}\alpha^{n-2} + \ldots + a_1\alpha + a_0, \quad a_j \in \mathbb{F}_p,$$

wobei die algebraischen Beziehungen zwischen diesen durch die Gleichung $f(\alpha) = 0$ genau bestimmt sind. Man beachte, dass für $n \geq 2$ ein Körper mit p^n Elementen grundverschieden ist vom Restklassenring $\mathbb{Z}/p^n\mathbb{Z}$. Letzterer ist überhaupt kein Körper, da er nicht nullteilerfrei ist. ◆

Frage 7

Gibt es Körper mit 4, 9, 1 024, 65 537 bzw. 999 997 Elementen?

▶ **Antwort** Die Zahlen $4 = 2^2$, $9 = 3^2$ und $1\,024 = 2^{10}$ sind Primzahlpotenzen, die Zahl 65 537 ist sogar selbst eine Primzahl (nebenbei gesagt: Es ist die größte bekannte *Fermat'sche Primzahl* $F_4 := 2^{2^4} + 1$). Also existiert nach Frage 5 für diese Zahlen jeweils ein Körper mit der entsprechenden Anzahl an Elementen. Wegen $999\,997 = 757 \cdot 1\,321$ gibt es aber keinen Körper mit 999 997 Elementen. ◆

Frage 8

Der „kleinste" Körper hat zwei Elemente, nennen wir sie $\overline{0}$ und $\overline{1}$. Wie addiert und multipliziert man in diesem Körper?

▶ **Antwort** Da die Körperaxiome $\overline{1} + \overline{0} = \overline{1}$ festschreiben, bleibt als additiv inverses Element der $\overline{1}$ nur $\overline{1}$ selbst übrig, es muss also $\overline{1} + \overline{1} = \overline{0}$ gelten.

Die Wirkung der Multiplikation mit $\overline{0}$ und diejenige der Multiplikation mit $\overline{1}$ ist durch die Körperaxiome *a priori* festgelegt. Damit sind die Ergebnisse aller möglichen Operationen bestimmt. Diese führen auf die in Abb. 1.1 stehenden Verknüpfungstafeln. ◆

Abb. 1.1 Verknüpfungstafeln für den Körper mit zwei Elementen

$+$	$\overline{0}$	$\overline{1}$
$\overline{0}$	$\overline{0}$	$\overline{1}$
$\overline{1}$	$\overline{1}$	$\overline{0}$

$\cdot$	$\overline{0}$	$\overline{1}$
$\overline{0}$	$\overline{0}$	$\overline{0}$
$\overline{1}$	$\overline{0}$	$\overline{1}$

Dieser Körper wird in der Literatur mehrheitlich mit $\mathbb{Z}/2\mathbb{Z}$ oder $\mathbb{F}_2$ bezeichnet.

Frage 9

Wie lassen sich in einem beliebigen Körper $\mathbb{K}$ die folgenden **Regeln der Bruchrechnung** möglichst einfach beweisen? ($a, b, c, d \in \mathbb{K}$, $b \neq 0$, $d \neq 0$)

(i) $\dfrac{a}{b} = \dfrac{c}{d} \Longleftrightarrow ad = bc$ (ii) $\dfrac{a}{b} \pm \dfrac{c}{d} = \dfrac{ad \pm bc}{bd}$

(iii) $\dfrac{a}{b} \cdot \dfrac{c}{d} = \dfrac{ac}{bd}$ (iv) $\dfrac{\frac{a}{b}}{\frac{c}{d}} = \dfrac{ad}{bc}$ (falls auch $c \neq 0$)

▶ **Antwort** (i) „$\Longrightarrow$": Multiplikation der ersten Gleichung mit $bd \neq 0$ ergibt

$$\frac{a}{b} = \frac{c}{d} \Longrightarrow (ab^{-1})bd = (cd^{-1})bd \Longrightarrow a(b^{-1}b)d = bc(dd^{-1}) \Longrightarrow ad = bc.$$

„$\Longleftarrow$": Multiplikation der zweiten Gleichung mit $(bd)^{-1}$ $(bd \neq 0)$ liefert

$$ad = bc \Longrightarrow ad(bd)^{-1} = bc(bd)^{-1} \Longrightarrow a(dd^{-1})b^{-1} = (bb^{-1})cd^{-1} \Longrightarrow \frac{a}{b} = \frac{c}{d}.$$

Folgerung: Mit $c = ax$ und $d = bx$ ($x \neq 0$) folgt hieraus die „Kürzungsregel": $\frac{a}{b} = \frac{ax}{bx}$.

(ii)   Aus der Kürzungsregel und dem Distributivgesetz folgt

$$\frac{a}{b} \pm \frac{c}{d} = \frac{ad}{bd} \pm \frac{cb}{db} = \frac{ad}{bd} \pm \frac{cb}{bd} = \frac{ad + cb}{bd}.$$

(iii) $\dfrac{a}{b} \cdot \dfrac{c}{d} = d^{-1}b^{-1}(ac) = (bd)^{-1}ac = \dfrac{ac}{bd}.$

(iv) $\dfrac{a/b}{c/d} = (d^{-1}c)^{-1}b^{-1}a = c^{-1}db^{-1}a = (bc)^{-1}ad = \dfrac{ad}{bc}$ mit $c \neq 0$.   ◆

Frage 10

Wie kann man für zwei Elemente a, b eines Körpers $\mathbb{K}$ mithilfe der Axiome die **Binomische Formel**

$$(a + b)^2 = a^2 + 2ab + b^2$$

beweisen? Dabei sei $2 := 1 + 1$ und $x^2 := x \cdot x$ für jedes $x \in \mathbb{K}$.

▶ **Antwort** Die Formel ergibt sich im Wesentlichen durch zweimaliges Anwenden des Distributivgesetzes und einer Anwendung des Kommutativgesetzes:

$$(a + b) \cdot (a + b) = a(a + b) + b(a + b) = (aa + ab) + (ba + bb) \qquad (1.1)$$
$$= aa + (ab + ab) + bb = a^2 + ((1 + 1)ab) + b^2 = a^2 + 2ab + b^2.$$

◆

Frage 11

Was bedeutet die Aussage „Der Körper $\mathbb{R}$ der reellen Zahlen ist ein **angeordneter Körper**"?

Was versteht man allgemein unter einem angeordneten Körper?

▶ **Antwort** Das bedeutet, dass in $\mathbb{R}$ gewisse Zahlen als *positiv* ausgezeichnet sind. Genauer: Auf $\mathbb{R}$ ist eine Relation „$>$" gegeben, die die folgenden beiden Eigenschaften besitzt

(A1) *Für jede reelle Zahl a gilt entweder $a > 0$, $-a > 0$ oder $a = 0$.*
(A2) *Aus $a > 0$ und $b > 0$ folgt $a + b > 0$ und $ab > 0$.*

Diese Eigenschaft von $\mathbb{R}$ ist die Grundlage dafür, dass Größenverhältnisse durch die Angabe einer reellen Zahl angegeben werden können.

Allgemein heißt ein Körper $\mathbb{K}$ angeordnet, wenn eine Menge $P \subset \mathbb{K}$ (ein **Positivitätsbereich**) mit den folgenden Eigenschaften ausgezeichnet ist:

(1) Für jedes $x \in \mathbb{K}$ gilt genau eine der Beziehungen $x \in P$, $x = 0$ oder $-x \in P$ (Trichotomie)
(2) $x, y \in P \overset{.}{\Longrightarrow} x + y \in P$ (Abgeschlossenheit gegenüber Addition)
(3) $x, y \in P \Longrightarrow x \cdot y \in P$ (Abgeschlossenheit gegenüber Multiplikation)

Im Fall $K = \mathbb{R}$ ist $P = \{x \in \mathbb{R};\ x > 0\}$. ◆

Frage 12

Gibt es außer dem Körper der reellen Zahlen noch andere angeordnete Körper? Zählen Sie einige auf.

▶ **Antwort** Beispielsweise ist $\mathbb{Q}$ als Teilkörper der reellen Zahlen mit der Ordnungsstruktur von $\mathbb{R}$ automatisch ebenfalls ein angeordneter Körper.

Der Körper der rationalen reellen Funktionen lässt sich ebenfalls anordnen. Dazu schreibe man $p(x)/q(x)$ in der (eindeutig bestimmten) Form

$$\frac{p(x)}{q(x)} = g(x) + \frac{r(x)}{q(x)}, \qquad \deg r < \deg q.$$

Eine Anordnung auf dem Körper der rationalen Funktionen erhält man damit folgendermaßen: Die Funktion von $\frac{p(x)}{q(x)}$ ist positiv genau dann, wenn gilt

(i) $g(x) \neq 0$ *und der Koeffizient der höchsten Potenz von $g(x)$ ist > 0 oder*

(ii) $g(x) = 0$ *und der Koeffizient der höchsten Potenz von $r(x)$ ist > 0.*

Man zeigt leicht, dass die Definition die beiden Axiome (A1) und (A2) erfüllt und damit tatsächlich eine Ordung auf dem Körper der rationalen Funktionen gegeben ist.

Diejenigen Körper, für die *keine* Anordnung existiert, sind weit häufiger. Zum Beispiel lässt sich $\mathbb{C}$ wegen $i^2 = -1$ nicht anordnen, ebenso wenig die endlichen Körper. ◆

Frage 13

Warum lässt sich ein endlicher Körper nicht anordnen?

▶ **Antwort** In einem angeordneten Körper ist stets $1 > 0$. Damit gilt aufgrund von (A2) auch für alle endlichen Summen $1 + 1 + \cdots + 1 > 0$. In einem endlichen Körper mit $q = p^n$, $n \in \mathbb{N}$ Elementen ist aber stets $\underbrace{1 + 1 + \cdots + 1}_{p\text{-mal}} = 0$. ◆

Frage 14

Wie ist der (**Absolut-**) **Betrag** einer reellen Zahl definiert und welche Haupteigenschaften hat er?

▶ **Antwort** Der Betrag $|a|$ einer reellen Zahl ist definiert durch

$$|a| := \begin{cases} a & \text{für } a \geq 0, \\ -a & \text{für } a < 0. \end{cases}$$ ◆

Frage 15

Welche Haupteigenschaften besitzt der Betrag?

▶ **Antwort** Die wesentlichen Eigenschaften sind

(1) $|a| \geq 0$ und $|a| = 0 \Leftrightarrow a = 0$ (2) $-|a| \leq a \leq |a|$

(3) $|ab| = |a| \cdot |b|$ (4) $\left|\frac{a}{b}\right| = \frac{|a|}{|b|}$ für $b \neq 0$

(5) $|a + b| \leq |a| + |b|$ (6) $\big||a| - |b|\big| \leq |a - b|$.

Die Eigenschaften (1) und (2) folgen unmittelbar aus der Definition des Absolutbetrages, (3) ergibt sich mithilfe einer Fallunterscheidung, (4) und (5) werden in den nächsten beiden Fragen beantwortet. ◆

Frage 16

Was besagt die **Dreiecksungleichung** für reelle Zahlen?

▶ **Antwort** Die Dreiecksungleichung lautet: *Für zwei reelle Zahlen a, b gilt stets*

$$|a + b| \leq |a| + |b|.$$

Die Dreiecksungleichung folgt mit Eigenschaft (2) des Absolutbetrages aus den beiden

$$a + b \leq |a| + |b|, \qquad -(a + b) \leq |a| + |b|.$$

Wendet man darauf die Definition des Absolutbetrages an, so erhält man die Dreiecksungleichung. ◆

Frage 17

Wie lautet die Dreiecksungleichung für Abschätzungen nach unten?

▶ **Antwort** Das ist die Ungleichung (5) aus Antwort 15:

$$\big||a| - |b|\big| \leq |a - b|.$$

Man erhält sie aus der Dreiecksungleichung. Mit dieser gilt zunächst

$$|a| = |a - b + b| \leq |a - b| + |b| \quad \text{und} \quad |b| = |b - a + a| \leq |a - b| + |a|.$$

Daraus folgt $(|a| - |b|) \leq |a-b|$ und $-(|a| - |b|) \leq |a-b|$ und die Dreiecksungleichung für Abschätzungen nach unten. Den Beweistrick einer Addition mit 0 sollte man sich übrigens merken. Er ermöglicht es einem, die Dreiecksungleichung anzuwenden und damit die Struktur metrischer Räume in Beweisen auch wirklich auszunutzen. ◆

Frage 18

Wieso hat die Zuordnung (Abbildung)

$$d : \mathbb{R} \times \mathbb{R} \to \mathbb{R}, \quad (x, y) \mapsto d(x, y) = |x - y|$$

für $x, y, z \in \mathbb{R}$ die folgenden Eigenschaften:

(M1) $d(x, y) = 0 \Leftrightarrow x = y$,

(M2) $d(x, y) = d(y, x)$,

(M3) $d(x, z) \leq d(x, y) + d(y, z)$.

$d(x, y) := |x - y|$ heißt der Abstand von x und y.

▶ **Antwort** Eigenschaft (M1) folgt aus $|x - y| = 0 \iff x - y = 0$, (M2) ergibt sich wegen $(x - y) = -(y - x)$ aus der Definition des Absolutbetrages, (M3) erhält man mit der Dreiecksungleichung: $|x - z| = |x - y + y - z| \leq |x - y| + |y - z|$.

Die Eigenschaften (M1), (M2) und (M3) besagen zusammen, dass durch d eine *Metrik* auf $\mathbb{R}$ gegeben ist. ◆

Frage 19

Was versteht man unter einem **metrischen Raum**?

▶ **Antwort** Ein metrischer Raum ist eine nichtleere Menge X zusammen mit einer Abbildung $d : X \times X \to \mathbb{R}$ (einer *Metrik*), die die Eigenschaften (M1), (M2) und (M3) aus Frage 18 erfüllt.

Anschaulich ist ein metrischer Raum eine Menge, für die ein Begriff des *Abstands* je zweier Elemente existiert. Die Axiome (M1), (M2) und (M3) fordern, dass dieser Abstandsbegriff geometrisch sinnvoll ist. ◆

Frage 20

Warum folgt aus (M1), (M2) und (M3) stets $d(x, y) \geq 0$ für alle $x, y \in \mathbb{R}$?

▶ **Antwort** Für alle $x, y \in \mathbb{R}$ gilt $0 = d(x, x) \leq d(x, y) + d(y, x) = 2d(x, y)$, also $d(x, y) \geq 0$. ◆

Frage 21

Kennen Sie außer $\mathbb{R}$ weitere metrische Räume?

▶ **Antwort** Die metrischen Räume sind breit gefächert und tauchen speziell in der Analysis in den verschiedensten Formen auf. $\mathbb{N}$, $\mathbb{Z}$ und $\mathbb{Q}$, versehen mit durch den Absolutbetrag induzierten Metrik, sind Beispiele metrischer Räume. Die komplexen Zahlen $\mathbb{C}$ mit $d(z, w) := |z - w|$ sowie die endlichdimensionalen euklidischen Vektorräume $\mathbb{R}^n$ sind mit $d(x, y) := \sqrt{(x_1 - y_1)^2 + \ldots + (x_n - y_n)^2}$ ebenfalls metrische Räume.

Wichtige Untersuchungsgegenstände der Analysis sind *Funktionenräume*. Diese lassen sich ebenfalls mit einer (dem jeweiligen Problemkreis angemessenen) Metrik versehen. Im Raum der stetigen Funktionen $\mathcal{C}([a,b])$ auf einem kompakten Intervall $[a,b]$ ist etwa durch

$$d(f,g) := \sup \{|f(x) - g(x)| \; ; \; x \in [a,b]\}$$

eine Metrik gegeben. Eine andere Metrik erhielte man auf demselben Raum z. B. durch

$$d(f,g) := \int_a^b |f(x) - g(x)| \, \mathrm{d}x. \qquad \blacklozenge$$

Frage 22

Für $z, w \in \mathbb{C}$ sei

$$\delta(z,w) := \begin{cases} |z - w|, & \text{falls es ein } \lambda \in \mathbb{R}, \lambda > 0 \text{ mit } z = \lambda w \text{ gibt,} \\ |z| + |w| & \text{sonst.} \end{cases}$$

Zeigen Sie, dass durch $\delta : \mathbb{C} \times \mathbb{C} \to \mathbb{R}$ eine Metrik auf $\mathbb{C}$ definiert wird.

Warum nennt man wohl diese Metrik gelegentlich die „Metrik des französischen Eisenbahnsystems"?

▶ **Antwort** Es sind die Metrikeigenschaften nachzuweisen:

(M1): $\delta(z,w) \geq 0$, da $|z - w| \geq 0$ und $|z| + |w| \geq 0$

$$\delta(z,w) = 0 \Leftrightarrow \begin{cases} |z - w| = 0 & \text{für } z = \lambda w \text{ mit } 0 < \lambda \in \mathbb{R} \\ |z| + |w| = 0 & \text{sonst} \end{cases}$$

$$\overset{\text{Definitheit}}{\Leftrightarrow} \begin{cases} z = w & \text{also } \lambda = 1 \text{ (sonst wäre } |z - w| > 0) \\ z = 0 = w & \text{da sonst } |z| > 0 \text{ oder } |w| > 0 \text{ und daher } |z| + |w| > 0 \end{cases}$$

$$\Leftrightarrow z = w$$

Dies zeigt die positive Defnitheit von δ.

(M2): Seien $z, w \in \mathbb{C}$, so dass ein $0 < \lambda \in \mathbb{R}$ existiert mit $z = \lambda w$. Dies ist äquivalent dazu, dass für $\lambda' := \frac{\lambda}{1}$ die Aussagen $0 < \lambda' \in R$ und $w = \frac{1}{\lambda} z = \lambda' z$ gelten. Damit zeigt man die Symmetrie von δ für alle $z, w \in \mathbb{C}$:

$$\delta(z, w) = \begin{cases} |z - w| & \exists 0 < \lambda \in \mathbb{R}: z = \lambda w \\ |z| + |w| & \text{sonst} \end{cases}$$

$$= \begin{cases} |w - z| & \exists 0 < \lambda' \in \mathbb{R}: w = \lambda' z \\ |w| + |z| & \text{sonst} \end{cases}$$

Bemerkung: Die Bedingung $\exists 0 < \lambda \in \mathbb{R}: z = \lambda w$ induziert eine Äquivalenzrelation $z \sim w$ auf der Menge der komplexen Zahlen (Reexivität ist durch die Wahl $\lambda = 1$ gegeben, Symmetrie wurde oben für λ und λ' gezeigt. Transitivität folgt, da das Produkt zweier positiver reeller Zahlen $0 < \lambda \in \mathbb{R}$ und $0 < \tilde{\lambda} \in \mathbb{R}$ wieder eine positive reelle Zahl ergibt). Die Äquivalenzklasse dieser Relation bestehen genau su den Punkten einer vom Ursprung ausgehenden Halbgeraden (ohne den Ursprung) in $\mathbb{C}$, sowie einer Klasse, die nur den Ursprung selbst enthält. Wir schreiben deshalb $z \sim w$ falls $0 < \lambda \in \mathbb{R}$ mit $z = \lambda \sim w$ existiert (z, w liegen in der selben Äquivalenzklasse) und $z \not\sim w$ falls kein solches $0 < \lambda \in \mathbb{R}$ existiert.

(M3): Es seien $v, w, z \in \mathbb{C}$ drei beliebige Punkte. Wir unterscheiden zwei Fälle:

1. Fall: $z \sim w$, d. h. es existiert $0 < \lambda \in \mathbb{R}$ mit $z = \lambda w$. Entweder es gilt $v \sim z$ und damit auch $v \sim w$ (wegen Transitivität der Raltion $\sim$), oder $v \not\sim z$ und damit $v \not\sim w$ (wegen $z \sim w$).

$$\delta(z, w) = |z - w| \leq |z - v| + |v - w|$$

$$\leq \begin{cases} |z - v| + |v - w| & (z \sim v \wedge v \sim w) \\ |z| + |v| + |v| + |w| & (z \not\sim v \wedge v \not\sim w) \end{cases}$$

$$= \delta(z, v) + \delta(v, w)$$

2. Fall: $z \not\sim w$, d. h. es existiert kein $0 < \lambda \in \mathbb{R}$ mit $z = \lambda w$. Da $z \not\sim w$ die Situation $z \sim v \wedge v \sim w$ ausschließt, gilt wieder mithilfe der Dreiecksungleichung des Absolutbetrages:

$$\delta(z, w) = |z| + |w| \leq \begin{cases} |z| + |v| + |w - v| & (z \not\sim v \wedge v \sim w) \\ |z - v| + |v| + |w| & (z \sim v \wedge v \not\sim w) \\ |z| + |v| + |v| + |w| & (z \not\sim v \wedge v \not\sim w) \end{cases}$$

$$= \delta(z, v) + \delta(v, w)$$

Damit erfüllt die Abbildung δ auch die Dreiecksungleichung und hat so alle Eigenschaften einer Metrik.

Identifiziert man die französische Landkarte mit einem Teil der komplexen Zahlenebene und legt den Ursprung nach Paris, so gibt es zwei Möglichkeiten den Abstand zweier Städte mit Hilfe des Eisenbahnnetzes zu beschreiben: Liegen beide Städte Z, W auf einer Halbgeraden die vom Ursprung (Paris) ausgeht, so sind ihre Richtungsvektoren kollinear und die Position der Stadt Z mit der komplexen Koordinate z lässt sich durch $\lambda > 0$ mal die Koordinate w der Stadt W beschreiben (es gilt $z \sim w$). Dann gibt es eine direkte Schienenverbindung in dem sternförmigen französischen Eisenbahnnetz. Die Entfernung ist die Betragsdifferenz $|z - w|$.

Liegen die Städte Z, W von Paris aus gesehen nicht auf einer Halbgeraden (also $z \not\sim w$), so muss man, um von der einen zur anderen zu kommen den Umweg über Paris fahren. Die Distanz per Eisenbahn zwischen den beiden Städten ist dann die Summe $|z| + |w|$ ihrer Abstände vom Koordinatenursprung Paris. ◆

Frage 23

Wie lässt sich eine beliebige Menge X mit mindestens zwei Elementen zu einem metrischen Raum machen?

▶ **Antwort** Durch die Abbildung

$$d(x, y) := \begin{cases} 1 & \text{für } x \neq y, \\ 0 & \text{für } x = y \end{cases}$$

ist auf X eine Metrik (die sogenannte *diskrete Metrik*) definiert.

Wir beschränken uns auf den Nachweis der Dreiecksungleichung. Dabei können wir annehmen, dass x, y und z paarweise verschieden sind. Dann ist

$$d(x, z) = 1 \leq d(x, y) + d(y, z) = 2.$$ ◆

Frage 24

Was versteht man unter einer oberen bzw. unteren **Schranke** einer nichtleeren Teilmenge $M \subset \mathbb{R}$?

▶ **Antwort** Eine Zahl $C \in \mathbb{R}$ heißt *obere bzw. untere Schranke* von $M \subset \mathbb{R}$, wenn für jedes $a \in M$ gilt: $a \leq C$ bzw. $a \geq C$. ◆

Frage 25

Wie sind sup M und inf M für eine nichtleere, nach oben bzw. nach unten beschränkte Teilmenge M von $\mathbb{R}$ definiert?

▶ **Antwort** sup M bzw. inf M sind definiert als *kleinste obere bzw. größte untere Schranke* von M. Das bedeutet

$$s = \sup M \iff \begin{cases} \text{(i)} & s \text{ ist obere Schranke von } M \text{ und} \\ \text{(ii)} & \text{für alle oberen Schranken } a \text{ von } M \text{ gilt } s \leq a, \end{cases}$$

$$t = \inf M \iff \begin{cases} \text{(i)} & t \text{ ist untere Schranke von } M \text{ und} \\ \text{(ii)} & \text{für alle unteren Schranken } b \text{ von } M \text{ gilt } t \geq b. \end{cases}$$

Man nennt sup M das *Supremum* und inf M das *Infimum* von M.   ◆

Frage 26

Was besagt das **Vollständigkeitsaxiom** in Form des Supremumsaxioms für die reellen Zahlen?

▶ **Antwort** Das Vollständigkeitsaxiom lautet in dieser Form:

Jede nichtleere, nach oben beschränkte Teilmenge reeller Zahlen besitzt ein Supremum. ◆

Frage 27

Können Sie zeigen, dass inf $M = -\sup(-M)$ für jede nichtleere nach unten beschränkte Teilmenge M von $\mathbb{R}$ gilt?

▶ **Antwort** Die Identität ergibt sich jeweils aus einer der beiden „Spiegelungsformeln"

$$-\sup M = \inf(-M), \qquad -\inf M = \sup(-M),$$

die in der Abb. 1.2 veranschaulicht sind.

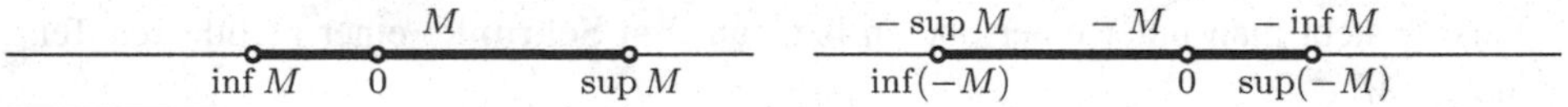

Abb. 1.2 Spiegelung von $M \subset \mathbb{R}$ am Nullpunkt

Wir zeigen die erste der beiden Formeln, die zweite erhält man auf analoge Weise.

Aus sup $M \geq a$ für alle $a \in M$ folgt zunächst $-\sup M \leq -a$ für alle $a \in M$ oder, was dasselbe ist, $-\sup M \leq b$ für alle $b \in -M$. Folglich ist $-\sup M$ eine untere Schranke von $-M$, und wir brauchen nur noch zu zeigen, dass es die größte untere Schranke ist.

Sei dazu S eine weitere untere Schranke von $-M$. Dann gilt $S \leq b$ für alle $b \in -M$ und somit $-S \geq a$ für alle $a \in M$, also ist $-S$ eine obere Schranke von M und damit $-S \geq \sup M$. Es folgt $S \leq -\sup M$. Somit ist $-\sup M$ tatsächlich die größte untere Schranke von $-M$, d. h. $-\sup(M) = \inf(-M)$, was zu zeigen war.   ◆

Frage 28

Was ist der Unterschied zwischen $\sup M$ und $\max M$?

▶ **Antwort** Im Allgemeinen ist $\sup M$ kein Element von M, beispielsweise ist bei einem offenen Intervalle $]a, b[$ das Supremum b zwar die kleinste obere Schranke des Intervalls, jedoch nicht darin enthalten. Im Gegensatz dazu ist das Maximum einer Menge stets auch ein Element dieser Menge. ◆

Frage 29

Wann gilt $\sup M = \max M$ für eine nach oben beschränkte Menge $M \subset \mathbb{R}$?

▶ **Antwort** Es ist $\sup M = \max M$ genau dann, wenn $\sup M \in M$ gilt. In diesem *und nur in diesem* Fall existiert $\max M$. ◆

Frage 30

Wie lauten die ε-Charakterisierungen von $\sup M$ bzw. $\inf M$?

▶ **Antwort** Die Eigenschaft von $\sup M$, unter allen oberen Schranken die *kleinste* zu sein, ist offenbar gleichbedeutend damit, dass für jedes $\varepsilon > 0$ die Zahl $\sup M - \varepsilon$ keine obere Schranke von M mehr sein kann, denn andernfalls wäre $\sup M$ nicht die kleinste obere Schranke. Genauso ist $\inf M$ unter allen unteren Schranken von M dadurch ausgezeichnet, dass $\inf M + \varepsilon$ für jedes $\varepsilon > 0$ keine untere Schranke von M mehr sein kann. Infimum und Supremum lassen sich somit folgendermaßen charakterisieren

$$s = \sup M \iff \begin{cases} \text{(i)} & s \text{ ist obere Schranke von } M \text{ und} \\ \text{(ii)} & \text{für alle } \varepsilon > 0 \text{ gibt es ein } a \in M \text{ mit } s - \varepsilon < a, \end{cases}$$

$$t = \inf M \iff \begin{cases} \text{(i)} & t \text{ ist untere Schranke von } M \text{ und} \\ \text{(ii)} & \text{für alle } \varepsilon > 0 \text{ gibt es ein } b \in M \text{ mit } b < t + \varepsilon. \end{cases}$$ ◆

Frage 31

Können Sie zeigen, dass das Infimum der Menge $M := \left\{1, \frac{1}{2}, \frac{1}{3}, \frac{1}{4}, \ldots\right\}$ gleich null ist? Wieso gilt $\max M = \sup M = 1$?

▶ **Antwort** Für alle $n \in \mathbb{N}$ ist $\frac{1}{n} > 0$, und somit ist 0 eine untere Schranke von M. Sei nun $\varepsilon > 0$ gegeben. Gemäß der *Archimedischen Eigenschaft* (vgl. Frage 61) gibt es eine natürliche Zahl m mit $m > \frac{1}{\varepsilon}$, woraus $\frac{1}{m} < \varepsilon = 0 + \varepsilon$ folgt. Wegen $\frac{1}{m} \in M$ erfüllt die Null also auch die Bedingung (ii) aus der Antwort zur vorigen Frage, woraus $\inf M = 0$ folgt.

Zum Nachweis von sup $M = 1$ genügt es zu bemerken, dass wegen $n \geq 1$ für alle natürlichen Zahlen $\frac{1}{n} \leq 1$ gilt. Damit ist 1 eine obere Schranke von M, wegen $1 \in M$ gilt dann aber schon $1 = \max M = \sup M$.   ◆

Frage 32

Seien A und B nichtleere Teilmengen von $\mathbb{R}$, und es gelte $a \leq b$ für alle $a \in A$ und alle $b \in B$. Zeigen Sie das sogenannte **Riemann-Kriterium**: Es gilt sup $A = \inf B$ genau dann, wenn es zu jedem $\varepsilon > 0$ ein $a \in A$ und ein $b \in B$ mit $b - a < \varepsilon$ gibt.

▶ **Antwort** „$\Longrightarrow$": Sei sup $A = \inf B$ und $\varepsilon > 0$ gegeben. Dann gibt es Zahlen $a \in A$ und $b \in B$, sodass die folgenden beiden Ungleichungen erfüllt sind:

$$\inf B + \frac{\varepsilon}{2} > b, \quad \text{und} \quad \sup A - \frac{\varepsilon}{2} = \inf B - \frac{\varepsilon}{2} < a.$$

Beide Ungleichungen zusammen ergeben $b - a < \varepsilon$.

„$\Longleftarrow$": Sei $\varepsilon > 0$ gegeben und es gelte $b - a < \varepsilon$ für ein $a \in A$ und ein $b \in B$. Damit erhält man zunächst

$$b - a < \varepsilon \Longrightarrow a - b > -\varepsilon \Longrightarrow \sup A - b > -\varepsilon \Longrightarrow \sup A + \varepsilon > b. \qquad (*)$$

Andererseits ist sup A auch eine untere Schranke von B. Denn andernfalls gäbe es ein $b' \in B$, das – wie jedes Element aus B – eine obere Schranke von A ist, für das aber $b' < \sup A$ gelten würde. Zusammen mit $(*)$ folgt dann, dass sup A sogar die *größte* untere Schranke von B ist, also gleich dem Infimum von B.   ◆

Frage 33

Wie kann man mithilfe des Supremumsaxioms die Existenz von Quadratwurzeln nicht-negativer reeller Zahlen zeigen?

▶ **Antwort** Es genügt, die Behauptung für reelle Zahlen $a \geq 1$ zu zeigen, der Fall $a < 1$ folgt daraus durch Übergang zu $\frac{1}{a}$. Der Fall $a = 0$ ist einzeln zu behandeln, aber offensichtlich trivial.

Sei also $a \geq 1$ gegeben. Die Beweisstrategie besteht darin zu zeigen, dass das Supremum der Menge

$$M := \{x \in \mathbb{R} \; ; \; x^2 < a\}$$

gerade die gesuchte Quadratwurzel von a ist. Die Existenz von $s := \sup M$ ist dabei aufgrund des Supremumsaxioms gewährleistet, denn M ist nicht leer (wegen $0 \in M$) und durch a nach oben beschränkt. Um $s^2 = a$ zu zeigen, führt man die Annahmen $s^2 < a$ und $s^2 > a$ nun jeweils gesondert zum Widerspruch.

Im ersten Fall ist $a - s^2$ positiv, und man kann daher ein $n \in \mathbb{N}$ so wählen, dass $n(a - s^2) > 2s + 1$ gilt. Für dieses n erhält man mit der Binomischen Formel die Ungleichung

$$\left(s + \frac{1}{n}\right)^2 = s^2 + \frac{2s}{n} + \frac{1}{n^2} < s^2 + \frac{2s + 1}{n} < a.$$

Aus dieser folgt $(s + 1/n) \in M$, was aber der Supremumseigenschaft von s widerspricht.

Wäre auf der anderen Seite $s^2 > a$, dann könnte man ein $n \in \mathbb{N}$ so wählen, dass $n(s^2 - a) > 2s$ ist, und damit erhielte man

$$\left(s - \frac{1}{n}\right)^2 > s^2 - \frac{2s}{n} > a,$$

womit $s - 1/n$ eine obere Schranke von M wäre, ebenfalls im Widerspruch zu $s = \sup M$.

Daraus folgt insgesamt $s^2 = (\sup M)^2 = a$, die nichtnegative Zahl a besitzt also eine Quadratwurzel in $\mathbb{R}$.   ◆

Frage 34

Warum gibt es keine rationale Zahl r mit $r^2 = 3$?

▶ **Antwort** Angenommen, es existieren Zahlen $p, q \in \mathbb{Z}$, $q \neq 0$ mit $\left(\frac{p}{q}\right)^2 = 3$. Man kann davon ausgehen, dass die Zahlen p und q keinen gemeinsamen Teiler besitzen, andernfalls betrachte man den gekürzten Bruch, der ja dieselbe rationale Zahl darstellt.

Die Identität $p^2 = 3q^2$ impliziert, dass 3 ein Teiler von p ist. Denn 3 ist eine Primzahl und in der Primfaktorzerlegung von p^2 enthalten, folglich also auch in derjenigen von p. Es gibt daher eine natürliche Zahl m mit $p = 3m$.

Dieses Ergebnis lässt sich nun wieder in die Gleichung $p^2 = 3q^2$ einsetzen und liefert $9m^2 = 3q^2$, also $3m^2 = q^2$. Mit demselben Argument wie oben schließt man daraus, dass q ebenfalls durch 3 teilbar sein muss. Die Zahlen p und q besitzen damit den gemeinsamen Teiler 3, im Widerspruch zur Voraussetzung ihrer Teilerfremdheit. Die Quadratwurzel aus 3 kann also keine rationale Zahl sein.   ◆

Frage 35

Welche Typen von Intervallen sind Ihnen bekannt?

▶ **Antwort** Sei $a, b \in \mathbb{R}$ mit $a < b$. Es gibt die folgenden vier Typen *beschränkter Intervalle*

$$[a, b] := \{x \in \mathbb{R} \; ; \; a \leq x \leq b\} \qquad \text{abgeschlossenes Intervall,}$$
$$]a, b[:= \{x \in \mathbb{R} \; ; \; a < x < b\} \qquad \text{offenes Intervall,}$$

$$[a, b[\,:= \{x \in \mathbb{R} \;;\; a \leq x < b\} \qquad \text{(nach rechts) halboffenes Intervall,}$$
$$]a, b] := \{x \in \mathbb{R} \;;\; a < x \leq b\} \qquad \text{(nach links) halboffenes Intervall}$$

und die folgenden fünf Typen *(einseitig) unbeschränkter Intervalle*

$$[a, \infty[\,:= \{x \in \mathbb{R} \;;\; x \geq a\}, \qquad]a, \infty[\,:= \{x \in \mathbb{R} \;;\; x > a\},$$
$$]\infty, a] := \{x \in \mathbb{R} \;;\; x \leq a\}, \qquad]\infty, a[\,:= \{x \in \mathbb{R} \;;\; x < a\}, \qquad]\infty, \infty[\,:= \mathbb{R}.$$

Als Spezialfälle *ausgearteter Intervalle* gibt es noch

$$[a, a] := \{a\}, \qquad]a, a[\,:= \emptyset \qquad\qquad \blacklozenge$$

Frage 36

Welche Intervalltypen haben eine endliche Länge, und wie ist diese definiert?

▶ **Antwort** Eine endliche Länge besitzen die beidseitig beschränkten Intervalle und nur diese. Die *Länge* eines beschränkten Intervalls ist mit den Bezeichnungen aus der vorigen Antwort die Zahl $b - a$. ◆

1.2 Natürliche Zahlen und vollständige Induktion

Durch unsere Herangehensweise, die reellen Zahlen axiomatisch einzuführen, sind wir nun in der Lage, die natürlichen Zahlen als spezielle Teilmenge der reellen Zahlen zu definieren (s. Frage 38).

Frage 37

Was versteht man unter einer **induktiven Teilmenge** (auch Zählmenge oder Nachfolgermenge genannt) von $\mathbb{R}$?

▶ **Antwort** Eine Menge $M \subset \mathbb{R}$ heißt *induktiv*, wenn sie die folgenden beiden Eigenschaften besitzt

(i) $1 \in M$,
(ii) $m \in M \Longrightarrow m + 1 \in M$.

Man beachte, dass nach dieser Definition die reellen Zahlen selbst eine induktive Teilmenge von $\mathbb{R}$ sind, die Klasse der induktiven Teilmengen also nicht leer ist. ◆

Frage 38

Wie ist die Menge $\mathbb{N}$ der natürlichen Zahlen als Teilmenge von $\mathbb{R}$ definiert?

▶ **Antwort** Bei dieser Herangehensweise (d. h. im Unterschied zur axiomatischen Festlegung der natürlichen Zahlen etwa durch die Peano-Axiome) definiert man die natürlichen Zahlen als den *Durchschnitt aller induktiven Teilmengen von* $\mathbb{R}$, man setzt also

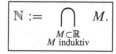

$$\mathbb{N} := \bigcap_{\substack{M \subset \mathbb{R} \\ M \text{ induktiv}}} M.$$ ◆

Frage 39

Was besagt die Aussage „$\mathbb{N}$ ist die kleinste induktive Teilmenge von $\mathbb{R}$"?

▶ **Antwort** Die Definition der natürlichen Zahlen als Durchschnitt aller induktiven Teilmengen beinhaltet zunächst, dass $\mathbb{N}$ selbst eine induktive Teilmenge von $\mathbb{R}$ ist. Denn aus dieser Definition folgt erstens $1 \in \mathbb{N}$. Ferner gilt: Ist $a \in \mathbb{N}$, dann ist a nach Definition in jeder induktiven Teilmenge von $\mathbb{R}$ enthalten. Damit ist aber auch $a + 1$ in jeder dieser Mengen enthalten und folglich auch in $\mathbb{N}$. Also ist $\mathbb{N}$ eine induktive Teilmenge von $\mathbb{R}$.

Aus der Definition folgt ferner, dass jede induktive Teilmenge von $\mathbb{R}$ die natürlichen Zahlen als Teilmenge enthält. In diesem Sinne („$\mathbb{N}$ ist in jeder induktiven Teilmenge der reellen Zahlen enthalten") ist $\mathbb{N}$ die *kleinste* induktive Teilmenge von $\mathbb{R}$ (bezüglich des Enthaltenseins). ◆

Frage 40

Warum ist die Menge $\mathbb{N}$ der natürlichen Zahlen nicht nach oben beschränkt?

▶ **Antwort** Wäre $\mathbb{N}$ nach oben beschränkt, so besäße $\mathbb{N}$ nach dem Vollständigkeitsaxiom eine kleinste obere Schranke s, so dass $n \leq s$ für jedes $n \in \mathbb{N}$ gelten würde.

Nach der ε-Charakterisierung des Supremums (vgl. Frage 30) ist $s - 1$ nicht mehr obere Schranke von $\mathbb{N}$, es gibt also eine natürliche Zahl n_0 mit $n_0 > s - 1$. Hieraus folgt aber $n_0 + 1 > s$, im Widerspruch zur Annahme, dass s obere Schranke von $\mathbb{N}$ ist. Es kann also nicht $n \leq s$ für alle $n \in \mathbb{N}$ gelten.

Bemerkung: Diese Eigenschaft, die schon Eudoxos und Archimedes geläufig war, nennt man die *Archimedische Eigenschaft* der reellen Zahlen, vgl. dazu auch die Frage 61. ◆

Frage 41

Warum ist eine Teilmenge $W \subset \mathbb{N}$, die die 1 und mit jedem w auch $w + 1$ enthält, mit $\mathbb{N}$ identisch?

▶ **Antwort** W ist nach Definition eine induktive Teilmenge von $\mathbb{R}$. Damit gilt $\mathbb{N} \subset W$, denn $\mathbb{N}$ ist die kleinste induktive Teilmenge. Zusammen mit $W \subset \mathbb{N}$ folgt daraus $W = \mathbb{N}$.

◆

Frage 42

Warum gibt es keine natürliche Zahl n mit $1 < n < 2$?

▶ **Antwort** Man betrachte die Menge

$$M := \{1\} \cup \{x \in \mathbb{R};\ x \geq 2\}.$$

M ist offensichtlich eine induktive Teilmenge von $\mathbb{R}$. Folglich ist $\mathbb{N} \subset M$. Da M aber keine Zahl mit den gesuchten Eigenschaften enthält, kann es eine solche auch in $\mathbb{N}$ nicht geben.

◆

Frage 43

Was besagt das **Beweisprinzip der vollständigen Induktion**?

▶ **Antwort** Zu jeder natürlichen Zahl n sei eine Aussage $A(n)$ gegeben. Das Beweisprinzip der vollständigen Induktion besagt:

Die Aussage $A(n)$ gilt für alle $n \in \mathbb{N}$, sofern folgende beide Bedingungen erfüllt sind:

(i) $A(1)$ *ist wahr. (Induktionsanfang)*

(ii) *Für jedes $n \in \mathbb{N}$ gilt: aus $A(n)$ folgt $A(n + 1)$. (Induktionsschritt)*

Die Bedingungen (i) und (ii) implizieren zusammen nämlich, dass $A(2)$ richtig ist. Daraus folgt mit (ii), dass auch $A(3)$ gilt, und hieraus folgt $A(4)$ usw. *ad infinitum.*

◆

Frage 44

Welche Varianten des Beweisprinzips der vollständigen Induktion sind Ihnen bekannt? Wie lassen sich diese auf das ursprüngliche Prinzip zurückführen?

▶ **Antwort** Hier sind nur drei Beispiele für Varianten induktiver Beweise aufgeführt, die recht häufig anzutreffen sind. Die Liste ist jedoch keineswegs vollständig.

(i) Der Induktionsanfang liegt nicht bei 1, sondern bei irgendeiner anderen konkreten natürlichen Zahl N. In diesem Fall wird die Aussage $A(n)$ nur für alle natürlichen Zahlen n mit $n \geq N$ bewiesen. Offensichtlich ist das gleichbedeutend damit, die Aussagen $A(N-1+n)$ für *alle* natürlichen Zahlen n zu beweisen.

(ii) Im Induktionsschritt wird die Richtigkeit mehrerer Vorgängeraussagen vorausgesetzt, z. B. „aus $A(n)$ und $A(n+1)$ folgt $A(n+2)$". In diesen Fällen muss die Aussage am Anfang auch für die zwei Zahlen 1 und 2 konkret bewiesen werden. Die Übereinstimmung mit dem Induktionsprinzip ergibt sich aus der Tatsache, dass das Vorgehen in diesen Fällen äquivalent dazu ist, die Aussage $A'(n) = A(n) \wedge A(n+1)$ mit einem „normalen" Induktionsargument zu beweisen.

(iii) Im Induktionsschritt wird die Richtigkeit der Aussage $A(n+1)$ aus der Richtigkeit aller Aussagen $A(m)$ mit $m \leq n$ hergeleitet. Zusammen mit der Richtigkeit von $A(1)$ beinhaltet das dann aber auch die Beziehung $A(n) \Longrightarrow A(n+1)$. Denn andernfalls gäbe es (nach dem Wohlordnungsprinzip, vgl. Frage 57) eine *kleinste* natürliche Zahl $n' > 1$, sodass $A(n') \Longrightarrow A(n'+1)$ *nicht* gilt. Da die Folgerung für alle kleineren Zahlen aber zutrifft, erlaubt das Induktionsprinzip die Herleitung der Aussagen $A(1), A(2), \ldots, A(n')$, und aus diesen folgt aufgrund der Voraussetzung $A(n'+1)$. Also trifft die Implikation $A(n') \Longrightarrow A(n'+1)$ doch zu, und die beiden Induktionsvarianten sind äquivalent.   ◆

Frage 45

Für welche $n \in \mathbb{N}$ gilt

$$2^n > n^2 ?$$

▶ **Antwort** Die Ungleichung gilt nicht für $n = 2, 3, 4$; für $n = 5$ ist sie wiederum richtig. Wir zeigen, dass sie für alle natürlichen Zahlen $n \geq 5$ gilt.

(i) $32 = 2^5 > 25 = 5^2$ (Induktionsanfang)

(ii) Sei $n \geq 5$ und es gelte $2^n > n^2$. Wegen $n^2 \geq n \cdot 3 > n \left(2 + \frac{1}{n}\right) = 2n + 1$ folgt

$$2^{n+1} = 2 \cdot 2^n > 2 \cdot n^2 = n^2 + n^2 > n^2 + 2n + 1 = (n+1)^2.$$

Damit ist $2^n > n^2$ für alle $n \geq 5$ gezeigt.   ◆

Frage 46

Wie sind die Zahlen C_k^n des **Pascal'schen Dreiecks** definiert?

▶ Die Pascalzahlen sind rekursiv definiert durch $C_0^0 = C_0^n = C_n^n = 1$ für alle $n \in \mathbb{N}$ und

$$C_k^n = C_{k-1}^{n-1} + C_k^{n-1}, \qquad k \leq n.$$

Die Zahlen sind die Einträge des *Pascal'schen Dreiecks*, dessen Ränder alle aus Einsen bestehen und dessen übrige Zahlen in der $(n + 1)$-ten Zeile die Summe der beiden schräg darüberstehenden Zahlen der n-ten Zeile sind, s. Abb. 1.3.   ◆

Abb. 1.3 Ein Ausschnitt des Pascal'schen Dreiecks für $n \leq 6$. In den Reihen stehen die Zahlen C_k^n

$$
\begin{array}{ccccccccccccc}
 & & & & & & 1 & & & & & & n = 0 \\
 & & & & & 1 & & 1 & & & & & n = 1 \\
 & & & & 1 & & 2 & & 1 & & & & n = 2 \\
 & & & 1 & & 3 & & 3 & & 1 & & & n = 3 \\
 & & 1 & & 4 & & 6 & & 4 & & 1 & & n = 4 \\
 & 1 & & 5 & & 10 & & 10 & & 5 & & 1 & n = 5 \\
1 & & 6 & & 15 & & 20 & & 15 & & 6 & & 1 \quad n = 6 \\
\end{array}
$$

Frage 47

Warum gilt die Beziehung $C_k^n = C_{n-k}^n$?

▶ **Antwort** Die Richtigkeit der Formel erkennt man anschaulich an der Symmetrie des Pascal'schen Dreiecks, formal beweisen lässt sie sich mittels vollständiger Induktion über n. Für $n = 1$ ist die Formel wegen $C_1^1 = C_0^1 = 1$ richtig. Ist sie für $n \in \mathbb{N}$ bereits gezeigt, so folgt im Induktionsschritt

$$
C_k^{n+1} = C_{k-1}^n + C_k^n = C_{n-(k-1)}^n + C_{n-k}^n = C_{n-k+1}^{n+1} = C_{(n+1)-k}^{n+1},
$$

und das ist die gesuchte Identität für $n + 1$.   ◆

Frage 48

Wie sind die **Binomialkoeffizienten** $\binom{n}{k}$ definiert?

▶ **Antwort** Man setzt $\binom{n}{0} := 1$ und für $k, n \in \mathbb{N}$, $k \leq n$ durch

$$
\boxed{\binom{n}{k} := \frac{n(n-1)(n-2)\cdots(n-k+1)}{1 \cdot 2 \cdots k}.}
$$ ◆

Frage 49

Wieso sind die Binomialkoeffizienten $\binom{n}{k}$ gleich den Pascalzahlen C_k^n?

▶ **Antwort** Die Übereinstimmung ergibt sich durch vollständige Induktion über k. Für $k = 0$ ist die Formel $\binom{n}{k} = C_k^n$ aufgrund der Definition richtig, und für $k > 0$ erhält man

$$\binom{n}{k} + \binom{n}{k+1} = \frac{n(n-1)\cdots(n-k+1)}{k!} + \frac{n(n-1)\cdots(n-k)}{k! \cdot (k+1)}$$

$$= \frac{n(n-1)\cdots(n-k+1) \cdot \big((k+1)+(n-k)\big)}{(k+1)!}$$

$$= \frac{(n+1)n\cdots(n+1-k)}{(k+1)!} = \binom{n+1}{k+1}.$$

Die Binomialkoeffizienten erfüllen also dieselbe Rekursionsgleichung wie die Pascalzahlen. Daraus folgt zusammen mit $\binom{n}{0} = C_0^n$ die Behauptung. ◆

Frage 50

Warum gibt es für eine endliche Menge mit n Elementen genau $n!$ bijektive Selbstabbildungen (Permutationen)?

► **Antwort** Der Zusammenhang lässt sich mit vollständiger Induktion über die Mächtigkeit der Menge begründen. Für Mengen mit nur einem Element gibt es offensichtlich nur eine (= 1!) bijektive Selbstabbildung, die Behauptung ist in diesem Fall also richtig.

Sei die Behauptung für $n \in \mathbb{N}$ bereits gezeigt und sei

$$M := \{m_1, \ldots, m_n, m_{n+1}\}$$

eine Menge mit $n + 1$ Elementen. Diejenigen Selbstabbildungen von M, die das Element m_1 auf ein bestimmtes m_k mit $k = 1, \ldots, n+1$ abbilden, bilden zusammen eine Menge $\mathcal{B}_k$ von Bijektionen $M \to M$.

Jede der $(k+1)$ Mengen $\mathcal{B}_k$ enthält genauso viele Elemente, wie es Bijektionen $M \setminus \{m_1\} \leftrightarrow M \setminus \{m_k\}$ gibt, und nach der Induktionsvoraussetzung sind das genau $n!$ Stück. Da die Mengen $\mathcal{B}_k$ paarweise disjunkt sind, folgt aus

$$\mathcal{B} := \{\text{ Bijektionen } M \to M \} = \mathcal{B}_1 \cup \ldots \cup \mathcal{B}_{n+1}$$

die behauptete Formel $|\mathcal{B}| = (n+1) \cdot n! = (n+1)!$. ◆

Frage 51

Welche kombinatorische Bedeutung haben die Zahlen $\binom{n}{k}$?

► **Antwort** Die Zahl $\binom{n}{k}$ entspricht der Anzahl der Möglichkeiten, aus einer Menge mit n Elementen eine Teilmenge mit k Elementen auszuwählen, oder anders gesagt: $\binom{n}{k}$ *ist die Anzahl der k-elementigen Teilmengen einer n-elementigen Menge.*

Das lässt sich folgendermaßen begründen. Bei Auswahl einer k-elementigen Teilmenge einer n-elementigen Menge lässt sich das erste Element auf n Arten bestimmen, das zweite auf $(n-1)$ Arten usw. bis zum k-ten Element, für das dann noch $(n-k+1)$ Möglichkeiten übrig bleiben. Das führt auf $n(n-1)\cdots(n-k+1)$ verschiedene Serien aus k Elementen, von denen jedoch jeweils $k!$ (vgl. die Antwort zur nächsten Aufgabe) dieselbe Menge bestimmen. Somit ergibt sich als Anzahl der k-elementigen Teilmengen

$$\frac{n(n-1)\cdots(n-k+1)}{k!} = \binom{n}{k}. \qquad \blacklozenge$$

Frage 52

Warum ist die Anzahl der injektiven Abbildungen der Menge $A := \{1, 2, \ldots, k\}$ in die Menge $B := \{1, 2, \ldots, n\}$ gegeben durch

$$P(n, k) := n(n-1)\cdots(n-k+1) = k! \binom{n}{k} ?$$

▶ **Antwort** Es gibt genau $\binom{n}{k}$ Teilmengen B_k von B mit k Elementen. Jede injektive Abbildung $A \to B$ ist eine Bijektion zwischen A und einer dieser Teilmengen B_k. Davon gibt es nach der Antwort zur vorigen Frage für jedes gegebene B_k genau $k!$ Stück. Insgesamt gibt es also $P(n, k) = k! \cdot \binom{n}{k}$ injektive Abbildungen $A \to B$. ◆

Frage 53

Warum ist $P(n, k)$ die Anzahl der geordneten Stichproben aus der Menge $\{1, \ldots, n\}$ vom Umfang k ohne Wiederholung?

▶ **Antwort** Die k Elemente jeder Stichprobe bilden zusammen eine k-elementige Teilmenge von $\{1, \ldots, n\}$. Es gibt $\binom{n}{k}$ solcher Teilmengen, in der allerdings die Reihenfolge der Elemente nicht mitberücksichtigt ist. Die k-Elemente jeder Teilmenge lassen sich auf $k!$ Arten anordnen. Daraus folgt die Behauptung. ◆

Frage 54

Warum ist die Anzahl der geordneten Stichproben aus der Menge $\{1, \ldots, n\}$ vom Umfang k mit Wiederholungen durch $W(n, k) = n^k$ gegeben?

▶ **Antwort** Für das erste Element der Stichprobe gibt es n Kandidaten, ebenso für das zweite, das dritte usw. bis zum k-ten Element. Die Anzahl der möglichen Stichproben beträgt daher

$$\underbrace{n \cdot n \cdots n}_{k \text{ Faktoren}} = n^k. \qquad \blacklozenge$$

Frage 55

Warum ist die Anzahl der ungeordneten Stichproben aus der Menge $\{1, \ldots, n\}$ vom Umfang k gegeben durch den Binomialkoeffizienten $\binom{n}{k}$?

▶ **Antwort** Ohne Wiederholung und ohne Berücksichtigung der Reihenfolge ist die Bestimmung einer Stichprobe gleichwertig damit, eine k-elementige Teilmenge aus $\{1, \ldots, n\}$ auszuwählen. Dafür gibt es nach Frage 40 genau $\binom{n}{k}$ Möglichkeiten. ◆

Frage 56

Wie kann man die Formel $\sum_{k=0}^{n} \binom{n}{k} = 2^n$ als Anzahlformel interpretieren?

▶ **Antwort** Die Summe auf der linken Seite ist die Anzahl aller Teilmengen einer Menge mit n Elementen (also die Anzahl aller Teilmengen mit null Elementen *plus* die Anzahl aller Teilmengen mit einem Element *plus* ... usw.).

Für jedes Element einer n-elementigen Menge M und jede Teilmenge von $M' \subset M$ gibt es genau zwei Möglichkeiten: entweder $m \in M'$ oder $m \notin M'$. Daraus erklärt sich der Wert 2^n als Anzahl der Teilmengen von M. ◆

Frage 57

Was besagt der **Wohlordnungssatz** für die natürlichen Zahlen?

▶ **Antwort** Der Wohlordnungssatz besagt: *Jede nichtleere Teilmenge der natürlichen Zahlen besitzt ein kleinstes Element.*

Der Wohlordnungssatz kann wie das Beweisprinzip der vollständigen Induktion zum Nachweis dafür benutzt werden, dass eine Aussage A auf alle natürlichen Zahlen zutrifft. Dazu genügt es, Folgendes zu zeigen

(i) $A(1)$ *ist richtig.*

(ii) *Für alle $n \in \mathbb{N}$ gilt: aus $\neg A(n)$ folgt $\neg A(m)$ für eine natürliche Zahl $m < n$.*

Gilt nämlich (i), dann folgt mit dem Wohlordnungsprinzip aus der Annahme, dass eine Aussage A *nicht* auf alle natürlichen Zahlen zutrifft, dass es eine kleinste natürliche Zahl n' geben muss, sodass $A(n')$ *falsch* ist. Mit (ii) folgt daraus aber der Widerspruch, dass es noch eine kleinere Zahl als n gibt, für die die Aussage falsch ist. Folglich gilt $A(n)$ für alle $n \in \mathbb{N}$. ◆

Frage 58

Können Sie zeigen, dass aus dem Wohlordnungssatz die Gültigkeit des Beweisprinzips vollständiger Induktion folgt?

▶ **Antwort** Sei die Eigenschaft (i) aus der vorigen Frage gegeben und gelte außerdem

(ii') $A(n) \implies A(n+1)$.

Es gilt zu zeigen, dass zusammen mit dem Wohlordnungsprinzip daraus die Richtigkeit von A für alle natürlichen Zahlen folgt. Angenommen, das trifft nicht zu. Dann gibt es nach dem Wohlordnungsprinzip eine kleinste natürliche Zahl n', sodass $A(n')$ falsch ist. Dann ist aber $A(n'-1)$ richtig und wegen (ii') auch $A(n')$, im Widerspruch zur Annahme. ◆

Frage 59

Können Sie umgekehrt den Wohlordnungssatz mittels vollständiger Induktion herleiten?

▶ **Antwort** Angenommen, die nichtleere Menge $M \subset \mathbb{N}$ besitzt kein kleinstes Element. Dann ist $1 \notin M$, denn andernfalls wäre 1 das kleinste Element. Mit n kann aber auch $n+1$ nicht in der Menge enthalten sein, denn andernfalls gäbe es ein Element $m \in M$ mit der Eigenschaft $n < m < n+1$, die aber keine natürliche Zahl besitzt (vgl. Frage 42). Aus dem Induktionsprinzip folgt daraus $n \notin M$ für alle $n \in \mathbb{N}$, also $M = \emptyset$, im Widerspruch zur Voraussetzung, dass M nicht leer ist. ◆

Frage 60

Kennen Sie eine Anwendung des Wohlordnungssatzes?

▶ **Antwort** Ein typisches Beispiel wäre ein Beweis der Existenzbehauptung im Fundamentalsatz der Arithmetik: *Jede natürliche Zahl* > 1 *lässt sich in Primfaktoren zerlegen.* (Die Eindeutigkeit bekommt man allerdings nicht so leicht.)

Die Aussage ist sicherlich richtig für $n = 2$. Angenommen, $n' \in \mathbb{N}$ sei die kleinste Zahl, für die das nicht gilt. Dann kann n' keine Primzahl sein, also gibt es Zahlen $m, n \in \mathbb{N}$ mit $m, n < n'$ und $mn = n'$. Zumindest eine der Zahlen n oder m kann sich dann ebenfalls nicht in Primfaktoren zerlegen lassen – Widerspruch. ◆

Frage 61

Was bedeutet die Aussage: „Der Körper der reellen Zahlen ist **archimedisch angeordnet**"?

▶ **Antwort** Das heißt, dass in $\mathbb{R}$ die *Archimedische Eigenschaft* gilt:

Zu je zwei Zahlen x, y mit $x > 0$ existiert eine natürliche Zahl n, sodass $nx > y$.

Denn wäre $nx \leq y$ für alle $n \in \mathbb{N}$, dann wäre auch $n \leq \frac{y}{x}$ für alle $n \in \mathbb{N}$, d. h. $\frac{y}{x}$ wäre obere Schranke für $\mathbb{N}$, im Widerspruch zur Antwort auf Frage 40.

Die Unbeschränktheit von $\mathbb{N}$ nach oben und die in der Antwort zu Frage 61 genannte Eigenschaft sind äquivalent. ◆

Frage 62

Warum gibt es zu jeder reellen Zahl y eine natürliche Zahl n mit $n > y$?

▶ **Antwort** Die Aussage ist ein Spezialfall der Archimedischen Eigenschaft (Frage 40) für $x = 1$. ◆

Frage 63

Kennen Sie ein Beispiel für einen Körper, der zwar angeordnet, aber nicht archimedisch angeordnet ist?

▶ **Antwort** Der Körper der rationalen Funktionen ist mit der in Frage 12 definierten Ordnung kein archimedisch angeordneter Körper. Zum Beispiel sind in diesem Körper alle natürlichen Zahlen (aufgefasst als konstante Funktionen) durch x nach oben beschränkt: Es gilt $n < x$ für alle $n \in \mathbb{N}$. ◆

1.3 Die ganzen und rationalen Zahlen

Frage 64

Wie ist die Menge $\mathbb{Z}$ der **ganzen Zahlen** als Teilmenge von $\mathbb{R}$ definiert?

▶ **Antwort** Ausgehend von $\mathbb{R}$ definiert man die Menge der ganzen Zahlen einfach durch $\mathbb{Z} := \mathbb{N} \cup \{0\} \cup \{-n; \ n \in \mathbb{N}\}$. Damit ist $\mathbb{Z}$ der kleinste *Unterring* von $\mathbb{R}$.

Man beachte, dass wir die Menge $\mathbb{R}$ als gegeben voraussetzen und damit auch die ganzen Zahlen mit ihrer Ringstruktur automatisch „schon haben". Baut man im Unterschied dazu das Zahlsystem ausgehend von den natürlichen Zahlen auf, dann muss man die ganzen Zahlen aus den natürlichen durch algebraische Erweiterungsprozesse erst konstruieren, siehe dazu z. B. [29]. ◆

Frage 65

Wie ist die Menge $\mathbb{Q}$ der **rationalen Zahlen** als Teilmenge von $\mathbb{R}$ definiert?

▶ **Antwort** Der Körper der rationalen Zahlen ist der *Quotientenkörper* der ganzen Zahlen, d. h. $\mathbb{Q} := \{ab^{-1};\ a, b \in \mathbb{Z},\ b \neq 0\}$. Die Regeln der Bruchrechnung in $\mathbb{R}$ implizieren dann bereits, dass zwei „Brüche" ab^{-1} und cd^{-1} ($a, b, c, d \in \mathbb{Z}, b, d \neq 0$) dieselbe rationale Zahl darstellen, wenn $ad = bc$ gilt. Mit dieser Definition ist $\mathbb{Q}$ der kleinste *Unterkörper* der reellen Zahlen. ◆

Frage 66

Welche **algebraische Struktur** besitzen $\mathbb{Z}$ bzw. $\mathbb{Q}$?

▶ **Antwort** Die ganzen Zahlen bilden einen *kommutativen Ring mit Eins*, d. h. eine additive Abel'sche Gruppe, auf der eine Multiplikation definiert ist, sodass die Kommutativ-, Assoziativ- und Distributivgesetze gelten, und die das Einselement bezüglich der Multiplikation enthält. Die rationalen Zahlen $\mathbb{Q}$ bilden einen Körper. ◆

Frage 67

Was besagt die Aussage „$\mathbb{Q}$ ist dicht in $\mathbb{R}$"?

▶ **Antwort** Die Aussage bedeutet, dass in jedem Intervall $]x - \varepsilon, x + \varepsilon[= U_\varepsilon(x)$ mit $x, \varepsilon \in \mathbb{R}$ und $\varepsilon > 0$ der reellen Zahlen eine rationale Zahl liegt: $U_\varepsilon(x) \cap \mathbb{Q} \neq \emptyset$.

Man kann das beweisen, indem man für reelle Zahlen $y > 1$ zunächst zeigt, dass das Intervall $]y - 1, y + 1[$ mindestens eine natürliche Zahl enthält, etwa die Zahl $\min\{n \in \mathbb{N};\ n > y - 1\}$.

Ausgehend von einem gegebenen Intervall $]x - \varepsilon, x + \varepsilon[$ mit $x > 1$ wähle man dann n so groß, dass $1/n < \varepsilon$ ist, und bestimme die natürliche Zahl m, für die $nx - 1 < m \leq nx + 1$ gilt. Dann liegt $\frac{m}{n}$ im Intervall $]x - \varepsilon, x + \varepsilon[$.

Aus diesem Ergebnis für reelle Zahlen $x > 1$ folgt nun leicht die allgemeine Behauptung. ◆

Frage 68

Wieso ist auch die Menge $\mathbb{R} \setminus \mathbb{Q}$ der irrationalen Zahlen dicht in $\mathbb{R}$?

▶ **Antwort** Sei $]x - \varepsilon, x + \varepsilon[\subset \mathbb{R}$ ein reelles Intervall. Um zu zeigen, dass darin eine irrationale Zahl liegt, unterscheiden wir folgende Fälle:

(1) $x \in \mathbb{R} \setminus \mathbb{Q}$. In diesem Fall wähle man ein $n \in \mathbb{N}$ mit $n > \frac{1}{\varepsilon}$. Die Zahl $x + \frac{1}{n}$ ist dann irrational (denn aus $x + \frac{1}{n} = \frac{p}{q}$ mit ganzen Zahlen p und q würde $x = \frac{p}{q} - \frac{1}{n} \in \mathbb{Q}$ folgen) und im Intervall $]x, x + \varepsilon[$ enthalten.

(2) $x \in \mathbb{Q}$. In diesem Fall wähle man eine bestimmte irrationale Zahl ϱ (etwa $\varrho = \sqrt{3}$, die wir schon kennen) und n so groß, dass $\varrho < n\varepsilon$ gilt. Dann ist $x + \frac{\varrho}{n} \in\,]x - \varepsilon, x + \varepsilon[$, und mit demselben Argument wie in (1) zeigt man, dass $x + \frac{\varrho}{n}$ irrational ist.   ◆

Frage 69

Wie ist $[x]$ (Gauß-Klammer von x) für $x \in \mathbb{R}$ definiert? (Speziell in der Computerliteratur verwendet man hierfür oft die Bezeichnung „floor(x)" oder „$\lfloor x \rfloor$".)

▶ **Antwort** Der Wert von $[x]$ ist definiert als die eindeutig bestimmte ganze Zahl k mit $k \le x < k + 1$, also

$$[x] := \max\{k \in \mathbb{Z};\ k \le x\}.$$

Beispiel: Für die Kreiszahl $\pi = 3{,}14159265\ldots$ ist $[\pi] = 3$ und $[-\pi] = -4$.   ◆

Frage 70

Was besagt der Satz über die **Division mit Rest** in $\mathbb{Z}$?

▶ **Antwort** Der Satz besagt, dass zu je zwei ganzen Zahlen $a, b \in \mathbb{Z}$ mit $b > 0$ eine Zahl $q \in \mathbb{Z}$ sowie ein Rest $r \in \{0, 1, \ldots, b - 1\}$ existieren, sodass gilt

$$a = bq + r.$$

Dabei sind q und r eindeutig bestimmt. Man kann das beweisen, indem man für q den ganzzahligen Anteil $\lfloor a/b \rfloor$ von a/b nimmt und dann zeigt, dass mit $r := a - bq$ notwendig $0 \le r < b$ gilt.

Beispiel: $16 = 7 \cdot 2 + 2$.   ◆

Frage 71

Was besagt der Satz über den **Euklidischen Algorithmus** in $\mathbb{Z}$?

▶ **Antwort** Zu zwei Zahlen $a, b \in \mathbb{Z}$ mit $b > 0$ lässt sich durch sukzessive Division mit Rest auf eindeutige Weise folgendes Schema konstruieren

$$
\begin{aligned}
a &= bq_1 + r_1, & 0 &\le r_1 < b \\
b &= r_1 q_2 + r_2, & 0 &\le r_2 < r_1 \\
&\ \ \vdots & &\ \ \vdots \\
r_{n-2} &= r_{n-1} q_n + r_n, & 0 &\le r_n < r_{n-1} \\
r_{n-1} &= r_n q_{n+1} + 0.
\end{aligned}
$$

Die Folge $r_1, r_2, \ldots$ der Reste ist streng monoton fallend, und jeder Term ist nichtnegativ, folglich muss sie an einer Stelle abbrechen.

Die Methode der Konstruktion dieser Folge heißt *Euklidischer Algorithmus*, die Aussage des zugehörigen Satzes lautet, dass der letzte nicht verschwindende Term r_n der Folge der *größte gemeinsame Teiler* der Zahlen a und b ist. Dabei heißt $d \in \mathbb{Z}$ größter gemeinsamer Teiler von a und b, wenn

(i) d ein Teiler von a und ein Teiler von b ist und

(ii) für alle $e \in \mathbb{Z}$ gilt: aus $e \mid a$ und $e \mid b$ folgt $e \mid d$.

Der in dem Satz ausgesprochene Zusammenhang ergibt sich im Wesentlichen aus der einfachen Beobachtung, dass aus einer Beziehung der Form

$$a = bq + r$$

stets folgt, dass ein gemeinsamer Teiler von r und b auch ein Teiler von a sein muss. Liest man das Schema von unten nach oben, so erkennt man damit, dass tatsächlich $r_n = \mathrm{ggT}(a, b)$ gilt.   ◆

Frage 72

Wie definiert man rekursiv für $n \in \mathbb{N}_0 := N \cup \{0\}$ die Potenzen x^n einer reellen Zahl x? Wie definiert man rekursiv die Summe bzw. das Produkt von n reellen Zahlen $x_1, \ldots, x_n$?

▶ **Antwort** Die Potenzen sind durch $x^0 := 1$ und die Rekursionsvorschrift $x^n := x^{n-1} \cdot x$ definiert.

Ausgehend von Summe und Produkt zweier reeller Zahlen definiert man rekursiv die Summe und das Produkt endlich vieler reeller Zahlen durch

$$x_1 * \ldots * x_{n-1} * x_n = (x_1 * \ldots * x_{n-1}) * x_n.$$

Dabei ist „$*$" entweder als Additions- oder Multiplikationszeichen zu lesen.   ◆

Frage 73

Wie verallgemeinert man die Definition von x^n für negative Potenzen, falls $x \neq 0$ gilt?

▶ **Antwort** Man setzt $x^{-n} := (x^{-1})^n$. Diese Definition ist die einzige Möglichkeit, die für natürliche Zahlen n, m gültige Gleichung $x^{n+m} = x^n \cdot x^m$ zusammen mit $x^0 = 1$ auf die ganzen Zahlen fortzusetzen.   ◆

Frage 74

Welche Rechenregeln für Potenzen sind Ihnen geläufig?

▶ **Antwort** Wesentlich sind die folgenden drei Regeln.

$$x^n \cdot y^n = (xy)^n, \quad x^{n+m} = x^n \cdot x^m, \quad (x^n)^m = x^{nm} = (x^m)^n, \quad (x, y \in \mathbb{R}, \, m, n \in \mathbb{Z}).$$

Falls negative Potenzen auftreten, ist $x \neq 0$ bzw. $y \neq 0$ vorauszusetzen. ◆

Frage 75

Was besagt der **allgemeine Rekursionssatz**? Kennen Sie eine Anwendung?

▶ **Antwort** Der allgemeine Rekursionssatz besagt:

Sei $\mathfrak{M}$ eine Menge, und für jedes $n \in \mathbb{N}$ sei eine Abbildung $g_n : \mathfrak{M} \to \mathfrak{M}$ gegeben. Sei ferner $m \in \mathfrak{M}$ gegeben. Dann gibt es genau eine Abbildung $f : \mathbb{N} \to \mathfrak{M}$ mit

$$(i) \qquad f(1) = m$$
$$(ii) \qquad f(n+1) = g_n(f(n)).$$

Der Rekursionssatz ist ein sehr fundamentaler „metatheoretischer" Satz, der die theoretische Begründung dafür liefert, dass Abbildungen $\mathbb{N} \to \mathfrak{M}$ (d. h. Folgen) durch die Angabe eines Startwertes und einer Rekursionsvorschrift (mit der ja, streng genommen, zunächst nur ein unendlicher Prozess gegeben ist und kein mathematisches Objekt) eindeutig definiert werden können.

Mithilfe des Rekursionssatzes lässt sich beispielsweise *beweisen*, dass durch die Vorschrift $f(1) = 1$ und $f(n+1) = (n+1)f(n)$ tatsächlich eine Abbildung $\mathbb{N} \to \mathbb{N}$, $n \mapsto f(n) = n!$ definiert ist. ◆

1.4 Der Körper der komplexen Zahlen

Für die Konstruktion der komplexen Zahlen existieren verschiedene Modelle. Wir konzentrieren uns hier auf die drei gängigsten.

1. Beim *Standardmodell* geht man aus von der Menge

$$\mathbb{C} := \mathbb{R}^2 = \mathbb{R} \times \mathbb{R} = \{(a, b); a, b \in \mathbb{R}\}.$$

Man weiß aus der linearen Algebra, dass $\mathbb{C}$ bezüglich der komponentenweisen Addition

$$(A) : (a,b) \oplus (a',b') = (a + a', b + b')$$

eine abelsche Gruppe ist mit dem neutralen Element $0 = (0,0)$.

Ferner ist $\mathbb{C} = \mathbb{R}^2$ ein 2-dimensionaler Vektorraum mit der skalaren Multiplikation

$$r(a,b) = (ra, rb), \qquad r \in \mathbb{R}.$$

Eine Multiplikation von Zahlenpaaren liegt zunächst allerdings nicht auf der Hand. Die naheliegende Definition $(a,b) \cdot (a',b') = (aa', bb')$ führt zu keiner Körperstruktur auf $\mathbb{C}$, denn wegen $(1,0) \cdot (0,1) = (0,0)$ ist $\mathbb{C}$ mit *dieser* Multiplikation nicht nullteilerfrei und nach Eigenschaft (iii) aus Frage 4 $\mathbb{C}$ damit kein Körper sein. Die Multiplikation auf $\mathbb{C}$ muss also anders definiert sein.

2. Das zweite Modell ist an der Geometrie des $\mathbb{R}^2$ orientiert. Man betrachtet die Menge

$$\mathbb{C} := \left\{ \begin{pmatrix} a & -b \\ b & a \end{pmatrix}; a, b \in \mathbb{R} \right\}$$

von speziellen 2×2-Matrizen mit der Addition und Multiplikation von 2×2-Matrizen und weist nach, dass $\mathbb{C}$ bezüglich dieser Verknüpfungen ein Körper ist.

3. Das dritte Modell ist algebraisch orientiert. Man betrachtet den Polynomring $\mathbb{R}[X]$ und das von dem irreduziblen Polynom $P = X^2 + 1$ erzeugte Ideal und den Restklassenring

$$\mathbb{R}[X]/(X^2 + 1).$$

Diese Methode geht auf Cauchy (1847) zurück und ist vor allem wegen ihrer Verallgemeinerungsfähigkeit (Satz von Kronecker, vgl. [25]) von Bedeutung.

Es stellt sich heraus, dass die verschiedenen Modelle isomorph sind.

Frage 76

Können Sie folgende Aussagen beweisen?

1. Definiert man auf der Menge

$$\mathbb{C} := \mathbb{R}^2 = \mathbb{R} \times \mathbb{R} = \{(a,b); a, b \in \mathbb{R}\}$$

aller reellen Zahlenpaare eine Addition

$$(A) \quad (a,b) \oplus (a',b') = (a + a', b + b')$$

sowie eine Multiplikation

$$(M) \quad (a,b) \otimes (a',b') = (aa' - bb', ab' + a'b),$$

dann ist $(\mathbb{C}, \oplus, \otimes)$ ein Körper.

2. Die Menge

$$\mathbb{C}_\mathbb{R} = \{(a,0) | a \in \mathbb{R}\}$$

ist ein zu $\mathbb{R}$ isomorpher Unterkörper von $\mathbb{C}$. Durch $a \mapsto (a,0)$ wird $\mathbb{R}$ mit $\mathbb{C}_\mathbb{R}$ identifiziert.

Schreibt man eine reelle Zahl $a \in \mathbb{R}$ als $(a,0)$, dann erkennt man, dass $\mathbb{R}$ ein Unterkörper von $\mathbb{C}$ ist.

Speziell schreibt man $0 = (0,0)$ und $(1,0) = 1$. Für das Element $i := (0,1) \in \mathbb{C}$ gilt $i^2 = (-1,0) = -1$.

In $\mathbb{C}$ hat die Gleichung $z^2 + 1 = 0$ die beiden einzigen Lösungen i und $-i$.

Jedes $z \in \mathbb{C}$ besitzt eine eindeutige Normaldarstellung

$$z = a + bi \quad \text{mit} \quad a,b \in \mathbb{R}.$$

Dabei heißt a der Realteil und b der Imaginärteil von z.

▶ **Antwort** Um nachzuweisen, dass $\mathbb{C}$ ein Körper ist, muss man die 9 Körperaxiome einzeln nachprüfen.

$(\mathbb{C}, \oplus)$ ist eine abelsche Gruppe mit dem neutralen Element $0 = (0,0)$ und das additive Inverse zu $z = (a,b)$ ist $z' := (-a,-b)$.

$(\mathbb{C} \setminus \{0\}, \otimes)$ ist eine abelsche Gruppe mit dem neutralen Element $(1,0)$. Das multiplikativ Inverse (x,y) zu $(a,b) \neq (0,0)$ ergibt sich aus dem eindeutig lösbaren linearen Gleichungssystem

$$ax - by = 1, \quad bx + ay = 0.$$

Es ist

$$x = \frac{a}{a^2 + b^2} \quad \text{und} \quad y = \frac{-b}{a^2 + b^2}.$$

Die Gültigkeit des Distributivgesetzes ist unmittelbar zu sehen, und das Assoziativgesetz für die Multiplikation ergibt sich einfach durch Nachrechnen aus dem Assoziativgesetz in $\mathbb{R}$.

Ebenfalls durch elementares Nachrechnen bestätigt man, dass die Menge

$$\mathbb{C}_\mathbb{R} := \{(a,0) | a \in \mathbb{R}\}$$

mit der auf $\mathbb{C}_\mathbb{R}$ eingeschränkten Addition und Multiplikation ein Körper ist und die Abbildung

$$j : \mathbb{R} \to \mathbb{R}, a \mapsto (a,0)$$

ein Körperisomorphismus ist.

Identifiziert man die komplexe Zahl $(a,0)$ mit der reellen Zahl a, so wird $\mathbb{R}$ zu einem Unterkörper von $\mathbb{C}$.

Für das spezielle Element $i = (0,1) \in \mathbb{C}$ gilt

$$i^2 = (0,1) \cdot (0,1) = (-1,0) = -1.$$

Da ein Polynom vom Grad 2 höchstens 2 Nullstellen hat, sind also i und $-$i die einzigen Nullstellen der Gleichung $z^2 + 1 = 0$.

Die Normaldarstellung einer komplexen Zahl $z = (a, b)$ erhält man aus

$$z = (a, b) = (a, 0) + (0, b) = a + (b, 0)(0, 1) = a + b\mathrm{i}.$$

Die Eindeutigkeit ist evident, denn aus

$$a + b\mathrm{i} = a' + b'\mathrm{i}, \quad a \neq a', a, a', b, b' \in \mathbb{R}$$

folgt

$$a - a' = (b' - b)\mathrm{i}.$$

Wäre $b' \neq b$, dann folgte der Widerspruch $\frac{a-a'}{b-b'} = \mathrm{i} \in \mathbb{R}$.

Also ist $b = b'$ und damit auch $a = a'$.   ◆

Die zunächst als ziemlich willkürlich erscheinende Multiplikation (M) komplexer Zahlen wird also nachträglich dadurch gerechtfertigt, dass $(\mathbb{C}, \oplus, \otimes)$ ein Körper ist.

Da die Einschränkung der Addition und Multiplikation komplexer Zahlen auf reelle Zahlen gerade die dort schon existierende Addition und Multiplikation ist, verwendet man für die Addition und Multiplikation komplexer Zahlen auch einfach die Bezeichnungen

$$(a, b) + (a', b') = (a + a', b + b') \quad \text{bzw.}$$
$$(a, b) \cdot (a', b') = (a, b)(a', b').$$

Ferner stimmt das Produkt

$$(r, 0)(a, b) = (ra, rb)$$

mit dem Ergebnis der skalaren Multiplikation $r(a, b) = (ra, rb)$ in $\mathbb{R}^2$ überein.

Frage 77

Können Sie die Multiplikation (M) für die komplexen Zahlen motivieren?

Tipp: Nehmen Sie an, dass es einen Körper $\mathbb{K}$ gibt, der die reellen Zahlen als Unterkörper enthält und in welchem es ein Element i mit $\mathrm{i}^2 = -1$ gibt. Wie rechnet man dann in diesem Körper?

▶ **Antwort** Bereits die Teilmenge $\mathbb{C} := \{a + b\mathrm{i}; a, b \in \mathbb{R}\}$ ist ein Körper, denn für $z = a + b\mathrm{i}$ und $z' = a' + b'\mathrm{i}$ ($z, z' \in \mathbb{C}$) gilt

$$z + z' = (a + a') + (b + b')\mathrm{i} \in \mathbb{C} \quad \text{und}$$
$$zz' = (aa' + bb'\mathrm{i}^2) + (ab' + a'b)\mathrm{i}$$
$$= (aa' - bb') + (ab' + a'b) \in \in \mathbb{C}$$

und, falls $a + b\mathrm{i} \neq 0$ ist

$$(a + b\mathrm{i})^{-1} = \frac{a - b\mathrm{i}}{(a + b)(a - b\mathrm{i})} = \frac{a}{a^2 + b^2} + \frac{-b}{a^2 + b^2} \in \mathbb{C}.$$

Die Definition der Multiplikation in $\mathbb{C}$ ist also zwangsläufig.

Anmerkung: Hat man die Formel für die Multiplikation komplexer Zahlen vergessen, so schreibe man $z = a + b\mathrm{i}$ und $z' = a' + b'\mathrm{i}$ und rechne distributiv unter Verwendung von $\mathrm{i}^2 = -1$.

Beispiel: $z = 2 - 6\mathrm{i},\, z' = 1 + \mathrm{i}$.

$$zz' = aa' - bb' + (ab' + a'b)\mathrm{i} = 2 \cdot 1 - 6\mathrm{i}^2 + (2 - 6\mathrm{i}) = 8 - 4\mathrm{i}. \qquad \blacklozenge$$

Frage 78

Durch welche Eigenschaften ist der Körper der komplexen Zahlen bis auf Isomorphie eindeutig bestimmt?

▶ **Antwort** Der Körper $\mathbb{C}$ der komplexen Zahlen ist bis auf Isomorphie durch folgende Eigenschaften eindeutig bestimmt.

1. $\mathbb{C}$ enthält $\mathbb{R}$ als Unterkörper.
2. In $\mathbb{C}$ gibt es ein Element i mit $\mathrm{i}^2 = -1$.
3. Jedes $z \in \mathbb{C}$ lässt sich eindeutig in der Gestalt $z = a + b\mathrm{i}$ mit $a, b \in \mathbb{R}$ darstellen.

Dass $\mathbb{C}$ die drei Eigenschaften hat, ist aufgrund der Konstruktion klar. Um $\mathbb{R}$ als Unterkörper von $\mathbb{C}$ aufzufassen, muss man allerdings $\mathbb{C}_{\mathbb{R}}$ und $\mathbb{R}$ identifizieren, was aufgrund des Isomorphismus

$$j : \mathbb{R} \to \mathbb{C}_{\mathbb{R}}, \quad a \mapsto (a, 0)$$

gerechtfertigt ist.

Durch Betrachtung von $\tilde{\mathbb{C}} := (\mathbb{C} \setminus \mathbb{C}_{\mathbb{R}}) \cup \mathbb{R}$ kann man jedoch auch einen Körper konstruieren, der $\mathbb{R}$ von vorne herein als Unterkörper enthält. Wir haben oben auf diese algebraische Konstruktion verzichtet und haben $\mathbb{C}_{\mathbb{R}}$ mit $\mathbb{R}$ identifiziert. Ist nun $\mathbb{C}'$ ein weiterer Körper, der $\mathbb{R}$ als Unterkörper enthält und in dem es ein Element i' mit $\mathrm{i}'^2 = -1$ gibt und für den $\mathbb{C}' = \mathbb{R} + \mathbb{R}\mathrm{i}'$ gilt, so betrachte man die Abbildung

$$\Psi : \mathbb{C}' \to \mathbb{C}, a' + b'\mathrm{i} \mapsto a + b\mathrm{i} \quad (a, b \in \mathbb{R}).$$

Diese ist offensichtlich ein Isomorphismus. $\blacklozenge$

Frage 79

Können Sie nachweisen, dass die Menge

$$\mathcal{C} := \left\{ \begin{pmatrix} a & -b \\ b & a \end{pmatrix} ; a, b \in \mathbb{R} \right\}$$

der speziellen reellen 2×2-Matrizen zusammen mit der Matrizenaddition und -multiplikation ein Körper ist, der zum Körper $\mathbb{C}$ isomorph ist?

▶ **Antwort** Die Menge $\mathcal{C}$ ist abgeschlossen gegenüber der Addition von Matrizen, das Nullelement ist die Nullmatrix $\begin{pmatrix} 0 & 0 \\ 0 & 0 \end{pmatrix}$.

$\mathcal{C}$ ist auch gegenüber der Multiplikation abgeschlossen und die Multiplikation ist für diese speziellen Matrizen kommutativ, wie man sofort nachprüft.

Die inverse Matrix zu $A = \begin{pmatrix} a & b \\ -b & a \end{pmatrix}$ ist

$$A^{-1} = \frac{1}{\det A} A^T = \frac{1}{a^2 + b^2} \begin{pmatrix} a & b \\ -b & a \end{pmatrix}.$$

Für die spezielle Matrix $I := \begin{pmatrix} 0 & -1 \\ 1 & 0 \end{pmatrix}$ gilt $I^2 = - \begin{pmatrix} 1 & 0 \\ 0 & 1 \end{pmatrix} = -E_2$.

Durch die Abbildung

$$\Psi : \mathcal{C} \to \mathbb{C}, \quad \begin{pmatrix} a & -b \\ b & a \end{pmatrix} = a \begin{pmatrix} 1 & 0 \\ 0 & 1 \end{pmatrix} + b \begin{pmatrix} 0 & -1 \\ 1 & 0 \end{pmatrix} \mapsto a + b\mathrm{i}$$

erhält man einen Isomorphismus.   ◆

Frage 80

Können Sie erläutern, wie man $\mathbb{C}$ als *algebraische Körpererweiterung* von $\mathbb{R}$ erhält?

▶ **Antwort** Im Polynomring $\mathbb{R}[X]$ bildet man die Restklassen $\mathbb{R}[X]/(X^2 + 1)$.

Zwei Polynome f und g aus $\mathbb{R}[X]$ sind also genau dann äquivalent, wenn sie bei Division durch $X^2 + 1$ denselben Rest lassen. Die Reste haben hier die Gestalt $a + bX$ mit $a, b \in \mathbb{R}$ und bilden ein Repräsentantensystem für $R[X]/(X^2 + 1)$.

Für die Repräsentanten rechnet man wie folgt

$$[a + bX] \oplus [c + dX] = [(a + c) + (b + d)X]$$
$$[a + bX] \otimes [c + dX] = [ac + bdX^2 + (ad + bc)X]$$
$$= [(ac - bd) + (ad + bc)X].$$

Die zu $[a + bX]$ inverse Äquivalenzklasse ist

$$\left[\frac{a}{a^2 + b^2} - \frac{b}{a^2 + b^2} X\right] \quad (a, b) \neq (0, 0).$$

Durch

$$\mathbb{R} \to \mathbb{R}[X]/(X^2 + 1), \quad a \mapsto [a]$$

wird $\mathbb{R}$ in $\mathbb{R}[X]/(X^2 + 1)$ eingebettet.

Setzt man $j := [X]$, dann ist j Nullstelle des Polynoms $X^2 + 1$, d. h. $j^2 = -1$, und es ergibt sich

$$[a + bX] = a + b[X] = a + bj \quad \text{mit } j^2 = -1.$$

Die Abbildung

$$\Psi : \mathbb{R}[X]/(X^2 + 1) \to \mathbb{C}, \quad [a + bX] \mapsto a + bi$$

ist ein Isomorphismus.

Hintergrund: Die Konstruktion der komplexen Zahlen als Restklassenring nach dem von $X^2 + 1$ erzeugten Ideal geht auf Cauchy (1847) zurück. Der von Cauchy beobachtete Fall ist ein Spezialfall eines allgemeinen Satzes von C. Kronecker (1882) (vgl. [25]).

Für jedes irreduzible Polynom $P \in K[X]$ existiert ein Erweiterungskörper L von K mit $\deg(L|K) = \deg P$ *und ein Element $a \in L$ mit $P(a) = 0$.*

In unserem Spezialfall ist $K = \mathbb{R}$, $P = X^2 + 1 \in \mathbb{R}[X]$ und $a = j = [X]$. ◆

Frage 81

Warum lässt sich der Körper der komplexen Zahlen nicht (wie die reellen Zahlen) anordnen?

▶ **Antwort** In einem angeordneten Körper gilt für ein Element $a \neq 0$ stets $a^2 > 0$. Wegen $i^2 = -1 < 0$ und $i \neq 0$ gilt dies in $\mathbb{C}$ nicht, und daher kann $\mathbb{C}$ nicht angeordnet sein.

Beachte: Komplexe Zahlen lassen sich nicht der Größe nach vergleichen! Jedoch ist der Betrag einer komplexen Zahl eine nicht negative reelle Zahl und die Beträge komplexer Zahlen lassen sich der Größe nach vergleichen. ◆

Frage 82

Warum besitzt die Gleichung $x^2 + 1 = 0$ keine Lösung in $\mathbb{R}$?

▶ **Antwort** Die Gleichung impliziert $x^2 = -1 < 0$, das Quadrat einer reellen Zahl ist aber stets positiv oder Null. ◆

Frage 83

Welche Gründe gibt es, den Körper $\mathbb{R}$ der reellen Zahlen zum Körper $\mathbb{C}$ der komplexen Zahlen zu erweitern?

▶ **Antwort** Ein Grund dafür liegt in der negativen Antwort zur vorigen Frage. Nicht jede Gleichung, die sich im Körper der reellen Zahlen formulieren lässt, besitzt innerhalb von $\mathbb{R}$ auch eine Lösung.

Um zu erreichen, dass jede polynomiale Gleichung eine Lösung besitzt, gibt es nur die Möglichkeit, zu einem Erweiterungskörper von $\mathbb{R}$ überzugehen, der diese Eigenschaft hat. Für jeden Körper gibt es einen solchen *algebraisch abgeschlossenen* Oberkörper. Dass $\mathbb{C}$ als Oberkörper der reellen Zahlen algebraisch abgeschlossen ist, ist die Aussage des *Fundamentalsatzes der Algebra: Jedes nichtkonstante komplexe Polynom besitzt mindestens eine Nullstelle in $\mathbb{C}$.*

Das ganze Ausmaß der Bedeutung und Nützlichkeit der komplexen Zahlen ist durch diese theoretische Motivation allerdings noch nicht annäherungsweise erschöpft. Selbst in der reellen Analysis spielen sie an vielen Stellen eine große Rolle. Stichworte sind *Fourierreihen, Partialbruchzerlegung rationaler Funktionen, Schwingungsdifferenzialgleichungen* u. v. m.

Für die komplexe Analysis (Funktionentheorie) sind die komplexen Zahlen die unverzichtbare Grundlage.   ◆

Frage 84

Wie addiert bzw. multipliziert man zwei komplexe Zahlen z, z', wenn diese gegeben sind durch $z = a + ib$ bzw. $z' = a' + ib'$, $(a, a', b, b' \in \mathbb{R}, i^2 = -1)$?

▶ Als Summe zweier komplexer Zahlen erhält man

$$z + z' = (a + ib) + (a + ib') = (a + a') + i(b + b').$$

Geometrisch entspricht das der Addition zweier Vektoren im $\mathbb{R}^2$, s. Abb. 1.4.

Abb. 1.4 Die Addition zweier Zahlen in $\mathbb{C}$ entspricht der Vektoraddition in $\mathbb{R}^2$

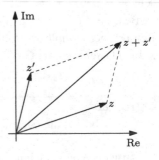

Für das Produkt zz' gilt

$$zz' = (a + ib)(a' + ib') = aa' + iab' + ia'b + i^2bb'$$
$$= (aa' - bb') + i(ab' + a'b).$$

Eine geometrische Interpretation der Multiplikation erhält man leicht mittels Polarkoordinaten, vergleiche dazu die Fragen 99 und 101. ◆

Frage 85

Wie berechnet man zu einer komplexen Zahl $z = a + ib$ mit $(a, b) \neq (0, 0)$ das **multiplikativ inverse** Element?

▶ **Antwort** Sei $z^{-1} := x + iy$ das gesuchte Inverse. Der Ansatz $z \cdot z^{-1} = (a + ib)(x + iy) = 1 = 1 + i \cdot 0$ führt auf die beiden Gleichungen $ax - by = 1$ und $ay + bx = 0$, und mit einer direkten Rechnung erhält man daraus die Lösungen

$$x = \frac{a}{a^2 + b^2}, \qquad y = -\frac{b}{a^2 + b^2}.$$ ◆

Frage 86

Was versteht man unter der zu einer komplexen Zahl $z = a + bi$ **konjugiert komplexen Zahl**?

▶ **Antwort** Die komplexe Zahl $\bar{z} := a - ib$.   ◆

Frage 87

Welche Haupteigenschaften hat die Abbildung $^{-} : \mathbb{C} \to \mathbb{C}$, $z = a + ib \mapsto \bar{z} = a - ib$.

▶ **Antwort** Es gelten die folgenden Eigenschaften:

$$\bar{\bar{z}} = z, \qquad \overline{z \pm z'} = \bar{z} \pm \bar{z}', \qquad \overline{zz'} = \bar{z} \cdot \bar{z}', \qquad a = \frac{z + \bar{z}}{2}, \ b = \frac{z - \bar{z}}{2i},$$

sowie ferner

$$z \in \mathbb{R} \Longleftrightarrow z = \bar{z}, z \in i\mathbb{R} \Longleftrightarrow \bar{z} = -z, \qquad z\bar{z} = a^2 + b^2 \in \mathbb{R}_{\geq 0},$$

s. Abb. 1.5.

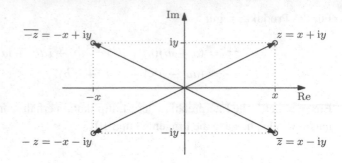

Abb. 1.5 Zum Verhältnis von Negativem und konjugiert Komplexem einer komplexen Zahl

Alle Eigenschaften lassen sich mit direkten Rechnungen verifizieren.

Anmerkung: Die Abbildung $\mathbb{C} \to \overline{\mathbb{C}}$ ist ein **involutorischer Automorphismus** mit dem Fixkörper $\mathbb{R}$. ♦

Frage 88

Wie ist der **Betrag einer komplexen Zahl** $z = a + ib$ $(a, b \in \mathbb{R})$?

▶ **Antwort** Der Absolutbetrag ist für $z, w \in \mathbb{C}$ definiert durch

$$|z| := \sqrt{z\overline{z}} = \sqrt{a^2 + b^2}.$$

Interpretiert man die komplexe Zahlenebene als den $\mathbb{R}^2$ und die komplexe Zahl $z = a + ib$ als den Vektor (a, b), so entspricht der komplexe Betrag also gerade der euklidischen Norm des assoziierten Vektors. ♦

Frage 89

Welche Haupteigenschaften gelten für den Betrag einer komplexen Zahl?

▶ **Antwort** Für $z, w \in \mathbb{C}$ gilt

(1) $|z| \geq 0$ und $|z| = 0 \Leftrightarrow z = 0$,   (4) $|z \cdot w| = |z| \cdot |w|$,

(2) $|z + w| \leq |z| + |w|$,   (5) $|\operatorname{Re} z| \leq |z|$, $|\operatorname{Im} z| \leq |z|$,

(3) $|z - w| \geq \big||z| - |w|\big|$.

Diese Eigenschaften werden in den folgenden Fragen nachgewiesen. ♦

Frage 90

Warum gilt für den Realteil bzw. Imaginärteil einer komplexen Zahl z stets $|\operatorname{Re}(z)| \leq |z|$ bzw. $|\operatorname{Im}(z)| \leq |z|$?

▶ **Antwort** Es gilt $|z| = \sqrt{(\operatorname{Re} z)^2 + (\operatorname{Im} z)^2} \geq \sqrt{(\operatorname{Re} z)^2} = |\operatorname{Re} z|$, und auf demselben Weg erhält man die Abschätzung für den Imaginärteil. ◆

Frage 91

Wie lauten die Dreiecksungleichungen im Komplexen für Abschätzungen nach oben bzw. nach unten?

▶ **Antwort** Es handelt sich um die Eigenschaften (3) bzw. (4) aus Frage 89. Für $z := x + \mathrm{i}y$ und $w := u + \mathrm{i}v$ folgt (3) aus

$$\left(\sqrt{x^2 + y^2} + \sqrt{u^2 + v^2}\right)^2 = x^2 + y^2 + 2\sqrt{x^2 + y^2}\sqrt{u^2 + v^2} + u^2 + v^2$$

$$\leq x^2 + 2xu + u^2 + y^2 + 2yv + v^2 = \sqrt{(x+u)^2 + (y+v)^2}^2.$$

Mit der Dreiecksungleichung erhält man (4) auf dieselbe Weise, wie die entsprechende reelle Ungleichung in 17 hergeleitet wurde. ◆

Frage 92

Warum wird durch $d(z, w) := |z - w|$ für $z, w \in \mathbb{C}$ eine Metrik auf $\mathbb{C}$ definiert?

▶ **Antwort** Die Abbildung $d : \mathbb{C} \times \mathbb{C} \to \mathbb{R}$ erfüllt alle Eigenschaften einer Metrik, das heißt

(M1) $|z - w| = 0 \iff z = w$ *(Definitheit)*,

(M2) $|z - w| = |w - z|$ *(Symmetrie)*,

(M3) $|z - w| \leq |z - \zeta| + |\zeta - w|$ *für alle* $\zeta \in \mathbb{C}$ *(Dreiecksungleichung)*.

Eigenschaft (M1) folgt aus $|z| = 0 \iff z = 0$, (M2) ist eine Folge von $|z| = |-z|$, und (M3) ergibt sich mit der Dreiecksungleichung für den komplexen Betrag:

$$|z - w| = |z - \zeta + \zeta - w| \leq |z - \zeta| + |\zeta - w|.$$ ◆

Frage 93

Wieso ist für $z = x + \mathrm{i}y$ ($x, y \in \mathbb{R}$) und $w = u + \mathrm{i}v$ ($u, v \in \mathbb{R}$) $\operatorname{Re}(z\overline{w}) = \operatorname{Re}(\overline{z}w)$ gleich dem Standardskalarprodukt von $z = (x, y) \in \mathbb{R}^2$ und $w = (u, v) \in \mathbb{R}^2$?

▶ **Antwort** Es gilt

$$\operatorname{Re}(z\overline{w}) = \operatorname{Re}(\overline{z}w) = \operatorname{Re}((x - \mathrm{i}y)(u + \mathrm{i}v)) = xu + yv = \langle z, w \rangle.$$

Dabei sind die komplexen Zahlen z und w als Vektoren des $\mathbb{R}^2$ zu interpretieren. ◆

Frage 94

Warum ist die Ungleichung $|\mathrm{Re}(z\overline{w})| = |\mathrm{Re}(\overline{z}w)| \leq |z| \cdot |w|$ mit der Cauchy-Schwarz'schen Ungleichung im $\mathbb{R}^2$ identisch?

▶ **Antwort** Im Sinne der Antwort zur vorigen Frage *ist* die Ungleichung nichts anderes als die Cauchy-Schwarz'sche Ungleichung

$$|\langle z, w \rangle| \leq |z| \cdot |w|, \quad z, w \in \mathbb{C} \simeq \mathbb{R}^2.$$

Dabei bezeichnet $|(x, y)| := \sqrt{x^2 + y^2}$ die euklidische Norm im $\mathbb{R}^2$.   ◆

Frage 95

Wie ist die **offene Kreisscheibe** $U_\varepsilon(a)$ mit Mittelpunkt $a \in \mathbb{C}$ und Radius $\varepsilon > 0$ in $\mathbb{C}$ definiert?

▶ $U_\varepsilon(a)$ ist die Menge aller $z \in \mathbb{C}$, die von a einen kleineren Abstand als ε haben,

$$U_\varepsilon(a) := \{z \in \mathbb{C}; \ |z - a| < \varepsilon\}. \tag{1.2}$$

Geometrisch entspricht $U_\varepsilon(a)$ einer offenen Kreisscheibe um a mit Radius ε, s. Abb. 1.6.   ◆

Abb. 1.6 Die offene Kreisscheibe $U_\varepsilon(a)$

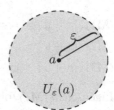

Frage 96

Wie ist die *Einheitskreislinie* S^1 in $\mathbb{C}$ definiert?

Warum ist S^1 eine Gruppe bezüglich der Multiplikation in $\mathbb{C}$ und warum gilt $z^{-1} = \overline{z}$?

▶ **Antwort** S^1 ist die Menge aller komplexen Zahlen, die den Betrag 1 haben,

$$S^1 := \{z \in \mathbb{C}; \ |z| = 1\}.$$

Geometrisch handelt es sich dabei um einen Kreis mit Radius 1 um den Nullpunkt.

Mit $z, w \in S^1$ gilt wegen $|z| = |w| = 1$ auch $|zw| = |z||w| = 1$. Also ist mit z und w auch das Produkt zw ein Element von S^1. Ferner ist $1 \in S^1$. Wegen $|z| = |\overline{z}|$ für alle $z \in \mathbb{C}$ folgt aus $z \in S^1$ auch $\overline{z} \in S^1$, und es gilt $z\overline{z} = |z|^2 = 1$. Also hat jedes $z \in S^1$ mit $\overline{z}$ ein multiplikativ Inverses in S^1. Insgesamt folgt, dass S^1 eine Gruppe ist.   ◆

Frage 97

Was versteht man unter der **Spiegelung an der Einheitskreislinie** (häufig auch Spiegelung am Einheitskreis genannt)?

▶   Die Spiegelung an der Einheitskreislinie ist die Lösung zu dem geometrischen Problem, zu zwei gegebenen Punkten O und P der euklidischen Ebene einen Punkt P' zu konstruieren, für den $\overline{OP} \cdot \overline{OP'} = 1$ gilt. Der Punkt P' heißt Spiegelpunkt zu P, wenn er auf der Halbgeraden OP liegt.

Abb. 1.7 zeigt die Konstruktion des Spiegelpunktes. Je nachdem, ob P oder P' gegeben ist, erhält man den Punkt R als Schnittpunkt von S^1 mit dem Thaleskreis über OP bzw. der auf OP' senkrecht stehenden Geraden durch P'. Die Konstruktion der rechtwinkligen Dreiecke $OP'R$ bzw. ORP liefert den gesuchten Spiegelpunkt.

Die Gleichung $\overline{OP} \cdot \overline{OP'}$ folgt aus der Ähnlichkeit der beiden Dreiecke $OP'R$ und ORP. Mit dieser gilt nämlich $1 : \overline{OP'} = \overline{OP} : 1$.   ◆

Abb. 1.7 Konstruktion des Spiegelpunkts P' mit $\overline{OP} \cdot$ $\overline{OP'} = 1$

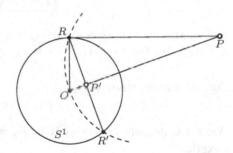

Frage 98

Wie erhält man durch eine einfache geometrische Konstruktion für einen Punkt $z \in \mathbb{C}$, $z \neq 0$, den Punkt z^{-1}?

▶   Wegen $z = |z|/\overline{z}$ liegt $1/\overline{z}$ auf der Geraden durch z und dem Nullpunkt der komplexen Ebene. Da ferner $|z| \cdot |1/\overline{z}| = 1$ gilt, ist $1/\overline{z}$ gerade der Spiegelpunkt von z bezüglich der Einheitskreislinie, man erhält ihn aus z mit der geometrischen Konstruktion aus Frage 97. Aus $1/\overline{z}$ erhält man nun $1/z$ durch Spiegelung an der reellen Achse, denn $1/z$ ist die zu $1/\overline{z}$ konjugiert komplexe Zahl, s. Abb. 1.8   ◆

Abb. 1.8 Geometrische
Konstruktion von z^{-1} im Kom-
plexen durch Spiegelung am
Einheitskreis

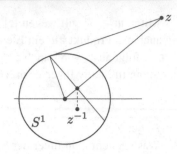

Frage 99

Was versteht man unter einer **Polarkoordinatendarstellung** einer komplexen Zahl?

▶ Jede komplexe Zahl $\neq 0$ lässt sich durch die Angabe ihres Betrages r und des (im Bogenmaß gemessenen) Winkels φ, den die Gerade durch z und den Nullpunkt mit der positiven reellen Achse einschließt, eindeutig identifizieren. Mit den trigonometrischen Funktionen Sinus und Cosinus, wie man sie etwa aus der Schule her kennt, gilt dann $\operatorname{Re} z = r \cos\varphi$ und $\operatorname{Im} z = r \sin\varphi$.

Daraus kann man schließen, dass jede komplexe Zahl z eine Darstellung der Form

$$\boxed{z = r(\cos\varphi + \mathrm{i}\sin\varphi).} \qquad (*)$$

besitzt. Man nennt $(*)$ eine *Polarkoordinatendarstellung* von z, φ heißt ein *Argument von z*, s. Abb. 1.9. Für $z = 0$ ist $r = 0$ und $\varphi \in \mathbb{R}$ beliebig.   ◆

Zur Abkürzung setzen wir

$$E(\varphi) = \cos\varphi + \mathrm{i}\sin\varphi.$$

Wie wir später sehen werden gilt die *Euler'sche Formel* $E(\varphi) = \exp(\mathrm{i}\varphi)$ und damit $z = r\exp(\mathrm{i}\varphi)$.

Abb. 1.9 In einer Polarkoordinatendarstellung wird $z \subset \mathbb{C}$
durch r und φ ausgedrückt

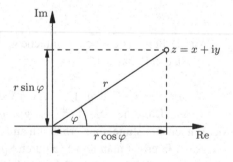

Frage 100

Inwiefern ist die Polarkoordinatendarstellung einer komplexen Zahl eindeutig?

▶ **Antwort** Die Zahl φ ist in der Polarkoordinatendarstellung $(*)$ nicht eindeutig bestimmt, denn für alle $k \in \mathbb{Z}$ ist mit $(*)$ auch

$$r\big(\cos(\varphi + 2k\pi) + \mathrm{i}\sin(\varphi + 2k\pi)\big)$$

eine Darstellung der Zahl z. Das ist ein Ausdruck der anschaulichen Tatsache, dass man zum Ausgangspunkt zurückkommt, wenn man in der komplexen Ebene den Ursprung k-mal umrundet. Das Argument von z ist also nur bis auf die Addition eines ganzzahligen Vielfachen von 2π bestimmt. Streng genommen sollte man $\arg z$ deswegen auch nicht als reelle Zahl auffassen, sondern als *Äquivalenzklasse reeller Zahlen*, die durch die Relation $\varphi \sim \psi \iff \varphi - \psi \in 2\pi\mathbb{Z}$ bestimmt ist. In der Regel wählt man $\varphi \in [0, 2\pi[$ oder $\varphi \in \,]-\pi, \pi]$. Für $\varphi \in \,]-\pi, \pi]$ spricht man vom *Hauptwert des Arguments*. Die Abbildung von $\mathbb{C}$ auf den Hauptwert des Arguments wird mit Arg bezeichnet. So gilt zum Beispiel $\operatorname{Arg} \mathrm{i} = \frac{\pi}{2}$, $\operatorname{Arg}(-\mathrm{i}) = -\frac{\pi}{2}$ und $\operatorname{Arg}(-1) = -\pi$. ◆

Frage 101

Wie multipliziert man zwei komplexe Zahlen z und w, wenn diese durch eine Polarkoordinatendarstellung gegeben sind?

▶ **Antwort** Mit der Polarkoordinatendarstellung zweier komplexer Zahlen z_1 und z_2 erhält man

$$
\begin{aligned}
z_1 \cdot z_2 &= r_1(\cos\varphi_1 + \mathrm{i}\sin\varphi_1) \cdot r_2(\cos\varphi_2 + \mathrm{i}\sin\varphi_2) \\
&= r_1 r_2 \left(\cos\varphi_1 \cos\varphi_2 - \sin\varphi_1 \sin\varphi_2 + \mathrm{i}(\cos\varphi_1 \sin\varphi_2 - \sin\varphi_1 \cos\varphi_2)\right) \\
&= r_1 r_2 \left(\cos(\varphi_1 + \varphi_2) + \mathrm{i}\sin(\varphi_1 + \varphi_2)\right).
\end{aligned}
\tag{$*$}
$$

Im letzten Schritt wurden dabei die *Additionstheoreme* des Sinus und Cosinus angewendet (vgl. Frage 395 (5)). ◆

Frage 102

Ist $w = a + \mathrm{i}b$ eine komplexe Zahl $\neq 0$, dann wird durch die Abbildung $\mu_w(z) := z \mapsto wz$ eine **Drehstreckung** $\mu_w \colon \mathbb{C} \to \mathbb{C}$ definiert. Können Sie das zeigen?

▶ **Antwort** Als Abbildung $\mathbb{R}^2 \to \mathbb{R}^2$ betrachtet ist μ_w $\mathbb{R}$-linear und wird durch die Matrix $A = \begin{pmatrix} a & -b \\ b & a \end{pmatrix}$ beschrieben. Diese besitzt die Zerlegung

$$\begin{pmatrix} \sqrt{\det A} & 0 \\ 0 & \sqrt{\det A} \end{pmatrix} \cdot \begin{pmatrix} \alpha & -\beta \\ \beta & \alpha \end{pmatrix}$$

mit $\alpha := a/\sqrt{\det A}$ und $\beta := b/\sqrt{\det A}$. Die vordere Matrix beschreibt offensichtlich eine Streckung. Für die Einträge der hinteren gilt

$$\alpha^2 + \beta^2 = \left(\frac{a}{\sqrt{\det A}} \right)^2 + \left(\frac{b}{\sqrt{\det A}} \right)^2 = \frac{a^2 + b^2}{\det A} = \frac{\det A}{\det A} = 1.$$

Die Punkte (α, β) liegen also auf dem Einheitskreis, damit gibt es eine Zahl $\vartheta \in [0, 2\pi[$, sodass

$$\begin{pmatrix} \alpha & -\beta \\ \beta & \alpha \end{pmatrix} = \begin{pmatrix} \cos \vartheta & -\sin \vartheta \\ \sin \vartheta & \cos \vartheta \end{pmatrix}.$$

Eine Matrix dieser Form beschreibt bekanntlich eine Drehung im $\mathbb{R}^2$. μ_w setzt sich also zusammen aus einer Drehung, gefolgt von einer Streckung.   ◆

Frage 103

Wie lässt sich die Multiplikation komplexer Zahlen geometrisch deuten?

▶ Mit (∗) bekommt man folgende geometrische Deutung: *Zwei komplexe Zahlen werden miteinander multipliziert, indem man ihre Beträge multipliziert und ihre Argumente addiert.* Das entspricht einer Drehstreckung im $\mathbb{R}^2$, s. Abb. 1.10

Mit der *Euler'schen Formel* $E(\varphi)E(\psi) = E(\varphi + \psi)$ lässt sich der Sachverhalt auch in der Form

$$z \cdot w = |z|e^{i \arg z} \cdot |w|e^{i \arg w} = |zw|e^{i(\arg z + \arg w)}$$

ausdrücken, wodurch der Zusammenhang mit der *Funktionalgleichung* (s. Frage 378) der komplexen Exponentialfunktion sichtbar wird.

Dabei gelte

$$\arg(z) + \arg(w) := \{\varphi + \psi \; ; \; \varphi \in \arg(z), \psi \in \arg(w)\}.$$ ◆

Abb. 1.10 Für zw gilt
$\mathrm{Arg}\,(zw) = \mathrm{Arg}\,(z) + \mathrm{Arg}\,(w)$
$(\mathrm{mod}\ 2\pi)$ und $|zw| = |z| \cdot |w|$

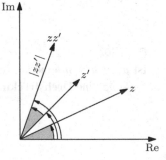

Frage 104

Was versteht man unter der **n-ten Einheitswurzel** in $\mathbb{C}$ ($n \in \mathbb{N}$)? Wie viele n-te Einheitswurzeln gibt es?

▶ **Antwort** Eine n-te Einheitswurzel ist definitionsgemäß eine Lösung der Gleichung $z^n - 1 = 0$ in $\mathbb{C}$, also eine komplexe Zahl ζ, für die $\zeta^n = 1$ gilt.

Für eine n-te Einheitswurzel $\zeta := r(\cos\varphi + i\sin\varphi)$ hat man aufgrund einer leicht zu beweisenden Verallgemeinerung der Antwort zu vorigen Frage die Darstellung

$$\zeta^n = r^n(\cos n\varphi + i\sin n\varphi) = 1.$$

Insbesondere sind die Zahlen $\cos\frac{2\pi}{n}k + i\sin\frac{2\pi}{n}k$ für beliebiges $k \in \mathbb{Z}$ (speziell für $k = 0, 1, \ldots, n-1$) n-te Einheitswurzeln. Wegen $\sin n\varphi = 0$ folgt hieraus $r = 1$ und $n\varphi = 2k\pi$ mit $k \in \mathbb{Z}$. Andersherum sind mit $\varphi_k := 2k\pi/n$ auch alle Zahlen

$$\zeta_k := (\cos\varphi_k + i\sin\varphi_k), \qquad k \in \mathbb{Z}$$

n-te Einheitswurzeln, aber nicht alle davon sind verschieden. Für $\ell, j \in \mathbb{Z}$ gilt

$$\zeta_\ell = \zeta_j \iff \frac{2\ell\pi}{n} - \frac{2j\pi}{n} \in 2\pi\mathbb{Z} \iff \ell - j \in n\mathbb{Z}.$$

Es gibt also genau n verschiedene n-te Einheitswurzeln, nämlich $\zeta_0, \zeta_1, \ldots, \zeta_{n-1}$. Für diese hat man auch eine explizite Darstellung

$$\zeta_{l,n} = \zeta_\ell = \cos\frac{2\ell\pi}{n} + i\sin\frac{2\ell\pi}{n}, \qquad \ell = 0, \ldots, n-1.$$

 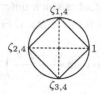

Abb. 1.11 Dritte, vierte und fünfte Einheitswurzeln in $\mathbb{C}$

Die n-ten Einheitswurzeln liegen auf der Einheitskreislinie und bilden die Eckpunkte eines regulären n-Ecks (vgl. Abb. 1.11) mit einer Ecke in 1. Mit ζ_ν und ζ_μ ist auch $\zeta_\nu\zeta_\mu$ eine n-te Einheitswurzel. Aus den Eigenschaften der komplexen Multiplikation ergibt sich leicht, dass die n-ten Einheitswurzeln bezüglich der Multiplikation eine Gruppe bilden, die isomorph zur additiven Restklassengruppe $\mathbb{Z}/n\mathbb{Z}$ ist.

Speziell gilt für $\zeta_1 := \zeta_{1,n} = \cos\frac{2\pi}{n} + i\sin\frac{2\pi}{n}$

$$\zeta_l = \zeta_1^l \quad \text{für } l = 0, 1, \ldots, n-1.$$

Die n-ten Einheitswurzeln bilden also eine zyklische Gruppe mit dem neutralen Element ζ_1.

Eine n-te Einheitswurzel, deren Potenzen alle n-ten Einheitswurzeln ergeben, heißt primitive n-te Einheitswurzel. Zum Beispiel ist $i = \cos\frac{\pi}{2} + i \sin\frac{\pi}{2}$ eine primitive $\zeta - 1$ Einheitswurzel.

Zusatzfrage: Wie viele primitive 8-te Einheitswurzeln gibt es?

Antwort: Genau 4, nämlich $\zeta_{1,8}$, $\zeta_{3,8}$, $\zeta_{5,8}$, $\zeta_{7,8}$. ◆

Frage 105

Warum gibt es zu jeder komplexen Zahl $w \neq 0$ genau n Lösungen der Gleichung

$$z^n = w, \quad (n \in \mathbb{N}),$$

und wie kann man die Lösungen explizit beschreiben?

▶ **Antwort** Mit $z = |z|(\cos\varphi + i \sin\varphi)$ und $w = |w|(\cos\psi + i \sin\psi)$ folgt aus der Gleichung $|z|^n = |w|$ und $n\varphi = \psi + 2k\pi$ für ein $k \in \mathbb{Z}$.

Andersherum ist für jedes $k \in \mathbb{Z}$

$$z_k := |w|^{1/n}(\cos\varphi_k + i \sin\varphi_k) \quad \text{mit} \quad \varphi_k := \frac{\psi + 2k\pi}{n}$$

eine Lösung der Gleichung. Zwei dieser Lösungen z_l und z_j sind identisch genau dann, wenn $\varphi_j - \varphi_k$ ein ganzzahliges Vielfaches von 2π ist. Das ist genau dann der Fall, wenn j und l sich durch ein ganzzahliges Vielfaches von n unterscheiden. Es folgt, dass es genau n Lösungen der Gleichung gibt, nämlich $z_0, \ldots, z_{n-1}$. Für diese gilt:

$$z_l = |w|^{1/n}\left(\cos\frac{\psi + 2l\pi}{n} + i \sin\frac{\psi + 2l\pi}{n}\right), \quad l = 1, \ldots, n-1.$$

Im Übrigen hat man damit einen Spezialfall des *Fundamentalsatzes der Algebra* bewiesen. ◆

Frage 106

Ein Seefahrer hinterließ bei seinem unerwarteten Ableben im Alter von 107 Jahren auch eine Schatzkarte mit folgender Beschreibung:

- Gehe direkt vom Galgen zur Palme, dann gleich viele Schritte unter rechtem Winkel nach rechts – steck' die erste Fahne!

- Gehe vom Galgen zum Hinkelstein, genauso weit unter rechtem Winkel nach links
  – steck' die zweite Fahne!
- Der Schatz steckt in der Mitte zwischen den beiden Fahnen.

Die Erben starten sofort eine Expedition auf die Schatzinsel, da auch die geografische
Länge und Breite der Insel angegeben war.

Die Palme und der Hinkelstein waren sofort zu identifizieren. Vom Galgen war keine
Spur mehr zu finden. Dennoch stieß man beim ersten Spatenstich auf die Schatztruhe,
obwohl man die Schritte von einer (zufällig und sehr wahrscheinlich) falschen Stelle
aus gezählt hatte.

Wie war das möglich? Wo lag der Schatz?

Tipp: Rechnen Sie in $\mathbb{C}$.

▶ **Antwort** Einer der Erben ist Mathematiker und kommt auf die (geniale?) Idee, die
Insel als Teil der komplexen Zahlenebene $\mathbb{C}$ aufzufassen, wobei er den Ursprung beliebig
wählt. Er überlegt sich die Position des Schatzes, also wo er graben müsste, in Abhängigkeit eines beliebigen Startpunktes Γ (potentieller Galgen). Die Palme (hoffentlich die
einzige) liege in diesem Koordinatensystem an der Position $P \in \mathbb{C}$, während der Hinkelstein an der Koordinate $R \in \mathbb{C}$ liege. Der Weg vom Galgen zur Palme bzw. zu den Steinen
ist dann $(P - \Gamma)$ bzw. $(R - \Gamma)$. In $\mathbb{C}$ entspricht eine Drehung nach rechts um $90°$ einer
Multiplikation mit i.

Die erste Fahne hat also die Koordinaten $F_1 = \Gamma + (P - \Gamma) + (-i)(P - \Gamma) =$
$P + (-i)(P - \Gamma)$ und die zweite die Koordinaten $F_2 = \Gamma + (R - \Gamma) + (-i)(R - \Gamma) =$
$R + i(R - \Gamma)$. Die Mitte zwischen den Fahnen und damit die Position des Schatzes $S \in \mathbb{C}$
hat somit die Koordinaten (arithmetisches Mittel):

$$S = \frac{F_1 + F_2}{2} = \frac{R + P}{2} + i\frac{R - P}{2}.$$

Der Seefahrer war also so genial, die Beschreibung *invariant*, d. h. unabhängig unter einer
beliebigen Position des Galgens zu formulieren. An der Formel sieht man, dass die Wahl
des Startpunktes völlig beliebig ist.

Bemerkung: Man sieht an der Formel übrigens sehr schön, wo der Schatz liegen muss:
$\frac{R+P}{2}$ ist der Mittelpunkt zwischen der Palme und den Steinen. $(R - P)$ ist die Strecke
von P nach R, und i ist ja die Drehung um $90°$ nach links. Der Schatz liegt damit an
der Spitze des gleichschenkeligen rechtwinkligen (im Gegenuhrzeigersinn orientierten)
Dreiecks PRS.

Der Seefahrer hätte also auch schreiben können:

Gehe von der Palme geradeaus zum Hinkelstein. Auf halbem Wege drehe dich nach links und lege die gleiche Strecke (halbe Entfernung zwischen Palme und Hinkelstein) zurück. Dort liegt der Schatz.

Aber vielleicht liegt ja ein Tümpel oder ein Vulkan oder Ähnliches auf der direkten Verbindungslinie zwischen Palme und Hinkelstein, der dieses direkte Vorgehen verhindert. ◆

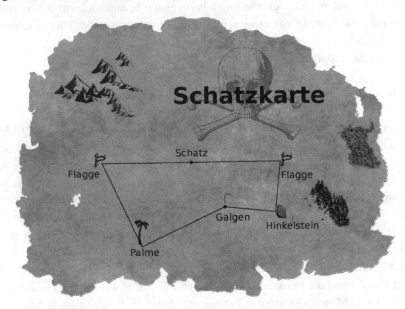

Unterringe des Körpers $\mathbb{C}$ der komplexen Zahlen spielen in der elementaren Zahlentheorie eine wichtige Rolle.

Der Ring $G = \mathbb{Z} + \mathbb{Z}i$ der ganzen Gauß'schen Zahlen kommt ins Spiel bei der Frage: Welche $n \in \mathbb{N}$ lassen sich als Summe von 2 Quadraten ganzer Zahlen darstellen?

Ist
$$\boxed{2} := \{n \in \mathbb{N} \mid \exists (x, y) \in \mathbb{Z} \times \mathbb{Z} \text{ mit } x^2 + y^2 = n\},$$

so stellt man fest, dass für $\boxed{2}$ gilt:

$0 \in \boxed{2}$, $1 \in \boxed{2}$, und mit $m, n \in \boxed{2}$ gilt auch $mn \in \boxed{2}$. Beachte: $n \in \boxed{2}$ $\Leftrightarrow$ wenn es ein $\alpha = a + bi \in G$ gibt mit $N(\alpha) := \alpha\overline{\alpha} = a^2 + b^2 = n$. Offensichtlich gilt $3 \notin \boxed{2}$, aber z. B. gilt $5 = 2^2 + 1^2 \in \boxed{2}$.

Eine direkte Konsequenz des Zerlegungssatzes ist der Satz von Fermat-Euler:

Für $n \in \mathbb{N}$ gilt $n \in \boxed{2}$ $\Leftrightarrow$ wenn in der Primfaktorzerlegung von n jede Primzahl p mit $p \equiv 3 \bmod 4$ *in gerader Vielfachheit vorkommt.*

In der Literatur findet man auch für die Anzahl

$$A_2(n) := \#\{(x, y) \in \mathbb{Z} \times \mathbb{Z} \mid n = x^2 + y^2, n \in \mathbb{N}\}$$

die wohl auf Jacobi zurückgehende Formel:

$$A_2(n) = 4 \sum_{d \mid n} \chi(d),$$

wobei gilt: $\chi : \mathbb{Z} \to \mathbb{Z}$:

$$\chi(d) = \begin{cases} 0, & \text{falls } d \text{ gerade,} \\ 1, & \text{falls } d \equiv 1 \bmod (4), \\ -1, & \text{falls } d \equiv 3 \bmod (4). \end{cases}$$

Also ist z. B. $A_2(5) = 8$.

1.5 Die Standardvektorräume $\mathbb{R}^n$ und $\mathbb{C}^n$

Für das Studium geometrischer Probleme, bei denen auch Längen und Winkel eine Rolle spielen, ist die Vektorraumstruktur nicht ausreichend. Man benötigt eine zusätzliche Struktur, die es z. B. ermöglicht, auch Längen von Vektoren und Winkel zwischen Vektoren zu definieren, insbesondere möchte man ausdrücken können, dass zwei Vektoren „aufeinander senkrecht stehen".

Eine solche Zusatzstruktur erhält man durch Einführung eines geeigneten *Skalarprodukts*. Wir orientieren uns bei deren Einführung zunächst an den Standardvektorräumen, aber auch für allgemeinere Räume, etwa Funktionenräume, lassen sich Skalarprodukte definieren.

Frage 107

Wie ist im Standardvektorraum $\mathbb{R}^n$ das **Standardskalarprodukt** definiert? Welche Haupteigenschaften hat es?

▶ **Antwort** Das Standardskalarprodukt im $\mathbb{R}^n$ ist eine Abbildung $\mathbb{R}^n \times \mathbb{R}^n \to \mathbb{R}$. Für zwei Vektoren $x = (x_1, \ldots, x_n)$ und $y = (y_1, \ldots, y_n)$ aus $\in \mathbb{R}^n$ ist es definiert durch

$$\langle x, y \rangle = x_1 y_1 + \cdots + x_n y_n.$$

Die Haupteigenschaften des Standardskalarprodukts sind

(i) *Bilinearität:*

$$\langle \lambda(x + x'), y \rangle = \lambda \langle x, y \rangle + \lambda \langle x', y \rangle, \qquad \langle x, \lambda(y + y') \rangle = \lambda \langle x, y \rangle + \lambda \langle x, y' \rangle,$$

(ii)   *Symmetrie:* $\langle x, y \rangle = \langle y, x \rangle$,

(iii) *Positive Definitheit:* $\langle x, x \rangle \geq 0$, $\langle x, x \rangle = 0 \Longleftrightarrow x = 0$.   ◆

Frage 108

Wie ist im $\mathbb{C}$-Vektorraum $\mathbb{C}^n$ das Standardskalarprodukt definiert und welche Haupteigenschaften hat es?

▶ **Antwort** Für zwei Vektoren $z = (z_1, \ldots, z_n)$ und $w = (w_1, \ldots, w_n)$ aus $\mathbb{C}^n$ ist das kanonische Skalarprodukt $\langle\ ,\ \rangle_c : \mathbb{C}^n \times \mathbb{C}^n \to \mathbb{C}$ definiert durch

$$\langle z, w \rangle_c := z_1 \overline{w}_1 + \cdots + z_n \overline{w}_n.$$

Die Eigenschaften (i) und (iii) des reellen Skalarprodukts gelten genauso im komplexen Fall, wie man leicht nachrechnet. Statt der Eigenschaft (ii) gilt aber jetzt

$$\text{(ii)}_c \qquad \langle z, w \rangle_c = \overline{\langle w, z \rangle_c}.$$

Für $z, w \in \mathbb{R}^n$ ist $\langle z, w \rangle_c = \langle z, w \rangle$. Das Standardskalarprodukt im $\mathbb{C}^n$ kann also als Fortsetzung des reellen Standardskalarprodukts verstanden werden. Man beachte allerdings, dass bezüglich der Abbildung

$$\mathbb{C}^n \to \mathbb{R}^{2n}, \quad z = (x_1 + iy_1, \ldots, x_n + iy_n) \mapsto (x_1, y_1, \ldots, x_n, y_n) = v$$

die beiden Werte $\langle z, z' \rangle_c$ und $\langle v, v' \rangle$ im Allgemeinen verschieden sind.   ◆

Frage 109

Was versteht man in einem $\mathbb{K}$-Vektorraum ($\mathbb{K} = \mathbb{R}$ oder $\mathbb{K} = \mathbb{C}$) allgemein unter einem **Skalarprodukt**?

▶ **Antwort** Für $\mathbb{K} = \mathbb{R}$ ist ein Skalarprodukt eine *positiv definite, symmetrische Bilinearform*, das heißt eine Abbildung $\mathbb{R}^n \times \mathbb{R}^n \to \mathbb{R}$, die die drei Eigenschaften (i), (ii) und (iii) aus Frage 107 erfüllt.

Für $K = \mathbb{C}$ ist ein Skalarprodukt eine Abbildung $\mathbb{C}^n \times \mathbb{C}^n \to \mathbb{C}$, die die Eigenschaften (i) und (iii) aus Aufgabe 107 sowie Eigenschaft (ii)$_c$ aus Aufgabe 108 erfüllt. Man spricht dann von einer *positiv definiten hermiteschen* Form.   ◆

Frage 110

Wie ist die **euklidische Norm** im $\mathbb{R}^n$ definiert?

▶ **Antwort** Die euklidische Norm ist eine Abbildung $\| \| : \mathbb{R}^n \to \mathbb{R}$, die für $x = (x_1, \ldots, x_n) \in \mathbb{R}^n$ definiert ist durch

$$\|x\| = \sqrt{x_1^2 + \cdots + x_n^2} = \sqrt{\langle x, x \rangle}.$$

Der Zusammenhang mit dem Standardskalarprodukt im $\mathbb{R}^n$ liegt in der zweiten Gleichung begründet. ◆

Frage 111

Wie lautet die **Cauchy-Schwarz'sche Ungleichung** in einem K-Vektorraum mit Skalarprodukt ($K = \mathbb{R}$ bzw. $K = \mathbb{C}$)?

▶ **Antwort** Für Vektoren $x, y \in K^n$ lautet die Cauchy-Schwarz'sche Ungleichung

$$|\langle x, y \rangle| \leq \|x\| \cdot \|y\|, \tag{$*$}$$

dabei bezeichnet $\langle \, , \, \rangle$ das Standardskalarprodukt im $\mathbb{R}^n$ bzw. $\mathbb{C}^n$, je nachdem, ob $\mathbb{K} = \mathbb{R}$ oder $\mathbb{K} = \mathbb{C}$ gilt. ◆

Frage 112

Wie lautet die Cauchy-Schwarz'sche Ungleichung speziell für $\mathbb{R}^n$ bzw. $\mathbb{C}^n$ und das jeweilige Standardskalarprodukt?

▶ **Antwort** Für $x, y \in \mathbb{R}^n$ bzw. $z, w \in \mathbb{C}^n$ besitzt die Cauchy-Schwarz'sche Ungleichung bezüglich des jeweiligen Standardskalarprodukts die Form

$$|x_1 y_1 + \ldots + x_n y_n| \leq \sqrt{x_1^2 + \ldots + x_n^2} \cdot \sqrt{y_1^2 + \ldots + y_n^2}$$

bzw.

$$|z_1 \overline{w}_1 + \ldots + z_n \overline{w}_n| \leq \sqrt{|z_1|^2 + \ldots + |z_n|^2} \cdot \sqrt{|w_1|^2 + \ldots + |w_n|^2}. \qquad ◆$$

Frage 113

Welche **Normen** im $\mathbb{K}^n$ ($\mathbb{K} = \mathbb{R}$ oder $\mathbb{K} = \mathbb{C}$) sind Ihnen geläufig und kennen Sie Beziehungen (Ungleichungen) zwischen ihnen?

▶ **Antwort** Die für $\mathbb{R}^n$ und $\mathbb{C}^n$ geläufigsten Normen sind die sogenannten p-Normen, die eine Verallgemeinerung der euklidischen Norm darstellen. Für jedes $p \geq 1$ (p kann natürlich, rational oder reell sein) ist die p-*Norm* $\|\,\|_p$ eines Vektors $z \in \mathbb{K}^n$ definiert durch

$$\|z\|_p := \left(\sum_{\nu=1}^{n} |z_\nu|^p \right)^{1/p}.$$

Für $p = 2$ ist das gerade die euklidische Norm, für $p = 1$ erhält man die 1-*Norm* $\|z\|_1 :=$ $|z_1| + \ldots + |z_n|$.

Aus $p > q$ folgt stets

$$\|z\|_p \leq \|z\|_q. \tag{$*$}$$

Das erkennt man, wenn man mit $|z_M| := \max\{|z_1|, \ldots, |z_n|\}$ die Normen in der Form

$$\|z\|_p = |z_M| \left(1 + \sum_{\substack{i=1 \\ i \neq M}}^{n} \left(\frac{|z_i|}{|z_M|} \right)^p \right)^{1/p} , \quad \|z\|_q = |z_M| \left(1 + \sum_{\substack{i=1 \\ i \neq M}}^{n} \left(\frac{|z_i|}{|z_M|} \right)^q \right)^{1/q} \tag{$**$}$$

schreibt und sich überlegt, welche Zahlen hier größer und welche kleiner als 1 sind und wie die Exponenten p, q, $\frac{1}{p}$ und $\frac{1}{q}$ auf diese Zahlen wirken.

Der Darstellung $(**)$ kann man außerdem die Beziehung $\lim_{p \to \infty} \|z\|_p = |z_M|$ entnehmen. Aus diesem Grund definiert man als *Maximumsnorm*

$$\|z\|_\infty := \max\{|z_1|, \ldots, |z_n|\}.$$

Abb. 1.12 zeigt die Einheitskreisscheibe im $\mathbb{R}^2$ bezüglich unterschiedlicher Normen.

Abb. 1.12 Einheitskreisscheiben einiger p-Normen und der Maximumsnorm im $\mathbb{R}^2$

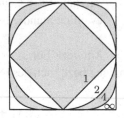

Für jedes $p \geq 1$ lässt sich der Wert $\|z\|_p$ durch die Maximumsnorm auch nach oben abschätzen. Es gilt nämlich

$$\|z\|_p \leq \left(n \cdot |z_M|^p \right)^{1/p} \leq \sqrt[p]{n}\, \|z\|_\infty.$$

Zusammen mit den ersten Ungleichungen folgt daraus, dass zu je zwei Zahlen p, q mit $p > q$ eine Konstante C existiert mit

$$\|z\|_p \leq \|z\|_q \leq C \, \|z\|_p.$$

Konkret kann man $C := \sqrt[p]{n}$ wählen. Die Ungleichungskette besagt, dass alle p-Normen in $\mathbb{R}^n$ *äquivalent* sind. Abb. 1.13 veranschaulicht das für die Normen $\|\ \|_2$ und $\|\ \|_\infty$. $\blacklozenge$

Abb. 1.13 Zur Äquivalenz der p-Normen

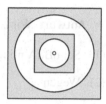

Frage 114

Warum muss für eine Norm $\|\ \|$ auf einem $\mathbb{K}$-Vektorraum V ($\mathbb{K} = \mathbb{R}$ oder $\mathbb{K} = \mathbb{C}$), die aus einem Skalarprodukt auf V abgeleitet ist, die sogenannte **Parallelogramm-identität**

$$\|v + w\|^2 + \|v - w\|^2 = 2\left(\|v\|^2 + \|w\|^2\right)$$

gelten?

▶ **Antwort** Die Norm ist in diesem Fall gegeben durch $\|v\| = \sqrt{\langle v, v \rangle}$. Die Parallelo-grammidentität ergibt sich aufgrund der Bilinearität des Skalarprodukts

$$\|v + w\|^2 + \|v - w\|^2 = \langle v + w, v + w \rangle + \langle v - w, v - w \rangle$$
$$= \langle v, v \rangle + \langle v, w \rangle + \langle w, v \rangle + \langle w, w \rangle + \langle v, v \rangle - \langle v, w \rangle - \langle w, v \rangle + \langle w, w \rangle$$
$$= 2\langle v, v \rangle + 2\langle w, w \rangle = 2(\|v\|^2 + \|w\|^2).$$

Bemerkung: Nicht jede Norm auf $\mathbb{R}^n$ stammt von einem Skalarprodukt, das gilt z. B. für die Maximumsnorm auf $\mathbb{R}^n$. Gilt jedoch in einem normierten $\mathbb{K}$-Vektorraum ($\mathbb{K} = \mathbb{R}$ oder $\mathbb{K} = \mathbb{C}$) die Parallelogrammidentität, so kann man zeigen, dass die Norm von einem Skalarprodukt induziert wird (Satz von J. von Neumann). Einen Beweis dieses Satzes findet man bei [20]. $\blacklozenge$

1.6   Einige wichtige Ungleichungen

Die folgenden Ungleichungen sind für die Analysis unverzichtbar.

Frage 115

Warum gilt für positive reelle Zahlen a und b die Ungleichungskette

$$\min\{a, b\} \leq \frac{2ab}{a + b} \leq \sqrt{ab} \leq \frac{a + b}{2} \leq \sqrt{\frac{a^2 + b^2}{2}} \leq \max\{a, b\}.$$

Man bezeichnet $\frac{2ab}{a+b}$ als **harmonisches**, $\sqrt{ab}$ als **geometrisches**, $\frac{a+b}{2}$ als **arithmetisches** und $\sqrt{\frac{a^2+b^2}{2}}$ als **quadratisches Mittel von a und b.**

▶ **Antwort** Wir zeigen die Ungleichungen der Reihe nach

(1) Sei oBdA $\min\{a,b\} = a$. Dann folgt $\frac{2ab}{a+b} \geq \frac{2ab}{b+b} = a$.

(2) Wegen

$$\frac{2ab}{a+b} \leq \sqrt{ab} \iff \frac{2ab}{\sqrt{ab}} \leq a+b \iff \sqrt{ab} \leq \frac{a+b}{2}$$

folgt diese Ungleichung aus der folgenden.

(3) Es ist $0 \leq \left(\sqrt{a} - \sqrt{b}\right)^2 = a - 2\sqrt{ab} + b \geq 0$ und damit, also $a + b \geq \sqrt{ab}$.

(4) Aus $(a-b)^2 \geq 0$ folgt $2a^2 - 2ab + 2b^2 \geq a^2 + b^2$ und damit $2a^2 + 2b^2 \geq (a+b)^2$, also $\sqrt{a^2+b^2} \geq \frac{a+b}{\sqrt{2}}$. Multiplikation mit $\frac{1}{\sqrt{2}}$ auf beiden Seiten liefert die behauptete Ungleichung.

(5) OBdA sei $b = \max\{a,b\}$, dann ist $\sqrt{\frac{a^2+b^2}{2}} \leq \sqrt{\frac{2b^2}{2}} = b = \max\{a,b\}$.   ◆

Frage 116

Was besagt die **Bernoulli'sche Ungleichung** und wie lautet die strikte Bernoulli'sche Ungleichung?

▶ **Antwort** Für alle $n \in \mathbb{N}_0$ und alle reelle Zahlen $x \geq -1$ gilt

$$(1+x)^n \geq 1 + nx.$$

Das ist die Bernoulli'sche Ungleichung. Beweisen lässt sie sich mit vollständiger Induktion. Für $n = 0$ ist sie wegen $(1+x)^0 = 1 \geq 1$ richtig. Ist sie für ein $n \in \mathbb{N}$ bereits gezeigt, dann folgt daraus

$$(1+x)^{n+1} = (1+x)^n(1+x) \geq (1+nx)(1+x) = 1 + nx + x + nx^2 \geq 1 + (n+1)x,$$

also ihre Gültigkeit für $n + 1$.

Die strikte Bernoulli'sche Ungleichung lautet:

Für $x \in \mathbb{R}$ mit $x \geq -1$, $x \neq 0$ und alle $n \in \mathbb{N}$ mit $n \geq 2$ gilt:

$$(1+x)^n > 1 + nx.$$

Beweis mit Induktion nach n.

Für $n = 2$ gilt die Behauptung wegen $x^2 > 0$, der Induktionsschluss ergibt sich, da $1 + x > 0$

$$(1 + x)^{n+1} > (1 + nx)(1 + x) = 1 + (n + 1)x + nx^2 > 1 + (n + 1)x. \qquad \blacklozenge$$

Frage 117

Was besagt die **Young'sche Ungleichung** und wie kann man sie beweisen?

▶ **Antwort** Die Young'sche Ungleichung lautet (in ihrer nicht allgemeinsten, aber gebräuchlichsten Formulierung, in der sie eine fundamentale Rolle beim Beweis der Hölder'schen Ungleichung spielt): Seien $a, b \geq 0$ und $p, q \in \mathbb{R}$ mit $p, q > 1$ und $\frac{1}{p} + \frac{1}{q} = 1$. Dann gilt

$$ab \leq \frac{a^p}{p} + \frac{b^q}{q}.$$

Man kann diese Ungleichung nur mit analytischen Methoden beweisen. Eine Möglichkeit besteht darin, die Konvexität der Exponentialfunktion auszunutzen (s. Abb. 1.14), also die Tatsache, dass für alle $x, y \in \mathbb{R}$ und alle $t \in [0, 1]$ gilt

$$\exp\left(x + t(y - x)\right) \leq \exp(x) + t\left(\exp(y) - \exp(x)\right).$$

Daraus folgt dann nämlich mit $x = \log a$ und $y = \log b$ für $a, b \neq 0$

$$a \cdot b = \exp(x + y) = \exp\left(\frac{1}{p} px + \frac{1}{q} qy\right) = \exp\left(px + \frac{1}{q}(qy - px)\right)$$

$$\leq e^{px} + \frac{1}{q}(e^{qy} - e^{px}) = \frac{1}{p} e^{px} + \frac{1}{q} e^{qy} = \frac{a^p}{p} + \frac{b^q}{q}. \qquad \blacklozenge$$

Abb. 1.14 Beim Beweis der Young'sche Ungleichung wird die Konvexität der Exponentialfunktion ausgenutzt: Die Verbindungsstrecke zweier Punkte auf dem Graphen verläuft oberhalb des Graphen

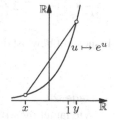

Frage 118

Ein Spezialfall der Young'schen Ungleichung lautet

$$|a||b| = |ab| \leq \frac{1}{2}(|a|^2 + |b|^2), \quad (a, b \in \mathbb{C}).$$

Wie kann man diese Ungleichung elementar beweisen?

▶ **Antwort** Die Ungleichung ist nichts anderes als die in der Antwort zu Frage 115 gezeigte Ungleichung

$$\sqrt{ab} \le \sqrt{\frac{a^2 + b^2}{2}}$$

Sie folgt sofort aus $(|a| - |b|)^2 = |a|^2 - 2|ab| + |b|^2 \ge 0$.   ◆

Frage 119

Wie kann man mit der Ungleichung aus Frage 118 die Cauchy-Schwarz'sche Ungleichung in $\mathbb{C}^n$ oder $\mathbb{R}^n$ beweisen?

▶ **Antwort** Man kann gleich den allgemeineren Fall $z, w \in \mathbb{C}^n$ angehen. Wegen der Dreiecksungleichung gilt $|\langle z, w \rangle| \le \sum_{k=1}^n |z_k w_k|$, und deshalb genügt es, die Ungleichung

$$\sum_{k=1}^n |z_k||w_k| \le \underbrace{\left(\sum_{k=1}^n |z_k|^2\right)}_{:=A} \cdot \underbrace{\left(\sum_{k=1}^n |w_k|^2\right)}_{:=B}$$

zu zeigen. Mit $\zeta_k := z_k / A$ und $\omega_k := w_k / B$ für $k = 1, \ldots, n$ lautet diese

$$\sum_{k=1}^n |\zeta_k \omega_k| \le 1,$$

und in dieser Form erhält man sie nun leicht aus der Ungleichung aus Frage 118

$$\sum_{k=1}^n |\zeta_k \omega_k| \le \frac{1}{2} \sum_{k=1}^n (|\zeta_k|^2 + |\omega_k|^2) = \frac{1}{2}\left(\sum_{k=1}^n |\zeta_k|^2 + \sum_{k=1}^n |\omega_k|^2\right) = \frac{1}{2}(1 + 1) = 1.$$

Insgesamt beweist das die Cauchy-Schwarz'sche Ungleichung.   ◆

Frage 120

Wie lautet die **Minkowski'sche Ungleichung** in $\mathbb{R}^n$ bzw. $\mathbb{C}^n$?

▶ **Antwort** Die Minkowski'sche Ungleichung ist die Verallgemeinerung der Dreiecksungleichung für p-Normen. Sie lautet: Für $p \ge 1$ gilt

$$\|z + w\|_p \le \|z\|_p + \|w\|_p, \qquad z, w \in \mathbb{C}^n.$$

Im speziellen Fall der euklidischen Norm ($p = 2$) besitzt sie die Darstellung

$$\left(\sum_{k=1}^{n} |z_k + w_k|^2\right)^{1/2} \leq \left(\sum_{k=1}^{n} |z_k|^2\right)^{1/2} + \left(\sum_{k=1}^{n} |w_k|^2\right)^{1/2},$$

die man mithilfe der Cauchy-Schwarz'schen Ungleichung beweisen kann. Dazu betrachte man

$$\sum_{k=1}^{n} |z_k + w_k|^2 \leq \sum_{k=1}^{n} |z_k + w_k||z_k| + \sum_{k=1}^{n} |z_k + w_k||w_k|$$

$$\leq \left(\sum_{k=1}^{n} |z_k + w_k|^2\right)^{1/2} \cdot \left[\left(\sum_{k=1}^{n} |z_k|^2\right)^{1/2} + \left(\sum_{k=1}^{n} |w_k|^2\right)^{1/2}\right].$$

Die letzte Ungleichung folgt aus der Cauchy-Schwarz'schen Ungleichung. Die Minkowski'sche Ungleichung für $p = 2$ erhält man jetzt, indem man beide Seiten durch $(\sum_{k=1}^{n} |z_k + w_k|^2)^{1/2}$ dividiert.

Den allgemeinen Fall der Minkowski'schen Ungleichung beweist man mit der Hölder'schen Ungleichung. ◆

Frage 121

Wie lautet die **Hölder'sche Ungleichung** in $\mathbb{R}^n$ bzw. $\mathbb{C}^n$?

▶ **Antwort** Die Hölder'sche Ungleichung lautet: Seien $p, q > 1$ (natürliche, rationale oder reelle) Zahlen mit $\frac{1}{p} + \frac{1}{q} = 1$. Dann gilt für alle $z, w \in \mathbb{C}^n$:

$$\sum_{k=1}^{n} |z_k w_k| \leq \|z\|_p \cdot \|w\|_q.$$

Die Hölder'sche Ungleichung erhält man aus der Young'schen Ungleichung. Nach dieser gilt nämlich

$$\frac{|z_k|}{\|z\|_p} \frac{|w_k|}{\|w\|_q} \leq \frac{1}{p} \frac{|z_k|^p}{\|z\|_p^p} + \frac{1}{q} \frac{|w_k|^q}{\|w\|_q^q},$$

und die Hölder'sche Ungleichung folgt nun durch Summation beider Seiten

$$\frac{1}{\|z\|_p \|w\|_q} \sum_{k=1}^{n} |z_k||w_k| \leq \frac{1}{p} + \frac{1}{q} = 1. \qquad ◆$$

Frage 122

Kennen Sie eine Verallgemeinerung der Hölder'schen Ungleichung aus Frage 121 für Integrale?

▶ **Antwort** Sei $A \subset \mathbb{R}$ ein Intervall und f und g Funktionen $\mathbb{R} \to \mathbb{C}$, sodass – relativ zu dem benutzten Integralbegriff – f und g über A integrierbar sind. (Je nachdem, welchen Integralbegriff man benutzt, steht auch fest, ob A kompakt ist oder auch offen und unbegrenzt sein darf.) Weiter seien $p, q \geq 1$ Zahlen, für die $\frac{1}{p} + \frac{1}{q} = 1$ gilt.

Unter diesen Voraussetzungen lautet die Integralversion der Hölder'schen Ungleichung.

$$\int_A |f(x)g(x)| \, dx \leq \left(\int_A |f(x)|^p \, dx \right)^{1/p} \cdot \left(\int_A |g(x)|^q \, dx \right)^{1/q}. \qquad \blacklozenge$$

Frage 123

Wie erhält man aus der Hölder'schen Ungleichung die Cauchy-Schwarz'sche Ungleichung?

▶ **Antwort** Die Cauchy-Schwarz'sche Ungleichung ist ein Spezialfall der Hölder'schen Ungleichung für $p = q = 2$. $\qquad \blacklozenge$

Frage 124

Wie kann man die Ungleichung

$$\|z_1 + z_2 + \ldots + z_n\| \leq \|z_1\| + \|z_2\| + \ldots + \|z_n\|$$

für $(z_1, \ldots, z_n) \in K^n$ ($K = \mathbb{R}$ oder $K = \mathbb{C}$) und beliebige Normen $\| \ \| : K^n \to \mathbb{C}$ beweisen?

▶ **Antwort** Für $n = 2$ ist die Ungleichung gerade die Dreiecksungleichung, die definitionsgemäß von jeder Norm erfüllt ist. Der Rest folgt dann durch vollständige Induktion. Aus der Gültigkeit der Ungleichung für n Vektoren folgt nämlich mit der Dreiecksungleichung

$$\|z_1 + \ldots + z_n + z_{n+1}\| \leq \|z_1 + \ldots + z_n\| + \|z_{n+1}\| \leq \|z_1\| + \ldots + \|z_n\| + \|z_{n+1}\|. \quad \blacklozenge$$

Folgen reeller und komplexer Zahlen

Mit *Folgen* und deren Konvergenz beginnt die eigentliche *Welt der Analysis*.

Der Konvergenzbegriff hat jedoch viele Facetten. Der einfachste Konvergenzbegriff ist sicherlich der für Folgen von reellen und komplexen Zahlen. Wichtige Prinzipien für das tiefere Verständnis des Konvergenzbegriffs (z. B. bei Funktionen) lassen sich am Beispiel konvergenter Zahlenfolgen exemplarisch verdeutlichen und üben. *Reihen* (reeller oder komplexer Zahlen) sind Folgen spezieller Bauart, deshalb gelten die für Folgen gültigen Konvergenzkriterien auch für Reihen. Daneben gibt es wegen der speziellen Bauart von Reihen aber auch zahlreiche spezifische Kriterien für deren Konvergenz.

Folgen und Reihen sind *zentrale Konstruktionswerkzeuge* der Analysis. Mit ihrer Hilfe werden neue Objekte (etwa neue Zahlen oder Funktionen) begrifflich konzipiert und formelmäßig dargestellt, wie etwa die Euler'sche Zahl $e = 2{,}718281828459\ldots$, die Kreiszahl $\pi = 3{,}1415926535\ldots$, die (reelle oder komplexe) *Exponentialfunktion* oder die *Winkelfunktionen* sin und cos.

Ziel ist es dabei ferner, die neuen Objekte mit *beliebiger Genauigkeit* in endlich vielen Schritten zu berechnen, da sie exakt häufig nicht zu berechnen sind.

Wir beschränken uns in diesem Abschnitt auf Folgen und Reihen reeller oder komplexer Zahlen. Als Beispiele für Reihen werden jedoch auch einige Potenzreihen, speziell die Exponentialreihe, auftreten. Auch für Begriffe wie *Stetigkeit*, *Differenzierbarkeit*, *Integrierbarkeit* ist der einfache Konvergenzbegriff für Zahlenfolgen grundlegend.

2.1 Definitionen, Beispiele, grundlegende Feststellungen

Frage 125

Wenn X eine beliebige nichtleere Menge ist, was versteht man dann unter einer **Folge von Elementen aus** X? Was versteht man speziell unter einer reellen oder komplexen Zahlenfolge?

© Springer-Verlag GmbH Deutschland 2018
R. Busam, T. Epp, *Prüfungstrainer Analysis*, https://doi.org/10.1007/978-3-662-55020-5_2

▶ **Antwort** Um den Begriff der Folge präzise zu fassen, benutzt man den Abbildungsbegriff. Die Definition lautet:

Eine Folge in X ist eine Abbildung $a : \mathbb{N} \to X$ von den natürlichen Zahlen in die Menge X.

Die Bilder $a(n) =: a_n \in X$ mit $n \in \mathbb{N}$ heißen *Glieder der Folge*. Um eine reelle bzw. komplexe Zahlenfolge handelt es sich dann, wenn $X = \mathbb{R}$ bzw. $X = \mathbb{C}$ gilt.   ◆

Frage 126

Welche Schreibweisen (Notationen) für Folgen sind Ihnen bekannt? Geben Sie Beispiele an.

▶ **Antwort** Die Glieder einer Folge aus X lassen sich als Bilder der Abbildung $a : \mathbb{N} \to X$ in der Form $a(n)$ oder a_n schreiben, wobei die zweite Darstellung die wesentlich üblichere ist.

Um die Folge selbst zu bezeichnen benutzt man den Ausdruck $(a_n)_{n \in \mathbb{N}}$, der, wo keine Missverständnisse zu befürchten sind, auch durch (a_n) abgekürzt werden kann. So bezeichnet beispielsweise $(1/n)_{n \in \mathbb{N}}$ die Folge der Kehrwerte der natürlichen Zahlen.

Eine nicht ganz präzise, aber sehr suggestive Schreibweise bietet sich dann an, wenn das Bildungsprinzip der Folge sich per Analogie schon aus den ersten paar Gliedern erschließen lässt. In diesem Fall schreibt man nur diese explizit auf und deutet die folgenden nach dem Motto „und so weiter" durch Punkte an, wie in dem Beispiel $1, 1/2, 1/3, \ldots$.   ◆

Frage 127

Was versteht man unter einer **rekursiven Folge** reeller oder komplexer Zahlen?

▶ **Antwort** Das Adjektiv „rekursiv" bezieht sich darauf, wie die Folge definiert ist. Bei einer rekursiven Folge wird der Wert eines Folgenglieds a_n durch die Werte des vorhergehenden oder mehrerer vorhergehender Glieder der Folge zusammen mit der expliziten Angabe eines oder mehrerer Startwerte $a_1, a_2, \ldots, a_{n_0}$ bestimmt.   ◆

Frage 128

Können Sie zwei Beispiele rekursiver Folgen nennen?

▶ **Antwort** Zum Beispiel lässt sich die Folge $2^1, 2^2, 2^3, \ldots$ aller Zweierpotenzen rekursiv definieren durch

$$a_1 = 2, \quad a_{n+1} = 2 \cdot a_n.$$

Die Folge $(e_n)_{n\in\mathbb{N}}$ mit $E_n = \sum_{k=0}^{n} \frac{1}{k!}$ (vgl. dazu auch die Frage 171) ließe sich ebenfalls rekursiv definieren durch

$$E_1 = 2, \qquad E_{n+1} = E_n + \frac{1}{(n+1)!}. \qquad \blacklozenge$$

Frage 129

Wie ist die (klassische) Fibonacci-Folge definiert?

▶ **Antwort** Die Fibonacci-Folge (F_n) ist eine rekursiv gegebene Folge natürlicher Zahlen, deren erste beide Glieder gleich 1 und deren übrige Glieder jeweils die Summe der beiden vorhergehenden sind. Die Fibonacci-Folge ist somit gegeben durch

$$F_1 = F_2 = 1, \quad F_{n+1} = F_n + F_{n-1}. \qquad (2.1)$$

Die Tab. 2.1 listet die Werte der ersten 50 Fibonacci Zahlen auf:
Für die hundertste Fibonacci-Zahl gilt bereits $F_{100} \approx 3{,}54 \cdot 10^{20}$.

Tab. 2.1 Die Fibonacci-Zahlen F_1 bis F_{50}

n	F_n	n	F_n	n	F_n	n	F_n	n	F_n
1	1	11	89	21	10.946	31	1.346.269	41	165.580.141
2	1	12	144	22	17.711	32	2.178.309	42	267.914.296
3	2	13	233	23	28.657	33	3.524.578	43	433.494.437
4	3	14	377	24	46.368	34	5.702.887	44	701.408.733
5	5	15	610	25	75.025	35	9.227.465	45	1.134.903.170
6	8	16	987	26	121.393	36	14.930.352	46	1.836.311.903
7	13	17	1.597	27	196.418	37	24.157.817	47	2.971.215.073
8	21	18	2.584	28	317.811	38	39.088.169	48	4.807.526.976
9	34	19	4.181	29	514.229	39	63.245.986	49	7.778.742.049
10	55	20	6.765	30	832.040	40	102.334.155	50	12.586.269.025

Die Folge $\frac{F_{n+1}}{F_n}$ ist konvergent gegen die *goldene Zahl* $\phi = \frac{1+\sqrt{5}}{2} \approx 1{,}618033$. $\qquad \blacklozenge$

Frage 130

Was ist eine **arithmetische** bzw. **geometrische** Folge?

▶ **Antwort** Bei einer *arithmetischen* Folge ist die *Differenz* zweier aufeinanderfolgender Folgenglieder konstant, es ist also stets $a_{n+1} - a_n = k$. Folglich sind die Folgenglieder gegeben durch die Formel $a_{n+1} = a_1 + nk$ für alle $n \in \mathbb{N}$. Beispielsweise ist die Folge $2, 5, 8, 11, \dots$ eine arithmetische Zahlenfolge.

Eine *geometrische* Folge ist eine Folge, bei der der *Quotient* zweier aufeinanderfolgender Glieder konstant ist, bei der also stets $a_{n+1}/a_n = k$ gilt. Für jedes $n \in \mathbb{N}$ gilt damit $a_{n+1} = a_1 k^n$. Ein Beispiel dafür ist die Folge $1, 3, 9, 27, \ldots$.   ♦

Frage 131

Worin besteht der Unterschied zwischen einer Folge und der Menge ihrer Folgenglieder?

▶ **Antwort** Bei einer Folge kommt es auf die *Reihenfolge* der Glieder an. Dagegen besitzt eine Menge keinerlei Informationen über irgendeine „Reihenfolge" ihrer Elemente. So sind die beiden Folgen $0, 1, -1, 2, -2, 3, -3, \ldots$ und $0, -1, 1, -2, 2, -3, 3, \ldots$ verschieden, die Menge ihrer Folgenglieder aber in beiden Fällen gleich $\mathbb{Z}$.

Die Glieder einer Folge sind durch ihren Index voneinander unterschieden, auch wenn sie dasselbe Element der Menge bezeichnen. Die Folge $1, 1, 1, \ldots$ besitzt unendlich viele Glieder, wohingegen die Menge der Glieder nur das Element 1 enthält.

Natürlich sind Folgen und Mengen auch schon allein deswegen verschieden, weil sie zu unterschiedlichen Klassen mathematischer Objekte gehören.   ♦

Frage 132

Welche Möglichkeiten der *Visualisierung* einer reellen oder komplexen Zahlenfolge sind Ihnen geläufig?

▶ **Antwort** Eine reelle Zahlenfolge lässt sich als Graph der Abbildung $\mathbb{N} \to \mathbb{R}$ in einem zweidimensionalen kartesischen Koordinatensystem eintragen. Jeder Punkt im Koordinatensystem markiert ein Folgenglied, so wie es in Abbildung (s. Abb. 2.1) veranschaulicht wird.

Abb. 2.1 Graph einer Abbildung $\mathbb{N} \to \mathbb{R}$

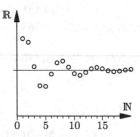

Prinzipiell lässt sich die Darstellungsweise auch auf komplexe Folgen übertragen, wenn man ein dreidimensionales Koordinatensystem zugrunde legt und etwa die xy-Ebene als Gauß'sche Zahlenebene (den Bildbereich) wählt und die natürlichen Zahlen (den Wertebereich) an der z-Achse anträgt (s. Abb. 2.2). Die Folgenglieder sind dann durch Punkte im dreidimensionalen Raum markiert.

Abb. 2.2 Graph einer Abbildung $\mathbb{N} \to \mathbb{C}$

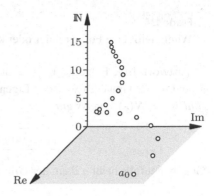

Im Allgemeinen wird letzteres Verfahren jedoch eher ein verwirrendes als aufschlussreiches Bild liefern. Es ist daher in den meisten Fällen sinnvoll, die Folgenglieder nur im Bildbereich einzutragen und die Reihenfolge – wo sie aus deren Anordnung nicht schon von selbst nahegelegt wird – durch Indizes oder Verbindungslinien aufeinanderfolgender Glieder zu markieren (s. Abb. 2.3). ◆

Abb. 2.3 Bild einer komplexen Zahlenfolge

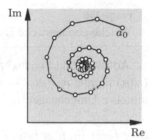

Frage 133

Was versteht man unter der ε-Umgebung einer reellen oder komplexen Zahl?

▶ **Antwort** Unter der ε-Umgebung einer reellen oder komplexen Zahl a, wobei ε eine positive reelle Zahl ist, versteht man die Menge aller derjenigen reellen oder komplexen Zahlen, die von a einen kleineren Abstand als ε haben, also

$$U_\varepsilon(a) = \{\xi \in \mathbb{K}; \ |\xi - a| < \varepsilon\}, \quad \text{mit } \mathbb{K} = \mathbb{R} \text{ oder } \mathbb{K} = \mathbb{C}.$$

In $\mathbb{R}$ entspricht das geometrisch dem offenen Intervall $]a - \varepsilon, a + \varepsilon[$, in $\mathbb{C}$ der offenen Kreisscheibe mit Mittelpunkt a und Radius ε (vgl. dazu auch Frage 95). ◆

Frage 134

Was bedeutet die Aussage: „Fast alle Glieder einer Folge liegen in $U_\varepsilon(a)$".

▶ **Antwort** Das heißt, dass *alle, bis auf endlich viele* Glieder der Folge in $U_\varepsilon(a)$ liegen. M. a. W., es gibt ein $N \in \mathbb{N}$, sodass für alle $n > N$ gilt $a_n \in U_\varepsilon(a)$. ◆

Frage 135

Wann heißt eine Folge reeller oder komplexer Zahlen *konvergent*?

▶ **Antwort** Eine Folge $(a_n)_{n \in \mathbb{N}}$ heißt konvergent genau dann, wenn es eine Zahl a ($a \in \mathbb{R}$ oder $a \in \mathbb{C}$) mit der folgenden Eigenschaft gibt: *Zu jedem $\varepsilon > 0$ gibt es eine natürliche Zahl $N := N(\varepsilon)$, sodass gilt*

$$\boxed{|a_n - a| < \varepsilon \quad \text{für alle } n > N.} \qquad (*)$$

Gegebenenfalls heißt a dann der *Grenzwert* der Folge und man schreibt

$$a = \lim_{n \to \infty} a_n$$

oder etwas flapsiger $a_n \to a$. Wir benutzen auch hin und wieder die abkürzende Schreibweise $\lim a_n$ für $\lim_{n \to \infty} a_n$. ◆

Frage 136

Welche geometrische Deutung besitzt die Konvergenz einer Folge?

▶ **Antwort** Die Eigenschaft $(*)$ aus der vorigen Frage ist gleichbedeutend mit $a_n \in U_\varepsilon(a)$ für alle $n > N$. Damit erhält man folgende äquivalente Definition der Konvergenz mittels ε-Umgebungen:

Eine Folge $(a_n)_{n \in \mathbb{N}}$ heißt konvergent genau dann, wenn eine Zahl a mit der Eigenschaft existiert, dass für jedes $\varepsilon > 0$ fast alle Glieder der Folge in $U_\varepsilon(a)$ liegen.

Abb. 2.4 veranschaulicht den Sachverhalt. ◆

Abb. 2.4 Fast alle Glieder einer konvergenten Folge liegen in der ε-Kreisscheibe um den Grenzwert

Frage 137

Warum kann eine Folge in $\mathbb{R}$ oder $\mathbb{C}$ höchstens einen Grenzwert haben?

▶ **Antwort** Ist a ein Grenzwert der Folge und b eine Zahl $\neq a$, dann existieren ε-Umgebungen $U_\varepsilon(a)$ und $U_\varepsilon(b)$ mit $U_\varepsilon(a) \cap U_\varepsilon(b) = \emptyset$. In $U_\varepsilon(a)$ liegen ab einem bestimmten Index N alle Folgenglieder, daher können in $U_\varepsilon(b)$ höchstens endlich viele Folgenglieder liegen, b kann also kein Grenzwert der Folge sein.

Abb. 2.5 Disjunkte Umgebungen $U_\varepsilon(a)$ und $U_\varepsilon(b)$ können nicht beide fast alle Folgenglieder enthalten

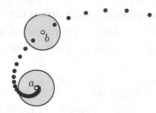

Die Eindeutigkeit des Grenzwerts hängt also damit zusammen, dass zwei disjunkte ε-Umgebungen nicht beide fast alle Glieder einer Folge enthalten können, s. Abb. 2.5. ◆

Frage 138

* Auf welcher (topologischen) Eigenschaft basiert die Eindeutigkeit des Grenzwerts einer konvergenten Folge?

▶ **Antwort** Es handelt sich um die *Hausdorff'sche Trennungseigenschaft*. Ein topologischer Raum X besitzt diese Eigenschaft, wenn zu je zwei verschiedenen Punkten disjunkte Umgebungen existieren, wie in Abb. 2.6 veranschaulicht.

Abb. 2.6 In einem Hausdorff-Raum besitzen je zwei verschiedene Punkte disjunkte Umgebungen

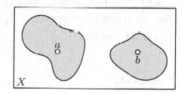

In der Antwort zu Frage 137 wurde diese Eigenschaft implizit vorausgesetzt, was auch in Ordnung geht, da $\mathbb{R}$ und $\mathbb{C}$ als metrische Räume automatisch hausdorffsch sind. Allerdings gilt das nicht für beliebige topologischen Räume. ◆

Frage 139

Welche in den Beispielen aufgeführten Folgen sind konvergent?

▶ **Antwort** Die meisten der bisher aufgeführten Folgen sind *nicht* konvergent, so etwa die arithmetischen Folgen $(a_n)_{n\in\mathbb{N}}$ mit $a_n = a_0 + k \cdot n$ und $k \neq 0$. Die Differenz zweier Folgenglieder $|a_{n+m} - a_n| = |km|$ wird mit zunehmendem $m \in \mathbb{N}$ beliebig groß, daher kann es zu einem angenommenen Grenzwert a keinen Index N mit $|a_n - a| < \varepsilon$ für alle $n > N$ geben.

Eine triviale konvergente Folge unter den bisher genannten ist die konstante Folge $1, 1, 1, \ldots$, die gemäß der Definition gegen den Grenzwert 1 konvergiert.

Ebenfalls konvergent ist die Folge $(1/n)_{n\in\mathbb{N}}$. Diese hat den Grenzwert 0. Ist nämlich $\varepsilon > 0$ vorgegeben, dann ist $0 < 1/n < \varepsilon$, sofern nur $n\varepsilon > 1$ ist, und da $\mathbb{R}$ archimedisch angeordnet ist, existiert ein n mit dieser Eigenschaft. (Die Voraussetzung, dass $\mathbb{R}$ ein archimedisch angeordneter Körper ist, ist tatsächlich eine wesentliche Bedingung. In einem nicht-archimedischen Körper konvergiert die Folge $(1/n)_{n \in \mathbb{N}}$ nicht.)   ◆

Frage 140

Wann heißt eine Folge beschränkt? Warum ist jede konvergente Folge beschränkt?

▶ **Antwort** Eine Folge $(a_n)_{n \in \mathbb{N}}$ heißt *beschränkt*, wenn es eine positive Zahl $S \in \mathbb{R}$ gibt, sodass für alle Folgenglieder $|a_n| \leq S$ gilt.

Ist eine Folge konvergent gegen den Grenzwert a, so gilt $a_n \in U_1(a)$ für alle $n > N$, wobei n eine bestimmte natürliche Zahl ist. Für diese Glieder gilt $|a_n| < |a| + 1$. Die Menge der restlichen Folgenglieder ist endlich und somit ebenfalls beschränkt. Insgesamt gilt also $|a_n| \leq \max\{|a_0|, \ldots, |a_N|, |a| + 1\}$ für alle $n \in \mathbb{N}$, die Folge ist somit beschränkt.   ◆

Frage 141

Gilt auch die Umkehrung, ist also jede beschränkte Folge konvergent?

▶ **Antwort** Eine beschränkte Folge muss nicht konvergent sein. Als typisches Gegenbeispiel dient die alternierende Folge $1, -1, 1, -1 \ldots$, die beschränkt ist, aber offensichtlich nicht konvergiert.   ◆

Frage 142

Was versteht man unter einer **Teilfolge** bzw. einer gegebenen Folge?

▶ **Antwort** Die Bedeutung des Begriffs „Teilfolge" entspricht genau dem, was die Bezeichnung nahelegt: eben eine Folge $(b_k)_{k \in \mathbb{N}}$, deren sämtliche Glieder auch Glieder der Folge $(a_n)_{n \in \mathbb{N}}$ sind, wobei die Anordnung der Folgenglieder erhalten bleibt. Somit gilt für die Glieder einer Teilfolge $(b_k)_{k \in \mathbb{N}}$ von $(a_n)_{n \in \mathbb{N}}$

$$b_k = a_{n(k)} \quad \text{und} \quad n(k+1) > n(k).$$

Bei der Zuordnung $k \mapsto n(k)$ handelt es sich um eine streng monoton wachsende Folge natürlicher Zahlen. Die präzise Definition einer Teilfolge lautet damit: *Ist (n_k) eine streng monoton wachsende Folge natürlicher Zahlen, dann ist die Folge $(a_{n_k})_{k \in \mathbb{N}}$ eine Teilfolge von $(a_n)_{n \in \mathbb{N}}$.*   ◆

Frage 143

Ist die Fibonacci-Folge aus Frage 129 konvergent?

▶ **Antwort** Die Folge konvergiert nicht, weil sie nicht beschränkt ist. Es gilt ja: $F_n \geq n$ für $n \geq 5$.   ◆

Frage 144

Was versteht man unter einer **Umordnung** einer gegebenen Folge?

▶ **Antwort** Eine *Umordnung* erhält man durch eine *bijektive* Abbildung $\mathbb{N} \to \mathbb{N}$ der Indizes. Die Definition lautet: *Sei* $\mathbb{N} \to \mathbb{N}$, $k \mapsto n(k) =: n_k$ *bijektiv. Dann ist die Folge* $(a_{n_k})_{k \in \mathbb{N}}$ *eine Umordnung der Folge* $(a_n)_{n \in \mathbb{N}}$. ◆

Frage 145

Warum hat bei einer konvergenten Folge auch jede Teilfolge und jede Umordnung denselben Grenzwert wie die Ausgangsfolge?

▶ **Antwort** Sei a der Grenzwert der Ausgangsfolge. Dann liegen für jedes $\varepsilon > 0$ höchstens endlich viele ihrer Glieder außerhalb von $U_\varepsilon(a)$ und somit auch nur endlich viele Glieder ihrer Teilfolgen bzw. ihrer Umordnungen. Das heißt, fast alle Folgenglieder liegen in $U_\varepsilon(a)$. ◆

Frage 146

Wenn eine reelle Zahlenfolge (a_n) den Grenzwert a hat, dann konvergiert auch die Teilfolge (a_{nk}) gegen a. Wie das Beispiel $(-1)^n$ zeigt, reicht es aber nicht, dass die Teilfolgen $(-1)^{2n}$ und $(-1)^{2n+1}$ konvergieren, um auf die Konvergenz der Folge schließen zu können.

Zeigen Sie Folgendes: Ist (a_n) eine Folge reeller Zahlen, für welche die Teilfolgen (a_{2n}), (a_{2n+1}) und (a_{3n}) konvergieren, dann ist auch die Folge (a_n) selbst konvergent.

▶ **Antwort** Da die Folge (a_{6n}) sowohl Teilfolge von (a_{2n}), als auch von (a_{3n}) ist, konvergiert sie ebenfalls, und zwar mit einem Grenzwert, der mit dem Grenzwert von (a_{2n}) und (a_{3n}) übereinstimmt. Also ist

$$\lim_{n \to \infty} (a_{2n}) = \lim_{n \to \infty} (a_{3n}).$$

Die Folge (a_{6n+3}) ist Teilfolge von (a_{2n+1}) und (a_{3n}). Daher ist

$$\lim_{n \to \infty} (a_{2n+1}) = \lim_{n \to \infty} (a_{3n}).$$

Folglich ist auch $\lim_{n \to \infty}(a_{2n}) = \lim_{n \to \infty}(a_{2n+1})$.

Sei $l := \lim_{n \to \infty}(a_{2n}) = \lim_{n \to \infty}(a_{2n+1})$. Für ein beliebig vorgegebenes $\varepsilon > 0$ gibt es daher ein n_1 und n_2, sodass für alle $n \geq n_1$ bzw. $n \geq n_2$ gilt:

$$|a_{2n} - l| < \varepsilon \quad \text{bzw.} \quad |a_{2n+1} - l| < \varepsilon.$$

Setzt man nun $n_0 := \max\{2n_1, 2n_2 + 1\}$, so gilt für alle $n \geq n_0$

$$|a_n - l| < \varepsilon,$$

d. h., (a_n) konvergiert gegen l.   ◆

2.2 Einige wichtige Grenzwerte

In den folgenden Fragen werden die Grenzwerte einiger wichtiger reeller und komplexer Folgen bestimmt. Neben den Ergebnissen, die an vielen Stellen weiterbenutzt werden, lohnt es sich auch, die Techniken genau zu studieren, mit denen die Abschätzungen hier ermittelt werden.

Frage 147

Zeigen Sie

$$\lim_{n\to\infty} q^n = 0 \quad \text{für } q \in \mathbb{C}, \; |q| < 1.$$

▶ **Antwort** Wegen $|q| < 1$ ist $|q|^{-1} > 1$. Man setze $|q|^{-1} = 1 + a$ mit $a > 0$. Die Bernoulli'sche Ungleichung (s. Frage 116) liefert dann für $n \in \mathbb{N}$

$$\left(|q|^{-1}\right)^n = (1+a)^n > 1 + an > an \implies |q|^n < \frac{1}{an}.$$

Für jedes $\varepsilon > 0$ und $n > \frac{1}{\varepsilon a}$ ist somit $|q|^n < \varepsilon$ und damit $q^n \in U_\varepsilon(0)$.   ◆

Frage 148

Zeigen Sie

$$\lim_{n\to\infty} \frac{z^n}{n!} = 0 \quad \text{für } z \in \mathbb{C}.$$

▶ **Antwort** Sei $m := [\,|z|\,]$ (Gauß-Klammer von $|z|$, vgl. Frage 69). Dann gilt für $n > m$

$$\left|\frac{z^n}{n!}\right| = \frac{|z|^m}{m!} \cdot \frac{|z|^{n-m}}{(m+1)\cdots n} \leq |z|^m \cdot \left|\frac{z}{(m+1)}\right|^{n-m}.$$

Der erste Faktor auf der rechten Seite ist konstant, der zweite konvergiert wegen $\left|\frac{z}{m+1}\right| < 1$ gegen 0. Insgesamt folgt daraus die Behauptung.   ◆

Frage 149
Zeigen Sie

$$\lim_{n\to\infty} \sqrt[n]{a} = 1 \quad \text{für } a \in \mathbb{R},\, a > 0.$$

▶ **Antwort** Man betrachte zunächst den Fall $a \geq 1$ und setze $x_n := \sqrt[n]{a} - 1$. Mit der Bernoulli'schen Ungleichung gilt dann

$$a = (x_n + 1)^n \geq 1 + n x_n \Longrightarrow x_n < \frac{a}{n},$$

und somit $\lim_{n\to\infty} x_n = 0$ oder $\lim_{n\to\infty} \sqrt[n]{a} = 1$. Den allgemeinen Fall kann man darauf nun mithilfe der in Frage 159 behandelten Rechenregel (c) zurückführen:

$$\lim_{n\to\infty} \sqrt[n]{a} = \lim_{n\to\infty} \frac{1}{\sqrt[n]{a^{-1}}} = \frac{1}{\lim_{n\to\infty} \sqrt[n]{a^{-1}}} = 1. \qquad \blacklozenge$$

Frage 150
Zeigen Sie

$$\lim_{n\to\infty} \sqrt[n]{n} - 1.$$

▶ **Antwort** Man setze $x_n := \sqrt[n]{n} - 1$. Dann erhält man durch binomische Entwicklung

$$n = (1 + x_n)^n > 1 + \binom{n}{2} x_n^2 \Longrightarrow n - 1 > \frac{n(n-1)}{2} x_n^2 \Longrightarrow x_n < \sqrt{\frac{2}{n}} \Longrightarrow \lim_{n\to\infty} x_n = 0,$$

und damit $\lim_{n\to\infty} \sqrt[n]{n} = 1$. $\qquad \blacklozenge$

Frage 151
Zeigen Sie

$$\lim_{n\to\infty} \frac{1}{\sqrt[n]{n!}} = 0.$$

▶ **Antwort** Für die Fakultät gilt die Abschätzung $n! \geq \left(\frac{n}{2}\right)^{n/2}$, wie man mit vollständiger leicht bestätigen kann. Mit dieser Abschätzung folgt

$$\sqrt[n]{n!} \geq \left(\frac{n}{2}\right)^{\frac{n}{2}\cdot\frac{1}{n}} = \sqrt{\left(\frac{n}{2}\right)}, \quad \text{und damit} \quad \lim_{n\to\infty} \frac{1}{\sqrt[n]{n!}} = 0. \qquad \blacklozenge$$

Frage 152

Zeigen Sie

$$\lim_{n \to \infty} \frac{1}{n^s} = 0 \quad \text{für } s \in \mathbb{Q}, \, s > 0.$$

▶ **Antwort** Sei $s = p/q$ mit $p, q \in \mathbb{N}$. Wegen $n^s = \left(\sqrt[q]{n} \right)^p$ ist nur $\sqrt[q]{n} \to \infty$ zu zeigen. Der Wert $\sqrt[q]{n}$ wird aber größer als jede beliebige Zahl M, sofern nur $n > M^q$ gilt. ◆

Frage 153

Zeigen Sie

$$\lim_{n \to \infty} n^p z^n = 0 \quad \text{für } p \in \mathbb{N}, \, z \in \mathbb{C}, \, |z| < 1.$$

▶ **Antwort** Um $|z^n|$ durch eine Potenz von n abzuschätzen, betrachte man die Binomialentwicklung von $|z^{-n}|$. Dazu setze man $1 < |z|^{-1} = (1 + x)$ mit $x > 0$. Damit erhält man für alle $n > 2p$

$$|z|^{-n} = (1 + x)^n > \binom{n}{p+1} x^{p+1}$$

$$= \frac{n(n-1) \cdots (n - p + 1)}{(p + 1)!} x^{p+1} > \left(\frac{n}{2} \right)^{p+1} \cdot \frac{x^{p+1}}{(p + 1)!}.$$

Der erste Faktor rechts geht gegen unendlich für $n \to \infty$, während der hintere konstant ist. Somit gilt

$$|n^p z^n| = \left| \frac{n^p}{z^{-n}} \right| < n^p \left(\frac{2}{n} \right)^{p+1} \cdot \frac{(p + 1)!}{x^{p+1}} = \frac{1}{n} \cdot \frac{2^{p+1} \cdot (p + 1)!}{x^{p+1}}.$$

Der zweite Faktor auf der rechten Seite konstant, während der erste gegen 0 konvergiert. Daraus folgt insgesamt die Behauptung. ◆

Frage 154

Zeigen Sie

$$\lim_{n \to \infty} \sqrt[n]{a^n + b^n} = \max\{a, b\} \quad \text{für } a, b \geq 0$$

▶ **Antwort** Sei ohne Beschränkung der Allgemeinheit $a = \max\{a, b\}$. Das Konvergenzverhalten erkennt man, wenn man den Term in der Form

$$\sqrt[n]{a^n + b^n} = \sqrt[n]{a^n(1 + (b/a)^n)} = a \cdot \sqrt[n]{1 + (b/a)^n}$$

schreibt. Wegen $b \leq a$ konvergiert der Wurzelausdruck für $n \to \infty$ gegen 1 (dies gilt auch noch im Fall der Gleichheit). Damit folgt die Behauptung. ◆

2.3 Permanenzeigenschaften (Rechenregeln) für konvergente Folgen

---

Frage 155

Wann heißt eine reelle oder komplexe Zahlenfolge eine **Nullfolge**?

▶ **Antwort** Ein reelle oder komplexe Folge heißt *Nullfolge*, wenn sie gegen den Grenzwert 0 konvergiert. ◆

Frage 156

Wie kann man mithilfe des Begriffs „Nullfolge" die Konvergenz einer Folge gegen eine Zahl a beschreiben?

▶ **Antwort** Eine Folge (a_n) konvergiert genau dann gegen den Grenzwert a, wenn die Folge $(a_n - a)$ eine Nullfolge ist. ◆

Frage 157

Was besagt der Satz über die **Monotonie des Grenzwerts** bei reellen Zahlenfolgen?

▶ **Antwort** Der Satz lautet:

Seien (a_n) und (b_n) zwei konvergente reelle Folgen mit $a_n \to a$ und $b_n \to b$. Gilt dann $a_n \leq b_n$ für fast alle $n \in \mathbb{N}$, so folgt $a \leq b$.

Wäre $b < a$, so gäbe es zwei ε-Umgebungen von a und b mit der Eigenschaft, dass fast alle Elemente aus $U_\varepsilon(b)$ kleiner sind als diejenigen aus $U_\varepsilon(a)$. Nun enthält aber nach Voraussetzung $U_\varepsilon(b)$ fast alle b_n, $U_\varepsilon(a)$ fast alle a_n. Also würde $b_n < a_n$ für fast alle n gelten, im Widerspruch zur Voraussetzung. ◆

Frage 158

Was besagt das **Sandwichtheorem** (der **Einschließungssatz**) für reelle Zahlenfolgen?

▶ **Antwort** Das Sandwichtheorem lautet:

Seien (A_n), (a_n), (B_n) drei reelle Folgen, und es gelte $A_n \leq a_n \leq B_n$ für fast alle n. Wenn (a_n) und (b_n) dann gegen denselben Grenzwert konvergieren, so konvergiert auch (a_n) gegen diesen Grenzwert.

Um die Regel zu beweisen, geht man wie in der vorhergehenden Frage vor und zeigt $\lim A_n \leq \lim a_n \leq \lim B_n$. Aus $\lim A_n = \lim B_n$ folgt dann gleich die Behauptung.

Das Sandwichtheorem kann man zum Beispiel bei der Untersuchung der Folge

$$(a_n) := (\sin(n)/n)$$

anwenden. Die Folge wird durch die beiden Nullfolgen $(a_n) = (-1/n)$ und $(b_n) = (1/n)$ eingeschlossen, nach dem Sandwichtheorem kann man daraus $\lim_{n\to\infty} a_n = 0$ folgern (s. Abb. 2.7).   ◆

Abb. 2.7 Die schwarz dargestellte Folge wird von der
oberen und unteren Folge eingeschlossen

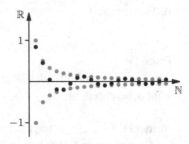

Frage 159

Wie verträgt sich der Grenzwertbegriff bei Folgen mit der Bildung von **Summen**, **Produkten** und **Quotienten** von Folgen?

▶ **Antwort** Für zwei Folgen (a_n) und (b_n) mit $\lim_{n\to\infty} a_n = a$ und $\lim_{n\to\infty} b_n = b$ gelten die folgenden Rechenregeln:

(i) $\lim_{n\to\infty} (a_n + b_n) = a + b$,

(ii) $\lim_{n\to\infty} (a_n b_n) = ab$,

(iii) *Ist $b \neq 0$, so sind fast alle $b_n \neq 0$, und es gilt* $\lim_{n\to\infty} (a_n/b_n) = a/b$.

Die Regel (i) ist eine unmittelbare Folge der Dreiecksungleichung:

$$\left|(a + b) - (a_n + b_n)\right| \leq |a - a_n| + |b - b_n|.$$

Regel (ii) erkennt man nach der Umformung

$$\left|a_n b_n - ab\right| = \left|a_n(b_n - b) + b(a_n - a)\right| \leq |a_n||b_n - b| + |b||a_n - a|.$$

Die Faktoren $|a_n|$ und $|b|$ auf der rechten Seite sind nämlich beschränkt, während $|a_n - a|$ und $|b_n - b|$ nach der Voraussetzung kleiner als ε werden, wenn man n nur genügend groß wählt.

Um (iii) zu zeigen, wähle man ein genügend kleines ε, sodass die Null nicht in $U_\varepsilon(b)$ enthalten ist. Da fast alle Glieder b_n in $U_\varepsilon(b)$ liegen, sind auch fast alle b_n von Null verschieden. Das beweist den ersten Teil von (iii), der zweite folgt nun aus Kombination mit (ii).   ◆

Frage 160

Warum ist die Abbildung $\lim : \ V \to \mathbb{K}$ mit $(a_n)_{n \in \mathbb{N}} \mapsto \lim_{n \to \infty} a_n$ ($\mathbb{K} = \mathbb{R}$ oder $\mathbb{K} = \mathbb{C}$) vom Vektorraum der konvergenten Folgen (aus $\mathbb{K}$) in den Grundkörper ein lineares Funktional?

▶ **Antwort** Es muss gezeigt werden, dass für je zwei Folgen $(a_n)_{n \in \mathbb{N}}$ und $(b_n)_{n \in \mathbb{N}}$ aus V und jedes $\lambda \in \mathbb{K}$ die Beziehungen

$$\text{(i)} \ \lim_{n \to \infty} (a_n + b_n) = \lim_{n \to \infty} a_n + \lim_{n \to \infty} b_n, \qquad \text{(ii)} \ \lim_{n \to \infty} \lambda a_n = \lambda \lim_{n \to \infty} a_n$$

gelten. Die erste ist aber gerade die Regel (i) aus der vorigen Frage, die zweite folgt aus der Beziehung $|a_n - a| < \varepsilon/\lambda \implies |\lambda a_n - \lambda a| < \varepsilon$. ◆

Frage 161

Können Sie begründen, warum für jedes Polynom

$$P : \mathbb{K} \to \mathbb{K}, \quad x \mapsto a_k x^k + a_{k-1} x^{k-1} + \cdots + a_0, \quad k \in \mathbb{N}, \, a_j \in \mathbb{K}, \, 0 \le j \le k,$$

und jede mit dem Grenzwert ξ konvergente Folge (x_n) gilt: $\lim_{n \to \infty} P(x_n) = P(\xi)$? (Das bedeutet, dass Polynome *stetig* sind.)

▶ **Antwort** Der Zusammenhang ergibt sich durch wiederholte Anwendung der Regeln 159 (i), 159 (ii) und 160 (ii). ◆

Frage 162

Wenn eine **komplexe Zahlenfolge** konvergiert, was kann man dann über die Konvergenz der Folge der Beträge bzw. der Folge der Real- und Imaginärteile aussagen?

▶ **Antwort** Unter diesen Bedingungen konvergieren sowohl die Folge der Real- und Imaginärteile als auch die Beträge.

Abb. 2.8 veranschaulicht den Zusammenhang. Liegen fast alle Folgenglieder in der ε-Umgebung des Grenzwertes $a = x + iy$, dann liegen die Imaginär- und Realteile der entsprechenden Glieder in den *reellen* ε-Umgebungen $U_\varepsilon(x)$ bzw. $U_\varepsilon(y)$. Aus ähnlichen Gründen folgt aus $a_n \in U_\varepsilon(a)$ auch $|a_n| \in U_\varepsilon(|a|)$. ◆

Abb. 2.8 Fast alle Realteile der Folge liegen in $U_\varepsilon(x)$, fast alle Imaginärteile in $U_\varepsilon(y)$

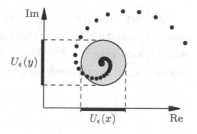

Frage 163

Kann man aus der Konvergenz der Folge der Beträge einer Folge auf die Konvergenz der Folge schließen?

▶ **Antwort** Die Antwort lautet nein. Als typisches Gegenbeispiel betrachte man die Folge $(a_n)_{n \in \mathbb{N}} = ((-1)^n)$ und die Folge ihrer Beträge (1^n). Die letzte konvergiert, die erste aber nicht. ◆

Frage 164

Warum ist die Konvergenz einer komplexen Zahlenfolge gegen einen Grenzwert $a \in \mathbb{C}$ äquivalent mit der Konvergenz der Folge der Realteile gegen $\operatorname{Re} a$ und der Konvergenz der Folge der Imaginärteile gegen $\operatorname{Im} a$?

▶ **Antwort** Ähnlich wie in der Antwort zu Frage 162 lässt sich der Zusammenhang durch ein geometrisches Argument veranschaulichen.

Liegen ab einem bestimmten Index N alle Realteile der Folgenglieder in $U_{\varepsilon'}(x)$ und alle Imaginärteile in $U_{\varepsilon'}(y)$, dann liegen die komplexen Folgenglieder selbst in $U_\varepsilon(a)$ mit $\varepsilon = \sqrt{2}\varepsilon'$, s. Abb. 2.9

Abb. 2.9 Die Menge $\{z;\ \operatorname{Re} z \in U_{\varepsilon'}(x), \operatorname{Im} z \in U_{\varepsilon'}(y)\} \subset \mathbb{C}$ liegt innerhalb einer Kreisscheibe mit Radius $\sqrt{2}\varepsilon'$

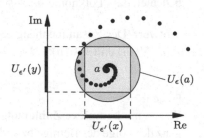

Formal folgt das Ergebnis unter den gegebenen Voraussetzungen aus $|a_n - a| = \sqrt{(x_n - a)^2 + (y_n - y)^2} \le \sqrt{2\varepsilon'^2} = \sqrt{2}\varepsilon'$. ◆

Frage 165

Kann der Grenzwert einer reellen Zahlenfolge eine komplexe Zahl sein?

▶ **Antwort** Nein. Der Trick beim Beweis besteht darin, die komplexe Konjugation heranzuziehen und die Tatsache auszunutzen, dass aus $z_n \to z$ stets auch $\overline{z_n} \to \overline{z}$ folgt (das ist eine direkte Folge von 159 (i)), und dass für reelle Folgen natürlich $\overline{a_n} = a_n$ gilt. Daraus folgt $\overline{\lim a_n} = \lim a_n$, und das geht nur für $\lim a_n \in \mathbb{R}$. ◆

2.4 Prinzipien der Konvergenztheorie

Frage 166

Was versteht man unter einer (streng) **monoton wachsenden** bzw. (streng) **monoton fallenden Folge** reeller Zahlen?

▶ **Antwort** Eine Folge (a_n) reeller Zahlen heißt

(i) *monoton wachsend*, wenn $a_{n+1} \geq a_n$ für alle $n \in \mathbb{N}$ und
(ii) *monoton fallend*, wenn $a_{n+1} \leq a_n$ für alle $n \in \mathbb{N}$ gilt.

Analog dazu sind die Bedingungen $a_{n+1}/a_n \geq 1$ bzw. $a_{n+1}/a_n \leq 1$. Bei *streng* monotonen Folgen handelt es sich dabei um echte Ungleichungen, dann gilt also zudem $a_{n+1} \neq a_n$. ◆

Frage 167

Was besagt das **Monotoniekriterium** für die Konvergenz einer reellen Zahlenfolge?

▶ **Antwort** Das Monotoniekriterium lautet:

Jede *beschränkte monotone* Folge reeller Zahlen konvergiert, und zwar gilt

$$\lim_{n \to \infty} a_n = \begin{cases} \sup\{a_n \; ; \; n \in \mathbb{N}\}, & \text{falls } (a_n) \text{ monoton wächst,} \\ \inf\{a_n; \; n \in \mathbb{N}\}, & \text{falls } (a_n) \text{ monoton fällt.} \end{cases}$$
◆

Frage 168

Können Sie das Monotoniekriterium beweisen?

▶ **Antwort** Sei (a_n) zunächst eine monoton *wachsende* Folge und sei $a := \sup\{a_n; n \in \mathbb{N}\}$. Zu jedem $\varepsilon > 0$ gibt es aufgrund der Supremumseigenschaft von a ein $N \in \mathbb{N}$ mit $a - \varepsilon < a_N < a$. Da die Folge monoton wächst, gilt diese Ungleichung auch für alle n mit $n > N$, d. h., fast alle Folgenglieder liegen in $U_\varepsilon(a)$.

Für monoton fallende Folgen verläuft der Beweis analog. An der Stelle des Supremums betrachtet man hierbei das Infimum. ◆

Frage 169

Können Sie zeigen, dass die Folge (e_n) mit

$$e_n := \left(1 + \frac{1}{n}\right)^n$$

monoton wachsend und beschränkt sind?

▶ **Antwort** Die Monotonie der Folge $(e_n)_{n \in \mathbb{N}}$ folgt mit der Bernoulli'schen Ungleichung aus

$$\frac{e_n}{e_{n-1}} = \left(\frac{n+1}{n}\right)^n \left(\frac{n-1}{n}\right)^{n-1} = \frac{n+1}{n}\left(\frac{n^2-1}{n^2}\right)^{n-1} = \frac{n+1}{n}\left(1 - \frac{1}{n^2}\right)^{n-1}$$

$$\geq \left(1 + \frac{1}{n}\right)\left(1 - \frac{n-1}{n^2}\right) = 1 + \frac{1}{n^3} \geq 1.$$

Um die Beschränktheit zu zeigen, betrachte man die Folge $(\widetilde{e}_n)$ mit $\widetilde{e}_n = \left(1 + \frac{1}{n}\right)^{n+1}$ Offensichtlich gilt $e_n \leq \widetilde{e}_n$ für alle $n \in \mathbb{N}$. Ferner ist die Folge $(\widetilde{e}_n)_{n \in \mathbb{N}}$ monoton fallend, das ergibt sich aus

$$\frac{\widetilde{e}_{n-1}}{\widetilde{e}_n} = \left(\frac{n}{n-1}\right)^n \left(\frac{n}{n+1}\right)^{n+1} = \frac{n}{n+1}\left(\frac{n^2}{n^2-1}\right)^n = \frac{n}{n+1}\left(1 + \frac{1}{n^2-1}\right)^n$$

$$\geq \frac{n}{n+1}\left(1 + \frac{1}{n^2-1}\right) \geq \frac{n}{n+1}\left(1 + \frac{1}{n}\right) = 1.$$

Hieraus erhält man insbesondere $e_n \leq \widetilde{e}_1 = 4$ für alle $n \in \mathbb{N}$, die Folge $(e_n)_{n \in \mathbb{N}}$ ist somit beschränkt.   ◆

Frage 170

Die Folge (E_n) mit

$$E_n := \sum_{k=0}^{n} \frac{1}{k!}$$

ist ebenfalls monoton wachsend und beschränkt. Woraus folgt das?

▶ **Antwort** Die Folge ist offensichtlich monoton wachsend, da alle Summanden positiv sind. Wegen $k! \geq 2^{k-1}$ für alle $k \in \mathbb{N}$ ergibt sich die Beschränktheit durch Vergleich mit der geometrischen Reihe. Es gilt

$$E_n \leq 2\sum_{k=0}^{n} 2^{-k} = 2 \cdot \frac{1 - 1/2^{n+1}}{1 - 1/2} \leq 4.$$ ◆

Frage 171

Können Sie $\lim_{n \to \infty} e_n = \lim_{n \to \infty} E_n$ beweisen?

▶ **Antwort** Um eine sinnvolle Abschätzung des Ausdrucks $|e_n - E_n|$ zu erhalten, müssen wir den Term in Summanden aufspalten, die sich ihrerseits gesondert abschätzen lassen.

Dazu benutzen wir die Tatsache, dass (e_n) konvergiert. Man wähle $K \in \mathbb{N}$ so groß, dass $\sum_{k=K}^{\infty} \frac{1}{k!} < \frac{\varepsilon}{3}$ gilt. Mit der binomischen Entwicklung von $(1 + 1/n)^n$ erhält man

$$\left| \left(1 + \frac{1}{n} \right)^n - \sum_{k=0}^{n} \frac{1}{k!} \right| \leq \sum_{k=0}^{K-1} \left| \binom{n}{k} \frac{1}{n^k} - \frac{1}{k!} \right| + \sum_{k=K}^{n} \binom{n}{k} \frac{1}{n^k} + \sum_{k=K}^{n} \frac{1}{k!}.$$

Der letzte Summand ist aufgrund der Wahl von K kleiner als $\frac{\varepsilon}{3}$. Für die mittlere Summe gilt:

$$\sum_{k=K}^{n} \binom{n}{k} \frac{1}{n^k} = \sum_{k=K}^{n} \frac{n(n-1)\cdots(n-k+1)}{k! n^k} \leq \sum_{k=K}^{n} \frac{1}{k!} < \frac{\varepsilon}{3}.$$

Für die erste Summe schließlich gilt:

$$\lim_{n \to \infty} \sum_{k=0}^{K-1} \left| \binom{n}{k} \frac{1}{n^k} - \frac{1}{k!} \right| = \sum_{k=0}^{K-1} \lim_{n \to \infty} \left| \frac{1}{k!} \cdot \left(1 - \frac{1}{n} \right) \cdots \left(1 - \frac{k+1}{n} \right) - \frac{1}{k!} \right| = 0.$$

Es gibt also ein $N \geq K$, sodass die erste Summe für alle $n > N$ kleiner als $\varepsilon/3$ ist. Für jedes $n > N$ gilt dann insgesamt $|E_n - e_n| < \varepsilon$, was zu zeigen war. ◆

Frage 172

Welche berühmte Zahl wird durch den gemeinsamen Grenzwert von (e_n) und (E_n) definiert?

▶ **Antwort** Der Grenzwert der Folgen $(e_n)_{n \in \mathbb{N}}$ und $(e_n)_{n \in \mathbb{N}}$ ist die *Euler'sche Zahl* $e = 2{,}718281828459\ldots$. ◆

Frage 173

Sei a eine positive reelle Zahl. Warum ist die rekursive Folge (x_n) mit

$$x_0 := a + 1 \quad \text{und} \quad x_{n+1} := \frac{1}{2} \left(x_n + \frac{a}{x_n} \right)$$

konvergent, und was ist ihr Grenzwert?

▶ **Antwort** Wegen $a > 0$ sind alle x_n positiv, die Folge ist also durch null nach unten beschränkt. Wenn man jetzt noch zeigen kann, dass die Folge monoton fällt, dann ergibt sich die Konvergenz unmittelbar aus dem Monotoniekriterium.

Wegen $x_n - x_{n+1} = \frac{1}{2}((x_n^2 - a)/x_n)$ ist die Folge jedenfalls dann monoton fallend, wenn $x_n \geq \sqrt{a}$ für alle n gilt. Das ergibt sich wegen der Positivität der x_n mit

$$x_n - \sqrt{a} = \frac{1}{2} \left(x_{n-1} + \frac{a}{x_{n-1}} \right) - \sqrt{a} = \frac{x_{n-1}^2 + a - 2\sqrt{a} x_{n-1}}{2 x_{n-1}} = \frac{(x_{n-1} - \sqrt{a})^2}{2 x_{n-1}} > 0.$$

Die Folge ist somit monoton fallend und besitzt einen Grenzwert in $\mathbb{R}$. Der Grenzwert x muss die Gleichung $x = \frac{1}{2}\left(x + \frac{a}{x}\right)$, also $x^2 = a$ erfüllen. Daraus folgt $x = \sqrt{a}$.

Bemerkung: Bei der Konstruktion der Folge handelt es sich um einen Spezialfall des *Newton-Verfahrens* (vgl. Frage 528).   ◆

Frage 174

Warum hat *jede* reelle Zahlenfolge eine monotone Teilfolge?

▶ **Antwort** Angenommen, eine Folge (a_n) besitzt keine monoton *wachsende* Teilfolge. Zu jedem Folgenglied a_n betrachte man die längstmögliche monoton wachsende Serie $a_n, a_{n_1}, \ldots, a_{n_\nu}$. Diese bricht in jedem Fall nach höchstens endlich vielen Schritten ab (andernfalls hätte man eine monoton wachsende Teilfolge), und für die Endpunkte a_{n_ν} gilt $a_m < a_{n_\nu}$ für alle $m > n_\nu$. Die Folge dieser „Spitzen" (a_{n_ν}) $(n = 1, 2, 3, \ldots)$ ist dann eine (sogar streng) monoton fallende Teilfolge von (a_n).   ◆

Frage 175

Was besagt der **Satz von Bolzano-Weierstraß** für reelle Zahlenfolgen?

▶ **Antwort** Der Satz von Bolzano-Weierstraß lautet:

Jede beschränkte Folge reeller Zahlen besitzt eine konvergente Teilfolge.   ◆

Frage 176

Gilt der Satz von Bolzano-Weierstraß auch für *komplexe* Folgen?

▶ **Antwort** Der Satz gilt auch für komplexe Folgen (a_n) mit $a_n := x_n + iy_n$ $(x, y \in \mathbb{R})$ und folgt aus der reellen Version. Die Folge der Realteile und die Folge der Imaginärteile sind in diesem Fall nämlich ebenfalls beschränkt. Man kann also nach dem Satz von Bolzano-Weierstraß für reelle Folgen zunächst eine konvergente Teilfolge $(x_{n_k})_{k \in \mathbb{N}}$ von (x_n) auswählen und anschließend eine konvergente Teilfolge $(y_{n_{k_\ell}})_{\ell \in \mathbb{N}}$ von $(y_{n_k})_{k \in \mathbb{N}}$. Die Folge $(a_{n_{k_\ell}})_{\ell \in \mathbb{N}}$ ist dann eine konvergente Teilfolge von $(a_n)_{n \in \mathbb{N}}$.   ◆

Frage 177

Was versteht man unter einem **Häufungswert** einer Zahlenfolge?

▶ **Antwort** Ein *Häufungswert* einer Zahlenfolge (a_n) ist der Grenzwert einer Teilfolge (a_{n_k}). Aus dieser Definition folgt sofort, dass in jeder ε-Umgebung eines Häufungswerts

h unendlich viele Folgenglieder liegen. Hiervon gilt aber auch die Umkehrung. Liegen nämlich in jeder ε-Umgebung einer Zahl h unendlich viele Folgenglieder, dann lässt sich leicht eine Teilfolge auswählen, die gegen den Wert h konvergiert. Dazu bestimme man das erste Element der Teilfolge aus $U_1(h)$, das zweite aus $U_{1/2}$ und allgemein das k-te Glied aus $U_{1/k}(h)$. Diese Teilfolge konvergiert dann gegen den Wert h. ◆

Frage 178

Warum hat die Menge der **Häufungswerte** einer beschränkten reellen Zahlenfolge ein Maximum (genannt lim sup) bzw. Minimum (genannt lim inf)?

▶ **Antwort** Mit der Ausgangsfolge (a_n) ist auch die Menge $\mathcal{H}$ ihrer Häufungswerte nach oben beschränkt und besitzt somit ein Supremum s, d. h., zu jedem $\varepsilon > 0$ gibt es ein Element $h \in \mathcal{H}$ mit $s \geq h > s - \varepsilon/2$. Da h ein Häufungswert der Folge ist, gibt es eine Teilfolge, die gegen h konvergiert. Ab einem bestimmten Index N liegen alle Glieder dieser Teilfolge in $U_{\varepsilon/2}(h)$ und somit in $U_\varepsilon(s)$. Es liegen also unendlich viele Glieder der Folge (a_n) in $U_\varepsilon(s)$, also ist s ein Häufungspunkt. Aus $s \in H$ und $s = \sup \mathcal{H}$ folgt $s = \max \mathcal{H}$, die Menge der Häufungswerte besitzt also ein Maximum.

Der Beweis für die Existenz des Minimums lässt sich darauf durch Übergang zur Folge $(-a_n)$ zurückführen. ◆

Frage 179

Wann heißt eine Folge reeller oder komplexer Zahlen eine **Cauchy-Folge**?

▶ **Antwort** Eine Zahlenfolge heißt *Cauchy-Folge*, wenn es eine natürliche Zahl N gibt, sodass für alle $n, m \geq N$ gilt: $|a_n - a_m| < \varepsilon$.

Eine äquivalente Formulierung lautet: zu jedem $\varepsilon > 0$ existiert ein $N \in \mathbb{N}$, sodass $a_n \in U_\varepsilon(a_N)$ für fast alle n gilt.

Abb. 2.10 Fast alle Folgenglieder liegen in der ε-Kreisscheibe um a_N

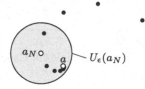

Bei einer Cauchy-Folge „verdichten" sich die Glieder a_n mit zunehmendem n also beliebig stark, s. Abb. 2.10. ◆

Frage 180

Warum ist jede konvergente reelle oder komplexe Zahlenfolge eine Cauchy-Folge?

▶ **Antwort** Sei a der Grenzwert der Folge. Aus $|a_n - a| \leq \varepsilon/2$ für alle $n > N$ folgt dann mit der Dreiecksungleichung für alle $k, m > N$:

$$|a_k - a_m| \leq |a_k - a| + |a_m - a| < \varepsilon. \qquad \blacklozenge$$

Frage 181

Warum sind $\mathbb{R}$ und $\mathbb{C}$ **vollständig** in dem Sinne, dass jede Cauchy-Folge in $\mathbb{R}$ oder $\mathbb{C}$ einen reellen bzw. komplexen Grenzwert besitzt?

▶ **Antwort** Sei (a_n) eine Cauchy-Folge, sodass $|a_n - a_m| < \varepsilon/2$ für alle $n, m \geq N$ gilt, s. Abb. 2.11. Die Folge ist dann beschränkt, da nur endlich viele Glieder außerhalb von $U_\varepsilon(a_N)$ liegen und besitzt somit nach Bolzano-Weierstraß eine konvergente Teilfolge $(a_{n_k})_{k \in \mathbb{N}}$. Sei a deren Grenzwert, dann gibt es ein $K \in \mathbb{N}$, sodass für alle $k > K$ gilt $|a - a_{n_k}| < \varepsilon/2$. Es bleibt zu zeigen, dass auch die Ausgangsfolge gegen a konvergiert.

Man wähle $k > K$ so, dass auch $n_k > N$ gilt. Dann folgt mit der Dreiecksungleichung aufgrund der Konvergenz der Teilfolge und der Cauchy-Eigenschaft der Ausgangsfolge für alle $n > N$

$$|a - a_n| \leq |a - a_{n_k}| + |a_{n_k} - a_n| < \varepsilon.$$

Die Ausgangsfolge ist somit konvergent. $\qquad \blacklozenge$

Abb. 2.11 Jede Cauchy-Folge in $\mathbb{C}$ (und $\mathbb{R}$) besitzt einen Grenzwert

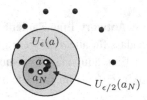

Frage 182

Kennen Sie Beispiele für Cauchy-Folgen in $\mathbb{Q}$, die in $\mathbb{Q}$ keinen Grenzwert besitzen?

▶ **Antwort** Die Folge rationaler Zahlen (x_n) mit $x_n := \frac{1}{2}\left(x_{n-1} + \frac{m}{x_{n-1}}\right)$ konvergiert nach Frage 173 für jedes $m \in \mathbb{N}$ gegen den Grenzwert $\sqrt{m}$. Ist m keine Quadratzahl, so ist dieser Grenzwert irrational.

Die Euler'sche Zahl e als gemeinsamer Grenzwert der Folgen (e_n) und (E_n) aus Frage 171 ist ebenfalls irrational (siehe die Antwort zu Frage 191). $\qquad \blacklozenge$

Frage 183

Was versteht man bezüglich $\mathbb{R}$ unter einer **Intervallschachtelung**?

▶ Unter einer *Intervallschachtelung* versteht man eine Folge $I_1, I_2, I_3, \ldots$ kompakter Intervalle I_n, für die gilt

(a) $I_{n+1} \subset I_n$ *für alle* $n \in \mathbb{N}$.

(b) *Die Folge* $(|I_n|)$ *der Intervalllängen ist eine Nullfolge.*

Beispielsweise bildet die Folge (I_n) mit $I_n := [0, 1/n]$ eine Intervallschachtelung. ◆

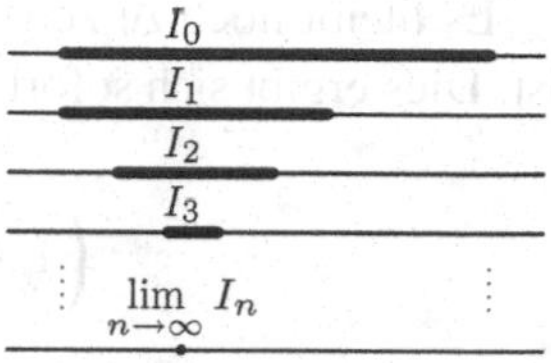

Abb. 2.12 Bei einer Intervall-schachtelung gilt $I_{n+1} \subset I_n$

$$I_0$$
$$I_1$$
$$I_2$$
$$I_3$$

$$\lim_{n \to \infty} I_n$$

Frage 184

Was besagt das **Intervallschachtelungsprinzip**?

▶ **Antwort** Das Prinzip besagt:

Zu jeder Intervallschachtelung $(I_n)_{n \in \mathbb{N}} \subset \mathbb{R}$ *existiert eine reelle Zahl, die in allen Intervallen* I_n *enthalten ist.*

Die entsprechende Zahl ist damit eindeutig bestimmt. Wären nämlich $a, b \in \mathbb{R}$ mit $a < b$ zwei verschiedene reelle Zahlen, die in allen I_n enthalten sind, so würde $[a, b] \subset I_n$ und damit $|I_n| \geq b - a$ für alle $n \in \mathbb{N}$ gelten. Die Folge der Intervalllängen wäre damit keine Nullfolge. ◆

Frage 185

Können Sie aus dem Intervallschachtelungsprinzip die Überabzählbarkeit von $\mathbb{R}$ folgern?

▶ **Antwort** Wir nehmen an, dass die Folge $x_0, x_1, x_2, \ldots$ alle reellen Zahlen enthält. Wir bestimmen schrittweise eine Intervallschachtelung $[a_n, b_n]$, $n \in \mathbb{N}_0$, die eine reelle Zahl definiert, die in der angegebenen Folge nicht vorkommt.

Dann wählen wir $[a_0, b_0]$ so, dass $x_0 \notin [a_0, b_0]$ gilt, und $[a_{n+1}, b_{n+1}] \subset [a_n, b_n]$ so, dass $x_{n+1} \notin [a_{n+1}, b_{n+1}]$ gilt. Für die in allen Intervallen liegende Zahl x gilt aber dann $x \neq x_n$ für alle $n \in \mathbb{N}_0$. ◆

Frage 186

Können Sie nachweisen, dass die Folgen (e_n) und $(\widetilde{e}_n)$ mit

$$e_n := \left(1 + \frac{1}{n}\right)^n \quad \text{und} \quad \widetilde{e}_n := \left(1 + \frac{1}{n}\right)^{n+1}$$

eine Intervallschachtelung bilden?

▶ **Antwort** Es wurde bereits in Frage 171 gezeigt, dass die Folge (e_n) monoton wächst und die Folge $(\widetilde{e}_n)$ monoton fällt. Wegen $\widetilde{e}_n \geq e_n$ gilt daher $[e_n, \widetilde{e}_n] \subset [e_{n+1}, \widetilde{e}_{n+1}]$ für alle $n \in \mathbb{N}$.

Es bleibt noch zu zeigen, dass die Folge $(\widetilde{e}_n - e_n)$ der Intervalllängen eine Nullfolge ist. Dies ergibt sich sofort aus

$$\left(1 + \frac{1}{n}\right)^{n+1} - \left(1 + \frac{1}{n}\right)^n = \left(1 + \frac{1}{n}\right)^n \cdot \frac{1}{n}.$$

Der erste Faktor auf der rechten Seite ist beschränkt (vgl. Frage 171), der zweite konvergiert gegen null. Also gilt $\lim_{n \to \infty}(\widetilde{e}_n - e_n) = 0$, und die beiden Folgen bilden eine Intervallschachtelung.   ◆

Frage 187

Welche Zahl wird durch die Intervallschachtelung aus der letzten Frage erfasst?

▶ **Antwort** Die dadurch erfasste Zahl ist wiederum die Euler'sche Zahl e.   ◆

Frage 188

Warum bilden auch die Folgen (E_n) und $(\widetilde{E}_n)$ mit

$$E_n := \sum_{k=1}^{n} \frac{1}{k!} \quad \text{und} \quad \widetilde{E}_n := E_n + \frac{1}{n \cdot n!}, \quad n \in \mathbb{N}$$

eine Intervallschachtelung?

▶ **Antwort** Die Folge (E_n) ist offensichtlich monoton wachsend, die Folge $(\widetilde{E}_n)$ wegen

$$\widetilde{E}_{n+1} = E_n + \frac{1}{(n+1)!} + \frac{1}{(n+1)(n+1)!} = E_n + \frac{n+1}{(n+1)^2 \cdot n!} \leq E_n + \frac{1}{n \cdot n!} = \widetilde{E}_n$$

monoton fallend. Da die Folge der Differenzen $(\widetilde{E}_n - E_n) = \left(\frac{1}{n \cdot n!}\right)$ eine Nullfolge ist, bilden die Intervalle $I_n := [E_n, \widetilde{E}_n]$ somit eine Intervallschachtelung.   ◆

Frage 189

Die durch (E_n) und $(\widetilde{E}_n)$ gegebene Intervallschachtelung erfasst wiederum die Euler'sche Zahl e. Können Sie das begründen?

▶ **Antwort** Die Antwort ergibt sich aus dem Ergebnis zu Frage 171, demzufolge (e_n) und (E_n) den gleichen Grenzwert besitzen. ◆

Frage 190

Welche der beiden Intervallschachtelungen konvergiert schneller: die durch (E_n) und $(\widetilde{E}_n)$ oder die durch (e_n) und $(\widetilde{e}_n)$ gegebene?

▶ **Antwort** Die erste Intervallschachtelung konvergiert wesentlich schneller. Für die Folge der Intervalllängen gilt hier $|(I_n)| = \frac{1}{n \cdot n!}$. Schon die Länge des fünften Intervalls beträgt nur noch $1/600 = 0.001666\ldots$ Dagegen sind die Intervalllängen $(|I_n'|)$ der durch (e_n) und $(\widetilde{e}_n)$ gegebenen Intervallschachtelung größer als $\frac{1}{n}$. ◆

Frage 191

Können Sie beweisen, dass die Euler'sche Zahl $e = \lim e_n = \lim E_n$ keine rationale Zahl ist?

▶ **Antwort** Angenommen, e sei rational, etwa $e = m/n$ mit $m, n \in \mathbb{N}$. Dann wäre $n! \, e$ eine ganze Zahl. Mit $\alpha := e - E_n$ wäre also auch

$$n! \, \alpha := n! \, (e - E_n) = n! \left(e - 1 - \frac{1}{2} - \cdots - \frac{1}{n!} \right).$$

eine ganze Zahl. Auf der anderen Seite folgt aber aus $\widetilde{E}_n > E$

$$\alpha = (e - E_n) < (\widetilde{E}_n - E_n) = \frac{1}{n \cdot n!} < \frac{2}{(n+1)!},$$

und damit $0 < n! \, \alpha < 2/(n+1)$, im Widerspruch zur Ganzzahligkeit von $n! \, \alpha$. ◆

Frage 192

Sei (x_n) die in Frage 173 definierte Folge zur Approximation von Quadratwurzeln. Versuchen Sie zu zeigen, dass für den *Fehler* $R_n := x_n - \sqrt{a}$ gilt: $R_{n+1} \leq \frac{1}{2\sqrt{a}} R_n^2$?

▶ **Antwort** Da die Folge für $n > 1$ monoton fällt, erhält man

$$R_{n+1} = \frac{1}{2} \left(x_n + \frac{a}{x_n} \right) - \sqrt{a} = \frac{1}{2} \frac{x_n^2 + a - 2x_n \sqrt{a}}{x_n} \leq \frac{(x_n - \sqrt{a})^2}{2\sqrt{a}} = \frac{R_n^2}{2\sqrt{a}}. \quad ◆$$

Frage 193

Was versteht man unter **quadratischer Konvergenz** einer Folge?

▶ **Antwort** Eine Folge (a_n) konvergiert *quadratisch* gegen den Grenzwert a, wenn es eine Konstante C gibt, sodass gilt:

$$|a_{n+1} - a| \leq C \cdot |a_n - a|^2 \quad \text{für alle } n \in \mathbb{N}.$$

Für die Folge mit $x_n = \frac{1}{2}(x_n + a/x_n)$ liegt also aufgrund der Ergebnisse aus der vorigen Frage quadratische Konvergenz vor. In diesem Fall ist $C = 1/2\sqrt{a}$.   ♦

Frage 194 (Multiplizieren statt dividieren)

Manche elektronischen Rechner berechnen das Inverse einer reellen Zahl $a > 0$ nach folgender Methode: $\frac{1}{a}$ ist die Länge der Gleichung $ax = 1$ und daher die von null verschiedene Lösung der Gleichung

$$x = 2x - ax^2.$$

In der geometrischen Interpretation läuft die Bestimmung von x darauf hinaus, die Abszisse des Schnittpunktes $(0,0)$ der Geraden mit der Gleichung $y = x$ mit der Parabel mit der Gleichung

$$f(x) := 2x - ax^2$$

zu bestimmen.

Man wählt dazu ein x_0, das der Ungleichung $0 < x_0 < \frac{1}{a}$ genügt, und definiert rekursiv

$$x_{n+1} = 2x_n - ax_n^2 \quad \text{für } n \geq 0.$$

Warum ist (x_n) für $n \geq 1$ monoton wachsend, und warum gilt $\lim_{n \to \infty} x_n = \frac{1}{a}$?

Frage: Warum gilt weiterhin für alle $n \in \mathbb{N}$

$$\left| x_{n+1} - \frac{1}{a} \right| \leq C \left(x_n - \frac{1}{a} \right)^2$$

(d. h., die Folge (x_n) konvergiert sogar quadratisch gegen $\frac{1}{a}$)?

Für $a = 7$ und $x = 0,1$ berechne man x_1, x_2, x_3, x_4, x_5.

▶ **Antwort** Die Beschränktheit von $(x_n)_{n \in \mathbb{N}}$ erhält man sofort aus

$$\forall n \in \mathbb{N}: \ x_n = 2x_{n-1} - ax_{n-1}^2 = \frac{1}{a} - a\left(x_{n-1}^2 - 2\frac{x_{n-1}}{a} + \frac{1}{a^2} \right)$$

$$= \frac{1}{a} - a\underbrace{\left(x_{n-1} - \frac{1}{a} \right)^2}_{\geq 0 \, (a > 0)} \leq \frac{1}{a}.$$

Wir zeigen die Monotonie der Folge $(x_n)_{n\in\mathbb{N}}$ wie folgt: Für $n \geq 1$ sieht man sofort:

$$x_{n+1} = 2x_n - ax_n^2 = x_n(2 - a\underbrace{x_n}_{\leq a^{-1}}) \geq x_n\left(2 - a\frac{1}{a}\right) = x_n.$$

Es folgt die Konvergenz der Folge $(x_n)_{n\in\mathbb{N}}$.

Der Grenzwert $z := \lim_{n\to\infty} x_n$ erfüllt (aufgrund der Rekursionsvorschrift) notwendig folgende Gleichung:

$$z = 2z - ax^2 \Leftrightarrow 0 = z - az^2 = z(1 - az) \Leftrightarrow z = 0 \vee z = \frac{1}{a}.$$

Da aber $x_1 = 2x_0 - ax_0^2 = x_0(2 - \underbrace{ax_0}_{<2}) > 0$ und die Folge $(x_n)_{n\in\mathbb{N}}$ ab $n \geq 1$ monoton wächst, ist auch ihr Grenzwert echt größer als null. Somit gilt $\lim_{n\to\infty} x_n = \frac{1}{a} > 0$, wie gefordert.

Die quadratische Konvergenz ergibt sich wie folgt:

$$\underbrace{\left|x_{n+1} - \frac{1}{a}\right|}_{\leq 0} = \frac{1}{a} - x_{n+1} = \frac{1}{a} - 2x_n + ax_n^2 = a\left(\frac{1}{a^2} - 2x_n\frac{1}{a} + x_n^2\right)$$

$$= a \cdot \left(\frac{1}{a} - x_n\right)^2 \leq C \cdot \left(x_n - \frac{1}{a}\right)^2,$$

wobei $C \geq a > 0$. Damit ergibt sich zugleich noch ein alternativer Beweis der Konvergenz: Aus der Gleichungskette

$$\left|x_{n+1} - \frac{1}{a}\right| = a\left|x_n - \frac{1}{a}\right|^2 = a\left(a\left|x_{n-1} - \frac{1}{a}\right|^2\right)^2 = \ldots$$

$$= a \cdot a^2 \cdot \ldots \cdot a^{2^n} \cdot \left|x_0 - \frac{1}{a}\right|^{2^{n+1}} = \frac{1}{a}\left(a\left|x_0 - \frac{1}{a}\right|\right)^{2^{n+1}}$$

und der Tatsache, dass

$$a\left|x_0 - \frac{1}{a}\right| = |ax_0 - 1| < 1 \quad \text{(wegen } 0 < ax_0 < 2\text{)},$$

folgt

$$0 \leq \left|x_{n+1} - \frac{1}{a}\right| = \frac{1}{a}\left(a\left|x_0 - \frac{1}{a}\right|\right)^{2^{n+1}} = \frac{1}{a}\underbrace{|ax_0 - 1|}_{<1}^{2^{n+1}} \xrightarrow{n\to\infty} \Rightarrow x_n \xrightarrow{n\to\infty} \frac{1}{a}.$$

Um zu sehen, was quadratische Konvergenz bedeutet, berechnen wir die ersten sieben Folgenglieder für $a = 7$ und $x_0 = 0{,}1$ (mit MAPLE)

```
> Digits:=75
Digits:=75
> a:=7:x[0]:=0.1:for i from 1 to 7 do x[i]:=2*x[i-1]-a*x[i-1]^2 od;
x₁:=0.13
x₂:=0.1417
x₃:=0.14284777
x₄:=0.1428571422421897
x₅:=0.14285714285714285449568544449737
x₆:=0.14285714285714285714285714285714280809023113867839307 63164415817
x₇:=0.14285714285714285714285714285714285714285714285714285 7142857126014022
> evalf(1/7);
0.14285714285714285714285714285714285714285714285714285714 2857142857142
```

Beim Vergleich mit dem exakten Wert $\frac{1}{7} = 0{,}\overline{142857}$ erkennt man, dass sich die Anzahl der korrekten Dezimalstellen in jedem Iterationsschritt verdoppelt. Das Verfahren konvergiert also sehr schnell.   ◆

(Unendliche) Reihen

Die Fragen zu diesem Kapitel beschäftigen sich mit dem *Reihenbegriff*, speziell mit solchen Reihen, deren Summanden reelle oder komplexe Zahlen sind. Da Reihen nach Definition Folgen einer speziellen Bauart sind, gelten für sie dieselben Konvergenzkriterien wie für Folgen, darüber hinaus gibt es für Reihen aber noch eine Fülle spezifischer Konvergenzkriterien. Eine besonders wichtige Klasse von Reihen sind die *absolut konvergenten* Reihen, deren Summandenfolgen beliebig umgeordnet werden dürfen, ohne dass sich dadurch das Konvergenzverhalten der Reihe ändert. Diese Eigenschaft spielt eine große Rolle bei der Multiplikation konvergenter Reihen.

Potenzreihen als spezielle *Funktionenreihen* werden in diesem Kapitel nur vorgestellt und erst in Kapitel 5 systematischer behandelt.

3.1 Definitionen und erste Beispiele

Frage 195

Was versteht man unter der einer reellen oder komplexen Zahlenfolge (a_k) zugeordneten **Reihe**?

▶ **Antwort** Unter der einer Folge (a_k) zugeordneten Reihe versteht man die Folge (s_n) der (Partial-)Summen

$$s_n := a_0 + a_1 + a_2 + \cdots + a_n.$$

Eine Reihe ist damit einfach eine Folge spezieller Bauart und kann mit denselben begrifflichen Mitteln beschrieben werden.

Man sollte nicht auf die Idee kommen, eine Reihe als eine „Summe mit unendlich vielen Summanden" zu definieren. Das ist kein sauberes mathematisches Konzept und wird, sobald es ernst wird, auch nur Verwirrung stiften. ♦

© Springer-Verlag GmbH Deutschland 2018
R. Busam, T. Epp, *Prüfungstrainer Analysis*, https://doi.org/10.1007/978-3-662-55020-5_3

Frage 196

Welche Symbolik (Schreibweisen) verwendet man im Zusammenhang mit Reihen?

▶ **Antwort** Die einer Folge (a_k) zugeordnete Reihe bezeichnet man üblicherweise mit

$$\sum_{k=0}^{\infty} a_k.$$

Dieser Ausdruck ist als Abkürzung des präzisen Ausdrucks $\left(\sum_{k=0}^{n} a_k\right)_{n \in \mathbb{N}_0}$ zu verstehen.

Je nachdem, mit welchem Index die Folge (a_k) beginnt, kann die Reihe auch bei einem anderen Wert als $k = 0$ anfangen, etwa bei $k = 1$ oder $k = 2$ etc.

Bei allgemeinen Konvergenzuntersuchungen, bei denen es nicht auf den Startwert einer Reihe ankommt, schreibt man abkürzend auch oft $\sum_k a_k$ und lässt dabei offen, bei welchem Index die Reihe beginnt.   ◆

Frage 197

Was versteht man unter der n-ten **Partialsumme** einer Reihe?

▶ **Antwort** Die n-te *Partialsumme* der einer Folge (a_k) zugeordneten Reihe ist die Zahl

$$s_n := \sum_{k=0}^{n} a_k = a_0 + a_1 + \cdots + a_n.$$

Eine Reihe ist somit *die Folge (s_n) ihrer Partialsummen.*   ◆

Frage 198

Wann heißt eine Reihe **konvergent**?

▶ **Antwort** Eine Reihe ist konvergent genau dann, wenn die Folge (s_n) ihrer Partialsummen im Sinne des für Folgen eingeführten Konvergenzbegriffs (vgl. Frage 137) konvergiert. Speziell in Bezug auf Reihen lautet die Definition dann:

Eine Reihe $S = \sum_k a_k$ konvergiert genau dann gegen den Grenzwert a, wenn für jedes $\varepsilon > 0$ ein $N \in \mathbb{N}$ mit der Eigenschaft existiert, dass für alle $n > \mathbb{N}$ gilt:

$$\left| \sum_{k=0}^{n} a_k - a \right| < \varepsilon$$

◆

Frage 199

Was ist der Unterschied zwischen einer Reihe und ihrem Wert (ihrer Summe)?

▶ **Antwort** Da eine Reihe nichts anderes als eine Folge ist, entspricht der Unterschied dem zwischen einer Folge und ihrem Grenzwert.

Der Wert einer Reihe wird allerdings häufig ebenfalls mit dem Symbol $\sum_{k=0}^{\infty} a_k$ bezeichnet, der in *diesem* Zusammenhang gleichbedeutend ist mit $\lim_{n\to\infty} \sum_{k=0}^{n} a_k$. Das Symbol besitzt somit eine gewisse Zweideutigkeit. So bedeutet die Gleichung $\sum_{k=1}^{\infty} \frac{1}{k^2} = \frac{\pi^2}{6}$, dass die Reihe $\sum_{k=1}^{\infty} \frac{1}{k^2}$ konvergiert und die Summe $\frac{\pi^2}{6}$ hat. ◆

Frage 200

Welche Rechenregeln für (konvergente) Folgen lassen sich unmittelbar auf (konvergente) Reihen übertragen (Permanenzeigenschaften)?

▶ **Antwort** Seien $\sum_{k=0}^{\infty} a_k$ und $\sum_{k=0}^{\infty} b_k$ zwei (konvergente) Reihen (a_k, b_k aus $\mathbb{R}$ oder $\mathbb{C}$). Dann gelten die folgenden beiden Rechenregeln

$$\sum_{k=0}^{\infty}(a_k + b_k) = \sum_{k=0}^{\infty} a_k + \sum_{k=0}^{\infty} b_k, \qquad \sum_{k=0}^{\infty} \alpha a_k = \alpha \sum_{k=0}^{\infty} a_k \quad (\alpha \in \mathbb{K}),$$

die sich unmittelbar aus den entsprechenden Regeln für Folgen reeller oder komplexer Zahlen ergeben (vgl. Frage 159).

Bezüglich der Produktbildung zweier Reihen lassen sich nicht ohne Weiteres ähnliche Regeln formulieren, da eine Produktreihe nach verschiedenen Prinzipien gebildet werden kann, die auf eine unterschiedliche Anordnung der hinauslaufen. Daher muss zunächst geklärt werden, unter welchen Bedingungen das Konvergenzverhalten einer Produktreihe unabhängig von der Anordnung ihrer Summanden ist (s. Abschn. 3.4). ◆

Frage 201

Wie lautet das **Cauchy-Kriterium** für die Konvergenz einer Reihe?

▶ **Antwort** Es handelt sich dabei um Cauchy-Kriterium für Folgen aus Frage 179, bezogen auf die Folge der Partialsummen einer Reihe. Es lautet demnach:

Eine Reihe $\sum_{k=0}^{\infty} a_k$ konvergiert genau dann, wenn sie eine Cauchy-Reihe ist, d. h. wenn zu jedem $\varepsilon > 0$ ein $N \in \mathbb{N}$ existiert, sodass für alle $m, n > N$, $n > m$ die Ungleichung

$$\left| \sum_{k=0}^{n} a_k - \sum_{k=0}^{m} b_k \right| = \left| \sum_{k=m+1}^{n} a_k \right| < \varepsilon$$

erfüllt ist. ◆

Frage 202

Können Sie mit dem Cauchy-Kriterium zeigen, dass die in Frage 171 eingeführte Exponentialreihe

$$\sum_{k=0}^{\infty} \frac{1}{k!}$$

konvergiert?

▶ **Antwort** Wegen $k! \geq 2^{k-1}$ für alle $k \in \mathbb{N}$ gilt für natürliche Zahlen n, m mit $n > m$

$$\sum_{k=m}^{n} \frac{1}{k!} \leq \sum_{k=m}^{n} \frac{1}{2^{k-1}} = \frac{1}{2^{m-1}} \sum_{k=0}^{n-m} \frac{1}{2^k} = \frac{1}{2^{m-1}} \cdot \frac{1 - 1/2^{n-m+1}}{1 - 1/2} \leq \frac{1}{2^{m-2}}.$$

Wegen $2^{m-2} > m - 2$ für alle $m > 4$ wird der Wert jeder derartigen Teilsumme kleiner als ε, sofern $n > 1/\varepsilon + 2$ ist.   ◆

Frage 203

Wie ist die **harmonische Reihe** definiert?

▶ **Antwort** Die harmonische Reihe summiert die Kehrwerte der natürlichen Zahlen.

$$\sum_{n=1}^{\infty} \frac{1}{n}.$$
◆

Frage 204

Divergiert oder konvergiert die harmonische Reihe? Können Sie ihre Behauptung beweisen?

▶ **Antwort** Die harmonische Reihe divergiert. Das lässt sich mit dem Cauchy-Kriterium nachweisen. Für ein beliebiges $N \in \mathbb{N}$ wähle man n so groß, dass $2^n \geq N$ ist. Dann gilt

$$\sum_{k=2^n+1}^{2^{n+1}} = \underbrace{\frac{1}{2^n + 1} + \cdots + \frac{1}{2^{n+1}}}_{2^n \text{ Summanden}} > 2^n \cdot \frac{1}{2^{n+1}} = \frac{1}{2}$$

Zu jedem N gibt es also Teilstücke $a_{N+p} + \cdots + a_{N+q}$ mit $q > p$, deren Summe größer als $\frac{1}{2}$ ist. Daher kann die harmonische Reihe nicht konvergieren.   ◆

Frage 205

Geben Sie die ersten 10 Summanden einer Umordnung der alternierenden harmonischen Reihe $1 - \frac{1}{2} + \frac{1}{3} - \frac{1}{4} + \ldots + \frac{(-1)^{n-1}}{n} + \ldots$ an, welche die Summe 1 hat.

▶ **Antwort** Die alternierende harmonische Reihe ist bedingt konvergent (i. e. konvergent, aber nicht absolut konvergent). Die Existenz der gesuchten Umordnung ist sichergestellt durch den Riemann'schen Umordnungssatz für bedingt konvergente Reihen $\sum a_k$. Das hier zur Lösung angegebene Verfahren funktioniert analog bei jeder bedingt konvergenten Reihe und liefert zugleich einen konstruktiven Beweis des Riemann'schen Umordnungssatzes. Wir bezeichnen mit (a_k^+) die Teilfolge von (a_k) bestehend aus den positiven Folgengliedern und mit (a_k^-) diejenige bestehend aus den Absolutbeträgen der negativen (Nullen werden weggelassen). In unserem Beispiel ist $(a_k^+) = (1, \frac{1}{3}, \frac{1}{5}, \frac{1}{7}, \ldots)$ und $(a_k^-) = (\frac{1}{2}, \frac{1}{4}, \frac{1}{6}, \ldots)$.

Man geht folgendermaßen vor: In einer Summe A_0 summiert man zunächst so viele positive Glieder der Folge a_k^+ auf, bis der Wert der Summe erstmals größer gleich dem gewünschten Grenzwert c ist. In unserem Fall $A_0 := 1$. In einer zweiten Summe B_0 subtrahiert man von $A - 0$ so viele Glieder der Folge a_k^-, bis der Wert der Summe gerade kleiner als c ist. Bei uns also $B_0 := 1 - \frac{1}{2}$.

Daraus bestimmt man dann A_1, indem man zu B_0 so viele der nächsten, noch nicht benutzten Glieder der Folge (a_k^+) hinzuaddiert, bis die Summe wieder gerade größer als c ist. Bei uns also $A_1 := 1 - \frac{1}{2} + \frac{1}{3} + \frac{1}{5} \approx 1{,}033$. Die Summe B_1 erhält man genau wie oben wieder aus A_1 durch Subtraktion so vieler der noch nicht benutzten Glieder von (a_k^-), dass die Summe gerade kleiner als c ist. In unserem Fall brauchen wir dazu nur $\frac{1}{4}$ von A_1 zu subtrahieren. Also $B_1 = 1 - \frac{1}{2} + \frac{1}{3} + \frac{1}{5} - \frac{1}{4} \approx 0{,}783$.

Jetzt bestimmt man A_2 aus B_1 genauso, wie man oben A_1 aus B_0 gewonnen hat, und B_2 aus A_2 genauso wie oben B_1 aus A_1. Dann erhält man $A_2 := 1 - \frac{1}{2} + \frac{1}{3} + \frac{1}{5} - \frac{1}{4} + \frac{1}{7} + \frac{1}{9} \approx 1{,}037$ und $B_2 := 1 - \frac{1}{2} + \frac{1}{3} + \frac{1}{5} - \frac{1}{4} + \frac{1}{7} + \frac{1}{9} - \frac{1}{6} \approx 0{,}871$.

Nun ist klar, wie es weiter geht: Man bestimmt immer A_i aus B_{i-1} und dann B_i aus A_i. Wir haben mit diesem Verfahren eine induktive Definition von A_i und B_i gegeben. Klarerweise ergibt sich eine Umordnung der ursprünglichen Reihe, da ja sukzessive (in jedem Schritt mindestens ein Glied hinzunehmen) alle Glieder aus (a_k^+) bzw. (a_k^-) genau einmal verwendet werden. In unserem Fall erhält man die gesuchten zehn Summanden direkt aus $A_3 := 1 - \frac{1}{2} + \frac{1}{3} + \frac{1}{5} - \frac{1}{4} + \frac{1}{7} + \frac{1}{9} - \frac{1}{6} + \frac{1}{11} + \frac{1}{13} \approx 1{,}038$.

Die Konvergenz der so konstruierten Reihe, definiert durch die Folge ihrer Partialsummen (A_i) gegen c, folgt nun aus der Tatsache, dass (a_k^+) als Teilfolge der Nullfolge (a_k) (die Reihe $\sum a_k$ konvergiert ja, d. h., (a_k) muss Nullfolge sein) selbst eine Nullfolge ist und sich (A_i) von c höchstens um das zuletzt hinzuaddierte Folgenglied aus (a_k^+) unterscheiden kann.

Zur Wohldefiniertheit der obigen Konstruktion ist es noch notwendig, dass auch stets genügend viele „große" Glieder (a_k^+) und (a_k^-) zur Verfügung stehen, um $A_i > c$ aus $B_{i-1} < c$ bzw. $B_i < c$ aus $A_i > c$ konstruieren zu können. Das folgt aber direkt, da für eine beliebige bedingt konvergente Reihe $\sum a_k$, die Reihen $\sum a_k^+$ und $\sum a_k^-$ divergent sind und also über alle Grenzen wachsen (alle ihre Glieder sind positiv). ◆

Bekanntlich ist die harmonische Reihe $\sum_{n \in \mathbb{N}} \frac{1}{n}$ divergent, z. B. weil die Folge der Partialsumme nicht nach oben beschränkt ist. So ist für $N = 2^k$ beispielsweise

$$H_N = H_{2^k} = \sum_{n=1}^{2^k} \frac{1}{n} \geq 1 + \frac{k}{2}.$$

Aufgabe: Es sei $a_n = 0$, falls in der Dezimaldarstellung von n die Ziffer 9 vorkommt, andernfalls sei $a_n = \frac{1}{n}$.

Also ist z. B. $a_9 = a_{19} =: \cdots := a_{99} = 0$, $a_{100} = \frac{1}{100}$.

Es bedeute $\sum'$ die Summation über alle natürlichen Zahlen n, in deren Dezimaldarstellung die Ziffer 9 nicht vorkommt, also

$$\sum_{n=1}^{\infty} a_n = \sum{}' \frac{1}{n}.$$

Zeigen Sie:

$$\sum{}' \frac{1}{n} = \sum_{n=1}^{8} \frac{10}{n} - \sum{}' \sum_{k=0}^{8} \frac{k}{n(10n + k)},$$

und folgern Sie mithilfe dieser Formel, dass die modifizierte harmonische Reihe $\sum' \frac{1}{n}$ konvergiert und ungefähr den Wert 22,9206 hat.

Tipp: $\frac{1}{n} - \frac{10}{10n+k} = \frac{k}{n(10n+k)}$.

Sei $\mathbb{K} = \mathbb{R}$ oder $\mathbb{K} = \mathbb{C}$. Warum ist die folgende Abbildung bijektiv:

$$\text{Abb}(\mathbb{N}_0, \mathbb{K}) \to \text{Abb}(\mathbb{N}_0, \mathbb{K}), \quad (a_k)_{k \in \mathbb{N}} \mapsto (A_n)_{n \in \mathbb{N}} = \left(\sum_{k=0}^{n} a_k \right)_{n \in \mathbb{N}}.$$

▶ **Antwort** Die Abbildung ist surjektiv. Ist nämlich (A_n) gegeben, dann ist die Folge (a_k) mit $a_0 := A_0$ und $a_n := A_n - A_{n-1}$ ein Urbild von (A_n).

Sie ist ferner injektiv, denn aus $(a_k) \neq (b_k)$ folgt $a_{k_0} \neq b_{k_0}$ für einen kleinsten Index k_0 (d. h. $a_k = b_k$ für alle $k < k_0$), und daraus folgt für die entsprechende Partialsumme $A_{k_0} \neq B_{k_0}$, also $(A_n) \neq (B_n)$. Damit ist insgesamt die Bijektivität der Abbildung gezeigt. ◆

Frage 208

Was versteht man unter einer **geometrischen Reihe** in $\mathbb{R}$ oder $\mathbb{C}$?

▶ **Antwort** Für eine reelle oder komplexe Zahl q heißt

$$\sum_{k=0}^{\infty} q^k \qquad (*)$$

geometrische Reihe von q. ◆

Frage 209

Für welche reellen oder komplexen Zahlen q konvergiert die geometrische Reihe $(*)$ aus Frage 3.1?

Was ist gegebenenfalls ihr Grenzwert? Warum ist die geometrische Reihe für alle $q \in \mathbb{K}$ mit $|q| \geq 1$ divergent?

▶ **Antwort** Die Werte der Partialsummen $s_n = \sum_{k=0}^{n} q^k$ lassen sich mit dem folgenden einfachen Trick leicht berechnen. Es ist

$$s_n - q s_n = (1 + q + q^2 + \cdots + q^n) - (q + q^2 + \cdots + q^n + q^{n+1}) = 1 - q^{n+1}.$$

Hieraus folgt für $q \neq 1$

$$s_n = \frac{1 - q^{n+1}}{1 - q}.$$

Die Folge $(q^{n+1})_{n \in \mathbb{N}}$ konvergiert für $|q| < 1$ gegen 0 und ist divergent für $|q| \geq 1$ und $q \neq 1$ (vgl. Frage 147). Im letzteren Fall ist somit auch die geometrische Reihe divergent. Für $|q| < 1$ konvergiert sie, und es gilt

$$\boxed{\sum_{k=0}^{\infty} q^k = \frac{1}{1-q}.}$$

Allein der Fall $q = 1$ ist damit noch unentschieden. In diesem Fall ist aber $s_n = n + 1$ für alle $n \in \mathbb{N}$, und somit divergiert die Reihe. ◆

Frage 210

Warum ist für eine konvergente Reihe $\sum_n a_n$ die (Summanden-)Folge (a_n) stets eine Nullfolge?

▶ **Antwort** Ist die Folge (a_n) der Summanden keine Nullfolge, dann gibt es ein $\varepsilon_0 > 0$, sodass $|a_n| > \varepsilon_0$ für unendlich viele $n \in \mathbb{N}$ gilt. Also gibt es zu jedem $N \in \mathbb{N}$ ein $n > N + 1$ mit der Eigenschaft

$$\left| \sum_{k=0}^{n} a_k - \sum_{k=0}^{n-1} a_k \right| = |a_n| > \varepsilon_0.$$

Die Reihe erfüllt damit nicht das Cauchy-Kriterium, ist also nicht konvergent. ◆

Frage 211

Gilt für den Zusammenhang aus der Frage 210 auch die Umkehrung?

▶ **Antwort** Die Umkehrung gilt nicht, wie das Beispiel der harmonischen Reihe zeigt. Deren Summanden bilden zwar eine Nullfolge, die Reihe selbst divergiert aber trotzdem. ◆

Frage 212

Welches „Trivialkriterium" für die Divergenz einer Reihe erhält man aus den Ergebnissen der Frage 210?

▶ **Antwort** Eine Reihe divergiert auf jeden Fall dann, wenn ihre Summandenfolge keine Nullfolge ist. ◆

Frage 213

Was versteht man bei einer konvergenten Reihe $\sum_k a_k$ unter der Folge der **Reihenreste** und warum ist diese Folge stets eine Nullfolge?

▶ **Antwort** Unter der Folge der Reihenreste versteht man die Folge (R_n) mit

$$R_n := \sum_{k=n+1}^{\infty} a_k.$$

Wegen der Konvergenz der Reihe gilt für alle $\varepsilon > 0$ und genügend große n die Abschätzung $|R_n| = \left| \sum_{k=0}^{\infty} a_k - \sum_{k=0}^{n} a_k \right| < \varepsilon$, also ist (R_n) eine Nullfolge. ◆

Frage 214

Was versteht man unter einer **teleskopischen Reihe**? Was lässt sich über die Partialsummen einer teleskopischen Reihe aussagen?

▶ **Antwort** Eine *teleskopische Reihe* oder *Teleskopreihe* ist eine Reihe der Bauart

$$\sum_{k=0}^{\infty} a_k = \sum_{k=0}^{\infty} (x_k - x_{k+1}).$$

Die spezielle Eigenschaft einer Teleskopreihe besteht darin, dass die Terme zweier aufeinander folgender Summanden sich durch geeignete Zusammenfassung gegenseitig „neutralisieren".

Für die Partialsummen einer teleskopischen Reihe gilt:

$$\sum_{k=0}^{n} a_k = (x_0 - x_1) + (x_1 - x_2) + \ldots + (x_n - x_{n+1})$$

$$= x_0 - (x_1 - x_1) - \cdots - (x_n - x_n) - x_{n+1} = x_0 - x_{n+1}.$$

Die Partialsumme s_n hängt also nur von x_0 und x_{n+1} ab. ◆

Frage 215

Was wissen Sie über die *Konvergenz teleskopischer Reihen*?

▶ **Antwort** Die Partialsummen s_n der Teleskopreihen besitzen nach der Antwort zu Frage 3.1 die Gestalt $s_n = x_0 - x_{n+1}$. Daraus folgt (mit den Bezeichnungen aus der Frage 3.1):

Eine Teleskopreihe konvergiert genau dann, wenn die Folge (x_n) konvergiert. In diesem Fall gilt

$$\sum_{k=0}^{\infty} (x_k - x_{k+1}) = x_0 - \lim_{n \to \infty} x_n.$$

◆

Frage 216

Können Sie $\displaystyle\sum_{k=1}^{\infty} \frac{1}{k(k+1)} = 1$ beweisen?

▶ **Antwort** Man kann die Summanden in den Partialsummen so aufspalten, dass man eine Teleskopreihe erhält

$$\sum_{k=1}^{n} \frac{1}{k(k+1)} = \sum_{k=1}^{n} \frac{k+1-k}{k(k+1)} = \sum_{k=1}^{n} \left(\frac{1}{k} - \frac{1}{k+1} \right) = 1 - \frac{1}{n+1}.$$

Nach der Antwort zu Frage 215 ist der Grenzwert dieser Reihe gleich $1 - \lim_{k \to \infty} \frac{1}{k+1} = 1$.

◆

Frage 217

Bei unserer Zeitreise durch die Geschichte der Mathematik verweilen wir auf unserem fliegenden Teppich in der Zeit der Christenverfolgung über der kreisförmigen Arena des Kolosseums in Rom und entdecken dort an verschiedenen Stellen einen Christen und einen sehr hungrigen Löwen, die aber beide gleich schnell laufen können. Der Einfachheit halber denken wir uns beide jeweils zu einem Punkt geschrumpft.

Was würden Sie anstelle des Christen tun?

(a) Ein Stoßgebet zum Himmel schicken und auf ein Wunder hoffen?

(b) Was sonst? (Versuchen Sie eine Überlebensstrategie zu entwickeln.)

Tipp: Die Reihe $\sum \frac{1}{k^2}$ ist konvergent, die Reihe $\sum \frac{1}{k}$ ist divergent.

▶ **Antwort** In der Literatur gibt es verschiedene Lösungsansätze zu diesem Problem. Eine erfolgreiche Überlebensstrategie funktioniert wie folgt – dabei leiten wir als „Gottesbote" auf unserem fliegenden Teppich den ehrfürchtigen Christen wie folgt an:

Zunächst müssen wir sicherstellen, dass der Christ sich zumindest ein kleines Stück vom Rand der Arena wegbewegt. Dazu lassen wir ihn $\frac{1}{3}$ des Abstandes $d > 0$ zwischen ihm und dem Löwen direkt auf den Löwen zulaufen. Auf diese Weise stellen wir zudem sicher, dass der Christ gottesfürchtig genug ist und den unergründlichen – für ihn gefährlich anmutenden - Weisungen Gottes folgt. Natürlich kann währenddessen der Löwe höchstens $\frac{1}{3}$ des anfänglichen Abstandes auf den Christen zulaufen. Da die Arena kreisförmig (d. h. konvex) ist und sowohl Christ als auch Löwe an verschiedenen Punkten starten, befinden sie sich nach dieser Startphase noch mindestens $\frac{1}{3} \cdot d$ voneinander und der Christ genau $a > 0$ vom Rand der Arena entfernt (elementargeometrische Überlegung mit Pythagoras ergibt $a \geq R - \sqrt{R^2 - \frac{2d^2}{9}}$, wobei R den Radius der Arena bezeichnet).

Nun haben wir den Christen lange genug auf die Probe gestellt. Wir wählen daher $\varepsilon := \frac{d}{3} > 0$ und weisen ihn an, sich nach folgendem Algorithmus zu bewegen (die Position des Christen im n-ten Schritt sei C_n, die des Löwen L_n):

Die Verbindungsgerade $C_n L_n$ teilt die Arena in zwei Teile.

Liegt der Mittelpunkt in einem dieser Teile, so läuft der Christ senkrecht zur Verbindungsgeraden $C_n L_n$ in eben diesen (größeren) Teil. Dabei überquert er im Punkt M_n den Durchmesser der Arena, der parallel zu $C_n L_n$ ist. Ab dieser Stelle läuft der Christ (in der gleichen Richtung) noch genau die Distanz $\frac{\varepsilon}{n}$ und erreicht damit C_{n+1}.

Liegt das Zentrum dagegen auf der Geraden $C_n L_n$ (diese ist selbst der Durchmesser), so kann der Christ senkrecht zu $C_n L_n$ beliebig in eine der beiden Hälften laufen und erreicht wieder nach einer Distanz von $\frac{\varepsilon}{n}$ den Punkt C_{n+1}.

Wir müssen nun noch zeigen, dass der Christ auf diese Weise beliebig lange überleben kann, d. h., dass sich der gesamte Vorgang innerhalb der Arena abspielt, er eine unendlich lange Wegstrecke zurücklegt und der Abstand zum Löwen dabei stets (für alle $n \in \mathbb{N}$ und auf den Laufwegen dazwischen) positiv bleibt.

- **Behauptung**: Der Abstand zwischen Christ und Löwe ist stets positiv.

  Dies zeigt man induktiv: Der Abstand $\|C_1 - L_1\|_2$ von C_1 zu L_1 ist mindestens $\frac{d}{3} > 0$. Sei zu Beginn des n-ten Schrittes der Abstand $\|C_n - L_n\|_2$ Christ zu Löwe positiv. Für jeden Punkt p auf der Strecke $C_n C_{n+1}$ erhält man ein rechtwinkliges Dreieck $\triangle(L_n C_n p)$, in dem nach Pythagoras $\|p - L_n\|_2 = \sqrt{\|p - C_n\|_2^2 + \|C_n - L_n\|_2^2} > \|p - C_n\|_2$ gilt. Der Löwe kann den Christen also auch bei optimaler Strategie (kürzester Laufweg) nicht erreichen, und der Abstand ist auch für $p = C_{n+1}$ noch positiv. Für die Startpositionen des nächsten Schrittes gilt wieder:

$$\|C_{n+1} - L_{n+1}\|_2 \geq \|C_{n+1} - L_n\|_2 - \|L_{n+1} - L_n\|_2$$
$$\geq \|C_{n+1} - L_n\|_2 - \|C_{n+1} - C_n\|_2 > 0.$$

- **Behauptung**: Der gesamte Vorgang findet innerhalb der Arena statt.

  Wieder impliziert Pythagoras:

$$\|C_{n+1} - O\|_2^2 = \|C_{n+1} - M_n\|_2^2 + \|M_n - O\|_2^2 \leq \left(\frac{\varepsilon}{n}\right)^2 + \|C_n - O\|_2^2$$
$$\leq \left(\frac{\varepsilon}{n}\right)^2 + \left(\frac{\varepsilon}{n-1}\right)^2 + \|C_{n-1} - O\|_2^2$$
$$\leq \left(\frac{\varepsilon}{n}\right)^2 + \left(\frac{\varepsilon}{n-1}\right)^2 + \dots + \left(\frac{\varepsilon}{1}\right)^2 + \|C_1 - O\|_2^2$$
$$= \varepsilon^2 \sum_{j=1}^{n} \frac{1}{j^2} + \|C_1 - O\|_2^2 < \varepsilon^2 \cdot \zeta(2) + \|C_1 - O\|_2^2$$
$$\leq 2 \cdot \varepsilon^2 + \|C_1 - O\|_2^2 \leq \frac{2}{9}d^2 + (R - a)^2 < R^2.$$

Für den Abstand jeden Punktes p auf der Strecke $C_n C_{n+1}$ zum Mittelpunkt O der Arena gilt damit:

$$\|p - O\|_2 \leq \max\{\|C_n - O\|_2, \|C_{n+1} - O\|_2\} < R,$$

und der gesamte Weg des Christen verläuft somit innerhalb der Arenamauern.

- **Behauptung**: Der Christ kann eine unendlich lange Wegstrecke zurücklegen.

  Im n-ten Schritt legt der Christ zumindest die Distanz $\frac{\varepsilon}{n}$ zurück. Somit gilt für die Gesamtdistanz bis zum n-ten Schritt:

$$\sum_{j=1}^{n} \|C_{j+1} - C_j\|_2 \geq \sum_{j=1}^{n} \frac{\varepsilon}{j} = \varepsilon \cdot \sum_{j=1}^{n} \frac{1}{j} \xrightarrow{n \to \infty} \infty$$

Da die harmonische Reihe divergiert, wächst die zurückgelegte Distanz über alle Grenzen.

⇒ Der Christ überlebt mit dieser Strategie unendlich lange (vielleicht hat er ja bereits das ewige Leben, während der „ungläubige" Löwe sicher nach endlicher Zeit stirbt). ♦

3.2 Konvergenzkriterien für reelle Reihen

Frage 218

Wie lautet das **Beschränktheitskriterium** für die Konvergenz einer Reihe?

▶ **Antwort** Die Reihe $\sum_{k=0}^{\infty} a_k$ mit $a_k \in \mathbb{R}_+$ ist genau dann konvergent, wenn die Folge $(s_n) := \left(\sum_{k=0}^{n} a_k \right)$ der Partialsummen nach oben beschränkt ist.   ♦

Frage 219

Können Sie das **Beschränktheitskriterium** beweisen?

▶ **Antwort** Das Beschränktheitskriterium ist eine unmittelbare Folge des Monotoniekriteriums für reelle Folgen (vgl. Frage 167), da die Partialsummen s_n wegen $a_k \geq 0$ monoton wachsen.   ♦

Frage 220

Können Sie mit dem Beschränktheitskriterium beweisen, dass die Reihe $\sum_{k=0}^{\infty} \frac{1}{k!}$ konvergiert?

▶ **Antwort** Die Summanden $1/k!$ sind alle positiv, also ist nur noch die Beschränktheit der Folge der Partialsummen zu zeigen.

Diese erhält man zusammen mit der für alle $k \in \mathbb{N}$ gültigen Abschätzung $k! \geq 2^{k-1}$ aus der Konvergenz der geometrischen Reihe $\sum_{k=0}^{\infty} 2^{-k}$. Damit gilt:

$$\sum_{k=0}^{\infty} \frac{1}{k!} \leq 1 + \sum_{k=1}^{\infty} \frac{1}{2^{k-1}} = 1 + \sum_{k=0}^{\infty} 2^{-k} = 3. \qquad ♦$$

Frage 221

Wie lautet das **Verdichtungskriterium**? Können Sie dieses Kriterium beweisen?

▶ **Antwort** Das Verdichtungskriterium lautet: Ist (a_k) eine monoton fallende Folge positiver reeller Zahlen, dann ist die Reihe $\sum_k a_k$ genau dann konvergent, wenn die „verdichtete" Reihe $\sum_k 2^k a_{2^k}$ konvergiert.

Zum Beweis: Wenn man die Reihe $\sum_k a_k$ in endliche Teilsummen $T_0, T_1, T_2, \ldots$ mit jeweils $2^0, 2^1, 2^2, \ldots$ Summanden aufspaltet, erhält man die Darstellung

$$\sum_{k=0}^{\infty} a_k = a_0 + \sum_{k=1}^{2-1} a_k + \sum_{k=2}^{2^2-1} a_k + \cdots + \sum_{k=2^n}^{2^{n+1}-1} a_k + \cdots .$$

Die Werte der Teilsummen lassen sich leicht abschätzen. Diese besitzen jeweils 2^n Summanden, die (weil (a_k) monoton fällt) alle kleiner oder gleich dem ersten und größer oder gleich dem letzten sind. Also gilt

$$\sum_{k=0}^{\infty} a_k \le \sum_{n=0}^{\infty} 2^n a_{2^n}, \qquad \sum_{k=0}^{\infty} a_k \ge \sum_{n=0}^{\infty} 2^n a_{2^{n+1}} = \frac{1}{2} \sum_{n=1}^{\infty} a_{2^n}.$$

Die Reihe $\sum_k a_k$ ist also genau dann beschränkt, wenn die Reihe $\sum_k 2^k a_{2^k}$ beschränkt ist. Daraus folgt das Verdichtungskriterium.

Das Verdichtungskriterium ist im Übrigen nicht an die Zahl 2 gebunden, sondern gilt sinngemäß für alle anderen natürlichen Zahlen > 1. ◆

Frage 222

Können Sie zeigen, dass die **allgemeine harmonische Reihe**

$$\sum_{n=1}^{\infty} \frac{1}{n^s} \qquad \text{mit } s \in \mathbb{R} \text{ und } n^s := \exp(s \log n)$$

für $s > 1$ konvergiert und für $s \le 1$ divergiert?

▶ **Antwort** Die Divergenz der Reihe für $s = 1$ wurde bereits in Frage 201 gezeigt. Daraus folgt sofort die Divergenz für $s \le 1$.

Für $s > 1$ kann die Konvergenz mit dem *Verdichtungskriterium* aus Frage 221 gezeigt werden. Mit $a_k := \frac{1}{k^s}$ gilt für die „verdichtete Reihe"

$$\sum_{k=0}^{\infty} 2^k a_{2^k} = \sum_{k=0}^{\infty} \frac{2^k}{(2^k)^s} = \sum_{k=0}^{\infty} 2^{(1-s)k}. \qquad (*)$$

Für $s > 1$ ist $2^{1-s} < 1$. Die Konvergenz der rechten Reihe in $(*)$ folgt daraus durch Vergleich mit der geometrischen Reihe. ◆

Frage 223

Können Sie mit dem Verdichtungskriterium zeigen, dass für $N \in \mathbb{N}$, $N > 1$ die Reihen der Art

$$\sum_{k=2}^{\infty} \frac{1}{k \log_N(k)}, \quad \sum_{k=3}^{\infty} \frac{1}{k \log_N(\log_N(k))}, \quad \sum_{k=4}^{\infty} \frac{1}{k \log_N(\log_N(\log_N(k)))} \dots \quad (*)$$

alle divergieren?

▶ **Antwort** Mit dem Verdichtungskriterium lässt sich direkt zeigen, dass die erste dieser Reihen divergiert, da die Reihe

$$\sum_{k=2}^{\infty} \frac{N^k}{N^k \log_N(N^k)} = \sum_{k=2}^{\infty} \frac{1}{k}.$$

divergent ist. (Hier wurde die allgemeine Version des Kriteriums mit einer beliebigen Zahl $N \geq 2$ benutzt.) Weiter lässt sich mit dem Verdichtungskriterium die Divergenz einer beliebigen Reihe der Serie (∗) auf die Divergenz der jeweils vorhergehenden zurückführen, wie etwa im nächsten Schritt

$$\sum_{k=3}^{\infty} \frac{1}{k \log_N(\log_N(k))} \to \infty \iff \sum_{k=3}^{\infty} \frac{N^k}{N^k \log_N(\log_N(N^k))} = \sum_{k=3}^{\infty} \frac{1}{\log_N(k)} \to \infty.$$

Die Divergenz der hinteren Reihe ergibt sich mit dem Minorantenkriterium nun unmittelbar aus dem bereits bewiesenen. Induktiv folgt daraus die Divergenz sämtlicher Reihen der Form (∗).   ◆

Frage 224

Was versteht man unter einem g-al-Bruch mit den Ziffern $z_1, z_2, z_3, \ldots$?

▶ **Antwort** Ist $g \in \mathbb{N}$, $g \geq 2$ und sind die $z_r \in Z_g := \{0, 1, \ldots, g-1\}$, $r \in \mathbb{N}$, dann heißt die Reihe

$$\sum_{r=1}^{\infty} \frac{z_r}{g^r}$$

g-adischer Bruch mit den Ziffern z_r. Da die Partialsumme $0, z_1, z_2, \ldots, z_n := \sum_{r=1}^{n} \frac{z_r}{g^r}$ eine monoton wachsende Folge nichtnegativer reeller Zahlen bildet, die durch $\sum_{r=1}^{\infty} \frac{(g-1)}{g^r} = 1$ nach oben beschränkt ist, stellt ein g-al-Bruch eine reelle Zahl aus dem Intervall $[0, 1]$ dar. Man beachte, dass sowohl $\frac{1}{2} = 0{,}5 = 0{,}50000\ldots$ als auch $\frac{1}{2} = 0{,}49999\ldots$ gilt. ◆

Frage 225

(i) Stellen Sie die rationale Zahl $\frac{1}{9}$ für $g = 10$, $g = 7$ und $g = 12$ jeweils als g-al-Bruch dar.

(ii) Zeigen Sie: Hat die reelle Zahl $r \in [0, 1[$ die g-al-Entwicklung

$$r = 0{,}z_1 z_2 z_3 \ldots,$$

dann ist r genau dann rational, wenn es ein $p \in \mathbb{N}$ und $N \in \mathbb{N}$ gibt, sodass für alle $n \in \mathbb{N}$ mit $n \geq N$ gilt $z_{n+p} = z_n$ (schließlich periodische g-al-Bruchentwicklung).

► **Antwort**

(i) Man arbeitet nach dem g-al-Algorithmus:
Sei $g = 10$, $z_0 := 0$ und $r_0 := r = \frac{1}{9}$

$$z_1 := [10r_0] = \left[\frac{10}{9}\right] = 1, \quad r_1 := 10r_0 - z_1 = \frac{10}{9} - 1 = \frac{1}{9}$$

$$z_2 := [10r_1] = \left[\frac{10}{9}\right] = 1, \quad r_2 := 10r_1 - z_2 = \frac{10}{9} - 1 = \frac{1}{9}$$

$$z_1 = z_2 = z_3 = \ldots = 1, \quad r = \frac{1}{9} = 0,\overline{1} = 0,11111\ldots$$

Sei $g = 7$, $z_0 := 0$ und $r_0 := r = \frac{1}{9}$

$$z_1 := [7r_0] = \left[\frac{7}{9}\right] = 0, \qquad\qquad r_1 := 7r_0 - z_1 = \frac{7}{9} - 0 = \frac{7}{9}$$

$$z_2 := [7r_1] = \left[\frac{49}{9}\right] = 5, \qquad\qquad r_2 := 7r_1 - z_2 = \frac{49}{9} - 5 = \frac{4}{9}$$

$$z_3 :- [7r_2] = \left[\frac{28}{9}\right] = 3, \qquad\qquad r_3 := 7r_2 - z_3 = \frac{28}{9} - 3 = \frac{1}{9}$$

$$z_4 := [7r_3] = \left[\frac{7}{9}\right] = 0, \qquad\qquad r_4 := 7r_3 - z_4 = \frac{7}{9} - 0 = \frac{7}{9}$$

$$z_{3k+1} = 0, z_{3k+2} = 5, z_{3k+3} = 3 \forall k \in \mathbb{N}_0, \quad r = \frac{1}{9} = 0,\overline{053} = 0,053053053\ldots$$

Sei $g = 12$, $z_0 := 0$ und $r_0 := r = \frac{1}{9}$

$$z_1 := [12r_0] = \left[\frac{12}{9}\right] = 1, \qquad\qquad r_1 := 12r_0 - z_1 = \frac{12}{9} - 1 = \frac{3}{9}$$

$$z_2 := [12r_1] = \left[\frac{36}{9}\right] = 4, \qquad\qquad r_2 := 12r_1 - z_2 = \frac{36}{9} - 4 = 0$$

$$z_3 := [12r_2] = [0] = 0, \qquad\qquad r_3 := 12r_2 - z_3 = 0 - 0 = 0$$

$$z_1 = 1, z_2 = 4, z_3 = z_4 = \ldots = 0, \quad r = \frac{1}{9} = 0,14$$

(ii) „$\Longrightarrow$": Sei $r \in [0, 1[\cap \mathbb{Q}$ rational, $r = \frac{a}{b}$ mit $a \in \mathbb{N}_0, b \in \mathbb{N}, a < b$. Betrachtet man den g-al-Algorithmus, so erkennt man sofort, dass mit $r_0 = r = \frac{a}{b}$ auch alle Reste $r_j (j \in \mathbb{N}_0)$ die Form $\frac{0}{b}, \frac{1}{b}, \ldots, \frac{b-1}{b}$ haben. Man hat also nur endlich viele Möglichkeiten. Nach Schubfachprinzip existieren $i < j \in \mathbb{N}_0$ mit $r_i = r_j$. Dies impliziert $z_{i+1} = [gr_i] = [gr_j] = z_{j+1}$ und $r_{i+1} = gr_i - z_{i+1} = gr_j - z_{j+1} = r_{j+1}$ und induktiv $\forall k \in \mathbb{N}: z_{i+k} = z_{j+k} \wedge r_{i+k} = r_{j+k}$. Die Reste und die Ziffern wiederholen sich daher ab der Stelle $N := i + 1$ mit Periode $p := j - i > 0$, d. h., $\forall n \in \mathbb{N}$ mit $n \geq N$ gilt:

$$z_n = z_{i+k} = z_{j+k} = z_{j-i+i+k} = z_{p+i+k} = z_{n+p} \quad \text{und}$$

$$r_n = r_{i+k} = r_{j+k} = r_{j-i+i+k} = r_{p+i+k} = r_{n+p} \quad (\text{mit } k := n - i \in \mathbb{N}).$$

Die g-al-Entwicklung von r ist (schließlich) periodisch.

„$\Longleftarrow$": Sei die g-al-Entwicklung $r = 0, z_1 z_2 z_3 \ldots$ von $r \in [0, 1[$ (schließlich) periodisch, i. e. $\exists N \subset \mathbb{N}, p \in \mathbb{N}: \forall n \geq N: z_{n+p} = z_n$, so gilt:

$$r = \sum_{j=1}^{\infty} \frac{z_j}{g^j} = \sum_{j=1}^{N-1} \frac{z_j}{g^j} + \sum_{i=0}^{\infty} \left(\sum_{j=N+ip}^{N+(i+1)p-1} \frac{z_j}{g^j} \right)$$

$$= \sum_{j=1}^{N-1} \frac{z_j}{g^j} + \sum_{j=N}^{N+p-1} \frac{z_j}{g^j} + \sum_{j=N+p}^{N+2p-1} \frac{z_j}{g^j} + \sum_{j=N+2p}^{N+3p-1} \frac{z_j}{g^j} + \ldots$$

$$= \sum_{j=1}^{N-1} \frac{z_j}{g^j} + \sum_{j=N}^{N+p-1} \frac{z_j}{g^j} + \frac{1}{g^p} \sum_{j=N}^{N+p-1} \frac{z_{j+p}}{g^j} + \frac{1}{g^{2p}} \sum_{j=N}^{N+p-1} \frac{z_{j+2p}}{g^j} + \ldots$$

$$\overset{z_j = z_{j+p} = z_{j+2p}}{=} \sum_{j=1}^{N-1} \frac{z_j}{g^j} + \left(1 + \frac{1}{g^p} + \frac{1}{g^{2p}} + \ldots \right) \cdot \sum_{j=N}^{N+p-1} \frac{z_j}{g^j}$$

$$= \sum_{j=1}^{N-1} \frac{z_j}{g^j} + \sum_{k=0}^{\infty} \left(\frac{1}{g^p} \right)^k \cdot \sum_{j=N}^{N+p-1} \frac{z_j}{g^j}$$

$$= \sum_{j=1}^{N-1} \frac{z_j}{g^j} + \frac{1}{1 - \frac{1}{g^p}} \cdot \sum_{j=N}^{N+p-1} \frac{z_j}{g^j},$$

wobei im letzten Schritt die Konvergenz der geometrischen Reihe $\sum_{k=0}^{\infty} \left(\frac{1}{g^p} \right)^k = \frac{1}{1 - \frac{1}{g^p}}$ mit $\left| \frac{1}{g^p} \right| < 1$ benutzt wurde.

Da $\sum_{j=1}^{N-1} \frac{z_j}{g^j} \in \mathbb{Q}$ und $\sum_{j=N}^{N+p-1} \frac{z_j}{g^j} \in \mathbb{Q}$, ist auch $r \in \mathbb{Q}$. ◆

Frage 226

Wieso konvergiert jeder g-al-Bruch?

▶ **Antwort** Die Folge (a_n) ist monoton wachsend und nach oben beschränkt wegen

$$\sum_{k=1}^{n} \frac{z_k}{g^k} \leq \frac{g-1}{g} \left(1 + \frac{1}{g} + \frac{1}{g^2} + \cdots + \frac{1}{g^{n-1}} \right) = \frac{g-1}{g} \cdot \frac{1 - 1/g^n}{1 - 1/g} = 1 - \frac{1}{g^n} \leq 1.$$

Ein g-al-Bruch konvergiert also in jedem Fall und repräsentiert damit stets eine reelle Zahl x.   ◆

Frage 227

Warum lässt sich jede reelle Zahl r mit $0 \leq r < 1$ in einen g-al-Bruch entwickeln, in welchem *nicht* ab einer Stelle an die Ziffern $z_r = g - 1$ sind?

▶ **Antwort** Um die Existenz einer g-al-Entwicklung zu zeigen, kann man ein Intervallschachtelungsverfahren anwenden. Dazu unterteile man in einem ersten Schritt das Intervall $]0, 1]$ in die g gleichlangen halboffenen Intervalle

$$I_1^k := \left[\frac{k}{g}, \frac{k+1}{g}\right[, \quad k \in \{0, \dots, g-1\}.$$

Die Zahl x liegt dann in genau einem dieser Intervalle $I_1^{z_1}$ mit $z_1 \in \{1, \dots, g-1\}$. Man unterteile nun dieses Intervall in einem zweiten Schritt wiederum in g gleichlange halboffene Intervalle

$$I_2^k := \left[\frac{z_1}{g} + \frac{k}{g^2}, \frac{z_1}{g} + \frac{k+1}{g^2}\right[, \quad k \in \{0, \dots, g-1\}.$$

Die Zahl x liegt jetzt wieder in genau einem Intervall $I_2^{z_2}$ mit $z_2 \in \{1, \dots, g-1\}$.

Auf diese Weise fortfahrend erhält man eine Intervallschachtelung $]0, 1] \supset I_1^{z_1} \supset I_2^{z_2} \supset \dots$, die genau die Zahl x erfasst. Die Folge (a_n) der unteren Intervallgrenzen mit

$$a_n = \frac{z_1}{g} + \frac{z_2}{g^2} + \dots + \frac{z_n}{g^n} \tag{$*$}$$

konvergiert damit gegen x und liefert eine g-al-Bruchdarstellung für x. Damit ist die Existenz gezeigt.

Definiere $z_0 := 0$, $r_0 := r$

$$z_\nu := [r_{\nu-1}], \quad r_\psi := r_{\nu-1}g - z_\nu, \quad \nu \geq 1.$$

Dann ist

$$0, z_1, \dots, z_n \leq r < 0, z_1, \dots, z_n + \frac{1}{gn}$$

und

$$r = \lim_{n \to \infty} 0, z_1, \dots, z_n = \lim_{n \to \infty} \sum_{\nu=n}^{\infty} \frac{n_\nu}{g^\nu}.$$

Bei diesem Algorithmus (g-al-Algorithmus) ist es nicht möglich, dass fast alle Ziffern z_ν gleich $g - 1$ sind. Wären nämlich etwa ab einer Stelle $N + 1$ alle $z_\nu = g - 1$, so läge N

von da ab bei jedem Schritt jeweils im letzten der g Teilintervalle und wäre daher bereits beim $(N-1)$-ten Schritt im $(Z_N + 1)$-ten Teilintervall als Randpunkt enthalten.   ◆

Frage 228

Inwiefern ist die Darstellung durch g-al-Brüche eindeutig?

▶ **Antwort** Die g-al-Entwicklung (∗) kann nicht abbrechen, da stets $a_n < x$ gilt. Ist die Zahl x für ein $k \in \mathbb{N}$ identisch mit der oberen Grenze des Intervalls $I_k^{z_k}$, so führt dies auf die g-al-Darstellung $x = 0, z_1 z_2 \ldots$ mit $z_\nu = g - 1$ für alle $\nu > k$. Andererseits repräsentiert in diesem Fall auch die *abbrechende* g-al-Entwicklung $0, z_1 \ldots z_{k-1}(z_k + 1)$ die Zahl x. Es gilt dann also

$$0, z_1 \ldots z_{n-1} z_k (g-1)(g-1)(g-1) \ldots = 0, z_1 \ldots z_{k-1}(z_k + 1).$$

Beispielsweise sind $0,4999\ldots$ und $0,5$ beides Dezimalbruchdarstellungen der Zahl $\frac{1}{2}$. Unter der Voraussetzung, dass x mit der oberen Grenze eines der Intervalle I_n zusammenfällt, ist die Darstellung durch einen g-al-Bruch also nicht eindeutig, in diesem Fall existieren zwei mögliche Darstellungen.

Benutzt man jedoch die Konvention, dass die Folge der Ziffern in der g-al-Entwicklung einer reellen Zahl stets durch die Folge der *unteren* Intervallgrenzen gegeben ist, dann ist die Darstellung eindeutig.

Denn angenommen $0, z_1 z_2 \ldots$ und $0, \zeta_1 \zeta_2 \ldots$ wären zwei verschiedene g-al-Darstellungen von x. Dann gibt es eine kleinste Zahl $m \in \mathbb{N}$ mit $z_m \neq \zeta_m$. OBdA kann man $z_m < \zeta_m$ annehmen. Daraus folgt dann (mit einer ähnlichen Berechnung wie in (∗)) der Widerspruch

$$x = 0, z_1 z_2 \ldots z_m z_{m+1} \ldots \leq 0, z_1 z_2 \ldots z_m (g-1)(g-1)(g-1) \ldots$$

$$= 0, z_1 z_2 \ldots z_{m-1} + \frac{z_m}{g^m} + \sum_{k=m+1}^{\infty} \frac{g-1}{g^k} = 0, z_1 z_2 \ldots z_{m-1} + \frac{z_m + 1}{g^m}$$

$$\leq 0, \zeta_1 \zeta_2 \ldots \zeta_{m-1} \zeta_m < 0, \zeta_1 \zeta_2 \ldots \zeta_{m-1} \zeta_m \zeta_{m+1} \ldots = x.$$

Die letzte Ungleichung gilt, weil aufgrund der Voraussetzung nicht alle z_k mit $k > m$ gleich null sein können.   ◆

Frage 229

Was ist eine **alternierende Reihe**?

▶ **Antwort** Eine alternierende Reihe ist eine Reihe der Gestalt

$$\sum_{n=0}^{\infty} c_n = \sum_{n=0}^{\infty} (-1)^n a_n = a_0 - a_1 + a_2 - a_3 + \cdots,$$

wobei für alle $n \in \mathbb{N}$ entweder $a_n \geq 0$ oder $a_n \leq 0$ gilt.   ◆

Frage 230

Was besagt das **Leibniz-Kriterium** für die Konvergenz einer **alternierenden Reihe**?

▶ **Antwort** Das Leibniz-Kriterium besagt:

Ist (a_n) eine monoton fallende Nullfolge (und damit $a_n \geq 0$ für alle $n \in \mathbb{N}$), dann konvergiert die Reihe $\sum_n (-1)^n a_n$. ◆

Frage 231

Können Sie das Leibniz-Kriterium (Frage 230) beweisen?

▶ **Antwort** Für eine monoton fallende Nullfolge (a_n) liegt für jedes $n > 2$ die Partialsumme $s_n = \sum_{k=0}^{n} (-1)^k a_k$ zwischen s_{n-2} und s_{n-1}. Um das einzusehen, betrachte man

$$s_n - s_{n-1} = (-1)^n a_n,$$
$$s_n - s_{n-2} = (-1)^{n-1} a_{n-1} + (-1)^n a_n = (-1)^{n-1}(a_{n-1} - a_n).$$

Ist n gerade, dann ist die erste Differenz positiv und die zweite wegen $a_{n-1} > a_n$ negativ, während sich für ungerade n genau das Gegenteil ergibt. Für jedes $n > k$ ist s_n also in dem Intervall mit den Endpunkten s_{k-2} und s_{k-1} enthalten, und dessen Länge $|s_{n-1} - s_{n-2}| = a_{n-1}$ wird für genügend große n beliebig klein. Daraus folgt, dass (s_n) eine Cauchy-Folge ist und somit konvergiert. ◆

Frage 232

Welche Fehlerabschätzung erhält man beim Leibniz-Kriterium?

▶ **Antwort** Der Grenzwert s einer alternierenden Reihe $\sum_k (-1)^k a_k$ mit $a_k \geq 0$ liegt für jedes $n \in \mathbb{N}$ zwischen s_n und s_{n+1}. Wegen $|s_{n+1} - s_n| = a_{n+1}$ folgt damit für den Fehler

$$R_n := |s - s_n| \leq a_{n+1}. \qquad ◆$$

Frage 233

Geben Sie eine Partialsumme an, welche die Summe der Reihe $\sum_{k=0}^{\infty} \frac{i^k}{k!}$ bis auf einen Fehler $< 10^{-8}$ approximiert.

▶ **Antwort** Wir setzen $\exp(i) := \sum_{k=0}^{\infty} \frac{i^k}{k!}$ und $S_N(i) := \sum_{k=0}^{N} \frac{i^k}{k!}$. Dann soll gelten:

$$|\exp(i) - S_N(i)| = \left| \sum_{k=N+1}^{\infty} \frac{i^k}{k!} \right| = \left| \frac{1}{(N+1)!} \cdot \sum_{k=0}^{\infty} \frac{i^k}{k!} \right| < 10^{-8} \qquad (1)$$

Benutzung der Dreiecksungleichung ergibt:

$$|\exp(i) - S_N(i)| \le \frac{1}{(N+1)!} \cdot \sum_{k=0}^{\infty} \frac{|i|^k}{k!} = \frac{1}{(N+1)!} \cdot \sum_{k=0}^{\infty} \frac{1}{k!} = \frac{1}{(N+1)!} \cdot e.$$

Damit ist die obige Abschätzung (1) auf jeden Fall gültig, sobald $\frac{e}{(N+1)!} < 10^{-8}$ ist. Man berechnet direkt, dass dies für $N > 11$ der Fall ist ($\frac{e}{(11+1)!} = \frac{e}{12!} = \frac{e}{479.001.600} \approx 0{,}567489 \cdot 10^{-8}$). Alternativ kann man die Aufgabe auch mithilfe der Abschätzung aus dem Leibniz-Kriterium lösen. Dazu zerlegt man die Reihe in zwei alternierende Teilreihen (Real- und Imaginärteil):

$$\sum_{k=0}^{\infty} \frac{i^k}{k!} = \sum_{k=0}^{\infty} \frac{(-1)^k}{(2k)!} + i \cdot \sum_{k=0}^{\infty} \frac{(-1)^k}{(2k+1)!}$$

und bestimmt $N \in \mathbb{N}$ so, dass beide Partialsummen $\sum_{k=0}^{\lfloor \frac{N}{2} \rfloor} \frac{(-1)^k}{(2k)!}$ und $\sum_{k=0}^{\lfloor \frac{N-1}{2} \rfloor} \frac{(-1)^k}{(2k+1)!}$ jeweils einen Fehler kleiner $\frac{10^{-8}}{\sqrt{2}}$ haben:

$$\left| \sum_{k=0}^{\infty} \frac{i^k}{k!} - \sum_{k=0}^{N} \frac{i^k}{k!} \right| = \left| \sum_{k=0}^{\infty} \frac{(-1)^k}{(2k)!} + i \cdot \sum_{k=0}^{\infty} \frac{(-1)^k}{(2k+1)!} - \sum_{k=0}^{\lfloor \frac{N}{2} \rfloor} \frac{(-1)^k}{(2k)!} - i \cdot \sum_{k=0}^{\lfloor \frac{N-1}{2} \rfloor} \frac{(-1)^k}{(2k+1)!} \right|$$

$$= \sqrt{\left| \sum_{k=0}^{\infty} \frac{(-1)^k}{(2k)!} - \sum_{k=0}^{\lfloor \frac{N}{2} \rfloor} \frac{(-1)^k}{(2k)!} \right|^2 + \left| \sum_{k=0}^{\infty} \frac{(-1)^k}{(2k+1)!} - \sum_{k=0}^{\lfloor \frac{N-1}{2} \rfloor} \frac{(-1)^k}{(2k+1)!} \right|^2}$$

$$\overset{Leibniz}{\le} \sqrt{\left(\frac{1}{(2(\lfloor \frac{N}{2} \rfloor + 1))!} \right)^2 + \left(\frac{1}{(2(\lfloor \frac{N-1}{2} \rfloor + 1) + 1)!} \right)^2} < 10^{-8}$$

Tatsächlich ist das gefundene $N = 11$ sogar die kleinste Zahl, sodass die Partialsumme $\sum_{k=0}^{N} \frac{i^k}{k!}$ obige Fehlerabschätzung in (1) erfüllt:

```
> Digits := 15;
Digits:=15
>evalf(sum(I^k/k!,k=0..infinity));
```
                                                          ◆

3.3 Reihen mit beliebigen Gliedern, absolute Konvergenz

Frage 234

Wann heißt eine Reihe **absolut konvergent**?

▶ **Antwort** Eine Reihe $\sum_n a_n$ heißt **absolut konvergent**, wenn die Reihe $\sum_n |a_n|$ konvergiert.   ◆

Frage 235

Warum folgt aus der absoluten Konvergenz einer Reihe die gewöhnliche Konvergenz?

▶ **Antwort** Aus $\sum_{k=n}^{m} |a_k| < \varepsilon$ für $n, m > N$ folgt mit der Dreiecksungleichung $\left| \sum_{k=n}^{m} a_k \right| < \varepsilon$ für $n, m > N$. Somit ist die Folge der Partialsummen $\sum_{k=n}^{m} a_k$ eine Cauchy-Folge und folglich konvergent.   ◆

Frage 236

Gilt für den Zusammenhang aus Frage 235 auch die Umkehrung?

▶ **Antwort** Die Umkehrung hiervon („alle konvergenten Reihen sind auch absolut konvergent") gilt nicht, wie das Beispiel der alternierenden harmonischen Reihe zeigt (vgl. Frage 201 und 230).   ◆

Frage 237

Wie lautet die **Dreiecksungleichung für absolut konvergente Reihen**?

▶ **Antwort** Für eine absolut konvergente Reihe $\sum_k a_k$ lautet die Dreiecksungleichung

$$\left| \sum_k a_k \right| \leq \sum_k |a_k|.$$

Diese ergibt sich aus der Gültigkeit der entsprechenden Ungleichung für alle endlichen Summen aufgrund der Monotonie des Grenzwerts.   ◆

Frage 238

Wie lautet das **Majorantenkriterium** für die Konvergenz einer Reihe?

▶ **Antwort** Das Majorantenkriterium besagt:

Sind $\sum_k a_k$ und $\sum_k b_k$ Reihen mit der Eigenschaft, dass ab einem bestimmten Index p die Abschätzung $|a_k| \leq |b_k|$ gilt, so folgt aus der Konvergenz von $\sum_k |b_k|$ diejenige von $\sum_k |a_k|$ und damit erst recht die Konvergenz von $\sum_k a_k$. Ferner gilt $\left| \sum_{k=p}^{\infty} a_k \right| \leq \sum_{k=p}^{\infty} |b_k|$.

Aus $\sum_{k=m}^{n} |b_k| < \varepsilon$ für alle $n > m > N$ und $n, m > p$ folgt nämlich $\sum_{k=m}^{n} |a_k| < \varepsilon$. Die Reihe $\sum_k a_k$ konvergiert nach dem Cauchy'schen Konvergenzkriterium damit absolut und folglich auch im gewöhnlichen Sinne. Ferner folgt aus der Dreiecksungleichung

$\left|\sum_{k=p}^{n} a_k\right| \le \sum_{k=p}^{n} |b_k|$ für alle $n > p$, und diese Ungleichung bleibt auch noch dann gültig, wenn man den Grenzübergang $n \to \infty$ durchführt. Das ist eine Konsequenz der Monotonie des Grenzwerts reeller Zahlenfolgen, angewandt auf die Folge der Partialsummen $s_n := \sum_{k=p}^{n}$. ◆

Frage 239

Wie lautet das **Minorantenkriterium** für die Divergenz einer Reihe?

▶ **Antwort** Das *Minorantenkriterium* ist die logische Kontraposition des Majorantenkriteriums. Es lautet demzufolge:

Divergiert $\sum |a_n|$ unter den Voraussetzungen aus Frage 238, so auch $\sum_n |b_n|$. ◆

Frage 240

Warum ist die Reihe $\sum_{k=1}^{\infty} \frac{k!}{k^k}$ konvergent und die Reihe $\sum_{k=1}^{\infty} \frac{1}{2k}$ divergent?

▶ **Antwort** Wegen

$$\frac{k!}{k^k} = \frac{1 \cdot 2 \cdots k}{k \cdot k \cdots k} \le \frac{2}{k^2} \qquad \text{für } k \ge 2$$

besitzt die Reihe $\sum_{k=1}^{\infty} \frac{k!}{k^k}$ mit $\sum_k \frac{2}{k^2}$ eine konvergente Majorante und ist damit aufgrund des Majorantenkriteriums konvergent.

Die Divergenz von

$$\sum_{k=1}^{N} \frac{1}{2k} = \frac{1}{2} \sum_{k=1}^{N} \frac{1}{k}$$

für $N \to \infty$ ergibt sich aus der Divergenz der harmonischen Reihe. ◆

Frage 241

Was besagt das **Quotientenkriterium**?

▶ **Antwort** Das Quotientenkriterium ermöglicht eine Aussage über die Konvergenz einer Reihe $\sum_n a_n$ durch die Untersuchung der Folge der Quotienten $|a_{n+1}|/|a_n|$. Es lässt sich auf mehrere Weisen formulieren. Die erste Version lautet:

(Q1) *Sei $q < 1$ eine reelle Zahl. Gilt dann für fast alle n*

$$\left|\frac{a_{n+1}}{a_n}\right| \le q \qquad \text{bzw.} \qquad \left|\frac{a_{n+1}}{a_n}\right| \ge 1,$$

so konvergiert bzw. divergiert die Reihe $\sum_n a_n$. Im Falle der Konvergenz konvergiert sie sogar absolut.

Den Zusammenhang erhält man mit dem Majorantenkriterium. Gilt $|a_{k+1}|/|a_k| \leq q$ für alle $k > N$, dann folgt für $n > m > N$

$$\frac{|a_n|}{|a_m|} = \frac{|a_{m+1}|}{|a_m|} \cdot \frac{|a_{m+2}|}{|a_{m+1}|} \cdots \frac{|a_n|}{|a_{n-1}|} \leq q^{n-m} \implies |a_n| \leq \frac{|a_m|}{q^m} q^n.$$

Die Reihe $\sum_n |a_n|$ besitzt in der Reihe $\frac{|a_m|}{q^m} \sum_n q^{-n}$ wegen $q < 1$ also eine konvergente Majorante und ist somit selbst konvergent. Gilt auf der anderen Seite $|a_{n+1}|/|a_n| \geq 1$ für fast alle n, dann ist die Folge $(|a_n|)$ monoton wachsend und kann keine Nullfolge sein. In diesem Fall divergiert die Reihe. ◆

Frage 242

Für die harmonische Reihe gilt $|a_{n+1}|/|a_n| = n/(n + 1) < 1$ für alle n, dennoch divergiert sie. Wie passt das mit dem Quotientenkriterium zusammen?

▶ **Antwort** Das Quotientenkriterium fordert die Bestimmung einer *festen* Zahl $q < 1$. Für die harmonische Reihe gilt zwar $|a_{n+1}|/|a_n| < 1$ für alle n, aber die Quotienten werden mit wachsendem n größer als jede vorgegebene Zahl $q < 1$. ◆

Frage 243

Wie lautet die **Limesform** des Quotientenkriteriums?

▶ **Antwort** Eine *Limesform* des Quotientenkriteriums lässt sich auf zwei Arten formulieren. Die erste ist auf eine stärkere Voraussetzung angewiesen und lautet:

(Q2) *Konvergiert die Folge* $(|a_{n+1}|/|a_n|)$, *so konvergiert die Reihe* $\sum_n a_n$ *absolut bzw. divergiert sie, je nachdem, ob gilt:*

$$\lim_{n\to\infty} \left| \frac{a_{n+1}}{a_n} \right| < 1 \quad \text{bzw.} \quad \lim_{n\to\infty} \left| \frac{a_{n+1}}{a_n} \right| > 1.$$

Im Fall $\lim_{n\to\infty} |a_{n+1}|/|a_n| = 1$ *bleibt die Konvergenz unentschieden.*

Dass das Kriterium unter den gegebenen Voraussetzungen dasselbe leistet wie $(Q1)$, ist unschwer zu erkennen. Man beachte allerdings, dass die Limesform in diesem Fall auf einer stärkeren Voraussetzung, nämlich der Existenz des Grenzwerts $\lim_{n\to\infty} |a_{n+1}|/|a_n|$, beruht.

Um diese Voraussetzung zu umgehen, lässt sich eine Limesform des Quotientenkriteriums auch mit den Begriffen lim sup und lim inf formulieren. Alles, was man dazu braucht, ist die *Beschränktheit* der Folge $(|a_{n+1}|/|a_n|)$, die aber trivialerweise erfüllt sein muss, wenn $\sum_n a_n$ überhaupt ein Kandidat für Konvergenz sein soll. In diesem Fall lautet das Kriterium

(Q3) *Die Reihe $\sum_n a_n$ konvergiert bzw. divergiert, je nachdem ob gilt:*

$$\limsup \left| \frac{a_{n+1}}{a_n} \right| < 1 \qquad \text{bzw.} \qquad \liminf \left| \frac{a_{n+1}}{a_n} \right| > 1.$$

Im Falle der Konvergenz konvergiert die Reihe dann sogar absolut.

Man beachte, dass durch die beiden Alternativen in dieser Formulierung des Kriteriums, selbst wenn die Voraussetzungen erfüllt sind, noch lange nicht alle möglichen Fälle (z. B. lim sup > 1 und lim inf < 1) abgedeckt sind. Das Quotientenkriterium liefert in diesen Fällen keine Entscheidung (für ein Beispiel dazu siehe Frage 248).   ◆

Frage 244

Können Sie mithilfe des Quotientenkriteriums zeigen, dass die Reihe

$$B_\alpha(z) := \sum_{k=0}^\infty \binom{\alpha}{k} z^k, \quad z \in \mathbb{C}, \, \alpha \in \mathbb{R} \setminus \mathbb{N}_0$$

für $|z| < 1$ (absolut) konvergiert? Dabei sind die verallgemeinerten Binomialkoeffizienten $\binom{\alpha}{k}$ für $\alpha \in \mathbb{R}$ und $k \in \mathbb{N}_0$ definiert durch $\binom{\alpha}{0} := 1$ und $\binom{\alpha}{k} := \frac{\alpha(\alpha-1)\cdots(\alpha-k+1)}{k!}$.

▶ **Antwort** Für den Quotienten zweier aufeinanderfolgender Summanden gilt

$$\left| \binom{\alpha}{k+1} z^{k+1} \middle/ \binom{\alpha}{k} z^k \right| = \left| \frac{\alpha-k}{k+1} \right| |z| < \left(1 + \left| \frac{\alpha+1}{k+1} \right| \right) |z|.$$

Der erste Faktor im letzten Ausdruck konvergiert für $k \to \infty$ gegen 1, während der hintere konstant kleiner als 1 ist. Hieraus folgt: es gibt ein $q < 1$, sodass $\left| \binom{\alpha}{k+1} z^{k+1} / \binom{\alpha}{k} z^k \right| \leq q$ für fast alle k gilt. Mit dem Quotientenkriterium schließt man auf die Konvergenz der Reihe.   ◆

Frage 245

Was besagt das Wurzelkriterium?

▶ **Antwort** Ähnlich wie bei Quotientenkriterium gibt es auch mehrere Formulierungen des Wurzelkriteriums. Die erste Version lautet

(W1) *Sei $q < 1$ eine feste positive Zahl. Gilt dann*

$$\sqrt[n]{|a_n|} \leq q \quad \text{für fast alle } n \qquad \text{bzw.} \qquad \sqrt[n]{|a_n|} \geq 1 \quad \text{für unendlich viele } n,$$

so konvergiert bzw. divergiert die Reihe $\sum_n a_n$. Im Falle der Konvergenz konvergiert sie sogar absolut.

Gilt nämlich die erste Aussage, dann ist $|a_n| \leq q^n$ für fast alle n, und durch Vergleich mit der geometrischen Reihe $\sum_n q^n$ ergibt sich die Konvergenz von $\sum_n a_n$ aus dem Majorantenkriterium. Aus der zweiten Aussage folgt hingegen, dass $|a_n|$ für unendlich oft größer als 1 ist und (a_n) damit keine Nullfolge sein kann.

Im Vergleich zum Quotientenkriterium gibt es einen kleinen Unterschied in den Voraussetzungen. Mit dem Quotientenkriterium kann man die Divergenz der Reihe $\sum_n a_n$ nur dann folgern, wenn $|a_{n+1}|/|a_n| \geq 1$ für *fast alle n* gilt, während die äquivalente Divergenzbedingung beim Wurzelkriterium nur verlangt, dass $\sqrt[n]{|a_n|} \geq 1$ für *unendlich viele n* gilt. Das ist eine schwächere Bedingung. Die beiden im Wurzelkriterium unterschiedenen Fälle decken somit einen größeren Bereich aller möglichen Fälle ab als die entsprechenden Formulierungen im Quotientenkriterium. ◆

Frage 246

Wie lautet die Limesform des Wurzelkriteriums?

▶ **Antwort** Wie das Quotientenkriterium lässt sich das Wurzelkriteriums auch auf zwei Arten in eine Limesformen „übersetzen". In der ersten Version wird dabei die Existenz des Grenzwerts der Folge ($\sqrt[n]{|a_n|}$ vorausgesetzt. Das führt auf die etwas schwächere Formulierung

(W2) *Falls $\lim_{n\to\infty} \sqrt[n]{|a_n|}$ existiert, so konvergiert die Reihe $\sum_n a_n$ absolut bzw. divergiert sie, je nachdem, ob gilt:*

$$\lim_{n\to\infty} \sqrt[n]{|a_n|} < 1 \qquad \text{bzw.} \qquad \lim_{n\to\infty} \sqrt[n]{|a_n|} > 1.$$

Die Gleichwertigkeit beider Formulierungen des Wurzelkriteriums unter den angegebenen Bedingungen ist wiederum leicht einzusehen.

Ohne die Existenz des Grenzwerts ($\sqrt[n]{|a_n|}$) vorauszusetzen, kann man auch nur von der Beschränktheit dieser Folge ausgehen und mit den Konzepten lim sup und lim inf das Wurzelkriterium folgendermaßen formulieren.

(W3) *Ist* ($\sqrt[n]{|a_n|}$) *beschränkt, so konvergiert die Reihe* $\sum_n a_n$ *absolut bzw. divergiert sie, je nachdem, ob gilt:*

$$\limsup \sqrt[n]{|a_n|} < 1 \qquad \text{bzw.} \qquad \limsup \sqrt[n]{|a_n|} > 1.$$

Man beachte auch in dieser Formulierung wieder den Unterschied zur entsprechenden Version des Quotientenkriteriums. Beim Quotientenkriterium kann man nur dann auf die Divergenz der Reihe schließen, wenn der Limes *Inferior* der Folge ($|a_{n+1}|/|a_n|$) größer als 1 ist.   ◆

Frage 247

Welches Kriterium ist leistungsfähiger: Quotienten- oder Wurzelkriterium?

▶ **Antwort** Das Wurzelkriterium ist leistungsfähiger insofern, als die im Quotientenkriterium auftretenden Annahmen diejenigen des Wurzelkriteriums implizieren. Gilt nämlich $|a_{n+1}|/|a_n| \leq q$ für ein $q < 1$, dann folgt daraus ähnlich wie im Beweis des Quotientenkriteriums

$$|a_n| \leq \frac{|a_m|}{q^m} q^n, \qquad \text{also} \qquad \sqrt[n]{|a_n|} \leq q \sqrt[n]{\frac{|a_m|}{q^m}}.$$

Wegen $\sqrt[n]{|a_m|/q^m} \to 1$ für $n \to \infty$ folgt hieraus $\sqrt[n]{|a_n|} \leq q'$ für fast alle n und ein geeignetes $q' < 1$. Wenn sich die Konvergenz einer Reihe mit dem Quotientenkriterium zeigen lässt, dann also auch mit dem Wurzelkriterium. Die Umkehrung davon gilt im Allgemeinen nicht, wie die Antwort zur nächsten Frage zeigt.   ◆

Frage 248

Kennen Sie ein Beispiel einer Reihe, für die das Wurzelkriterium Konvergenz anzeigt, während das Quotientenkriterium keine Entscheidung über die Konvergenz liefert?

▶ **Antwort** Die Reihe

$$\sum_{n=0}^{\infty} a_n = \sum_{n=0}^{\infty} \frac{2 + (-1)^{n+1}}{2^n} = 1 + \frac{3}{2} + \frac{1}{2^2} + \frac{3}{2^3} + \frac{1}{2^4} + \cdots$$

liefert ein solches Beispiel. Aus $\lim_{n\to\infty} \sqrt[n]{|a_n|} = \frac{1}{2}$ kann man mit dem Wurzelkriterium (W2) auf die Konvergenz der Reihe schließen. Wegen

$$\frac{|a_{n+1}|}{|a_n|} = \begin{cases} \frac{1}{2} & \text{für ungerade } n, \\ \frac{3}{2} & \text{für gerade } n \end{cases}$$

kann das Quotientenkriterium aber nicht angewendet werden. ♦

3.4 Umordnung von Reihen, Reihenprodukte

Frage 249

Was versteht man unter einer **Umordung** einer Reihe?

▶ **Antwort** Locker formuliert ist die Umordnung einer Reihe eine weitere Reihe, in der dieselben Summanden in einer vertauschten Reihenfolge vorkommen. Um den Begriff präzise zu definieren, redet man von einer bijektiven Abbildung der Indexmenge $\mathbb{N}$ auf sich selbst. Die Definition lautet dann:

Sei $\mathbb{N} \to \mathbb{N}$, $k \mapsto n_k$ eine bijektive Abbildung. Dann ist die Reihe $\sum_k a_{n_k}$ eine Umordnung der Reihe $\sum_n a_n$.

Zum Beispiel ist die Reihe

$$\frac{1}{10} + \frac{1}{9} + \cdots + 1 + \frac{1}{20} + \frac{1}{19} + \cdots + \frac{1}{11} + \frac{1}{30} + \cdots$$

eine Umordung der harmonischen Reihe $\sum_n 1/n$. ♦

Frage 250

Was ist eine **bedingt bzw. unbedingt konvergente Reihe**?

▶ **Antwort** Eine Reihe heißt *unbedingt konvergent*, wenn sie konvergent und invariant bezüglich Umordnungen in dem Sinne ist, dass jede ihrer Umordnungen gegen denselben Grenzwert konvergiert.

Eine Reihe heißt dagegen *bedingt konvergent*, wenn sie zwar konvergent (mit Grenzwert S), aber nicht unbedingt konvergent ist, d. h. wenn sie eine Umordnung besitzt, die nicht gegen S konvergiert. Die Umordnung kann in diesem Fall entweder divergieren oder gegen einen anderen Grenzwert $S' \neq S$ konvergieren. ♦

Was besagt der sogenannte **kleine Umordnungssatz** für Reihen?

▶ **Antwort** Der Satz lautet:

Eine beliebige Umordnung einer absolut konvergenten Reihe ist wieder absolut konvergent und hat dieselbe Summe wie die Ausgangsreihe.

Der Beweis des Umordnungssatzes ist im Detail etwas anstrengend zu führen, aber er beruht im Wesentlichen auf der einfachen Tatsache, dass zu jedem vorgegebenen $N \in \mathbb{N}$ für jede Umordnung $k \to n_k$ der natürlichen Zahlen ein k_0 existiert, sodass die Menge $\{n_1, n_2, \ldots, n_{k_0}\}$ die ersten N natürlichen Zahlen enthält, dass also gilt

$$\{1, 2, \ldots, N\} \subset \{n_1, n_2, \ldots, n_{k_0}\}.$$

Trivialerweise ist dann $k_0 \geq N$. Für alle $m > k_0$ folgt daraus, dass in der Summe $\left| \sum_{n=0}^m a_n - \sum_{k=0}^m a_{n_k} \right|$ ausschließlich Summanden mit einem größeren Index als N vorkommen. Mit $M := \max\{n_{k_0}, \ldots, n_m\}$ folgt daraus zusammen mit der Dreiecksungleichung

$$\left| \sum_{n=0}^m a_n - \sum_{k=0}^m a_{n_k} \right| \leq \sum_{n=N+1}^M |a_n|.$$

Die rechte Summe wird wegen der absoluten Konvergenz der Reihe $\sum_n a_n$ beliebig klein, und zwar unabhängig von M, wenn nur N genügend groß gewählt ist. Daraus folgt, dass sich mit dem vorgeführten Verfahren stets ein m bestimmen lässt, sodass für alle $m' > m$ die Ungleichung

$$\left| \sum_{n=0}^{m'} a_n - \sum_{k=0}^{m'} a_{n_k} \right| < \varepsilon$$

erfüllt ist. Aus dieser folgt der kleine Umordnungssatz.   ◆

Was besagt der **Umordnungssatz von Dirichlet-Riemann** für konvergente, aber nicht absolut konvergente Reihen?

▶ **Antwort** Der Satz besagt:

Jede konvergente, aber nicht absolut konvergente Reihe besitzt eine Umordnung, die gegen einen beliebig vorgegebenen Wert S konvergiert oder divergiert.

Der Satz folgt daraus, dass für eine konvergente, aber nicht absolut konvergente Reihe die Reihen $\sum_n a_n^-$ und $\sum_n a_n^+$ mit

$$a_n^- = \begin{cases} a_n & \text{falls } a_n < 0 \\ 0 & \text{sonst} \end{cases} \quad \text{und} \quad a_n^+ = \begin{cases} a_n & \text{falls } a_n > 0 \\ 0 & \text{sonst} \end{cases}$$

beide divergieren müssen, denn andernfalls wären $\sum_n |a_n^-|$ und $\sum_n |a_n^+|$ konvergent und somit auch $\sum_n |a_n| = \sum_n |a_n^-| + \sum_n |a_n^+|$.

Da diese Reihen divergieren, sind sie unbeschränkt – im einen Fall nach oben, im anderen nach unten. Um eine Umordnung zu konstruieren, die gegen einen willkürlich vorgegebenen Grenzwert S konvergiert, kann man also so viele Summanden der positiven Reihe aufsummieren, bis S zum ersten Mal überschritten wird, anschließend so viele der negativen Reihe, bis S unterschritten wird. Wegen der Unbeschränktheit der negativen und positiven Reihen kann dieses Verfahren mit den übrigen Summanden beliebig oft wiederholt werden. Wird S derart durch die Addition eines Glieds a_k unter- bzw. überschritten, dann durch einen Wert kleiner als $|a_k|$. Da die Summanden a_n wegen der Konvergenz von $\sum_n a_n$ eine Nullfolge bilden, kann dieser Differenzbetrag beliebig klein gemacht werden.

$\blacklozenge$

Frage 253

Was versteht man unter dem **Cauchy-Produkt (Faltung)** zweier Reihen?

▶ Das Cauchy-Produkt zweier Reihen $\sum_{n=0}^{\infty} a_n$ und $\sum_{k=0}^{\infty} b_k$ ist die Reihe

$$\sum_{n=0}^{\infty} (a_0 b_n + a_1 b_{n-1} + \cdots + a_n b_0) = \sum_{n=0}^{\infty} \sum_{k=0}^{n} a_k b_{n-k}.$$

Die Summanden des Cauchy-Produkts sind gerade die Produkte $a_n b_k$ mit $k, n \in \mathbb{N}$, die nach dem Diagonalschema in Abb. 3.1 angeordnet werden.

$\blacklozenge$

Abb. 3.1 Reihenfolge der Summanden im Cauchy-Produkt

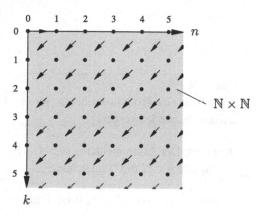

Frage 254

Welcher Zusammenhang besteht zwischen bedingter und absoluter Konvergenz?

▶ **Antwort** Nach dem kleinen Umordnungssatz ist jede absolut konvergente Reihe unbedingt konvergent. Aus dem Umordnungssatz von Dirichlet-Riemann folgt die Umkehrung dieses Zusammenhangs. Also gilt:

Eine Reihe ist genau dann unbedingt konvergent, wenn sie absolut konvergiert.   ◆

Frage 255

Was versteht man allgemein unter einer **Produktreihe** zweier Reihen $\sum_n a_n$ und $\sum_k b_k$?

▶ Ordnet man alle möglichen Produkte $a_n b_k$, $n, k \in \mathbb{N}$ in einer Folge c_ℓ an, dann heißt die Reihe $\sum_\ell c_\ell$ eine Produktreihe der Reihen $\sum_n a_n$ und $\sum_k b_k$.

Der Zuordnung $c_\ell \mapsto a_n b_k$ liegt eine *bijektive* Abbildung $\mathbb{N} \to \mathbb{N} \times \mathbb{N}$, $\ell \mapsto (n, k)$ zugrunde. Mit jeder derartigen Abbildung lässt sich zu zwei Reihen eine entsprechende Produktreihe angeben. Das Cauchy-Produkt ist beispielsweise eine spezielle Produktreihe, für die die Abbildung $\mathbb{N} \to \mathbb{N} \times \mathbb{N}$ mit dem Diagonalschema konstruiert ist. Die Abb. 3.2 zeigt eine weitere Möglichkeit, die Menge $\mathbb{N} \times \mathbb{N}$ bijektiv auf $\mathbb{N}$ abzubilden.   ◆

Abb. 3.2 Mögliche Anordnung der Summanden in einer Produktreihe

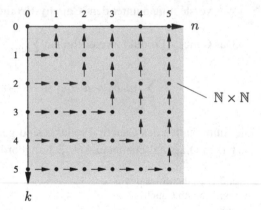

Frage 256

Warum ist eine Produkt-Reihe zweier absolut konvergenter Reihen $\sum_n a_n$ und $\sum_k b_k$ wieder absolut konvergent?

▶ **Antwort** Der Zusammenhang ergibt sich aus der Tatsache, dass für eine Produktreihe $\sum_\ell c_\ell$ für alle $n \in \mathbb{N}$ die Ungleichung

$$|c_0| + |c_1| + \cdots + |c_n| \leq (|a_0| + |a_1| + \cdots + |a_m|)(|a_0| + |a_1| + \cdots + |a_m|)$$

gilt, sofern m nur groß genug gewählt ist. Also gilt erst recht

$$|c_0| + |c_1| + \cdots + |c_n| \leq \left(\sum_{j=0}^{\infty} |a_j| \right) \left(\sum_{k=0}^{\infty} |b_k| \right) \quad \text{für alle } n \in \mathbb{N}.$$

Wegen der absoluten Konvergenz der Reihen $\sum_j a_j$ und $\sum_k b_k$ steht auf der rechten Seite dieser Ungleichung eine reelle Zahl S, die eine obere Schranke für die Folge der Partialsummen $\left(\sum_{\ell=1}^{n} |c_\ell| \right)_{n \in \mathbb{N}}$ ist. Da diese Folge monoton wächst, folgt die absolute Konvergenz der Produktreihe aus dem Monotoniekriterium für reelle Folgen. ◆

Frage 257

Neues aus der Schneckenwelt:

Nach einem wüsten Trinkgelage mit vergorenem Saft ist die chinesische Schnecke Ko-Shi in einen 4 Meter tiefen Brunnenschacht gefallen. Beim Versuch, aus dem Schacht herauszuklettern schafft sie am ersten Tag einen Meter. Den zweiten Tag teilt sie sich in zwei Etappen ein, schafft pro Etappe aber nur q Meter ($0 < q < 1$). Am dritten Tag schafft sie drei Etappen mit jeweils q^2 Metern, am vierten Tag vier Etappen mit jeweils q^3 Metern etc. Die Schnecke will natürlich in endlicher Zeit am Brunnenrand ankommen. Wie groß muss dann q mindestens sein?

Tipp: Die Schnecke hieß mit Nachnamen Plo-Dugd.

▶ **Antwort** Wie bereits durch den chinesischen Namen der Schnecke angedeutet, lässt sich das Cauchy-Produkt zweier (geometrischer) Reihen benutzen, um die Aufgabe schnell zu lösen:

Die vom Boden des Brunnenschachtes aus gemessene, bis zum n-ten Tag zurückgelegte Wegstrecke beträgt: $s_n := 1 + (q+q) + (q^2+q^2+q^2) + \ldots + n \cdot q^{n-1} = \sum_{k=0}^{n-1} (k+1) \cdot q^k$. Dies lässt sich folgendermaßen darstellen:

$$s_n = q^0 \cdot q^0 + \left(q^0 \cdot q^1 + q^1 \cdot q^0 \right) + \left(q^0 \cdot q^2 + q^1 \cdot q^1 + q^2 \cdot q^0 \right) + \ldots + \sum_{j=0}^{n-1} q^j \cdot q^{(n-1)-j}$$

$$= \sum_{k=0}^{n-1} \left(\sum_{j=0}^{k} q^j \cdot q^{k-j} \right).$$

Die Schnecke erreicht (und überquert) den Rand des Brunnens genau dann in endlicher Zeit, wenn ein $n \in \mathbb{N}$ existiert, sodass $s_n \geq 4$ ist.

Für $q \geq 1$ ist dies immer der Fall (die Schnecke überschreitet spätestens am dritten Tag den Rand).

Die Folge $(s_n)_{n \in \mathbb{N}}$ entspricht genau den Partialsummen des Cauchy-Produktes der geometrischen Reihe $\sum q^k$ mit sich selbst. Aufgrund der absoluten Konvergenz von $\sum q^k$ für $|q| < 1$ gilt nach dem Produktreihensatz: $\sum_{k=0}^{\infty} q^k \cdot \sum_{k=0}^{\infty} q^k = \sum_{k=0}^{\infty} \left(\sum_{j=0}^{k} q^j q^{k-j} \right)$.

Da mit $q \geq 0$ (die Schnecke ist ja hoffentlich nicht so betrunken, dass sie in die falsche Richtung kriecht) alle Reihenglieder nichtnegativ sind, existiert ein $n \in \mathbb{N}$ mit $s_n \geq 4$ genau dann, wenn der Grenzwert der Folge $(s_n)_{n \in \mathbb{N}}$, d. h. das obige Produkt der geometrischen Reihe, mit sich einen Wert > 4 hat.

Für $0 \leq q < 1$ hat man:

$$4 < \sum_{k=0}^{\infty} \left(\sum_{j=0}^{k} q^j q^{k-j} \right) = \sum_{k=0}^{\infty} q^k \cdot \sum_{k=0}^{\infty} q^k = \frac{1}{1-q} \cdot \frac{1}{1-q}$$

$$\Leftrightarrow (1-q)^2 < \frac{1}{4} \Leftrightarrow q > \frac{1}{2}.$$

Die Schnecke muss also $q > \frac{1}{2}$ wählen, um in endlicher Zeit aus dem Brunnenschacht zu kommen (bei $q = \frac{1}{2}$ würde sie dem Rand beliebig nahe kommen, ihn aber in endlicher Zeit nie erreichen, bei $q < \frac{1}{2}$ bleibt sogar ein Wegstück übrig). ◆

Frage 258

Was ergibt sich aus Frage 256 für das Cauchy-Produkt zweier absolut konvergenter Reihen?

▶ **Antwort** Das Cauchy-Produkt ist nur eine Produktreihe spezieller Bauart. Also kann man aus Frage 256 folgern, dass das Cauchy-Produkt zweier absolut konvergenter Reihen ebenfalls konvergiert, und zwar sogar absolut. ◆

Frage 259

Eine kleine Schnecke kriecht mit einer Geschwindigkeit von 10 Zentimetern pro Minute auf einem Gummiband entlang, das pro Minute vom Schneckenexperimentator um jeweils einen Meter weiter gedehnt wird. Vor Beginn des Experiments ist das Band einen Meter lang. An einem seiner Enden startet die Schnecke.

Wir machen folgende Modellannahmen:

- Der Dehnungsvorgang ist beliebig wiederholbar.
- Der Schneckenexperimentator und die Schnecke leben beliebig lange.

Schafft es die Schnecke, das andere Ende des Bandes jemals zu erreichen, und wenn sie es schafft, wie lange braucht sie dafür?

▶ **Antwort** Das Gummiband wird in jedem Schritt gleichmäßig über seine ganze Länge gedehnt (sowohl das schon zurückgelegte Wegstück hinter der Schnecke, als auch das noch vor ihr liegende Stück wachsen). Seine Länge beträgt im n-ten Schritt, i. e. während der n-ten Minute des Experiments, genau $b_n = n$ Meter (rekursive Folge mit $b_1 := 1$ und $b_{k+1} := b_k + 1$).

Betrachten wir zunächst die relative Position der Schnecke auf dem Gummiband: Die Schnecke legt in jeder Minute genau $10\,\text{cm}$ zurück. Dies entspricht im ersten Schritt genau $\frac{1}{10}$ der Bandlänge, im n-ten Schritt dagegen nur $\frac{1}{10} \cdot \frac{1}{b_n} = \frac{1}{10 \cdot n}$ der Bandlänge. Durch den Dehnvorgang verändert sich die relative Position auf dem Gummiband nicht.

Nach dem n-ten Schritt hat die Schnecke daher von ihrem Startpunkt aus gemessen genau den relativen Anteil

$$r_n = \frac{1}{10} + \frac{1}{2 \cdot 10} + \frac{1}{3 \cdot 10} + \ldots + \frac{1}{n \cdot 10} = \sum_{k=1}^{n} \frac{1}{10 \cdot k} = \frac{1}{10} \sum_{k=1}^{n} \frac{1}{k}$$

des Bandes zurückgelegt. Die Schnecke erreicht (in endlicher Zeit) das Ende, falls $r_n \geq 1$ für ein $n \in \mathbb{N}$. Genauer kommt sie in der n-ten Minute an, in der r_n erstmals ≥ 1 wird.

Alternativ betrachtet man die absolute Position der Schnecke: Diese wird durch folgende Rekursion beschrieben:

$$s_1 := \frac{1}{10}$$

$$s_{n+1} := s_n \cdot \frac{b_{n+1}}{b_n} + \frac{1}{10} = s_n \cdot \frac{n+1}{n} + \frac{1}{10}.$$

Mittels vollständiger Induktion beweist man die explizite Darstellung der Folge $(s_n)_{n \in \mathbb{N}}$:
$s_n = n \cdot \frac{1}{10} \sum_{k=1}^{n} \frac{1}{k}$

Induktionsanfang $(n = 1)$: $s_1 = 1 \cdot \frac{1}{10} \sum_{k=1}^{1} \frac{1}{k} = \frac{1}{10}$

Induktionsvoraussetzung: Die explizite Darstellung für s_n ist gültig.

Induktionsschritt $(n \rightsquigarrow n + 1)$:

$$s_{n+1} = s_n \cdot \frac{n+1}{n} + \frac{1}{10} = \left(n \cdot \frac{1}{10} \sum_{k=1}^{n} \frac{1}{k} \right) \cdot \frac{n+1}{n} + \frac{1}{10}.$$

$$= (n+1) \cdot \frac{1}{10} \cdot \left(\sum_{k=1}^{n} \frac{1}{k} + \frac{1}{n+1} \right) = (n+1) \cdot \frac{1}{10} \sum_{k=1}^{n+1} \frac{1}{k}.$$

Wieder erreicht die Schnecke das Ende des Gummibandes, wenn ein $n \in \mathbb{N}$ existiert, sodass $s_n \geq b_n$ oder äquivalent $\frac{s_n}{b_n} = \frac{1}{10} \sum_{k=1}^{n} \frac{1}{k} \geq 1$ ist.

Da die harmonische Reihe $\sum_{k=1}^{\infty} \frac{1}{k}$ divergiert, existiert insbesondere ein $n \in \mathbb{N}$, sodass die Partialsumme $\sum_{k=1}^{n} \frac{1}{k} \geq 10$ ist. Das kleinste solche n findet man mit MAPLE zu $n = 12.367$. Die Schnecke hat das Ende des Gummibandes während der 12.367-ten

Minute, i. e. nach 8 Tagen 14 Stunden und 7 Minuten erreicht (selbstverständlich ohne dabei jemals eine Pause eingelegt zu haben und unter ständiger Aufrechterhaltung der Schnecken-Turbo-Geschwindigkeit von $10\,\mathrm{cm/min}$).

Mit MAPLE ergibt sich Folgendes:

```
> Digits:=25:for i from 12360 to 12370 do print
> ('i=',i,' Partialsumme =', evalf(sum(1/k,k=1..i))) od;

i=,   12360,   Partialsumme =,9.9994768484216453922 6144
i=,   12361,   Partialsumme =,9.9995577480457564816 25626
i=,   12362,   Partialsumme =,9.9996386411051319872 07247
i=,   12363,   Partialsumme =,9.9997195276213497337 08905
i=,   12364,   Partialsumme =,9.9998004075954681419 91015
i=,   12365,   Partialsumme =,9.9998812810285453761 19603
i=,   12366,   Partialsumme =,9.9999621479216393434 49378
i=,   12367,   Partialsumme =,10.0000430082758076947 0676
i=,   12368,   Partialsumme =,10.0001238620921078240 7286
i=,   12369,   Partialsumme =,10.0002047093715968692 6649
i=,   12370,   Partialsumme =,10.0002855501153317116 2704
```

♦

Frage 260

Kennen Sie ein Beispiel für zwei konvergente Reihen, deren Cauchy-Produkt divergiert?

▶ **Antwort** Ein Beispiel liefert die Reihe $\sum_{n=0}^{\infty} a_n$ mit $a_n := (-1)^n / \sqrt{n+1}$. Diese Folge konvergiert (Leibniz-Kriterium), allerdings nicht absolut (sie besitzt in der harmonischen Reihe eine divergente Minorante). Wir zeigen, dass das Cauchy-Produkt dieser Reihe mit sich selbst divergiert. Dieses besitzt die Form

$$\sum_{n=0}^{\infty} \left(\sum_{k=0}^{n} \frac{(-1)^k}{\sqrt{k+1}} \frac{(-1)^{(n-k)}}{\sqrt{(n-k)+1}} \right) = \sum_{n=0}^{\infty} (-1)^n \sum_{k=0}^{n} \frac{1}{\sqrt{(k+1)(n-k+1)}} \quad (*)$$

Für die hinteren endlichen Summen gilt die Abschätzung

$$\left| \sum_{k=0}^{n} \frac{1}{\sqrt{(k+1)(n-k+1)}} \right| \geq \left| \sum_{k=0}^{n} \frac{1}{n+1} \right| = \frac{n+1}{n+1} = 1.$$

Die Summanden des Cauchy-Produkts $(*)$ bilden alsoüberhaupt keine Nullfolge, daher kann das Cauchy-Produkt auch nicht konvergieren.   ♦

Frage 261

Wie lautet die **Reihendefinition der Exponentialfunktion** (in $\mathbb{R}$ oder $\mathbb{C}$)? Warum ist die betreffende Reihe absolut konvergent?

▶ **Antwort** Der Wert der Exponentialfunktion $\exp\colon \mathbb{K} \to \mathbb{K}$ für $\mathbb{K} = \mathbb{C}$ oder $\mathbb{K} = \mathbb{R}$ ist für alle $z \in \mathbb{K}$ gegeben durch den Wert der Reihe

$$\exp(z) := \sum_{k=0}^{\infty} \frac{z^k}{k!}.$$

Die Reihe konvergiert trivialerweise für $z = 0$. Für $z \in \mathbb{K}$ mit $z \neq 0$ folgt die absolute Konvergenz unmittelbar aus dem Quotientenkriterium, da

$$\frac{|z|^{k+1}}{(k+1)} \bigg/ \frac{|z|^k}{k!} = \frac{|z|}{(k+1)!} \leq \frac{1}{2}$$

für alle $z \neq 0$ und alle $k \geq 2|z|$ gilt.   ◆

Frage 262

Warum gilt die **Funktionalgleichung** $\exp(z + w) = \exp(z)\exp(w)$?

▶ **Antwort** Mit der Binomialentwicklung erhält man zunächst

$$\exp(z + w) = \sum_{n=0}^{\infty} \frac{1}{n!}(z + w)^n = \sum_{n=0}^{\infty} \frac{1}{n!} \sum_{k=0}^{n} \binom{n}{k} z^k w^{n-k} = \sum_{n=0}^{\infty} \sum_{k=0}^{n} \frac{z^k}{k!} \frac{w^{n-k}}{(n-k)!},$$

Hier steht in der rechten Seite nun gerade das Cauchy-Produkt der beiden Reihen für $\exp(z)$ und $\exp(w)$. Wegen der absoluten Konvergenz der beiden Reihen konvergiert das Cauchy-Produkt gemäß Frage 258 gegen den Wert $\exp(z)\exp(w)$. Das beweist die Funktionalgleichung.   ◆

3.5 Elementares über Potenzreihen

Besonders wichtige Hilfsmittel der Analysis sind *Potenzreihen*. Wir formulieren hier nur Fragen zu einigen elementaren Eigenschaften und entwickeln das Thema in Kap. 5 in einem systematischeren Rahmen weiter.

Frage 263

Was versteht man unter einer **Potenzreihe** mit Entwicklungspunkt $a \in \mathbb{K}$ und Koeffizienten a_k ($a_k \in \mathbb{K}$)?

▶ **Antwort** Unter einer Potenzreihe mit Entwicklungspunkt a und Koeffizienten a_k versteht man die Reihe

$$\sum_{k=0}^{\infty} a_k (z - a)^k = a_0 + a_1(z - a) + a_2(z - a)^2 + \dots \qquad ◆$$

Frage 264

Was gilt für die Menge der Punkte, für die eine Potenzreihe konvergiert?

▶ Für jede Potenzreihe um den Entwicklungspunkt a gibt es eine Kreisscheibe K mit Mittelpunkt a und Radius R (wobei die ausgearteten Fälle $R = 0$ und $R = \infty$ zugelassen sind), sodass die Reihe für alle Punkte *innerhalb* von K absolut konvergiert und für alle Punkte *außerhalb* von K divergiert (d. h., sie konvergiert für alle z mit $|z - a| < R$ und divergiert für alle z mit $|z - a| > R$, s. Abb. 3.3).

Wie sich die Punkte auf dem Rand der Kreisscheibe bezüglich Konvergenz verhalten, darüber kann man ohne eine speziellere Untersuchung der jeweiligen Potenzreihe keine allgemeinen Aussagen treffen.   ◆

Abb. 3.3 Eine Potenzreihe konvergiert für alle Punkte innerhalb und divergiert für alle Punkte außerhalb ihres Konvergenzkreises

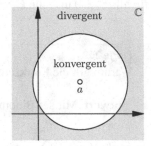

Frage 265

Können Sie begründen, warum eine Potenzreihe innerhalb ihres Konvergenzkreises konvergiert und außerhalb davon divergiert?

▶ **Antwort** Sei $w_n := z_n - a$. Zunächst zeigt man, dass aus der Konvergenz von $\sum_n a_n w_0^n$ für ein $w_0 \in \mathbb{K}$ die Konvergenz von $\sum_n a_n |w|^n$ für alle w mit $|w| < |w_0|$ folgt. Dazu beachte man, dass in diesem Fall $|a_n w_0^n| < S$ für ein $S \in \mathbb{R}$ und alle $n \in \mathbb{N}$ gilt. Das impliziert $|a_n w^n| < S \left| \frac{w}{w_0} \right|^n =: S q^n$ mit $q < 1$. Die Reihe $\sum_n |a_n w^n|$ hat also in $S \sum_n q^n$ eine konvergente Majorante. Das beweist den ersten Teil der Behauptung.

Man setze nun

$$R := \sup \left\{ x \in \mathbb{R} \; ; \; \sum_{n=0}^{\infty} a_n x^n \text{ konvergiert} \right\}.$$

Die Reihe $\sum_n a_n w^n$ konvergiert dann aufgrund des vorigen für jedes w mit $|w| < R$. Würde sie für ein w mit $|w| > R$ ebenfalls konvergieren, dann (wiederum aufgrund des vorigen Arguments) auch für jedes $x \in \mathbb{R}$ mit $|w| > x > R$, im Widerspruch zur Supremumseigenschaft von R.   ◆

Frage 266

Kennen Sie ein Beispiel einer Potenzreihe, die genau in der offenen Kreisscheibe $\mathbb{E} = \{z \in \mathbb{C};\ z < 1\}$ konvergiert?

▶ **Antwort** Ein Beispiel dafür liefert die geometrische Reihe

$$\sum_{n=0}^{\infty} z^n.$$

Diese konvergiert nach Frage 209 für genau die Zahlen z mit $|z| < 1$, während sie sonst divergent ist. ◆

Frage 267

Kennen Sie ein Beispiel einer Potenzreihe, die genau in der abgeschlossenen Kreisscheibe $\overline{\mathbb{E}} = \{z \in \mathbb{C};\ z \leq 1\}$ konvergiert?

▶ **Antwort** Die Reihe

$$\sum_{n=0}^{\infty} \frac{z^n}{n^2}$$

besitzt die gesuchte Eigenschaft. Für den Fall $|z| < 1$ besitzt sie in der geometrischen Reihe $\sum_n z^n$ eine konvergente Majorante, während sie für $|z| > 1$ nicht konvergent sein kann, da ihre Summanden in diesem Fall wegen $\lim_{n \to \infty}(|z|^n/n^2) = \infty$ (vgl. Frage 154) überhaupt keine Nullfolge bilden.

Sie konvergiert allerdings noch für $|z| = 1$. In diesem Fall gilt nämlich $\sum_n |z|^n/n^2 = \sum_n 1/n^2$, und dass diese Reihe konvergiert, wurde in Frage 222 bereits gezeigt. ◆

Frage 268

Welche Formeln für den Konvergenzradius einer Potenzreihe sind Ihnen geläufig?

▶ **Antwort** Das Wurzel- und Quotientenkriterium liefern im Zusammenspiel mit der speziellen Bauart der Summanden einer Potenzreihe $\sum_n a_n z^n$ unmittelbar zwei Formeln für deren Konvergenzradius R. Für den Fall, dass $\limsup \sqrt[n]{|a_n|}$ bzw. $\lim_{n \to \infty} |a_{n+1}|/|a_n|$ existieren, gilt

$$
\begin{array}{llll}
R = \dfrac{1}{W} & \text{mit} & W := \lim_{n \to \infty} \sup \sqrt[n]{|a_n|} & \text{(Cauchy-Hadamard)} \\[2ex]
R = \dfrac{1}{Q} & \text{mit} & Q := \lim_{n \to \infty} \left| \dfrac{a_{n+1}}{a_n} \right| & \text{(Euler).}
\end{array}
$$

Hier darf mit den Festsetzungen $1/0 := \infty$ und $1/\infty := 0$ gerechnet werden.

Der Beweis ist in beiden Fällen sehr einfach und folgt unmittelbar aus dem Wurzel- bzw. Quotientenkriterium (hier in den Formulierungen (W3) und (Q2)). So gilt nach dem Wurzelkriterium, dass die Potenzreihe $\sum_n a_n z^n$ konvergiert bzw. divergiert, je nachdem, ob für $\limsup \sqrt[n]{|a_n z^n|} = |z|W$ gilt

$$|z|W < 1 \iff |z| < \frac{1}{W} \qquad \text{bzw.} \qquad |z| > \frac{1}{W}.$$

Daraus folgt schon unmittelbar die Formel von Cauchy-Hadamard, und diejenige von Euler erhält man mit einem vollkommen analogen Argument.   ◆

Frage 269

Warum ist die Formel von Cauchy-Hadamard zur Bestimmung des Konvergenzradius für die Anwendungen schwerfällig, aber ab und zu doch nützlich?

▶ **Antwort** Die „Schwerfälligkeit" des Kriteriums hängt damit zusammen, dass hier zum einen Folgen von Wurzelausdrücken untersucht werden müssen, deren Eigenschaften in der Regel nicht besonders deutlich an der Oberfläche zu erkennen sind. Wollte man etwa den Konvergenzradius der Exponentialreihe mit dem Kriterium von Cauchy-Hadamard bestimmen, so führt das auf das Problem, den Grenzwert bzw. Limes Superior der Folge $(\sqrt[n]{1/n!})$ zu bestimmen, was weitergehende Argumente erfordert. Dagegen erhält man den Konvergenzradius mit dem Quotientenkriterium unmittelbar. Hinzu kommt, dass der Begriff des Limes Superior die Untersuchung einer oftmals unendlichen Menge von Häufungspunkten erfordert, was ein schwieriges Unterfangen sein kann.

Ein Vorteil besteht jedoch darin, dass das Kriterium von Cauchy-Hadamard öfter anwendbar ist als das Kriterium von Euler, da es schwächere Voraussetzungen benutzt, nämlich nur die Existenz eines Limes Superior und nicht die Existenz eines Grenzwerts schlechthin.

Als Beispiel betrachte man die Potenzreihe

$$\sum_{n=0}^{\infty} a_n z^n \qquad \text{mit} \quad a_n := \begin{cases} 2^{-n} & \text{für gerade } n \\ 3^{-n} & \text{für ungerade } n \end{cases}$$

Der Grenzwert $\lim_{n \to \infty} |a_{n+1}|/|a_n|$ existiert nicht, das Euler-Kriterium ist also nicht anwendbar. Dagegen existiert der Limes Superior der Folge $(\sqrt[n]{|a_n|})$ sehr wohl und besitzt den Wert $1/2$. Daraus kann man schließen, dass der Konvergenzradius der Reihe den Wert 2 hat.   ◆

Hat eine Potenzreihe $\sum_{n=0}^{\infty} c_n (z-a)^n$ den Konvergenzradius R, dann haben die

„formale" Ableitung $\qquad \sum_{n=1}^{\infty} n c_n (z-a)^{n-1} \qquad$ und die

„formale" Stammfunktion $\qquad \sum_{n=0}^{\infty} \frac{c_n}{n+1} (z-a)^{n+1}$

ebenfalls den Konvergenzradius R. Können Sie das begründen?

▶ **Antwort** Wegen $\lim_{n \to \infty} \sqrt[n]{n} = 1$ und $\lim_{n \to \infty} \sqrt[n]{1/(n+1)} = 1$ gilt

$$\lim_{n \to \infty} \sup \sqrt[n]{n|c_n|} = \lim_{n \to \infty} \sup \sqrt[n]{|c_n|} = \lim_{n \to \infty} \sup \sqrt[n]{\frac{|c_n|}{n+1}}$$

Hieraus folgt die Gleichheit der Konvergenzradien aus der Formel von Cauchy-Hadamard. ◆

Was ist der Konvergenzradius der Reihe

$$\sum_{n=0}^{\infty} (\cos n) z^n \ ?$$

▶ **Antwort** Es ist $\lim_{n \to \infty} \sup \sqrt[n]{|\cos n|} = 1$. Mit der Formel von Cauchy-Hadamard erhält man den Konvergenzradius $R = 1$ ◆

3.6 Der Große Umordnungssatz

In vielen Situationen treten Reihen der Gestalt $\sum_{s \in S} a_s$ auf, in denen S eine abzählbare Indexmenge ist und $a : S \to \mathbb{K}$ ($\mathbb{K} = \mathbb{C}$ oder $\mathbb{K} = \mathbb{R}$) eine gegebene Abbildung mit $s \mapsto a(s) =: a_s$. In diesem Fall ist die Summation über eine *Schar* oder reeller oder komplexer Zahlen zu führen.

Da S abzählbar ist, gibt es in diesem Fall eine Bijektion $\varphi : \mathbb{N}_0 \to S$, $j \mapsto \varphi(j)$. Um die obige Reihe mit den bekannten Techniken zu untersuchen ist es daher naheliegend, den Wert der Summe $\sum_{s \in S} a_s$ durch

$$\sum_{j=0}^{\infty} a_{\varphi(j)}$$

zu definieren. Man nennt $\sum a_{\varphi(j)}$ dann eine *Realisierung* der Reihe. Die Definition ist allerdings nur dann sinnvoll, wenn alle Realisierungen denselben Wert ergeben. Das ist genau dann der Fall, wenn die Reihe $\sum a_{\varphi(j)}$ *absolut* konvergiert. Nach dem kleinen Umordnungssatz konvergiert dann nämlich jede Umordnung gegen denselben Wert.

Frage 272

Sei S eine abzählbare Menge und $(a_s)_{s \in S}$ eine Schar. Wann heißt (a_s) **summierbar**?

▶ **Antwort** Die Familie $(a_s)_{s \in S}$ heißt *summierbar*, wenn eine Bijektion $\varphi : \mathbb{N}_0 \to S$ existiert, für die die Reihe $\sum_{j=0}^{\infty} a_{\varphi(j)}$ absolut konvergiert. Nach dem kleinen Umordnungssatz konvergiert dann jede Realisierung von $\sum_{s \in S} a_s$, und zwar gegen denselben Wert wie $\sum_{j=0}^{\infty} a_{\varphi(j)}$.   ◆

Frage 273

Wie ist für eine summierbare Schar $(a_s)_{s \in S}$ der Wert der Summe $\sum_{s \in S} a_s$ definiert?

▶ **Antwort** Ist $\sum_{j=0}^{\infty} a_{\varphi(j)}$ eine absolut konvergente Realisierung, so setzt man

$$\sum_{s \in S} a_s := \sum_{j=0}^{\infty} a_{\varphi(j)}.$$

Da jede Realisierung im Fall der Summierbarkeit der Schar denselben Grenzwert hat, ist die Summe damit wohldefiniert.   ◆

Frage 274

Können Sie einige Beispiele für Indexmengen nennen, die in Anwendungen häufig vorkommen?

▶ **Antwort** Das einfachste Beispiel ist natürlich $\mathbb{N}_0$ selbst. In vielen Anwendungen (z. B. Fourierreihen) wird über die Indexmenge $\mathbb{Z}$ summiert. Für die Reihen $\sum_{k \in \mathbb{Z}} a_k$ schreibt man meist auch

$$\sum_{k=-\infty}^{\infty} a_k.$$

Eine solche Reihe konvergiert genau dann absolut, wenn die Reihe $a_0 + a_1 + a_{-1} + a_2 + a_{-2} + \cdots$ absolut konvergiert und folglich genau dann, wenn die beiden Reihen

$$\sum_{k=0}^{\infty} a_k, \qquad \sum_{k=1}^{\infty} a_{-k}$$

absolut konvergieren.

Ein weiteres Beispiel ist die Indexmenge $S = \mathbb{N}_0 \times \mathbb{N}_0$. Die Elemente einer Familie $(a_s)_{s \in S}$ lassen sich in diesem Fall übersichtlich in einem quadratischen Schema anordnen

$$
\begin{array}{cccc}
a_{00}, & a_{01} & a_{02} & \cdots \\
a_{10}, & a_{11} & a_{12} & \cdots \\
a_{20}, & a_{21} & a_{22} & \cdots \\
\vdots & \vdots & \vdots & \ddots
\end{array}
$$

Dieses Beispiel lässt sich auf Indexmengen $S = \mathbb{N}_0 \times \cdots \times \mathbb{N}_0$ mit beliebig vielen Faktoren verallgemeinern. Diese Mengen sind auch abzählbar. ◆

Frage 275

Durch was kann man die Voraussetzung $\sum_{j=0}^{\infty} |a_{\varphi(j)}| < \infty$ für Summierbarkeit ersetzen?

▶ **Antwort** Eine Familie $(a_s)_{s \in S}$ ist genau dann summierbar, wenn es eine Zahl $C \in \mathbb{R}$ gibt, sodass für jede endliche Teilmenge $\mathcal{E} \subset S$ gilt

$$
\sum_{s \in \mathcal{E}} |a_s| \leq C.
$$

Ist diese Bedingung nämlich erfüllt, dann gilt auch für die endlichen Summen $\sum_{j=0}^{N} |a_{\varphi(j)}| \leq C$, und zwar für jedes $N \in \mathbb{N}_0$, daraus folgt die Konvergenz. ◆

Frage 276

Was versteht man unter einer **Zerlegung** einer abzählbaren Menge S?

▶ **Antwort** Eine *Zerlegung* von S ist eine Folge $S_1, S_2, S_3, \ldots$ von Teilmengen mit der Eigenschaft, dass jedes Element von S in *genau einer* der Mengen S_k enthalten ist, also

$$
S = S_1 \cup S_2 \cup S_3 \cup \ldots \quad \text{und} \quad S_k \cap S_\ell = \emptyset \quad \text{für } k \neq \ell. \qquad ◆
$$

Frage 277

Was besagt der **Große Umordnungssatz** für Reihen?

▶ **Antwort** Der Satz besagt:

Sei $S = S_1 \cup S_2 \cup S_3 \cup \ldots$ eine Zerlegung einer abzählbaren Menge S. Sei ferner $(a_s)_{s \in S}$ eine summierbare Familie. Dann gilt:

(i)   Die Teilscharen $(a_s)_{s \in S_n}$ sind summierbar, die Zahlen

$$A_n := \sum_{s \in S_n} a_s \quad \text{für } n = 1, 2, 3, \ldots$$

also wohldefiniert.

(ii)   Die Reihe $\sum_{n=1}^{\infty} A_n$ ist absolut konvergent und es gilt

$$\sum_{s \in S} a_s = \sum_{n=1}^{\infty} A_n = \sum_{n=1}^{\infty} \left(\sum_{s \in S_n} a_s \right).$$

Für einen Beweis dieses Satzes verweisen wir z. B. auf [24]. ◆

Frage 278

Wie kann man den Großen Umordnungssatz auf Doppelreihen, insbesondere die Multiplikation von Reihen und speziell das Cauchy-Produkt anwenden?

▶ **Antwort** Für die Anwendung des Großen Umordnungssatzes auf Doppelreihen $\sum_{i,j=0}^{\infty} a_{ij}$ benötigt man die Existenz einer Konstanten $C \geq 0$ mit $\sum_{i,j=0}^{m} |a_{ij}| \leq C$ für alle $m \in \mathbb{N}_0$ bzw. die (äquivalente) Voraussetzung

$$\sum_{i=0}^{\infty} \left(\sum_{j=0}^{\infty} |a_{ij}| \right) < \infty.$$

Man kann das Schema aus Frage 274 zerlegen

nach Zeilen	$Z_i = \{i\} \times \mathbb{N}_0,$
nach Spalten	$S_j = \mathbb{N}_0 \times \{j\},$
nach Diagonalen	$D_k = \{(i, j) \in \mathbb{N}_0 \times \mathbb{N}_0 \; ; \; i + j = k\}$

und erhält den *Doppelreihensatz*:

$$\sum_{i,j=0}^{\infty} = \sum_{i=0}^{\infty} \left(\sum_{j=0}^{\infty} a_{ij} \right) = \sum_{j=0}^{\infty} \left(\sum_{i=0}^{\infty} a_{ij} \right) = \sum_{k=0}^{\infty} \left(\sum_{i+j=k} a_{ij} \right) = \sum_{k=0}^{\infty} \sum_{i=0}^{k} a_{i,k-i}.$$

Für die Anwendung auf die Multiplikation zweier absolut konvergenter Reihen $\sum_i b_i$ und $\sum_j c_j$ setzt man $a_{ij} := b_i c_j$. ◆

Frage 279

Der Doppelreihensatz führt oft zu überraschenden Identitäten.

Warum gilt

$$\sum_{k=2}^{\infty} (\zeta(k) - 1) = 1?$$

Dabei ist $\zeta(k) := \sum_{v=1}^{\infty} \frac{1}{v^k}$ bekanntlich für $k \geq 2$ konvergent.

▶ **Antwort** Die Familie (n^{-k}) mit $(n, k) \in \mathbb{N}^{\star 2}$, $\mathbb{N}^{\star} := \mathbb{N} - \{1\}$ ist summierbar, denn die geometrische Reihe und die Formel $\sum_{k=1}^{\infty} \frac{1}{k(k+1)} = 1$ liefern für ihre Partialsummen die Abschätzung

$$\sum_{k=2}^{\infty} \sum_{n=2}^{N} \frac{1}{n^k} < \sum_{n=2}^{N} \sum_{k=2}^{\infty} \frac{1}{n^k} = \sum_{n=2}^{N} \frac{1}{n(n-1)} < 1.$$

Der Doppelreihensatz ist also anwendbar und ergibt:

$$\sum_{k=2}^{\infty} (\zeta(k) - 1) = \sum_{n=2}^{\infty} \sum_{k=2}^{\infty} \frac{1}{n^k} = \sum_{n=2}^{\infty} \frac{1}{n(n-1)} = 1. \qquad \blacklozenge$$

Stetigkeit, Grenzwerte von Funktionen

4

Der *Funktions-* bzw. *Abbildungsbegriff* ist für die Mathematik und ihre Anwendungen zentral. Wir beschäftigen uns daher zunächst etwas systematischer mit diesem Begriff, den wir an verschiedenen Stellen schon benutzt und dabei eine gewisse Vertrautheit mit ihm bereits vorausgesetzt haben.

Nach Anfängen bei Fermat (1636) und Descartes (1637) und weiteren Präzisierungen des Begriffs *Funktion (functio)* durch Leibniz und Johann Bernoulli gegen Ende des 17. Jahrhunderts haben Euler (1748 bzw. 1755), Daniel Bernoulli (1755), Fourier (1822), Bolzano (1817) und Cauchy (1821) wichtige Beiträge zur Entwicklung dieses Begriffs geliefert. Der „moderne" Funktionsbegriff wird häufig mit dem Namen Dirichlet belegt. Aus der Namensgebung lässt sich aber – wie so oft in der Mathematik – nicht ohne Weiteres auf die Urheberschaft schließen. Man vergleiche dazu den informativen Artikel von Youschkevitch [37].

Mithilfe des Abbildungsbegriffs lässt sich auch der Begriff der *abzählbaren Menge* definieren, der die Grundlage dafür liefert, unendliche Mengen bezüglich ihrer Mächtigkeit miteinander zu vergleichen.

Natura non facit saltus – „die Natur macht keine Sprünge". Diese Raoul Fournier (1627) zugeschriebene Äußerung spiegelt jene Einstellung wider, wegen der bei der mathematischen Behandlung naturwissenschaftlicher Vorgänge lange Zeit nur *stetige* Funktionen betrachtet wurden. Die noch etwas vagen Stetigkeitsvorstellungen der Analytiker des 18. Jahrhunderts wurden im 19. Jahrhundert durch Bolzano, Cauchy und vor allem Weierstraß präzisiert. Mit der anschaulichen Vorstellung, dass bei stetigen Funktionen bei einer „kleinen" Änderung der Argumente sich auch die Funktionswerte nur wenig ändern (genauer: dass die Funktionswerte sich beliebig wenig ändern, wenn nur die Argumente sich hinreichend wenig ändern), ist man dem exakten Stetigkeitsbegriff schon recht nahe, der mithilfe des Umgebungs- oder Folgenbegriffs definiert wird. Wir beschränken uns in Bezug auf die Stetigkeit hier auf *metrische* Räume, in denen man die „Nähe" mithilfe eines Abstandsbegriffs messen kann.

© Springer-Verlag GmbH Deutschland 2018
R. Busam, T. Epp, *Prüfungstrainer Analysis*, https://doi.org/10.1007/978-3-662-55020-5_4

Stetige reellwertige Funktionen auf Intervallen und vor allem auf kompakten Mengen haben bemerkenswerte Eigenschaften (z. B. Zwischenwerteigenschaft, Satz vom Maximum und Minimum, gleichmäßige Stetigkeit). Wir beschränken uns hier bei der Kompaktheit auf den Begriff „folgenkompakt" – metrischen Räumen und ihrer Topologie ist ein späterer Abschnitt gewidmet. Den Grenzwertbegriff bei Funktionen führt man am besten auf den Stetigkeitsbegriff zurück (und nicht umgekehrt!).

4.1 Grundbegriffe

Frage 280

Was versteht man unter einer Abbildung (Funktion) f von einer Menge X in eine Menge Y? Welche Notationen sind Ihnen hierfür bekannt?

▶ **Antwort** Unter einer Abbildung f von X nach Y versteht man eine Vorschrift (die zum Beispiel durch ein Naturgesetz, eine Tabelle oder eine Formel gegeben sein kann), die *jedem* Element $x \in X$ *genau ein* Element $f(x) \in Y$ zuordnet.

Der Begriff „Abbildung" ist sehr allgemein und beinhaltet keinerlei Einschränkung bezüglich der Objekte, die einander zugeordnet werden. Den Begriff „Funktion" gebraucht man in einem engeren Sinn, und zwar dann, wenn es sich bei der Abbildung um die Zuordnung eines reellen oder komplexen Zahlenwerts handelt, wenn also $Y = \mathbb{R}$ oder $Y = \mathbb{C}$ gilt. Man spricht in diesem Fall von reell- oder komplexwertigen Funktionen.

Zur Beschreibung einer Funktion f von X nach Y benutzt man die Schreibweise

$$f : X \to Y, \qquad x \mapsto f(x).$$

Der erste Ausdruck charakterisiert f als eine Abbildung von X nach Y, der zweite spezifiziert die Zuordnungsvorschrift, derzufolge $x \in X$ auf das Element $f(x) \in Y$ abgebildet wird.   ◆

Frage 281

Was versteht man unter dem **Graphen** einer Abbildung $f : X \to Y$?

▶ **Antwort** Eine Abbildung $f : X \to Y$ stellt jedes Element $x \in X$ mit einem bestimmten Element $f(x) \in Y$ zu einem Paar $(x, f(x))$ zusammen. Diese Paare bilden eine Teilmenge G_f des kartesischen Produkts $X \times Y$, das die folgenden beiden Eigenschaften besitzt

(i) *Jedes $x \in X$ tritt als erste Komponente eines Paares $(x, f(x))$ auf.*

(ii) *Die Zuordnung der zweiten Komponente ist eindeutig, d. h. aus $(x_1, y_1) \in G_f$ und $(x_2, y_2) \in G_f$ und $x_1 = x_2$ folgt $y_1 = y_2$.*

Die Menge $G_f := \{(x, f(x)); \, x \in X\} \subset X \times Y$ nennt man den *Graphen von f*.   ◆

Frage 282

Welcher Zusammenhang besteht zwischen den Begriffen „Graph einer Abbildung" und „Abbildung"?

▶ **Antwort** Eine Abbildung ist durch ihren Graphen eindeutig festgelegt. Zu jeder Teilmenge $X \times Y$, die die Eigenschaften (a) und (b) besitzt, gibt es genau eine Abbildung, die die Teilmenge als Graphen besitzt.

Aufgrund dieser eineindeutigen Beziehung lässt sich der Abbildungsbegriff auch rein mengentheoretisch definieren, ohne den vagen Begriff der „Vorschrift" benutzen zu müssen. Eine Abbildung von $X \to Y$ ist demnach einfach ein Graph, das heißt eine Teilmenge von $X \times Y$ mit den Eigenschaften (a) und (b). ◆

Frage 283

Welche Visualisierungsmöglichkeiten für Funktionen $f : D \to \mathbb{R}$ mit $D \subset \mathbb{R}$ bzw. $D \subset \mathbb{R} \times \mathbb{R}$ sind Ihnen bekannt?

▶ **Antwort** Der Graph einer Funktion $f : D \to \mathbb{R}$ als Teilmenge von $D \times \mathbb{R}$ lässt sich in aller Regel als Punktmenge in einem zweidimensionalen Koordinatensystem visualisieren. Handelt es sich bei D um ein Intervall, und genügt die Funktion f bestimmten Stetigkeitsanforderungen, so besitzt der Graph der Funktion die Gestalt einer „Kurve" wie in Abb. 4.1.

Abb. 4.1 Graph einer stetigen Funktion auf einem reellen Intervall

Abb. 4.2 Graph einer Funktion auf einer diskreten Menge

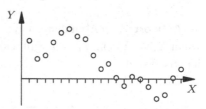

Handelt es sich bei D um eine diskrete Menge, etwa $\mathbb{N}$, so kann der Graph unter Umständen durch einzelne unzusammenhängende Punkte wie in Abb. 4.2 visualisiert werden,

Der Graph einer Abbildung $g : D \to \mathbb{R}$ mit $D \subset \mathbb{R} \times \mathbb{R}$ ist eine Teilmenge des $\mathbb{R}^3$. Dieser lässt sich unter bestimmten Voraussetzungen als Punktmenge in einem dreidimensionalen kartesischen Koordinatensystem visualisieren. Bei einer stetigen Abbildung hat der Graph etwa die Gestalt einer Fläche im Raum (s. Abb. 4.3).

Abb. 4.3 Der Graph einer
stetigen Abbildung $D \to \mathbb{R}$
mit $D \subset \mathbb{R}^2$ bildet eine Fläche
im Raum

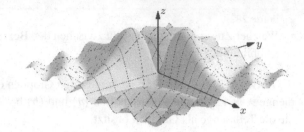

Allgemein kann man zur Visualisierung von Abbildungen den Bild- und Wertebereich
auch getrennt einzeichnen wie in Abb. 4.4. Bestimmte Abbildungseigenschaften lassen
sich damit häufig sehr gut veranschaulichen, z. B. welche Teilmengen des Definitionsbereichs auf welche Teilmengen des Bildbereichs abgebildet werden.

Abb. 4.4 Darstellung von
Bild- und Wertebereich einer
Abbildung

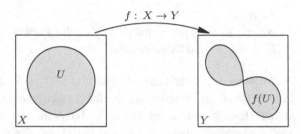

Die Möglichkeit der Visualisierung einer Funktion ist nicht grundsätzlich gegeben, sondern hängt von bestimmten Eigenschaften der Funktion ab. Man hat zum Beispiel keine
Chance, die Funktion $\mathbb{R} \to \mathbb{R}$, die für rationale Argumente den Wert 0 und für irrationale
den Wert 1 annimmt, nach diesem Muster zu visualisieren.   ◆

Frage 284

Wann sind zwei Abbildungen gleich?

▶ **Antwort** Zwei Abbildungen $f_1\colon X_1 \to Y_1$ und $f_2\colon X_2 \to Y_2$ sind genau dann gleich,
wenn $X_1 = X_2$ und $Y_1 = Y_2$ gilt und für jedes $x \in X_1 = X_2$ die Werte $f_1(x)$ und $f_2(x)$
identisch sind.   ◆

Frage 285

Erläutern Sie die Begriffe **Definitionsbereich**, **Wertemenge**, **Zielbereich**, **Bildmenge**
einer Abbildung $f\colon X \to Y$.

▶ **Antwort** Der *Definitionsbereich* einer Abbildung $f : X \to Y$ ist die Menge X, der
Zielbereich die Menge Y. Der *Wertebereich bzw. die Bildmenge* der Abbildung ist die

Menge aller derjenigen Elemente des Zielbereichs, die als Funktionswerte eines Elements des Wertebereichs auftreten, also die Menge $f(X) := \{f(x) \, ; \, x \in X\}$. ◆

Frage 286

Wann nennt man eine Abbildung **injektiv**, **surjektiv**, **bijektiv**? Geben Sie einfache Beispiele.

▶ **Antwort** Eine Abbildung $f : X \to Y$ heißt *injektiv*, wenn verschiedene Elemente aus X stets auf verschiedene Elemente aus Y abgebildet werden, wenn also aus $x_1 \neq x_2$ stets $f(x_1) \neq f(x_2)$ folgt. Beispielsweise ist die Abbildung $\mathbb{R} \to \mathbb{R}$, $x \mapsto \exp(x)$ injektiv, die Abbildung $\mathbb{R} \to [0, 1]$, $x \mapsto \sin x$ hingegen nicht.

Die Abbildung heißt *surjektiv*, wenn der Wertebereich gleich dem Zielbereich ist, wenn also für jedes $y \in Y$ ein $x \in X$ mit $f(x) = y$ existiert. So ist beispielsweise die Abbildung $\mathbb{R} \to [0, \infty[$, $x \mapsto x^2$ surjektiv, die Abbildung $\mathbb{R} \to \mathbb{R}$, $x \mapsto x^2$ hingegen nicht.

Die Abbildung heißt *bijektiv*, wenn sie injektiv und surjektiv ist. Einfache Beispiele bijektiver Abbildungen sind die linearen Funktionen $\mathbb{R} \to \mathbb{R}$, $x \mapsto ax$ mit $a \in \mathbb{R}$.

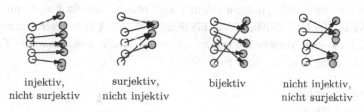

| injektiv, | surjektiv, | bijektiv | nicht injektiv, |
| nicht surjektiv | nicht injektiv | | nicht surjektiv |

Abb. 4.5 Veranschaulichung der Begriffe „surjektiv", „injektiv" und „bijektiv"

Die Abb. 4.5 illustriert die Begriffe am Beispiel einer Abbildung zwischen zwei endlichen Mengen. ◆

Frage 287

Sind $A \subset X$ und $B \subset Y$ Teilmengen und $f : X \to Y$ eine Abbildung. Was versteht man unter dem **Bild** von A unter f, was unter dem **Urbild** von B unter f?

▶ **Antwort** Unter dem Bild $f(A)$ von A unter f bzw. dem Urbild $f^{-1}(B)$ von B unter f versteht man die Mengen

$$f(A) := \{f(x) \in Y \, ; \, x \in A\} \subset Y$$
$$f^{-1}(B) := \{x \in X \, ; \, f(x) \in B\} \subset X,$$

vgl. auch Abb. 4.6. Man beachte, dass das Urbild $f^{-1}(B)$ einer Teilmenge $B \subset Y$ im Gegensatz zur Umkehr*abbildung* immer existiert. ◆

Abb. 4.6 Bilder $f(A)$, B
einer Abbildung und deren
Urbilder A und $f^{-1}(B)$

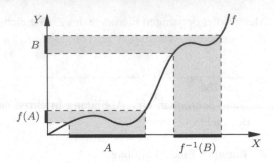

Frage 288

Wie ist die **Umkehrabbildung** einer bijektiven Abbildung $f: X \to Y$ definiert?

► **Antwort** Die *Umkehrabbildung* f^{-1} einer bijektiven Abbildung $f: X \to Y$ ist definiert durch

$$f^{-1}: Y \to X, \qquad f(x) \mapsto x. \qquad\qquad (*)$$

Dass diese Definition sinnvoll ist, wird durch die Bijektivität von f gewährleistet. Aus der Surjektivität von f folgt, dass zu jedem $y \in Y$ mindestens ein $x \in X$ mit $y = f(x)$ existiert, und aus der Injektivität, dass es höchstens ein $x \in X$ mit dieser Eigenschaft gibt. Also ist durch $(*)$ eine Vorschrift gegeben, die *jedem $y \in Y$ genau ein $x \in X$* zuordnet, also eine Abbildung $Y \to X$, siehe auch Abb. 4.7.   ◆

Abb. 4.7 Graph einer bijektiven Abbildung f und deren
Umkehrabbildung

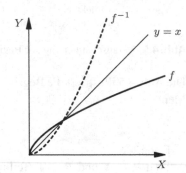

Frage 289

Was versteht man unter einer (höchstens) **abzählbaren** Menge?

► **Antwort** „Abzählbarkeit" ist ein Maß für die Mächtigkeit einer unendlichen Menge. Anschaulich steht hinter diesem Begriff die Vorstellung, die Elemente einer unendlichen Menge derart „durchzunummerieren" bzw. in einer Reihenfolge anzuordnen, dass man sinnvollerweise vom „ersten"Element, vom „zweiten", vom „dritten" usw. sprechen kann.

Existiert eine solche Anordnung, dann gelangt man beim Durchgang durch die unendliche Reihe zu jedem Element nach endlich vielen Schritten.

Präziser: Bei einer derartigen Anordnung handelt es sich darum, jedem Element der Menge *eineindeutig* eine natürliche Zahl zuzuordnen. Das führt auf die folgende Definition der Abzählbarkeit: *eine Menge M ist abzählbar genau dann, wenn eine bijektive Abbildung* $\mathbb{N} \to M$ *existiert*. Zum Beispiel ist die Menge A aller natürlichen Quadratzahlen abzählbar, und zwar vermöge der Abbildung

$$\mathbb{N} \to A, \qquad n \mapsto n^2.$$

Eine abzählbare Menge ist definitionsgemäß immer unendlich. *Höchstens* abzählbar ist sie dann, wenn sie endlich oder abzählbar ist. ◆

Frage 290

Warum ist für (höchstens) abzählbare Mengen auch das kartesische Produkt $X \times Y$ (höchstens) abzählbar?

▶ **Antwort** Sind X und Y abzählbar, dann lassen sich die Elemente aus $X \times Y$ wie in Abb. 4.8 in einer Tabelle eintragen. Die Paare (x_i, y_j) kann man nun durchnummerieren, indem man bei (x_1, y_1) beginnend den Pfeilen folgt. Man erkennt dann, dass man mit diesem „Diagonalverfahren" jedes Paar (x_i, y_j) nach endlich vielen Schritten erreicht. Das zeigt die Abzählbarkeit von $X \times Y$ im Fall abzählbarer Mengen X und Y.

Ist eine der beiden Mengen, etwa $Y = \{y_1, \ldots, y_n\}$ endlich, dann erhält man eine Abzählung durch

$$(x_1, y_1), \ldots, (x_1, y_n), (x_2, y_1), \ldots, (x_2, y_n), (x_3, y_1), \ldots$$

Der Fall, dass beide Mengen endlich sind, ist trivial, da in diesem Fall auch das kartesische Produkt endlich ist. ◆

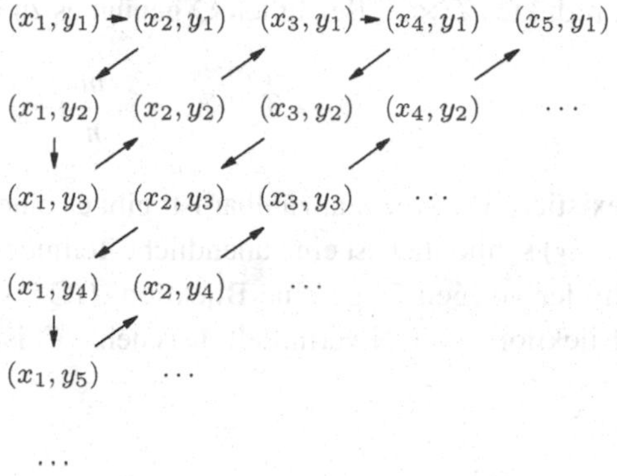

Abb. 4.8 Abzählstrategie des kartesischen Produkts abzählbarer Mengen

Frage 291

Begründen Sie, warum für höchstens abzählbare Mengen X_n, $n \in \mathbb{N}$ auch $X :=$ $\bigcup_{n=1}^{\infty} X_n$ (höchstens) abzählbar ist.

▶ **Antwort** Seien zunächst alle Mengen X_n unendlich. Nach Voraussetzung gibt es für jedes $n \in \mathbb{N}$ eine Bijektion $\mathbb{N} \to X_n$ mit $k \mapsto x_{n,k} \in X_n$. Das liefert eine Bijektion

$$\mathbb{N} \times \mathbb{N} \leftrightarrow \bigcup_{n=1}^{\infty} X_n; \qquad (i,j) \mapsto x_{i,j} \in X_i.$$

Da $\mathbb{N} \times \mathbb{N}$ nach Frage 290 abzählbar ist, gilt dies auch für $\bigcup_{n=1}^{\infty} X_n$.

Sind mehrere oder alle der Mengen X_n endlich, dann ist die durch $x_{n,k} \mapsto (n,k)$ definierte Abbildung $X \to \mathbb{N} \times \mathbb{N}$ injektiv, aber nicht mehr surjektiv. Aufgrund der Abzählbarkeit von $\mathbb{N} \times \mathbb{N}$ erhält man damit zunächst eine injektive Abbildung $X \to \mathbb{N}$. Deren Bild ist eine unendliche Teilmenge von $M \subset \mathbb{N}$ (da X unendlich ist), und eine solche lässt sich immer bijektiv auf $\mathbb{N}$ abbilden, indem man die Elemente von M gemäß der Ordnungsstruktur von $\mathbb{N}$ durchnummeriert. Die Bijektionen $X \leftrightarrow M$ und $M \leftrightarrow \mathbb{N}$ stiften dann eine Bijektion zwischen X und $\mathbb{N}$.   ◆

Frage 292

Warum sind $\mathbb{Z}$, $\mathbb{Z} \times \mathbb{Z}$ und $\mathbb{Q}$ abzählbar?

▶ **Antwort** Die Menge der ganzen Zahlen ist abzählbar, etwa durch

$$
\begin{array}{ccccccccc}
\mathbb{N} & 1 & 2 & 3 & 4 & 5 & 6 & 7 & \cdots \\
 & \downarrow & \downarrow & \downarrow & \downarrow & \downarrow & \downarrow & \downarrow \\
\mathbb{Z} & 0 & 1 & -1 & 2 & -2 & 3 & -3 & \cdots
\end{array}
$$

Zusammen mit der Antwort zu Frage 290 folgt daraus die Abzählbarkeit des kartesischen Produktes $\mathbb{Z} \times \mathbb{Z}$. Bezüglich $\mathbb{Q}$ genügt es zu bemerken, dass eine injektive Abbildung

$$\mathbb{Q} \to \mathbb{Z} \times \mathbb{Z}, \qquad \frac{m}{n} \mapsto (m,n), \qquad m \in \mathbb{Z}, n \in \mathbb{N}$$

existiert. Da $\mathbb{Z} \times \mathbb{Z}$ abzählbar ist, gibt es eine injektive Abbildung $f : \mathbb{Q} \to \mathbb{N}$. Das Bild $f(\mathbb{Q})$ schließlich ist eine unendliche Teilmenge von $\mathbb{N}$, also existiert nach der Bemerkung in der vorigen Frage eine Bijektion $f(\mathbb{Q}) \leftrightarrow \mathbb{N}$, die zusammen mit $\mathbb{Q} \leftrightarrow f(\mathbb{Q})$ eine Bijektion $\mathbb{Q} \leftrightarrow \mathbb{N}$ vermittelt. Das heißt, $\mathbb{Q}$ ist abzählbar.   ◆

Frage 293

Kennen Sie ein Beispiel einer überabzählbaren Menge?

▶ **Antwort** Beispiele überabzählbarer Mengen sind die echten reellen Intervalle $[a, b]$ oder $]a, b[$ mit $a < b$ (vgl. Frage 294). Aus deren Überabzählbarkeit folgt unmittelbar, dass auch die Mengen $\mathbb{R}$, $\mathbb{C}$ und $\mathbb{R}^n$ für $n \in \mathbb{N}$ überabzählbar sind.

Für eine unendliche abzählbare Menge M ist die Potenzmenge $\mathfrak{P}(M)$ ebenfalls überabzählbar (vgl. Frage 300). So ist beispielsweise die Menge aller Teilmengen der natürlichen Zahlen überabzählbar. ◆

Frage 294

Begründen Sie, warum das Intervall $[0, 1]$ überabzählbar ist.

▶ **Antwort** Für den Beweis stellen wir die reellen Zahlen aus dem Intervall $[0, 1]$ in ihrer 2-adischen Entwicklung dar (vgl. Frage 224). Jede reelle Zahl $x \in [0, 1]$ besitzt nach dem Satz über die g-al-Entwicklung eine eindeutige nicht abbrechende Darstellung $x = 0, r_1 r_2 r_3 \ldots$ mit $r_i \in \{0, 1\}$.

Angenommen, es gäbe eine Abzählung $x_1, x_2, x_3, \ldots$ des Intervalls $[0, 1]$. Wir schreiben die Zahlen in ihrer 2-adischen Entwicklung untereinander

$$
\begin{aligned}
x_1 &= 0, r_{11} r_{12} r_{13} r_{14} \ldots \\
x_2 &= 0, r_{21} r_{22} r_{23} r_{24} \ldots \\
x_3 &= 0, r_{31} r_{32} r_{33} r_{34} \ldots \\
\cdots &= \cdots
\end{aligned} \qquad (*)
$$

und betrachten die durch „Diagonalisierung" dieser Tabelle erhaltene reelle Zahl $x :=
0, r_{11} r_{22} r_{33} \ldots \in [0, 1]$. In deren 2-adischer Entwicklung vertauschen wir jedes Vorkommen der Ziffer 0 durch die Ziffer 1 und jedes Vorkommen der Ziffer 1 durch die Ziffer 0. Die auf diese Weise konstruierte reelle Zahl $\widetilde{x} \in [0, 1]$ kommt in der Abzählung $(*)$ aber nicht vor, denn sie unterscheidet sich von x_1 in der ersten Dualstelle, von x_2 in der zweiten, von x_3 in der dritten usw. Es folgt, dass die hypothetische Abzählung $x_1, x_2, x_3 \ldots$ nicht alle Zahlen des Intervalls $[0, 1]$ erfassen kann. Das Intervall $[0, 1]$ kann damit nicht abzählbar sein.

Der hier vorgeführte Beweisprinzip ist als „Zweites Cantor'sches Diagonalverfahren" bekannt. Eine Variante davon wird in Frage 300 vorgeführt. ◆

Frage 295

Warum ist jedes kompakte Intervall $[a, b] \subset \mathbb{R}$, jedes halboffene Intervall $[a, b[\subset \mathbb{R}$ und jedes offene Intervall $]a, b[\subset \mathbb{R}$ $(a < b)$ überabzählbar? Warum ist $\mathbb{R}$ überabzählbar?

▶ **Antwort** Jedes kompakte Intervall $[a, b] \subset \mathbb{R}$ lässt sich durch

$$[a, b] \to [0, 1], \qquad x \mapsto \frac{x - a}{b - a}$$

bijektiv auf das Intervall $[0, 1]$ abbilden. Würde eine Bijektion $[a, b] \to \mathbb{N}$ existieren, dann gäbe es damit auch eine Bijektion $[0, 1] \to \mathbb{N}$, im Widerspruch zur Überabzählbarkeit von $[0, 1]$.

Weiter lässt sich jedes halboffene oder offene Intervall M durch eine lineare Skalierung und Translation bijektiv auf ein halboffenes bzw. offenes Intervall M' abbilden, für das $[0, 1] \subset M'$ gilt. Gäbe es eine injektive Abbildung $M \to \mathbb{N}$, dann gäbe es damit auch eine von $[0, 1]$ nach $\mathbb{N}$, im Widerspruch zur Überabzählbarkeit von $[0, 1]$.

Die Überabzählbarkeit von $\mathbb{R}$ folgt ebenfalls unmittelbar aus derjenigen des Intervalls $[0, 1]$. Da es keine surjektive Abbildung $\mathbb{N} \to [0, 1]$ gibt, kann es wegen $[0, 1] \subset \mathbb{R}$ erst recht keine surjektive Abbildung von $\mathbb{N}$ nach $\mathbb{R}$ geben.   ◆

Frage 296

Wann heißt eine reelle oder komplexe Zahl **algebraisch**, wann heißt sie **transzendent**?

▶ **Antwort** Die algebraischen Zahlen sind definiert als diejenigen komplexen Zahlen, die Lösung einer polynomialen Gleichung mit rationalen Koeffizienten

$$a_n x^n + a_{n-1} x^{n-1} + \cdots + a_1 x + a_0 = 0, \quad a_i \in \mathbb{Q}$$

sind. *Transzendent* heißt eine komplexe Zahl dann, wenn sie nicht algebraisch ist.

Die algebraischen Zahlen bilden eine echte Obermenge von $\mathbb{Q}$, denn jedes $r \in \mathbb{Q}$ ist Lösung der Gleichung $x - r = 0$, aber nicht jede algebraische Zahl ist rational.   ◆

Frage 297

Ist $\sqrt{2} + \sqrt{3}$ eine algebraische Zahl?

▶ **Antwort** In der Algebra zeigt man, dass die algebraischen Zahlen einen Körper bilden (s. z. B. [25]). Aus diesem allgemeinen Zusammenhang folgt, dass $\sqrt{2} + \sqrt{3}$ algebraisch ist, da dies offensichtlich auf $\sqrt{2}$ und auf $\sqrt{3}$ zutrifft.

Man kann auch einfach so schließen: $\sqrt{2} + \sqrt{3}$ ist Nullstelle des Polynoms $X^4 - 10X^2 + 1 \in \mathbb{Z}[X]$, wie man durch zweimaliges Quadrieren feststellt, und damit algebraisch.   ◆

Frage 298

Kennen Sie (ohne Beweis) Beispiele für transzendente Zahlen?

▶ **Antwort** Die prominentesten transzendenten Zahlen sind die Kreiszahl π und die Euler'sche Zahl e. Die Transzendenz von e wurde im Jahr 1873 von Hermite bewiesen, diejenige von π im Jahr 1882 von Lindemann. Lindemanns Beweis beantwortete damit auch die klassische Frage der griechischen Mathematik nach der Möglichkeit einer „Quadratur des Kreises" (also die Aufgabe, zu einem gegebenen Kreis nur mithilfe von Zirkel und Lineal ein flächengleiches Quadrat zu konstruieren), und zwar im negativen Sinne.

◆

Frage 299

Wie kann man die Existenz transzendenter Zahlen einfach beweisen (ohne eine zu kennen)?

▶ **Antwort** Die Existenz transzendenter Zahlen lässt sich durch ein Abzählbarkeitsargument beweisen, bei dem man die Abzählbarkeit der Menge aller *algebraischen* Zahlen zeigt. Da $\mathbb{C}$ überabzählbar und die Vereinigung der algebraischen und transzendenten Zahlen ist, folgt daraus, dass die Menge der transzendenten Zahlen ebenfalls überabzählbar (und damit erst recht nicht leer) sein muss.

Zum Beweis der Abzählbarkeit der algebraischen Zahlen genügt es natürlich, die Abzählbarkeit aller *ganzzahligen* Polynome zu zeigen. Dazu definiere man die „Höhe" $h(p)$ eines ganzzahligen Polynoms durch $h(p) := |a_n| + |a_{n-1}| + \cdots + |a_1| + |a_0|$. Für jede natürliche Zahl N gibt es nur endliche viele Polynome mit einer kleineren Höhe als N. Wegen $\mathbb{Z}[X] = \bigcup_{n=1}^{\infty} \{p \in \mathbb{Z}[X] \; ; \; h(p) < N\}$ ist die Menge der ganzzahligen Polynome somit die Vereinigung abzählbar vieler endlicher Mengen und damit nach Frage 291 ebenfalls abzählbar.

◆

Frage 300

Warum kann es für eine beliebige nichtleere Menge X keine Bijektion von X auf ihre Potenzmenge $\mathfrak{P}(X)$ geben?

▶ **Antwort** Für *endliche* Mengen X mit m Elementen kann es wegen $|\mathfrak{P}(X)| = 2^m > m$ keine solche Bijektion geben.

Sei also X unendlich. Angenommen, es existiert eine Bijektion $X \to \mathfrak{P}(X)$, die jedes Element $x \in X$ auf eine Teilmenge $M_x \in \mathfrak{P}(X)$ abbildet. Für jede Teilmenge M_x gibt es nun genau zwei Möglichkeiten: entweder $x \in M_x$ oder $x \notin M_x$. Man betrachte die Menge $M \subset X$, die durch

$$x \in M \Longleftrightarrow x \notin M_x$$

definiert ist. Die Menge M ist dann mit keiner der Teilmengen M_x identisch, denn jedes $x \in X$ liegt *entweder* in M *oder* in M_x, aber nicht in beiden. Damit existiert auch kein $x \in X$, das in der angenommenen Bijektion auf M abgebildet wird. Die Abbildung $X \to \mathfrak{P}(X)$ ist also im Widerspruch zur Annahme nicht surjektiv.   ◆

4.2 Stetigkeit

Sind (X, d_X) und (Y, d_Y) metrische Räume und ist $f : X \to Y$ eine Abbildung. Wann heißt f im Punkt (an der Stelle) $a \in X$ **stetig**? Wann heißt f (schlechthin) stetig?

▶ **Antwort** Die Idee, die dem Stetigkeitsbegriff zugrunde liegt, ist die, dass eine „kleine" Änderung des Arguments an einer Stelle auch nur eine entsprechend „kleine" Änderung des Funktionswerts in einer Umgebung dieser Stelle zur Folge hat. Und mehr noch: Die Änderung des Funktionswerts kann *beliebig klein* gehalten werden, solange die Veränderung des Argumentes innerhalb bestimmter Grenzen bleibt.

Dies führt auf die folgende Definition der Stetigkeit in einem Punkt:

Eine Funktion $f : X \to Y$ heißt stetig im Punkt $a \in X$, wenn zu jedem $\varepsilon > 0$ ein $\delta(\varepsilon) := \delta > 0$ existiert, so dass für alle $x \in X$ gilt:

$$d_X(x, a) < \delta \Longrightarrow d_Y\big(f(x), f(a)\big) < \varepsilon.$$

Äquivalent dazu ist die Formulierung:

Eine Funktion f ist stetig im Punkt a, wenn zu jeder ε-Umgebung von $f(a)$ eine δ-Umgebung von a existiert, sodass gilt:

$$f(U_\delta(a)) \subset U_\varepsilon\big(f(a)\big).$$

Die $\varepsilon\delta$-Eigenschaft kennzeichnet die Stetigkeit einer Funktion in *einem* Punkt ihres Definitionsbereichs. Der Begriff wird insofern also als eine lokale Eigenschaft einer Funktion eingeführt. Stetigkeit *schlechthin* ist dagegen eine globale Eigenschaft einer Funktion. Eine Funktion heißt (schlechthin) stetig, wenn sie in jedem Punkt ihres Definitionsbereichs stetig ist.   ◆

Wie kann man sich die $\varepsilon\delta$-Definition der Stetigkeit für Funktionen $f : X \to Y$ veranschaulichen, wenn $X \subset \mathbb{R}$ und $Y \subset \mathbb{R}$ bzw. $X \subset \mathbb{R}^2$ und $Y \subset \mathbb{R}^2$ gilt?

▶ Die Abb. 4.9 veranschaulicht die Stetigkeit im Punkt a für eine Abbildung, bei der Definitions- und Zielbereich reelle Intervalle sind. Der Graph der Funktion verläuft im Intervall $]a - \delta, a + \delta[$ innerhalb des ε-Streifens um $f(a)$. Bei der Funktion in Abb. 4.10 sind Definitions- und Zielbereich Teilmengen des $\mathbb{R}^2$. Die Abbildung illustriert hier auf eine andere Weise die Stetigkeitseigenschaft $f\big(U_\delta(a)\big) \subset U_\varepsilon\big(f(a)\big)$ von f im Punkt a.   ◆

Abb. 4.9 Stetigkeit einer Funktion $f : \mathbb{R} \to \mathbb{R}$

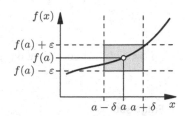

Abb. 4.10 Stetigkeit einer Funktion $f : \mathbb{R}^2 \to \mathbb{R}^2$

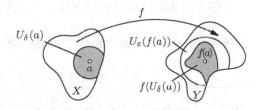

Frage 303

Sind (X, d_X) und (Y, d_Y) metrische Räume. Wann heißt eine Abbildung $f : X \to Y$ **Lipschitz-stetig**?

▶ **Antwort** Eine Funktion $f : X \to Y$ heißt *Lipschitz-stetig*, wenn eine Konstante $L \in \mathbb{R}_+$ existiert, sodass für alle $a, b \in X$ die Ungleichung

$$d_Y\big(f(a), f(b)\big) \leq L \cdot d_X(a, b) \qquad (*)$$

gilt. Anschaulich bedeutet dies, dass die Verzerrung des Abstands zweier Punkte $a, b \in X$ unter der Abbildung beschränkt bleibt, was bei einer Abbildung $X \to Y$ mit $X \subset \mathbb{R}$ und $Y \subset \mathbb{R}$ darauf hinausläuft, dass die Steigung des Graphen beschränkt bleibt.   ◆

Frage 304

Ist die Funktion $\mathbb{R} \to \mathbb{R}_+$ mit $x \mapsto x^2$ Lipschitz-stetig?

▶ **Antwort** Die Funktion ist nicht Lipschitz-stetig. Für jede Konstante $L \in \mathbb{R}$ ist nämlich $\left|a^2 - b^2\right| = \left|(a + b)(a - b)\right| > L \cdot |a - b|$, sofern nur $|a + b| > L$ gilt.   ◆

Frage 305

Warum ist eine Lipschitz-stetige Abbildung stetig?

▶ **Antwort** Die normale Stetigkeit einer Lipschitz-stetigen Funktion ist eine unmittelbare Konsequenz aus der Ungleichung (∗). Aus $|a - b| < \varepsilon/L + 1$ (wir wählen $L + 1$ statt L, denn L könnte Null sein) folgt für Lipschitz-stetiges f nämlich

$$|f(a) - f(b)| < \varepsilon.$$

Mit $\delta := \varepsilon/L + 1$ entspricht das genau der $\varepsilon\delta$-Definition der Stetigkeit.   ◆

Frage 306

Sei $(X, \| \ \|)$ ein normierter $\mathbb{K}$-Vektorraum ($\mathbb{K} = \mathbb{R}$ oder $\mathbb{K} = \mathbb{C}$). Warum ist die durch $x \mapsto \|x\|$ definierte *Normabbildung* $N \colon X \to \mathbb{R}$ Lipschitz-stetig?

▶ **Antwort** Es muss gezeigt werden, dass eine Konstante $L \in \mathbb{R}_+$ existiert mit

$$\big| \|a\| - \|b\| \big| \leq L \cdot \|a - b\| \quad \text{für alle } a, b \in X.$$

Für $L = 1$ ist diese Ungleichung aber gerade die Dreiecksungleichung für Abschätzungen nach unten (vgl. Frage 17), die in jedem normierten Raum gilt.   ◆

Frage 307

Sei (X, d) ein metrischer Raum, $x_0 \in X$ ein fester Punkt. Warum ist die Abbildung $d \colon X \times X \to \mathbb{R}$ mit $x \mapsto d(x, x_0)$ Lipschitz-stetig?

▶ **Antwort** Wegen der Dreiecksungleichung gilt für alle $x, y \in X$:

$$d(x, x_0) \leq d(x, y) + d(y, x_0), \qquad d(y, x_0) \leq d(x, y) + d(x, x_0).$$

Die beiden Ungleichungen implizieren zusammen

$$\big| d(x, x_0) - d(y, x_0) \big| \leq d(x, y) \quad \text{für alle } x, y \in X.$$

Mit $L = 1$ entspricht das der Definition der Lipschitz-Stetigkeit.   ◆

Frage 308

Was versteht man unter einer **kontrahierenden Selbstabbildung** eines metrischen Raumes? Warum ist eine solche Abbildung immer Lipschitz-stetig?

▶ **Antwort** Sei (X, d) ein metrischer Raum. Eine *kontrahierende Selbstabbildung* oder *Kontraktion* ist eine Abbildung $f : X \to X$, für die ein $\lambda < 1$ existiert, sodass gilt:

$$d\big(f(x), f(y)\big) \leq \lambda \cdot d(x, y) \quad \text{für alle } x, y \in X.$$

Die Lipschitz-Stetigkeit einer kontrahierenden Selbstabbildung ergibt sich unmittelbar aus der Definition, indem man $L = \lambda$ wählt. ◆

Frage 309

Wann heißt eine Abbildung $f : X \to Y$ **folgenstetig** in $a \in X$?

▶ **Antwort** Eine Funktion $f : X \to Y$ heißt *folgenstetig im Punkt* $a \in X$ genau dann, wenn für *jede Folge* $(x_n) \subset X$ gilt:

$$\lim_{n \to \infty} x_n = a \implies \lim_{n \to \infty} f(x_n) = f(a),$$

vgl. Abb. 4.11.

Abb. 4.11 Die Funktion f ist folgenstetig: Konvergiert die Folge (a_n) gegen a, so konvergiert die Folge der Funktionswerte $\big(f(a_n)\big)$ gegen $f(a)$

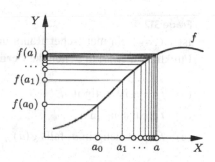

Frage 310 behandelt die Beziehung dieses Stetigkeitsbegriffs mit der $\varepsilon\delta$-Stetigkeit. ◆

Frage 310

(**Äquivalenzsatz für Stetigkeit**) Sind (X, d_X) und (Y, d_Y) metrische Räume und $f : X \to Y$ eine Abbildung. Warum sind die Folgenstetigkeit von f und die $\varepsilon\delta$-Stetigkeit von f äquivalent?

▶ **Antwort** Sei zunächst $f : X \to Y$ stetig im Sinne der $\varepsilon\delta$-Definition, ein $\varepsilon > 0$ sei beliebig gegeben, und $(x_n) \subset X$ sei eine Folge, die gegen $a \in X$ konvergiert. Für jedes $\delta > 0$ liegen dann ab einem bestimmten Index N alle Folgenglieder in $U_\delta(a)$, und daraus folgt – da f die $\varepsilon\delta$-Eigenschaft besitzt – $f(x_n) \in U_\varepsilon\big(f(a)\big)$. Das aber bedeutet $\lim f(x_n) = f(a)$.

Sei f nun umgekehrt folgenstetig in $a \in X$. Angenommen, f besäße nicht die $\varepsilon\delta$-Eigenschaft. Dann gäbe es ein $\varepsilon > 0$, sodass für alle $n \in \mathbb{N}$ gilt:

$$f\big(U_{1/n}(a)\big) \not\subset U_\varepsilon\big(f(a)\big).$$

Das heißt, es gibt zu jedem $n \in \mathbb{N}$ mindestens ein „Ausnahmeelement" $x_n \in U_{1/n}$ mit $f(x_n) \notin U_\varepsilon\big(f(a)\big)$. Die Folge $(x_n) \subset X$ konvergiert dann gegen a, die Folge $f(x_n) \subset Y$ der Funktionswerte aber nicht gegen $f(a)$, im Widerspruch zur Voraussetzung. ◆

Frage 311

Was bedeutet die Aussage „Die Zusammensetzung stetiger Funktionen ist stetig"?

▶ **Antwort** Seien $f : X \to Y$ und $g : D \to Z$ zwei stetige Abbildungen mit $f(X) \subset D$. Die Aussage bedeutet, dass unter diesen Voraussetzungen auch die zusammengesetzte Abbildung $g \circ f : X \to Z$ stetig ist.

Das sieht man z. B. mithilfe des Folgenkriteriums. ◆

Frage 312

Ist (X, d_X) ein metrischer Raum und sind $f, g : X \to \mathbb{R}$ im Punkt $a \in X$ stetige Funktionen. Warum gelten die **Permanenzeigenschaften**

(a) $f \pm g$ ist stetig in a,

(b) fg ist stetig in a,

(c) f/g ist stetig in a, falls $g(a) \neq 0$ ist?

▶ **Antwort** Unter Zuhilfenahme des Folgenkriteriums ergeben sich die Aussagen als direkte Konsequenzen der Permanenzeigenschaften für reelle Zahlenfolgen (vgl. Frage 159). Sei (x_n) eine gegen a konvergente Folge aus X. Aufgrund der Stetigkeit von f und g folgt $\lim f(x_n) = f(a)$ und $\lim g(x_n) = g(a)$, und mit den Permanenzeigenschaften für reelle Zahlenfolgen folgert man daraus

(a) $\displaystyle \lim_{n\to\infty} \big(f(x_n) + g(x_n)\big) = f(a) + g(a)$,

(b) $\displaystyle \lim_{n\to\infty} \big(f(x_n)g(x_n)\big) = f(a)g(a)$

(c) $\displaystyle \lim_{n\to\infty} \frac{f(x_n)}{g(x_n)} = \frac{f(a)}{g(a)}$,   falls $g(a) \neq 0$.

Gemäß dem Folgenkriterium ergibt sich daraus die Stetigkeit der Funktionen $f \pm g$ und fg im Punkt a sowie die Stetigkeit von f/g in a, falls $g(a) \neq 0$ ist. ◆

Frage 313

Warum ist jedes reelle oder komplexe Polynom in ganz $\mathbb{R}$ bzw. ganz $\mathbb{C}$ stetig? Warum ist jede **rationale Funktion** P/Q (P, Q Polynome, Q nicht das Nullpolynom) in ihrem jeweiligen Definitionsbereich stetig?

▶ **Antwort** Es genügt zu bemerken, dass die identische Abbildung $\mathbb{K} \to \mathbb{K}$, $z \mapsto z$ mit $\mathbb{K} = \mathbb{R}$ oder $\mathbb{K} = \mathbb{C}$ und die konstanten Abbildungen $\mathbb{K} \to \mathbb{K}$, $z \mapsto a$ mit $a \in \mathbb{K}$ offensichtlich stetig (die erste mit jedem δ, die zweite mit $\delta = \varepsilon$) sind. Die Stetigkeit der Polynome und rationalen Funktionen ergibt sich hieraus durch wiederholte Anwendungen der Permanenzeigenschaften stetiger Funktionen aus Frage 312. ◆

Frage 314

Was besagt der **Nullstellensatz von Bolzano** für eine stetige reellwertige Funktion f auf einem echten Intervall $I \subset \mathbb{R}$?

▶ **Antwort** Der Nullstellensatz von Bolzano lautet:

Ist die Funktion $f : X \to \mathbb{R}$ mit $X \subset \mathbb{R}$ auf dem Intervall $[a, b] \subset X$ stetig und haben $f(a)$ und $f(b)$ unterschiedliche Vorzeichen ($f(a) < 0$ und $f(b) > 0$ oder $f(a) > 0$ und $f(b) < 0$), so besitzt die Funktion mindestens eine Nullstelle in (a, b).

Der Satz beschreibt die anschauliche Tatsache, dass ein zusammenhängender Funktionsgraph, der Punkte über- und unterhalb der x-Achse durchläuft, diese in mindestens einem Punkt schneiden muss, s. Abb. 4.12

Abb. 4.12 Zum Nullstellensatz von Bolzano

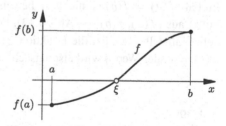

Wie immer bei solchen Aussagen, die derart eng mit unserem intuitiven Verständnis von „Kontinuität" zusammenhängen, muss man zum Beweis auf die axiomatische Beschreibung (in diesem Fall die Supremumseigenschaft) der reellen Zahlen zurückgreifen. Dazu nehme man oBdA $f(a) < 0$ und $f(b) > 0$ an und betrachte die Menge

$$A := \{x \in [a, b] ; \quad f(x) \le 0\}.$$

Diese ist nicht leer und nach oben beschränkt, besitzt somit ein Supremum ξ. Wir wollen zeigen, dass ξ eine Nullstelle von f ist. Dazu wähle man eine Folge $(x_n) \subset A$, die gegen

ξ konvergiert. Wegen der Stetigkeit von f folgt $\lim f(x_n) = f(\xi)$. Für alle $n \in \mathbb{N}$ ist $f(x_n) \leq 0$, und daher ist auch $f(\xi) \leq 0$ (vgl. Frage 157). Es bleibt also nur noch zu zeigen, dass $f(\xi)$ nicht < 0 sein kann.

Wäre $f(\xi) < 0$, etwa $f(\xi) = -\varepsilon$ mit $\varepsilon > 0$, dann gäbe es wegen der Stetigkeit von f in ξ ein $\delta > 0$, sodass $|f(\xi + \delta) - f(\xi)| < \varepsilon/2$ ist. $f(\xi + \delta)$ wäre dann ebenfalls negativ, woraus $(\xi + \delta) \in A$ folgen würde, im Widerspruch zu $\xi = \sup A$. ◆

Frage 315

Was besagt der **Zwischenwertsatz** für stetige Funktionen? Welcher Zusammenhang besteht mit dem Nullstellensatz?

▶ **Antwort** Der Satz lautet:

Ist die Funktion $f : X \to \mathbb{R}$ mit $X \subset \mathbb{R}$ stetig auf dem Intervall $[a, b] \subset X$, so nimmt f jeden Wert zwischen $f(a)$ und $f(b)$ an.

Abb. 4.13 Eine stetige reellwertige Funktion auf dem Intervall $[a, b]$ nimmt jeden Wert η zwischen $f(a)$ und $f(b)$ an

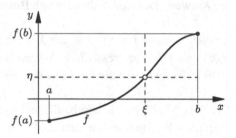

Im Fall $f(a) = f(b)$ ist nichts zu beweisen. Sei daher $f(a) < f(b)$ und η ein beliebiger Punkt aus $]f(a), f(b)[$ (s. Abb. 4.13). Dann ist $f(a) - \eta < 0$ und $f(b) - \eta > 0$. Nach dem Nullstellensatz hat die Funktion $f(x) - \eta$ eine Nullstelle ξ in $[a, b]$. Für diese gilt $f(\xi) = \eta$, der Wert η wird also tatsächlich mindestens einmal angenommen. ◆

Frage 316

Warum ist der Zwischenwertsatz äquivalent zur Aussage: „Das Bild eines Intervalls unter einer stetigen reellwertigen Funktion ist wieder ein Intervall?"

▶ **Antwort** In den Fällen, in denen der Bild- bzw. Definitionsbereich aus nur einem einzigen Punkt besteht, ist nichts zu zeigen. Im Folgenden sei daher stets von *echten* Intervallen die Rede.

Sei $f : X \to \mathbb{R}$ mit $X \subset \mathbb{R}$ eine stetige Funktion und $[a, b] \subset X$ ein beliebiges kompaktes Intervall. Ist dann $M := f([a, b])$ ebenfalls ein Intervall, so enthält M mit $f(a)$ und $f(b)$ auch jeden Punkt dazwischen. Da dies für alle Punkte $a, b \in X$ mit $a < b$ gilt, hat f die Zwischenwerteigenschaft.

Die Funktion f besitze nun umgekehrt die Zwischenwerteigenschaft und $I \subset X$ sei ein Intervall. Angenommen, die Bildmenge $M = f(I)$ ist kein Intervall, dann gibt es Punkte $x, y \in I$ mit $f(x) < f(y)$ und ein $\eta \in \mathbb{R}$ zwischen $f(x)$ und $f(y)$, das nicht in der Bildmenge M enthalten ist. Das steht im Widerspruch zu der Annahme, dass die Funktion f die Zwischenwerteigenschaft besitzt. $\blacklozenge$

Frage 317

Warum hat jede stetige Abbildung $f : [a, b] \to \mathbb{R}$ mit $f([a, b]) \subset [a, b]$ mindestens einen Fixpunkt (d. h. einen Punkt $\xi \in [a, b]$ mit $f(\xi) = \xi$)?

▶ **Antwort** Diesen einfachen Fixpunktsatz erhält man, wenn man den Nullstellensatz auf die Funktion $\varphi(x) := f(x) - x$ anwendet. Es ist $\varphi(b) \leq 0$ und $\varphi(a) \geq 0$, und damit gibt es laut Nullstellensatz ein ξ aus $[a, b]$ mit $\varphi(\xi) = 0$. Daraus folgt $f(\xi) = \xi$, und die Zahl ξ ist dann bereits der gesuchte Fixpunkt von f. $\blacklozenge$

Frage 318

Wann heißt ein metrischer Raum **folgenkompakt**?

▶ **Antwort** Ein metrischer Raum (X, d) heißt *folgenkompakt*, wenn jede in X verlaufende Folge (x_n) eine Teilfolge besitzt, die gegen ein Element $x \subset X$ konvergiert. $\blacklozenge$

Frage 319

Ist (X, d_X) ein folgenkompakter metrischer Raum und ist $f : X \to Y$ eine surjektive stetige Abbildung, dann ist auch Y folgenkompakt. Können Sie diese Aussage begründen?

▶ **Antwort** Sei $(y_n) \subset Y$ eine beliebige Folge aus Y. Es muss gezeigt werden, dass es unter den gegebenen Voraussetzungen eine Teilfolge von (y_n) gibt, die gegen einen Grenzwert aus Y konvergiert.

Da die Abbildung $f : X \to Y$ surjektiv ist, existiert zu jedem Glied $y_n \in Y$ ein Urbild $x_n \in X$ (im Allgemeinen existieren mehrere, in welchem Fall man ein bestimmtes auswählen kann). Wegen der Folgenkompaktheit von X gibt es eine Teilfolge (x_{n_k}) von (x_n), die gegen ein $x \in X$ konvergiert. Die Folge $(f(x_{n_k}))$ ist dann nach Konstruktion eine Teilfolge von (y_n), die aufgrund der Stetigkeit von f gegen den Wert $f(x) \in Y$ konvergiert. Damit ist die Behauptung bewiesen. $\blacklozenge$

Frage 320

(**Existenz von Minimum und Maximum**) Ist X ein folgenkompakter metrischer Raum und $f : X \to \mathbb{R}$ stetig. Warum gibt es dann Punkte $x_* \in X$ und $x^* \in X$ mit $f(x_*) \leq f(x) \leq f(x^*)$ für alle $x \in X$?

▶ **Antwort** Aus der Antwort zu Frage 319 folgt, dass das Bild $f(X) \subset \mathbb{R}$ folgen-kompakt ist. Eine folgenkompakte Teilmenge von $\mathbb{R}$ muss aber beschränkt sein (denn andernfalls ließe sich leicht eine Folge bestimmen, die keine konvergente Teilfolge besitzt). $f(X)$ besitzt somit ein Supremum s und ein Infimum t. Wiederum aufgrund der Folgenkompaktheit von $f(X)$ muss $s \in f(X)$ und $t \in f(X)$ gelten, da sonst die Folgen $\left(s - \frac{1}{n}\right)$ bzw. $\left(t + \frac{1}{n}\right)$ keine gegen ein Element aus $f(X)$ konvergente Teilfolge besitzen würden.

Das Bild von X unter f besitzt somit ein Maximum s und ein Minimum t. Die Urbilder $x^* \in X$ von s und $x_* \in X$ von t besitzen dann die gesuchte Eigenschaft.   ◆

Frage 321

Ist $D \subset \mathbb{R}$ ein **echtes Intervall** und $f : D \to \mathbb{R}$ streng monoton wachsend. Warum existiert dann die Umkehrfunktion $g : f(D) \to D \subset \mathbb{R}$ und warum ist diese streng monoton wachsend und automatisch stetig? (Beachten Sie, dass nicht vorausgesetzt wurde, dass f selbst stetig ist.)

▶ **Antwort** Wegen der strengen Monotonie der Funktion f ist diese injektiv und bildet D somit bijektiv auf $f(D)$ ab. Daraus folgt mit Frage 288 die Existenz der Umkehrabbildung $g : f(D) \to D$. Aus dem streng monotonen Wachstum von f ($a < b \Longrightarrow f(a) < f(b)$) und $g \cdot f = \mathrm{id}$ folgt zusammen

$$f(a) < f(b) \Longrightarrow g\big(f(a)\big) < g\big(f(b)\big).$$

Also ist g streng monoton wachsend.

Schließlich muss noch die Stetigkeit von g gezeigt werden. Sei dazu ξ zunächst ein innerer Punkt aus D und sei $\eta := f(\xi)$. Für alle hinreichend kleinen $\varepsilon > 0$ liegen dann die Punkte $\xi - \varepsilon$ und $\xi + \varepsilon$ auch noch in D, und wegen des streng monotonen Wachstums von f gilt $f(\xi - \varepsilon) < \eta < f(\xi + \varepsilon)$. Also gibt es ein $\delta > 0$ mit

$$f(\xi - \varepsilon) < \eta - \delta < \eta + \delta < f(\xi + \varepsilon).$$

Für alle $y \in]\eta - \delta, \eta + \delta[$ liegt dann wegen des streng monotonen Wachstums von g der Wert $g(y)$ innerhalb des Intervalls $]\xi - \varepsilon, \xi + \varepsilon[$. Das heißt, die Funktion g ist stetig an der Stelle $\eta = f(\xi)$.

Ist ξ ein linker Randpunkt von D, dann betrachte man zu hinreichend kleinem $\varepsilon > 0$ das in D liegende Intervall $[\xi, \xi + \varepsilon[$. Wie oben folgt daraus die Existenz eines $\delta > 0$ mit

$$f(\xi) = \eta < \eta + \delta \leq f(\xi + \varepsilon).$$

An dieser Stelle ist jetzt nur noch zu bemerken, dass wegen des streng monotonen Wachstums von f der Punkt $\eta = f(\xi)$ gleich dem Minimum von $f(D)$ ist. Aus $y \in f(D)$

und $|y - \eta| < \delta$ folgt also bereits $y \in [\eta, \eta + \delta[$, und somit gilt $g(y) \in [\xi, \xi + \varepsilon[$, also $|g(y) - g(\eta)| \leq \varepsilon$. Das entspricht der $\varepsilon\delta$-Definition der Stetigkeit von g im Punkt η. Für einen rechten Randpunkt ξ von D ist der Nachweis der Stetigkeit von g im Punkt $f(\xi)$ nach genau demselben Muster zu führen. ♦

Frage 322

Kennen Sie ein einfaches Beispiel einer Funktion $f : [0, 1] \to \mathbb{R}$, die jeden Wert zwischen $f(0)$ und $f(1)$ annimmt, die aber nur an einer Stelle $a \in [0, 1]$ stetig ist?

▶ **Antwort** Ein Beispiel wäre die Funktion $f : [0, 1] \to \mathbb{R}$ mit

$$f \mapsto \begin{cases} x & \text{für } x \in [0, 1] \cap \mathbb{Q}, \\ 1 - x & \text{für } x \in [0, 1] \cap \mathbb{R} \setminus \mathbb{Q}. \end{cases}$$

Die Funktion nimmt jeden Wert zwischen $f(0) = 0$ und $f(1) = 1$ an, s. Abb. 4.14. Da $\mathbb{R}$ dicht in $\mathbb{Q}$ und $\mathbb{Q}$ dicht in $\mathbb{R}$ ist, gibt es zu jeder δ-Umgebung eines Punktes $x \in [0, 1]$ einen Punkt y mit $|f(x) - f(y)| \geq |x - (1 - x)| = |2x - 1|$. Für $x \in [0, 1]$ und $x \neq \frac{1}{2}$ ist dieser Wert größer als ein positives ε. Die Funktion kann also nicht stetig sein. ♦

Abb. 4.14 Die Funktion f nimmt jeden Wert in $[0, 1]$ an, ist aber nur in einem Punkt stetig

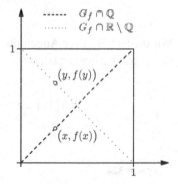

Frage 323

Warum ist eine injektive stetige Funktion auf einem echten Intervall stets streng monoton? Warum wird die Aussage falsch, wenn f nicht stetig oder der Definitionsbereich von f kein Intervall ist?

▶ **Antwort** Seien a, b mit $b > a$ zwei beliebige Punkte des Definitionsintervalls. Wegen der Injektivität von f ist $f(a) \neq f(b)$, etwa $f(a) < f(b)$. Für einen weiteren Punkt $c \in D(f)$ mit $a < c < b$ folgt dann $f(a) < f(c) < f(b)$, denn aus $f(c) < f(a)$ würde mit dem Zwischenwertsatz folgen, dass der Wert $f(a)$ an einer Stelle $\xi \in]c, b[$ nochmals angenommen werden würde, sodass also $f(a) = f(\xi)$ und $a \neq \xi$ gelten würde, im

Widerspruch zur Injektivität der Funktion. Ebenso würde aus der Annahme $f(c) > f(b)$ folgen, dass der Wert $f(b)$ schon im Intervall $]a, c[$ einmal angenommen wird, ebenfalls im Widerspruch zur Injektivität. Hieraus folgt das streng monotone Wachstum von f.

Dass derselbe Zusammenhang für eine nichtstetige Funktion nicht zu gelten braucht, zeigt das Beispiel der Funktion

$$f: [0, 1] \to [0, 1], \qquad f \mapsto \begin{cases} x & \text{für } x < \frac{1}{2} \\ -x + 1 & \text{für } x \geq \frac{1}{2}. \end{cases}$$

Diese im Punkt $\frac{1}{2}$ unstetige Funktion ist injektiv auf $[0, 1]$, aber nicht streng monoton.

Um die Notwendigkeit der Voraussetzung, dass D ein echtes Intervall ist, einzusehen, mache man sich klar, dass eine Funktion von der Art, deren Graph in Abb. 4.15 gezeigt wird, die Definition der Stetigkeit erfüllt.

Abb. 4.15 Die Funktion f ist stetig!

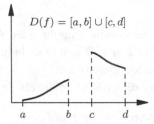

Mit diesem Bild vor Augen lässt sich leicht eine stetige injektive Funktion angeben, die nicht streng monoton ist, etwa

$$f: [0, 1] \cup [2, 3] \to \mathbb{R}, \qquad f \mapsto \begin{cases} x & \text{für } x \in [0, 1], \\ -x + 5 & \text{für } x \in [2, 3]. \end{cases} \qquad \blacklozenge$$

Frage 324

Sind (X, d_X) und (Y, d_Y) metrische Räume, X folgenkompakt und $f: X \to Y$ stetig und bijektiv. Warum ist dann die Umkehrabbildung $g: Y \to X$ stetig?

X und Y sind in diesem Fall also **topologisch äquivalent** bzw. **homöomorph**.

▶ **Antwort** Sei $y \in Y$ und $(y_n) \subset Y$ eine gegen y konvergierende Folge. Es muss gezeigt werden, dass die Folge (x_n) mit $x_n := g(y_n)$ gegen $x := g(y)$ konvergiert.

Angenommen, das wäre nicht der Fall. Dann liegen für ein hinreichend kleines $\varepsilon > 0$ unendlich viele Glieder von (x_n) außerhalb von $U_\varepsilon(x)$, d. h., (x_n) besitzt eine Teilfolge, die außerhalb von $U_\varepsilon(x)$ verläuft. Diese Teilfolge wiederum besitzt wegen der Folgenkompaktheit von X eine konvergente Teilfolge (x_{n_k}), es gibt also ein Element $\widetilde{x} \in X$ mit

$$\lim_{k \to \infty} x_{n_k} = \widetilde{x}.$$

Andererseits gilt

$$\lim_{k \to \infty} f(x_{n_k}) = \lim_{k \to \infty} y_{n_k} = y = f(x).$$

Wegen $\widetilde{x} \notin U_\varepsilon(x)$, also $\widetilde{x} \neq x$ widerspricht das der Stetigkeit von f. Es gilt also

$$\lim_{n \to \infty} y_n = y \implies \lim_{n \to \infty} g(y_n) = g(y).$$

Damit ist gezeigt, dass die Umkehrfunktion g stetig ist. ◆

Frage 325

Sei $[a, b] \subset \mathbb{R}$ wieder ein kompaktes (d. h. abgeschlossenes und beschränktes) Intervall und $f : [a, b] \to \mathbb{R}$ stetig. Warum ist auch das Bild $f([a, b])$ ein kompaktes Intervall?

▶ **Antwort** $M := f([a, b])$ ist nach Frage 319 wieder folgenkompakt. Wir wollen aber nachweisen, dass M erneut ein kompaktes Intervall ist. M ist nach Frage 316 wieder ein Intervall. Nach Frage 320 gibt es Punkte x_* und $x^* \in [a, b]$ mit $f(x_*) = \min\{f(x) | x \in [a, b]\}$ und $f(x^*) = \max\{f(x) | x \in [a, b]\}$, daher ist $M = [A, B]$ mit $A = f(x_*)$ und $B = f(x^*)$ wieder ein kompaktes Intervall. ◆

Frage 326

Kann sich bei einer stetigen Abbildung $f : M \to \mathbb{R}$ der Intervalltyp ändern?

▶ **Antwort** In der Antwort zur vorigen Frage wurde bereits gezeigt, dass das Bild kompakter Intervalle unter stetigen Abbildungen immer kompakt ist.

Für offene Mengen $]a, b[$ gibt es keinen analogen Zusammenhang. Diese können auf offene, kompakte oder halboffene Intervalle abgebildet werden. Den ersten Fall zeigt das Beispiel der identischen Funktion id : $]a, b[\to \mathbb{R}$, $x \mapsto x$, den zweiten illustriert zum Beispiel die Sinusfunktion, die das offene Intervall $] - 10, 10[$ auf das kompakte Intervall $[-1, 1]$ und das offene Intervall $]0, \frac{3\pi}{4}[$ auf das halboffene Intervall $]0, 1]$ abbildet.

Es bleibt noch zu klären, was mit *halboffenen* Intervallen unter stetigen Abbildungen passiert. Diese können halboffen oder kompakt sein, wie die Beispiele $f :]a, b] \to \mathbb{R}$, $x \mapsto x$ und $f : [0, \frac{3\pi}{4}[\to \mathbb{R}$, $x \mapsto \sin x$ zeigen. Die Bilder von halboffenen Intervallen unter stetigen Abbildungen können allerdings nicht offen sein. ◆

Frage 327

Können Sie mit einem $\varepsilon\delta$-Beweis nachweisen, dass die Quadratwurzelfunktion $\sqrt{}$: $\mathbb{R}_+ \to \mathbb{R}$, $x \mapsto \sqrt{x}$ stetig ist?

▶ **Antwort** Für $x \in \mathbb{R}_+$ gilt für beliebiges $a > 0$ die Abschätzung

$$\left| \sqrt{x} - \sqrt{x+a} \right|^2 = (\sqrt{x} - \sqrt{x+a})^2$$
$$= x - 2\sqrt{(x)(x+a)} + x + a < x - 2\sqrt{x^2} + x + a = a.$$

Hieraus folgt für $x, y \in \mathbb{R}_+$, $y > x$ und $\varepsilon > 0$

$$|x - y| \leq \varepsilon^2 \Longrightarrow \left| \sqrt{x} - \sqrt{x + \varepsilon^2} \right| < \varepsilon.$$

Da die Rollen von x und y in den Betragsstrichen vertauscht werden dürfen, gilt dasselbe Ergebnis auch für $y < x$. Mit $\delta := \varepsilon^2$ entspricht das der $\varepsilon\delta$-Charakterisierung der Stetigkeit.

Die Stetigkeit der Wurzelfunktion lässt sich mit Frage 321 auch zeigen, indem man sie als Umkehrfunktion von $f : \mathbb{R}_+ \to \mathbb{R}_+$, $x \mapsto x^2$ betrachtet. Die Funktion f ist stetig, streng monoton wachsend und auf einem echten Intervall definiert. Nach Frage 236 ist die Umkehrfunktion ebenfalls stetig.   ◆

Frage 328

Warum hat jedes Polynom ungeraden Grades

$$p : \mathbb{R} \to \mathbb{R}, \qquad x \mapsto a_0 + a_1 x + \cdots + a_{2n+1} x^{2n+1}$$

mindestens eine reelle Nullstelle?

▶ **Antwort** Wir wissen bereits aus Frage 313, dass jedes reelle Polynom auf ganz $\mathbb{R}$ stetig ist. Die Frage kann damit durch eine Anwendung des Zwischenwertsatzes beantwortet werden, wenn man zeigen kann, dass ein ungerades Polynom auf $\mathbb{R}$ mindestens je einen negativen und einen positiven Wert annimmt. Das erkennt man, wenn man p in der Form

$$p(x) = x^{2n+1} \left(a_{2n+1} + \frac{a_{2n}}{x} + \cdots + \frac{a_1}{x^{2n}} + \frac{a_0}{x^{2n+1}} \right)$$

schreibt. Der rechte Faktor konvergiert für $x \to \pm\infty$ gegen a_{2n+1}. Es gibt also eine Schranke C, sodass der rechte Faktor für $x > C$ oder $x < -C$ insgesamt dasselbe Vorzeichen wie a_{2n+1} besitzt. Ferner ist $x^{2n+1} = x \cdot (x^n)^2$ eine ungerade Funktion. Zusammen folgt, dass der Wert von p an der Stelle x dasselbe Vorzeichen hat wie a_{2n+1}, falls $x > C$ ist, und verschiedenes Vorzeichen, falls $x < -C$ ist. Das Polynom wechselt also in seinem Definitionsbereich mindestens einmal das Vorzeichen, was zu zeigen war.   ◆

Frage 329

Sei K eine (folgen-)kompakte Teilmenge von $\mathbb{K}$ ($\mathbb{K} = \mathbb{R}$ oder $\mathbb{K} = \mathbb{C}$). Warum gibt es dann zu jedem Punkt $p \notin K$ einen Punkt $k \in K$, sodass für **jeden** Punkt $z \in K$ gilt

$$|k - p| \leq |z - p|.$$

▶ **Antwort** Die Funktion $f : K \to \mathbb{R}$, $z \mapsto |z - p|$ ist eine stetige Funktion auf einer kompakten Menge und besitzt somit ein Minimum $k \in K$. Dieses Minimum ist das Element mit den gesuchten Eigenschaften (s. Abb. 4.16). ◆

Abb. 4.16 Der Punkt k liegt von allen Punkten aus K am nächsten bei p

Frage 330

Jedes kompakte (echte) Intervall $K \subset \mathbb{R}$ lässt sich **bijektiv** auf jedes offene (echte) Intervall von $\mathbb{R}$ abbilden. Gibt es auch eine bijektive Abbildung, die zusätzlich stetig ist?

▶ **Antwort** Es kann keine stetige bijektive Abbildung zwischen einem kompakten und einem offenen Intervall geben, da nach Frage 325 stetige Abbildungen kompakte Mengen stets auf kompakte Mengen abbilden. ◆

4.3 Grenzwerte bei Funktionen

Wir legen auch hier zunächst die allgemeine Situation zugrunde, dass (X, d_X) und (Y, d_Y) metrische Räume sind, $D \subset X$ eine nichtleere Teilmenge und $f : D \to Y$ eine Abbildung. Ferner sei $a \in X$ ein Punkt, der zu M gehören kann, aber nicht gehören muss, der aber ein *Häufungspunkt* von M sein soll, d. h., für *jede* punktierte ε-Umgebung $\dot{U}_\varepsilon(a) := U_\varepsilon \setminus \{a\}$ gilt $\dot{U}_\varepsilon(a) \cap M \neq \emptyset$. Wichtige Spezialfälle erhält man mit $X = \mathbb{R}$ und $Y = \mathbb{R}$ oder $Y = \mathbb{C}$ (jeweils mit der natürlichen Metrik).

Frage 331

Was besagt in der vorausgesetzten Ausgangssituation die Ausdrucksweise: „f hat bei Annäherung an a den Grenzwert l" (oder: „f konvergiert bei Annäherung an a gegen l")?

▶ **Antwort** Die Formulierung bedeutet, dass die Funktion $F : D \cup \{a\} \to Y$, die definiert ist durch

$$F : x \mapsto \begin{cases} f(x) & \text{für } x \in D, \ x \neq a \\ l & \text{für } x = a \end{cases} j \qquad (*)$$

die Eigenschaft besitzt, im Punkt a stetig zu sein (s. Abb. 4.17). Die Funktion F nennt man dann eine *stetige Fortsetzung von F*.

Um auszudrücken, dass f bei Annäherung an a gegen l konvergiert, schreibt man

$$\lim_{x \to a} f(x) = l, \qquad \text{oder auch} \qquad f(x) \to l \quad \text{für} \quad x \to a. \qquad \blacklozenge$$

Abb. 4.17 Die Funktion f
konvergiert bei Annäherung an
a gegen l

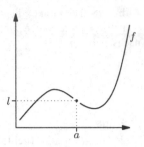

Frage 332

Warum ist der Grenzwert l im Fall der Existenz eindeutig bestimmt?

▶ **Antwort** Ist F^* eine weitere stetige Fortsetzung von f in a, dann stimmen F^* und F auf D überein. Für jede in D verlaufende Folge (x_n) mit $x_n \to a$ gilt dann $F^*(x_n) = F(x_n)$ und wegen der Stetigkeit von F^* somit

$$F^*(a) = \lim_{n \to \infty} F^*(x_n) = F(x_n) = l. \qquad \blacklozenge$$

Frage 333

Wie lautet die $\varepsilon\delta$-Charakterisierung des Grenzwerts?

▶ **Antwort** Die Charakterisierung lautet genauso wie bei der Stetigkeit:

Für eine Funktion $f : D \to Y$ gilt $f(x) \to l$ für $x \to a$ genau dann, wenn zu jedem $\varepsilon > 0$ ein $\delta > 0$ existiert, sodass

$$f(x) \in U_\varepsilon(l) \quad \text{für alle } x \in U_\delta(a) \setminus \{a\} \cap D$$

gilt.

Dieses Kriterium folgt unmittelbar, wenn man die Stetigkeit der fortgesetzten Funktion F mit $F(a) = l$ im Punkt a mithilfe der $\varepsilon\delta$-Definition beschreibt. Andersherum erhält man aus dem Kriterium auch die Stetigkeit der in den Punkt a hinein fortgesetzten Funktion F mit $F(a) = l$. Die $\varepsilon\delta$-Charakterisierung ist also äquivalent zu der in Frage 331 gegebenen Definition. $\qquad \blacklozenge$

Frage 334

Was bedeutet im Fall $a \in D$ die Aussage $\lim_{x \to a} f(x) = f(a)$?

▶ **Antwort** Für $a \in D$ ist die Aussage gleichbedeutend mit der Stetigkeit von f in a. Die „fortgesetzte" Funktion F der Definition $(*)$ aus der vorigen Frage ist unter dieser Voraussetzung nämlich identisch mit der Ausgangsfunktion f.   ◆

Frage 335

Welche **Permanenzeigenschaften** des Grenzwertbegriffs kennen Sie im Fall $Y = \mathbb{R}$ oder $Y = \mathbb{C}$?

▶ **Antwort** Gelten für zwei Funktionen $f : D \to Y$ und $g : D \to Y$ in einem Häufungspunkt a von D die Beziehungen $\lim_{x \to a} f(x) = l$ und $\lim_{x \to a} g(x) = s$ mit $l, s \in Y$, so gilt auch

$$\lim_{x \to a} f(x) + g(x) = l + s, \qquad \lim_{x \to a} f(x)g(x) = l \cdot s \qquad \lim_{x \to a} \frac{f(x)}{g(x)} = \frac{l}{s}, \quad \text{für } s \neq 0.$$

Diese Permanenzeigenschaften sind eine unmittelbare Folge derjenigen für stetige Funktionen (s. Frage 312). Sind nämlich F und G die stetigen Fortsetzungen von f und g im Punkt a, so folgt hieraus, dass $F + G$, $F \cdot G$ und F/G ebenfalls stetig in a sind. Die Werte dieser Funktionen in a sind aber gerade $s + l$ bzw. $s \cdot l$ bzw. s/l.   ◆

Frage 336

Wie lautet das **Folgenkriterium** für die Existenz des Grenzwerts?

▶ **Antwort** Das Folgenkriterium besagt:

Für eine Funktion $f : D \to Y$ und einen Häufungswert a von D existiert der Grenzwert $\lim_{x \to a} f(x)$ genau dann, wenn für jede Folge $(x_n) \subset D \setminus \{a\}$ mit $\lim_{n \to \infty} x_n = a$ die Folge $f(x_n)$ in Y konvergiert.

Ist die Funktion F die stetige Fortsetzung von f in den Punkt a, so folgt der Zusammenhang sofort aus

$$\text{Folgenkriterium} \iff F \text{ stetig in } a \iff \lim_{x \to a} f(x) \text{ existiert.} \qquad ◆$$

Frage 337

Wie folgt im Fall der Existenz die Eindeutigkeit des Grenzwerts aus dem Folgenkriterium?

▶ **Antwort** Seien (a_n) und (b_n) Folgen in $D \setminus \{a\}$ mit $\lim a_n = \lim b_n$. Angenommen, es gilt $\lim f(a_n) \neq \lim f(b_n)$, dann konvergiert die nach dem „Reißverschlussprinzip" gebildete Folge $a_0, b_0, a_1, b_1, \ldots$ aus $D \setminus \{a\}$ ebenfalls gegen a, die Folge der Funktionswerte ist aber wegen $\lim f(a_n) \neq \lim f(b_n)$ divergent. Die Funktion f erfüllt in diesem Fall also im Widerspruch zur Voraussetzung nicht das Folgenkriterium. Hieraus ergibt sich – im Fall der Existenz – die Eindeutigkeit des Grenzwerts.   ◆

Frage 338

Wie lautet das Cauchy-Kriterium für die Existenz des Grenzwerts?

▶ **Antwort** Sei a ein Häufungspunkt des Definitionsbereichs einer Funktion $f : D \to Y$ mit $Y = \mathbb{C}$ oder $Y = \mathbb{R}$. Das Cauchy-Kriterium lautet:

Der Grenzwert $\lim\limits_{x \to a} f(x)$ *existiert genau dann, wenn es zu jedem $\varepsilon > 0$ ein $\delta > 0$ gibt, sodass gilt*

$$x, y \in U_\delta(a) \setminus \{a\} \cap D \implies d_Y(f(x), f(y)) < \varepsilon.$$ ◆

Frage 339

Warum gilt für $x, a \in \mathbb{R}$ und $k \in \mathbb{N}$: $\lim\limits_{x \to a} \dfrac{x^k - a^k}{x - a} = ka^{k-1}$?

▶ **Antwort** Für $x \neq a$ gilt

$$\frac{x^k - a^k}{x - a} = x^{k-1} + ax^{k-2} + \ldots + a^{k-2}x + a^{k-1} := p(x).$$

Das Polynom auf der rechten Seite der Gleichung ist eine auf ganz $\mathbb{R}$ stetige Funktion, und es gilt $\lim\limits_{x \to a} p(x) = p(a) = ka^{k-1}$.   ◆

Frage 340

Ist $D \subset \mathbb{R}$ und $f : D \to \mathbb{C}$ eine Funktion, wie sind dann in einem Häufungspunkt $x_0 \in D_- := D \, \cap \,] - \infty, x_0[$ bzw. $x_0 \in D_+ := D \cap \,]x_0, \infty[$ der **linksseitige bzw. rechtsseitige Grenzwert** in x_0 erklärt?

▶ **Antwort** Man sagt, die Funktion f habe in x_0 den linksseitigen bzw. rechtsseitigen Grenzwert l, wenn die Einschränkung von f auf D_- bzw. D_+ bei Annäherung an a gegen l konvergiert. Man schreibt in diesem Fall

$$l = \lim\limits_{x \uparrow x_0} f(x) = f(x_0-) \qquad \text{bzw.} \qquad l = \lim\limits_{x \downarrow x_0} f(x) = f(x_0+).$$

Gehört x_0 zu D und ist $f(x_0-) = f(x_0)$ bzw. $f(x_0+) = f(x_0)$, so sagt man, f sei in x_0
links- bzw. rechtsseitig stetig.   ◆

Frage 341

Warum hat eine beschränkte monotone Funktion $f : \,]a, b[\, \to \mathbb{R}$ an jeder Stelle $x_0 \in$
$[a, b]$ einseitige Grenzwerte?

▶ **Antwort** Wir zeigen den Zusammenhang für monoton wachsende Funktionen (für
monoton fallende Funktionen argumentiert man analog). Wie beinahe immer bei derartigen Fragen, die auf die spezifischen Kontinuitätseigenschaften der reellen Zahlen abzie-
len, führt eine Supremumskonstruktion zum Ziel. In diesem Fall läuft es darauf hinaus, zu
zeigen, dass für ein beliebiges $x_0 \in \,]a, b[$ die Funktion

$$F : \,]a, x_0] \to \mathbb{R}, \qquad x \mapsto \begin{cases} f(x) & \text{für } x \in \,]a, x_0[\\ s := \sup\{f(x);\ x \in \,]a, x_0[\} & \text{für } x = x_0. \end{cases}$$

in x_0 stetig ist und f an dieser Stelle somit einen linksseitigen Grenzwert besitzt.

Die Stetigkeit von F in x_0 ist schnell gezeigt. Aufgrund der Supremumseigenschaft
von s gibt es zu jedem $\varepsilon > 0$ ein $\xi \in \,]a, x_0[$ mit $s - \varepsilon < f(\xi) \leq s$. Wegen der Monotonie
von f gilt dann auch für alle $x \in \,]\xi, x_0[$ die Ungleichung $s - \varepsilon < f(x) = F(x) \leq s$, also
$F(x) \in U_\varepsilon(s)$, und das heißt nichts anderes, als dass F in x_0 (linksseitig) stetig ist.

Die Existenz des rechtsseitigen Grenzwerts zeigt man nun mit einer entsprechenden
Infimumskonstruktion. Damit ist der Satz bewiesen.   ◆

Frage 342

Welche Grenzwerte besitzt die Gauß-Klammer

$$[\ ] : \mathbb{R} \to \mathbb{R}, \qquad x \mapsto \{g \in \mathbb{Z};\ g \leq x\}?$$

▶ **Antwort** Die Funktion ist für jedes $k \in \mathbb{Z}$ unstetig im Punkt k. Ferner ist sie konstant
auf den Intervallen $[k, k + 1[$. Für eine gegen $k \in \mathbb{Z}$ konvergente Folge aus $[k, \infty[$ konvergiert daher trivialerweise auch die Folge der Funktionswerte gegen $[k]$, die Gauß-Klammer
hat also in jeder Unstetigkeitsstelle einen rechtsseitigen Grenzwert. Wegen $\big|[k-\varepsilon]-[k]\big| =$
1 für alle $\varepsilon \in \,]0, 1[$ existieren aber keine linksseitigen Grenzwerte in den Unstetigkeitsstellen.   ◆

Frage 343

Warum hat eine *monotone* Funktion $f : [a, b] \to \mathbb{R}$ höchstens abzählbar viele Unstetigkeitsstellen?

▶ **Antwort** Für jede Unstetigkeitsstelle $x \in [a, b]$ existieren nach der vorhergehenden Antwort die Grenzwerte $f(x-)$ und $f(x+)$. Durch Auswahl je einer rationalen Zahl aus den Intervallen $\big(f(x-), f(x+)\big)$ erhält man eine Abbildung der Menge der Unstetigkeits-stellen auf $\mathbb{Q}$. Da f streng monoton ist, sind die Intervalle paarweise disjunkt, und die Abbildung ist somit injektiv. Das zeigt die Behauptung. ◆

Frage 344

Ist $D \subset \mathbb{R}$ eine nicht nach oben beschränkte Teilmenge, $f : D \to \mathbb{R}$ eine Funktion und $l \in \mathbb{R}$. Was bedeutet die Schreibweise $\lim_{x \to \infty} f(x) = l$?

▶ **Antwort** Anschaulich bedeutet die Ausdrucksweise, dass die Funktionswerte $f(x)$ beliebig nahe bei l liegen, wenn x nur genügend groß ist. Präziser: Es gilt $\lim_{x \to \infty} f(x) = l$ genau dann, wenn zu jedem $\varepsilon > 0$ eine reelle Zahl $K > 0$ existiert mit der Eigenschaft

$$|f(x) - l| < \varepsilon \quad \text{für alle } x > K. \qquad \blacklozenge$$

Frage 345

Warum gilt $\lim\limits_{x \to \infty} (\sqrt{x+1} - \sqrt{x}) = 0$, und warum $\lim\limits_{x \to \infty} \frac{3x-1}{4x+5} = \frac{3}{4}$?

▶ **Antwort** Es gilt

$$0 < \sqrt{x+1} - \sqrt{x} = \frac{(\sqrt{x+1} + \sqrt{x})(\sqrt{x+1} - \sqrt{x})}{\sqrt{x+1} + \sqrt{x}} < \frac{1}{2\sqrt{x}} < \varepsilon \quad \text{für alle } x > \frac{1}{4\varepsilon^2},$$

das beweist die erste Formel. Die zweite folgt aus

$$\left| \frac{3x-1}{4x+5} - \frac{3}{4} \right| = \left| \frac{19}{4(4x+5)} \right| < \left| \frac{2}{x} \right| < \varepsilon \quad \text{für alle } x > \frac{2}{\varepsilon}. \qquad \blacklozenge$$

Frage 346

Was besagt das sogenannte **Reduktionslemma**?

▶ **Antwort** Mithilfe des Reduktionslemmas lässt sich das Konvergenzverhalten einer Funktion $f(x)$ „im Unendlichen" durch dasjenige der Funktion $f\left(\frac{1}{x}\right)$ (die für jedes x mit $\frac{1}{x} \in D(f)$ definiert ist) in der Nähe des Nullpunktes beschreiben. Genau besagt das Reduktionslemma:

Der Grenzwert $\lim\limits_{x \to \infty} f(x)$ *existiert genau dann, wenn* $f\left(\frac{1}{x}\right)$ *in* 0 *einen rechtsseitigen Grenzwert besitzt, und dass in diesem Fall gilt*

$$\boxed{\lim_{x \to \infty} f(x) = \lim_{x \downarrow 0} f\left(\frac{1}{x}\right).}$$

Das Lemma folgt aus

$$|f(x) - l| \leq \varepsilon \quad \text{für } x > C \quad \Longleftrightarrow \quad \left| f\left(\frac{1}{x}\right) - l \right| \leq \varepsilon \quad \text{für } x < \delta := \frac{1}{C}.$$

Zum Beispiel erhält man mit einer Anwendung des Reduktionslemmas den zweiten Grenzwert aus Frage 345 auch folgendermaßen:

$$\lim_{x \to \infty} \frac{3x - 1}{4x + 5} = \lim_{x \downarrow 0} \frac{3/x - 1}{4/x + 5} = \lim_{x \downarrow 0} \frac{3 - 1x}{4 + 5x} = \frac{3}{4}. \qquad \blacklozenge$$

Frage 347

Was bedeuten Schreibweisen wie

$$\lim_{x \to x_0} f(x) = \infty \quad \text{bzw.} \qquad \lim_{x \to x_0} f(x) = -\infty \quad \text{bzw.}$$

$$\lim_{x \to \infty} f(x) = \infty \quad \text{bzw.} \qquad \lim_{x \to \infty} f(x) = -\infty?$$

▶ **Antwort** Die Schreibweisen $\lim_{x \to x_0} = \infty$ bzw. $\lim_{x \to x_0} = -\infty$ bedeuten, dass $f(x)$ bei Annäherung an x_0 jede beliebige positive bzw. negative Schranke über- bzw. unterschreitet, genauer: Zu jedem $K \in \mathbb{R}_+$ gibt es eine Umgebung $U_\delta(x_0)$, sodass $f(x) > K$ bzw. $f(x) < -K$ für alle $x \in \dot{U}_\delta(x_0)$ ist.

Die Ausdrücke $\lim_{x \to \infty} = \infty$ bzw. $\lim_{x \to \infty} = -\infty$ bedeuten entsprechend dass zu jeder Zahl $K \in \mathbb{R}$ eine Zahl $C \in \mathbb{R}$ existiert, sodass $f(x) > K$ für alle $x > C$ gilt. $\qquad \blacklozenge$

Frage 348

Ist $p \colon \mathbb{R} \to \mathbb{R}$ ein Polynom,

$$p \mapsto p(x) := a_n x^n + a_{n-1} x^{n-1} + \cdots + a_0, \qquad a_n \neq 0, n \in \mathbb{N}.$$

Warum gilt dann $\lim_{x \to \infty} \frac{p(x)}{a_n x^n} = 1$?

▶ **Antwort** Für $x \neq 0$ gilt $\frac{p(x)}{a_n x^n} = 1 + \frac{a_{n-1}}{a_n x} + \cdots + \frac{a_0}{a_n x^n}$. Mit $A := \max\{|a_1|, \ldots, |a_n|\}$ und $x \geq 1$ ist folglich

$$\left| \frac{p(x)}{a_n x^n} - 1 \right| \leq \left| \frac{a_{n-1}}{a_n x} \right| + \cdots + \left| \frac{a_0}{a_n x^n} \right| \leq n \left| \frac{A}{a_n x} \right|.$$

Beide Seiten der Ungleichung sind kleiner als ε für alle $x > nA/(|a_n|\varepsilon)$, womit die Behauptung gezeigt ist. $\qquad \blacklozenge$

Funktionenfolgen, Funktionenreihen, Potenzreihen

5

Bei C. F. Gauß (Werke 3, S. 198) findet sich die folgende Bemerkung

Die transzendenten Funktionen haben ihre wahre Quelle allemal, offenliegend oder versteckt, im Unendlichen. Die Operationen des Integrierens, der Summation unendlicher Reihen ... oder überhaupt die Annäherung an eine Grenze durch Operationen, die nach bestimmten Gesetzen *ohne Ende* festgesetzt werden – dies ist der eigentliche Boden, auf dem die transzendenten Funktionen erzeugt werden ...

Durch endlich häufige Anwendung der vier Grundrechenarten erhält man aus der identischen Funktion und den konstanten Funktionen *Polynome* und *rationale Funktionen*, die in ihrem jeweiligen Definitionsbereich stetig sind. Alle anderen wichtigen Funktionen, die nicht zu dieser Klasse gehören, erhält man dagegen erst durch (zum Teil mehrfache) Grenzprozesse. So ist etwa die Exponentialfunktion $\exp\colon \mathbb{C} \to \mathbb{C}$ für jedes $z \in \mathbb{C}$ durch den Grenzwert der Folge $\left(\left(1 + \frac{z}{n}\right)^n\right)$ bzw. der Folge $\left(\sum_{k=0}^{n} \frac{z^k}{k!}\right)$ definiert.

Ausgangspunkt aller Grenzprozesse bei Funktionenfolgen (f_n) mit $f_n\colon D \to \mathbb{K}$ ist der Begriff der *punktweisen Konvergenz*, der die Situation beschreibt, dass die Folgen $(f_n(x))$ für jedes $x \in D$ im Sinne der für Zahlenfolgen eingeführten Definition konvergieren. Durch die Festsetzung $f(x) := \lim f_n(x)$ wird unter dieser Voraussetzung eine Funktion $f\colon D \to \mathbb{K}$ definiert. Naheliegende Fragestellungen sind nun:

(i) Übertragen sich die „guten" Eigenschaften wie Stetigkeit, Differenzierbarkeit, Integrierbarkeit der f_n auf die Grenzfunktion f?

(ii) Unter welchen Bedingungen ist die „Vertauschung von Grenzprozessen" gerechtfertigt, d. h., wann gelten Beziehungen etwa von der Art

$$\lim_{n\to\infty} f_n'(x) = f'(x) \quad \text{oder} \quad \lim_{n\to\infty} \int_a^b f_n(x)\, \mathrm{d}x = \int_a^b f(x)\, \mathrm{d}x \quad ?$$

© Springer-Verlag GmbH Deutschland 2018
R. Busam, T. Epp, *Prüfungstrainer Analysis*, https://doi.org/10.1007/978-3-662-55020-5_5

Einfache Beispiele zeigen, dass der Begriff der punktweisen Konvergenz zu schwach ist, um die Gültigkeit solcher Übertragungs- und Vertauschungsbeziehungen zu gewährleisten. Aus diesem Grund nimmt man Zuflucht zum stärkeren Begriff der *gleichmäßigen Konvergenz*, den man elegant mithilfe der *Supremumsnorm* beschreiben kann.

Die gleichen Fragestellungen lassen sich auch in Bezug auf Funktionen*reihen* $\left(\sum_{k=0}^{n} f_k\right)$ stellen, zu deren wichtigsten Vertretern die Potenzreihen zählen. Aufgrund der speziellen Bauart von Reihen gibt es zahlreiche Kriterien für deren punktweise bzw. gleichmäßige Konvergenz, deren bedeutendstes (in Bezug auf gleichmäßige Konvergenz) der *Weierstraß'sche Majorantentest* ist.

Es sei noch darauf hingewiesen, dass bei der Untersuchung von Funktionenreihen die Terminologie in den Lehrbüchern leider nicht immer einheitlich gehalten ist. Man muss die manchmal kleinen, aber feinen Unterschiede beachten.

5.1 Punktweise und gleichmäßige Konvergenz

Frage 349

Wann heißt eine Folge (f_n) von Funktionen $f_n \colon D \to \mathbb{K}$ ($\emptyset \neq D \subset \mathbb{K}$) **punktweise**, wann **gleichmäßig konvergent**?

▶ **Antwort** *Punktweise Konvergenz* einer Funktionenfolge (f_n) bedeutet, dass die Folge $(f_n(x))$ der Funktionswerte für jedes $x \in D$ im Sinne einer reellen oder komplexen Zahlenfolge konvergiert. Bezeichnet man mit $f(x)$ den Grenzwert der Folge $(f_n(x))$, so heißt das also: Zu jedem $x \in D$ und jedem $\varepsilon > 0$ existiert ein $N := N(x, \varepsilon) \in \mathbb{N}$, sodass gilt

$$|f_n(x) - f(x)| < \varepsilon \qquad \text{für alle } n > N.$$

Man beachte, dass in diesem Fall die Schranke N sowohl von ε *als auch von* x abhängig ist. Hierin liegt der Unterschied zur gleichmäßigen Konvergenz.

Ist die Folge (f_n) *gleichmäßige konvergent*, so gibt es zu jedem $\varepsilon > 0$ eine *von x unabhängige, universelle Schranke* $N := N(\varepsilon)$, sodass gilt

$$|f_n(x) - f(x)| < \varepsilon \qquad \text{für alle } n > N \text{ und alle } x \in D. \qquad \blacklozenge$$

Frage 350

Wie lauten die Definitionen für punktweise bzw. gleichmäßige Konvergenz in Quantorenschreibweise?

▶ **Antwort** Die Definitionen lauten:

$$\forall x \in D \; \forall \varepsilon > 0 \; \exists N \in \mathbb{N} \; \forall n > N : \; |f_n(x) - f(x)| < \varepsilon \qquad \text{(punktweise)}$$

$$\forall \varepsilon > 0 \; \exists N \in \mathbb{N} \; \forall n > N \; \forall x \in D : \; |f_n(x) - f(x)| < \varepsilon \qquad \text{(gleichmäßig)} \qquad \blacklozenge$$

Frage 351

Können Sie ein einfaches Beispiel für eine Folge (f_n) von auf $D := [0, 1]$ stetigen Funktionen $f_n : D \to \mathbb{R}$ angeben, für welche die Grenzfunktion f nicht stetig ist? Analysieren Sie den Grund für die Unstetigkeit.

▶ **Antwort** Ein Beispiel liefert die Folge (f_n) mit $f_n(x) = x^n$, s. Abb. 5.1. Jede Funktion f_n ist stetig auf $[0, 1]$. Die punktweise gebildete Grenzfunktion $f : [0, 1] \to \mathbb{R}$ mit

$$f(x) = \begin{cases} 0 & \text{für } 0 \le x < 1 \\ 1 & \text{für } x = 1, \end{cases}$$

ist dagegen unstetig im Punkt 1.

Abb. 5.1 Die Grenzfunktion dieser Folge stetiger Funktionen ist nicht stetig

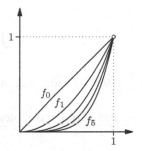

Die Ursache für dieses Phänomen liegt darin, dass die Funktionenfolge (x^n) auf $[0, 1]$ nicht *gleichmäßig* konvergiert.

Für jedes $n \in \mathbb{N}$ ist der maximale Abstand des Graphen von f_n zu dem benachbarten Graphen von f_{n+1} größer als eine bestimmte positive Zahl. Wegen der Stetigkeit der f_n gibt es nämlich zu jedem $n \in \mathbb{N}$ einen Punkt $x \in [0, 1]$ mit $x^n = \frac{1}{2}$. Dann gilt $x^{n+1} = \frac{1}{4}$ und $|x^{n+1} - x^n| = \frac{1}{4}$. Damit erfüllt die Folge (f_n) nicht das Cauchy-Kriterium für gleichmäßige Konvergenz, das in Frage 356 beschrieben wird. ◆

Frage 352

Begründen Sie, warum die Funktionenfolge (f_n) mit $f_n(x) := \frac{\sin nx}{\sqrt{n}}$ gleichmäßig gegen die Nullfunktion konvergiert, die Folge (f_n') der Ableitungen aber divergiert. (Hier wird der Ableitungsbegriff als bekannt vorausgesetzt.)

▶ **Antwort** Für $\varepsilon > 0$ gilt

$$\left| \frac{\sin nx}{\sqrt{n}} \right| \le \frac{1}{\sqrt{n}} < \varepsilon \qquad \text{für } n > \frac{1}{\varepsilon^2}.$$

Die Funktionenfolge (f_n) konvergiert somit auf ganz $\mathbb{R}$ gegen die Nullfunktion, und da die gegebene Abschätzung unabhängig vom Punkt x ist, konvergiert sie dort sogar gleichmäßig gegen $f(x) \equiv 0$.

Die Folge der Ableitungen $f_n' = \sqrt{n}\cos nx$ divergiert allerdings für jedes x. Denn aus $\lim\limits_{n\to\infty} \sqrt{n}\cos nx = a \in \mathbb{R}$ würde wegen $\lim\limits_{n\to\infty} \sqrt{n} = \infty$ zunächst $\lim\limits_{n\to\infty} \cos nx = 0$ und damit auch $\lim\limits_{n\to\infty} \cos 2nx = 0$ folgen. Mit dem Addtionstheorem für die Cosinus-Funktion (vgl. Frage 395 Teil (5)) gilt aber $\cos 2nx = 2\cos^2 nx - 1$. Zusammen ergäbe sich der Widerspruch $0 = -1$. ◆

Frage 353

Können Sie für die in Abb. 5.2 angedeutete Folge von Funktionen zeigen, dass der Grenzwert der Integrale $\int_0^2 f_n$ nicht mit dem Integral der Grenzfunktion $\int_0^2 f$ übereinstimmt, also den Zusammenhang

$$\int\limits_0^2 \left(\lim_{n\to\infty} f_n(x) \right) \mathrm{d}x \neq \lim_{n\to\infty} \int\limits_0^2 f_n(x)\,\mathrm{d}x.$$

(Hier wird die Integration vorausgesetzt.)

▶ **Antwort** Für die Integrale der f_n gilt

$$\int\limits_0^2 f_n(x)\,\mathrm{d}x = \int\limits_0^{1/n} f_n(x)\,\mathrm{d}x + \int\limits_{1/n}^{2/n} f_n(x)\,\mathrm{d}x = 1 \quad \text{für alle } n \in \mathbb{N}.$$

Die Folge der Integrale konvergiert somit gegen 1. Dagegen konvergiert die Folge (f_n) punktweise gegen die Funktion $f(x) \equiv 0$, und für deren Integral gilt freilich $\int_0^2 f(x)\,\mathrm{d}x = 0$.

Abb. 5.2 Das Integral jeder
Funktion f_n ist 1, das Integral
der Grenzfunktion jedoch 0

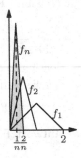

Dass die Vertauschung des Grenzprozesses hier nicht zulässig ist, hängt wiederum mit der nicht gleichmäßigen Konvergenz der Folge (f_n) zusammen. Diese wiederum ist offensichtlich, da die Maximalwerte von f_n und f_{n+1} sich für alle $n \in \mathbb{N}$ um den Wert n unterscheiden. ◆

Frage 354

Wie kann man die gleichmäßige Konvergenz mithilfe der **Supremumsnorm** $\| f \|_D :=$ $\sup\{| f(x)|;\ x \in D\}$ beschreiben?

▶ **Antwort** Die Äquivalenz

$$| f_n(x) - f(x)| < \varepsilon \quad \text{für alle } x \in D \quad \Longleftrightarrow \quad \| f_n - f \|_D < \varepsilon.$$

ermöglicht folgende Definition der gleichmäßigen Konvergenz: *Eine Folge von Funktionen $f_n : D \to \mathbb{R}$ konvergiert gleichmäßig gegen f genau dann, wenn für alle $\varepsilon > 0$ ein $N \in \mathbb{N}$ existiert, sodass für alle $n > N$ gilt: $\| f_n - f \|_D < \varepsilon$.* ◆

Frage 355

Wie kann man die gleichmäßige Konvergenz im Fall reellwertiger Funktionen mithilfe des „ε-Schlauches" veranschaulichen?

▶ **Antwort** Bei gleichmäßiger Konvergenz verlaufen die Graphen der f_n ab einem bestimmten Index N alle innerhalb des ε-Schlauches

$$\{(x, y) \in D \times \mathbb{R};\ |y - f(x)| < \varepsilon\}.$$

Abb. 5.3 zeigt den grau gezeichneten Graphen von f mit ε-Schlauch und eine der Annäherungsfunktionen f_n mit $n > N$. ◆

Abb. 5.3 ε-Schlauch einer reellen Funktion f

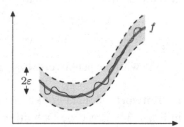

Frage 356

Wie lautet das **Cauchy-Kriterium** für gleichmäßige Konvergenz?

▶ **Antwort** Mit diesem Kriterium lässt sich die gleichmäßige Konvergenz einer Funktionenfolge ohne Bezug auf eine eventuelle Grenzfunktion untersuchen. Es besagt:

Eine Folge (f_n) von Funktionen $f_n : D \to \mathbb{R}$ konvergiert gleichmäßig genau dann, wenn zu jedem $\varepsilon > 0$ ein $N \in n$ existiert, sodass für alle $m, n > N$ gilt:

$$\| f_n - f_m \| < \varepsilon.$$

Wie in den anderen Versionen beweist man auch dieses Cauchy-Kriterium unter Ausnutzung der Eigenschaften der Norm mit einfachen Standardmethoden.   ◆

Frage 357

Warum ist für eine **gleichmäßig konvergente** Folge von stetigen Funktionen $f_n : D \to \mathbb{K}$ die Grenzfunktion f ebenfalls stetig?

▶ **Antwort** Sei a ein beliebiger Punkt aus D. Es geht darum, zu zeigen, dass f in a stetig ist. Wegen der gleichmäßigen Konvergenz der f_n gibt es ein $N \in \mathbb{N}$, sodass

$$|f_N(x) - f(x)| < \varepsilon/3 \qquad \text{für jedes } x \in D$$

gilt. Mit der Dreiecksungleichung folgt daraus

$$|f(x) - f(a)| \leq |f(x) - f_N(x)| + |f_N(x) - f_N(a)| + |f_N(a) - f(a)|$$
$$< |f_N(x) - f_N(a)| + \frac{2}{3}\varepsilon.$$

Nun ist f_N nach der Voraussetzung stetig, und somit gibt es ein $\delta > 0$ derart, dass für alle $x \in U_\delta(a)$ die Differenz $|f_N(x) - f_N(a)|$ ebenfalls kleiner als $\varepsilon/3$ ausfällt. Insgesamt folgt

$$|f(x) - f(a)| < \varepsilon \qquad \text{für alle } x \in U_\delta(a),$$

also die Stetigkeit von f in a.   ◆

Frage 358

Wie wird die punktweise bzw. gleichmäßige Konvergenz bei Funktionenreihen erklärt?

▶ **Antwort** Für eine Funktionenreihe $\sum_k f_k$ erklärt man diese Begriffe, indem man die in Frage 349 gegebene Definition auf die Folge der Partialsummenfunktionen $\left(\sum_{k=0}^{n} f_k\right)$ anwendet.

Eine Reihe $\sum_k f_k$ von Funktionen $f : D \to \mathbb{K}$ konvergiert somit *punktweise* gegen die Funktion f, wenn zu jedem $\varepsilon > 0$ und jedem $x \in D$ ein $N \in \mathbb{N}$ existiert, sodass gilt:

$$\left| f(x) - \sum_{k=0}^{n} f_k(x) \right| < \varepsilon \qquad \text{für alle } n > N.$$

Die Funktionenreihe konvergiert *gleichmäßig*, wenn die Schranke N unabhängig von x gewählt werden kann, wenn also zusätzlich gilt:

$$\left| f(x) - \sum_{k=0}^{n} f_k(x) \right| < \varepsilon \qquad \text{für alle } n > N \text{ und alle } x \in D.$$ ◆

Frage 359

Wie lautet das Cauchy-Kriterium für die gleichmäßige Konvergenz einer Funktionen-reihe?

▶ **Antwort** Das Cauchy-Kriterium lautet:

Eine Funktionenreihe $\sum_k f_k$ mit $f_k \colon D \to \mathbb{R}$ konvergiert gleichmäßig genau dann, wenn zu jedem $\varepsilon > 0$ ein $N \in \mathbb{N}$ existiert, sodass für alle $n, m > N$ mit $n > m$ gilt

$$\left\| \sum_{k=0}^{n} f_k - \sum_{k=0}^{m} f_k \right\|_D = \left\| \sum_{k=m+1}^{n} f_k \right\|_D < \varepsilon.$$

Dieses Kriterium ist eine unmittelbare Folge des Cauchy-Kriteriums für Funktionenfolgen. ◆

Frage 360

Wann heißt eine Funktionenreihe $\sum f_k$ auf D **absolut konvergent** bzw. **absolut gleichmäßig konvergent**?

▶ **Antwort** Eine Funktionenreihe $\sum f_k$ heißt *absolut konvergent*, wenn die Reihe $\sum |f_k|$ für alle $x \in D$ punktweise konvergiert, sie heißt *absolut gleichmäßig konvergent*, wenn $\sum |f_k|$ gleichmäßig konvergiert. ◆

Frage 361

Wieso folgt aus absolut gleichmäßiger Konvergenz die gleichmäßige Konvergenz?

▶ **Antwort** Ist $\sum f_k$ absolut gleichmäßig konvergent, so gilt $\sum_{k=m}^{n} |f_k(x)| < \varepsilon$ für alle $x \in D$ und alle $n, m \in \mathbb{N}$ mit $n > m > N$ mit einem hinreichend großen N. Daraus folgt $\left| \sum_{k=m}^{n} f_k(x) \right| \le \sum_{k=m}^{n} |f_k(x)| < \varepsilon$ für alle $x \in D$ und alle $m, n > N$ mit $n > m$. Die Reihe $\sum f_k$ konvergiert somit gleichmäßig aufgrund des Cauchy-Kriteriums aus Frage 359. ◆

Frage 362

Sei $D \subset \mathbb{C}$ eine nichtleere Teilmenge, und $f_k \colon D \to \mathbb{C}$ seien Funktionen ($k \in \mathbb{N}_0$). Wann heißt die Reihe $\sum_k f_k$ normal konvergent?

▶ **Antwort** $\sum_k f_k$ heißt normal konvergent in D, wenn es zu jedem Punkt $z_0 \in D$ eine Umgebung $U(z_0)$ sowie nichtnegative reelle Zahlen M_k gibt, mit

$$|f_k(z)| \ge M_k \quad \text{für alle } z \in U(z_0) \cap D,$$

und die Reihe $\sum_k M_k$ konvergiert.

Historische Bemerkung: Der Begriff der normalen Konvergenz wurde 1908 von dem französischen Mathematiker René Baire (1874–1932) eingeführt, der sich hierbei vom Weierstraß'schen Majorantenkriterium leiten ließ. Man beachte, dass der Begriff der normalen Konvergenz eine lokale Eigenschaft ist und dass eine normal konvergente Reihe absolut und lokal gleichmäßig konvergiert. Sind die f_k alle stetig bzw. analytisch auf einer nichtleeren offenen Teilmenge $D \subset \mathbb{C}$, so ist $\sum_{k=k_0}^{v} f_k$ auch wieder stetig bzw. analytisch, wobei für analytische Funktionen f_k sogar gilt: $F' = \sum_{k=0}^{\infty} f_k'$.

Man erhält also die Ableitung von $F = \sum_{k=0}^{\infty} f_k$ durch gliedweises Ableiten der Reihe, wobei die Reihe $\sum f_k'$ der Ableitungen wieder normal konvergiert.

Der Begriff der normalen Konvergenz wird in der deutschsprachigen Literatur stiefmütterlich behandelt. Wenn er in einschlägigen Werken überhaupt vorkommt, dann meist in Form von **global normaler Konvergenz**.

Man betrachte die Reihe $\sum \| f_k \|_D$ der Supremumsnormen der f_k auf D, also mit $\| f \|_D := \sup_{x \in D} | f(x) |$, und fordert, dass diese Reihe konvergiert.

Bei dieser Definition konvergiert die geometrische Reihe $\sum z^k$ aber **nicht** normal in ihrer Konvergenzkreisscheibe $\mathbb{E} = U_1(0)$, während bei unserer Definition eine Potenzreihe $\sum a_k(z-a)^k$ mit positivem Konvergenzradius $R > 0$ in ihrer Konvergenzkreisscheibe $U_R(a)$ normal konvergiert. In der Kreisscheibe $U_i(0)$ mit $0 < i < 1$ konvergiert die geometrische Reihe allerdings normal.   ◆

Frage 363

Bei verschiedenen Lehrbuchautoren werden im Zusammenhang mit der Konvergenz von Funktionenreihen $\sum f_k$ folgende Konvergenzbegriffe verwendet:

- punktweise Konvergenz
- gleichmäßige Konvergenz
- absolut gleichmäßige Konvergenz
- normale Konvergenz

Geben Sie je ein Beispiel für eine **punktweise konvergente** Funktionenreihe angeben, die

(1) gleichmäßig und absolut konvergiert.

(2) gleichmäßig und nicht absolut konvergiert.

(3) nicht gleichmäßig und absolut konvergiert.

(4) nicht gleichmäßig und nicht absolut konvergiert.

(5) in jedem kompakten Teilintervall $[a, b] \subset D$ gleichmäßig, aber in D nicht normal konvergiert.

▶ **Antwort** (1) Die Reihe $\sum x^k$ konvergiert gleichmäßig und absolut auf jedem kompakten Intervall $[a, b] \subset \,] -1, 1[$. Die gleichmäßige Konvergenz folgt dabei aus der

Konvergenz der Reihe $\sum M^k$ mit $M := \max\{|a|, |b|\}$. Für ein hinreichend großes $N \in \mathbb{N}$ gilt $\sum_{k=n}^{m} M^k < \varepsilon$ für alle $n, m > N$, und wegen $|x| \leq M$ für alle $x \in [a, b]$ folgt $\sum_{k=n}^{m} |x|^k < \varepsilon$ für alle $x \in \,]a, b[$ und alle $n, m > N$ mit $m > n$. Mit dem Cauchy-Kriterium aus Frage 356 und dem Ergebnis von Frage 361 folgt daraus die gleichmäßige Konvergenz von $\sum x^k$ auf $[a, b]$.

(2) Die Reihe $\sum x^k / k$ konvergiert gleichmäßig auf jedem kompakten Intervall $[-1, a]$ mit $a < 1$. Auf dem Intervall $]-1, a[$ folgt die (sogar absolute) Konvergenz durch Vergleich mit der geometrischen Reihe. Im Fall $x = -1$ handelt es sich um die alternierende harmonische Reihe, die konvergiert, aber nicht absolut konvergiert.

(3) Die Reihe $\sum x^k$ konvergiert absolut für jedes $x \in \,]-1, 1[$. Sie konvergiert auf dem Intervall $]-1, 1[$ allerdings nicht gleichmäßig, denn für $x > 1/2$ gilt

$$\left| \sum_{k=N}^{\infty} x^k \right| = x^N \sum_{k=0}^{\infty} x^k > \frac{1}{2^N} \cdot \frac{1}{1-x}.$$

Der Term rechts ist unbeschränkt für $x \to 1$, es kann also kein $N \in \mathbb{N}$ geben, für das $\left| \sum_{k=N}^{\infty} x^k \right| < \varepsilon$ für alle $x \in \,]-1, 1[$ gilt. Die Reihe hat somit nicht die Cauchy-Eigenschaft aus Frage 356 und kann daher nicht gleichmäßig konvergent sein.

(4) Aus der Kombination von Teilantwort (2) und (3) folgt, dass die Reihe $\sum_k x^k$ im Intervall $[-1, 1[$ zwar konvergiert, aber weder gleichmäßig noch absolut.

(5) Die Reihe $\sum x^k$ ist gleichmäßig konvergent auf jedem kompakten Teilintervall von $]-1, 1[$, aber wegen $\|x^k\|_{]-1,1[} = 1$ kann sie im Intervall $]-1, 1[$ nicht normal konvergieren. ◆

Frage 364

Warum folgt aus der normalen Konvergenz einer Funktionenreihe die absolute und die gleichmäßige Konvergenz der Reihe?

▶ **Antwort** Konvergiert die Reihe $\sum f_k$ normal, so besitzen die Reihen $\sum |f_k(x)|$ für jedes $x \in D$ in $\sum \|f_k\|$ eine konvergente Majorante und sind damit ebenfalls konvergent. Die Reihe $\sum f_k$ konvergiert also absolut.

Ferner gilt dann für jedes $\varepsilon > 0$ und hinreichend großes $N \in \mathbb{N}$

$$\left| \sum_{k=n}^{\infty} f_k(x) \right| \leq \sum_{k=n}^{\infty} |f(x)| \leq \sum_{k=n}^{\infty} \|f_k\|_D < \varepsilon \qquad \text{für alle } n > N \text{ und alle } x \in D,$$

und somit konvergiert $\sum f_k$ nach dem Cauchy-Kriterium gleichmäßig. ◆

Frage 365

Was besagt das **Weierstraß'sche Majorantenkriterium** für die normale Konvergenz einer Funktionenreihe?

▶ **Antwort** Das Kriterium besagt:

Gilt für eine Funktionenreihe $\sum f_k$ für jedes $k \in \mathbb{N}$ und jedes $x \in D$ die Ungleichung $|f_k(x)| \leq c_k$ und konvergiert die Reihe $\sum c_k$, so konvergiert die Funktionenreihe $\sum f_k$ normal und damit gleichmäßig auf D.

Dieses Kriterium erhält man durch eine Anwendung des Majorantenkriteriums für reelle oder komplexe Zahlenfolgen auf die Reihe $\sum \|f_k\|_D$. Diese besitzt unter den gegebenen Bedingungen in $\sum c_k$ eine konvergente Majorante und ist damit selbst konvergent. Nach der Antwort zu Frage 364 folgt daraus die gleichmäßige Konvergenz von $\sum f_k$.   ◆

5.2 Potenzreihen

Potenzreihen wurden schon in Abschnitt 3.5 als Reihen bestimmter Bauart eingeführt (vgl. Frage 263 ff.).

Ein Aspekt, der in diesem Kapitel allerdings noch nicht deutlich werden konnte, war die Rolle, die Potenzreihen als spezielle *Funktionenfolgen bzw. -reihen* spielen. Auf der Menge aller $z \in \mathbb{C}$, für die eine Potenzreihe $\sum_k a_k(z-a)^k$ konvergiert, definiert sie eine Funktion, die sich hinsichtlich ihrer spezifischen Funktionseigenschaften wie Stetigkeit, Differenzierbarkeit usw. untersuchen lässt. Es zeigt sich, dass die durch Potenzreihen gegebenen Funktionen alle diese angenehmen Eigenschaften besitzen. Potenzreihen stellen daher eines der wirkungsvollsten Mittel der Analysis dar, um neue Funktionen zu definieren bzw. konstruieren oder andere, die zunächst nur durch bestimmte Eigenschaften charakterisiert und gegeben sind, durch einen durchschaubaren analytischen Ausdruck darzustellen, mit dem sich „fast" so rechnen lässt wie mit Polynomen. Die Klasse derjenigen Funktionen, die sich durch Potenzreihen darstellen lässt, nennt man daher auch *analytische Funktionen*.

Frage 366

Was versteht man unter einer **Potenzreihe** in $\mathbb{K}$ (mit $\mathbb{K} = \mathbb{R}$ oder $\mathbb{K} = \mathbb{C}$)?

▶ **Antwort** Eine *Potenzreihe* im Punkt $z \in \mathbb{K}$ zum Entwicklungspunkt $a \in \mathbb{K}$ ist eine Reihe der Gestalt

$$\sum_{k=0}^{\infty} a_k(z-a)^k, \quad a_k \in \mathbb{K}.$$

Bezeichnet D die Menge aller $z \in \mathbb{K}$, für die die Potenzreihe konvergiert, so ist durch

$$P(z) := \sum_{k=0}^{\infty} a_k (z - a)^k$$

eine Funktion $P : D \to \mathbb{K}$ definiert. ◆

Frage 367

Was versteht man unter dem **Konvergenzradius** einer Potenzreihe?

▶ **Antwort** Nach Frage 264 gibt es zu jeder Potenzreihe $\sum a_k (z - a)^k$ ein $R \in \mathbb{R}_+ \cup \{\infty\}$, sodass die Reihe für alle $z \in U_R(a)$ konvergiert (sogar absolut) und außerhalb davon divergiert. Die Zahl R nennt man den *Konvergenzradius* der Potenzreihe.

Die durch

$$P(z) := \sum_{k=0}^{\infty} a_k (z - a)^k$$

definierte Funktion ist somit zumindest auf der Menge $U_R(a)$ definiert. Unter Umständen macht diese Definition auch noch auf dem Rand von $U_R(a)$ Sinn, allerdings nur unter bestimmten Bedingungen. Der in Frage 373 besprochene *Abel'sche Grenzwertsatz* liefert dazu für reelle Potenzreihen ein erstes Ergebnis. ◆

Frage 368

Welche Formeln zur Ermittlung des Konvergenzradius einer Potenzreihe sind Ihnen geläufig?

▶ **Antwort** Wichtig sind hier die Formeln von Cauchy-Hadamard und Euler, die jeweils eine Folge des Wurzel- bzw. Quotientenkriteriums für reelle oder komplexe Zahlenreihen sind. Sie wurden bereits in Frage 268 formuliert und bewiesen. ◆

Frage 369

Wie lässt sich eine Funktionenreihe $\sum_k a_k f_k$ mittels **partieller Summation** darstellen?

▶ **Antwort** Die *partielle Summation* einer Funktionenreihe lässt sich als diskrete Variante der aus der Integralrechnung bekannten *partiellen Integration* verstehen.

Seien $a_1, \ldots, a_n$ und $f_1, \ldots, f_n$ beliebige Zahlen oder Funktionen (wobei man sich natürlich hauptsächlich für den Fall interessiert, dass diese als Glieder einer Folge gegeben sind). Mit $A_k := \sum_{j=1}^{k} a_j$ gilt dann

$$\sum_{k=1}^{n} a_k f_k = \sum_{k=1}^{n} A_k (f_k - f_{k+1}) + A_n f_{n+1},$$

wobei f_{n+1} sogar beliebig gewählt werden kann.

Der Beweis ergibt sich rein rechnerisch durch Manipulation endlicher Summen. Setzt man $A_0 := 0$, so gilt $a_k = (A_k - A_{k-1})$ für alle $k \in \{1, \ldots n\}$. Durch geeignetes Zusammenfassen der Summanden und Indexverschiebungen erhält man

$$\sum_{k=1}^{n} a_k f_k = \sum_{k=1}^{n} (A_k - A_{k-1}) f_k = \sum_{k=1}^{n} A_k f_k - \sum_{k=1}^{n} A_{k-1} f_k$$

$$= \sum_{k=1}^{n} A_k f_k - \sum_{k=1}^{n-1} A_k f_{k+1} = \sum_{k=1}^{n} A_k f_k - \sum_{k=1}^{n} A_k f_{k+1} + A_n f_{n+1}$$

$$= \sum_{k=1}^{n} A_k (f_k - f_{k+1}) + A_n f_{n+1}. \qquad \blacklozenge$$

Frage 370

Warum haben die Potenzreihen

$$\sum \frac{z^k}{k!}, \quad \sum (-1)^k \frac{z^{2k}}{(2k)!}, \quad \sum (-1)^k \frac{z^{k+1}}{(2k+1)!}, \quad \sum \frac{z^{2k}}{(2k)!}, \quad \sum \frac{z^{2k+1}}{(2k+1)!}$$

alle den Konvergenzradius $R = \infty$?

▶ **Antwort** Die Exponentialreihe $\sum \frac{z^k}{k!}$ konvergiert absolut für jedes $z \in \mathbb{C}$, was in Frage 261 gezeigt wurde. Hieraus ergibt sich auch für jedes $z \in \mathbb{C}$ die absolute Konvergenz der anderen vier Reihen, da die Beträge von deren Summanden alle auch in der Reihe $\sum \left| \frac{z^k}{k!} \right|$ vorkommen. Jede der vier Reihen besitzt also in der Exponentialreihe eine konvergente Majorante.   ◆

Frage 371

Hat eine Potenzreihe $\sum a_k (z - a)^k$ einen Konvergenzradius $R > 0$ und ist $P : U_R(a) \to \mathbb{K}$ definiert durch $z \mapsto P(z) = \sum_{k=0}^{\infty} a_k (z - a)^k$, warum ist dann P in $U_R(a)$ stetig?

▶ **Antwort** Für jedes $r < R$ konvergiert die Potenzreihe wegen

$$\left| \sum_{k=0}^{\infty} a_k (z - a) \right| \leq \sum_{k=0}^{\infty} |a_k| r^k \qquad \text{für alle } z \text{ mit } |z - a| \leq r$$

gleichmäßig in der abgeschlossenen Umgebung $\overline{U_r(a)}$. Nach Frage 357 ist P somit stetig in jeder abgeschlossenen Umgebung $\overline{U_r(a)}$ mit $r < R$, und daraus folgt die Stetigkeit von P in $U_R(a)$, da es für jedes $z \in U_R(a)$ ein $r < R$ mit $z \in \overline{U_r(a)}$ gibt, s. Abb. 5.4. ♦

Abb. 5.4 Jeder Punkt $z \in U_R(a)$ liegt in einer *abgeschlossenen* Kreisscheibe $\overline{U_r(a)} \subset U_R(a)$

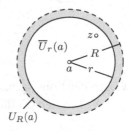

Können Sie eine komplexe Potenzreihe angeben, deren Konvergenzradius $R = 1$ ist, die aber für keinen Punkt $|z| = 1$ konvergiert?

▶ **Antwort** Die geometrische Reihe $\sum z^k$ liefert ein entsprechendes Beispiel. Für alle Punkte $|z| < 1$ folgt die (absolute) Konvergenz aus derjenigen der geometrischen Reihe. Für $|z| = 1$ kann die Reihe aber nicht konvergieren, da in diesem Fall die Summanden überhaupt keine Nullfolge bilden. ♦

Was besagt der **Abel'sche Grenzwertsatz** für reelle Potenzreihen?

▶ **Antwort** Nach Frage 371 konvergiert eine reelle Potenzreihe $\sum a_k x^k$ innerhalb ihres Konvergenzradius gleichmäßig und stellt dort eine stetige Funktion f dar. Es stellt sich die naheliegende Frage, ob in den Fällen, in denen die Reihe auch noch in den Randpunkten ihres Konvergenzintervalls konvergiert, sich die Definition $f(x) = \sum a_k x^k$ auf diese Randpunkte ausdehnen lässt, so dass f dort immer noch stetig ist. Der Abel'sche Grenzwertsatz liefert dafür die positive Antwort. Er lautet:

Die reelle Potenzreihe $\sum a_k x^k$ konvergiere für die positive Zahl $x = R$. Dann konvergiert sie gleichmäßig auf dem Intervall $[0, R]$ und stellt dort eine stetige Funktion dar. (Ein entsprechender Satz gilt, wenn die Reihe für $x = -R$ konvergiert.)

Es genügt, den Abel'schen Grenzwertsatz für den Fall $R = 1$ zu beweisen (da sich der allgemeine Fall durch Übergang zur Reihe $\sum a_k' x^k$ mit $a_k' = a_k / R^k$ auf diesen zurückführen lässt). Unter dieser Voraussetzung ist die Reihe $\sum_{k=0}^{\infty} a_k$ konvergent. Mit $A := \sum_k a_k$ liefert die Abel'sche partielle Summation (s. Frage 369)

$$\sum_{k=n+1}^{m} a_k x^k = \sum_{k=n}^{m-1} A_k (x^k - x^{k+1}) + A_m x^m - A_n x^n$$

$$= \sum_{k=n}^{m-1} (A_k - A)(x^k - x^{k+1}) + (A_m - A)x^m - (A_n - A)x^n.$$

Wegen der Konvergenz von $\sum_k a_k$ gibt es ein $N \in \mathbb{N}$, sodass $|A - A_k| < \varepsilon$ ist für alle $k > N$. Folglich gilt für alle $m > n > N$

$$\left| \sum_{k=n+1}^{m} a_k x^k \right| \leq \varepsilon \sum_{k=n}^{m-1} |x^k - x^{k+1}| + 2\varepsilon \leq 4\varepsilon \quad \text{für alle } x \in [0, 1].$$

Mit dem Cauchy-Kriterium folgt hieraus die gleichmäßige Konvergenz der Reihe auf dem Intervall $[0, 1]$. ◆

Frage 374

Wie ist das **Cauchy-Produkt (die Faltung)** zweier Potenzreihen $P(z) = \sum_k a_k z^k$ und $Q(z) = \sum_n b_n z^n$ definiert?

▶ **Antwort** Das Cauchy-Produkt ist die durch

$$\sum_{k=0}^{\infty} \left(\sum_{n=0}^{k} a_n b_{k-n} \right) z^k \tag{$*$}$$

definierte Potenzreihe. Man erhält sie also durch formale Cauchy-Multiplikation der beiden Potenzreihen für $\sum a_k z^k$ und $\sum b_n z^n$. Diese konvergieren beide zusammen in dem kleineren ihrer Konvergenzkreise absolut. Innerhalb dieses Konvergenzkreises konvergiert nach Frage 253 damit auch deren Cauchy-Produkt $(*)$ und stellt dort die Funktion $p(z)q(z)$ dar. ◆

Frage 375

Was besagt der **Identitätssatz für Potenzreihen**?

▶ **Antwort** Der Satz lautet:

Seien

$$f(z) = \sum_{\ell=0}^{\infty} a_\ell (z - z_0)^\ell, \qquad g(z) = \sum_{\ell=0}^{\infty} b_\ell (z - z_0)^\ell$$

zwei Potenzreihen, die beide in $U_R(z_0)$ mit $R > 0$ konvergieren. Stimmen dann die Funktionen f und g nur auf irgendeiner Folge $(z_k) \subset U_R(z_0)$ mit $\lim z_k = z_0$ überein, so sind beide Funktionen vollkommen identisch, es gilt also $a_\ell = b_\ell$ für alle $\ell \in \mathbb{N}_0$. ◆

Frage 376

Wie lässt sich der Identitätssatz beweisen?

▶ **Antwort** Der Satz lässt sich induktiv beweisen. Zunächst gilt wegen der Stetigkeit von f und g und der Übereinstimmung von f und g auf der Folge (z_k)

$$f(z_0) = \lim_{k \to \infty} f(z_k) = \lim_{k \to \infty} g(z_k) = g(z_0).$$

Daraus folgt $a_0 = b_0$, was uns den Induktionsanfang liefert.

Angenommen, $a_\ell = b_\ell$ sei nun bereits für alle $\ell \leq n$ gezeigt. Die beiden Potenzreihen

$$f_n(z) := \sum_{\ell=n+1}^{\infty} a_\ell(z - z_0)^\ell, \qquad g_n(z) := \sum_{\ell=n+1}^{\infty} b_\ell(z - z_0)^\ell$$

konvergieren beide auf $U_R(z_0)$ und stimmen auf der Folge (z_k) überein. Hieraus folgt mit demselben Argument wie oben folgt

$$f_n(z_0) = \lim_{k \to \infty} f_n(z_k) = \lim_{k \to \infty} g_n(z_k) = g_n(z_0),$$

und damit $a_{n+1} = b_{n+1}$, was im Induktionsschritt zu zeigen war.

Insgesamt gilt also $a_\ell = b_\ell$ für alle $\ell \in \mathbb{N}_0$, und selbstverständlich folgt daraus, dass die beiden Funktionen f und g identisch sind. ◆

Elementare (transzendente) Funktionen

6

Wie schon in früheren Kapiteln angedeutet wurde, sind *Potenzreihen* ein äußerst wichtiges und leistungsfähiges Konstruktionsprinzip der Analysis. Eine besonders wichtige Rolle spielt dabei die *komplexe Exponentialfunktion* $\exp\colon \mathbb{C} \to \mathbb{C}$. Erst durch den Übergang zum Komplexen wird eine enge Verwandtschaft dieser Funktion mit den *trigonometrischen Funktionen (Winkelfunktionen)* oder den *hyperbolischen Funktionen* sichtbar, die im Reellen überhaupt nicht erkennbar ist, und mit deren Hilfe sich zahlreiche wichtige Eigenschaften dieser Funktionen auf sehr einfache Weise ergeben. Wir betrachten die Funktionen daher gleich im Komplexen, bei ihren Umkehrungen konzentrieren wir uns allerdings auf den reellen Fall.

6.1 Die komplexe Exponentialfunktion

Frage 377

Durch welche Reihendarstellung ist die komplexe Exponentialfunktion $\exp\colon \mathbb{C} \to \mathbb{C}$ definiert? Wieso konvergiert diese Reihe für alle $z \in \mathbb{C}$ absolut?

▶ **Antwort** Für alle $z \in \mathbb{C}$ ist $\exp(z)$ definiert durch die Reihe

$$\exp z := \sum_{k=0}^{\infty} \frac{z^k}{k!} = 1 + z + \frac{z^2}{2!} + \frac{z^3}{3!} + \cdots .$$

Die absolute Konvergenz für alle $z \in \mathbb{C}$ erhält man am schnellsten mit dem Quotientenkriterium. Das wurde in der Antwort zu Frage 261 schon vorgeführt.

Da die Reihendarstellung damit für alle $z \in \mathbb{C}$ existiert, ist durch sie eine stetige Funktion $\exp\colon \mathbb{C} \to \mathbb{C}$ gegeben. ◆

© Springer-Verlag GmbH Deutschland 2018
R. Busam, T. Epp, *Prüfungstrainer Analysis*, https://doi.org/10.1007/978-3-662-55020-5_6

Frage 378

Wie lautet die **Funktionalgleichung** bzw. das **Additionstheorem** der Exponentialfunktion und woraus folgt es?

▶ **Antwort** Für alle $z, w \in \mathbb{C}$ gilt die *Funktionalgleichung*

$$\boxed{\exp(z + w) = \exp(z) \exp(w).}$$

Man erhält die Gleichung durch Auswerten des Reihenprodukts

$$\left(\sum_{k=0}^{\infty} \frac{z^k}{k!} \right) \cdot \left(\sum_{k=0}^{\infty} \frac{w^k}{k!} \right)$$

mittels Cauchy-Multiplikation. Das wurde in der Antwort zu Frage 262 bereits gezeigt.
◆

Frage 379

Wieso ist $\exp(z) \neq 0$ für alle $z \in \mathbb{C}$?

▶ **Antwort** Aus $\exp(z) = 0$ würde mit der Funktionalgleichung $\exp(z - z) = 0$ folgen.
Es gilt aber $\exp(z - z) = \exp(0) = 1$.
◆

Frage 380

Wieso gilt $\exp(kz) = (\exp(z))^k$ für alle $k \in \mathbb{Z}$ und alle $z \in \mathbb{C}$?

▶ **Antwort** Für positive k ergibt sich die Formel induktiv mithilfe der Funktionalgleichung. Die Erweiterung auf negative Zahlen folgt daraus dann im Zusammenhang mit
$\exp(-z) = \exp(z)^{-1}$, was sich wiederum aus $1 = \exp(z-z) = \exp(z) \exp(-z)$ ergibt. ◆

Frage 381

Woraus folgt $\overline{\exp(z)} = \exp(\overline{z})$?

▶ **Antwort** Für alle $n \in \mathbb{N}$ und alle $z \in \mathbb{C}$ gilt $\overline{z}^n = \overline{z^n}$. Da die Konjugation konvergenter Folgen mit der Limesbildung verträglich ist (vgl. Frage 159), folgt die Gleichung
damit aus der Reihendarstellung von exp.
◆

Frage 382

Wie kann man zeigen, dass für alle $t \in \mathbb{R}$ gilt: $\left| \exp(it) \right| = 1$?

▶ **Antwort** Wegen $\overline{it} = -it$ und $\exp(-z) = 1/\exp(z)$ folgt zusammen mit dem vorhergehenden Ergebnis

$$\left| \exp(it) \right| = \exp(it)\overline{\exp(it)} = \exp(it)\exp(\overline{it}) = \exp(it)\exp(-it) = 1. \qquad \blacklozenge$$

Frage 383

Wieso gilt $\exp'(z) = \exp(z)$ für alle $z \in \mathbb{C}$?

▶ **Antwort** Gliedweises Differenzieren der Exponentialreihe liefert

$$\exp'(z) = \sum_{k=1}^{\infty} \frac{k z^{k-1}}{k!} = \sum_{k=1}^{\infty} \frac{z^{k-1}}{(k-1)!} = \sum_{k=0}^{\infty} \frac{z^k}{k!} = \exp(z). \qquad \blacklozenge$$

Frage 384

Können Sie $\lim\limits_{n \to \infty} \left(1 + \dfrac{z}{n} \right)^n = \exp z$ für alle $z \in \mathbb{C}$ zeigen?

▶ **Antwort** Im Wesentlichen ergibt sich der Zusammenhang, indem man die binomische Formel auf den Ausdruck $\left(1 + \frac{z}{n} \right)^n$ anwendet. Damit erhält man

$$\left(1 + \frac{z}{n} \right)^n = \sum_{k=0}^{n} \binom{n}{k} \frac{z^k}{n^k} = \sum_{k=0}^{n} \left(1 - \frac{1}{n} \right) \left(1 - \frac{2}{n} \right) \cdots \left(1 - \frac{k-1}{n} \right) \frac{z^k}{k!}.$$

Die Summanden in der rechten Summe konvergieren für $n \to \infty$ gegen $\frac{z^k}{k!}$, und das macht es zumindest plausibel, dass dann auch $\lim\limits_{n\to\infty} \left(1 + \frac{z}{n} \right)^n = \lim\limits_{n\to\infty} \sum_{k=0}^{n} \frac{1}{k!}$ gilt.

Für einen sauberen Beweis schreibe man

$$\left| \left(1 + \frac{z}{n} \right)^n - \sum_{k=0}^{n} \frac{z^k}{k!} \right| \le \sum_{k=0}^{N} \left| \binom{n}{k} \frac{z^k}{n^k} - \frac{z^k}{k!} \right| + \sum_{k=N+1}^{n} \left| \frac{z^k}{k!} \right| + \sum_{k=N+1}^{n} \left| \binom{n}{k} \frac{z^k}{n^k} \right| \qquad (*)$$

und wähle N so groß, dass $\sum_{k=N+1}^{m} \left| \frac{z^k}{k!} \right| < \varepsilon$ für alle $m > N$ gilt. Wegen $\binom{n}{k} \frac{1}{n^k} < \frac{1}{k!}$ ist dann auch die hintere Summe in $(*)$ für alle $n > N$ kleiner als ε. Ferner gilt $\lim\limits_{n\to\infty} \binom{n}{k} \frac{1}{n^k} = \frac{1}{k!}$, und daher gibt es ein $M \in \mathbb{N}$, sodass die erste Summe für alle $n > M$ ebenfalls kleiner als ε ist. Es gilt also

$$\left| \left(1 + \frac{z}{n} \right)^n - \sum_{k=0}^{n} \frac{z^k}{k!} \right| \le 3\varepsilon, \qquad \text{für alle } n > \max\{M, N\},$$

womit die Identität der beiden Grenzwerte gezeigt ist. $\qquad \blacklozenge$

Frage 385

Kennen Sie eine Verallgemeinerung des in der vorhergehenden Antwort gezeigten Zusammenhangs?

▶ **Antwort** Es gilt sogar

$$\exp z = \lim_{n \to \infty} \left(1 + \frac{z_n}{n}\right)^n$$

für eine beliebige gegen z konvergierende Folge z_n, was man mit einem ähnlichen Argument wie oben zeigen kann.   ◆

Frage 386

Was lässt sich für reelle Argumente x über die *Wachstumsgeschwindigkeit* der Exponentialfunktion aussagen?

▶ **Antwort** *Die Exponentialfunktion* $\exp x$ *wächst schneller als jede natürliche Potenz von* x, *formal:*

$$\lim_{x \to \infty} \frac{e^x}{x^n} = \infty, \quad bzw. \quad \lim_{x \to \infty} \frac{x^n}{e^x} = 0 \quad \text{für alle } x > 0 \text{ und alle } n \in \mathbb{N}.$$

Den Zusammenhang erkennt man an der Potenzreihenentwicklung der Exponentialfunktion. Für $x > 0$ gilt:

$$e^x > \frac{x^{n+1}}{(n+1)!} \implies \frac{e^x}{x^n} > \frac{x}{(n+1)!}.$$

Für $x \to \infty$ folgt daraus die Grenzwertaussage.

Abb. 6.1 Graph der reellen Exponentialfunktion

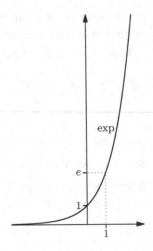

Abb. 6.1 gibt einen visuellen Eindruck von der rasanten Wachstumsgeschwindigkeit der reellen Exponentialfunktion.   ◆

Frage 387

Worin besteht der Hauptunterschied zwischen der komplexen Exponentialfunktion und ihrer Einschränkung auf die reelle Achse?

▶ **Antwort** Die reelle Exponentialfunktion ist eine streng monoton wachsende Funktion, die $\mathbb{R}$ bijektiv auf $\mathbb{R}_+^*$ abbildet. Die komplexe Exponentialfunktion dagegen ist eine *periodische* Funktion mit der Periode $2\pi\mathrm{i}$. Da die Periode rein imaginär ist, deutet im Reellen nichts auf diese versteckte Eigenschaft der Exponentialfunktion hin, die erst im Komplexen ans Tageslicht tritt.

Die Abbildungen 6.2 und 6.3 zeigen den Graphen des Realteils bzw. Imaginärteils von $\exp\colon \mathbb{C} \to \mathbb{C}$. Die deutlich zu erkennende Wellenbewegung in Richtung der imaginären Achse ist ein Ausdruck der Periodizität der komplexen Exponentialfunktion. ♦

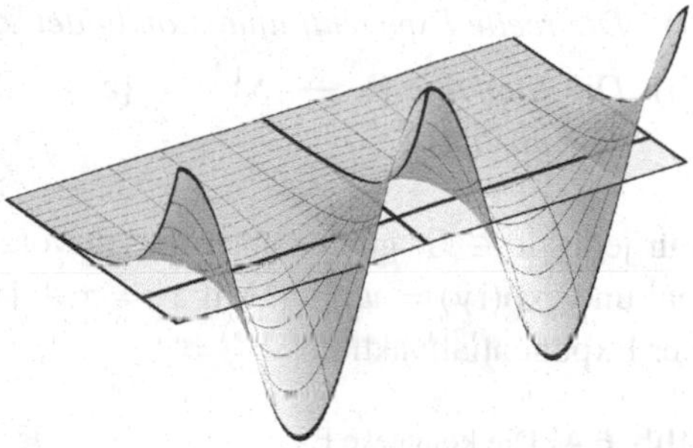

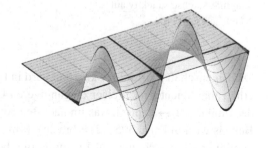

Abb. 6.2 Realteil der komplexen Exponentialfunktion. Die entlang der Gerade $\mathrm{Re}\, z = a$ verlaufende Kurve ist der Graph der Funktion $y \mapsto \exp(a)\cos(y)$ mit $y = \mathrm{Im}\, z$

Abb. 6.3 Imaginärteil der komplexen Exponentialfunktion. Die entlang der Gerade $\mathrm{Re}\, z = a$ verlaufende Kurve ist der Graph der Funktion $y \mapsto \exp(a)\sin(y)$ mit $y = \mathrm{Im}\, z$

Frage 388

Wie ist die Zahl π definiert?

▶ **Antwort** Die komplexe Exponentialfunktion besitzt eine rein imaginäre Periode $\mathrm{i}p$ mit $p \in \mathbb{R}_+$. Die Zahl $\pi \in \mathbb{R}$ lässt sich nun einfach als *halbe Länge dieser Periode* definieren, also als $\pi := p/2$. Die die Zahl π charakterisierende Gleichung lautet somit

$$\exp(z + 2\pi\mathrm{i}) = \exp(z) \quad \text{und} \quad \exp(z + \mathrm{i}t) \neq \exp(z) \ \text{für alle } t \in \mathbb{R}_+ \text{ mit } t \leq 2\pi.$$

Es ist vielleicht etwas praktischer – und in aller Regel wird es auch so gehandhabt –, sich der Periodizitätseigenschaften der Exponentialfunktion durch die Untersuchung der reellen Funktionen $\cos t$ und $\sin t$ als Real- bzw. Imaginärteil der Funktion $t \mapsto \exp(it)$ anzunähern. In diesem Zusammenhang kann man $\pi/2$ dann auch als erste positive Nullstelle des Cosinus definieren. Wegen des fundamentalen Zusammenhangs mit der Exponentialfunktion läuft das am Ende aber auf genau dasselbe hinaus.   ◆

Frage 389

Wie kann man zeigen, dass die Abbildung $\exp\colon \mathbb{C} \to \mathbb{C}^* := \mathbb{C} \setminus \{0\}$ surjektiv ist?

▶ **Antwort** Wegen $\exp(x + iy) = \exp(x)\exp(iy)$ folgt die Surjektivität der Exponentialfunktion zusammen aus

(i)   *Die reelle Exponentialfunktion bildet $\mathbb{R}$ surjektiv auf $\mathbb{R}_+^*$ ab.*

(ii) *Die Funktion $\mathbb{R} \to S^1 := \{z \in \mathbb{C};\ |z| = 1\}$ mit $t \mapsto \exp(it)$ ist surjektiv (s. Abb. 6.4).*

Für jedes $w \in \mathbb{C}^*$ gibt es unter diesen Voraussetzungen nämlich $x, y \in \mathbb{R}$ mit $\exp(x) = |w|$ und $\exp(iy) = w/|w|$. Mit $z := x + iy$ folgt dann $\exp z = w$, also die Surjektivität der Exponentialfunktion.

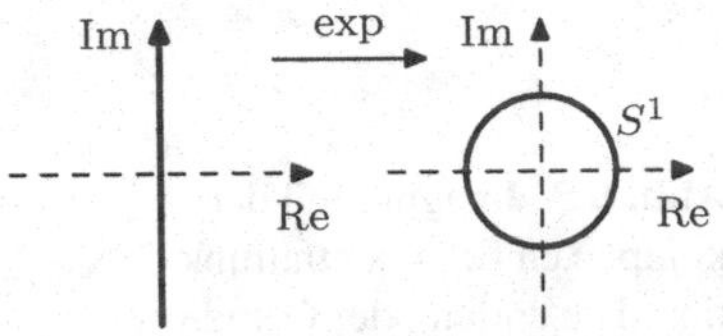

Abb. 6.4 Die komplexe Exponentialfunktion bildet die imaginäre Achse surjektiv auf S^1 ab

Die Eigenschaft (i) ist relativ klar und wird in Frage 401 beantwortet. Die Eigenschaft (ii) erhält man leichter nach einer eingängigeren Untersuchung der Real- und Imaginärteile der Funktion $t \mapsto \exp(it)$, was im nächsten Abschn. 6.2 geschehen wird (Der endgültige Beweis wird in Frage 395 (12) erbracht). Prinzipiell lässt sich die Surjektivität der Exponentialfunktion auch aus den Eigenschaften herleiten, die bisher zur Verfügung stehen. Allerdings erfordert das einige Tricks und gehört wohl nicht unbedingt zum Standardwissen (für einen Beweis siehe [6]).   ◆

Frage 390

Wieso kann die Abbildung $\exp\colon \mathbb{C} \to \mathbb{C}^*$ nicht injektiv sein?

▶ **Antwort** Die Abbildung $\exp\colon \mathbb{C} \to \mathbb{C}^*$ ist – algebraisch beschrieben – ein Homomorphismus von der additiven Gruppe $(\mathbb{C}, +)$ in die multiplikative Gruppe $(\mathbb{C}^*, \cdot)$. Diese

Gruppen sind nicht isomorph, da die multiplikative Gruppe im Gegensatz zur additiven endliche Untergruppen enthält (etwa $\{-1, 1\}$). Somit kann die die Abbildung kein Isomorphismus, also nicht bijektiv sein. Ihre Surjektivität impliziert damit, dass sie nicht injektiv ist. ◆

Frage 391

Was ist der Kern des Homomorphismus $\exp\colon (\mathbb{C}, +) \to (\mathbb{C}^*, \cdot)$?

▶ **Antwort** Der Kern des Exponentialhomomorphismus ist die durch $2\pi\mathrm{i}$ erzeugte zyklische additive Untergruppe von $\mathrm{i}\mathbb{R}$, also

$$\boxed{\ker(\exp) = \{2\pi\mathrm{i}k \; ; \; k \in \mathbb{Z}\}.}$$

Dies liefert ebenfalls eine Definition der Zahl π ◆

Frage 392

Können Sie direkt begründen, warum aus der Stetigkeit von $\exp$ an der Stelle $a = 0$ die Stetigkeit an einer beliebigen Stelle $z \in \mathbb{C}$ folgt?

▶ **Antwort** Zu $\varepsilon > 0$ sei ein δ entsprechend der Stetigkeit der Exponentialfunktion im Nullpunkt gewählt. Für beliebiges $z \in \mathbb{C}$ und $w \in U_\delta(z)$ ist dann $w - z \in U_\delta(0)$, und damit gilt

$$|\exp(w - z) - \exp(0)| = \left|\frac{\exp w}{\exp z} - 1\right| = \left|\frac{\exp w - \exp z}{\exp z}\right| < \varepsilon,$$

also $|\exp w - \exp z| < |\exp z| \cdot \varepsilon$. Daraus folgt die Stetigkeit der Exponentialfunktion im Punkt z. ◆

Frage 393

Ist $f\colon \mathbb{C} \to \mathbb{C}$ eine Funktion mit

(i) $f(z + w) = f(z)f(w)$ für alle $z, w \in \mathbb{C}$,   (ii) $\lim\limits_{z \to 0} \dfrac{f(z) - 1}{z} = 1$,

warum gilt dann $f(z) = \exp(z)$ für alle $z \in \mathbb{C}$?

▶ **Antwort** Wegen (i) gilt $f(z) = \left(f\left(\frac{z}{n}\right)\right)^n$ für alle $n \in \mathbb{N}$ und damit insbesondere $\lim\limits_{n \to \infty} \left(f\left(\frac{z}{n}\right)\right)^n = f(z)$. Durch $f\left(\frac{z}{n}\right) =: 1 + \frac{z_n}{n}$ sei nun eine Folge (z_n) komplexer Zahlen definiert. Für diese gilt mit (ii)

$$\lim_{n \to \infty} z_n = \lim_{n \to \infty} \frac{f(z/n) - 1}{1/n} = z.$$

Die Folge (z_n) konvergiert also gegen z, und damit gilt nach der Antwort zu Frage 385

$$f(z) = \lim_{n \to \infty} \left(1 + \frac{z_n}{n}\right)^n = \exp z \qquad \blacklozenge$$

6.2   Die trigonometrischen Funktionen und die Hyperbelfunktionen

Frage 394

Definiert man für alle $z \in \mathbb{C}$

$$\cos z := \frac{\exp(iz) + \exp(-iz)}{2} \qquad \text{und} \qquad \sin z := \frac{\exp(iz) - \exp(-iz)}{2i}, \qquad (*)$$

warum gilt dann für alle $z \in \mathbb{C}$:

$$\cos z := \sum_{k=0}^{\infty} (-1)^k \frac{z^{2k}}{(2k)!} \qquad \text{und} \qquad \sin z := \sum_{k=0}^{\infty} (-1)^k \frac{z^{2k+1}}{(2k+1)!}. \qquad (**)$$

▶ **Antwort** Die beiden Reihendarstellungen ergeben sich rein formal aus der Potenzreihenentwicklung der Exponentialfunktion, konkret aus den beiden Formeln

$$\exp(iz) = \sum_{k=0}^{\infty} \frac{(iz)^{2k}}{(2k)!} + \sum_{k=0}^{\infty} \frac{(iz)^{2k+1}}{(2k+1)!} = \sum_{k=0}^{\infty} (-1)^k \frac{z^{2k}}{(2k)!} + i \sum_{k=0}^{\infty} (-1)^k \frac{z^{2k+1}}{(2k+1)!},$$

$$\exp(-iz) = \sum_{k=0}^{\infty} \frac{(-iz)^{2k}}{(2k)!} + \sum_{k=0}^{\infty} \frac{(-iz)^{2k+1}}{(2k+1)!} = \sum_{k=0}^{\infty} (-1)^k \frac{z^{2k}}{(2k)!} - i \sum_{k=0}^{\infty} (-1)^k \frac{z^{2k+1}}{(2k+1)!}.$$

Für *reelle* Argumente x sind $\cos x$ und $\sin x$ die Real- bzw. Imaginärteile der Funktion $x \mapsto \exp(it)$, was sich an der Definition $(*)$ ebenso wie an der Reihenentwicklung von $\exp(it)$ unmittelbar ablesen lässt. Für komplexe Argumente gilt dieser Zusammenhang allerdings nicht mehr. $\qquad \blacklozenge$

Frage 395

Welche Haupteigenschaften von cos und sin sind Ihnen bekannt?

▶ **Antwort** (1) Aus $(*)$ folgt genauso wie aus $(**)$ unmittelbar, dass cos eine *gerade* und sin eine *ungerade* Funktion ist.

(2) Ebenso direkt folgt aus der Definition $(*)$ die *Euler'sche Formel*

$$\boxed{\exp(iz) = \cos z + i \sin z \qquad \text{für alle } z \in \mathbb{C}.}$$

Speziell gilt die Euler'sche Formel für $z \in \mathbb{R}$. In diesem Fall liefert sie eine einfache geometrische Veranschaulichung der komplexen Exponentialfunktion (s. Abb. 6.5). Die Zahl $w = \exp(x + \mathrm{i}y)$ liegt auf dem Kreis um den Nullpunkt mit Radius $\exp x$, und $y \bmod 2\pi$ gibt den Winkel an, den die Gerade durch 0 und w mit der x-Achse einschließt, es ist also $y = \arg w$ (vgl. dazu Frage 99 und speziell zum tieferen Verständnis der Funktionalgleichung auch 101).

Abb. 6.5 Geometrische Veranschaulichung der Euler'schen Formel

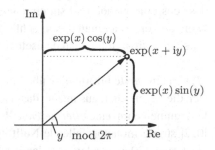

(3) Durch Einsetzen der Euler'schen Formel in die Gleichung $\exp(\mathrm{i}z)\exp(-\mathrm{i}z) = 1$ erhält man die Identität

$$\cos^2 z + \sin^2 z = 1 \qquad \text{für alle } z \in \mathbb{C}.$$

(4) Die Euler'sche Formel liefert zusammen mit $\exp(\mathrm{i}nz) = \exp(\mathrm{i}z)^n$ die *Moivre'sche Formel*

$$(\cos z + \mathrm{i}\sin z)^n = \cos nz + \mathrm{i}\sin nz.$$

(5) Für alle $z, w \in \mathbb{C}$ gelten die *Additionstheoreme*

$$\begin{aligned}
\cos(z + w) &= \cos z \cos w - \sin z \sin w, \\
\sin(z + w) &= \sin z \cos w + \cos z \sin w.
\end{aligned}$$

Diese folgen jeweils durch Addition bzw. Subtraktion der beiden Gleichungen

$$\begin{aligned}
e^{\mathrm{i}(z+w)} &= e^{\mathrm{i}z} \cdot e^{\mathrm{i}w} &&= \cos z \cos w - \sin z \sin w + \mathrm{i}(\sin z \cos w + \cos z \sin w) \\
e^{-\mathrm{i}(z+w)} &= e^{-\mathrm{i}z} \cdot e^{-\mathrm{i}w} &&= \cos z \cos w - \sin z \sin w - \mathrm{i}(\sin z \cos w + \cos z \sin w),
\end{aligned}$$

bei deren Herleitung von $\cos(-z) = \cos z$ und $\sin(-z) = -\sin z$ Gebrauch gemacht wird.

(6) Eine Folge der Additionstheoreme sind die beiden Formeln

$$\begin{aligned}
\cos z - \cos w &= -2 \sin \tfrac{z+w}{2} \sin \tfrac{z-w}{2} \\
\sin z - \sin w &= 2 \cos \tfrac{z+w}{2} \sin \tfrac{z-w}{2}.
\end{aligned}$$

Um die beiden Formeln herzuleiten, schreibe man $z = \frac{z+w}{2} + \frac{z-w}{2}$ bzw. $w = \frac{w+z}{2} + \frac{w-z}{2}$ und wende darauf die Additionstheoreme an. Das ergibt im ersten Fall

$$\cos z = \cos(\tfrac{z+w}{2} + \tfrac{z-w}{2}) = \cos\tfrac{z+w}{2} \cos\tfrac{z-w}{2} - \sin\tfrac{z+w}{2} \sin\tfrac{z-w}{2}$$
$$\cos w = \cos(\tfrac{z+w}{2} + \tfrac{w-z}{2}) = \cos\tfrac{z+w}{2} \cos\tfrac{z-w}{2} + \sin\tfrac{z+w}{2} \sin\tfrac{z-w}{2},$$

wobei bei der Umformung der zweiten Gleichung wieder die Tatsache verwendet wurde, dass cos eine gerade und sin eine ungerade Funktion ist. Durch Subtraktion der beiden Gleichungen erhält man daraus schließlich die Formel für $\cos z - \cos w$. Die Darstellung für $\sin z - \sin w$ folgt nach demselben Schema.

(7) Um eine erste Information über die *Nullstellen* der Cosinusfunktion zu gewinnen, lässt sich die Eigenschaft ausnutzen, dass es sich bei deren Reihenentwicklung für positive reelle Argumente um eine *alternierende* Reihe handelt, deren Summandenbeträge für alle $x \in\ ]0, 2[$ streng monoton fallende Nullfolgen bilden. Man kann also das Leibniz-Kriterium aus Frage 230 anwenden, und damit erhält man für alle $x \in\ ]0, 2[$ die Abschätzung

$$1 - \frac{x^2}{2} < \cos x < 1 - \frac{x^2}{2} + \frac{x^4}{24}.$$

Daraus folgt $\cos(2) < -1/4$. Wegen $\cos(0) = 1$ besitzt die Cosinusfunktion im Intervall $]0, 2[$ also *mindestens* eine Nullstelle.

Wir zeigen weiter, dass cos auf diesem Intervall streng monoton fällt, woraus dann insgesamt folgt, dass es *genau eine* Nullstelle in $]0, 2[$ gibt. Sei dazu $x, y \in\ ]0, 2[$ mit $x > y$. Die Differenzendarstellung aus Teilantwort (6) liefert für alle $x, y \in \mathbb{R}$

$$\cos x - \cos y = -2 \sin \frac{x-y}{2} \sin \frac{x-y}{2}. \tag{$\dagger$}$$

Durch eine nochmalige Anwendung des Leibnizkriteriums – diesmal auf die Sinus-Reihe – erhält man für alle $x \in\ ]0, 2[$ die Abschätzung

$$x - \frac{x^3}{6} < \sin x < x,$$

also insbesondere $\sin x > 0$ für alle $x \in\ ]0, 2[$. Eingesetzt in die Gleichung ($\dagger$) liefert das $\cos x - \cos y < 0$ für alle $x, y \in\ ]0, 2[$ mit $x > y$. Der Cosinus fällt also streng monoton auf dem Intervall $[0, 2[$ und besitzt dort somit genau eine Nullstelle p. Die Zahl π lässt sich über diese Nullstelle definieren, indem man $\pi/2 := p$ festlegt.

(8) Aus der Formel

$$e^{i\pi/2} = \cos \frac{\pi}{2} + i \sin \frac{\pi}{2} = i$$

gewinnt man durch Potenzieren die Werte

$$\boxed{e^{i\pi/2} = i, \quad e^{i\pi} = -1, \quad e^{3\pi/2} = -i, \quad e^{2\pi i} = 1.}$$

Mithilfe der Euler'schen Formel erhält man daraus die Sinus- und Cosinuswerte an den entsprechenden Stellen

$$\cos \frac{\pi}{2} = 0, \quad \cos \pi = -1, \quad \cos \frac{3\pi}{2} = 0, \quad \cos 2\pi = 1,$$
$$\sin \frac{\pi}{2} = 1, \quad \sin \pi = 0, \quad \sin \frac{3\pi}{2} = -1, \quad \sin 2\pi = 0.$$

(9) Aus den Formeln

$$e^{iz+i\pi/2} = i\,e^{iz}, \qquad e^{iz+i\pi} = -e^{iz}, \qquad e^{iz+2i\pi} = e^{iz}$$

erhält man die Zusammenhänge

$$\cos\left(z + \tfrac{\pi}{2}\right) = \sin z, \quad \cos\left(z + \pi\right) = -\cos z, \quad \cos\left(z + 2\pi\right) = \cos z,$$
$$\sin\left(z + \tfrac{\pi}{2}\right) = \cos z, \quad \sin\left(z + \pi\right) = -\sin z, \quad \sin\left(z + 2\pi\right) = \sin z,$$

aus denen insbesondere folgt, dass Sinus und Cosinus beide die reelle Periode 2π haben.

(10) Aus der vorhergehenden Teilantwort erhält man nun auch sofort *sämtliche* Nullstellen von Sinus und Cosinus. Nach Teilfrage (*/*) ist $\frac{\pi}{2}$ die kleinste positive Nullstelle von cos. Wegen $\cos(x + \pi) = -\cos x$ sind damit $\frac{\pi}{2}$ und $\frac{3\pi}{2}$ die beiden einzigen Nullstellen von cos im Intervall $]-\frac{\pi}{2}, \frac{3\pi}{2}]$. Da dieses Intervall die Länge 2π hat, erhält man aus diesen Nullstellen alle weiteren durch Addition eines ganzzahligen Vielfachen von 2π. Schließlich bekommt man aus den Nullstellen des Cosinus diejenigen von Sinus durch Anwendung der Formel $\sin(z + \frac{\pi}{2}) = \cos z$. Zusammenfassend gilt also

$$\cos z = 0 \iff z = \frac{\pi}{2} + k\pi, \quad \sin z = 0 \iff z = k\pi. \quad k \in \mathbb{Z}.$$

(11) Jetzt kann noch gezeigt werden, dass 2π auch tatsächlich die *kleinste* Periode von Sinus und Cosinus ist. Aufgrund der Nullstellenverteilung käme als kleinere Periode nur die Zahl π infrage, die aber wegen $\cos(z + \pi) = -\cos z$ keine Periode sein kann.

(12) Die Funktionen cos und sin bilden die reellen Zahlen surjektiv auf das Intervall $[-1, 1]$ ab. Damit folgt zu guter Letzt, dass die Funktion

$$\mathbb{R} \to S^1 := \{z \in \mathbb{C};\ |z| = 1\}, \qquad t \mapsto \exp(it)$$

tatsächlich surjektiv ist, wie es in Frage 389 bereits vorweggenommen wurde. Sei $w \in S^1$. Dann gilt $\operatorname{Re} w \le 1$, $\operatorname{Im} w \le 1$ und $(\operatorname{Re} w)^2 + (\operatorname{Im} w)^2 = 1$. Es gibt also ein $t \in \mathbb{R}$ mit $\cos t = \operatorname{Re} w$. Wegen $\cos^2 t + \sin^2 t = 1$ folgt $\sin t = \operatorname{Im} w$ oder $-\sin t = \operatorname{Im} w$. Im ersten Fall gilt dann bereits $\exp(it) = \cos t + i \sin t = w$, im zweiten hat man $\exp(-it) = \cos t - i \sin t = w$. Die Funktion $\exp(it)$ bildet $\mathbb{R}$ also tatsächlich surjektiv auf S^1 ab. ◆

Frage 396

Können Sie im reellen Fall die Graphen von cos und sin im Intervall $[-4\pi, 4\pi]$ skizzieren?

► **Antwort** Die durchgezogene Kurve in Abb. 6.6 zeigt den Graphen von cos, die gestrichelte den von sin. ◆

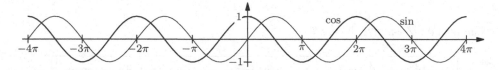

Abb. 6.6 Graphen der reellen Sinus- und Cosinusfunktion

Frage 397

Wie sind die Funktionen Tangens (tan) und Cotangens (cot) im Komplexen definiert? Skizzieren Sie für reelle Argumente die Graphen dieser Funktionen im Intervall $\left[-\frac{3\pi}{2}, \frac{3\pi}{2}\right]$.

► **Antwort** Seien $N_{\cos} := \{(k + 1/2)\pi \ ; \ k \in \mathbb{Z}\}$ und $N_{\sin} := \{k\pi \ ; \ k \in \mathbb{Z}\}$ die Nullstellenmengen von cos bzw. sin. Tangens und Cotangens sind außerhalb dieser Mengen definiert durch

$$\tan z := \frac{\sin z}{\cos z}, \quad z \in \mathbb{C} \setminus N_{\cos}, \qquad \cot z := \frac{\cos z}{\sin z}, \quad z \in \mathbb{C} \setminus N_{\sin}.$$

Durch Einsetzen der Formeln $\cos z = \frac{1}{2}(e^{iz} + e^{-iz})$ und $\sin z = \frac{1}{2i}(e^{iz} - e^{-iz})$ erhält man daraus auch die Darstellungen

$$\tan z := \frac{1}{i} \frac{e^{iz} - e^{-iz}}{e^{iz} + e^{-iz}}, \quad \cot z := i \frac{e^{iz} + e^{-iz}}{e^{iz} - e^{-iz}}.$$

Die Eigenschaften des Tangens folgen aus denen von Sinus und Cosinus. Demnach ist tan eine ungerade, π-periodische Funktion. Im Intervall $\left[0, \frac{\pi}{2}\right[$ ist Sinus streng monoton wachsend und Cosinus streng monoton fallend. Deswegen und aufgrund seiner Symmetrie- und Periodizitätseigenschaften ist der Tangens auf den Intervallen $\left](k - 1/2)\pi, (k + 1/2)\pi\right[$ jeweils streng monoton wachsend, und es gilt:

$$\lim_{x \uparrow (k+1/2)\pi} = \infty \quad \text{und} \quad \lim_{x \downarrow (k+1/2)\pi} = -\infty.$$

Der Tangens bildet somit jedes der Intervalle $](k - 1/2)\pi, (k + 1/2)\pi[$ bijektiv auf $\mathbb{R}$ ab.

Die Eigenschaften von cot ergeben sich aus denen von tan über den Zusammenhang $\cot x = \frac{1}{\tan x}$ bzw. $\cot x = -\tan(x + \pi/2)$, s. Abb. 6.7. ◆

Abb. 6.7 Graphen von tan und cot

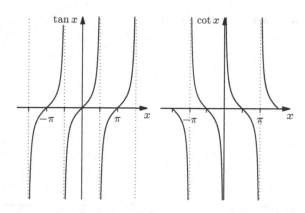

Frage 398

Wie sind die **hyperbolischen Funktionen** sinh und cosh definiert? Welche Haupteigenschaften haben sie? Können Sie im reellen Fall ihren Graphen skizzieren?

▶ **Antwort** Die Funktionen cosh bzw. sinh sind für alle $z \in \mathbb{C}$ definiert durch

$$\cosh z = \frac{e^z + e^{-z}}{2}, \qquad \sinh z = \frac{e^z - e^{-z}}{2}.$$

Damit gilt offensichtlich

$$\cosh(iz) = \cos z, \quad \cos(iz) = \cosh z, \quad \sinh(iz) = i \sin z, \quad \sin(iz) = -i \sinh z.$$

Mit $\cos^2 z + \sin^2 z = 1$ folgt hieraus

$$\cosh^2 z - \sinh^2 z = 1.$$

Weiter sieht man anhand der Definition sofort, dass cosh eine gerade und sinh eine ungerade Funktion ist. Aus den Additionstheoremen für Cosinus und Sinus folgt ferner

$$\cosh(z + w) = \cosh z \cosh w + \sinh z \sinh w$$
$$\sinh(z + w) = \sinh z \cosh w + \cosh z \sinh w,$$

Aus der Potenzreihenentwicklung der Exponentialfunktion erhält man außerdem

$$\cosh z = \sum_{k=0}^{n} \frac{z^{2k}}{(2k)!}, \qquad \sinh z = \sum_{k=0}^{n} \frac{z^{2k+1}}{(2k + 1)!}.$$

Aus der Potenzreihenentwicklung folgt, dass und $\cosh x$ und $\sinh x$ beide auf $[0, \infty[$ streng monoton wachsen. Da $\sinh x$ ungerade und $\cosh x$ gerade ist, ist $\sinh x$ sogar streng monoton wachsend auf ganz $\mathbb{R}$, $\cosh x$ dagegen ist auf $]-\infty, 0]$ streng monoton fallend, s. Abb. 6.8. ◆

Abb. 6.8 Graphen $\sinh$ und $\cosh$

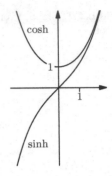

Frage 399

Wie sind die Funktionen $\tanh$ und $\coth$ definiert und welche Haupteigenschaften haben sie? Können Sie im reellen Fall ihren Graphen skizzieren?

▶ **Antwort** Die Funktionen $\tanh$ und $\coth$ sind definiert durch:

$$\tanh z := \frac{\sinh z}{\cosh z}, \quad z \in \mathbb{C},$$
$$\coth z := \frac{\cosh z}{\sinh z}, \quad z \in \mathbb{C} \setminus \{0\}.$$

Aus den Eigenschaften von $\cosh$ und $\sinh$ folgt unmittelbar, dass es sich bei $\tanh$ und $\coth$ um ungerade Funktionen handelt. Während $\coth$ nullstellenfrei ist, besitzt $\tanh$ eine einzige Nullstelle bei $z = 0$. Weiter kann man die Darstellungen

$$\tanh z = \frac{e^z - e^{-z}}{e^z + e^{-z}} = 1 - \frac{2}{e^{2z} + 1}, \qquad \coth z = \frac{e^z + e^{-z}}{e^z - e^{-z}} = 1 + \frac{2}{e^{2z} - 1}$$

nutzen, um zu sehen, dass $\tanh x$ auf ganz $\mathbb{R}$ streng monoton steigt und $\coth x$ auf $]-\infty, 0[$ und $]0, \infty[$ jeweils streng monoton fällt, s. Abb. 6.9. In beiden Fällen folgt das aus dem streng monotonen Wachstum der Exponentialfunktion.

Abb. 6.9 Graphen von tanh
und coth

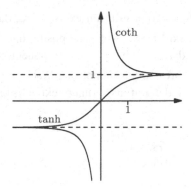

Aus den Darstellungen folgt außerdem

$$\lim_{x \to \infty} \tanh x = 1, \quad \lim_{x \to -\infty} \tanh x = -1$$

sowie

$$\lim_{x \to \infty} \coth x = 1, \quad \lim_{x \to -\infty} \coth x = -1, \quad \lim_{x \uparrow 0} = -\infty \quad \lim_{x \downarrow 0} = \infty. \quad \blacklozenge$$

Frage 400

Woher kommt die Namensgebung bei den hyperbolischen Funktionen?

▶ **Antwort** Der jeweilige „Vorname" der hyperbolischen Funktionen erklärt sich durch die offensichtlichen Analogien zu den Winkelfunktionen. Der Hyperbel-Aspekt kommt daher, dass die Punkte $(x, y) = (\cosh t, \sinh t)$ wegen $\cosh^2 t - \sinh^2 t = 1$ alle auf der Hyperbel $x^2 - y^2 = 1$ liegen. Mittels $t \mapsto (a \cosh t, b \sinh t)$ lässt sich also die durch die Gleichung $x^2/a^2 - y^2/b^2 = 1$ definierte Hyperbel parametrisieren. $\blacklozenge$

6.3 Natürlicher Logarithmus und allgemeine Potenzen

Frage 401

Warum besitzt die reelle Exponentialfunktion $\exp \colon \mathbb{R} \to \mathbb{R}$ eine Umkehrfunktion

$$\log \colon \mathbb{R}_+^* \to \mathbb{R}?$$

▶ **Antwort** Für alle $x > 0$ ist $\exp x > 1$, was man an der Potenzreihenentwicklung der Exponentialfunktion unmittelbar erkennen kann. Für alle $x, y \in \mathbb{R}$ mit $x > y$ folgt daraus mit der Funktionalgleichung $\exp(x)/\exp(y) = \exp(x - y) > 1$, also $\exp x > \exp y$ und damit das streng monotone Wachstum der reellen Exponentialfunktion.

Ferner gilt $\lim_{x \to \infty} \exp x = \infty$, da die Summanden in der Potenzreihenentwicklung von exp für $x \to \infty$ alle positiv und unbeschränkt sind. Wegen $\exp(-x) = 1/\exp x$ folgt daraus $\lim_{x \to -\infty} = 0$. Die Exponentialfunktion bildet $\mathbb{R}$ damit surjektiv auf $\mathbb{R}_+^*$ ab. Aufgrund ihres streng monotonen Wachstums ist die Funktion $\exp : \mathbb{R} \to \mathbb{R}_+^*$ aber auch injektiv und damit insgesamt bijektiv. Es existiert also eine Umkehrfunktion $\log : \mathbb{R}_+^* \to \mathbb{R}$. ◆

Frage 402

Wieso ist $\log : \mathbb{R}_+^* \to \mathbb{R}$ stetig und streng monoton wachsend?

▶ **Antwort** Die Stetigkeit und das streng monotone Wachstum von log ergibt sich aus dem in Frage 321 gezeigten allgemeinen Zusammenhang, demzufolge die Umkehrfunktion einer streng monoton wachsenden stetigen Funktion ebenfalls stetig und streng monoton wachsend ist, s. Abb. 6.10. ◆

Abb. 6.10 Graph der reellen
Logarithmus-Funktion

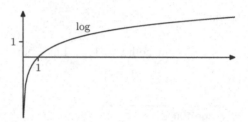

Frage 403

Wie lautet die **Funktionalgleichung** für den Logarithmus?

▶ **Antwort** Aus $\exp(\log x + \log y) = \exp(\log x)\exp(\log y) = xy = \exp(\log(xy))$ folgt die *Funktionalgleichung des Logarithmus*

$$\boxed{\log(xy) = \log x + \log y, \qquad x, y \in \mathbb{R}_+^*.}$$

◆

Frage 404

Warum gilt $\lim_{x \to \infty} \dfrac{\log x}{\sqrt[n]{x}} = 0$ für alle $n \in \mathbb{N}$?

▶ **Antwort** Durch die Substitution $x \mapsto e^{nt}$ reduziert sich die Behauptung auf den in Frage 386 gezeigten Zusammenhang über die Wachstumsgeschwindigkeit der Exponentialfunktion. Aufgeschrieben sieht das so aus:

$$\lim_{x \to \infty} \frac{\log x}{\sqrt[n]{x}} = \lim_{t \to \infty} \frac{\log e^{nt}}{\sqrt[n]{e^{nt}}} = \lim_{t \to \infty} \frac{nt}{e^t} = 0.$$

Der Grenzwert charakterisiert log als eine in großen Bereichen extrem langsam wachsende Funktion. ◆

Frage 405

Wenn man für $a > 0$ und $x \in \mathbb{R}$ $a^x := \exp(x \log a)$, definiert, warum gelten dann für $a, b \in \mathbb{R}_+^*$ und $x, y \in \mathbb{R}$ die Rechenregeln

$$a^x a^y = a^{x+y}, \qquad (a^x)^y = a^{xy}, \qquad a^x b^x = (ab)^x, \qquad \left(\frac{1}{a}\right)^x = a^{-x} \, ?$$

▶ **Antwort** Alle vier Identitäten erhält man leicht aus den Funktionalgleichungen von exp und log:

$$a^x a^y = e^{x \log a} e^{x \log b} = e^{(x+y) \log a} = a^{x+y},$$
$$(a^x)^y = (e^{x \log a})^y = e^{y \log(e^{x \log a})} = e^{xy \log a} = a^{xy},$$
$$a^x b^y = e^{x \log a} e^{x \log b} = e^{x \log a + x \log b} = e^{x \log(ab)} = (ab)^x,$$
$$\left(\frac{1}{a}\right)^x = e^{x(\log(1) - \log a)} = e^{-x \log a} = a^{-x}.$$ ◆

Frage 406

Können Sie begründen, warum für eine stetige Funktion $F : \mathbb{R} \to \mathbb{R}$ mit der Eigenschaft $F(x + y) = F(x)F(y)$ für alle $x, y \in \mathbb{R}$ notwendig $F(x) = 0$ für alle $x \in \mathbb{R}$ oder $F(x) = a^x$ mit $a := F(1) > 0$ für alle $x \in \mathbb{R}$ gilt?

▶ **Antwort** Sei F nicht die Nullfunktion. Dann sind die Werte $F(n)$ für alle natürlichen Zahlen n wegen $F(n) = F(1 + \cdots + 1) = F(1)^n = a^n$ bereits festgelegt und stimmen an diesen Stellen mit der Funktion a^x überein. Wegen $F(-n) = F(n)^{-1}$ überträgt sich diese Übereinstimmung auch noch auf die ganzen Zahlen. Für eine rationale Zahl $\frac{p}{q}$ mit $p, q \in \mathbb{Z}$ gilt damit aber wegen $F(1) = F\left(q \cdot \frac{p}{q}\right) = F\left(\frac{p}{q}\right)^q$ auch

$$F\left(\frac{p}{q}\right) = \sqrt[q]{F(p)} = \sqrt[q]{a^p} = a^{p/q}$$

und somit $F(x) = a^x$ für alle $x \in \mathbb{Q}$. Daraus folgt nun aus Stetigkeitsgründen auch die Übereinstimmung von $F(x)$ und a^x für alle $x \in \mathbb{R}$. ◆

Frage 407

Definiert man für $a \in \mathbb{R}, a \neq 0$ und $x \in \mathbb{R}_+$ als *allgemeine Potenzfunktion*

$$\boxed{x^a := \exp(a \log x),}$$

warum gilt dann

$$(1) \quad \lim_{x \to \infty} x^a \begin{cases} \infty & \text{falls } a > 0, \\ 0 & \text{falls } a < 0, \end{cases} \qquad (2) \quad \lim_{x \downarrow 0} x^a \begin{cases} 0 & \text{falls } a > 0, \\ \infty, & \text{falls } a < 0, \end{cases}$$

$$(3) \quad \lim_{x \to \infty} \frac{\log x}{x^a} = 0 \quad \text{für } a > 0, \qquad (4) \quad \lim_{x \downarrow 0} x^a \log x = 0 \quad \text{für } a > 0?$$

▶ **Antwort** (1) Die Gleichungen $\lim_{x \to \infty} e^x = \infty$, $\lim_{x \to \infty} e^x = -0$ und $\lim_{x \to \infty} \log x = \infty$ zusammen legen dieses Grenzwertverhalten fest.

(2) Das folgt aus $\lim_{x \downarrow 0} \log x = -\infty$, $\lim_{x \to -\infty} \exp x = 0$, $\lim_{x \to \infty} \exp x = \infty$.

(3) Man wähle ein $n \in \mathbb{N}$ mit $a > \frac{1}{n}$. Dann folgt die Grenzwertbeziehung aus der Antwort zu Frage 404.

(4) Mit dem Ergebnis (3) erhält man

$$\lim_{x \downarrow 0} x^a \log x = \lim_{x \to \infty} \frac{\log(1/x)}{x^a} = - \lim_{x \to \infty} \frac{\log x}{x^a} = 0. \qquad ◆$$

6.4 Die Umkehrfunktionen der trigonometrischen und hyperbolischen Funktionen

Frage 408

Auf welchen Intervallen verlaufen die Winkelfunktionen cos, sin, tan und cot jeweils streng monoton, sodass für die Einschränkungen dieser Funktionen auf die entsprechenden Intervalle die Umkehrfunktionen Arcus-Cosinus, Arcus-Sinus, Arcus-Tangens und Arcus-Cotangens existieren?

▶ **Antwort** Der Cosinus verläuft für alle $k \in \mathbb{Z}$ auf den Intervallen $[k\pi, (k+1)\pi]$ streng monoton, der Sinus entsprechend auf den Intervallen $\left[\left(k - \frac{1}{2}\right)\pi, \left(k + \frac{1}{2}\right)\pi\right]$. Die Einschränkungen von Cosinus bzw. Sinus auf diese Intervalle besitzen für alle $k \in \mathbb{Z}$ also jeweils eine Umkehrfunktion

$$\arccos_k \colon [-1, 1] \to [k\pi, (k+1)\pi], \qquad \arcsin_k \colon [-1, 1] \to [(k - 1/2)\pi, (k + 1/2)\pi].$$

Der Tangens verläuft auf den Intervallen $\left](k - \frac{1}{2})\pi, (k + \frac{1}{2})\pi\right[$ streng monoton, der Cotangens auf den Intervallen $]k\pi, (k+1)\pi[$. Somit existieren für alle $k \in \mathbb{Z}$ Umkehrfunktionen

$$\arctan_k \colon \left(\left(k - \frac{1}{2}\right)\pi, \left(k + \frac{1}{2}\right)\pi\right) \to \mathbb{R}, \qquad \text{arccot}_k \colon (k\pi, (k+1)\pi) \to \mathbb{R}. \quad ◆$$

Frage 409

Wie sind die Hauptzweige dieser Funktionen definiert, und was versteht man allgemein für $n \in \mathbb{Z}$ mit $n \neq 0$ unter dem n-ten Nebenzweig dieser Funktionen?

▶ **Antwort** Der Hauptzweig der Arcus-Funktionen ist jeweils die für $k = 0$ gegebene Funktion aus der obigen Definition, entsprechend der n-te Nebenzweig die für $k = n$ gegebene Funktion.

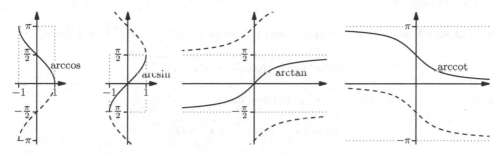

Abb. 6.11 Hauptzweige der Arcus-Funktionen (*durchgezogene Linien*) und benachbarte Nebenzweige (*gestrichelt*)

Abb. 6.11 zeigt die Graphen der Hauptzweige der Arcus-Funktionen als durchgezogene Linien. Die gestrichelten Graphen deuten benachbarte Nebenzweige an.   ◆

Frage 410

Warum besitzt sinh : $\mathbb{R} \to \mathbb{R}$ eine Umkehrfunktion arsinh, und warum gilt für diese

$$\operatorname{arsinh} x = \log(x + \sqrt{x^2 + 1})?$$

Können Sie den Graphen von arsinh skizzieren?

▶ **Antwort** Die Funktion sinh x wächst streng monoton auf ganz $\mathbb{R}$, woraus die Existenz der Umkehrfunktion folgt.

Abb. 6.12 Graph von arsinh

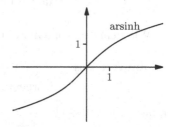

Wegen $\sinh y + \cosh y = e^y$ und $\cosh^2 y - \sinh^2 y = 1$ gilt

$$\log(\sinh y + \sqrt{\sinh^2 y + 1}) = y.$$

Mit $\sinh y = x$ bzw. $\operatorname{arsinh}(x) = y$ folgt daraus die Formel für die Umkehrfunktion. Der Graph ist in Abb. 6.12 dargestellt.   ◆

Frage 411

Die Funktion $\cosh\colon \mathbb{R}_+ \to \mathbb{R}$ ist nach Frage 398 ebenfalls streng monoton und damit umkehrbar. Können Sie die Umkehrfunktion arcosh mithilfe des natürlichen Logarithmus ausdrücken?

▶ **Antwort** Die Identitäten $\cosh y + \sinh y = e^y$ und $\cosh^2 y - \sinh^2 y = 1$ liefern

$$y = \log(e^y) = \log(\cosh y + \sqrt{\cosh^2 - 1}),$$

und mit $x = \cosh y$ für $x \in [1, \infty[$ erhält man damit

$$\operatorname{arcosh} x = \log(x + \sqrt{x^2 - 1}).$$ ◆

Abb. 6.13 Graph von arcosh

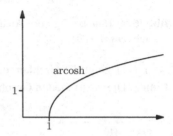

Abb. 6.13 zeigt den Graphen von arcosh.

Frage 412

Die Funktion $\tanh\colon \mathbb{R} \to \mathbb{R}$ ist ebenfalls streng monoton wachsend und damit umkehrbar. Warum gilt für die Umkehrfunktion

$$\operatorname{artanh}(x) = \frac{1}{2} \log \frac{1 + x}{1 - x}, \qquad \text{für} -1 < x < 1?$$

Wie sieht der Graph dieser Funktion aus?

▶ **Antwort** Aus

$$\operatorname{artanh} y = \frac{e^y - e^{-y}}{e^y + e^{-y}} = 1 - \frac{2}{e^{2y} + 1} = x$$

folgt

$$e^{2y} = \frac{2}{1 - x} - 1 \implies e^{2y} = \frac{1 + x}{1 - x} \implies y = \frac{1}{2} \log \frac{1 + x}{1 - x},$$

und damit die gesuchte Funktionsgleichung.   ◆

Abb. 6.14 Graph von artanh

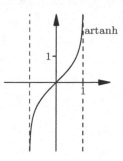

Abb. 6.14 zeigt den Graphen von artanh.

Frage 413

Die Funktion coth: $\mathbb{R}_+ \to \mathbb{R}$ ist streng monoton fallend und damit umkehrbar. Warum gilt für die Umkehrfunktion

$$\operatorname{arcoth} = \frac{1}{2} \log \frac{x+1}{x-1} \qquad \text{für } |x| > 1?$$

▶ **Antwort** Der Schlüssel für die Herleitung der Umkehrfunktion liegt in der Darstellung

$$\operatorname{coth} y = \frac{e^y + e^{-y}}{e^y - e^{-y}} = 1 + \frac{2}{e^{2y} - 1}.$$

Durch Umformung der Gleichung und anschließendes Logarithmieren erhält man wie im Fall von artanh die gewünschte Funktionsgleichung.

Abb. 6.15 Graph von arcoth

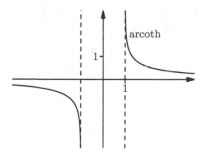

Abb. 6.15 zeigt den Graphen von arcoth.   ◆

Grundlagen der Integral- und Differenzialrechnung

7

Sowohl die Differenzial- als auch die Integralrechnung gehören zum Kernbestand der Analysis, sie bilden den Inhalt des sogenannten „Calculus". Beide gehen ursprünglich von geometrischen Fragestellungen aus, bei der Differenzialrechnung etwa vom *Tangentenproblem* für Kurven oder der Bestimmung von *Extremwerten*. In physikalischer Hinsicht entspricht das etwa den Problemen der Bestimmung von Momentangeschwindigkeiten oder Momentanbeschleunigungen, allgemeiner ausgedrückt der Bestimmung der *momentanen Änderungsrate* einer Größe.

Bei der Integralrechnung steht dagegen geometrisch die Ermittlung von *Kurvenlängen*, *Flächeninhalten* oder *Rauminhalten* am Ausgangspunkt. Damit verwandte Probleme sind etwa die Bestimmung von *Dichten*, *Schwerpunkten* und *Mittelwerten* oder in physikalischen Anwendungen die Berechnung der Arbeit in einem nichtkonstanten Kraftfeld. Ferner führt die Aufgabe, aus der Änderungsrate einer Größe die Größe selbst zu rekonstruieren, auf die Methoden der Integralrechnung.

Der von Leibniz und Newton um 1670 entdeckte Zusammenhang von Differenzial- und Integralrechnung, der als *Hauptsatz der Differenzial- und Integralrechnung* bezeichnet wird, macht diese Kalküle zu einem schlagkräftigen Werkzeug.

Als Integralbegriff wählen wir in diesem Kapitel das Integral für *Regelfunktionen*. Das Riemann-Integral spielt nur eine untergeordnete Rolle. Das Lesbesgue-Integral führen wir erst bei der mehrdimensionalen Integrationstheorie in Kapitel 11 ein.

7.1 Das Integral für Treppenfunktionen und Regelfunktionen

Zunächst wird für eine einfache Klasse von Funktionen – die Treppenfunktionen – ein Integral definiert. Dieses wird anschließend auf die umfassendere Klasse der *Regelfunktionen* erweitert. Zu den Regelfunktionen (auf einem kompakten Intervall) gehören insbesondere die *stetigen* und *monotonen* Funktionen.

© Springer-Verlag GmbH Deutschland 2018
R. Busam, T. Epp, *Prüfungstrainer Analysis*, https://doi.org/10.1007/978-3-662-55020-5_7

Frage 414

Was versteht man unter einer Treppenfunktion $t : [a, b] \to \mathbb{R}$?

▶ **Antwort** $t : [a, b] \to \mathbb{R}$ heißt Treppenfunktion genau dann, wenn es Punkte $x_0, \ldots, x_n$ mit $a = x_0 < x_1 < \ldots < x_n = b$ gibt, sodass t in jedem offenen Intervall $]x_{k-1}, x_k[$ konstant ist, s. Abb. 7.1.

Abb. 7.1 Graph einer Treppenfunktion

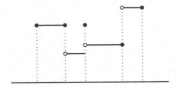

Die Werte der Funktion in den Zerlegungspunkten unterliegen dabei keiner Einschränkung. ◆

Frage 415

Wie ist das **Integral einer Treppenfunktion** $t : [a, b] \to \mathbb{R}$ erklärt?

▶ **Antwort** Ist c_k der konstante Wert der Funktion t im Intervall $]x_{k-1}, x_k[$ und $\Delta x_k := x_k - x_{k-1}$ die Länge dieses Intervalls, so ist das Integral von t definiert durch

$$\int_a^b t(x)\, dx := \sum_{k=1}^n c_k \Delta x_k.$$

Der Wert des Integrals entspricht geometrisch dem orientierten Flächeninhalt, den der Graph der Treppenfunktion mit der x-Achse einschließt. Das Integral ist also eine endliche Summe von Rechteckinhalten, wobei diese mit positiver Bilanz eingehen, wenn der Funktionswert in dem betreffenden Intervall positiv ist, und mit negativer Bilanz, falls der Funktionswert negativ ist, s. Abb. 7.2. ◆

Abb. 7.2 Das Integral einer Treppenfunktion ist die Summe orientierter Rechteckinhalte

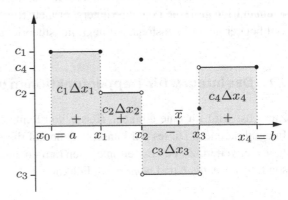

Frage 416

Warum ist die Definition des Integrals einer Treppenfunktion unabhängig von der zugrunde gelegten Partition (Zerlegung) von M?

▶ **Antwort** Man betrachte zwei Zerlegungen Z_1 und Z_2 von $[a, b]$ mit der Eigenschaft, dass t auf den offenen Teilintervallen dieser Zerlegungen jeweils konstant ist. Ferner sei Z diejenige feinere Zerlegung, die man durch Zusammenfassung der Zerlegungspunkte von Z_1 und Z_2 erhält. $I(Z_1)$, $I(Z_2)$ und $I(Z)$ bezeichne den Wert des Integrals von t bezüglich der jeweiligen Zerlegung. Da die Einfügung eines zusätzlichen Teilungspunktes $\overline{x}$ offensichtlich (vgl. die Abbildung in der vorigen Frage) nichts am Wert der Summe in der Integraldefinition ändert, gilt also $I(Z) = I(Z_1)$ genauso wie $I(Z) = I(Z_2)$, und damit $I(Z_1) = I(Z_2)$. ◆

Frage 417

Welche algebraische Struktur besitzt die Menge $\mathcal{T}(M)$ der Treppenfunktionen auf $M := [a, b]$?

▶ **Antwort** Die Menge der Treppenfunktionen auf $[a, b]$ bildet einen $\mathbb{R}$-Vektorraum.

Zu Treppenfunktionen φ und ψ wähle man eine Zerlegung derart, dass sowohl φ als auch ψ auf den offenen Teilintervallen konstant sind. Dann ist mit beliebigen reellen Zahlen α und β auch $\alpha\varphi + \beta\psi$ auf diesen Teilintervallen konstant und somit eine Treppenfunktion. Dies kennzeichnet $\mathcal{T}(M)$ als einen $\mathbb{R}$-Vektorraum. ◆

Frage 418

Welche Haupteigenschaften hat die Abbildung

$$I : \mathcal{T}(M) \to \mathbb{R}; \qquad \varphi \mapsto I(\varphi) := \int_a^b \varphi(x)\, dx?$$

▶ **Antwort** Seien φ, ψ Treppenfunktionen auf M und $a, b \in \mathbb{R}$. Die Abbildung I besitzt die folgenden Eigenschaften:

(a) $I(a\varphi + b\psi) = a \cdot I(\varphi) + b \cdot I(\psi)$, *(Linearität)*

(b) $\varphi \leq \psi \implies I(\varphi) \leq I(\psi)$, *(Monotonie)*

(c) $|I(\varphi)| \leq I(|\varphi|) \leq (b - a) \cdot \|\varphi\|$. *(Beschränktheit)*

Die Abbildung $I : T \to \mathbb{R}$ ist somit ein *lineares, monotones, beschränktes Funktional*

Zum Beweis zerlege man $[a, b]$ derart, dass sowohl φ als auch ψ auf den offenen Teilintervallen konstant sind. Mit der Integraldefinition aus Frage 415 sind die drei Sachverhalte dann nichts anderes als einfache Feststellungen über endliche Summen. ◆

Frage 419

Wie erweitert man die Integraldefinition, wenn $a = b$ bzw. $b < a$ ist?

▶ **Antwort** Für $a = b$ setzt man $\int_a^b \varphi(x)\,dx = 0$, und für $b < a$ definiert man

$$\int\limits_b^a \varphi(x)\,dx = -\int\limits_a^b \varphi(x)\,dx.$$

Damit gelten die Eigenschaften a und b aus Frage 418 auch in diesen Fällen. Eigenschaft (c) bleibt für $a = b$ erhalten und gilt für $b < a$ sinngemäß mit verändertem Vorzeichen.

◆

Frage 420

Was versteht man unter einer **Regelfunktion** $f : [a,b] \to \mathbb{R}$?

▶ **Antwort** Eine Regelfunktion lässt sich als *gleichmäßiger Limes von Treppenfunktionen* definieren. Das heißt:

Eine Funktion $f : [a,b] \to \mathbb{R}$ ist eine Regelfunktion genau dann, wenn es eine Folge von Treppenfunktionen $\varphi_n : [a,b] \to \mathbb{R}$ gibt, die gleichmäßig auf $[a,b]$ gegen f konvergiert, wenn also gilt

$$\lim_{n \to \infty} \|f - \varphi_n\| = 0,$$

wobei $\|\ \|$ (hier und im Folgenden) die Supremumsnorm auf $[a,b]$ bezeichnet.

◆

Frage 421

Wieso ist jede Regelfunktion beschränkt?

▶ **Antwort** Wegen

$$\|f\| \le \|f - \varphi_n\| + \|\varphi_n\|,$$

und weil jede Treppenfunktion beschränkt ist.

◆

Frage 422

Wie lässt sich die Eigenschaft, eine Regelfunktion zu sein, geometrisch veranschaulichen?

▶ **Antwort** Anschaulich sind Regelfunktionen dadurch gekennzeichnet, dass zu jedem $\varepsilon > 0$ eine Treppenfunktion existiert, deren Graph vollständig im ε-Schlauch von f verläuft, s. Abb. 7.3.

Abb. 7.3 Bei einer Regelfunktion gibt es zu jedem $\varepsilon > 0$
eine Treppenfunktion, die vollständig im ε-Schlauch von f
verläuft

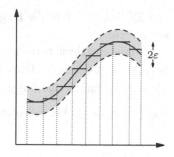

Man beachte, dass in dieser Definition die Forderung der *gleichmäßigen* Konvergenz
entscheidend ist. Die nur punktweise Approximierbarkeit durch eine Folge von Treppenfunktion reicht im Allgemeinen nicht dafür aus, eine Regelfunktion zu sein. Ein Beispiel
dafür wird in Frage 433 gegeben.   ◆

Frage 423

Wie ist das **Integral einer Regelfunktion** definiert?

▶ **Antwort** Sei $f : [a,b] \to \mathbb{R}$ eine Regelfunktion und (t_n) eine Folge von Treppenfunktionen auf $[a,b]$, die gleichmäßig gegen f konvergiert. Das Integral von f ist dann
definiert als der Grenzwert

$$\boxed{\int_a^b f(x)\,\mathrm{d}x = \lim_{n\to\infty} \int_a^b t_n(x)\,\mathrm{d}x.}\tag{$*$}$$

Um sicherzustellen, dass diese Definition auch sinnvoll ist, muss zweierlei gezeigt werden:

(i) *Für jede gleichmäßig konvergente Folge von Treppenfunktionen $t_n : [a,b] \to \mathbb{R}$
     existiert der Grenzwert $\lim_{n\to\infty} \int_a^b t_n(x)\,\mathrm{d}x$.*
(ii) *Für zwei gleichmäßig gegen f konvergente Folgen (t_n) und (ψ_n) von Treppenfunk-
     tionen gilt*

$$\lim_{n\to\infty} \int_a^b t_n(x)\,\mathrm{d}x = \lim_{n\to\infty} \int_a^b \psi_n(x)\,\mathrm{d}x.$$

*Mit anderen Worten, das Integral von f in der Definition $(*)$ ist unabhängig von der
approximierenden Folge von Treppenfunktionen.*

Die Eigenschaft (i) erhält man als eine Folge der Beschränktheit des Integrals für Treppenfunktionen. Wegen

$$\left| \int_a^b t_k(x)\,\mathrm{d}x - \int_a^b t_m(x)\,\mathrm{d}x \right| \le (b-a) \cdot \| t_k - t_m \| \le (b-a) \cdot (\| t_k - f \| + \| f - t_m \|)$$

und $\| f - t_n \| \to 0$ ist die Folge der Integrale $\int_a^b t_n(x)\, dx$ eine Cauchy-Folge und damit konvergent.

Um (ii) zu zeigen, betrachte man die nach dem „Reißverschlussprinzip" gebildete Folge $t_1, \psi_1, \ldots, t_k, \psi_k, \ldots$. Diese Folge konvergiert gleichmäßig gegen f, und somit ist nach (i) auch die zugehörige Folge der Integrale konvergent. Deren Teilfolgen $\left(\int_a^b t_n(x)\, dx \right)$ und $\left(\int_a^b \psi_n(x)\, dx \right)$ besitzen somit denselben Grenzwert. ♦

Frage 424

Warum ist die Menge $\mathcal{R}(M) := \{ f \colon M \to \mathbb{R} \; ; \; f \text{ Regelfunktion} \}$ ein $\mathbb{R}$-Vektorraum?

▶ **Antwort** Sind f und g Regelfunktionen, (φ_n) und (ψ_n) Folgen von Treppenfunktionen mit $\varphi_n \overset{glm}{\to} f$ und $\psi_n \overset{glm}{\to} g$, so ist mit $\alpha, \beta \in \mathbb{R}$ auch auch $(\alpha \varphi_n + \beta \psi_n)$ eine Folge von Treppenfunktionen, und diese konvergiert gleichmäßig gegen die Funktion $\alpha f + \beta g$, die somit ebenfalls eine Regelfunktion ist. ♦

Frage 425

Welche Haupteigenschaften besitzt die Abbildung

$$ I \colon \mathcal{R}(M) \to \mathbb{R}; \qquad f \mapsto I(f) := \int_a^b f(x)\, dx ? $$

▶ **Antwort** Die Abbildung ist – wie im Fall der Treppenfunktionen – ein *lineares, monotones und beschränktes Funktional*. Mit $f, g \in \mathcal{R}(M)$ und $\alpha, \beta \in \mathbb{R}$ gilt also

(i)	$I(\alpha f + \beta g) = \alpha I(f) + \beta I(g)$,	(Linearität)
(ii)	$\lvert I(f) \rvert \le I(\lvert f \rvert) \le (b - a) \cdot \| f \|$,	(Beschränktheit)
(iii)	$f \le g \implies I(f) \le I(g)$.	(Monotonie)

Seien (φ_n) und (ψ_n) Folgen von Treppenfunktionen mit $\varphi_n \overset{glm}{\to} f$ und $\psi_n \overset{glm}{\to} g$.

(i) Es gilt $(\alpha \varphi_n + \beta \psi_n) \overset{glm}{\to} (\alpha f + \beta g)$ und damit

$$ I(\alpha f + \beta g) = \lim_{n \to \infty} \left(\int_a^b \alpha \varphi_n(x)\, dx + \int_a^b \alpha \psi_n(x)\, dx \right) = \alpha I(f) + \beta I(g). $$

(ii) Aus $\|f - \varphi_n\| \to 0$ folgt $\| |f| - |\varphi_n| \| \to 0$ und damit $\int_a^b |f(x)|\,dx = \lim\limits_{n\to\infty} \int_a^b |\varphi_n(x)|\,dx$. Also ist

$$\left| \int_a^b f(x)\,dx \right| = \lim\limits_{n\to\infty} \left| \int_a^b \varphi_n(x)\,dx \right| \leq \lim\limits_{n\to\infty} \|\varphi_n\| \cdot (b-a) = \|f\| \cdot (b-a).$$

(iii) Man setze $\varphi_{*n} := \varphi_n - \|f - \varphi_n\|$ und $\psi_n^* := \psi_n + \|g - \psi_n\|$. Dann sind φ_{*n} und ψ_n^* Treppenfunktionen mit $\varphi_{*n} \overset{glm}{\to} f$, $\psi_n^* \overset{glm}{\to} g$ und $\varphi_{*n} \leq f \leq g \leq \psi_n^*$ für alle $n \in \mathbb{N}$. Hieraus folgt mit den Monotonieeigenschaften des Integrals für Treppenfunktionen

$$\int_a^b f(x)\,dx = \lim\limits_{n\to\infty} \int_a^b \varphi_{*n}(x)\,dx \leq \lim\limits_{n\to\infty} \int_a^b \psi_n^*(x)\,dx = \int_a^b g(x)\,dx. \qquad \blacklozenge$$

Frage 426

Was versteht man unter der **Intervalladditiviät** des Integrals?

▶ **Antwort** Für eine Regelfunktion $f : [a, b] \to \mathbb{R}$ und $c \in [a, b]$ gilt

$$\int_a^b f(x)\,dx = \int_a^c f(x)\,dx + \int_c^b f(x)\,dx.$$

Dies ist für Treppenfunktionen eine einfache Aussage über endliche Summen. Daraus folgt der allgemeine Zusammenhang durch Übergang zum Grenzwert einer gleichmäßig konvergenten Folge von Treppenfunktionen. ◆

Frage 427

Was besagt der **Stabilitätssatz für das Regelintegral**?

▶ **Antwort** Der Satz liefert eine Aussage über die Vertauschbarkeit von Limesbildung und Integration für gleichmäßig konvergente Folgen von Regelfunktionen. Er besagt:

Für eine gleichmäßig konvergente Folge von Regelfunktionen $f_n : [a, b] \to \mathbb{R}$ ist auch die Grenzfunktion eine Regelfunktion, und es gilt

$$\boxed{\int_a^b \lim\limits_{n\to\infty} f_n \, dx = \lim\limits_{n\to\infty} \int_a^b f_n \, dx.}$$

Für den Beweis des ersten Teils sei f die Grenzfunktion der f_n und n so groß, dass $\|f - f_n\| < \frac{\varepsilon}{2}$ gilt. Da f_n eine Regelfunktion ist, gibt es ein $\varphi \in \mathcal{T}([a,b])$ mit $\|f_n - \varphi\| < \frac{\varepsilon}{2}$. Daraus folgt

$$\|f - \varphi\| \leq \|f - f_n\| + \|f_n - \varphi\| < \varepsilon.$$

Die Funktion f lässt sich also beliebig genau durch eine Treppenfunktion approximieren und gehört damit zu $\mathcal{R}([a,b])$.

Die Übereinstimmung der Integrale schließlich folgt aus

$$\left| \int\limits_a^b f \, dx - \int\limits_a^b f_n \, dx \right| = \left| \int\limits_a^b (f - f_n) \, dx \right| \leq \int\limits_a^b |f - f_n| \, dx$$

$$\leq (b-a) \cdot \|f - f_n\| \leq (b-a) \cdot \varepsilon. \qquad \blacklozenge$$

Frage 428

Warum ist $\mathcal{R}(M)$ bezüglich der Supremumsnorm ein Banachraum (s. Frage 696)? Wieso ist $\mathcal{T}(M)$ kein Banachraum?

▶ **Antwort** Ist (f_n) eine Cauchy-Folge in $\mathcal{R}(M)$ bezüglich der Supremumsnorm, dann konvergiert sie gleichmäßig auf M, und nach dem Stabilitätssatz ist die Grenzfunktion ebenfalls eine Regelfunktion. Jede Cauchy-Folge in $\mathcal{R}(M)$ besitzt also einen Grenzwert in $\mathcal{R}(M)$, folglich ist $\mathcal{R}(M)$ ein Banachraum.

Der Raum $\mathcal{T}(M)$ kann freilich kein Banachraum sein, da die Grenzfunktion einer gleichmäßig konvergenten Folge von Treppenfunktionen im Allgemeinen keine Treppenfunktion ist. ◆

Frage 429

Können Sie mit dem Stabilitätssatz das Integral $\int_a^b \exp(x) \, dx$ berechnen?

▶ **Antwort** Die Folge (f_n) von Regelfunktionen mit $f_n = \sum_{k=0}^n \frac{x^k}{k!}$ konvergiert auf jedem kompakten Intervall gleichmäßig gegen $\exp$. Mit dem Stabilitätssatz gilt also

$$\int\limits_a^b \exp(x) \, dx = \int\limits_a^b \lim_{n \to \infty} \sum_{k=0}^n \frac{x^k}{k!} \, dx = \lim_{n \to \infty} \int\limits_a^b \sum_{k=0}^n \frac{x^k}{k!} \, dx = \lim_{n \to \infty} \sum_{k=0}^n \int\limits_a^b \frac{x^k}{k!} \, dx$$

$$= \lim_{n \to \infty} \sum_{k=0}^n \frac{1}{k!} \left(\frac{b^{k+1}}{k+1} - \frac{a^{k+1}}{k+1} \right)$$

$$= \lim_{n \to \infty} \sum_{k=1}^{n+1} \left(\frac{b^k}{k!} - \frac{a^k}{k!} \right) = \lim_{n \to \infty} \sum_{k=0}^n \left(\frac{b^k}{k!} - \frac{a^k}{k!} \right) = \exp(b) - \exp(a). \qquad \blacklozenge$$

Frage 430

Wieso sind *stetige Funktionen* Regelfunktionen?

▶ **Antwort** Eine stetige Funktion auf der kompakten Menge M ist dort sogar gleichmäßig stetig. Es gibt also ein $\delta > 0$, sodass $|f(x) - f(y)| < \varepsilon$ für alle $x \in M$ und alle $y \in U_\delta(x) \cap M$ gilt. Man zerlege M in endlich viele Intervalle $[x_{k-1}, x_k]$ ($1 \leq k \leq n$ für ein geeignetes $n \in \mathbb{N}$), die alle eine kleinere Länge als δ besitzen. Für die durch

$$\varphi(x) = f(x_k) \text{ für } x \in [x_{k-1}, x_k[\quad \text{und} \quad \varphi(x) = f(b) \text{ für } x = b$$

gegebene Treppenfunktion $\varphi \colon M \to \mathbb{R}$ gilt dann

$$\|\varphi - f\| < \varepsilon. \qquad \blacklozenge$$

Frage 431

Welche weitere wichtige Funktionenklasse gehört zu den Regelfunktionen?

▶ **Antwort** Die *monotonen Funktionen* sind ebenfalls Regelfunktionen. Für die Konstruktion einer approximierenden Treppenfunktion gehe man hier vom Intervall $[f(a), f(b)]$ auf der y-Achse aus und unterteile dieses in eine endliche Anzahl von Intervallen $\lfloor y_{k-1}, y_k \rfloor$ mit einer kleineren Länge als ε. Als entsprechende Zerlegungspunkte auf der x-Achse wähle man $x_k := \sup\{x \in [a, b]; f(x) < y_k\}$. Die Funktion

$$\varphi(x) = f(x_k) \quad \text{für } x \in]x_k, x_{k+1}[,$$

ist dann eine ε-approximierende Treppenfunktion zu f. $\qquad \blacklozenge$

Frage 432

Die Ergebnisse aus Frage 430 und 431 lassen sich unmittelbar auf eine größere Klasse von Funktionen verallgemeinern. Auf welche?

▶ **Antwort** Aus den Antworten folgt sofort, dass auch die *stückweise stetigen* bzw. *stückweise monotonen* Funktionen Regelfunktionen sind. Dabei heißt eine Funktion auf $[a, b]$ stückweise stetig bzw. monoton, wenn eine Zerlegung $a = x_0 < x_1 < \ldots < x_n = b$ des Intervalls $[a, b]$ existiert, sodass f auf den offenen Intervallen $]x_k, x_{k+1}[$ stetig bzw. monoton ist. $\qquad \blacklozenge$

Frage 433

Können Sie ein Beispiel dafür angeben, dass der Stabilitätssatz (Vertauschungssatz) bei nur punktweiser Konvergenz im Allgemeinen nicht gilt?

▶ **Antwort** Ein Beispiel für das Versagen der Vertauschbarkeit von Limesbildung und Integration bei nicht gleichmäßiger Konvergenz wurde schon in Frage 353 gegeben.

Auch für Folgen von Treppenfunktionen lässt sich ein sehr ähnlich geartetes Beispiel konstruieren. Die in der Abb. 7.4 angedeutete Folge (φ_n) von Treppenfunktionen auf $[0, 1]$ konvergiert gegen die Nullfunktion – nur eben nicht gleichmäßig.

Abb. 7.4 Eine nicht-gleichmäßig konvergente Folge von Treppenfunktionen. Vertauschung von Limesbildung und Integration ist hier nicht möglich

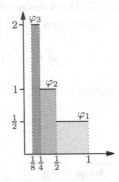

Die Folge der Integrale der φ_n ist konstant $\frac{1}{4}$, konvergiert also nicht gegen das Integral der Grenzfunktion.　　　◆

Frage 434

Nach 431 sind alle monotonen Funktionen auf kompakten Intervallen Regelfunktionen. Können Sie das für $f(x) = x^2$ das Integral $\int_0^b f(x)\,\mathrm{d}x$ mittels einer direkten Approximation durch eine Treppenfunktion berechnen?

▶ **Antwort** Für $n \in \mathbb{N}$ zerlege man das Intervall $[0, b]$ in n gleichlange Intervalle der Länge $\frac{b}{n}$. Der k-te Zerlegungspunkt liegt dann an der Stelle $x_k := \frac{kb}{n}$. Für $n \to \infty$ konvergieren die Längen der Teilintervalle gegen 0, und da f eine Regelfunktion ist folgt $\|f - \varphi_n\| \to 0$.

Für das Integral I_n von φ_n erhält man (mit den Funktionswerten in den rechten Endpunkten)

$$I_n := \sum_{k=1}^{n} \left(\frac{kb}{n}\right)^2 \cdot \frac{b}{n} = \left(\frac{b}{n}\right)^3 \sum_{k=1}^{n} k^2.$$

Die Summe lässt sich mit der Formel $\sum_{k=1}^{n} k^2 = \frac{n(n+1)(2n+1)}{6}$ auswerten. Dies liefert

$$\int\limits_0^b x^2 \,\mathrm{d}x = \lim_{n\to\infty} \frac{n(n+1)(2n+1)}{6} \cdot \frac{b^3}{n^3} = \lim_{n\to\infty} \frac{b^3}{6}\left(1 + \frac{1}{n}\right)\left(2 + \frac{1}{n}\right) = \frac{b^3}{3}.$$

Mit der Intervalladditivität des Regelintegrals erhält man hieraus auch noch den allgemeineren Zusammenhang $\int_a^b x^2 \,\mathrm{d}x = \frac{b^3 - a^3}{3}$.　　　◆

Frage 435

Was besagt der **Erste Mittelwertsatz der Integralrechnung**? Kennen Sie eine Anwendung?

▶ **Antwort** Aus der Beschränktheitseigenschaft (Frage 425(b)) des Regelintegrals folgt unmittelbar die Existenz einer Zahl $\mu \in \mathbb{R}$ mit $\mu \leq \|f\|$ und $\int_a^b f\,dx = \mu \cdot (b-a)$.

Für *stetige reellwertige* Funktionen f gibt es aufgrund des Zwischenwertsatzes eine Zahl $\xi \in [a, b]$ mit $\mu = f(\xi)$. In diesem Fall gilt dann

$$\int\limits_a^b f\,dx = f(\xi)\cdot(b-a).$$

Dieser Sachverhalt (also die Existenz eines $\xi \in\,]a, b[$ mit dieser Eigenschaft) ist ein Spezialfall des Mittelwertsatzes und wird auch oft *Erster Mittelwertsatz* genannt. Er besagt anschaulich, dass der Flächeninhalt unter dem Graphen mit dem Flächeninhalt eines Rechtecks der Seitenlänge $(b-a)$ und der Höhe $f(\xi)$ übereinstimmt, s. Abb. 7.5. ◆

Abb. 7.5 Zur Veranschaulichung des Mittelwertsatzes: Die Fläche des grauen Rechtecks ist gleich dem Integral von f über dem Intervall $[a, b]$

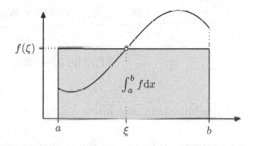

Frage 436

Was besagt der **Verallgemeinerte Mittelwertsatz** oder einfach *Mittelwertsatz der Integralrechnung*?

▶ **Antwort** Der *Verallgemeinerte Mittelwertsatz* besagt:

Sei $f: [a, b] \to \mathbb{R}$ stetig und sei $g: [a, b] \to \mathbb{R}$ eine Regelfunktion mit $g \geq 0$. Dann gibt es ein $\xi \in [a, b]$ mit

$$\int\limits_a^b f(x)g(x)\,dx = f(\xi)\cdot\int\limits_a^b g(x)\,dx. \qquad (*)$$

Der Satz ergibt sich als Folge der Monotonieeigenschaften des Regelintegrals sowie des Zwischenwertsatzes für stetige reelle Funktionen. Bezeichnet man mit m das Minimum und mit M das Maximum von f auf $[a, b]$, so gilt

$$m \int_a^b g(x)\, dx \le \int_a^b f(x)g(x)\, dx \le M \int_a^b g(x)\, dx.$$

Es gibt also eine Zahl μ zwischen m und M mit $\int_a^b f(x)g(x)\, dx = \mu$, und da f stetig ist, existiert ein $\xi \in [a, b]$ mit $\mu = f(\xi)$. Damit erhält man (∗).   ♦

Frage 437

Kennen Sie eine Anwendung des Mittelwertsatzes?

▶ **Antwort** Eine wichtige Anwendung des Ersten Mittelwertsatzes kommt beim Beweis des Hauptsatzes der Differenzial- und Integralrechnung (s. Frage 439 und 475) vor.   ♦

Frage 438

Ist $f : [a, b] \to \mathbb{R}$ eine Regelfunktion. Warum ist dann die „Integralfunktion"

$$F_a : [a, b] \to \mathbb{R}; \qquad x \mapsto \int_a^x f(t)\, dt$$

Lipschitz-stetig, also insbesondere stetig?

▶ **Antwort** Aufgrund der Beschränktheitseigenschaft des Regelintegrals gilt

$$|F_a(x) - F_a(y)| = \left| \int_y^x f(t)\, dt \right| \le \|f\|_{[a,b]} \cdot |x - y|.$$

Damit ist die Integralfunktion Lipschitz-stetig im Sinne der Definition 303 (und zwar mit $\|f\|_{[a,b]} = L$).   ♦

Frage 439

Wenn f in Frage 438 zudem stetig ist, warum ist dann die F_a sogar differenzierbar, wobei für alle $x \in [a, b]$ gilt: $F_a'(x) = f(x)$.

▶ **Antwort** Sei $x_0 \in [a, b[$ beliebig. Nach dem Mittelwertsatz gibt es zu jedem $h > 0$ mit $x_0 + h \le b$ ein $\xi_h \in [x_0, x_0 + h]$ mit $\int_{x_0}^{x_0+h} f(t)\, dt = h \cdot f(\xi_h)$. Dann gilt $\lim_{h \to 0} \xi_h = x_0$, und daraus folgt zusammen mit der Stetigkeit von f

$$F_a'(x_0) = \lim_{h \to 0} \frac{F_a(x_0 + h) - F_a(x_0)}{h} = \lim_{h \to 0} \frac{1}{h} \int_{x_0}^{x_0+h} f(t)\, dt = \lim_{h \to 0} f(\xi_h) = f(x_0).$$

Auf dieselbe Weise zeigt man den Zusammenhang für $h < 0$ und $x_0 \in\,]a, b]$. Danach ist die Behauptung bewiesen, die uns auf direktem Weg zum *Hauptsatz der Differenzial- und Integralrechnung* führt, dem das Kap. 7.3 gewidmet ist. ◆

7.2 Grundlagen der Differenzialrechnung

Frage 440

Die Differenzialrechnung wurde unabhängig von I. Newton und G. W. Leibniz im 17. Jahrhundert entwickelt. Was war für Newton bzw. Leibniz ein wesentliches Motiv, das schließlich zur Differenzialrechnung führte?

▶ **Antwort** Newtons hauptsächliche Motivation war *physikalischer* Natur, ihm ging es um die Berechnung von Momentangeschwindigkeiten, Momentanbeschleunigungen und dergleichen. Bei Leibniz stand mehr die Geometrie im Vordergrund, speziell das *Tangentenproblem* für Kurven.

Das Gemeinsame beider Ansätze liegt darin, aus *mittleren Änderungsraten* (Durchschnittsgeschwindigkeit, Sekantensteigung) durch Grenzübergang *momentane Änderungsraten* (Momentangeschwindigkeit, Tangentensteigung) zu ermitteln.

Newton und Leibniz beschäftigten sich auch schon mit dem umgekehrten Problem, nämlich aus der momentanen Änderungsrate einer Größe die Größe selbst zu rekonstruieren. ◆

Frage 441

Wann heißt eine Funktion $f : M \to \mathbb{R}$ (M ein echtes Intervall) im Punkt $x_0 \in M$ differenzierbar? Wann heißt sie auf M differenzierbar?

▶ **Antwort** f heißt differenzierbar in $x_0 \in M$, wenn der Grenzwert

$$\lim_{x \to x_0} \frac{f(x) - f(x_0)}{x - x_0} \tag{D1}$$

existiert. Gegebenenfalls bezeichnet man den Grenzwert mit $f'(x_0)$ und nennt ihn die *Ableitung von f in x_0*.

Die Funktion heißt differenzierbar auf M, wenn der Grenzwert für jedes $x \in M$ existiert. Die durch $x \mapsto f'(x)$ gegebene Funktion $f' : M \to \mathbb{R}$ heißt dann die *Ableitung von f*.   ◆

Frage 442

Was bedeutet in der Definition der Differenzierbarkeit die Formulierung „der Grenzwert existiert"?

▶ **Antwort** Die Redewendung lässt sich auf drei äquivalente Weisen präzise ausdrücken (vgl. dazu die Fragen aus Kapitel 4). Der Grenzwert (D_1) existiert genau dann und hat den Wert l, wenn einer der folgenden (äquivalenten) Sachverhalte zutrifft:

(i) *$\varepsilon\delta$-Definition*: Zu jedem $\varepsilon > 0$ gibt es ein $\delta > 0$, sodass gilt:

$$\left| \frac{f(x) - f(x_0)}{x - x_0} - l \right| < \varepsilon \quad \text{für alle } x \text{ mit } 0 < |x - x_0| < \delta.$$

(ii) *Folgenkriterium*: Für jede Folge $(x_n) \subset M$ mit $\lim x_n = x_0$ und $x_n \neq x_0$ konvergiert die Folge der Quotienten $\left(\frac{f(x_n) - f(x_0)}{x_n - x_0} \right)$ gegen l, d. h., es gibt ein $N \in \mathbb{N}$, sodass gilt:

$$\left| \frac{f(x_n) - f(x_0)}{x_n - x_0} - l \right| < \varepsilon \quad \text{für alle } n > N.$$

(iii) *Stetige Fortsetzbarkeit*: Die Funktion $\varphi : M \setminus \{x_0\} \to \mathbb{R}$ mit $\varphi(x) := \frac{f(x) - f(x_0)}{x - x_0}$ besitzt eine stetige Fortsetzung in x_0, und konvergiert bei Annäherung an x_0 gegen l, d. h., die Funktion $\tilde{\varphi} : M \to \mathbb{R}$ mit

$$\tilde{\varphi}(x) := \begin{cases} \dfrac{f(x) - f(x_0)}{x - x_0} & \text{für } x \neq x_0 \\[2mm] l & \text{für } x = x_0 \end{cases}$$

ist stetig in x_0.   ◆

Frage 443

Wie kann man die Differenzierbarkeit geometrisch interpretieren?

▶ **Antwort** Der Quotient $\dfrac{f(x) - f(x_0)}{x - x_0}$ beschreibt geometrisch die Steigung der Sekante an den Graphen von f durch die Punkte $(x, f(x))$ und $(x_0, f(x_0))$.

Abb. 7.6 Die Differenzenquotienten beschreiben die
Steigung von Sekanten an
den Graphen, die Ableitung
als Grenzwert einer Folge
von Differenzenquotienten
beschreibt die Steigung der
Tangente

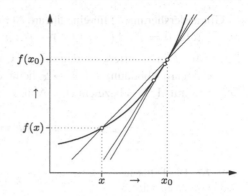

Bei Annäherung des Punktes x an den Punkt x_0 nähert sich die Sekante einer Geraden
mit der Steigung $f'(x_0)$ an, s. Abb. 7.6. Diese Gerade durch $\big(x_0, f(x_0)\big)$ ist die Tangente
T an den Graphen von f im Punkt $\big(x_0, f(x_0)\big)$. T ist eine affin-lineare Funktion mit der
Gleichung

$$T(x) = f(x_0) + f'(x_0) \cdot (x - x_0).$$

Es gilt $T(x_0) = f(x_0)$ und T approximiert f in x_0 bis auf einen kleinen Fehler (vgl. auch
Frage 445). ◆

Frage 444

Warum ist eine in x_0 differenzierbare Funktion dort auch stetig?

▶ **Antwort** Aus der Existenz des Grenzwerts in Frage 441 folgt insbesondere für jede
gegen x_0 konvergente Folge (x_n): $\lim\limits_{n \to \infty} f(x_n) - f(x_0) = 0$, also $\lim\limits_{n \to \infty} f(x_n) = f(x_0)$.
Damit ist f gemäß des Folgenkriteriums stetig. ◆

Frage 445

Differenzial einer Funktion. Wann heißt eine Funktion $f : M \to \mathbb{R}$ in $x_0 \in M$ **linear
approximierbar**? Warum sind Differenzierbarkeit und lineare Approximierbarkeit von
f in x_0 äquivalente Aussagen.

▶ **Antwort** Eine Funktion f heißt linear approximierbar, wenn eine lineare Abbildung
$L : \mathbb{R} \to \mathbb{R}$ existiert, für die gilt

$$\lim_{h \to 0} \frac{f(x_0 + h) - f(x_0) - L(h)}{h} = 0. \tag{D2}$$

Ist f in x_0 differenzierbar, dann ist die Abbildung durch $L(h) = f'(x_0) \cdot h$ gegebene
Abbildung eine lineare Approximation in diesem Sinne.

Gilt andersherum (∗) für eine lineare Abbildung L, dann ist $L(h) = l \cdot h$ für ein $l \in \mathbb{R}$, und es folgt $0 = \lim\limits_{h \to 0} \frac{1}{h}\big(f(x_0 + h) - f(x_0) - lh\big)$, also $\lim\limits_{h \to 0} \frac{1}{h}\big(f(x_0 + h) - f(x_0)\big) = l$. Das heißt, f in x_0 differenzierbar mit $f'(x_0) = l$.

Die lineare Abbildung $L\colon \mathbb{R} \to \mathbb{R}$ heißt, die (∗) erfüllt, heißt *Differenzial von f in x_0* und wird mit $\mathrm{d}f(x_0)$ bezeichnet, s. Abb. 7.7. Es gilt

$$\mathrm{d}f(x_0)h = f'(x_0) \cdot h.$$

Abb. 7.7 Das Differenzial $\mathrm{d}f(x_0)$ ist eine lineare Funktion, die f im Punkt x_0 approximiert

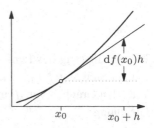

Die Charakterisierung der Differenzierbarkeit durch lineare Approximierbarkeit wird erst im Höherdimensionalen wirklich fruchtbar. In $\mathbb{R}$ bleibt die Unterscheidung zwischen Differenzial und Ableitung ohne größere praktische Konsequenzen. Man sollte sich aber trotzdem jetzt schon einprägen, dass für eine differenzierbare Abbildung $f\colon U \to V$ zwischen beliebigen normierten Räumen $\mathrm{d}f(x_0)$ stets eine *lineare Abbildung $U \to V$* bezeichnet.   ◆

Frage 446

Warum ist die Tangentenfunktion

$$T\colon M \to \mathbb{R}, \qquad x \mapsto f(x_0) + f'(x_0)(x - x_0)$$

unter allen linear-affinen Funktionen $x \mapsto f(x_0) + m(x - x_0)$ die **beste lineare Approximation** von f im Punkt $(x_0, f(x_0))$?

▶ **Antwort** Der Existenz des Grenzwerts (D₂) in Frage 445 impliziert, dass der Unterschied $f(x_0 + h) - f(x_0) - L(h)$ für $h \to 0$ schneller gegen 0 geht als h selbst. Für jede andere lineare Funktion L^* mit $L^*(h) = bh$ und $b \neq f'(x_0)$ gilt dies wegen

$$\lim\limits_{h \to 0} \frac{f(x_0 + h) - f(x_0) - L^*(h)}{h} = f'(x_0) - b \neq 0$$

nicht. In genau diesem Sinne ist die Tangentenfunktion die *beste* lineare Approximation.

◆

Frage 447

Können Sie Beispiele angeben für Funktionen $f : M \to \mathbb{R}$ mit $0 \in M$, die

(a) stetig, im Nullpunkt aber nicht differenzierbar sind,

(b) differenzierbar sind, aber deren Ableitung im Nullpunkt nicht stetig ist,

(c) stetig differenzierbar, aber nicht 2-mal differenzierbar sind?

▶ **Antwort** (a) Die Betragsfunktion $x \mapsto |x|$ ist stetig, aber im Nullpunkt nicht differenzierbar.

(b) Die Funktion $x \mapsto x^2 \cdot \sin \frac{1}{x}$ besitzt die gesuchte Eigenschaft.

(c) Die durch

$$f(x) := \begin{cases} \frac{x^2}{2} & \text{für } x \geq 0, \\ -\frac{x^2}{2} & \text{für } x < 0 \end{cases}$$

definierte Funktion $\mathbb{R} \to \mathbb{R}$ ist auf $\mathbb{R}$ differenzierbar und hat die Ableitung $f'(x) = |x|$. Wegen (a) ist f nicht 2-mal differenzierbar.   ◆

Frage 448

Was besagen die **algebraischen Differenziationsregeln**? Können Sie diese beweisen?

▶ **Antwort** *Seien f und g in x differenzierbar. Dann sind auch $f + g$, $f \cdot g$ und für $g(x) \neq 0$ auch $\frac{1}{g(x)}$ in x differenzierbar, und es gilt*

(a)	$(f + g)'(x) = f'(x) + g'(x)$	*(Summenregel),*
(b)	$(fg)'(x) = f'(x)g(x) + f(x)g'(x)$	*(Produktregel)*
(c)	$\left(\dfrac{f}{g}\right)'(x) = \dfrac{f'(x)g(x) - f(x)g(x)}{g(x)^2}$	*(Quotientenregel)*

Speziell folgt aus (b) für eine konstante Funktion $f(x) = c$ ($c \in \mathbb{R}$) für alle x wegen $f'(x) = 0$ auch die Regel

$$(c \cdot g)'(x) = c \cdot g'(x).$$

Die Regeln zeigt man durch die folgenden Umformungen des Differenzenquotienten für $f + g$, fg und f/g

(a) $\quad \dfrac{f(x+h) - f(x)}{h} + \dfrac{g(x+h) - g(x)}{h}$,

(b) $\quad \dfrac{f(x+h) - f(x)}{h} g(x+h) + \dfrac{g(x+h) - g(x)}{h} f(x)$,

(c) $\quad \dfrac{1}{g(x+h)g(x)} \left(\dfrac{f(x+h) - f(x)}{h} g(x) - \dfrac{g(x+h) - g(x)}{h} f(x) \right)$,

Aus diesen Darstellungen folgen die Regeln dann für $h \to 0$. Bei (c) muss man nur beachten, dass es eine Umgebung $U_h(x)$ gibt mit $g(y) \neq 0$ für alle $y \in U_h(x)$. ◆

Frage 449

Wie lässt sich die Differenzierbarkeit durch die Existenz einer stetigen Funktion mit bestimmten Eigenschaften charakterisieren?

▶ **Antwort** *Eine Funktion $f : M \to \mathbb{R}$ ist genau dann differenzierbar in x_0, wenn es eine in x_0 stetige Funktion $\varphi : M \to \mathbb{R}$ gibt, für die gilt:*

$$f(x) - f(x_0) = \varphi(x) \cdot (x - x_0). \tag{D3}$$

Ist nämlich f in x_0 differenzierbar, dann besitzt die Funktion

$$\varphi^*(x) := \frac{f(x) - f(x_0)}{x - x_0} \qquad \text{für } x \in M \setminus \{x_0\}$$

eine in x_0 stetige Fortsetzung φ. In diesem Fall gilt $\varphi(x_0) = f'(x_0)$.

Diese Formulierung liefert neben (D1) und (D2) eine weitere Charakterisierung der Differenzierbarkeit, die in Beweisen häufig leichter anzuwenden ist. In Frage 451 und bzw. 454 wird sie zum Beweis der Kettenregel bzw. des Satzes von der Differenziation der Umkehrfunktion herangezogen. ◆

Frage 450

Was besagt die Kettenregel?

▶ **Antwort** Die Kettenregel besagt:

Sind $f : M \to I \subset \mathbb{R}$ und $g : I \to \mathbb{R}$ Funktionen so, dass f in x_0 und g in $y_0 = f(x_0)$ differenzierbar sind. Dann ist auch $g \circ f$ in x_0 differenzierbar, und es gilt

$$\boxed{(g \circ f)'(x_0) = g'(f(x_0)) \cdot f'(x_0).}$$
  ◆

Frage 451

Können Sie die Kettenregel beweisen?

▶ **Antwort** Für den Beweis benutzt man am besten die Formulierung der Differenzierbarkeit aus Frage 449. Demnach gibt es in $x_0 \in M$ bzw. $y_0 \in I$ stetige Funktionen φ und γ mit

$$f(x) - f(x_0) = \varphi(x) \cdot (x - x_0), \qquad g(y) - g(y_0) = \gamma(y) \cdot (y - y_0).$$

Einsetzen der ersten Gleichung in die zweite liefert

$$g\big(f(x)\big) - g\big(f(x_0)\big) = \gamma\big(f(x)\big) \cdot \big[f(x) - f(x_0)\big] = \gamma\big(f(x)\big) \cdot \varphi(x) \cdot (x - x_0),$$

Die Funktion $\gamma\left(f(x)\right) \cdot \varphi(x)$ ist stetig in x_0, nach Frage 449 ist f dort also differenzierbar. Wegen $\varphi(x_0) = f'(x_0)$ und $\gamma\big(f(x_0)\big) = g'\big(f(x_0)\big)$ folgt die Kettenregel. ◆

Frage 452

Wie lautet die Ableitung der Funktion $f(x) = (x^2 + 1)^{2014}$?

▶ **Antwort** Mit der Kettenregel folgt $f'(x) = 2014 \cdot (x^2 + 1)^{2013} \cdot 2x$. ◆

Frage 453

Was besagt der **Satz über die Differenzierbarkeit der Umkehrfunktion**?

▶ **Antwort** Der Satz besagt:

Ist M ein Intervall und $f : M \to \mathbb{R}$ eine streng monotone, in $y_0 \in M$ differenzierbare Funktion mit $f'(y_0) \neq 0$, dann ist die Umkehrfunktion f^{-1} in $x_0 = f(y_0)$ differenzierbar und es gilt

$$\boxed{(f^{-1})'(x_0) = \frac{1}{f'(y_0)} = \frac{1}{f'(f^{-1}(x_0))}.}$$

◆

Frage 454

Wie lässt sich der Satz über die Differenzierbarkeit der Umkehrfunktion beweisen?

▶ **Antwort** Zum Beweis benutzt man wieder die Charakterisierung der Differenzierbarkeit aus Frage 449. Es gibt eine in $y_0 \in M$ stetige Funktion $\varphi \colon M \to \mathbb{R}$ mit

$$f(y) - f(y_0) = \varphi(y) \cdot (y - y_0).$$

Wegen der strengen Monotonie von f und wegen $\varphi(y_0) = f'(y_0) \neq 0$ folgt aus dieser Gleichung $\varphi(y) \neq 0$ für alle $y \in M$.

Die Substitution $y = f(x)$, $y = f^{-1}(x)$ liefert

$$x - x_0 = \varphi\big(f^{-1}(x)\big) \cdot \big[f^{-1}(x) - f^{-1}(x_0)\big].$$

Die Funktion $\frac{1}{\varphi \circ f^{-1}}$ ist stetig in x_0 und hat dort den Wert $\frac{1}{f'(y_0)}$. Nach Frage 449 folgt also $(f^{-1})'(x_0) = \frac{1}{f'(y_0)}$.

(Man beachte: Man benötigt die Stetigkeit der Umkehrfunktion an der Stelle x_0! Das folgt aber aus den Voraussetzungen, da die Umkehrfunktion einer streng monotonen Funktion auf einem Intervall als Definitionsbereich automatisch stetig ist.)   ◆

Frage 455

Können Sie den Satz aus der vorigen Frage anwenden, um die Ableitung des natürlichen Logarithmus und des Arcustangens zu berechnen?

▶ **Antwort** Wegen $\exp'(x) = \exp(x)$ und $\exp(x) \neq 0$ für alle $x \in \mathbb{R}$ folgt mit dem Satz

$$\log'(x) = (\exp^{-1})'(x) = \frac{1}{\exp'(\log(x))} = \frac{1}{x}, \quad \text{für alle } x \in \mathbb{R}_+.$$

Für die Ableitung des Arcus-Tangens berechnet man zunächst mit der Regel 448 (c)

$$\tan'(x) = \frac{\sin'(x)\cos(x) - \sin(x)\cos'(x)}{\cos^2(x)} = \frac{\cos^2(x) + \sin^2(x)}{\cos^2(x)} = 1 + \tan^2(x).$$

Damit erhält man $\arctan'(x) = \frac{1}{1 + \tan^2(\arctan x)} = \frac{1}{1 + x^2}$.   ◆

Frage 456

Was besagt das **Fermat'sche Kriterium** bezüglich der **Existenz eines Extremums** (Maximum oder Minimum) für eine differenzierbare Funktion $f : M \to \mathbb{R}$ in einem inneren Punkt $x_0 \in M$?

▶ **Antwort** Das Kriterium besagt: *Ist f in x_0 differenzierbar und besitzt dort ein Extremum, so gilt $f'(x_0) = 0$.*

Der Beweis der Aussage ist sehr einfach. Liegt in x_0 ein lokales Extremum, etwa ein Maximum vor, dann gilt $f(x) - f(x_0) \leq 0$ innerhalb einer Umgebung von x_0. Es folgt

$$\lim_{x \uparrow x_0} \frac{f(x) - f(x_0)}{x - x_0} \leq 0 \quad \text{und} \quad \lim_{x \downarrow x_0} \frac{f(x) - f(x_0)}{x - x_0} \geq 0,$$

also $f'(x_0) = 0$. Mit dem gleichen Argument beweist man den Zusammenhang für den Fall, dass bei x_0 ein Minimum vorliegt.   ◆

Frage 457
Warum gilt die Aussage des Fermat'schen Kriteriums nicht in den Randpunkten?

▶ **Antwort** Das in der letzten Antwort gegebene Argument lässt sich nicht auf die Randpunkte von M übertragen, da hier entweder nur ein links- *oder* rechtsseitiger Grenzwert existiert. Dass der Satz in den Randpunkten so nicht gelten kann, wird durch das einfache Beispiel der Funktion $x \mapsto x$ auf dem kompakten Intervall $[0, 1]$ deutlich.   ◆

Frage 458
Ist das Fermat'sche Kriterium *hinreichend* für die Existenz eines lokalen Extremums?

▶ **Antwort** Das Kriterium formuliert eine *notwendige* Bedingung für das Vorliegen eines (lokalen) Extremums. Dass es nicht hinreichend ist, zeigt das Beispiel $f(x) = x^3$ und $x_0 = 0$.   ◆

Frage 459
Kennen Sie **hinreichende Kriterien** für das Vorliegen eines lokalen Extremums?

▶ **Antwort** Eine differenzierbare Funktion $f : M \to \mathbb{R}$ besitzt in einem inneren Punkt $x_0 \in M$ ein *Maximum*, wenn ein $\delta > 0$ existiert mit

$$f'(x) \geq 0 \text{ für } x \in \,]x_0 - \delta, x_0[\qquad \text{und} \qquad f'(x) \leq 0 \text{ für } x \in \,]x_0, x_0 + \delta[.$$

Beim Vorliegen eines *Minimums* existiert analog ein δ mit

$$f'(x) \leq 0 \text{ für } x \in \,]x_0 - \delta, x_0[\qquad \text{und} \qquad f'(x) \geq 0 \text{ für } x \in \,]x_0, x_0 + \delta[.$$

Ein hinreichendes Kriterium für das Vorliegen eines lokalen Extremums ist also, dass die Ableitung von f beim Durchgang durch x_0 das Vorzeichen wechselt.

Abb. 7.8 Jeder linksseitige Differenzenquotient ist größer oder gleich null, jeder rechtsseitige kleiner oder gleich null

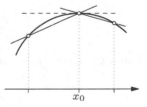

Der Beweis ist hier wiederum nicht schwierig. Zum Beispiel bedeutet das Vorliegen eines lokalen Maximums von f in x_0, dass in einer Umgebung U von x_0 stets $f(x_0) - f(x) \geq 0$ gilt. Damit ist der linksseitige Grenzwert des Differenzenquotienten in x_0 größer oder gleich 0, der rechtsseitige kleiner oder gleich 0, s. Abb. 7.8. Zusammen ergibt dies $f'(x_0) = 0$.   ◆

Frage 460

Was besagt der **Satz von Rolle**, was der **Mittelwertsatz der Differenzialrechnung**? Warum sind beide Aussagen äquivalent?

▶ **Antwort** Sei $f : [a, b] \to \mathbb{R}$ stetig und auf (a, b) differenzierbar. Dann gilt

- *Satz von Rolle*: Ist $f(a) = f(b)$, so gibt es ein $\xi \in [a, b]$ mit $f'(\xi) = 0$.

- *Mittelwertsatz*: Es gibt ein $\xi \in (a, b)$ mit $\dfrac{f(b) - f(a)}{b - a} = f'(\xi)$.

Zunächst zum Satz von Rolle. Die stetige Funktion f besitzt auf dem kompakten Intervall $[a, b]$ ein Minimum und ein Maximum. Ist f konstant, dann ist $f'(x) = 0$ für alle $x \in [a, b]$, im anderen Fall ist mindestens einer der beiden Extremwerte von a und von b verschieden, und nach Frage 456 verschwindet die Ableitung an dieser Stelle, s. Abb. 7.9.

Abb. 7.9 Satz von Rolle

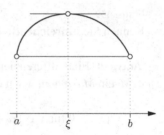

Abb. 7.10 Mittelwertsatz

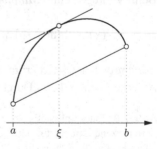

Zum Beweis des Mittelwertsatzes wende man den Satz von Rolle auf die Funktion

$$\varphi(x) := f(x) - \frac{f(b) - f(a)}{b - a}(x - a).$$

an. Wegen $\varphi(a) - \varphi(b)$ gibt es ein $\xi \subset (a, b)$ mit $\varphi'(\xi) = 0$, also

$$f'(\xi) = \frac{f(b) - f(a)}{b - a},$$

s. Abb. 7.10.

Der Mittelwertsatz wurde hier ohne weitere Voraussetzungen aus dem Satz von Rolle abgeleitet. Da umgekehrt der Satz von Rolle offensichtlich ein Spezialfalls des Mittelwertsatzes ist, sind beide Aussagen äquivalent. ◆

Frage 461

Wie lautet der **verallgemeinerte Mittelwertsatz der Differenzialrechnung**?

▶ **Antwort** Dieser Satz besagt:

Sind die Funktionen f und g auf dem kompakten Intervall $[a, b]$ stetig und auf $]a, b[$ differenzierbar, so gibt es mindestens eine Stelle $\xi \in]a, b[$ mit

$$\big(f(b) - f(a)\big) \cdot g'(\xi) = \big(g(b) - g(a)\big) \cdot f'(\xi).$$

Zum Beweis wende man den Satz von Rolle auf die Funktion

$$\varphi(x) := \big(f(b) - f(a)\big) \cdot g(x) - \big(g(b) - g(a)\big) \cdot f(x), \quad x \in [a, b]$$

an. Wegen $\varphi(a) = \varphi(b)$ gibt es ein $\xi \in (a, b)$ mit $\varphi'(\xi) = 0$. Damit ist der Satz bewiesen.

Gilt zudem $g'(x) \neq 0$ für alle $x \in [a, b]$, so ist nach dem Mittelwertsatz $g(b) - g(a) \neq 0$. In diesem Fall lässt sich die Gleichung des verallgemeinerten Mittelwertsatzes auch in folgender Form schreiben:

$$\frac{f(b) - f(a)}{g(b) - g(a)} = \frac{f'(\xi)}{g'(\xi)}. \qquad ◆$$

Frage 462

Was besagt der **Schrankensatz**?

▶ **Antwort** Der Schrankensatz lautet:

Für eine differenzierbare Funktion $f : M \to \mathbb{R}$ mit beschränkter Ableitung gilt für beliebige Punkte $x_1, x_2 \in M$:

$$\boxed{|f(x_1) - f(x_2)| \leq \|f'\| \cdot |x_1 - x_2|.}$$

Mit anderen Worten, die Funktion ist unter den angegebenen Bedingungen Lipschitz-stetig.

Ohne Beschränkung der Allgemeinheit können wir $x_2 > x_1$ annehmen. Nach dem Mittelwertsatz gibt es ein $\xi \in (x_1, x_2)$ mit $\left| \frac{f(x_2) - f(x_1)}{x_2 - x_1} \right| = |f'(\xi)| \leq \|f'\|$. Damit ist der Satz schon bewiesen.   ♦

Frage 463

Wie lauten die **Regeln von de L'Hospital**?

▶ **Antwort** *Seien f und g auf M definierte reelle Funktionen. Gilt dann für ein $a \in M$*

$$(a) \quad \lim_{x \uparrow a} f(x) = \lim_{x \uparrow a} g(x) = 0 \quad oder \quad (b) \quad \lim_{x \uparrow a} f(x) = \lim_{x \uparrow a} g(x) = \infty,$$

so gilt unter der Voraussetzung, dass $g'(x) \neq 0$ in einer Umgebung von a nicht verschwindet

$$\lim_{x \uparrow a} \frac{f(x)}{g(x)} = \lim_{x \uparrow a} \frac{f'(x)}{g'(x)}.$$

Analoge Zusammenhänge gelten für $x \downarrow a$ sowie für $x \to \pm\infty$.   ♦

Frage 464

Wie kann man die Regeln von de L'Hospital beweisen?

▶ **Antwort** Der Beweis muss für jeden der Fälle (a) und (b) extra geführt werden. Beide Male beruht er wesentlich auf einer Anwendung des verallgemeinerten Mittelwertsatzes.

(a) Nach dem verallgemeinerten Mittelwertsatz gibt es ein $\xi \in (a - \delta, a)$ mit

$$\frac{f(a) - f(a - \delta)}{g(a) - g(a - \delta)} = \frac{f'(\xi)}{g'(\xi)}.$$

Für $\delta \to 0$ folgt hieraus die Aussage.

(b) Zunächst schreibe man den Quotienten $f(x)/g(x)$ in der Form

$$\frac{f(x)}{g(x)} = \frac{f(x) - f(y)}{g(x) - g(y)} \cdot \frac{1 - g(y)/g(x)}{1 - f(y)/f(x)}. \qquad (*)$$

Zu $A := \lim_{x \uparrow a} f'(x)/g'(x)$ wähle man $\delta > 0$ so, dass $\left| \frac{f'(x)}{g'(x)} - A \right| < \varepsilon$ für alle $x \in (a - \delta, a)$ gilt. Mit dem verallgemeinerten Mittelwertsatz folgt dann

$$A - \varepsilon < \frac{f(x) - f(y)}{g(x) - g(y)} < A + \varepsilon \quad \text{für alle } x, y \in (a - \delta, a).$$

Einsetzen dieses Ergebnisses in (∗) liefert

$$(A - \varepsilon) \left| \frac{1 - g(y)/g(x)}{1 - f(y)/f(x)} \right| < \frac{f(x)}{g(x)} < (A + \varepsilon) \left| \frac{1 - g(y)/g(x)}{1 - f(y)/f(x)} \right|$$

Der Faktor in den Betragsstrichen konvergiert bei festgehaltenem y für $x \uparrow a$ gegen 1. Da ε beliebig klein gewählt werden kann, folgt die Behauptung. ◆

Frage 465

Können Sie $\lim\limits_{x \downarrow 0} x \log x$ bestimmen?

▶ **Antwort** Die Regel von de L'Hospital liefert hierfür

$$\lim_{x \downarrow 0} x \log x = \lim_{x \downarrow 0} \frac{\log x}{1/x} = \lim_{x \downarrow 0} \frac{1/x}{-1/x^2} = \lim_{x \downarrow 0} -x = 0.$$ ◆

Frage 466

Wie lautet das **Monotoniekriterium**?

▶ **Antwort** Das Kriterium lautet:

Ist $f : [a, b] \to \mathbb{R}$ differenzierbar, dann ist f auf $[a, b]$

(i) *monoton steigend genau dann, wenn $f'(x) \geq 0$ für alle $x \in [a, b]$ und*

(ii) *monoton fallend genau dann, wenn $f'(x) \leq 0$ für alle $x \in [a, b]$ gilt.*

Beide Aussagen folgen bei Betrachtung der Differenzenquotienten von f leicht aus dem Mittelwertsatz. ◆

Frage 467

Wie lassen sich **konstante Funktionen** über ihre Ableitung charakterisieren?

▶ **Antwort** *Eine Funktion $f : M \to \mathbb{R}$ auf einem Intervall M ist konstant genau dann, wenn ihre Ableitung verschwindet.*

Die Richtung „⟸" offensichtlich. Die andere Richtung ergibt sich wiederum aus einer Anwendung des Mittelwertsatzes. Für zwei Punkte $x_1, x_2 \in [a, b]$ existiert ein ξ zwischen x_1 und x_2 mit $f(x_1) - f(x_2) = (x_1 - x_2) f'(\xi)$. Aus $f'(\xi) = 0$ folgt dann $f(x_1) = f(x_2)$. ◆

Frage 468

Wann heißt eine Funktion $f : [a,b] \to \mathbb{R}$ **konvex**?

▶ **Antwort** Eine Funktion f ist konvex, wenn die Sekante durch je zwei Punkte $P_1 :=$ $\big(x_1, f(x_1)\big)$ und $P_2 := \big(x_2, f(x_2)\big)$ des Graphen stets oberhalb des Graphen verläuft (s. Abb. 7.11), wenn also für alle $x \in (x_1, x_2)$ gilt

$$f(x) \le f(x_1) + \frac{f(x_2) - f(x_1)}{x_2 - x_1} x.$$

Abb. 7.11 Bei einer konve-
xen Funktion verläuft die
Sekante durch zwei Punkte
des Graphen stets oberhalb des
Graphen

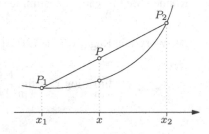

Parametrisiert man die Punkte des Intervalls (x_1, x_2) durch $x = \lambda x_1 + (1 - \lambda)x_2$ für $\lambda \in \,]0, 1[$, so erhält man daraus die äquivalente Bedingung

$$f(\lambda x_1 + (1 - \lambda)x_2) \le \lambda f(x_1) + (1 - \lambda)f(x_2), \quad \text{für } \lambda \in \,]0, 1[. \qquad \blacklozenge$$

Frage 469

Wie lässt sich die Konvexität für eine differenzierbare Funktion $f : [a,b] \to \mathbb{R}$ mittels der zweiten Ableitung charakterisieren?

▶ **Antwort** Ist f differenzierbar, so ist die Konvexität gleichbedeutend damit, dass die Ableitung f' auf $[a,b]$ monoton wächst. Ist f sogar zweimal differenzierbar, so ist das nach dem Monotoniekriterium äquivalent zu $f''(x) \ge 0$ für alle $x \in [a,b]$. ◆

Frage 470

Ist $M \subset \mathbb{R}$ ein echtes Intervall und $f : M \to \mathbb{R}$ eine Funktion, die eine Stammfunktion F_0 besitzt. Warum ist $F : M \to \mathbb{R}$ genau dann eine Stammfunktion von f, wenn $F = F_0 + C$ mit einer Konstanten C gilt?

▶ **Antwort** Sind F und F_0 Stammfunktionen von f, so gilt

$$(F - F_0)' = f - f = 0,$$

also ist nach Frage 467 $F - F_0$ konstant. Die Umkehrung ist trivial. ◆

Frage 471

Können Sie begründen, warum die Exponentialfunktion die einzige differenzierbare Funktion $f \colon \mathbb{R} \to \mathbb{R}$ mit $f' = f$ und $f(0) = 1$ ist?

▶ **Antwort** Man betrachte die Funktion $g(x) := f(x) \cdot \exp(-x)$. Für diese gilt

$$g'(x) = \big(f'(x) - f(x)\big) \cdot \exp(-x) = 0.$$

Es folgt $f(x) = C \cdot \exp(x)$, und wegen $f(0) = \exp(0)$ ist $C = 1$. ◆

Frage 472

Können Sie begründen, warum *jede* Lösung der Differenzialgleichung $f'' + f = 0$ die Form $f = a \cos + b \sin$ hat?

▶ **Antwort** Ist f konstant null, dann gilt die Behauptung trivialerweise. Wir wollen also $f \not\equiv 0$ annehmen. Dann muss f mindestens eine Nullstelle besitzen. Denn wäre f zum Beispiel überall negativ, dann wäre f'' auf ganz $\mathbb{R}$ positiv, also konkav, und daraus würde mit einem einfachen geometrischen Argument folgen, dass der Graph von f die x-Achse an einem Punkt schneiden muss (vgl. dazu die Abbildung in Frage 468). f besitzt also eine Nullstelle x_0.

Weiter folgt aus $f + f'' = 0$

$$(f'^2 + f^2)' = 2f'' \cdot f' + 2f \cdot f' = 2f' \cdot (f'' + f) = 0$$

und damit $f^2 + f'^2 = C$ mit einer Konstanten $C \in \mathbb{R}$. Die Funktion f besitzt zusammenfassend also die drei Eigenschaften

$$f(x_0) = 0, \qquad f'(x_0) = c, \qquad f'' + f = 0,$$

wobei $c = \sqrt{C}$ oder $c = -\sqrt{C}$ ist. Sei g eine weitere Funktion mit diesen Eigenschaften. Für die Funktion $h := f - g$ gilt dann

$$h(x_0) = h'(x_0) = 0, \qquad h + h'' = 0.$$

Daraus folgt wie oben $h'^2 + h^2 = K$ und wegen der ersten Eigenschaft dann $K = 0$, also $h = 0$. Damit sind f und g identisch. Es kann also nur eine Funktion geben, die die drei Eigenschaften in (∗) besitzt.

Da die Funktion $a \cos(x + t) + b \sin(x + t)$ für geeignete Parameter a, b, t die Eigenschaften besitzt, ist sie die einzige. ◆

Frage 473

Wie kann man den Begriff der Differenzierbarkeit von reellwertigen Funktionen auf komplexwertige Funktionen verallgemeinern?

▶ **Antwort** Zunächst einmal lässt sich der Differenzierbarkeitsbegriff für komplexwertige Funktionen auf reellen Intervallen natürlich genauso *definieren* wie für reellwertige. Eine Funktion $f: D \to \mathbb{C}$ auf einer Teilmenge $D \subset \mathbb{C}$ heißt demnach *differenzierbar* in $x_0 \in D$, wenn der Grenzwert

$$\lim_{x \to x_0} \frac{f(x) - f(x_0)}{x - x_0}$$

existiert. Gegebenenfalls heißt dann der Grenzwert $f'(x_0)$ die *Ableitung von f in* x_0.

Da jede komplexwertige Funktion $f: D \to \mathbb{C}$ eine Zerlegung

$$f(x) := u(x) + iv(x), \qquad u, v: D \to \mathbb{R}$$

in Real- und Imaginärteil besitzt und weil der Konvergenzbegriff in $\mathbb{C}$ komponentenweise erklärt ist, folgt daraus unmittelbar:

Eine komplexwertige Funktion $f = u + iv$ auf einem reellen Intervall D ist genau dann differenzierbar in $x_0 \in D$, wenn die reellen Funktionen u und v in x_0 differenzierbar sind. Gegebenenfalls ist die Ableitung von f in x_0 gegeben durch

$$\boxed{f'(x_0) = u'(x_0) + iv'(x_0).} \tag{$*$}$$

Aufgrund der Übereinstimmung der Definition von „Differenzierbarkeit" und wegen ($*$) gelten sämtliche Permanenzeigenschaften für die Ableitung reellwertiger Funktionen auch für komplexwertige. Sind die Funktionen $f, g: D \to \mathbb{C}$ in $x_0 \in D$ also differenzierbar, dann auch die Funktionen

$$\lambda f \quad (\text{mit } \lambda \in \mathbb{C}) \qquad f + g, \qquad f \cdot g, \qquad \frac{f}{g} \quad (\text{falls } g(x_0) \neq 0),$$

und es gelten dieselben algebraischen Ableitungsregeln wie in Frage 448. Ferner lassen sich die Charakterisierung (D1) und (D2) und (D3) mittels linearer bzw. stetiger Funktionen unmittelbar ins Komplexe übertragen.

In Abschn. 10.3 werden wir untersuchen, welche Konsequenzen sich ergeben, wenn man den Differenzierbarkeitsbegriff auf Funktionen $f: D \to \mathbb{C}$ anwendet, die auf einer Menge $D \subset \mathbb{C}$ definiert sind. Dort werden sich weiter reichende Besonderheiten zeigen.

◆

Frage 474

Was ist die Ableitung der Funktion cis: $\mathbb{R} \to \mathbb{C}$ mit $\text{cis}(x) := \cos x + i \sin x$?

▶ **Antwort** Es ist $\text{cis}'(x) = \cos' x + i \sin' x = -\sin x + i \cos x = i \cdot \text{cis}(x)$. ◆

7.3 Der Hauptsatz der Differenzial- und Integralrechnung

Der Hauptsatz der Differenzial- und Integralrechnung stellt den fundamentalen Zusammenhang zwischen den beiden Säulen des *Calculus* her. Er besagt, dass Differenziation und Integration zueinander inverse Operationen sind. Er garantiert die *Existenz von Stammfunktionen* für alle stetigen Funktionen auf kompakten Intervallen (bei Zugrundelegung eines allgemeineren Stammfunktionsbegriffs sogar für alle Regelfunktionen). Mithilfe von Stammfunktionen lassen sich Integrale bequem und elegant berechnen.

Frage 475

Was besagt der Hauptsatz der Differenzial- und Integralrechnung?

▶ **Antwort** Die Aussage des Hauptsatzes gliedert sich in drei Teile. Er besagt

(i)   *Jede stetige Funktion $f : [a,b] \to \mathbb{R}$ besitzt eine Stammfunktion, d. h. eine Funktion $F : [a,b] \to \mathbb{R}$ mit $F'(x) = f(x)$.*

(ii) *Je zwei Stammfunktionen von f unterscheiden sich nur durch eine additive Konstante.*

(iii) *Für eine beliebige Stammfunktion Φ von f gilt*

$$\int_a^b f(t)\,\mathrm{d}t = \Phi(b) - \Phi(a).$$

Der Beweis von Teil (i) wurde schon in Frage 439 erbracht. Wie dort gezeigt wurde, ist die „Integralfunktion"

$$F_a(x) = \int_a^x f(t)\,\mathrm{d}t$$

eine Stammfunktion zu f.

Sind F und G Stammfunktionen von f, so gilt $F' - G' = (G - F)' = 0$ und damit $F = G + C$ mit einer Konstanten $C \in \mathbb{R}$. Daraus folgt (ii).

Behauptung (iii) ist für die Stammfunktion F_a offensichtlich. Die allgemeine Aussage ergibt sich daraus zusammen mit (ii). ◆

Frage 476

Wie kann man den Hauptsatz in der Sprache der linearen Algebra formulieren?

▶ **Antwort** Ist $V := \{f : [a, b] \to \mathbb{R}; \ f \text{ stetig}\}$ der Vektorraum der stetigen Funktionen auf $[a, b]$ und $W_0 := \{g \in C^1([a, b]); \ g(a) = 0\}$, dann ist die Abbildung

$$I : V \to W_0; \qquad f \mapsto I(f) =: g \quad \text{mit } g(x) := \int_a^x f(t) \, dt$$

ein Isomorphismus mit der Umkehrung

$$D : W_0 \to V; \qquad g \mapsto Dg = g'. \tag{7.1}$$

Somit gelten die Beziehungen

$$f = D(I(f)) \quad \text{und} \quad g = I(Dg). \qquad \blacklozenge$$

Frage 477

Wie kann man mithilfe des Hauptsatzes für eine differenzierbare Funktion $f : M \to \mathbb{R}$ die Funktion selbst und ihre erste Ableitung in Beziehung setzen.

▶ **Antwort** Aus dem Hauptsatz folgt die Beziehung

$$f(x) = \int_{x_0}^x f'(t) \, dt + f(x_0).$$

Der Hauptsatz ermöglicht also, bei gegebener Ableitung f' die Ausgangsfunktion f bis auf eine Konstante zu rekonstruieren. Speziell gilt für $[a, b] \subset M$

$$f(b) - f(a) = \int_a^b f'(t) \, dt. \qquad \blacklozenge$$

Frage 478

Was besagt die Redeweise „Integration glättet"?

▶ **Antwort** Die durch Integration erhaltene Stammfunktion ist genau einmal öfter differenzierbar als der Integrand (sofern dieser nicht ohnehin schon aus C^∞ ist) und in diesem

Sinne „glatter". Insbesondere ist die Stammfunktion jeder *stetigen*, also nicht notwendig differenzierbaren, Funktion differenzierbar.

Abb. 7.12 veranschaulicht den Zusammenhang für eine Treppenfunktion. Es gilt $F(x_0) = \int_0^{x_0} f(t)\,dt$, und die Funktion $F(x)$ ist im Gegensatz zu $f(x)$ stetig. Sie macht auch deutlich, wie die *Steigung* des Graphen von F an der Stelle, mit dem Integral von f zusammenhängt. Insofern illustriert sie in gewisser Weise die Aussage des Hauptsatzes der Differenzial- und Integralrechnung. Streng genommen ist F allerdings keine Stammfunktion von f im Sinne der Definition, da F an einigen Stellen nicht differenzierbar ist.

Abb. 7.12 Die Stammfunktion F stellt den (*grauen*) orientierten Flächeninhalt in Abhängigkeit von x_0 dar

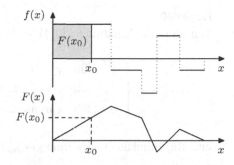

Legt man jedoch einen etwas allgemeineren Stammfunktionsbegriff zugrunde (etwa wie in [28], demzufolge eine Stammfunktion nur bis auf eine abzählbare Ausnahmemenge differenzierbar sein muss), so ist F in diesem allgemeineren Sinn eine Stammfunktion von f.   ◆

Frage 479

Durch welche inneren Eigenschaften lassen sich Regelfunktionen $f : [a, b] \to \mathbb{R}$ charakterisieren?

▶ **Antwort** *Eine Funktion $f : [a, b] \to \mathbb{R}$ ist eine Regelfunktion genau dann, wenn sie an jeder Stelle $\xi \in]a, b[$ sowohl einen rechts- als auch einen linksseitigen Grenzwert hat und in den Randpunkten jeweils einseitige Grenzwerte.*

Die Richtung „$\Longrightarrow$" gilt, da Treppenfunktionen an jeder Stelle einen links- und rechtsseitigen Grenzwert besitzen, und weil sich diese Eigenschaft bei gleichmäßiger Konvergenz auf die Grenzfunktion überträgt.

Die andere Richtung zeigt man mit einem Intervallschachtelungsargument. Angenommen, f besitzt in jedem Punkt $x_0 \in [a, b]$ einen links- und rechtsseitigen Grenzwert, ist aber keine Regelfunktion. Dann gibt es ein $\varepsilon > 0$, sodass $\| f - \varphi \| > \varepsilon$ für alle Treppenfunktionen φ gilt. Besitzt f nun auf einem Intervall $I \subset [a, b]$ keine approximierende Folge von Treppenfunktionen, so gilt dies auch für mindestens eine der Hälften von I.

Ausgehend vom Intervall $[a, b]$ lässt sich durch sukzessive Halbierung also eine Intervall-schachtelung (I_n) mit der Eigenschaft

$$\| f - \varphi \|_{I_n} > \varepsilon \qquad \text{für alle } n \in \mathbb{N} \text{ und alle } \varphi \in \mathcal{T}$$

konstruieren. An dieser Stelle muss man mit einem $\varepsilon\delta$-Standardargument nur noch zeigen, dass das im Widerspruch zur Voraussetzung steht. ◆

Frage 480

Warum ist die Funktion $t : [0, 1] \to \mathbb{R}$ mit

$$t(x) = \begin{cases} 1, & \text{falls } x = 0 \\ \frac{1}{q}, & \text{falls } x = \frac{p}{q}, \ p, q \in \mathbb{N}, \ p \le q, \ p \text{ und } q \text{ teilerfremd} \\ 0, & \text{falls } x \text{ irrational} \end{cases}$$

eine Regelfunktion und warum gilt $\int_0^1 t(x) \, dx = 0$?

▶ **Antwort** Die Funktion t heißt in der Literatur häufig Thomae-Funktion nach C. J. Thomae (1840–1921), der diese Funktion 1875 betrachtet hat, die aber auch schon bei B. Riemann auftaucht und deshalb manchmal auch Riemann-Funktion genannt wird. Wegen des „exotisch" aussehenden Graphen der Funktion t ist sie auch als Tröpfchen-Funktion oder Popcorn-Funktion bekannt. Wie Sie sehen werden, hat sie beispielsweise die bemerkenswerten Eigenschaften, dass $\lim_{x \to a} t(x)$ für alle $a \in [0, 1]$ existiert und dass $\lim_{x \to a} t(x) = 0$ gilt.

Aber nur für irrationale $a \in [0, 1]$ stimmt $\lim_{x \to a} t(x)$ mit dem Grenzwert überein.

t ist also stetig in den irrationalen Punkten $a \in [0, 1]$ und unstetig in allen rationalen $a \in [0, 1]$.

Ist nämlich $a = \frac{p}{q} \in [0, 1]$ rational, dann gibt es eine Folge (ξ_n), $\xi_n \in [0, 1]$, ξ_n irrational, mit $\lim_{n \to \infty} \xi_n = a$ (die irrationalen Zahlen liegen dicht in $[0, 1]$).

Aber es ist $\lim_{n \to \infty} f(\xi_n) = 0 \ne \frac{1}{q} = f\left(\frac{p}{q}\right)$.

Sei jetzt $a \in [0, 1]$ irrational und $\varepsilon > 0$ beliebig vorgegeben. Dann existieren endlich viele $q \in \mathbb{N}$ mit $\frac{1}{q} \ge \varepsilon$. Zu jedem solchen q existieren höchstens $q + 1$ gekürzte Brüche der Gestalt $\frac{p}{q} \in \,]0, 1[$. Somit gibt es auch nur endliche viele gekürzte Brüche $\frac{p_j}{q_j} \in \,]0, 1[$, $1 \le j \le N$, mit $\frac{p_j}{q_j} \ge \varepsilon$.

Setzt man

$$\delta := \min\left\{ \left| a - \frac{p_j}{q_j} \right|, \ i \le j \le N \right\},$$

dann ist $\delta > 0$ (da $a \notin \mathbb{Q}$) und für $x \in U_\delta(0) \cap [0, 1]$ ist $t(x) < \varepsilon$, d.h., t ist stetig für irrationale $a \in [0, 1]$.

Definiert man für $x \in \mathbb{R}$ $t(x + 1) = t(x)$, setzt aber t auf $\mathbb{R}$ periodisch fort, so erhält man eine Funktion $f : \mathbb{R} \to \mathbb{R}$, die in den irrationalen Punkten $a \in \mathbb{R}$ stetig, für $a \in \mathbb{Q}$ aber unstetig ist.

So liegt also die Frage nahe, ob es eine Funktion $f : \mathbb{R} \to \mathbb{R}$ gibt, die stetig ist für $a \in \mathbb{Q}$ und unstetig für $a \in \mathbb{R} \setminus \mathbb{Q}$. Nach dem Satz von Young aus der deskriptiven Mengenlehre und dem Baire'schen Kategoriensatz kann es eine solche Funktion nicht geben.

Der Satz von Young besagt [14]:

Für eine Funktion $f : \mathbb{R} \to \mathbb{R}$ ist die Menge der Unstetigkeitsstellen der Funktion eine F_σ-Menge, d. h. eine abzählbare Vereinigung abgeschlossener Teilmengen von $\mathbb{R}$.

Wegen $\mathbb{Q} = \underset{x \in \mathbb{Q}}{\cup} \{x\}$ sind die irrationalen Zahlen eine F_σ-Menge (vgl. [14]).

Gäbe es eine Funktion $f : \mathbb{R} \to \mathbb{R}$ mit $f_{|\mathbb{Q}}$ stetig und $f_{|\mathbb{R} \setminus \mathbb{Q}}$ unstetig, dann müsste $\mathbb{R} \setminus \mathbb{Q}$ eine F_σ-Menge sein, was aber nicht der Fall ist („Dichte-Argument").

$\mathbb{Q}$ ist dicht in $\mathbb{R}$, $\mathbb{R} \setminus \mathbb{Q}$ nicht mager, daher ist $\mathbb{R} \setminus \mathbb{Q}$ keine F_σ-Menge.   ◆

Frage 481

Warum besitzt eine Regelfunktion $f : [a, b] \to \mathbb{R}$ genau dann eine Stammfunktion (im klassischen Sinne), wenn f stetig ist?

▶ **Antwort**   Sei zunächst x_0 ein beliebiger innerer Punkt aus $]a, b[$. Eine Regelfunktion f besitzt nach Frage 479 dann in x_0 einen linksseitigen Grenzwert $f(x_{0-})$. Die Funktion $f_{x_{0-}}$, die an der Stelle x_0 den Wert $f(x_{0-})$ hat und ansonsten mit f übereinstimmt, ist damit für ein $\delta > 0$ stetig auf dem Intervall $[x_0 - \delta, x_0]$, hat dort also eine Stammfunktion, und es gilt

$$\lim_{x \uparrow x_0} \frac{1}{x_0 - x} \int_x^{x_0} f_{x_{0-}}(t)\, dt = f(x_{0-})$$

Da sich die Werte von f und $f_{x_{0-}}$ nur in höchstens einem Punkt unterscheiden, sind deren Integrale gleich, es folgt also

$$\lim_{x \uparrow x_0} \frac{1}{x_0 - x} \int_x^{x_0} f(t)\, dt = f(x_{0-}). \qquad (*)$$

Analog erhält man für $x_0 \in [a, b[$

$$\lim_{x \downarrow x_0} \frac{1}{x_0 - x} \int_x^{x_0} f(t)\, dt = f(x_{0+}). \qquad (**)$$

Besitzt f nun eine Stammfunktion, so sind die beiden Grenzwerte $(*)$ und $(**)$ gleich, weil die Approximationen $x \uparrow x_0$ und $x \downarrow x_0$ dann durch beliebige gegen x_0 konvergente Folgen ersetzt werden können. Es folgt $f(x_{0-}) = f(x_{0+})$, also die Stetigkeit von f in x_0.   ◆

Frage 482

Gibt es auch unstetige Funktionen, die eine Stammfunktion besitzen?

▶ **Antwort** Ja. Als Beispiel betrachte man die Funktion $F : \mathbb{R} \to \mathbb{R}$ mit $F(0) = 0$ und $F(x) = x^2 \sin \frac{1}{x}$. Deren Ableitung $f(x) := F'(x) = 2x \sin \frac{1}{x} + \cos(\frac{1}{x})$ besitzt im Nullpunkt weder einen links- noch einen rechtsseitigen Grenzwert.   ◆

Frage 483

Was versteht man unter einer **Riemann'schen Summe**?

▶ **Antwort** Sei $f : [a, b] \to \mathbb{R}$ eine beliebige beschränkte Funktion und sei Z eine Zerlegung von $[a, b]$ mit den Teilungspunkten $x_0, \ldots, x_n$. Weiter sei ξ_k für $1 \leq k \leq n$ ein beliebiger Punkt aus dem Intervall $[x_{k-1}, x_k]$. Dann ist die *Riemann'sche Summe* zur Funktion f bezüglich der Zerlegung Z und dem Zwischenvektor $\xi := (\xi_1, \ldots, \xi_n)$ definiert als die Summe

$$S(Z, \xi, f) := \sum_{k=1}^{n} f(\xi_k) \Delta x_k, \qquad \Delta x_k := x_k - x_{k-1}.$$

Abb. 7.13 Riemann'sche
Summe mit Zwischenvektor
$(\xi_1, \ldots, \xi_n)$

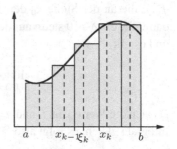

Der Wert der Riemann'schen Summe entspricht somit dem Flächeninhalt, den der Graph der durch $\varphi(x) = f(\xi_k)$ für $x \in [x_{k-1}, x_k]$ gegebenen Treppenfunktion mit der x-Achse einschließt, s. Abb. 7.13.   ◆

Frage 484

Können Sie folgende Aussage begründen: Ist $f : [a, b] \to \mathbb{R}$ eine Regelfunktion und (Z_j) mit $Z_j := \{x_0^{(j)}, \ldots, x_{n_j}^{(j)}\}$ eine Folge von Zerlegungen mit

$$\lim_{j \to \infty} |Z_j| = 0, \qquad |Z_j| := \max \left\{ x_k^{(j)} - x_{k-1}^{(j)}; \, 1 \leq k \leq n_j \right\},$$

dann gilt für beliebige Zwischenvektoren $\xi^{(j)}$ von Z_j

$$\lim_{j \to \infty} S(Z_j, \xi_j, f) = \int_a^b f(x)\,dx.$$

In Worten: Das Integral einer Regelfunktion auf einer kompakten Menge $[a, b]$ wird durch eine Riemann'sche Summe beliebig genau approximiert, solange die Zerlegung nur fein genug ist.

▶ **Antwort** Wir zeigen, dass zu jedem $\varepsilon > 0$ ein $\delta > 0$ existiert, sodass für jede Zerlegung Z von $[a, b]$ mit $|Z| \leq \delta$ die Abschätzung

$$\left| S(Z, \xi, f) - \int_a^b f\,dx \right| < \varepsilon$$

gilt, wobei ξ ein beliebiger Zwischenvektor zur Zerlegung Z ist. Daraus folgt die Behauptung.

Diese Aussage lässt sich zunächst für *Treppenfunktionen* φ unschwer mittels vollständiger Induktion zeigen.

Sei f daher eine Regelfunktion und φ eine Treppenfunktion mit $\| f - \varphi \| < \frac{\varepsilon}{3(b-a)}$. Ferner sei $\delta > 0$ so gewählt, dass für jede Zerlegung Z mit $|Z| < \delta$ die Ungleichung $\left| S(Z, \xi, \varphi) - \int_a^b \varphi\,dx \right| < \varepsilon/3$ gilt. Für jede Zerlegung $Z = \{x_0, \ldots, x_n\}$ mit $|Z| < \delta$ und beliebigem Zwischenvektor ξ folgt hieraus

$$\left| S(Z, \xi, f) - \int_a^b f\,dx \right| \leq \left| S(Z, \xi, f) - S(Z, \xi, \varphi) \right| + \left| S(Z, \xi, \varphi) - \int_a^b \varphi\,dx \right|$$

$$+ \left| \int_a^b \varphi\,dx - \int_a^b f\,dx \right|$$

$$\leq \sum_{k=1}^n \| f - \varphi_n \| \Delta x_k + \frac{\varepsilon}{3} + \int_a^b \| f - \varphi_n \|\,dx \leq \varepsilon.$$

Damit ist die Behauptung bewiesen.   ◆

Frage 485

Sei $f : [a, b] \to \mathbb{R}$ eine **beschränkte** Funktion. Für jedes $\underline{\varphi} \in \underline{\mathfrak{T}}(f) := \{\varphi \in \mathfrak{T}; \varphi \le f\}$ und jedes $\overline{\varphi} \in \overline{\mathfrak{T}}(f) := \{\varphi \in \mathfrak{T}; \varphi \ge f\}$ heißt

$$I(\underline{\varphi}) := \int_a^b \underline{\varphi}\,\mathrm{d}x \qquad \textbf{Untersumme} \text{ von } f \text{ und}$$

$$I(\overline{\varphi}) := \int_a^b \overline{\varphi}\,\mathrm{d}x \qquad \textbf{Obersumme} \text{ von } f,$$

s. Abb. 7.14. Bezeichnet man mit U_f die Menge aller Untersummen und mit O_f die Menge aller Obersummen von f, warum existiert dann stets

$$I_*(f) := \sup U_f \quad \text{und} \quad I^*(f) := \inf O_f,$$

und warum gilt immer $I_*(f) \le I^*(f)$?

▶ **Antwort** Die Mengen O_f und U_f sind nicht leer, da sie die Inhalte der konstanten Funktionen $x \mapsto \sup f$ bzw. $x \mapsto \inf f$ enthalten. Ferner gilt für alle $\underline{\varphi} \in \underline{\mathfrak{T}}(f)$ und alle $\overline{\varphi} \in \overline{\mathfrak{T}}(f)$

$$I(\underline{\varphi}) \le (b - a) \cdot \sup f \qquad \text{und} \qquad I(\overline{\varphi}) \ge (b - a) \cdot \inf f.$$

Die nicht leeren Mengen U_f und O_f sind also nach oben bzw. unten beschränkt, und damit existieren $\sup U_f$ und $\inf O_f$.

Abb. 7.14 Unter- und Ober-summe einer Funktion

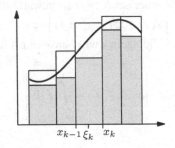

Angenommen, es würde $I_*(f) > I^*(f)$ gelten. Dann gäbe es eine Treppenfunktion $\underline{\psi} \in \underline{\mathfrak{T}}(f)$ mit

$$I(\underline{\psi}) > I(\overline{\varphi}) \qquad \text{für alle } \overline{\varphi} \in \overline{\mathfrak{T}}(f). \tag{$*$}$$

Die Funktion $\overline{\psi} := \underline{\psi} + \|f - \underline{\psi}\| + 1$ liegt dann in $\overline{\mathfrak{T}}(f)$ und es gilt $I(\overline{\psi}) > I(\underline{\psi})$, im Widerspruch zu $(*)$. ◆

Frage 486

Warum gilt für Regelfunktionen $f: [a,b] \to \mathbb{R}$ stets $I_*(f) = I^*(f)$?

▶ **Antwort** Sei φ eine Treppenfunktion mit $\| f - \varphi \| < \varepsilon$. Dann ist $\varphi - \varepsilon \in \underline{\mathcal{T}}(f)$ und $\varphi + \varepsilon \in \overline{\mathcal{T}}(f)$. Hieraus folgt

$$0 \le I^*(f) - I_*(f) < I(\varphi + \varepsilon) - I(\varphi - \varepsilon) = 2\varepsilon \cdot (b - a).$$

Da ε beliebig klein gehalten werden kann, ergibt sich hieraus die Behauptung.   ◆

Frage 487

Wann heißt eine Funktion $f: [a,b] \to \mathbb{R}$ **Riemann-integrierbar**?

▶ **Antwort** *Eine beschränkte Funktion* $f: [a,b] \to \mathbb{R}$ *heißt Riemann-integrierbar, wenn* $I_*(f) = I^*(f)$ *gilt.*

Der Unterschied zum Regelintegral besteht also darin, dass beim Riemann-Integral *direkt* versucht wird, den Flächeninhalt unter dem Graphen von f durch Einschließung von Ober- und Untersummen zu bestimmen, ohne sich weiter darum zu kümmern, ob f selbst durch Funktionen einer bestimmten Klasse approximiert werden kann.   ◆

Frage 488

Begründen Sie, warum

$$\mathrm{Rie}(M) := \{ f: M \to \mathbb{R}, \quad f \text{ Riemann-integrierbar} \}$$

mit $M = [a,b]$ ein $\mathbb{R}$-Vektorraum ist und warum die Abbildung

$$\mathrm{Rie}(M) \to \mathbb{R}; \qquad f \mapsto \int_a^b f(x)\,\mathrm{d}x$$

ein lineares Funktional ist, dessen Einschränkung auf die Menge der Regelfunktionen mit dem Integral für Regelfunktionen übereinstimmt.

▶ **Antwort** Seien f und g Riemann-integrierbar. Für $\alpha, \beta \in \mathbb{R}$ sowie Treppenfunktionen $\underline{\varphi} \in \underline{\mathcal{T}}(f)$ und $\underline{\psi} \in \underline{\mathcal{T}}(g)$ gilt $I(\alpha\underline{\varphi} + \beta\underline{\psi}) = \alpha \cdot I(\underline{\varphi}) + \beta \cdot I(\underline{\psi})$. Daraus folgt

$$I^*(\alpha f + \beta g) = \alpha \cdot I^*(f) + \beta \cdot I^*(g). \tag{$*$}$$

Analog erhält man

$$I_*(\alpha f + \beta g) = \alpha \cdot I_*(f) + \beta \cdot I_*(g). \qquad (**)$$

Wegen $I^*(f) = I_*(f)$ und $I^*(g) = I_*(g)$ folgt daraus $I^*(\alpha f + \beta g) = I_*(\alpha f + \beta g)$. Die Funktion $\alpha f + \beta g$ ist also Riemann-integrierbar. Damit ist gezeigt, dass $\mathrm{Rie}(M)$ ein $\mathbb{R}$-Vektorraum ist.

Die Gleichungen $(*)$ und $(**)$ zeigen auch, dass es sich bei der Abbildung $\mathrm{Rie}(M) \to \mathbb{R}$ um ein lineares Funktional handelt.

Der letzte Teil der Behauptung ergibt sich im Wesentlichen als Spezialfall aus Frage 484. Zu einer Zerlegung $Z = \{x_0, \ldots, x_n\}$ betrachte man die beiden in Abb. 7.15 skizzierten speziellen Riemann'schen Summen

$$\overline{S}(Z) := \sum_{k=1}^n f(\overline{\xi}_k)\Delta x_k, \qquad \overline{\xi}_k := \max\{f(x);\ x \in [x_{k-1}, x_k]\},$$
$$\underline{S}(Z) := \sum_{k=1}^n f(\underline{\xi}_k)\Delta x_k, \qquad \underline{\xi}_k := \min\{f(x);\ x \in [x_{k-1}, x_k]\}.$$

Abb. 7.15 Spezielle Riemann'sche Summen. Die Komponenten des Zwischenvektors liegen am Maximum bzw. Minimum des entsprechenden Teilintervalls

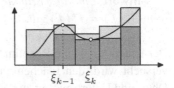

Für alle Zerlegungen Z ist $\overline{S}(Z)$ eine Ober- und $\underline{S}(Z)$ eine Untersumme von f. Nach Frage 484 gilt $\lim_{|Z|\to 0} \overline{S}(Z) = \lim_{|Z|\to 0} \underline{S}(Z) = \int_a^b f \, \mathrm{d}x$, und hieraus folgt $\lim_{|Z|\to 0} \overline{S}(Z) = I^*(f) = I_*(f) = \int_a^b f \, \mathrm{d}x$.   ♦

Frage 489

Können Sie eine Riemann-integrierbare Funktion $f : [a, b] \to \mathbb{R}$ angeben, die keine Regelfunktion ist?

▶ **Antwort** Ein Standardbeispiel liefert die Funktion $f : x \mapsto \sin\frac{1}{x}$ auf $[0, 1]$. Diese besitzt in 0 keinen rechtsseitigen Grenzwert, kann also keine Regelfunktion sein.

Abb. 7.16 Die Funktion $x \mapsto \sin\frac{1}{x}$ ist auf $[0, 1]$ riemann-, aber nicht regelintegrierbar

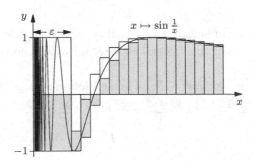

Ihre Riemann-Integrierbarkeit folgt daraus, dass sie auf jedem kompakten Intervall $[\varepsilon, 1]$ stetig und damit nach Frage 486 erst recht Riemann-integrierbar ist. Das Infimum $I_{\varepsilon*}$ der Obersummen über das restliche Intervall ist kleiner als $\varepsilon \cdot 1 = \varepsilon$, das Supremum I_ε^* der Untersummen größer als $\varepsilon \cdot (-1) = -\varepsilon$, s. Abb. 7.16. Also gilt auch hier $I_{\varepsilon*} = I_\varepsilon^*$. ◆

7.4 Integrationstechniken

Weit verbreitet ist die Meinung *„Differenziation ist Technik, Integration ist Kunst.“*.

Auch im Zeitalter von Computeralgebrasystemen bzw. leistungsfähiger Software zur Integralbestimmung sollte jede(r) Studierende einige elementare Integrationstechniken beherrschen. Wird jedoch z. B. eine Stammfunktion F einer Funktion f mithilfe einer Software angegeben, sollte man prüfen, ob tatsächlich $F' = f$ gilt.

Frage 490

Wie lautet die **Substitutionsregel**?

▶ **Antwort** Die Substitutionsregel erhält man über den Hauptsatz der Differenzial- und Integralrechnung als Pendant zur Kettenregel. Sie lautet:

Sei $f : M \to \mathbb{R}$ eine stetige Funktion und F eine Stammfunktion zu f. Sei weiter $\varphi : [a, b] \to M$ stetig differenzierbar. Dann ist $F \circ \varphi$ eine Stammfunktion zu $(f \circ \varphi) \cdot \varphi'$, und es gilt

$$\int_a^b f(\varphi(x)) \cdot \varphi'(x)\, dx = \int_{\varphi(a)}^{\varphi(b)} f(t)\, dt.$$

Die erste Behauptung folgt unmittelbar aus der Kettenregel, die zweite durch Auswerten der Integrale auf beiden Seiten der Gleichung. Diese haben nämlich beide den Wert $F(\varphi(b)) - F(\varphi(a))$. ◆

Frage 491

Können Sie mithilfe der Substitutionsregel das Integral $\int_{-1}^1 \sqrt{1 - x^2}\, dx$ berechnen?

▶ **Antwort** Die Substitution $x = \sin t$, $dx = \cos t\, dt$ liefert

$$\int_{-1}^1 \sqrt{1 - x^2}\, dx = \int_{\arcsin(-1)}^{\arcsin(1)} \sqrt{1 - \sin^2} \cos t\, dt = \int_{-\pi/2}^{\pi/2} \cos^2 t\, dt$$

Nun ist

$$\int\limits_{-\pi/2}^{\pi/2} \cos^2 t \, dt = \int\limits_{-\pi/2}^{\pi/2} 1 \, dt - \int\limits_{-\pi/2}^{\pi/2} \sin^2 t \, dt = \pi - \int\limits_{-\pi/2}^{\pi/2} \cos^2 t \, dt.$$

Einsetzen in die obere Gleichung führt zu dem Ergebnis $\int_{-1}^{1} \sqrt{1 - x^2} \, dx = \pi/2.$ ◆

Frage 492

Wie lautet die **Regel der partiellen Integration**?

▶ **Antwort** Die Regel lautet: *Sind $f, g \colon M \to \mathbb{R}$ stetig differenzierbar, so ist*

$$\int fg' \, dx = fg - \int f'g \, dx \qquad \int\limits_{a}^{b} fg' \, dx = fg \Big|_{a}^{b} - \int\limits_{a}^{b} f'g \, dx.$$

Der Zusammenhang folgt sofort aus der Produktregel für die Differenziation. Demnach ist nämlich fg eine Stammfunktion zu $fg' + f'g$.

Anmerkung: Eine Stammfunktion F von f nennt man nach Leibniz auch ein **unbestimmtes Integral** und schreibt dafür $\int f(x) \, dx$. Eine Gleichung $\int f(x) \, dx = F(x)$ auf einem Intervall bedeutet, dass F eine Stammfunktion von f ist. Man beachte jedoch, dass aus $\int f(x) \, dx = F(x)$ und $\int f(x) \, dx = G(x)$ nicht folgt, dass $F(x) = G(x)$ für alle $x \in M$ ist, sondern lediglich dass es eine Konstante C gibt mit $F = G + C$. ◆

Frage 493

Können Sie mit dieser Regel begründen, warum

$$x \mapsto \frac{1}{2}(x\sqrt{1 - x^2} + \arcsin x)$$

eine Stammfunktion von $\sqrt{1 - x^2}$ auf dem Intervall $[-1, 1]$ ist?

▶ **Antwort** Bei der folgenden Rechnung beachte man vor allem den Trick einer Multiplikation mit 1, der bei Problemlösungen mittels partieller Integration recht häufig zum Einsatz kommt.

$$\int 1 \cdot \sqrt{1 - x^2} \, dx = x\sqrt{1 - x^2} - \int \frac{x(-2x)}{2\sqrt{1 - x^2}} \, dx$$

$$= x\sqrt{1 - x^2} + \int \frac{dx}{\sqrt{1 - x^2}} - \int \frac{1 - x^2}{\sqrt{1 - x^2}} \, dx$$

$$= x\sqrt{1 - x^2} + \arcsin x - \int \sqrt{1 - x^2} \, dx.$$

Addition von $\int \sqrt{1-x^2}\,\mathrm{d}x$ auf beiden Seiten der Gleichung und anschließende Division durch 2 liefert das gesuchte Ergebnis. ◆

Frage 494

Können Sie das Ergebnis aus Frage 493 durch ein geometrisches Argument anschaulich verifizieren?

▶ **Antwort** Das Integral $\int_{-1}^{x} \sqrt{1-x^2}\,\mathrm{d}x$ gibt den in Abb. 7.17 dunkelgrau eingefärbten Flächeninhalt an. Dieser ist gleich dem Flächeninhalt des Kreissektors mit Winkel φ *minus* bzw. *plus* dem Inhalt des hellgrau eingefärbten Dreiecks, je nachdem, ob x negativ oder positiv ist. In beiden Fällen führt das auf

$$\int\limits_{-1}^{x} \sqrt{1-x^2}\,\mathrm{d}x = \frac{1}{2}\left(\varphi + x\sqrt{1-x^2}\right).$$

Abb. 7.17 Elementargeometrische „Berechnung" von $\int_{-1}^{x} \sqrt{1-x^2}\,\mathrm{d}x$

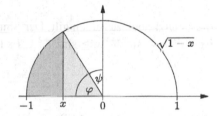

Nun ist aber $\varphi = \psi + \frac{\pi}{2} = \arcsin(x) + \frac{\pi}{2}$. Setzt man das in die Gleichung ein, erhält man eine Stammfunktion von $\sqrt{1-x^2}$, die sich von der formal hergeleiteten nur um die Konstante $\pi/4$ unterscheidet. ◆

Frage 495

Können Sie für $I_n := \int\limits_{0}^{\pi/2} \sin^n x\,\mathrm{d}x$ eine Rekursionsformel angeben?

▶ **Antwort** Mit partieller Integration erhält man zunächst

$$I_n = \int\limits_{0}^{\pi/2} \sin x \sin^{n-1} x\,\mathrm{d}x = -\cos x \sin^{n-1} x \Big|_{0}^{\pi/2} + (n-1)\int\limits_{0}^{\pi/2} \cos^2 x \sin^{n-2} x\,\mathrm{d}x$$

$$= (n-1)\int\limits_{0}^{\pi/2} (1 - \sin^2 x)\sin^{n-2} x\,\mathrm{d}x = (n-1)\cdot I_{n-2} - (n-1)\cdot I_n.$$

Damit lautet die gesuchte Rekursionsformel $I_n = \dfrac{n-1}{n} \cdot I_{n-2}$. Wegen $I_0 = \pi/2$ und $I_1 = 1$ folgt aus dieser

$$I_{2n} = \frac{2n-1}{2n} \cdots \frac{3}{4} \cdot \frac{1}{2} \cdot \frac{\pi}{2}, \qquad I_{2n+1} = \frac{2n}{2n+1} \cdots \frac{4}{5} \cdot \frac{2}{3}. \qquad \blacklozenge$$

Frage 496

Können Sie aus dem Ergebnis von Frage 495 die **Wallis'sche Produktformel**

$$\frac{\pi}{2} = \lim_{n\to\infty} \frac{2\cdot 2}{1\cdot 3} \cdot \frac{4\cdot 4}{3\cdot 5} \cdots \frac{2n\cdot 2n}{(2n-1)\cdot(2n+1)}$$

ableiten?

▶ **Antwort** Die Wallis'sche Produktformel entspricht gerade der Aussage

$$\lim_{n\to\infty} \frac{I_{2n+1}}{I_{2n}} = 1, \qquad\qquad (*)$$

die es jetzt noch zu zeigen gilt. Der Sinus ist im Intervall $[0, \pi/2]$ positiv und ≤ 1. Daher ist $\sin^{2n} x \geq \sin^{2n+1} x \geq \sin^{2n+2} x$. Es folgt also $I_{2n} \geq I_{2n+1} \geq I_{2n+2}$ und damit

$$1 \geq \frac{I_{2n+1}}{I_{2n}} \geq \frac{I_{2n+2}}{I_{2n}} = \frac{2n+1}{2n+2}.$$

Wegen $\lim_{n\to\infty}(2n+1)/(2n+2) = 1$ folgt daraus der Grenzwert $(*)$ und somit die Wallis'sche Produktformel. $\qquad\blacklozenge$

Frage 497

Was besagt der Satz über die **Partialbruchzerlegung** einer rationalen Funktion?

▶ **Antwort** Der Satz besagt:

Sei $R = \frac{P(x)}{Q(x)}$ eine rationale Funktion. Q besitze die komplexen Nullstellen $\alpha_1, \ldots, \alpha_k$ mit den jeweiligen Vielfachheiten $n_1, \ldots, n_k$. Dann gibt es genau eine Darstellung

$$R = H_1 + \cdots H_k + q,$$

wobei q ein Polynom ist, und die H_k rationale Funktionen der Gestalt

$$H_k(x) = \frac{c_{n_k}}{(x-\alpha_k)^{n_k}} + \frac{c_{n_{k-1}}}{(x-\alpha_{k-1})^{n_{k-1}}} + \cdots + \frac{c_1}{(x-\alpha_k)}, \quad c_{n_j} \in \mathbb{C},\ c_{n_k} \neq 0. \quad \blacklozenge$$

Frage 498

Können Sie ein konkretes Beispiel einer Partialbruchzerlegung angeben?

▶ **Antwort** Ein Beispiel einer Partialbruchzerlegung wäre etwa

$$\frac{3x^2 - 5x + 4}{x^3 - 3x^2 + 6x - 4} = \frac{3x^2 - 5x + 4}{(x-2)^2(x-1)} = \frac{2}{(x-2)^2} + \frac{1}{x-2} + \frac{2}{x-1}. \quad \blacklozenge$$

Frage 499

Wie kann man den Satz über die Partialbruchzerlegung beweisen?

▶ **Antwort** Für den Beweis des Satzes sei die rationale Funktion durch Polynomdivision mit Rest auf die Form $R(x) = f(x)/g(x) + q(x)$ mit $\deg f \leq \deg q$ gebracht. Sei $g(x) = (x-\alpha)^n h(x)$ mit einem Polynom h, das in α keine Nullstelle besitzt. Es genügt dann zu zeigen, dass eine eindeutige Darstellung

$$R(x) = \frac{f(x)}{h(x)(x-\alpha)^n} + R_0(x) + q \qquad (*)$$

existiert, wobei $R_0(x)$ eine rationale Funktion ist, die in α einen Pol höchstens $(n-1)$-ter Ordnung hat.

Da das Polynom $\frac{1}{h(\alpha)}\big(f(x)h(\alpha) - f(\alpha)h(x)\big)$ die Nullstelle α besitzt, gibt es ein Polynom p, sodass gilt:

$$\frac{f(x)}{h(x)} - \frac{f(\alpha)}{h(\alpha)} = \frac{f(x)h(\alpha) - f(\alpha)h(x)}{h(x)h(\alpha)} = \frac{(x-\alpha)p(x)}{h(x)}.$$

Einsetzen der aus dieser Gleichung ermittelten Darstellung für $f(x)/h(x)$ in $(*)$ liefert

$$R(x) = \frac{a_n}{(x-\alpha)^n} + \underbrace{\frac{p(x)}{h(x)(x-\alpha)^{n-1}}}_{R_0(x)} + q(x) \quad \text{mit } a_n := f(\alpha)/h(\alpha).$$

Die rationale Funktion $R_0(x)$ hat einen höchstens $(n-1)$-fachen Pol an der Stelle α. Ferner gilt $\deg p = \deg f - 1$. Nach spätestens $\deg f$ Schritten führt das Verfahren also auf „Restfunktionen" der Form $\frac{c}{g(x)}$. Das schließt den Fall aus, dass am Ende der Konstruktion eine nicht weiter zerlegbare Funktion übrigbleibt. Insgesamt zeigt das die Existenz der Partialbruchzerlegung. Die Eindeutigkeit folgt daraus, dass in der Konstruktion die Polynome $h(x)$ und $p(x)$ eindeutig bestimmt sind. Damit ist aber auch a_n eindeutig. ◆

Frage 500

Mithilfe welcher elementaren Funktionen kann man eine rationale Funktion mit reellen Koeffizienten integrieren?

▶ **Antwort** Die Integration einer rationalen Funktion kann in jedem Fall mittels *rationaler Funktionen*, des *Logarithmus* sowie des *Arcus-Tangens* geleistet werden.

Nach dem Satz über die Partialbruchzerlegung genügt es, Stammfunktionen von Funktionen der Form

$$\frac{A}{(x-a)^m}, \qquad a, A \in \mathbb{C}, \; m \in \mathbb{N}$$

zu finden. Je nachdem, ob a und A reell oder komplex sind und $m > 1$ oder $m = 1$ gilt, führt das zu verschiedenen Ergebnissen.

(a) $m > 1$: In diesem Fall ist eine Stammfunktion gegeben durch

$$\frac{-1}{(m-1)} \cdot \frac{1}{(x-a)^{m-1}},$$

und zwar unabhängig davon, ob a reell oder komplex ist. (Die Gleichung $(x^n)' = nx^{n-1}$ für alle $n \neq 1$) lässt sich unmittelbar aufs Komplexe übertragen).

(b) $m = 1$ und $a \in \mathbb{R}$: Eine Stammfunktion ist hier durch den Logarithmus gegeben

$$\int \frac{dx}{(x-a)} = \log(x-a).$$

(c) $m = 1$ und $a \in \mathbb{R} \setminus \mathbb{C}$. Das ist der mit Abstand problematischste Fall. Aufgrund der Eigenheiten des komplexen Logarithmus ist hier eine Stammfunktion nicht so leicht wie für $a \in \mathbb{R}$ anzugeben. Eine Auswertung des Integrals $\int \frac{1}{x-z} \, dx$ für nicht reelle z ist eigentlich Sache der Funktionentheorie. Da die Terme $\frac{A}{x-z}$ und $\frac{\overline{A}}{x-\overline{z}}$ aber in der Partialbruchzerlegung einer rationalen Form immer gemeinsam vorkommen, versucht man in der reellen Analysis Stammfunktionen zu Funktionen des Typs

$$\frac{A}{x-z} + \frac{\overline{A}}{x-\overline{z}} = \frac{Bb-C}{x^2+2bx+c}$$

allgemein anzugeben. Das ist mit einigem Aufwand und trickreichen Substitutionen auf ausschließlich reellem Wege auch möglich (vgl. etwa [28]) und führt schließlich auf die Formel

$$\int \frac{Bx+C}{x^2+2bx+c} \, dx = \frac{B}{2} \cdot \log\left|x^2+2bx+c\right| + \frac{C-Bb}{\sqrt{c-b^2}} \cdot \arctan \frac{x+b}{\sqrt{c-b^2}}. \qquad (*)$$

Diese komplizierte Formel wird im Komplexen wesentlich verständlicher. Letztendlich steht sie mit dem komplexen Logarithmus in Beziehung, und der setzt sich zusammen aus Arcustangens und reellem Logarithmus.

Jedenfalls sind damit zu allen Typen der in einer Partialbruchzerlegung auftretenden rationalen Summanden Stammfunktionen angegeben. In diesen kommen außer rationalen Funktionen, Logarithmus und Arcus-Tangens keine weiteren Funktionen vor.   ◆

Frage 501

Können Sie begründen, warum die Funktion $F \colon \mathbb{R} \to \mathbb{R}$ mit

$$F(x) = \frac{1}{4\sqrt{2}} \log \frac{x^2 - \sqrt{2}x + 1}{x^2 + \sqrt{2}x + 1} + \frac{1}{2\sqrt{2}} \left\{ \arctan\left(\sqrt{2}x - 1\right) + \arctan\left(\sqrt{2}x + 1\right) \right\}$$

auf jedem Intervall $[a, b]$ eine Stammfunktion von $f(x) = \frac{x^2}{x^4+1}$ ist?

▶ **Antwort** Diese Stammfunktion erhält man aus der reellen Partialbruchzerlegung

$$\frac{x^2}{x^4 + 1} = \frac{\frac{1}{2\sqrt{2}} \cdot x}{x^2 - \sqrt{2}x + 1} - \frac{\frac{1}{2\sqrt{2}} \cdot x}{x^2 + \sqrt{2}x + 1}$$

unter Benutzung der Formel (∗) aus Frage 500. ◆

Anwendungen der Differenzial- und Integralrechnung

Die folgenden Fragen befassen sich mit verschiedenen Anwendungen der Differenzial- und Integralrechnung und ihrem weiteren Ausbau. Die einzelnen Teile hängen nicht systematisch voneinander ab. Wir haben uns für die folgenden Themen entschieden:

(1) Taylor'sche Formel und Taylorreihen
(2) Fixpunktiteration und Newton-Verfahren
(3) Interpolation und Elemente der numerischen Integration
(4) Uneigentliche Integrale, Γ-Funktion
(5) Fourierreihen (Elemente der Theorie)
(6) Bernoulli'sche Zahlen und Euler'sche Summenformel
(7) Differenzierbare Kurven und ihre Geometrie

8.1 Taylor'sche Formel und Taylorreihen

Potenzreihen sind Verallgemeinerungen von Polynomen und wie diese sehr gut handhabbar. Potenzreihen haben sehr angenehme Eigenschaften. Sie sind beispielsweise stetig und beliebig oft differenzierbar, um nur zwei der zahlreichen Eigenschaften zu nennen. Wenn eine Funktion in eine Potenzreihe entwickelbar ist, dann ist diese Potenzreihe die *Taylorreihe* zu dem entsprechenden Entwicklungspunkt. Wir beschränken uns hier vorzugsweise auf den reellen Fall, in dem man mithilfe der Taylor'schen Formel mit Restglied eine notwendige und hinreichende Bedingung dafür erhält, dass die Taylorreihe einer Funktion konvergiert und die Funktion darstellt.

© Springer-Verlag GmbH Deutschland 2018
R. Busam, T. Epp, *Prüfungstrainer Analysis*, https://doi.org/10.1007/978-3-662-55020-5_8

Frage 502

Sei $[a,b] \subset \mathbb{R}$ ein kompaktes Intervall und (f_n) eine Folge von stetig differenzierbaren Funktionen $f_n : [a,b] \to \mathbb{R}$, die punktweise gegen die Funktion $f : [a,b] \to \mathbb{R}$ konvergiert. Die Folge (f_n') der Ableitungen konvergiere gleichmäßig. Dann ist f differenzierbar, und es gilt

$$f'(x) = \lim_{n\to\infty} f_n'(x) \quad \text{für alle } x \in [a,b].$$

Können Sie diesen Vertauschungssatz beweisen?

▶ **Antwort** Unter Anwendung des Hauptsatzes der Differenzial- und Integralrechnung schreibe man f_n für ein beliebiges $x_0 \in [a,b]$ in der Form

$$f_n(x) = f_n(x_0) + \int_{x_0}^{x} f_n'(t)\, dt.$$

Daraus folgt zunächst

$$\lim_{n\to\infty} f_n(x) = \lim_{n\to\infty} f_n(x_0) + \lim_{n\to\infty} \int_{x_0}^{x} f_n'(t)\, dt.$$

Da die Folge (f_n') gleichmäßig konvergiert, darf in dem zweiten Term auf der rechten Seite Integration und Limesbildung vertauscht werden. Dies führt auf

$$f(x) = f(x_0) + \int_{x_0}^{x} \lim_{n\to\infty} f_n'(t)\, dt = f(x_0) + \int_{x_0}^{x} f'(t)\, dt.$$

Nach dem Hauptsatz der Differenzial- und Integralrechnung ist f somit differenzierbar, und es gilt $f' = \lim f_n'$. ◆

Frage 503

Können Sie durch ein Gegenbeispiel belegen, dass selbst bei gleichmäßiger Konvergenz von (f_n) gegen f im Allgemeinen nicht $\lim f_n' = f'$ gilt?

▶ **Antwort** Das wurde in 352 schon mit dem Beispiel $f_n(x) = \frac{\sin(nx)}{\sqrt{n}}$ gezeigt. ◆

Frage 504

Sei $M \in \mathbb{R}$ ein echtes Intervall. Ist $f : M \to \mathbb{R}$ eine im Punkt $a \in M$ mindestens n-mal differenzierbare Funktion, durch welche Eigenschaften ist dann das n-te Taylorpolynom $T_n f(x;a)$ von f im Punkt a bestimmt? Wie lauten die Koeffizienten?

▶ **Antwort** Das Polynom $T_n f(x; a)$ ist die Lösung zu folgendem Problem: Gesucht ist ein Polynom T mit grad $T \leq n$, das mit f im Punkt a übereinstimmt und dort dieselben ersten n Ableitungen besitzt wie f. Für T soll also gelten

$$T(a) = f(a), \quad T'(a) = f'(a), \quad \dots, \quad T^{(n)}(a) = f^{(n)}(a). \tag{8.1}$$

Die Koeffizienten eines solchen Polynoms $T(x) = \sum_{k=0}^{n} a_k (x - a)^k$ sind durch diese Vorgaben bereits eindeutig bestimmt. Wegen $T^{(k)}(a) = k! a_k$ gilt nämlich $a_k = \frac{f^k(a)}{k!}$ für $0 \leq k \leq n$. Es gibt somit genau ein Polynom $T_n f(x; a)$ vom Grad n, welches die Vorgaben (∗) erfüllt. Dieses hat die Gestalt

$$T_n f(x; a) = f(a) + \frac{f'(a)}{1!}(x - a) + \frac{f''(a)}{2!}(x - a)^2 + \cdots + \frac{f^{(n)}(a)}{n!}(x - a)^n. \blacklozenge$$

Frage 505

Wie lautet die Taylor'sche Formel mit Integralrestglied?

▶ **Antwort** Die Existenz eines Polynoms, das sich durch die lokalen Eigenschaften (∗) auszeichnet, wurde in der vorigen Frage relativ problemlos gezeigt. Die Frage ist jetzt naheliegend, wie gut das Taylorpolynom die Funktion f in einem beliebigen Punkt $x \in M$ approximiert. Es geht also um eine Berechnung des Restglieds

$$R_{n+1}(x) := f(x) - T_n f(x; a), \quad x \in M.$$

Der Fehler $R_{n+1}(x)$ lässt sich durch ein Integral darstellen. Dabei muss vorausgesetzt werden, dass f mindestens $(n + 1)$-mal stetig differenzierbar ist. In diesem Fall gilt die folgende *Integraldarstellung des Restglieds*

$$\boxed{R_{n+1}(x) = \frac{1}{n!} \int_a^x (x - t)^n f^{(n+1)}(t) \, dt.} \tag{∗}$$

Diese Formel lässt sich durch vollständige Induktion über n beweisen. Für $n = 0$ entspricht sie gerade der Aussage des Hauptsatzes der Differenzial- und Integralrechnung. Der Schluss von n auf $n + 1$ erfolgt nun mittels partieller Integration von (∗). Damit bekommt man

$$T_n f(x; a) + R_{n+1}(x) = \underbrace{T_n f(x; a) + \frac{f^{(n+1)}}{(n+1)!}(x - a)^{n+1}}_{T_{n+1} f(x; a)} + \underbrace{\int_a^x (x - t)^{n+1} f^{(n+2)}(t) \, dt}_{R_{n+2}(x)}.$$

Das zeigt die Integraldarstellung des Restglieds. ♦

Frage 506

Ist $f : M \to \mathbb{R}$ eine $(n+1)$-mal stetig differenzierbare Funktion auf einem Intervall $M \subset \mathbb{R}$ mit

$$f^{(n+1)}(x) = 0 \quad \text{für alle } x \in M.$$

Was können Sie dann über f aussagen?

▶ **Antwort** Die Funktion f ist in diesem Fall ein Polynom vom Grad $\leq n$. In diesem Fall verschwindet nämlich das Restglied $R_{n+1}(x)$ für alle $x \in M$.   ◆

Frage 507

Welche weiteren Formeln für das Restglied sind Ihnen bekannt?

▶ **Antwort** Die Funktion $t \mapsto (x-t)^n$ hat für $t \in]a, x[$ ein einheitliches Vorzeichen. Nach dem Mittelwertsatz der Integralrechnung existiert also ein $\xi \in]a, x[$ mit

$$R_{n+1}(x) = \frac{f^{(n+1)}(\xi)}{n!} \int_a^x (x-t)^n \, dt = \frac{f^{(n+1)}(\xi)}{(n+1)!} (x-a)^{n+1}.$$

Dies liefert eine weitere, integralfreie Darstellung des Restglieds, die sogenannte *Lagrange-Form* für das Restglied.   ◆

Frage 508

Was besagt die **qualitative Taylor-Formel** für eine n-mal stetig differenzierbare Funktion $f : M \to \mathbb{R}$?

▶ **Antwort** Unter Benutzung der Lagrange-Form lässt sich das Restglied R_{n+1} noch in der Form

$$R_{n+1}(x) = f(x) - T_n f(x; a) = \frac{(x-a)^n}{n!} \left(f^{(n)}(\xi_x) - f^{(n)}(a) \right) := (x-a)^n \cdot r(x)$$

mit einem $\xi_x \in]a, x[$ und einer stetigen Funktion r schreiben. Für r gilt wegen der Stetigkeit von $f^{(n)}$ dann $\lim_{x \to a} r(x) = 0$.

Die qualitative Taylor'sche Formel drückt das Restglied in der Taylorapproximation bezüglich der Existenz einer derartigen Funktion r aus. Sie besagt:

Ist $f : M \to \mathbb{R}$ n-mal stetig differenzierbar, so gibt es eine stetige Abbildung $r : M \to \mathbb{R}$ mit $r(a) = 0$ und

$$f(x) = T_n f(x; a) + (x-a)^n \cdot r(x).$$

Für das Restglied $R_{n+1}(x)$ bedeutet das, dass es für $x \to a$ schneller gegen null geht als $(x-a)^n$. Mit dem Landau-Symbols „o" lässt sich dieser Sachverhalt in der suggestiven Form

$$f(x) = T_n f(x; a) + o\big((x-a)^n\big) \qquad \text{für } x \to a$$

ausdrücken. ◆

Frage 509

Berechnen Sie für die Exponentialfunktion die Taylorpolynome vom Grad $n = 1, 2, 3, 4$ im Entwicklungspunkt $a = 0$. Skizzieren Sie ihren Graphen.

▶ **Antwort** Für die Koeffizienten der Taylorpolynome gilt $a_k = \frac{\exp^{(k)}(0)}{k!} = \frac{1}{k!}$. Die Polynome lauten also

$$T_1(x) = 1 + x,$$

$$T_2(x) = 1 + x + \frac{x^2}{2},$$

$$T_3(x) = 1 + x + \frac{x^2}{2} + \frac{x^3}{6},$$

$$T_4(x) = 1 + x + \frac{x^2}{2} + \frac{x^3}{6} + \frac{x^4}{24}.$$

◆

Abb. 8.1 zeigt die Graphen der vier Polynome.

Abb. 8.1 Die ersten vier Taylorapproximationen zur Exponentialfunktion im Nullpunkt

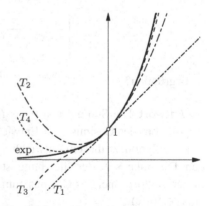

Frage 510

Berechnen Sie die Taylorpolynome T_1, T_3, T_5, T_7 von sin zum Entwicklungspunkt $c = 0$ und skizzieren Sie deren Graphen im Intervall $[-2\pi, 2\pi]$.

▶ **Antwort** Die Koeffizienten der Taylorpolynome im Nullpunkt berechnen sich zu

$$a_{2k} = \frac{\sin^{(2k)}(0)}{(2k)!} = 0, \qquad a_{2k+1} = \frac{\sin^{(2k+1)}(0)}{(2k+1)!} = \frac{(-1)^k}{(2k+1)!}.$$

Damit folgt allgemein

$$T_{2n+1}(x) = \sum_{k=0}^{n} \frac{(-1)^k}{(2k+1)!} x^{2k+1},$$

also zum Beispiel

$$T_7(x) = x - \frac{x^3}{6} + \frac{x^5}{120} - \frac{x^7}{5\,040}. \tag{8.2}$$

Abb. 8.2 Die Taylorpolynome T_1, T_3, T_5 und T_7 zur Sinusfunktion im Nullpunkt

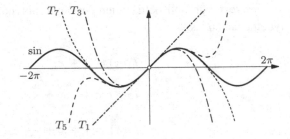

Abb. 8.2 zeigt die Graphen der vier Polynome.   ◆

Frage 511

Können Sie die Abschätzung

$$\left| \cos x - \sum_{k=0}^{N} (-1)^k \frac{x^{2k}}{(2k)!} \right| \leq \frac{|x|^{2N+2}}{(2N+2)!}$$

begründen?

▶ **Antwort** Die Summe von 0 bis N in den Betragsstrichen links ist das $2N$-te Taylorpolynom des Cosinus zum Entwicklungspunkt 0. Dieses ist gleich dem $2N+1$-ten Taylorpolynom zu diesem Entwicklungspunkt, da die ungeraden Koeffizienten verschwinden. Die linke Seite der Gleichung ist somit gleich dem Betrag des Restglieds $R_{2N+2}(x)$ in der Taylorformel des Cosinus zum Entwicklungspunkt 0. Mit der Formel (R) gilt für ein $\xi \in (0, x)$

$$\left| \cos x - \sum_{k=0}^{N} (-1)^k \frac{x^{2k}}{(2k)!} \right| = \left| \frac{\cos^{(2N+2)}(\xi)}{(2N+2)!} x^{2N+2} \right|.$$

Wegen $|\cos^{(2N+2)}(\xi)| = |\pm \cos(\xi)| \leq 1$ folgt daraus die zu beweisende Abschätzung.   ◆

Frage 512

Ist $M \subset \mathbb{R}$ ein echtes Intervall $a \subset M$ und $f \in \mathcal{C}^{\infty}(M)$. Was versteht man unter der Taylorreihe von f zum Entwicklungspunkt a?

▶ **Antwort** Die Taylorreihe $Tf(x; a)$ ist die Folge der Taylorpolynome $T_n f(x; a)$. Formal schreibt man

$$Tf(x; a) = \sum_{k=0}^{\infty} \frac{f^{(k)}(a)}{k!}(x - a)^k. \qquad \blacklozenge$$

Frage 513

Als Potenzreihe konvergiert eine Taylorreihe trivialerweise stets für den Entwicklungspunkt $x = a$. Geben Sie ein Beispiel für eine Taylorreihe an, die

(a) einen endlichen Konvergenzradius hat, obwohl die dargestellte Funktion auf ganz $\mathbb{R}$ definiert ist.

(b) zwar überall konvergiert, die Funktion f aber trotzdem nicht überall darstellt.

Gibt es auch Taylorreihen, die außer in ihrem Entwicklungspunkt nirgends konvergieren?

▶ **Antwort** (a) Die Funktion $f(x) = \frac{1}{1+x^2}$ ist auf ganz $\mathbb{R}$ definiert, ihre Taylorreihe

$$Tf(x, 0) = 1 - x^2 + x^4 - x^6 \pm \cdots$$

konvergiert aber nur für $|x| < 1$.

(b) Ein Beispiel für den zweiten Fall bietet die Funktion

$$g(x) := \begin{cases} \exp(-1/x) & \text{für } x > 0 \\ 0 & \text{für } x \leq 0. \end{cases}$$

Induktiv lässt sich leicht zeigen, dass f unendlich oft differenzierbar ist und dass $g^{(k)}(0) = 0$ für alle $k \in \mathbb{N}$ gilt. Die Taylorreihe von g um den Nullpunkt konvergiert also auf ganz $\mathbb{R}$ gegen die Nullfunktion. Für positive x ist diese aber verschieden von g, s. Abb. 8.3.

Abb. 8.3 Die Taylorreihe von g konvergiert in einer Umgebung des Nullpunkts nicht gegen g

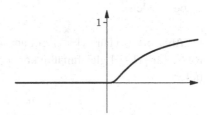

Die unter (a) und (b) vorgestellten Phänomene treten im Übrigen nur im Reellen auf und werden völlig verständlich, sobald man die Funktionen als Funktionen komplexer Variablen betrachtet. Die Funktion f besitzt dann nämlich einen Pol bei $\pm i$, während g als komplexe Funktion im Nullpunkt noch nicht einmal stetig ist.

Es gibt auch Taylorreihen, die außer im Entwicklungspunkt nirgends konvergieren. Nach einem Theorem von Borel existiert zu einer beliebigen Folge (c_n) reeller Zahlen eine $\mathcal{C}^\infty$-Funktion f mit $f^{(n)}(0) = c_n$ (s. [24]). Diese Funktion lässt sich in jedem Fall auch mittels eines konstruktiven Verfahrens finden und in einer Reihendarstellung angeben. Mit dieser Methode kann man also eine Funktion f konstruieren, die die Eigenschaft $f^{(n)}(0) = n!^2$ besitzt. Deren Taylorreihe $Tf(x;0) = \sum k!x^k$ hat dann den Konvergenzradius $R = 0$.   ◆

Frage 514

Können Sie ein notwendiges und hinreichendes Kriterium dafür nennen, dass die Taylorreihe einer Funktion $f \in \mathcal{C}^\infty(M)$ zum Entwicklungspunkt $a \in M$ konvergiert und für alle $x \in M$ die Funktion darstellt?

▶ **Antwort** Die Taylorreihe $Tf(x;a)$ konvergiert genau dann auf M und stellt dort die Funktion f dar, wenn die Folge der Reste $R_n(x) = f(x) - T_nf(x;a)$ für alle $x \in M$ eine Nullfolge ist.   ◆

Frage 515

Hat die Taylorreihe $Tf(x;0)$ einer $\mathcal{C}^\infty$-Funktion f einen positiven Konvergenzradius r, dann konvergiert sie sicher im offenen Intervall $]-r, r[$. Konvergiert sie auch noch für $x = r$ (bzw. $x = -r$), so gilt für die dargestellte Funktion nach dem Abel'schen Grenzwertsatz

$$f(r) := \lim_{x \uparrow r} f(x) = \sum_{k=0}^{\infty} \frac{f^{(k)}(0)}{k!} x^k.$$

Ein analoger Zusammenhang gilt für $x \downarrow -r$. Können Sie die Formeln

(a) $\dfrac{\pi}{4} = \arctan 1 = 1 - \dfrac{1}{3} + \dfrac{1}{5} - \dfrac{1}{7} \pm \cdots,$ (b) $\log 2 = 1 - \dfrac{1}{2} + \dfrac{1}{3} - \dfrac{1}{4} \pm \cdots$

begründen?

▶ **Antwort** (a) Für $|x| < 1$ gilt $\arctan'(x) = \frac{1}{1+x^2} = 1 - x^2 + x^4 - x^6 \pm \cdots$. Da diese Reihe für $|x| < 1$ gleichmäßig konvergiert, darf sie gliedweise integriert werden, und das liefert

$$\arctan x = \sum_{k=0}^{\infty} (-1)^n \frac{x^{2n+1}}{2n+1} + C.$$

Durch Einsetzen von $x = 0$ bestimmt man $C = 0$. Die Potenzreihenentwicklung des Arcus-Tangens lautet also

$$\arctan x = \sum_{k=0}^{\infty} (-1)^n \frac{x^{2n+1}}{2n+1} = x - \frac{x^3}{3} + \frac{x^5}{5} - \frac{x^7}{7} \pm \cdots \qquad |x| < 1.$$

Die Reihe konvergiert aber auch noch für $x = 1$. Nach dem Abel'schen Grenzwertsatz kann man daraus auf die bemerkenswerte Leibniz'sche Formel

$$\boxed{\arctan 1 = \frac{\pi}{4} = 1 - \frac{1}{3} + \frac{1}{5} - \frac{1}{7} + \frac{1}{9} - \cdots = 0{,}785398163397448\ldots}$$

schließen.

(b) Analog kann man beim Beweis der zweiten Formel vorgehen. Ausgehend von

$$\log'(1 + x) = \frac{1}{1+x} = 1 - x + x^2 - x^3 + \cdots \qquad \text{für } |x| < 1$$

kommt man durch gliedweise Integration und Bestimmung der Integrationskonstanten durch Einsetzen eines speziellen Funktionswertes auf

$$\log(1 + x) = x - \frac{x^2}{2} + \frac{x^3}{3} - \frac{x^4}{4} + \cdots \qquad \text{für } |x| < 1.$$

Da diese Reihe aber auch noch für $x = 1$ konvergiert, gilt die Identität auch noch in diesem Fall. Daraus folgt die Reihendarstellung für $\log 2$ und die Approximationsformel $\log 2 \approx 0{,}6931471805$. ◆

8.2 Fixpunktiteration und Newton-Verfahren

Ist f eine nichtlineare Funktion, so ist die exakte Angabe der Nullstellen von f, also der Punkte $x_0 \in D(f)$ mit $f(x_0) = 0$, im Allgemeinen ein schwieriges Problem. Mithilfe des Newton-Verfahrens lässt sich unter bestimmten Differenzierbarkeitsvoraussetzungen an f jedoch stets eine gegen x_0 konvergente Folge in $D(f)$ angeben, die die annäherungsweise Bestimmung der Nullstellen mit einer beliebigen Genauigkeit ermöglicht. Das Problem der Nullstellenbestimmung ist eng verwandt mit dem Problem, zu einer Funktion g eventuelle Fixpunkte mit x_0 mit $g(x_0) = x_0$ zu bestimmen. Wir beginnen daher mit der Untersuchung von Fixpunktproblemen.

Ist $f : [a, b] \to \mathbb{R}$ eine stetige Funktion mit $f(a) < 0$ und $f(b) > 0$, dann hat f nach dem Zwischenwertsatz (vgl. 315) eine Nullstelle ξ im offenen Intervall (a, b). Um diese genauer zu bestimmen, kann man das Intervall halbieren und den Punkt $x_0 = \frac{a+b}{2}$

betrachten. Ist $f(x_0) = 0$, dann hat man eine Nullstelle gefunden. Ist jedoch $f(x_0) \neq 0$, so kann man die Intervalle $]a, x_0[$ bzw. $]x_0, b[$ betrachten. In einem dieser beiden Intervalle muss eine Nullstelle von f liegen. Man halbiert nun diese Intervalle und betrachtet die Funktionswerte in den Mittelpunkten. Auf diese Weise erhält man zwei Folgen (a_n) und (b_n) mit

(1) $[a_n, b_n] \subset [a_{n-1}, b_{n-1}]$ für $n \geq 1$.

(2) $b_n - a_n = \frac{1}{2^n}(b - a)$

(3) $f(b_n) \leq 0,\ f(a_n) \geq 0$

Die Folge (a_n) ist monoton wachsend und nach oben beschränkt, die Folge (b_n) ist monoton fallend und nach unten beschränkt, sie sind also konvergent und wegen (2) gilt $\lim_{n\to\infty} a_n = \lim_{n\to\infty} b_n =: \xi$. Nach den Rechenregeln für konvergente Folgen und der Stetigkeit von f folgt $\lim_{n\to\infty} a_n = \lim_{n\to\infty} b_n = f(\xi) = 0$.

Diese Intervallschachtelungsmethode zur Nullstellenbestimmung konvergiert aber im Allgemeinen sehr langsam. Eine viel effektivere Methode erhält man unter der Zusatzvoraussetzung, dass f stetig differenzierbar ist. Diese Methode ist das klassische Newtonverfahren, dessen Prinzip uns schon in Frage 192 begegnet ist.

Frage 516

Ist X ein metrischer Raum und $A \subset X$ eine abgeschlossene Teilmenge, was versteht man unter einer **kontrahierenden Selbstabbildung** $f : A \to X$?

► **Antwort** Die Funktion $f : A \to X$ ist eine *kontrahierende Selbstabbildung*, wenn sie die folgenden beiden Eigenschaften besitzt:

(i)   Für alle $x \in A$ ist $f(x) \in A$ (anders ausgedrückt: $f(A) \subset A$)

(ii) f ist eine **Kontraktion**, d. h. es gibt ein $q \in \mathbb{R}$ mit $0 \leq q < 1$, sodass für alle $x, y \in A$ gilt

$$d\big(f(x), f(y)\big) \leq q \cdot d(x, y).$$

◆

Frage 517

Können Sie den folgenden Spezialfall des **Banach'schen Fixpunktsatzes** beweisen?

Sei $A \subset \mathbb{C}$ eine nichtleere abgeschlossene Teilmenge und $f : A \to \mathbb{C}$ eine kontrahierende Selbstabbildung. Dann gilt

(a) f besitzt genau einen Fixpunkt, es gibt also genau ein $\xi \in [A, b]$ mit $f(\xi) = \xi$.

(b) Für *jeden* „Startwert" $x_0 \in A$ konvergiert die durch $x_{n+1} = f(x_n)$ rekursiv definierte Folge (x_n) gegen ξ.

▶ **Antwort** Für den Abstand zweier aufeinanderfolgender Glieder gilt wegen (ii)

$$|x_{k+1} - x_k| \le q|x_k - x_{k-1}| \le q^2|x_{k-1} - x_{k-2}| \le \cdots \le q^k|x_1 - x_0|.$$

Daraus folgt für beliebige $m, n \in \mathbb{N}$ mit $m > n$

$$|x_{m+1} - x_n| \le |x_{m+1} - x_m| + |x_m - x_{m-1}| + \cdots |x_{n+1} - x_n|$$

$$\le (q^m + \cdots + q^n)|x_1 - x_0| = q^n \frac{1 - q^{m+1}}{1 - q}|x_1 - x_0| \qquad (*)$$

$$\le q^n|x_1 - x_0|.$$

Wegen $q < 1$ konvergiert die rechte Seite dieser Ungleichung für $n \to \infty$ gegen 0. Das zeigt, dass (x_n) eine Cauchy-Folge ist und konvergiert. Für den Grenzwert ξ der Folge muss wegen $x_{n+1} = f(x_n)$ und der Stetigkeit von f dann notwendigerweise $\xi = f(\xi)$ gelten. Somit ist ξ ein Fixpunkt von f; dies ist der einzige, denn wäre $\eta \ne \xi$ ein weiterer Fixpunkt, so würde der Widerspruch $|\eta - \xi| = |f(\eta) - f(\xi)| < |\eta - \xi|$ folgen. ◆

Frage 518

Können Sie zeigen, dass für die Fixpunktiteration aus Frage 517 die folgenden Fehler-abschätzungen gelten:

$$|x_n - \xi| \le \frac{q^n}{1-q}|x_1 - x_0|, \qquad |x_n - \xi| \le \frac{q}{1-q}|x_n - x_{n-1}|.$$

▶ **Antwort** Die erste Abschätzung folgt für $m \to \infty$ aus $(*)$, die zweite lässt sich durch Betrachtung der Folge mit dem Startwert x_{n-1} auf die erste zurückführen. ◆

Frage 519

Warum ist das obige Verfahren relativ unabhängig gegen Rundungsfehler und Fehler-fortpflanzung?

▶ **Antwort** Jedes Glied der Folge kann als Startwert einer neuen Iteration angesehen werden. Die Fehler im $n - 1$-ten Schritt haben daher keinen Einfluss auf das Verhalten der Iteration im n-ten Schritt. Mit anderen Worten, Fehler pflanzen sich nicht fort und können den Ausgang der Iteration nicht verändern, höchstens verzögern. ◆

Frage 520

Ist $[a, b]$ ein kompaktes Intervall und $f : [a, b] \to [a, b]$ stetig differenzierbar mit $\|f'\| < 1$. Begründen Sie, warum f dann eine Kontraktion ist.

▶ **Antwort** f ist eine Selbstabbildung, und nach dem Schrankensatz aus Frage 462 gilt für beliebige Punkte $x, y \in \mathbb{R}$

$$|f(x) - f(y)| \leq \|f'\| \cdot |x - y|.$$

Daraus folgt die Behauptung.   ◆

Frage 521

Ist $f : [a, b] \to [a, b]$ p-mal stetig differenzierbar mit

$$f'(\xi) = \cdots = f^{(p-1)}(\xi) = 0, \quad \text{aber } f^{(p)}(\xi) \neq 0,$$

dann gilt $|x_{n+1} - \xi| \leq C |x_n - \xi|^p$ mit einer geeigneten Konstanten $C > 0$. Können Sie das begründen? (Man sagt in diesem Fall, die Folge (x_n) hat die **Konvergenzordnung** p.)

▶ **Antwort** Die Taylorformel mit Lagrange'schem Restglied liefert für f die Darstellung

$$f(x) = f(\xi) + \frac{f^{(p)}(\eta)}{p!}(x - \xi)^p$$

mit einer Zahl η zwischen x und ξ. Mit $C := \frac{1}{p!} \cdot \|f^{(p)}\|$ folgt die Behauptung.   ◆

Frage 522

Können Sie ein Beispiel einer Abbildung $f : \mathbb{R} \to \mathbb{R}$ angeben, die den Fixpunkt $\xi = 1$ besitzt, aber keine Kontraktion ist.

▶ **Antwort** Zum Beispiel besitzen alle Funktionen x^n mit beliebigem $n \in \mathbb{N}$ einen Fixpunkt bei $x = 1$, sind aber keine Kontraktionen, auch nicht bezüglich eines beliebigen kompakten Intervalls I mit $1 \in I$.   ◆

Frage 523

Wie kann man sich im Fall $f : [a, b] \to [a, b]$ den Ablauf der Iteration $x_{n+1} := f(x_n)$ grafisch veranschaulichen?

▶ **Antwort** Die Punkte $P_n := (x_n, f(x_n))$ auf dem Graphen von f stehen so in Beziehung zueinander, dass die x-Koordinate von P_{n+1} gerade der y-Koordinate von P_n entspricht. Grafisch lassen sich die Punkte somit nach dem Algorithmus

$$P_n = (x, f(x_n)) \to (f(x_n), f(x_n)) \to (f(x_n), f(f(x_n))) = P_{n+1}$$

bestimmen, der in Abb. 8.4 veranschaulicht wird.

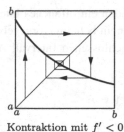 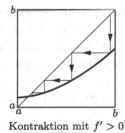 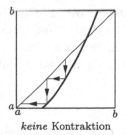

Kontraktion mit $f' < 0$ Kontraktion mit $f' > 0$ *keine* Kontraktion

Abb. 8.4 Geometrische Veranschaulichung des Fixpunktalgorithmus

Die beiden ersten Abbildungen zeigen Kontraktionen und die erwartungsgemäße Konvergenz der Folge. Die Folge in der dritten Abbildung divergiert, da die dargestellte Funktion keine Kontraktion ist.   ◆

Frage 524

Wann heißt ein Fixpunkt einer $\mathcal{C}^1$-Abbildung **anziehend**, wann heißt er **abstoßend**? Geben Sie jeweils ein Beispiel.

▶ **Antwort** Ein Fixpunkt ξ heißt *anziehend*, falls $|f'(\xi)| < 1$ und *abstoßend*, falls $|f'(\xi)| > 1$ gilt, vergleiche dazu die Abbildungen 8.5 und 8.4. Die ersten beiden zeigen anziehende Fixpunkte, die letzte einen abstoßenden Fixpunkt. Daraus wird auch die Bezeichnung verständlich.

Abb. 8.5 Ein Fixpunkt einer Funktion ist anziehend oder abstoßend, je nachdem, ob die Ableitung von f an der entsprechenden Stelle größer oder kleiner als 1 ist

Die Funktionen $f(x) := x^2$ und $g(x) := \frac{x^2}{3}$ besitzen beide einen Fixpunkt bei $x = 1$. Wegen $f'(1) = 2 > 1$ und $g'(1) = 2/3 < 1$ handelt es sich im ersten Fall um einen abstoßenden, im zweiten um einen anziehenden Fixpunkt.   ◆

Frage 525

Warum gibt es zu einem anziehenden Fixpunkt ξ ein offenes Intervall M mit $\xi \in M$, sodass gilt: Für **jeden** Startwert $x_0 \in M$ liegen alle Glieder (x_n) mit $x_{n+1} = f(x_n)$ ebenfalls in M, und es ist $\lim_{n \to \infty} x_n = \xi$?

▶ **Antwort** Wegen $|f'(\xi)| < 1$ existiert aus Stetigkeitsgründen ein offenes Intervall $I :=]\xi - \delta, \xi + \delta[$ mit $|f'(x)| \le q < 1$ für alle $x \in I$. Zu einem beliebig vorgegebenen Punkt $x_0 \in I$ wähle man $\eta < \delta$ so, dass x_0 in dem abgeschlossenen Intervall $A := [\xi - \eta, \xi + \eta]$ liegt. Aufgrund des Schrankensatzes gilt dann

$$|f(x) - f(y)| \le q \cdot |x - y| \quad \text{für alle } x, y \in A$$

Wegen $f(\xi) = \xi$ folgt daraus $f(A) \subset A$. Die Abbildung $f|_A$ ist also eine kontrahierende Selbstabbildung, und nach Frage 517 enthält $A \subset I$ alle Folgenglieder x_n. Mit $M := I$ folgt die Behauptung.   ◆

Frage 526

Warum gibt es zu einem abstoßenden Fixpunkt ξ ein offenes Intervall M mit $\xi \in M$, sodass gilt: Für **keinen** Startwert $x_0 \in M$ liegen alle Glieder (x_n) mit $x_{n+1} = f(x_n)$ in M? Geben Sie ein Beispiel.

▶ **Antwort** Es gibt unter den Voraussetzungen ein Intervall $I := [\xi - \delta, \xi + \delta[$, sodass $|f'(x)| \ge L > 1$ für alle $x \in I$ gilt. Angenommen, für einen Startwert $x_0 \in I$ lägen alle Iterationsglieder x_n in M. Mit dem Mittelwertsatz der Differenzialrechnung ergäbe sich daraus

$$|f(\xi) - x_n| \ge L \cdot |\xi - x_{n-1}| \ge L^2 \cdot |\xi - x_{n-2}| > \cdots > L^n \cdot |\xi - x_0|.$$

Der Widerspruch folgt hieraus wegen $L > 1$, also $L^n \to \infty$ für $n \to \infty$. Damit ist gezeigt, dass I die in der Frage verlangten Eigenschaften besitzt.   ◆

Frage 527

Erläutern Sie – auch anhand einer Grafik – kurz die Vorgehensweise beim Newton-Verfahren.

▶ **Antwort** Die Grundidee des Newton-Verfahrens lässt sich schön geometrisch beschreiben. Wir nehmen an, f ist wie in der Abb. 8.6. konvex, streng monoton und besitzt eine Nullstelle $\xi \in [a, b]$. Für einen Punkt $x_0 > \xi$ betrachten wir die Tangente T_0 an den Punkt $(x_0, f(x_0))$. Diese besitzt die Gleichung

$$T_0(x) = f(x_0) + f'(x_0) \cdot (x - x_0),$$

und ihr Schnittpunkt x_1 mit der x-Achse ist gegeben durch

$$x_1 = x_0 - \frac{f(x_0)}{f'(x_0)}, \quad \text{falls } f'(x_0) \ne 0.$$

Abb. 8.6 Die ersten zwei
Iterationsschritte beim
Newton-Verfahren für eine
konvexe Funktion

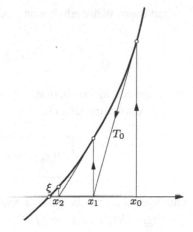

Es ist anschaulich evident, dass unter den gegebenen Voraussetzungen x_1 zwischen ξ und x_0 liegt und damit eine bessere Annäherung an ξ darstellt. Eine wiederholte Anwendung derselben Methode auf x_1 wird eine noch bessere Approximation x_2 liefern etc. Durch die Rekursionsgleichung

$$x_{k+1} := N(x_k) := x_k - \frac{f(x_k)}{f'(x_k)} \qquad (*)$$

wird also eine Folge (x_k) definiert (die strenge Monotonie impliziert $f' \neq 0$), die für $k \to \infty$ gegen die Nullstelle ξ von f konvergieren sollte.

Diese Methode zur Approximation einer Nullstelle von f nennt man *Newton-Verfahren*. Man kann sich an einigen Skizzen schnell deutlich machen, dass die Konvergenz der Folge an bestimmte Voraussetzungen gebunden ist, was die Gestalt des Graphen angeht. Die Iteration funktioniert im Allgemeinen nicht für jeden Startwert, wenn f in $[a, b]$ zum Beispiel einen Extremwert oder eine Wendestelle hat.

Die Folge (x_k) wird in den folgenden Fragen näher untersucht. ◆

Frage 528

Können Sie die Grundidee des Newton-Verfahrens anhand der Funktion f, deren Graph in der Abb. 8.6 gezeigt ist, erläutern?

Welche zentralen Fragen lassen sich hinsichtlich der Güte des Verfahrens formulieren?

▶ **Antwort** Die Idee ist, für einen Punkt $x_0 \in \,]a, b[$ die Tangente an den Graphen von f im Punkt $]x_0, f(x_0)[$ zu betrachten. Diese ist eine affin-lineare Funktion mit der Gleichung

$$T(x) = f(x_0) + f'(x_0)(x - x_0).$$

Ihr Schnittpunkt x_1 mit der reellen Achse berechnet sich zu $x_1 = x_0 - \frac{f(x_0)}{f'(x_0)}$ (falls $f'(x_0) \neq 0$). Man nimmt nun x_1 als neue Näherung und iteriert das Verfahren.

Auf diese Weise erhält man eine Folge (x_k) mit

$$x_{k+1} = x_k - \frac{f(x_k)}{f'(x_k)} \quad (k \in \mathbb{N}_0),$$

vorausgesetzt natürlich, dass $f'(x_0) \neq 0$ für alle k gilt.

Zur Abkürzung setzen wir

$$\boxed{N(x_k) := x_{k+1} := x_k - \frac{f(x_k)}{f'(x_k)} \quad (k \in \mathbb{N}_0).}$$

und nennen $N(x_0)$ die zu (x_k) gehörige Newton-Folge.

Wegen $N(\xi) = \xi \Leftrightarrow f(\xi) = 0$ ist die Bestimmung einer Nullstelle von f damit äquivalent zur Bestimmung eines Fixpunktes von N.

Es ergeben sich sofort folgende Fragen:

- Unter welchen Voraussetzungen existiert eine Newton-Folge?
- Unter welchen Voraussetzungen konvergiert die Newton-Folge gegen eine Nullstelle von f?
- Wie schnell konvergiert die Folge gegebenenfalls?
- Gibt es effektive Fehlerabschätzungen?

Die Antwort auf folgende Frage gibt Einblick in die genannten Probleme.   ♦

Frage 529

Können Sie folgende Aussage über das **Newton-Verfahren** beweisen?

Die stetig differenzierbare Funktion $f : [a, b] \to \mathbb{R}$ habe im offenen Intervall $]a, b[$ eine Nullstelle ξ. Es sei

$$m := \min\{|f'(x_0)|; a \le x \le b\} \quad \text{und}$$
$$M := \max\{|f''(x_0)|; a \le x \le b\}.$$

Sei ferner $\varrho > 0$ so gewählt, dass gilt:

$$q := \frac{M}{2m}\varrho < 1 \text{ und } \overline{U}_\varrho(\xi) := \{x \in \mathbb{R}; |x - \xi| \le \varrho\} \subset [a, b].$$

Dann liegen für *jeden* Startwert $x_0 \in \overline{U}_\varrho(\xi)$ die Glieder x_k der Newton-Folge für alle $k \in \mathbb{N}_0$ in $\overline{U}_\varrho(\xi)$.

Die Folge (x_k) konvergiert *quadratisch* gegen die Nullstelle ξ von f in $[a, b]$, d. h.

$$|x_{k+1} - \xi| \le \frac{M}{2m} |x_k - \xi|^2 \quad (k \in \mathbb{N}_0).$$

Genauer gelten die Abschätzungen

$$|x_k - \xi| \le \frac{2m}{M} q^{(2^k)}, \quad k \in \mathbb{N}_0. \tag{1}$$

und

$$|x_k - \xi| \le \frac{1}{m} |f(x_k)| \le \frac{M}{2m} |x_k - x_{k-1}|^2. \tag{2}$$

▶ **Antwort** Der Beweis erfordert einigen Aufwand. Es werden der Mittelwertsatz der Differentialrechnung (Frage 461) und die Taylor'sche Formel mit Integralrestglied (Frage 505) benutzt.

Die Abschätzung (1) nennt man in der Numerik eine a-priori-Abschätzung, weil sie ohne weitere Rechnung gilt. Die Abschätzung (2) nennt man eine a-posteriori-Abschätzung, weil sie erst nach einigen Rechnungen feststeht.

Wir zeigen zunächst mit Induktion, dass alle Newton-Iterierte im Intervall $\overline{U}_\varrho(x)$ liegen. Wir nehmen an, dass für alle j mit $0 \le j \le k$ gilt: $x_k \in \overline{U}_\varrho(x_0)$. Aufgrund der Taylorformel mit Integralrestglied (Frage 505) gilt dann:

$$0 = f(\xi) = f(x_k) + f'(x_k)(\xi - x_k) + \int_{x_k}^{\xi} f''(t)(\xi - t)\,dt.$$

Setzt man in der „Tangentengleichung"

$$T(x) = f(x_k) + f'(x_k)(x - x_k)$$

zur Bestimmung ihrer Nullstelle $x = x_{k+1}$ ein und subtrahiert die Gleichung

$$0 = f(x_k) + f'(x_k)(x_{k+1} - x_k)$$

von der obigen Gleichung, so folgt

$$0 = f'(x_k)(x_{k+1} - \xi) + \int_{x_k}^{\xi} f''(t)(\xi - t)\,dt$$

und damit auch

$$x_{k+1} - \xi = \frac{1}{f'(x_0)} \int_{x_k}^{\xi} f''(t)(\xi - t)\,dt,$$

und hieraus ergibt sich

$$|x_{k+1} - \xi| \le \frac{M}{2m}|x_k - \xi|^2.$$

Weiter erhält man

$$|x_{k+1} - \xi| \le \frac{M}{2m}|x_k - \xi|^2 \le q\,|x_k - \xi| < |x_k - \xi| \le q,$$

also liegen alle Newton-Iterierte x_k im abgeschlossenen Intervall $\overline{U}_\varrho(\xi) = [\xi - \varrho, \xi + \varrho]$.
Mit der Taylorformel mit Integralrestglied zum Entwicklungspunkt x_{k-1} ergibt sich

$$f(x_k) = \underbrace{f(x_{k-1}) + f'(x_{k-1})(x_k - x_{k-1})}_{=0} + \int_{x_{k-1}}^{x_k} f''(t)(x_k - t)^2\,dt$$

$$= \int_{x_{k-1}}^{x_k} f''(t)(x_k - t)^2\,dt.$$

Hieraus folgt nun

$$|f(x_k)| \le \frac{M}{2m}|x_k - x_{k-1}|^2$$

und schließlich

$$|x_k - \xi| \le \frac{|f(x_k)|}{m} \le \frac{M}{2m}|x_k - x_{k-1}|^2.$$

Damit sind alle Behauptungen aus der Frage bewiesen.

Bemerkung:

- Für eine zweimal stetig differenzierbare Funktion f existiert zu jeder einfachen Nullstelle ξ stets eine (möglicherweise sehr kleine) Umgebung $\overline{U}_\varrho(\xi)$, für welche die Voraussetzungen der Frage erfüllt sind.
  Die Kunst in der Anwendung des Newton-Verfahrens besteht also darin, einen Startpunkt x_0 im „Einzugsbereich" der Nullstellen zu bestimmen. Hat man einen geeigneten Startpunkt gefunden, so konvergiert das Newtonverfahren „blitzartig" gegen die Nullstelle ξ.
  Ist $q \le \frac{1}{2}$, so gilt z. B. nach nur zehn Iterationsschritten (beachte $2^{10} = 1\,024 \sim 1\,000$) bereits

$$|x_k - \xi| \le \frac{2m}{M}q^{1\,000} \sim \frac{2m}{M}10^{-300}.$$

  Die in vorausgesetzte *Existenz* einer Nullstelle kann häufig mithilfe des Zwischenwertsatzes gesichert werden. Einen geeigneten Startwert x_0 kann man sich häufig mithilfe des Intervallhalbierungsverfahrens verschaffen.
  Liegt x_0 nicht nahe genug bei ξ, kann die Newton-Folge divergieren, vgl. Abb. 8.7.

- Auch im Fall einer mehrfachen Nullstelle, etwa einer p-fachen Nullstelle ($f(\xi) = f'(\xi) = \ldots = f^{(p-1)}(\xi) = 0$, $f^{(p)} \neq 0$) liegt häufig Konvergenz vor (dabei sei $\mathcal{C}^{p+1}([a, b])$). Man betrachte dazu das Beispiel $f : \mathbb{R} \to \mathbb{R}$ mit $f(x) = x^p$ und $\xi = 0$ (Hier liegt keine quadratische Konvergenz vor). Betrachtet man dagegen die modifizierte Newtonfolge

$$x_{k+1} = x_k - p \frac{f(x_k)}{f'(x_k)}$$

so liegt für geeignete Startwerte wieder quadratische Konvergenz vor.

- Auch komplexe Nullstellen können mithilfe des Newtonverfahrens berechnet werden, schließlich werden bei der Bildung der Newtonfolge $N(x_k) = x_{k+1} = x_k - \frac{f(x_k)}{f'(x_k)}$ nur Körperoperationen verwendet. Ist z. B. $p : \mathbb{C} \to \mathbb{C}$ ein Polynom mit grad $p > 1$, so konvergiert die Newton-Folge

$$z_{k+1} = z_k - \frac{p(z_k)}{p'(z_k)},$$

(sogar quadratisch) gegen eine Nullstelle von p, falls der Startwert z_0 hinreichend nahe bei einer solchen gewählt wurde.

Man betrachte dazu das Polynom $p : \mathbb{C} \to \mathbb{C}, z \mapsto z^2 + 1$ und dem Startwert $z_0 = \frac{1}{2} + i$. Die Newton-Folge konvergiert hier quadratisch gegen die (offensichtliche) Nullstelle $\xi = i$.

Die Einzugsbereiche der Nullstellen können im Komplexen bizarre geometrische Gebilde sein (Mandelbrotmenge).

- Ein häufig auftretender Fall ist, dass der Graph von f eine der folgenden beiden Gestalten hat:

Wegen $m = \min\{|f'(x_0)| ; x \subset [a, b]\} > 0$ hat f' auf $[a, b]$ konstantes Vorzeichen. Ändert auch f'' sein Vorzeichen nicht auf $[a, b]$, so liegen diese Fälle vor. Hat $\frac{f''}{f'}$ das gleiche Vorzeichen wie $x_0 - \xi$, so folgt aus $\frac{M}{2m}\varrho < 1$

$$x_k - \xi = \frac{1}{f'(x_0)} \int_{x_k}^{\xi} f''(t)(\xi - t)\, dt$$

schon $x_k \in [x_0, \xi]$ oder $x_k \in [\xi, x_0]$ für alle k. Dann konvergiert die Folge (x_k) monoton gegen ξ und die Voraussetzung

$$\overline{U}_\varrho(\xi) = [\xi - \varrho, \xi + \varrho] \subset [a, b]$$

ist überflüssig.

- Auf vielen Rechnern wird die p-te Wurzel einer positiven Zahl c berechnet, indem das Newton-Verfahren auf die Funktion

$$f : [0, \infty[\to \mathbb{R}, \quad x \mapsto x^p - c$$

berechnet. Wegen $f(0) = -c < 0$ und $f(b) > 0$ für $b = 1 + c$ hat f eine Nullstelle ξ in $[0, b]$ mit $\xi = \sqrt[p]{c}$. ◆

Frage 530

Bei der Anwendung des Newton-Verfahrens wird die Existenz einer Nullstelle vorausgesetzt. Mit welchem Argument könnte man zuerst versuchen zu zeigen, dass eine Nullstelle existiert?

▶ **Antwort** Der Nachweis gelingt in vielen Fällen mithilfe des Zwischenwertsatzes. ◆

Frage 531

Welche Konvergenzordnung hat die Newton-Folge (x_n), wenn man das Newton-Verfahren mit einem Startwert $x_0 > 0$ zur Bestimmung der offensichtlichen Nullstelle $\xi = 0$ von $f(x) = x^p$ mit $p \in \mathbb{N}$, $p \geq 2$ anwendet?

▶ **Antwort** Wegen $x_{n+1} = x_n - \dfrac{x_n^p}{p x_n^{p-1}} = \left(1 - \dfrac{1}{p}\right) x_n$ liegt hier nur lineare Konvergenz vor. (Man beachte, dass in diesem Fall $f'(\xi) = 0$ gilt und die Voraussetzungen aus Frage 529 nicht erfüllt sind.) ◆

Frage 532

Welche Rekursionsformel erhält man zur Nullstellenberechnung bei der Funktion $f :$ $\mathbb{R}_+ \to \mathbb{R}$; $x \mapsto x^p - a$ mit $a > 0$, $p \in \mathbb{N}$, $p \geq 2$? Welche Formel erhält man im Spezialfall $p = 2$?

▶ **Antwort** Die Rekursionsgleichung führt im allgemeinen Fall auf die Formel

$$x_{n+1} = x - \frac{x_n^p - a}{p x_n^{p-1}} = \frac{p-1}{p}\left(x_n + \frac{a}{(p-1)x_n^{p-1}}\right).$$

Für $n = 2$ ist das gerade die Rekursionsformel $x_{n+1} = \frac{1}{2}\left(x_n + \frac{a}{x_n}\right)$, die in Frage 173 bereits als Rekursionsfolge zur Approximation von $\sqrt{a}$ untersucht wurde. ◆

Frage 533

Begründen Sie, warum man im Fall $p = a = 2$ mit dem Startwert $x_0 = 2$ bereits nach sechs Iterationsschritten 36 exakte Dezimalstellen erhält?

▶ **Antwort** Mit den Ergebnissen und Bezeichnungen aus Frage 529 erhält man für den Fehler $|x_n - \xi|$ nach der n-ten Iteration allgemein

$$|x_n - \xi| \leq C|x_{n-1} - \xi|^2 \leq C^{1+2}|x_{n-2} - \xi|^{2 \cdot 2} \leq \cdots \leq C^{1+2+\cdots+(n-1)}|x_1 - \xi|^{2^{n-1}}.$$

Für $N(x) = \frac{1}{2}\left(x - \frac{2}{x}\right)$ hat man nach Frage 529 die Schranke $C = \|N''\|_{[\sqrt{2},2]} = \frac{1}{\sqrt{2}}$ zur Verfügung. Der Fehler nach der ersten Iteration beträgt $|x_1 - \xi| = |1{,}5 - \sqrt{2}| < 0{,}085$. Damit ergibt sich für den Fehler nach sechs Schritten

$$|x_6 - \xi| \leq \left(\frac{1}{\sqrt{2}}\right)^{15} 0{,}085^{32} \approx 0{,}1^{36{,}52}.$$

Nach zwei weiteren Schritten verkleinert sich der Fehler auf

$$|x_8 - \xi| \leq \left(\frac{1}{\sqrt{2}}\right)^3 |x_6 - \xi|^4 \approx 0{,}1^{4 \cdot 36{,}52 + 0{,}45}.$$

Der Fehler ist nach nur acht Iterationen also bis auf die 146-te Dezimalstelle nach dem Komma geschrumpft. ◆

Frage 534

Wieso sind Nullstellen- und Fixpunktprobleme äquivalente Probleme?

▶ **Antwort** Das Problem, für eine Funktion f die Fixpunktgleichung $f(x) = x$ zu lösen, ist gleichbedeutend damit, die Nullstelle der Funktion $f(x) - x$ zu bestimmen. Ebenso entspricht dem Nullstellenproblem $f(x) = 0$ die Fixpunktgleichung $g(x) = x$ mit $g(x) := f(x) + x$. Nullstellen- und Fixpunktprobleme sind also äquivalente Fragestellungen. ◆

Frage 535

Wie unterscheiden sich das allgemeine Verfahren der Fixpunktiteration und das Newton-Verfahren bezüglich der Wahl des Startwerts x_0?

▶ **Antwort** Beim allgemeinen Verfahren der Fixpunktiteration konvergiert die Folge (x_n) für *jede* Wahl des Startwerts, während es beim Newton-Verfahren auf die geschickte Wahl des Startwerts ankommt, da die Folge andernfalls divergieren kann.

Abb. 8.7 Das Newton-
Verfahren kann für bestimmte
Startwerte eine divergente
Folge liefern, während das all-
gemeine Fixpunktverfahren für
jeden Startwert konvergiert

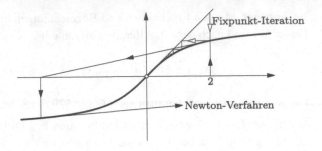

Die Abb. 8.7 illustriert den Unterschied am Beispiel der Funktion $f(x) = \arctan x$ und dem Startwert $x_0 = 2$.   ◆

8.3   Interpolation und einfache Quadraturformeln

Wie die Beispiele in der Antwort zu Frage 539 zeigen, kann es für spezielle stetige Funktionen vorkommen, dass man keine Stammfunktion unter den „elementaren" Funktionen findet. Das Integral einer solchen Funktion $f : [a, b] \to \mathbb{R}$ kann man aber aufgrund der Integraldefinition immer approximativ berechnen. Dazu konstruiert man eine Treppenfunktion t auch $[a, b]$ mit $\| f - t \|_\infty < \frac{\varepsilon}{b-a}$. Dann gilt für die Integrale die Abschätzung $|I(f) - I(t)| < \varepsilon$. Das Integral $I(t)$ kann durch eine *endliche* Anzahl an Multiplikationen und Additionen berechnet werden. Hierbei ist jedoch i. A. der Rechenaufwand sehr groß.

Eine gewisse Verallgemeinerung dieser Idee besteht darin, den Integranden durch Näherungsfunktionen einer allgemeineren Klasse von „einfacheren" Funktionen zu ersetzen. Dafür bieten sich speziell Polynome an, deren Eigenschaften gut bekannt sind, Dieses Vorgehen führt auf allgemeine Methoden zur *numerischen Integration*, etwa die *Sehnen-Trapezregel* oder die *Kepler'sche Fassregel*.

Frage 536

Wie sind die **Lagrange'schen Polynome** definiert, und wie kann man mit ihnen die **Lagrange'sche Interpolationsaufgabe** lösen?

▶ **Antwort** Gegeben seien $n + 1$ Paare $(x_0, y_0), \ldots, (x_n, y_n)$ reeller oder komplexer Zahlen, wobei die x_j paarweise verschieden sind. Es geht um die Aufgabe, ein Polynom L_n vom Grad $\leq n$ zu finden, das durch diese Punkte verläuft, für das also $L_n(x_i) = y_i$ für $i = 0, \ldots, n$ gilt. Dazu definiert man das *k-te Lagrange'sche Polynom n-ten Grades* durch

$$\ell_k(x) = \prod_{\substack{i=0 \\ i \neq k}}^{n} \frac{x - x_i}{x_k - x_i}.$$

Es gilt dann

$$\ell_k(x_j) = \delta_{kj} = \begin{cases} 1 & \text{für } k = j \\ 0 & \text{für } k \neq j, \end{cases}$$

und daher ist mit dem *n-ten Lagrange'schen Interpolationspolynom*

$$L_n(x) := y_0 \ell_0(x) + \cdots y_n \ell_n(x)$$

eine Lösung der Interpolationsaufgabe gefunden. Diese Lösung ist eindeutig bestimmt, denn für jedes andere Polynom $p(x)$ vom Grad n, welches die Interpolationsaufgabe löst, ist $L_n(x) - p(x)$ ein Polynom vom Grad $\leq n$, das $n + 1$ Nullstellen besitzt und daher konstant null sein muss.   ◆

Frage 537

Wie sind die **Newton-Polynome** zur Lösung der Interpolationsaufgabe definiert? Welcher Vorteil besitzt diese Definition gegenüber der mit den Lagrange'schen Polynomen?

▶ **Antwort** Bei der Newton'schen Herangehensweise schreibt man das gesuchte Polynom in der Form

$$N(x) := c_0 + c_1(x - x_0) + c_2(x - x_0)(x - x_1) + \cdots + c_n(x - x_0)(x - x_1) \cdots (x - x_n).$$

Das Einsetzen der Interpolationspunkte führt auf ein eindeutig lösbares lineares Gleichungssystem in den Koeffizienten c_l.

$$y_0 = c_0$$
$$y_1 = c_0 + c_1(x_1 - x_0)$$
$$y_2 = c_0 + c_1(x_2 - x_0) + c_2(x_2 - x_0)(x_2 - x_1)$$
$$\vdots$$
$$y_n = c_0 + c_1(x_n - x_0) + c_2(x_n - x_0)(x_n - x_1) + \cdots + c_n(x_n - x_0) \cdots (x_n - x_{n-1}).$$

Das Gleichungssystem lässt sich bequem rekursiv lösen, indem man die bis zur k-ten Gleichung bestimmten Koeffizienten in die $k + 1$-te einsetzt.

Dieser Ansatz hat gegenüber der Interpolation mit Lagrange'schen Polynomen den Vorteil, dass durch Hinzufügen eines weiteren Interpolationspunktes die Koeffizienten $c_0, \ldots, c_n$ unverändert erhalten bleiben. Dagegen müssen alle n Lagrange'schen Polynome $\ell_k(x)$ in diesem Fall neu berechnet werden.   ◆

Frage 538

Wie lässt sich für eine $\mathcal{C}^{n+1}$-Funktion $f : [a, b] \to \mathbb{R}$ der *Interpolationsfehler* $|f(x) - L_n(x)|$ abschätzen, wobei bezeichnet $L_n(x)$ das n-te Lagrange'sche Interpolationspolynom zu f bezüglich der $n + 1$ Stützstellen $a = x_0 < x_1 < \ldots < x_n = b$ ist?

▶ **Antwort** Für einen beliebigen von $x_0, \ldots, x_n$ verschiedenen Punkt $x \in [a, b]$ betrachte man die Funktion

$$\Phi(t) := f(t) - L_n(t) - \frac{(t - x_0)(t - x_1) \cdots (t - x_n)}{(x - x_0)(x - x_1) \cdots (x - x_n)} \left(f(x) - L_n(x) \right).$$

Φ hat dann die $n + 2$ Nullstellen $x, x_0, \ldots, x_{n+1}$. Nach dem Satz von Rolle hat Φ' damit mindestens $n + 1$ Nullstellen in $[a, b]$ und folglich Φ'' mindestens n und somit Φ''' mindestens $n - 1$ Stück usw. Auf diese Weise fortfahrend schließt man, dass die $(n + 1)$-te Ableitung

$$\Phi^{(n+1)}(t) := f^{(n+1)}(t) - \frac{(n + 1)!}{(x - x_0)(x - x_1) \cdots (x - x_n)} \left(f(x) - L_n(x) \right)$$

an mindestens einer Stelle $\xi \in [a, b]$ verschwinden muss, sodass also gilt

$$f(x) - L_n(x) = \frac{(x - x_0) \cdots (x - x_n)}{(n + 1)!} f^{(n+1)}(\xi).$$

Daraus folgt die Abschätzung

$$\boxed{|f(x) - L_n(x)| \leq \frac{(b - a)^{n+1}}{(n + 1)!} \left\| f^{(n+1)} \right\|_{[a,b]}.}$$

Diese Abschätzung lässt sich bei Bedarf durch eine genauere Untersuchung der Extremwerte des Polynoms $(x - x_0) \cdots (x - x_n)$ noch verfeinern.   ◆

Frage 539

Kennen Sie ein Beispiel einer Funktion f, deren Stammfunktion $F(x) := \int f(t) \, dt$ zu einer „höheren" Funktionenklasse als f gehört bzw. überhaupt nicht durch elementare Funktionen in geschlossener Form ausgedrückt werden kann?

▶ **Antwort** Das Standardbeispiel wäre $\log(x) = \int \frac{1}{x} \, dx$. Hier ist der Integrand eine rationale Funktion, während die Stammfunktion nicht durch rationale Funktionen dargestellt werden kann.

Auf einer höheren Stufe findet man die Beispiele

$$\int e^{-t^2} \, dt, \quad \int \frac{e^t}{t} \, dt, \quad \int \frac{\sin t}{t} \, dt, \quad \int \frac{1}{\log t} \, dt.$$

Diese Funktionen treten in den verschiedensten Bereichen auf ganz natürliche Weise in Erscheinung, können aber nicht durch „elementare" Funktionen in geschlossener Form dargestellt werden. ◆

Frage 540

Was besagen

(a) die **Trapez-Regel** (auch Sehnen-Trapezregel),

(b) die **Kepler'sche Fassregel** (auch Simpson-Regel),

(c) die $\frac{3}{8}$-**Regel**?

▶ **Antwort** Bei allen drei Regeln handelt es sich um numerische Methoden zur annäherungsweisen Berechnung eines Integrals $\int_a^b f(t)\,dt$. Das allen drei zugrunde liegende allgemeine Prinzip besteht darin, den Integranden f durch das Lagrange'sches Interpolationspolynom L_n zu den Stützstellen $n+1$ Stützstellen $x_0 = a < x_1 < \ldots < x_n = b$ zu ersetzen. Dies führt auf

$$\int_a^b f(x)\,dx = \int_a^b L_n(x)\,dx + R_n = \sum_{k=0}^n f(x_k) \int_a^b \ell_k(x)\,dx + R_n.$$

Ist $f \in \mathbb{C}^{n+1}([a,b])$, so hat man für den Fehler R_n mit dem Ergebnis aus Frage 538 die grobe Abschätzung

$$R_n \le \frac{(b-a)^{n+2}}{(n+1)!} \left\| f^{(n+1)} \right\|_{[a,b]}. \tag{$*$}$$

Im Fall *äquidistanter Stützstellen* führt $(*)$ auf die sogenannten *Newton-Cotes*-Formeln. Die Sehnentrapez-Regel, die Kepler'sche Fassregel und die 3/8-Regel sind Spezialfälle davon. Bei der Sehnentrapez-Regel ersetzt man den Integranden durch das erste Interpolationspolynom zu f bezüglich d er Stützstellen a und b (also einfach durch die lineare Funktion durch die Punkte $(a, f(a))$ und $(b, f(b))$. Das führt auf

$$\boxed{\int_a^b f(x)\,dx = \frac{f(b) - f(a)}{2}(b-a) + R_{ST}.} \tag{ST}$$

Ersetzt man den Integranden durch das quadratische Interpolationspolynom bezüglich der äquidistanten Stützstellen a, $\frac{a+b}{2}$ und b, so liefert eine direkte (wenn auch mühselige) Rechnung die *Kepler'sche Fassregel*

$$\boxed{\int_a^b f(x)\,dx = \frac{b-a}{6}\left(f(a) + 4f\left(\frac{a+b}{2}\right) + f(b)\right) + R_{KF}.} \tag{KF}$$

Analog erhält man die 3/8-Regel durch Integration des kubischen Interpolationspolynoms bezüglich der äquidistanten Stützstellen a, $x_1 := \frac{2a+b}{3}$, $x_2 := \frac{a+2b}{3}$ und b. Dies führt auf

$$\int_a^b f(x)\,\mathrm{d}x = \frac{b-a}{8}\big(f(a) + 3f(x_1) + 3f(x_2) + f(b)\big) + R_{3/8}. \qquad (3/8)$$

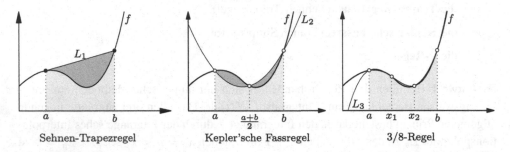

Sehnen-Trapezregel   Kepler'sche Fassregel   3/8-Regel

Abb. 8.8 Numerische Approximation eines Integrals durch ein lineares, quadratisches bzw. kubisches Annäherungspolynom

Abb. 8.8 veranschaulicht die drei Fälle.

Durch eine genauere Untersuchung des Interpolationsfehlers lassen sich speziellere Fehlerabschätzungen als (∗) finden. Man erhält etwa unter entsprechenden Differenzierbarkeitsvoraussetzungen

$$|R_{ST}| \le \frac{(b-a)^3}{12}\|f''\|, \quad |R_{KF}| \le \frac{(b-a)^5}{2880}\|f^{(4)}\|, \quad |R_{3/8}| \le \frac{(b-a)^5}{6480}\|f^{(4)}\|.$$

Hieraus wird auch deutlich, dass die Genauigkeit der Methoden beträchtlich steigt, wenn man über Teilintervalle von $[a, b]$ integriert und die Ergebnisse anschließend summiert. ◆

Frage 541

Warum wird bei der Kepler'schen Fassregel auch ein Polynom vom Grad 3 exakt integriert?

▶ **Antwort** Das gilt zumindest für das Polynom $p(x) := \left(x - \frac{a+b}{2}\right)^3$, was man durch Einsetzen in die Formel unmittelbar erkennen kann. Daraus folgt aber auch schon der allgemeine Fall, da sich jedes kubische Polynom in der Form

$$\alpha_3 \left(x - \tfrac{a+b}{2}\right)^3 + \alpha_2 x^2 + \alpha_1 x + \alpha_0$$

schreiben lässt. Setzt man das in die Formel ein, dann kürzt sich der Term mit der dritten Potenz weg und übrig bleibt die Formel für ein quadratisches Polynom, das mit der Kepler'schen Fassregel freilich exakt integriert wird. ♦

8.4 Uneigentliche Integrale, Γ-Funktion

Sowohl bei der Definition des Integrals für Regelfunktionen als auch bei der Definition des Riemann-Integrals war wesentlich, dass das Integrationsintervall $M := [a, b]$ *kompakt* war. Die wichtige Integralabschätzung $|I(f)| \leq (b-a) \cdot \|f\|$ hat sonst keinen Sinn.

Durch naheliegende Grenzübergänge kann man nun die Integraldefinition erweitern, und zwar für den Fall, dass das Integrationsintervall nicht kompakt ist, als auch für den Fall, dass die zu integrierende Funktion in einer Umgebung eines Punktes nicht beschränkt ist. Auch die Kombination dieser Möglichkeiten kommt vor, ein typisches Beispiel ist die Γ-Funktion, die nach Euler durch ein im doppelten Sinne uneigentliches Integral definiert wird. Wegen $\Gamma(n+1) = n\Gamma(n)$ interpoliert die Γ-Funktion (genauer: $\Gamma(x+1) = x\Gamma(x)$) die Fakultät.

Frage 542

Man betrachte den „Zwickel" Z aus Abb. 8.9, definiert durch

$$Z := \left\{ (x, y) \in \mathbb{R} \times \mathbb{R} \; ; \; x \geq 1, \; 0 \leq y \leq \frac{1}{x^2} \right\}.$$

Warum kann man die Zahl 1 als den Flächeninhalt von Z definieren?

▶ **Antwort** Schneidet man den „Zwickel" bei $x = R > 1$ ab, so erhält man für den Flächeninhalt des gestutzten Objekts

$$F(R) := \int\limits_{1}^{R} \frac{1}{x^2}\, dx = \frac{-1}{R} + 1 = \frac{R-1}{R}.$$

Diese Gleichung gilt für jedes $R > 0$. Für $R \to \infty$ folgt daraus die Behauptung. ♦

Abb. 8.9 Die Menge Z aus Frage 542

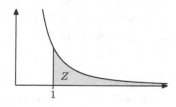

Frage 543

Ist $M \subset \mathbb{R}$ ein beliebiges nichtleeres echtes Intervall. Wann heißt eine Funktion $f: M \to \mathbb{R}$ **lokal integrierbar**?

▶ **Antwort** Die Funktion heißt lokal integrierbar, wenn die Einschränkung von f auf jedes kompakte Intervall $[a, b] \subset M$ integrierbar ist (im Sinne des Regel- oder Riemann-Integrals). ◆

Frage 544

Sei $M := [a, \infty)$. Was bedeutet die Aussage: f ist **uneigentlich integrierbar**, und das uneigentliche Integral von f auf M existiert (konvergiert)?

▶ **Antwort** Die Funktion ist uneigentlich integrierbar genau dann, wenn f auf M lokal integrierbar ist. Das uneigentliche Integral existiert, wenn der Grenzwert

$$\int_a^\infty f(t)\,dt = \lim_{x \uparrow \infty} \int_a^x f(t)\,dt$$

existiert. ◆

Frage 545

Wie lautet das Cauchy-Kriterium für die Existenz eines uneigentlichen Integrals $\int_a^\infty f(t)\,dt$?

▶ **Antwort** Das Kriterium besagt:

Das Integral $\int_a^\infty f\,dt$ existiert genau dann, wenn zu jedem $\varepsilon > 0$ eine Stelle $S > a$ existiert, sodass die Ungleichung

$$\left| \int_{s_1}^{s_2} f(t)\,dt \right| < \varepsilon \qquad \textit{für alle } s_1, s_2 \in [S, \infty[.$$

Man beweist hier beide Richtungen mit bereits oft vorgeführten Standardmethoden. „$\Longrightarrow$" zeigt man mit der Dreiecksungleichung, die andere Richtung, indem man den Grenzübergang $s_2 \to \infty$ vollzieht. ◆

Frage 546

Für welches $\alpha \in \mathbb{R}$ existiert das uneigentliche Integral $\int_1^\infty \frac{1}{t^\alpha}\,dt$ und welchen Wert hat es im Fall der Existenz?

▶ **Antwort** Für jedes $R \in [1, \infty[$ ist

$$\int_1^R \frac{1}{t^\alpha}\,\mathrm{d}t = \begin{cases} \dfrac{-1}{\alpha-1} \cdot \left(\dfrac{1}{R^{\alpha-1}} - 1\right) & \text{für } \alpha \neq 1, \\[2mm] \log R & \text{für } \alpha = 1 \end{cases}$$

Das Integral konvergiert für $R \to \infty$ genau dann, wenn $\alpha - 1 > 0$, also $\alpha > 1$ ist. ◆

Frage 547

Können Sie mithilfe des Cauchy-Kriteriums die Existenz des uneigentlichen Integrals $\int_1^\infty \frac{\sin t}{t}\,\mathrm{d}t$ beweisen?

▶ **Antwort** Zunächst gilt für die speziellen Integrationsintervalle zwischen zwei Nullstellen des Sinus

$$\int_{2k\pi}^{2(k+1)\pi} \frac{\sin t}{t}\,\mathrm{d}t \leq \frac{\pi}{2k\pi} = \frac{1}{2k}, \qquad \int_{2(k+1)\pi}^{2(k+2)\pi} \frac{\sin t}{t}\,\mathrm{d}t \geq -\frac{\pi}{2(k+1)\pi} = -\frac{1}{2(k+1)}.$$

Dieses Verhalten des Integrals auf den Teilintervallen gibt einen deutlichen Fingerzeig in Richtung Leibniz-Kriterium. Für jedes $k, n \in \mathbb{N}$ mit $k < n$ ist nämlich

$$\int_{k\pi}^{n\pi} \frac{\sin t}{t}\,\mathrm{d}t = \sum_{j=k}^{n-1} \int_{j\pi}^{(j+1)\pi} \frac{\sin t}{t}\,\mathrm{d}t$$

eine *alternierende* Summe, deren Summandenbeträge eine monoton fallende Nullfolge bilden. Nach dem Leibnizkriterium ist die Summe betragsmäßig kleiner als der Betrag des ersten Summanden, also

$$\left| \int_{k\pi}^{n\pi} \frac{\sin t}{t}\,\mathrm{d}t \right| \leq \left| \int_{k\pi}^{(k+1)\pi} \frac{\sin t}{t}\,\mathrm{d}t \right| \leq \frac{1}{k}$$

Sei $k \in \mathbb{N}$ und $R > k\pi$ nun beliebig vorgegeben und sei $r = R - n\pi < \pi$ der Rest von R bei Division durch π. Dann gilt also

$$\left| \int_{k\pi}^R \frac{\sin t}{t}\,\mathrm{d}t \right| \leq \left| \sum_{j=k}^{n-1} \int_{j\pi}^{(j+1)\pi} \frac{\sin t}{t}\,\mathrm{d}t \right| + \left| \int_{n\pi}^{n\pi+r} \frac{\sin t}{t}\,\mathrm{d}t \right| \leq \frac{1}{k} + \frac{r}{n\pi} < \frac{2}{k}.$$

Da man k beliebig groß wählen kann, ergibt sich mit dem Cauchy-Kriterium hieraus die Konvergenz des Integrals. ◆

Frage 548

Wie lautet das Majorantenkriterium für ein unbestimmtes Integral $\int_a^\infty f(t)\,dt$?

▶ **Antwort** Das Majorantenkriterium besagt in diesem Fall:

Sind f und g integrierbare Funktionen auf $[a, \infty[$ mit $|f| \le g$. Existiert dann das uneigentliche Integral $\int_a^\infty g(x)\,dx$, so auch das uneigentliche Integral $\int_a^\infty f(x)\,dx$ (s. Abb. 8.10).

Abb. 8.10 Existiert
$\int_a^\infty g(x)\,dx$ und ist $|f| \le g$
auf $[a, \infty[$, so existiert
$\int_a^\infty f(x)\,dx$

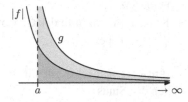

Das Majorantenkriterium folgt sofort aus dem Cauchy-Kriterium. Unter den gegebenen Bedingungen gilt nämlich $\left| \int_{s_1}^{s_2} f \right| \le \left| \int_{s_1}^{s_2} g \right|$ für alle $s_1, s_2 \in [a, \infty[$. Die rechte Seite dieser Ungleichung ist nach Voraussetzung kleiner als ε, sofern s_1 und s_2 nur genügend groß gewählt sind.   ◆

Frage 549

Können Sie mit dem Majorantenkriterium zeigen, dass das Integral $\int_1^\infty t^p e^{-t}\,dt$ für alle $p \in \mathbb{R}$ konvergiert?

▶ **Antwort** Es gibt eine (von p abhängige) Konstante C mit

$$t^p \le C \cdot e^{t/2} \qquad \text{für alle } t \in [1, \infty[.$$

Das folgt daraus, dass nach Frage 386 der Quotient $\frac{t^p}{e^{t/2}} = 2^p \frac{(t/2)^p}{e^{t/2}}$ für $t \to \infty$ gegen 0 geht, also insbesondere auf $[1, \infty[$ beschränkt ist.

Das uneigentliche Integral $\int_1^\infty t^p e^{-t}\,dt$ hat damit in $C \int_1^\infty e^{-t/2}\,dt$ eine konvergente Majorante, konvergiert nach dem Majorantenkriterium also ebenfalls.   ◆

Frage 550

Wann heißt ein uneigentliches Integral $\int_c^\infty f(t)\,dt$ **absolut konvergent**?

▶ **Antwort** Wenn das uneigentliche Integral $\int_c^\infty |f(t)|\,dt$ konvergiert.   ◆

Frage 551

Wieso folgt aus der absoluten Konvergenz eines unbestimmten Integrals die Konvergenz?

▶ **Antwort** Das folgt aus dem Cauchy-Kriterium wegen $\left| \int_{s_1}^{s_2} f \, dt \right| \le \int_{s_1}^{s_2} |f| \, dt$. ◆

Frage 552

Ist $f : [1, \infty[\to \mathbb{R}$ eine nicht negative streng monoton fallende Funktion. Können Sie zeigen, dass die Reihe $\sum_{k=1}^{\infty} f(k)$ genau dann konvergiert, wenn das uneigentliche Integral $\int_1^{\infty} f(t) \, dt$ existiert?

▶ **Antwort** Da f nicht negativ ist und streng monoton fällt, gilt

$$0 \le f(k + 1) \le \int_k^{k+1} f(t) \, dt \le f(k).$$

Für alle $K, N \in \mathbb{N}$ mit $N > K$ folgt daraus

$$0 \le \sum_{n=K+1}^{N+1} f(k) \le \int_K^N f(t) \, dt \le \sum_{n=K}^{N} f(k).$$

Abb. 8.11 Bei einer nicht-negativen streng monoton fallenden Funktion können die Reihe $\sum_{k=1}^{\infty} f(k)$ und das Integral $\int_1^{\infty} f(x) \, dx$ durch einander abgeschätzt werden

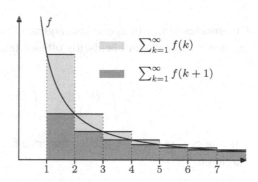

Die Konvergenz der Summe ergibt sich aus derjenigen des Integrals nun aus der zweiten Ungleichung; die Konvergenz des Integrals wiederum ist aufgrund der dritten Ungleichung eine Konsequenz aus der Konvergenz der Summe, s. Abb. 8.11. Man kann nämlich K und N so groß wählen, dass die jeweils rechte Seite dieser Ungleichungen kleiner als ε ist. Der Rest ergibt sich dann mit dem Cauchy-Kriterium für uneigentliche Integrale bzw. Reihen. ◆

Frage 553

Können Sie mit dem Ergebnis von Frage 552 zeigen, dass die **allgemeine harmonische Reihe**

$$\zeta(s) := \sum_{k=1}^{\infty} \frac{1}{k^s}, \qquad s \in \mathbb{R}$$

genau dann konvergiert, wenn $s > 1$ gilt?

▶ **Antwort** Das Integral $\int_1^{\infty} x^{-s}\,\mathrm{d}x$ konvergiert nach Frage 546 genau dann, wenn $s > 1$ ist. Daraus folgt mit Frage 552 bereits die Konvergenz der allgemeinen harmonischen Reihe für $s > 1$. Dass die Reihe für $s \leq 1$ nicht konvergieren kann, ergibt sich aufgrund der Divergenz der Reihe für $s = 1$ (Frage 201). ◆

Frage 554

Welche weiteren Typen von uneigentlichen Integralen sind Ihnen bekannt? Können Sie jeweils ein Beispiel angeben?

▶ **Antwort** Uneigentliche Integrale lassen sich auf allgemeinen halboffenen Intervallen $[a, b[$ bzw $]c, d]$ (die Fälle $b = \infty$ und $c = -\infty$ mit eingerechnet) auf dieselbe Weise wie für das spezielle Intervall $[a, \infty[$ definieren. Ist f auf $[a, b[$ bzw. auf $]c, d]$ lokal integrierbar, dann definiert man

$$\int_a^b f(x)\,\mathrm{d}x = \lim_{\beta \uparrow b} \int_a^{\beta} f(x)\,\mathrm{d}x \qquad \text{bzw.} \qquad \int_c^d f(x)\,\mathrm{d}x = \lim_{\gamma \downarrow c} \int_{\gamma}^d f(x)\,\mathrm{d}x.$$

Die uneigentlichen Integrale konvergieren (existieren), wenn die jeweiligen Grenzwerte existieren. Im Fall eines beidseitig offenen Intervalls $]a, b[$ definiert man

$$\int_a^b f(x)\,\mathrm{d}x = \int_a^c f(x)\,\mathrm{d}x + \int_c^b f(x)\,\mathrm{d}x,$$

falls die beiden rechts stehenden Integrale für ein beliebig zu wählendes $c \in \,]a, b[$ konvergieren. ◆

Frage 555

Können Sie jeweils ein Beispiel für die verschiedenen Typen uneigentlicher Integrale angeben?

▶ **Antwort** (a) Intervalle der Form $[a, \infty[$. Hierfür wurden in den vorhergehenden Fragen schon einige Beispiele behandelt, etwa $\int_1^{\infty} \frac{\mathrm{d}x}{x^s}$.

(b) Intervalle der Form $]-\infty, b]$. Für diese ist etwa $\int_{-\infty}^{-1} \frac{1}{x^2}\,dx$ ein Beispiel.

(c) Beschränkte Intervalle der Form $]a, b]$. Hier kann man das Integral $\int_0^b x^{-s}\,dx$ mit $s \in \mathbb{R}$ betrachten. Wegen

$$
\int_{\alpha}^{b} x^{-s}\,dx = \begin{cases} \frac{1}{1-s}\left(b^{1-s} - \alpha^{1-s}\right) & \text{für } s \neq 0, \\ \log(b) - \log(\alpha) & \text{für } s = 1 \end{cases}
$$

existiert der Grenzwert für $\alpha \downarrow 0$ genau dann, wenn $s < 1$ ist.

(d) Das Intervall $]-\infty, \infty[$. Man betrachte das uneigentliche Integral $\int_{-\infty}^{\infty} \frac{dx}{1+x^2}$. Es ist

$$
\int_{0}^{\beta} \frac{dx}{1+x^2} = \arctan\beta \qquad \text{und} \qquad \int_{\alpha}^{0} \frac{dx}{1+x^2} = -\arctan\alpha.
$$

Die Grenzwerte $\lim\limits_{\alpha \to -\infty} -\arctan\alpha$ und $\lim\limits_{\beta \to \infty} \arctan\beta$ existieren und haben beide den Wert $\frac{\pi}{2}$. Das uneigentliche Integral existiert also und konvergiert gegen π. ◆

Frage 556

Können Sie die Gleichung

$$
\int_{a}^{b} \frac{1}{|t|^s}\,dt = \frac{1}{1-s}\left(|a|^{1-s} + b^{1-s}\right), \qquad a < 0 < b, \quad 0 < s < 1
$$

begründen?

▶ **Antwort** Im Beispiel (c) der Frage 554 wurde bereits $\int_0^c \frac{dt}{t^s} = \frac{c^{1-s}}{1-s}$ für $0 < s < 1$ gezeigt. Es folgt

$$
\int_{a}^{b} \frac{1}{|t|^s}\,dt = \int_{0}^{|a|} \frac{1}{t^s}\,dt + \int_{0}^{b} \frac{1}{t^s}\,dt = \frac{1}{1-s}\left(|a|^{1-s} + b^{1-s}\right). \qquad ◆
$$

Frage 557

Können Sie begründen, warum das uneigentliche Integral $\int_{-\infty}^{\infty} \frac{t}{1+t^2}\,dt$ nicht existiert, wohl aber der **Cauchy'sche Hauptwert**

$$
\int_{-\infty}^{\infty} \frac{t}{1+t^2}\,dt := \lim_{R \to \infty} \int_{-R}^{R} \frac{t}{1+t^2}\,dt = 0?
$$

▶ **Antwort** Die Existenz des Cauchy'schen Hauptwerts folgt daraus, dass es sich bei dem Integranden um eine ungerade Funktion handelt, womit das Integral von $-R$ bis 0 gerade dem Negativen des Integrals von 0 bis R entspricht.

Wegen $\frac{t}{1+t^2} > \frac{1}{2t}$ für alle $t \geq 1$ kann das unbestimmte Integral von 1 bis R aber nicht konvergieren. Aus dem Majorantenkriterium würde in diesem Fall nämlich auch die Existenz von $\int_1^\infty \frac{dt}{t}$ folgen, im Widerspruch zum Ergebnis aus Frage 546.   ◆

Frage 558

Wie lautet die Euler'sche Integral-Definition der Γ-Funktion?

▶ **Antwort** Im Sinne der Euler'schen Definition ist die Γ-Funktion für alle $x > 0$ definiert als das im doppelten Sinne uneigentliche Integral (dabei sei $\varepsilon > 0$)

$$\Gamma(x) := \int_0^\infty t^{x-1} e^{-t}\, dt := \lim_{\varepsilon \to 0} \int_\varepsilon^1 t^{x-1} e^{-t}\, dt + \lim_{R \to \infty} \int_1^R t^{x-1} e^{-t}\, dt.$$

    ◆

Frage 559

Warum ist das Γ-Integral im doppelten Sinne uneigentlich?

▶ **Antwort** Beide Integrationsgrenzen in der Euler'schen Integraldarstellung sind kritisch (die untere allerdings nur für $x < 1$) und müssen gesondert überprüft werden:

(i) Es ist $t^{x-1} e^{-t} < t^{x-1}$ für alle $t > 0$. Da das unbestimmte Integral $\int_0^1 t^{x-1}\, dt$ nach dem Beispiel (c) aus Frage 554 für alle $x > 0$ existiert, existiert nach dem Majorantenkriterium auch $\int_0^1 t^{x-1} e^{-t}\, dt$.

(ii) Die Existenz des uneigentlichen Integrals $\int_1^\infty t^{x-1} e^{-t}\, dt$ wurde in Frage 549 bereits gezeigt.   ◆

Frage 560

Welche **Haupteigenschaften der Γ-Funktion** sind Ihnen bekannt?

▶ **Antwort** Die folgenden Eigenschaften sind grundlegend:

(a) $\Gamma(x + 1) = x\Gamma(x)$ *(Funktionalgleichung der Gamma-Funktion)*

(b) $\Gamma(x + n + 1) = x(x + 1) \cdots (x + n) \cdot \Gamma(x)$

(c) $\Gamma(1) = 1$ *und* $\Gamma(n + 1) = n!$ *für alle* $n \in \mathbb{N}$

(d) Γ *ist stetig*

(e) Γ *ist unendlich oft differenzierbar, und es gilt*

$$\Gamma^{(k)}(x) = \int\limits_0^\infty (\log t)^k t^{x-1} e^{-t} \, dt.$$

(f) Γ *ist logarithmisch konvex, d. h.,* $\log \Gamma(x)$ *ist eine konvexe Funktion.*

Beweis: (a) Die Funktionalgleichung erhält man mit partieller Integration:

$$\Gamma(x) = \int\limits_0^\infty t^{x-1} e^{-t} \, dt = \frac{t^x}{x} e^{-t} \Big|_0^\infty + \frac{1}{x} \int\limits_0^\infty t^x e^{-t} \, dt = \frac{1}{x} \cdot \Gamma(x+1).$$

(b) Die Formel bekommt man durch induktive Anwendung der Funktionalgleichung. Man beachte, dass damit die Gamma-Funktion bereits durch ihre Werte im Intervall $]0, 1]$ bestimmt ist. Weiter lässt sich die Gamma-Funktion mittels der Gleichung

$$\Gamma(x) = \frac{\Gamma(x+n+1)}{x(x+1) \cdot (x+n)}$$

auf $\mathbb{R} \setminus \{0, -1, -2, \ldots\}$ fortsetzen.

(c) Wegen $\Gamma(1) = 1$ ist die Gleichung ein Spezialfall von (b). Aufgrund dieser Eigenschaft sagt man, die Γ-Funktion (genauer die Funktion $\Gamma(x+1)$) *interpoliere* die Fakultät, was heißen soll, dass sie auf den natürlichen Zahlen mit dieser übereinstimmt.

(d) Die Stetigkeit folgt hier am leichtesten aus einem allgemeinen Satz über parameterabhängige Integrale, die in der Antwort zu Frage 949 gezeigt werden. Die Stetigkeit der Γ-Funktion wird in der Antwort zu Frage 952 gezeigt.

(e) Hier gilt dieselbe Bemerkung wie unter (d), man vgl. die Fragen 951 und 952

(f) Die logarithmische Konvexität der Gamma-Funktion ist nach Frage 468 gleichbedeutend mit
$$\Gamma(\lambda x_1 + (1-\lambda)x_2) \leq \Gamma(x_1)^\lambda \cdot \Gamma(x_2)^{1-\lambda}, \quad \lambda \in [0, 1].$$

Man kann diese Ungleichung beweisen, indem man die Hölder'sche Ungleichung aus Frage 122 auf die Funktionen $f(t) := t^{(x_1-1)/\lambda} e^{-t/\lambda}$ und $g(t) := t^{(x_2-1)/(1-\lambda)} e^{-t/(1-\lambda)}$ anwendet.

Abb. 8.12 Die reelle Γ-
Funktion im Intervall $[-4, 4]$

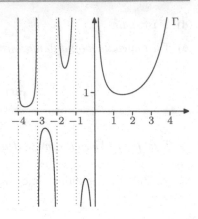

Der Graph der Γ-Funktion ist in Abb. 8.12 skizziert.   ◆

Frage 561

Durch welche Eigenschaften ist die Gammafunktion auf ihrem Definitionsbereich eindeutig bestimmt?

▶ **Antwort** Nach dem Satz von Bohr-Mollerup ist die Gamma-Funktion auf ihrem Definitionsbereich $\mathbb{R}_+$ durch die folgenden drei Eigenschaften eindeutig bestimmt:

(i) $\Gamma(1) = 1$,

(ii) $\Gamma(x + 1) = x \cdot \Gamma(x)$,

(iii) Γ *ist logarithmisch konvex.*

Zum Beweis sei $G : \,]0, \infty[\,\to \mathbb{R}$ eine Funktion, die diese drei Eigenschaften besitzt. Wir müssen zeigen, dass überall $G(x) = \Gamma(x)$ gilt. Da G aufgrund von

$$G(x + n) = (x + n - 1) \cdots (x + 1)x \cdot G(x), \qquad n \in \mathbb{N} \qquad (*)$$

bereits durch die Werte auf dem Intervall $]0, 1]$ eindeutig bestimmt ist, genügt es, die Übereinstimmung mit Γ auf diesem Intervall zu zeigen.

Für $x \in \,]0, 1]$ setze man $n + x = (1 - x) \cdot n + x \cdot (n + 1)$. Dann folgt aus der logarithmischen Konvexität und der Funktionalgleichung

$$G(x + n) \leq G(n)^{1-x} G(n + 1)^x = G(n)^{1-x} G(n)^x n^x = (n - 1)! \cdot n^x.$$

Mit $n + 1 = x(n + x) + (1 - x)(n + 1 + x)$ erhält man auf ähnliche Weise

$$n! = G(n + 1) \leq G(n + x)^x G(n + 1 + x)^{1-x} = G(n + x)(n + x)^{1-x}.$$

Insgesamt folgt $n!(n + x)^{x-1} \leq G(n + x) \leq (n - 1)!n^x$, und wegen $(*)$ erhält man damit

$$a_n := \frac{n!(n + x)^{x-1}}{x(x + 1)\cdots(x + n - 1)} \leq G(x) \leq \frac{(n - 1)!n^x}{x(x + 1)\cdots(x + n - 1)} := b_n. \quad (*)$$

Nun muss man nur noch feststellen, dass $\lim(a_n/b_n) = 1$ und deswegen $G(x) = \lim b_n$ gilt. Wegen $\Gamma(x) = \lim b_n$ folgt $G(x) = \Gamma(x)$. ◆

Frage 562

Wie lautet die Gauß'sche Produktdarstellung von Γ?

▶ **Antwort** Die Gauß'sche Produktdarstellung der Gammafunktion ist die für alle $x \in \mathbb{R} \setminus \{0, -1, -2, -3, \ldots\}$ gültig und lautet

$$\boxed{\Gamma(x) = \lim_{n\to\infty} \frac{n!n^x}{x(x + 1)\cdots(x + n)}.} \quad (*)$$

Die Gauß'sche Produktdarstellung ist in den beiden Folgen (a_n) und (b_n) aus $(*)$ schon beinahe sichtbar und lässt sich daraus mit ein paar geradlinigen Argumentationsschritten auch beweisen.

Man kann die Produktdarstellung aber auch direkt aus der Integraldarstellung mit der folgenden Rechnung ableiten. Die dabei verwendete Vertauschung von Limesbildung und Integration ist gültig, kann an dieser Stelle allerdings noch nicht begründet werden. Sie folgt aus dem Grenzwertsatz von Beppo Levi, der in Kapitel 11 bewiesen wird. Bezeichnet $\chi_{]0,n[}$ die charakteristische Funktion von $]0, n[$ (die 1 für $x \in]0, n[$ und sonst 0 ist), dann gilt für $x > 0$:

$$\Gamma(x) = \int_0^\infty t^{x-1}e^{-t}\,dt = \lim_{n\to\infty}\int_0^\infty t^{x-1}\left(1 - \frac{t}{n}\right)^n \chi_{]0,n[}\,dt$$

$$= \lim_{n\to\infty}\int_0^n \left(1 - \frac{t}{n}\right)^n t^{x-1}\,dt.$$

Das hintere Integral bestimmen wir mittels partieller Integration. In einem ersten Schritt erhält man

$$\int_0^n \left(1 - \frac{t}{n}\right)^n t^{x-1}\,dt = \frac{n}{n \cdot x}\int_0^n \left(1 - \frac{1}{n}\right)^{n-1} t^x\,dt.$$

Eine n-malige Wiederholung derselben Methode führt schließlich auf

$$\int_0^n \left(1 - \frac{t}{n}\right)^n t^{x-1}\,dt = \frac{n!n^x}{x(x + 1)\cdots(x + n)},$$

und das liefert die Gauß'sche Produktdarstellung. ◆

Frage 563

Welchen Vorteil besäße eine Definition der Gamma-Funktion durch das Gauß-Produkt gegenüber der Euler'schen Integraldarstellung?

▶ **Antwort** Im Unterschied zur Euler'schen Integraldarstellung stellt die Gauß'sche Produktformel die Gamma-Funktion auf ihrem gesamten Definitionsbereich dar. Außerdem gilt die Darstellung für komplexe $z \in \mathbb{C} \setminus \{0, -1, -2, \ldots\}$. ◆

Frage 564

Können Sie eine Produktdarstellung von $\dfrac{1}{\Gamma(x)}$ angeben, aus der man die Nullstellen von $\dfrac{1}{\Gamma}$ direkt ablesen kann?

▶ **Antwort** Anhand von $1/\Gamma_n(x) := \frac{1}{n! n^x} x(x+1) \cdots (x+n)$ erkennt man mit $\lim\limits_{n \to \infty} = \Gamma_n(x)$ unmittelbar, dass die Nullstellen von $1/\Gamma(x)$ gerade bei den nicht positiven ganzen Zahlen liegen.
Mittels der Umformung

$$\frac{1}{\Gamma_n(x)} = x \cdot \prod_{k=1}^{n} \frac{e^{x/k}}{n^x} \frac{x+k}{k} e^{-x/k} = x \cdot \exp\left(x \left(\sum_{k=0}^{n} \frac{1}{k} - \log n \right) \right) \prod_{k=1}^{n} \frac{x+k}{k} e^{-x/k}.$$

erhält man für $\lim n \to \infty$ außerdem die bedeutende sogenannte *Weierstraß'sche Produktdarstellung*

$$\boxed{\frac{1}{\Gamma(x)} = x \cdot e^{\gamma x} \cdot \prod_{k=1}^{\infty} \left(1 + \frac{x}{k} \right) e^{-x/k}}$$

mit $\gamma := \lim\limits_{n \to \infty} \left(\sum_{k=1}^{n} - \log n \right) \approx 0{,}577215664 \ldots$ (Euler-Mascheroni'sche Konstante). ◆

Frage 565

Wie kann man den sogenannten **Euler'schen Ergänzungssatz**

$$\Gamma(x)\Gamma(x-1) = \frac{\pi}{\sin \pi x}, \qquad x \in \mathbb{R} \setminus \mathbb{Z}$$

zeigen? Welcher spezielle Wert der Gamma-Funktion lässt sich aus dieser Gleichung unmittelbar ablesen?

▶ **Antwort** Aus der Weierstraß'schen Produktdarstellung folgt

$$\frac{1}{\Gamma(x)\Gamma(1-x)} = \frac{1}{(-x)\Gamma(x)\Gamma(-x)} = x \cdot \prod_{k=1}^{\infty} \left(1 - \frac{x^2}{k^2} \right).$$

Das unendliche Produkt auf der rechten Seite konvergiert damit für alle $x \in \mathbb{R}$ und stellt eine Funktion dar, die genau an den ganzen Zahlen Nullstellen erster Ordnung hat. Dieselben Eigenschaften besitzt offensichtlich die Funktion $\sin \pi x$. Jetzt wäre es verführerisch, daraus – in Analogie zu der Situation bei Polynomen – einfach den Schluss

$$x \cdot \prod_{k=1}^{\infty} \left(1 - \frac{x^2}{k^2}\right) = c \cdot \sin \pi x$$

mit einem $c \in \mathbb{R}$ zu ziehen. Natürlich sind zur Rechtfertigung dieses Schlusses weitergehende Argumente nötig, er führt aber *in diesem speziellen Fall* wirklich zum richtigen Ergebnis. Dies zeigt man in anderen Zusammenhängen, wo dann auch die Konstante $c = 1/\pi$ bestimmt wird. Als Ergebnis erhält man dabei das *Euler'sche Sinusprodukt*

$$\boxed{x \cdot \prod_{n=1}^{\infty} \left(1 - \frac{x^2}{k^2}\right) = \frac{\sin \pi x}{\pi}.}$$

In Kombination mit (∗) folgt daraus die in der Frage formulierte Gleichung. Diese impliziert unmittelbar $\Gamma(1/2) = \sqrt{\pi}$.   ◆

Frage 566

Wie erhält man $\Gamma(1/2) = \sqrt{\pi}$ mithilfe des Wallis'schen Produkts für $\pi/2$?

▶ **Antwort** Es ist

$$\left(\Gamma_n\left(\frac{1}{2}\right)\right)^2 = \left(\frac{\sqrt{n}\,n!}{\frac{1}{2}\left(1 + \frac{1}{2}\right) \cdots \left(1 + \frac{1}{n}\right)}\right)^2 = \left(\frac{2^{n+1}n! \cdot \sqrt{n}}{1 \cdot 3 \cdots (2n+1)}\right)^2$$

$$= \frac{2 \cdot 2 \cdot 4 \cdot 4 \cdots 2n \cdot 2n}{1 \cdot 3 \cdot 3 \cdot 5 \cdots (2n-1)(2n+1)} \cdot \frac{4n}{2n+1}.$$

Der erste Faktor im letzten Gleichungsterm ist gerade das n-te Glied der Wallis'schen Produktfolge und konvergiert für $n \to \infty$ nach Frage 496 gegen $\pi/2$. Da der hintere Faktor für $n \to \infty$ gegen 2 konvergiert, folgt $\left(\Gamma(1/2)\right)^2 = \lim \left(\Gamma_n(1/2)\right)^2 = \pi$.   ◆

Frage 567

Wie ist die Euler'sche Betafunktion definiert?

▶ **Antwort** Die Euler'sche Betafunktion ist für alle $(x, y) \in \mathbb{R}_+ \times \mathbb{R}_+$ definiert als das uneigentliche Integral

$$B(x, y) := \int_0^1 t^{x-1}(1 - t)^{y-1} \, \mathrm{d}t.$$

Die Integralgrenzen sind nur in den Fällen $x < 1$ bzw. $y < 1$ kritisch (im ersten die untere, im zweiten die obere). In beiden Fällen folgt die Konvergenz aus dem Ergebnis von Beispiel (c) aus Frage 554. ◆

Frage 568
Welche Haupteigenschaften besitzt die Betafunktion?

▶ **Antwort** Eine wichtige Eigenschaft der Betafunktion besteht in der Symmetrie $B(x, y) = B(y, x)$, eine andere erhält man auf folgendem Wege: Partielle Integration liefert zunächst

$$B(x, y + 1) = \frac{t^x}{x} \cdot (1 - t)^y \bigg|_0^1 + \frac{y}{x} \int_0^1 t^x (1 - t)^{y-1} \, \mathrm{d}t = \frac{y}{x} \int_0^1 t^x (1 - t)^{y-1} \, \mathrm{d}t.$$

Setzt man hier $t^x = t^{x-1} - t^{x-1}(1 - t)$ ein, so erhält man

$$B(x, y + 1) = \frac{y}{x} B(x, y) - \frac{y}{x} B(x, y + 1).$$

Unter Ausnutzung der Symmetrie von $B(x, y)$ folgen daraus die beiden Formeln

$$B(x + 1, y) = \frac{x}{x + y} B(x, y) \quad \text{und} \quad B(x, y + 1) = \frac{y}{x + y} B(x, y). \quad ◆$$

Frage 569
Welcher Zusammenhang besteht zwischen Beta- und Gammafunktion?

▶ **Antwort** Der Zusammenhang liegt in der Gleichung

$$B(x, y) = \frac{\Gamma(x)\Gamma(y)}{\Gamma(x + y)}$$

begründet, die sich durch eine Anwendung des Satzes von Bohr-Mollerup beweisen lässt. Die Funktion $B(x, y)\Gamma(x + y)/\Gamma(y)$ besitzt nämlich bei festgehaltenem y die drei im Satz von Bohr-Mollerup genannten Voraussetzungen (die logarithmische Konvexität von $B(\cdot, y)$ kann man wie bei der Gamma-Funktion mittels der Hölder'schen Ungleichung zeigen) und stimmt daher mit $\Gamma(x)$ überein. ◆

8.5 Bernoulli'sche Polynome und -Zahlen, Euler'sche Summenformel

Unter geeigneten Voraussetzungen über eine Funktion $f : [1, n] \to \mathbb{R}$ kann man die Summe $S := f(1) + f(2) + \cdots + f(n)$ als Näherung an das Integral $I := \int_1^n f(x)\,dx$ ansehen, etwa wenn man eine äquidistante Zerlegung des Intervalls $[1, n]$ mit der Schrittweite 1 betrachtet und f durch eine Treppenfunktion $\overline{\varphi}$ mit $\overline{\varphi} \geq f$ oder eine Treppenfunktion $\underline{\varphi}$ mit $\underline{\varphi} \leq f$ approximiert. Auf diese Weise haben wir in Frage 552 schon das Riemann'sche Integralvergleichskriterium für die Konvergenz einer Reihe $\sum_{k=1}^{\infty} f(k)$ erhalten. Für den Fehler $R := S - I$ wollen wir eine explizite Darstellung angeben. Zur Vorbereitung benötigt man einige Tatsachen über Bernoulli'sche Zahlen und Bernoulli'sche Polynome.

Frage 570

Wie sind die **Bernoulli-Polynome** definiert?

▶ **Antwort** Die Bernoulli'schen Polynome $B_n(x)$ sind für alle $n \in \mathbb{N}$ rekursiv definiert durch die Bedingungen

$$B_0(x) = 1, \quad B_{n+1}'(x) = (n+1)B_n(x), \quad \int_0^1 B_{n+1}(x)\,dx = 0. \tag{B}$$

$B_n(x)$ ist damit für jedes $n \in \mathbb{N}$ ein eindeutig bestimmtes Polynom vom Grad n. Man gewinnt es aus der zweiten Gleichung als Stammfunktion von $n B_{n-1}(x)$, wobei die Integrationskonstante durch die dritte Gleichung bestimmt ist. Die ersten vier Bernoulli-Polynome lauten z. B.

$$\begin{array}{rclrcl}
B_0(x) &=& 1, & B_2(x) &=& x^2 - x + \tfrac{1}{6}, \\
B_1(x) &=& x - \tfrac{1}{2}, & B_3(x) &=& x^3 - \tfrac{3}{2}x^2 + \tfrac{1}{2}x.
\end{array}$$

◆

Frage 571

Können Sie zeigen, dass für alle $x \in \mathbb{R}$ die Bernoulli'schen Polynome die Gleichung

$$\int_x^{x+1} B_n(t)\,dt = x^n$$

erfüllen?

▶ **Antwort** Beweis mit Induktion über n. Für $n = 0$ ist die Gleichung richtig. Sei sie für $n \geq 0$ bereits gezeigt. Dann folgt wegen $B_{n+1}'(x) = (n+1)B_n(x)$ durch Integration beider Seiten

$$B_{n+1}(x+1) - B_{n+1}(x) = (n+1)\int_x^{x+1} B_n(t)\,dt = (n+1)x^n,$$

also

$$\int\limits_x^{x+1} B_{n+1}(t)\, dt = \int\limits_0^x \big(B_{n+1}(t+1) - B_{n+1}(t)\big)\, dt = (n+1) \int\limits_0^x t^n\, dt = x^{n+1}.$$

Folglich ist die Gleichung für alle Polynome $B_n(x)$ erfüllt. ◆

Frage 572

Wie sind die **Bernoulli-Zahlen** definiert?

▶ **Antwort** Die n-te Bernoulli-Zahl B_n ist der Koeffizient des konstanten Terms von $B_n(x)$, folglich definiert durch

$$B_n := B_n(0)$$

Aus der zweiten und dritten Definitionsgleichung für die Bernoulli-Polynome folgt zusammen $B_n(0) = B_n(1)$ für alle $n \geq 2$. Also gilt in diesem Fall auch $B_n(1) = B_n$.

n	0	1	2	4	6	8	10	12	14	16	18	20
B_n	1	$-\frac{1}{2}$	$\frac{1}{6}$	$-\frac{1}{30}$	$\frac{1}{42}$	$-\frac{1}{30}$	$\frac{5}{66}$	$-\frac{691}{2730}$	$\frac{7}{6}$	$-\frac{3617}{510}$	$\frac{43\,867}{798}$	$-\frac{174\,611}{330}$

Die Tabelle zeigt die numerischen Werte der ersten 20 Bernoulli-Zahlen (über das Verschwinden der Bernoulli-Zahlen mit ungeradem Index für $n > 1$ siehe die nächste Frage). Man beachte, dass die Zahlen – anders als es zu Beginn der Reihe den Anschein hat – schon ab der sechzehnten anfangen groß zu werden. Die Bernoulli-Zahlen sind unbeschränkt, wachsen in großen Bereichen sogar enorm. ◆

Frage 573

Warum verschwinden für $n > 1$ alle ungeraden Bernoulli-Zahlen?

▶ **Antwort** Die Polynome

$$(-1)^n B_n(1 - t)$$

erfüllen für alle n die Rekursionsgleichung (B), sind also identisch mit B_n. Wegen $B_n(0) = B_n(1)$ für $n > 1$ folgt daraus $-B_{2k+1}(0) = B_{2k+1}(0)$, also $B_{2k+1} = 0$. ◆

Frage 574

Können Sie $B_n(2x) = 2^{n-1}\left(B_n(x) + B_n(x + \frac{1}{2})\right)$ zeigen?

▶ **Antwort** Die Identität folgt aus

$$\int_x^{x+1/2} B_n(2t)\, dt = \frac{1}{2}\int_{2x}^{2x+1} B_n(u)\, du = \frac{1}{2}(2x)^n = 2^{n-1}\int_x^{x+1} B_n(t)\, dt$$

$$= 2^{n-1}\int_x^{x+1/2}\left(B_n(t) + B_n\left(t + \frac{1}{2}\right)\right) dt.$$

◆

Frage 575

Können Sie die Gleichung

$$B_n(x) = \sum_{k=0}^n \binom{n}{k} B_k x^{n-k} \tag{$*$}$$

zeigen und daraus eine Rekursionsgleichung für die Bernoulli-Zahlen ableiten?

▶ **Antwort** Die Formel lässt sich mit vollständiger Induktion zeigen. Für $n = 0$ ist sie richtig. Gilt sie für $n - 1$, so folgt durch Differenziation

$$\frac{d}{dx}\left(\sum_{k=0}^n \binom{n}{k} B_k x^{n-k}\right) = \sum_{k=0}^{n-1} \frac{n!(n-k)}{k!(n-k)!} B_k x^{n-k-1}$$

$$= n\sum_{k=0}^{n-1} \frac{(n-1)!}{k!(n-1-k)!} B_k x^{n-1-k} = n B_{n-1}(x) = B_n'(x).$$

Da $B_n(x)$ und $\sum_{k=0}^n \binom{n}{k} B_k x^{n-k} = C$ beide den konstanten Term B_n haben, ergibt sich daraus $(*)$.

Aus der Gleichung folgt weiter

$$B_{n+1} = \sum_{k=0}^{n+1}\binom{n+1}{k} B_k = \sum_{k=0}^n \binom{n+1}{k} B_k + B_{n+1}.$$

Damit hat man für die Bernoulli-Zahlen die Rekursionsformel

$$B_0 = 1, \qquad \sum_{k=0}^n \binom{n+1}{k} B_k = 0. \tag{B$*$}$$

Daraus folgt insbesondere, dass alle B_n *rationale* Zahlen sind.

◆

Frage 576

Wie lassen sich die Bernoulli-Zahlen alternativ ohne Bezug auf die Bernoulli-Polynome definieren?

▶ **Antwort** Die Bernoulli-Zahlen stehen im Zusammenhang mit den Koeffizienten der Taylorreihe der Funktion $\frac{x}{e^x-1}$ zum Entwicklungspunkt 0, und zwar gilt

$$\frac{x}{e^x - 1} = \sum_{k=0}^{\infty} \frac{B_k}{k!} x^k.$$

Diese Gleichung wird häufig auch als *Definition* der Bernoulli-Zahlen verwendet. Die Äquivalenz beider Definitionen folgt durch Cauchy-Multiplikation des Produkts

$$x = \left(\sum_{k=0}^{n} \frac{a_k}{k!} x^k \right) \cdot \left(\sum_{k=0}^{n} \frac{x^k}{k!} - 1 \right).$$

Ein anschließender Koeffizientenvergleich zeigt dann nämlich, dass die a_k dieselbe Rekursionsgleichung (B*) wie die Bernoulli-Zahlen erfüllen.   ◆

Frage 577

Wie sind die 1-periodischen Fortsetzungen $\overline{B}_n(x)$ der Einschränkungen auf $[0, 1]$ definiert?

▶ **Antwort** Man definiert $\overline{B}_n(x) := B_n(x - [x])$.

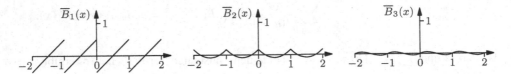

Abb. 8.13 Periodische Fortsetzungen der Einschränkungen der Bernoulli-Polynome auf $[0, 1]$

Die Funktionen $\overline{B}_n(x)$ stimmen auf dem Intervall $[0, 1]$ dann mit den Bernoulli-Polynomen überein und setzen sich ansonsten 1-periodisch auf $\mathbb{R}$ fort, s. Abb. 8.13. Für $n \neq 1$ sind die Funktionen wegen $B_n(0) = B_n(1)$ sogar stetig.   ◆

Frage 578

Auf welchem Grundprinzip beruht die Euler'sche Summenformel?

▶ **Antwort** Im Sinne von Abb. 8.14 kann man zur Herleitung der Euler'schen Summenformel mit dem Ansatz

$$\sum_{k=M}^{N} f(k) = \int_{M}^{N} f(t)\,\mathrm{d}t + \frac{f(M) + f(N)}{2} + R_0,$$

beginnen.

Abb. 8.14 In der Euler'schen Summenformel werden Integral und Summe in Beziehung gesetzt. Die Abweichung ist hier durch die schwarzen Flächen gekennzeichnet

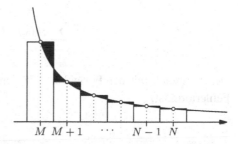

Unter bestimmten Differenzierbarkeitsvoraussetzungen an f ermöglicht die Euler'sche Summenformel eine Darstellung des hier auftretenden Fehlerterms R_0, der dessen Abschätzung mit einer in aller Regel sehr großen numerischen Präzision erlaubt. Insbesondere lassen sich aus dieser Darstellung Aussagen über das asymptotische Verhalten der Summe für $N \to \infty$ ziehen, was einem z. B. bei der Herleitung der Stirling'schen Formel als wesentlicher Argumentationsschritt begegnet.

Der Weg zur Euler'schen Summenformel führt über wiederholte partielle Integration des Restterms mithilfe der Bernoulli-Polynome, deren Bedeutung in diesem Zusammenhang zum ersten Mal erkennbar wird. Dies wird den folgenden Fragen weiter ausgeführt.

◆

Frage 579

Wie lässt sich der Fehlerterm R_0 in (∗) für eine $\mathcal{C}^1$-Funktion f durch ein Integral weiter ausdrücken? Können Sie daraus die Euler'sche Summenformel in ihrer einfachsten Form ableiten?

▶ **Antwort** Es gilt

$$R_0 = \int_{M}^{N} \overline{B}_1(x) f'(x)\,\mathrm{d}x.$$

Diese Identität ergibt sich mittels partieller Integration auf folgende Weise:

$$\int_M^N \overline{B}_1(x) f'(x)\, dx = \sum_{k=M}^{N-1} \int_0^1 \left(t - \frac{1}{2}\right) f'(k+t)\, dt$$

$$= \sum_{k=M}^{N-1} \left[\left(t - \frac{1}{2}\right) f(k+t) \Big|_0^1 - \int_0^1 f(k+t)\, dt \right]$$

$$= \sum_{k=M}^{N-1} \left[\frac{1}{2} f(k+1) + \frac{1}{2} f(k) \right] - \sum_{k=M}^{N-1} \int_0^1 f(k+t)\, dt$$

$$= \sum_{k=M}^{N} f(k) - \frac{1}{2}\big(f(M) + f(N)\big) - \int_N^M f(t)\, dt.$$

Der Vergleich mit der Formel in 578 zeigt, dass das die korrekte Darstellung für den Fehlerterm ist.   ◆

Frage 580

Können Sie die Darstellung des Integrals $\int_M^N \overline{B}_1(x) f'(x)\, dx$ weiterentwickeln und daraus die **Euler'sche Summenformel** ableiten?

▶ **Antwort** Da $\overline{B}_1(x)$ auf $[0, 1]$ mit dem ersten Bernoulli-Polynom übereinstimmt, hat man im Intervall $[0, 1]$ mit $\frac{B_2}{2}$ eine Stammfunktion zu $\overline{B}_1(x)$ und damit die Möglichkeit, falls f zweimal stetig differenzierbar ist, wiederholt partiell zu integrieren. Das führt im nächsten Schritt auf

$$\int_M^N \overline{B}_1(t) f'(t)\, dx = \sum_{k=M}^{N-1} \int_0^1 B_1(t) f'(k+t)\, dt$$

$$= \sum_{k=M}^{N-1} \left[\frac{B_2(t)}{2} f'(k+t) \Big|_0^1 \right] - \frac{1}{2} \sum_{k=M}^{N-1} \int_0^1 B_2(t) f''(k+t)\, dt$$

$$= \sum_{k=M}^{N-1} \frac{B_2(1)}{2} f'(k+1) - \frac{B_2(0)}{2} f'(k) - \frac{1}{2} \int_0^1 \overline{B}_2(x) f''(x)\, dt$$

$$= \frac{B_2}{2} f'(x) \Big|_N^M - \frac{1}{2} \int_0^1 \overline{B}_2(x) f''(x)\, dt$$

Falls $f \in \mathbb{C}^3$, lässt sich das hintere Integral nun mit genau derselben Methode partiell integrieren. Man bekommt damit im zweiten Schritt

$$R_0 = \frac{B_2}{2} f'(x)\Big|_M^N - \frac{B_3}{2 \cdot 3} f''(x)\Big|_M^N + \frac{1}{2} \int_M^N \overline{B}_3(x) f'''(x)\, dx,$$

und die Methode kann auf das hier auftretende Integral wiederum angewendet werden usw. Unter Berücksichtigung von $B_{2k+1} = 0$ führt das für eine $\mathbb{C}^{2p+1}$-Funktion f schließlich auf die *Euler'sche Summenformel*

$$\sum_{k=M}^{N} f(k) = \int_M^N f(x)\, dx + \frac{f(M) + f(N)}{2} + \sum_{v=1}^{p} \frac{B_{2v}}{(2v)!} f^{(2v-1)}(x)\Big|_M^N + R_{2p},$$

$$\text{mit} \quad R_{2p} = \frac{1}{(2p+1)!} \int_M^N \overline{B}_{2p+1}(x) f^{(2p+1)}(x)\, dx.$$

$\blacklozenge$

Frage 581

Wie lässt sich der Fehler R_{2p} in der Euler'schen Summenformel abschätzen, wenn $\left| f^{(2p+1)} \right|$ im Intervall $[M, N]$ monoton fällt?

▶ **Antwort** Aus $(-1)^n B_n(1 - t) = B_n(t)$ folgt, dass die Bernoulli-Polynome mit ungeradem Index alle eine Nullstelle bei $x = 1/2$ besitzen, s. Abb. 8.15. Ferner gilt $(-1)^n \overline{B}_n(x) = \overline{B}_n(x + \frac{1}{2})$, also verlaufen die Graphen der Funktionen $\overline{B}_n$ für ungerade n auf jedem Periodizitätsintervall $[k, k + 1]$ symmetrisch zur Nullstelle im Mittelpunkt.

Abb. 8.15 Die Bernoulli-Polynome mit ungeradem Index besitzen eine Nullstelle bei $x = 1/2$

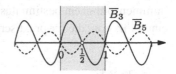

zehnfach überhöht

Hat f^{p+1} auf $[M, N]$ konstantes Vorzeichen, dann lässt sich der Fehler somit als eine *alternierende* Summe schreiben:

$$R_{2p} = \int_M^N (\ldots) = \int_M^{M+1/2} (\ldots) + \int_{M+1/2}^{M+1} (\ldots) + \cdots + \int_{N-1/2}^{N} (\ldots).$$

Ist $\left| f^{(2p+1)} \right|$ monoton fallend, so kann man daraus mit dem Leibnizkriterium schließen, dass die Summe betragsmäßig kleiner als ihr erstes Glied ist, also

$$R_{2p} \leq \frac{1}{(2p+1)!} \left| \int\limits_{M}^{M+1/2} \overline{B}_{2p+1}(x) f^{(2p+1)}(x)\, dx \right| \leq \left| \frac{f^{(2p+1)}(M)}{(2p+1)!} \int\limits_{0}^{1/2} B_{2v+1}(x)\, dx \right|.$$

Das hintere Integral lässt sich in jedem speziellen Fall bequem berechnen (schließlich sind die B_n Polynome).

Beispielsweise erhält man $\int_0^{1/2} B_3(x)\, dx = \frac{1}{64}$. Für eine Darstellung von $\sum_{k=M}^{N} \log k$ durch die Euler'sche Summenformel mit dem Fehlerterm R_3 erhielte man eine Genauigkeit von

$$R_3 \leq \frac{\log'''(M)}{3!} \cdot \frac{1}{64} = \frac{2}{3! \cdot M^2} \cdot \frac{1}{64} \cdot \frac{1}{192 \cdot M^2}. \qquad \blacklozenge$$

Frage 582

Kann man daraus schließen, dass sich jede Summe $\sum_{k=M}^{N} f(k)$ beliebig genau durch die Euler'sche Summenformel darstellen lässt?

▶ **Antwort** Man könnte in jedem Fall dann darauf schließen, wenn für $p \to \infty$

$$r_p := \frac{1}{(2p+1)!} \int\limits_{0}^{1/2} B_{2p+1}(x)\, dx \to 0$$

gelten würde. Dies ist aber in Wirklichkeit nicht der Fall. Es lässt sich zeigen, dass die Folge r_p unbeschränkt ist.

Allerdings fällt sie für hinreichend kleine p zunächst einmal rapide ab und erreicht ziemlich kleine Werte. Daher rührt die relative Genauigkeit der Euler'schen Summenformel. Es ist also entscheidend, dass das Abspalten von Summanden in der Euler'schen Summenformel ein bestimmtes Maß nicht überschreitet. Unter der Bedingung erhält man eine Präzision, die für praktische Zwecke meist vollkommen ausreicht. ♦

Frage 583

Können Sie $\sum_{k=1}^{100} \frac{1}{k^2}$ mit der Euler'schen Summenformel und dem Restterm R_3 darstellen? Welche Größenordnung besitzt der Restterm?

▶ **Antwort** Die Euler'sche Summenformel liefert hierfür

$$\sum_{k=1}^{100} \frac{1}{k^2} = \int\limits_{1}^{100} \frac{1}{x^2}\, dx + \frac{1}{2}\left(1 + \frac{1}{100}\right) + \frac{\cdot B_2}{2!} \cdot \frac{(-2)}{x^3}\bigg|_1^{100} + R_3$$

$$= \frac{99}{100} + \frac{101}{200} + \frac{1}{6}\cdot\left(1 - \frac{1}{100\,000}\right) \approx 1{,}661666 + R_3.$$

Für den Rest gilt

$$R_3 \leq \left| \frac{(-2)(-3)(-4)}{3! \cdot 1^5} \right| \cdot \int_0^{1/2} B_3(x)\, dx = \frac{1}{16}.$$

Man könnte die Abschätzung noch wesentlich verbessern, wenn man die Summe etwa bis zum zehnten Term ausrechnen würde, um die Euler'sche Formel dann auf die restliche Summe $\sum_{10}^{100} \frac{1}{k^2}$ anzuwenden. Damit hätte man für die Abschätzung dann schon eine Genauigkeit von $\frac{1}{16 \cdot 10^5} = \frac{1}{16\,000}$.

Eine Besonderheit der Euler'schen Summenformel besteht darin, dass der Grenzübergang $N \to \infty$ keinen Einfluss auf die Fehlerabschätzung hat. Mit demselben Argument wie oben kann man also auch $\sum_{k=1}^{\infty} k^{-2} \approx 1 + \frac{1}{2} + \frac{1}{6} \approx 1{,}66666 + R_3$ mit $R_3 < \frac{1}{16}$ ableiten. Das Ergebnis wird durch Vergleich mit dem exakten Wert $\frac{\pi^2}{6} \approx 1{,}64493$ bestätigt.

♦

Frage 584

Was besagt die Stirling'sche Formel für die Asymptotik von $n!$?

▶ **Antwort** Die Stirling'sche Formel liefert eine Aussage über die Größenordnung der Fakultät. Rein qualitativ besagt sie, dass die folgende Asymptotik gilt

$$\boxed{\; n! \sim \sqrt{2\pi n} \cdot \left(\frac{n}{e}\right)^n, \quad \text{das heißt} \quad \lim_{n\to\infty} \frac{\sqrt{2\pi n} \cdot \left(\frac{n}{e}\right)^n}{n!} = 1. \;}$$

Eine präzisere Formulierung beinhaltet auch eine Aussage über die Güte der Asymptotik. In dem Fall schreibt sich die Stirling'sche Formel

$$\boxed{\; n! = \sqrt{2\pi n} \cdot \left(\frac{n}{e}\right)^n \cdot e^{R_n} \quad \text{mit} \quad R_n = \frac{1}{12n} + O\left(\frac{1}{n^2}\right). \;}$$

♦

Frage 585

Wie kann man zeigen, dass der Grenzwert von $n! \Big/ \sqrt{n}\left(\frac{n}{e}\right)^n$ für $n \to \infty$ existiert?

▶ **Antwort** Man kann von der Gleichung $\log n! = \sum_{k=1}^{n} \log k$ ausgehen und für eine weitere Darstellung der hinteren Summe die Euler'sche Summenformel anwenden. Damit bekommt man

$$\log n! = \int_1^n \log x\, dx + \frac{1}{2}\log n + r_n = \left(n + \frac{1}{2}\right) \log n - n + 1 + r_n.$$

Für r_n gilt nach der Euler'schen Summenformel

$$r_n = \frac{B_2}{2!} \log'(x)\Big|_1^n + \frac{2}{3!} \int_1^n \frac{\overline{B}_3(x)}{x^3}\, dx = \frac{1}{12n} - \frac{1}{12} + \frac{1}{3} \int_1^n \frac{\overline{B}_3(x)}{x^3}\, dx.$$

Der Fehlerterm konvergiert für $n \to \infty$, somit existiert der Grenzwert

$$\lim_{n\to\infty} r_n + 1 = \lim_{n\to\infty} \left(\log n! - \left(n + \frac{1}{2} \right) \log n + n \right).$$

Durch Übergang zur exponenzierten Folge $c_n := n! \Big/ \sqrt{n}\left(\frac{n}{e}\right)^n$ folgt daraus die Behauptung.   ◆

Frage 586

Können Sie den Grenzwert von (c_n) berechnen?

▶ **Antwort** Man betrachte

$$\frac{c_n^2}{c_{2n}} = \left(\frac{n!}{\sqrt{n}\left(\frac{n}{e}\right)^n} \right)^2 \cdot \frac{\sqrt{2n}\left(\frac{2n}{e}\right)^{2n}}{(2n)!} = \frac{(n!)^2 \cdot 2^{2n}}{(2n)!} \cdot \sqrt{\frac{2}{n}} = \frac{2 \cdot 4 \cdots 2n}{1 \cdot 3 \cdots (2n-1)} \cdot \sqrt{\frac{2}{n}}$$

$$= \left(\frac{2 \cdot 2 \cdot 4 \cdot 4 \cdots (2n-2) \cdot (2n-2)}{1 \cdot 3 \cdot 3 \cdots (2n-3) \cdot (2n-1)} \cdot \frac{2n}{2n-1} \cdot 4 \right)^{1/2}.$$

Die Folge der Quotienten konvergiert also nach dem Ergebnis über die Wallis'sche Produktformel gegen $\sqrt{2\pi}$. Andererseits ist

$$\lim_{n\to\infty} \frac{c_n^2}{c_{2n}} = \lim_{n\to\infty} \frac{e^{2(r_n+1)}}{e^{r_{2n}+1}} = \lim_{n\to\infty} e^{r_n+1+(r_n-r_{2n})} = e^{\lim r_n + 1}.$$

Daraus folgt $\lim r_n + 1 = \log \sqrt{2\pi}$. Zusammenfassend erhält man damit

$$\lim_{n\to\infty} \log n! = \lim_{n\to\infty} \left(\left(n + \frac{1}{2} \right) \log n - n + \log \sqrt{2\pi} \right).$$

Daraus folgt durch Exponenzierung die Stirling'sche Formel in ihrer qualitativen Form.   ◆

Frage 587

Können Sie noch den Term R_n in der Stirling'schen Formel abschätzen?

▶ **Antwort** Es ist $r_n + 1 = \frac{11}{12} + R_n$ mit

$$R_n := \frac{1}{12n} + \frac{1}{3} \int_n^\infty \frac{\overline{B}_3}{x^3}\,dx.$$

Wegen

$$\frac{1}{3} \int_n^\infty \frac{\overline{B}_3}{x^3}\,dx \le \frac{1}{3n^3} \int_0^{1/2} B_3(x)\,dx = \frac{1}{192 \cdot n^3}.$$

folgt die Einschließung $\frac{1}{12n} - \frac{1}{192n^3} < R_n < \frac{1}{12n} + \frac{1}{192n^3}$. ◆

Frage 588

Können Sie begründen, warum die Folge $(\varrho_n) := \left(n! - \sqrt{2\pi n}\left(\frac{n}{e}\right)^n\right)$ für $n \to \infty$ divergiert, aber der relative Fehler

$$\varepsilon_n := \frac{n! \quad \sqrt{2\pi n}\left(\frac{n}{e}\right)^n}{\sqrt{2\pi n}\left(\frac{n}{e}\right)^n}$$

(recht schnell) gegen 0 geht?

▶ **Antwort** Die Konvergenz der Folge (ε_n) ergibt sich unmittelbar aus der Stirling'schen Formel wegen

$$\varepsilon_n = \left| \frac{n!}{\sqrt{2\pi}\left(\frac{n}{e}\right)^n} - 1 \right| < e^{\frac{1}{12n} + \frac{1}{n^2}} - 1.$$

Dass die Folge (ϱ_n) aber nicht gegen null gehen kann, kann man mit folgendem Argument begründen. Sei $f_n := \sqrt{2\pi n}\left(\frac{n}{e}\right)^n$. Dann folgt aus der Stirling'schen Formel in ihrer quantitativen Form, dass stets

$$\log n! - \log f_n = r_n \ge \frac{C}{n} \qquad (*)$$

mit einer positiven Konstanten C gilt. Angenommen, es würde $\lim (n! - f_n) = 0$ gelten. Dann ist $f_n + 1 > n!$ für genügend große n. Daraus erhält man aufgrund des monotonen Wachstums des Logarithmus mit dem Mittelwertsatz der Differenzialrechnung für ein $\xi \in [f_n, f_n + 1]$

$$\log n! - \log f_n \le \log(f_n + 1) - \log f_n = \log'(\xi) = \frac{1}{\xi} \le \frac{1}{f_n}.$$

Da die Folge (f_n) aber offensichtlich wesentlich schneller wächst als n, ist der hintere Term für hinreichend große n kleiner als $\frac{C}{n}$, im Widerspruch zu (∗).   ◆

Frage 589

Können Sie die Ziffernanzahl (in Zehnerpotenzen) der Zahl 1000! bestimmen?

▶ **Antwort** Die Anzahl der Zehnerpotenzen wird durch $\log_{10}(1000!) = M \cdot \log(1000!)$ mit $M = 1/\log(10)$ angegeben. Die Stirling'sche Formel liefert dafür

$$\log_{10} 1000! = M \left(\frac{1}{2} \log 2\pi + \frac{1}{2} \log 1000 + 1000 \log 1000 - 1000 + R_n \right)$$

$$= \frac{1}{2} \log_{10}(2\pi) + 1000{,}5 \cdot \log_{10} 1000 - 1000 \cdot M + R_n \cdot M \approx 2567{,}6046 + M \cdot R_n$$

mit $R_n \leq 12000^{-1}$. Das Ergebnis besagt, dass 1000! eine 2568-stellige Zahl ist.   ◆

Frage 590

Welche Größenordnung hat die Zahl

$$\frac{1}{2^{2n}} \binom{2n}{n}, \qquad n \in \mathbb{N}?$$

▶ **Antwort** Mit der Stirling'schen Formel folgt

$$\frac{1}{2^{2n}} \binom{2n}{n} = \frac{1}{2^{2n}} \cdot \frac{(2n)!}{(n!)^2} = \frac{1}{2^{2n}} \cdot \frac{\sqrt{4\pi n} \left(\frac{2n}{e} \right)^{2n}}{2\pi n \left(\frac{n}{e} \right)^{2n}} \cdot \frac{e^{R_{2n}}}{e^{2R_n}} = \frac{1}{\sqrt{n\pi}} \cdot e^{R_{2n} - 2R_n}.$$

Der Term hat also die Größenordnung $1/\sqrt{n\pi}$.   ◆

8.6 Fourierreihen (Einführung in die Theorie)

Die Grundidee der *Theorie der Fourierreihen* besteht darin, periodische Funktionen durch Linearkombinationen „elementarer" periodischer Funktionen zu approximieren und im Grenzfall darzustellen.

Als die elementaren Basisfunktionen dienen dabei die prototypischen periodischen Funktionen $\sin nx$ und $\cos nx$ mit $n \in \mathbb{N}$ bzw. $\mathbf{e}_k(x) = e^{ikx}$ mit $k \in \mathbb{Z}$. Dass diese Funktionen die spezielle Periode 2π besitzen, bedeutet keine Einschränkung, da diese sich durch eine geeignete Variablensubstitution stets auf einen vorgegebenen Wert skalieren lässt.

Es zeigt sich, dass eine Darstellung durch *Fourierreihen* für eine sehr große Klasse von Funktionen existiert – endliche Mengen von Unstetigkeitsstellen erst einmal außer Acht gelassen. Beispielsweise gilt das für beinahe alle Funktionen aus dem Raum $\mathcal{R}(2\pi)$ der 2π-periodischen Regelfunktionen, auf den wir uns im Folgenden konzentrieren wollen. Der Satz von Dirichlet liefert eine Aussage über die punktweise Konvergenz einer Fourierreihe. Die gleichmäßige Konvergenz spielt in diesem Zusammenhang keine so große Rolle, da durch Fourierreihen auch unstetige Funktionen dargestellt werden.

Frage 591

Was ist eine periodische Funktion $f : \mathbb{R} \to \mathbb{C}$? Wieso kann man sich bei der Untersuchung periodischer Funktionen auf 2π-periodische Funktionen beschränken?

▶ **Antwort** f ist periodisch, wenn eine Zahl $p \in \mathbb{R}$ existiert, sodass $f(x + np) = f(x)$ für alle $n \in \mathbb{Z}$ gilt. p heißt in diesem Fall die *Periode* von f.

Ist $f : \mathbb{R} \to \mathbb{C}$ eine Funktion mit der Periode $p \in \mathbb{R}$, so erhält man durch die Substitution $x \mapsto px/2\pi$ aus f eine 2π-periodische Funktion $\tilde{f} : \mathbb{R} \to \mathbb{C}$ mit $\tilde{f}(x) = f(px/2\pi)$ (für die Umkehrung benötigt man $p \neq 0$).

Alle Aussagen über $\tilde{f}$ gelten dann sinngemäß auch für f, weswegen man sich bei theoretischen Untersuchungen auf 2π-periodische Funktionen beschränken kann. ◆

Frage 592

Was versteht man unter einem trigonometrischen Polynom vom Grad $\leq n$? Was für eine Darstellung besitzt ein solches Polynom demzufolge?

▶ **Antwort** Ein trigonometrisches Polynom vom Grad $\leq n$ ist eine Linearkombination der $2n$ verschiedenen 2π-periodischen Funktionen $\sin kx$ und $\cos kx$ mit $0 \leq k \leq n$. Ein trigonometrisches Polynom besitzt demnach die Darstellung

$$T(x) = A_0 + \sum_{k=1}^{n} (a_k \cos kx + b_k \sin kx), \qquad A_0, a_k, b_k \in \mathbb{C}. \quad ◆$$

Frage 593

Welche Dimension hat der von diesen Polynomen aufgespannte $\mathbb{C}$-Vektorraum?

▶ **Antwort** Ein trigonometrisches Polynom vom Grad $\leq n$ ist durch die insgesamt $2n + 1$ Koeffizienten A_0, a_k, b_k eindeutig bestimmt. Der zugehörige $\mathbb{C}$-Vektorraum hat also die Dimension $2n + 1$. ◆

Frage 594

Wie kann man aus der reellen Darstellung in Frage 592 eine Darstellung trigonometrischer Polynome durch die komplexe Exponentialfunktion ableiten?

▶ **Antwort** Setzt man $\cos kx = \frac{1}{2}(e^{ikx} + e^{-ikx})$ und $\sin kx = \frac{1}{2i}(e^{ikx} - e^{-ikx})$ in die Gleichung ein, so erhält man

$$T(x) = A_0 + \sum_{k=1}^{n} \frac{a_k - ib_k}{2} e^{ikx} + \sum_{k=1}^{n} \frac{a_k + ib_k}{2} e^{-ikx} = \sum_{k=-n}^{n} c_k e^{ikx}$$

mit $c_k = \frac{a_k - ib_k}{2}$ und $c_{-k} = \frac{a_k + ib_k}{2}$ für $k = 1, \ldots, n$ und $c_0 = A_0$. Die reelle Darstellung lässt sich aus der komplexen ebenso rekonstruieren, wenn man die Formeln $e^{ikx} = \cos kx + i \sin kx$ in Letztere einsetzt. Man erhält dann $a_k = c_k + c_{-k}$ und $b_k = c_k - c_{-k}$. ◆

Frage 595

Wie lauten die **Orthogonalitätsrelationen** für das System der Basisfunktionen $\mathbf{e}_k$, $k \in \mathbb{Z}$ mit $\mathbf{e}_k(x) := e^{ikx}$?

Anmerkung: Eine komplexwertige Funktion $f : [a, b] \to \mathbb{C}$ heißt integrierbar, falls $u = \mathrm{Re}\, f$ und $v = \mathrm{Im}\, f$ über $[a, b]$ integrierbar sind und man definiert $\int_a^b f(x) \, dx :=$ $\int_a^b u(x) \, dx + i \int_a^b v(x) \, dx$.

▶ **Antwort** Für die Funktionen e^{ikx}, $k \in \mathbb{Z}$ lauten die Orthogonalitätsrelationen

$$\frac{1}{2\pi} \int_{-\pi}^{\pi} e^{inx} e^{-imx} \, dx = \delta_{mn} = \begin{cases} 1 & \text{für } n = m \\ 0 & \text{für } n \neq m. \end{cases}$$

Die Identitäten ergeben sich in beiden Fällen durch einfaches Auswerten der Integrale. ◆

Frage 596

Wieso spricht man in diesem Zusammenhang von *Orthogonalität*?

▶ **Antwort** Durch

$$\langle f, g \rangle := \frac{1}{2\pi} \int_{-\pi}^{\pi} f(x) \overline{g(x)} \, dx \tag{$*$}$$

ist im Raum $\mathcal{R}(2\pi)$ der 2π-periodischen Regelfunktionen ein Semiskalarprodukt definiert. Die Gleichungen aus Frage 595 besagen somit, dass die Basisfunktionen e^{ikx} bezüglich dieses Skalarprodukts paarweise aufeinander senkrecht stehen.

Das Skalarprodukt liefert für die reellen Basisfunktionen im Übrigen auch die analogen „reellen" Orthogonalitätsrelationen

$$\langle \cos kx, \sin mx \rangle = 0, \quad \langle \cos kx, \cos mx \rangle = \delta_{km}, \quad \langle \sin kx, \sin mx \rangle = \delta_{km}. \quad ◆$$

Wie lassen sich die Koeffizienten c_k eines trigonometrischen Polynoms T durch die Funktion T ausdrücken?

▶ **Antwort** Nach der Antwort zur vorigen Frage bilden die Basisfunktionen $e_k(x) :=$ e^{ikx}, $k \in \mathbb{Z}$ ein Orthonormalsystem bezüglich des Semiskalarprodukts $(*)$ im Vektorraum der trigonometrischen Polynome. Ist $T = (c_{-n}, \ldots, c_n)$ nun ein Element dieses Vektorraums, so folgt aus allgemeinen Zusammenhängen der linearen Algebra

$$c_k = \langle T, e_k \rangle, \quad \text{also} \quad c_k = \frac{1}{2\pi} \int\limits_{-\pi}^{\pi} T(x) e^{-ikx} \, dx. \quad \blacklozenge$$

Wie ist das *n-te Fourierpolynom* $S_n f$ einer 2π-periodischen Funktion $f : \mathbb{R} \to \mathbb{C}$ definiert? Was sind in diesem Fall die *Fourierkoeffizienten*?

▶ **Antwort** Das Ergebnis der vorigen Frage legt es nahe, jeder 2π-periodischen Regelfunktion ein trigonometrisches Polynom vom Grad n zuzuordnen, dessen Koeffizienten durch $\langle f, e_k \rangle$ gegeben sind. Dieses Polynom heißt *n-tes Fourierpolynom von* f und ist also definiert durch

$$S_n f := \sum_{k=-n}^{n} \hat{f}(k) e^{ikx} \quad \text{mit} \quad \hat{f}(k) = \langle f, e_k \rangle = \frac{1}{2\pi} \int\limits_{\pi} f(x) e^{-ikx} \, dx.$$

Die Zahl $\hat{f}(k)$, $k \in \mathbb{Z}$ heißt *k-ter Fourierkoeffizient* von f, die Integraldarstellung von $\hat{f}(k)$ ist die sogenannte *Euler-Fourier'sche Formel*. ◆

Können Sie daraus die Darstellung der Koeffizienten a_k und b_k von $S_n f$ in der Darstellung 592 ableiten?

▶ **Antwort** Mit der Antwort zu Frage 3 erhält man

$$a_k = \hat{f}(k) + \hat{f}(-k) = \frac{1}{2\pi} \int\limits_{-\pi}^{\pi} f(x)(e^{ikx} + e^{-ikx}) \, dx = \frac{1}{\pi} \int\limits_{-\pi}^{\pi} f(x) \cos kx \, dx$$

$$b_k = i(\hat{f}(k) - \hat{f}(-k)) = \frac{i}{2\pi} \int\limits_{-\pi}^{\pi} f(x)(e^{ikx} - e^{-ikx}) \, dx = \frac{1}{\pi} \int\limits_{-\pi}^{\pi} f(x) \sin kx \, dx. \quad \blacklozenge$$

Frage 600

Was lässt sich aus diesen Gleichungen unmittelbar folgern, wenn f eine gerade bzw. ungerade reelle Funktion ist?

▶ **Antwort** Ist f ungerade, dann ist $f(x)\cos kx$ ebenfalls ungerade, und somit gilt für alle $k \in \mathbb{Z}$ $a_k = \frac{1}{\pi} \int_{-\pi}^{\pi} f(x)\cos kx \, dx = 0$. Analog folgt $b_k = 0$ für alle $k \in \mathbb{Z}$, falls f eine gerade Funktion ist. ◆

Frage 601

Berechnen Sie die Fourierkoeffizienten der reellen 2π-periodischen Funktion $f : \mathbb{R} \to \mathbb{R}$ mit $f(k\pi) = 0$, $k \in \mathbb{Z}$ und $f(x) = \text{sign}\, x$ für $x \in\,]-\pi, \pi[$ (s. Abb. 8.16). Wie lautet demnach das n-te Fourierpolynom von f?

Abb. 8.16 Graph der Funktion f aus Frage 601

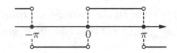

▶ **Antwort** Da f ungerade ist, sind alle $a_k = 0$, und

$$b_k = \frac{1}{\pi} \int_{-\pi}^{\pi} f(x)\sin kx \, dx = \frac{2}{\pi} \int_0^{\pi} \sin kx \, dx = \begin{cases} 4/k\pi & \text{für } k = 1, 3, 5, \ldots, \\ 0 & \text{für } k = 0, 2, 4, \ldots \end{cases}$$

Für eine ungerade Zahl n lautet das n-te Fourierpolynom $S_n f = S_{n+1} f$ somit

$$S_n f = \frac{4}{\pi} \left(\sin x + \frac{\sin 3x}{3} + \frac{\sin 5x}{5} + \cdots + \frac{\sin nx}{n} \right).$$
◆

Frage 602

Was ist die **Fourierreihe** $S_\infty f$ einer 2π-periodischen Funktion $f : \mathbb{R} \to \mathbb{C}$?

▶ **Antwort** Die Fourierreihe $S_\infty f$ einer Funktion f ist die Folge der Fourierpolynome $S_n f$. Formal schreibt man

$$S_\infty f = \sum_{k=-\infty}^{\infty} \hat{f}(k) e^{ikx}.$$
◆

Frage 603

Wie ist der **Dirichlet-Kern** n-ten Grades definiert? Welche Grundeigenschaften besitzt er?

▶ **Antwort** Der n te Dirichlet-Kern D_n ist definiert durch

$$D_n(x) := \sum_{k=-n}^{n} e^{ikx}.$$

Der n-te Dirichlet-Kern ist damit ein trigonometrisches Polynom, dessen Koeffizienten $c_{-n}, \ldots, c_n$ allesamt 1 sind, s. Abb. 8.17. ◆

Abb. 8.17 Die Dirichlet-Kerne D_1, D_3 und D_{10}

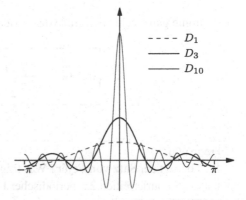

Frage 604

Können Sie $D_n(x) = \dfrac{\sin(n + \frac{1}{2})x}{\sin \frac{1}{2}x}$ für $x \notin 2\pi\mathbb{Z}$ zeigen? (Für $k \in \mathbb{Z}$ erhält man $D_n(2\pi k) = 2n + 1$.)

▶ **Antwort** Die Identität ergibt sich mithilfe der Formel für die geometrische Summe. Damit erhält man

$$\sum_{k=-n}^{n} e^{ikx} = e^{-inx} \cdot \frac{1 - e^{i(2n+1)x}}{1 - e^{ix}}$$

$$= \frac{e^{i(n+1/2)x} - e^{-i(n+1/2)x}}{e^{ix/2} - e^{-ix/2}}$$

$$= \frac{\sin(n + \frac{1}{2})x}{\sin \frac{1}{2}x}.$$ ◆

Frage 605

Wie lassen sich die Fourierpolynome $S_n f$ einer 2π-periodischen Regelfunktion mit dem Dirichlet-Kern D_n ausdrücken?

▶ **Antwort** Es ist

$$S_n f(x) = \sum_{k=-n}^{n} \hat{f}(k)e^{ikx}\,dx = \frac{1}{2\pi}\sum_{k=-n}^{n}\int_{-\pi}^{\pi} f(t)e^{-ikt}\,dt\,e^{ikx}$$

$$= \frac{1}{2\pi}\int_{-\pi}^{\pi} f(t)\sum_{k=-n}^{n} e^{i(x-t)k}\,dt.$$

Die Summe ganz rechts ist gerade der Dirichlet-Kern $D_n(x-t)$. Also gilt

$$\boxed{S_n f(x) = \frac{1}{2\pi}\int_{-\pi}^{\pi} D_n(x-t)f(t)\,dt.}$$ ◆

Frage 606

Was besagt der **Satz von Fejér**? Was folgt aus ihm hinsichtlich des Konvergenzverhaltens von Fourierreihen 2π-periodischer Funktionen?

▶ **Antwort** Der Satz von Fejér liefert keine direkte Aussage über die Konvergenz der Folge $(S_n f)$, sondern über die zugeordnete Folge der *arithmetischen Mittel*

$$\sigma_n f := \frac{1}{n}(S_0 f + S_1 f + \cdots + S_{n-1} f).$$

Für jedes $n \in \mathbb{N}$ ist $\sigma_n f$ dann ebenfalls ein trigonometrisches Polynom. Der Satz von Fejér lautet nun:

(i) *Für jede Funktion $f \in \mathcal{R}(2\pi)$ und jedes $x \in \mathbb{R}$ konvergiert die Folge $\big(\sigma_n f(x)\big)$ gegen das arithmetische Mittel des links- und rechtsseitigen Grenzwerts von f in x:*

$$\lim_{n\to\infty} \sigma_n f(x) = \frac{f(x-) + f(x+)}{2} \quad \textit{für alle } x \in \mathbb{R}.$$

Insbesondere konvergiert $(\sigma_n f)$ an jeder Stetigkeitsstelle von f punktweise gegen f.

(ii) *Für stetiges $f \in \mathcal{R}(2\pi)$ gilt $\sigma_n f(x) \to f(x)$ gleichmäßig auf $\mathbb{R}$.*

Was die Folge $(S_n f)$ angeht, so ist dazu Folgendes zu sagen. Im Allgemeinen bedeutet die Konvergenz der Folge arithmetischer Mittel $A_n := \frac{1}{n}(a_0 + \cdots + a_{n-1})$ nicht, dass auch die Folge (a_n) konvergiert (einfaches Gegenbeispiel: $1, -1, 1, -1, \ldots$). Es lässt sich aber problemlos zeigen, dass, *falls* (a_n) konvergiert, dann notwendigerweise gegen denselben Grenzwert wie (A_n).

Der Satz von Fejér hat damit folgendes Korollar:

Konvergiert die Fourierreihe $S_\infty f$ einer 2π-periodischen Regelfunktion f, dann gilt $S_\infty f(x) = \frac{f(x-)+f(x+)}{2}$, insbesondere also $S_\infty f(x) = f(x)$ an jeder Stetigkeitsstelle x von f.

$\blacklozenge$

Frage 607

Können Sie einen Beweis des Satzes von Fejér skizzieren?

▶ **Antwort** Eine tragende Rolle beim Beweis spielt die Folge der sogenannten *Fejér-Kerne*. Dabei ist der n-te Fejér Kern F_n definiert als das arithmetische Mittel der ersten n Dirichlet-Kerne, also

$$F_n := \frac{1}{n}(D_0 + D_1 + \cdots + D_{n-1}).$$

Man zeigt dann, dass die Fejér Kerne die folgenden Eigenschaften besitzen, die (F_n) als eine *Dirac-Folge* kennzeichnen (vgl. auch Abb. 8.18):

(i) $F_n \geq 0$ *für alle n.*

(ii) F_n *ist eine gerade Funktion.*

(iii) $\frac{1}{2\pi} \int_{-\pi}^{\pi} F_n(x)\, dx = 1.$

(iv) *Für jedes $\varepsilon > 0$ und jedes $\delta > 0$ gibt es ein N, sodass für alle $n \geq N$ gilt:*

$$\int\limits_{[-\pi,\pi]\setminus]-\delta,\delta[} F_n(x)\, dx < \varepsilon. \qquad (*)$$

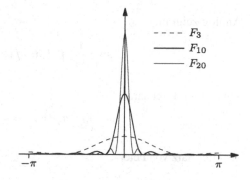

Abb. 8.18 Die Folge (F_n) der Fejér Kerne bildet eine Dirac-Folge

$----\ F_3$

$------\ F_{10}$

$------\ F_{20}$

Unter Verwendung dieser Eigenschaften lässt sich der Satz von Fejér nun beweisen: Aus der Gleichung in Antwort 605 und der Tatsache, dass die Funktion $t \mapsto F_n(x-t)f(t)$ die

Periode 2π besitzt, folgt mit der Substitution $u = t - x$

$$\sigma_n f(x) = \frac{1}{2\pi} \int\limits_{-\pi}^{\pi} F_n(x - t) f(t) \, \mathrm{d}t = \frac{1}{2\pi} \int\limits_{-\pi}^{\pi} F_n(t) f(x - t) \, \mathrm{d}t.$$

Wegen (ii) folgt aus (iii) auch $\int_0^\pi F_n(x) \, \mathrm{d}x = \frac{1}{2}$, und daher gilt:

$$\frac{1}{2} f(x-) - \frac{1}{2\pi} \int\limits_0^{\pi} F_n(t) f(x - t) \, \mathrm{d}t = \frac{1}{2\pi} \int\limits_0^{\pi} F_n(t) \big(f(x-) - f(x - t) \big) \, \mathrm{d}t.$$

Man wähle nun $\delta > 0$ so, dass $|f(x-) - f(x - t)| < \varepsilon$ für $0 \leq t \leq \delta$ gilt, und zu ε und δ bestimme man ein hinreichend großes n, für das die Ungleichung (∗) erfüllt ist. Damit erhält man

$$\left| \frac{1}{2} f(x-) - \frac{1}{2\pi} \int\limits_0^{\pi} F_n(t) f(x - t) \, \mathrm{d}t \right| = \left| \frac{1}{2\pi} \int\limits_0^{\pi} F_n(t) \big(f(x-) - f(x - t) \big) \, \mathrm{d}t \right|$$

$$\leq \frac{1}{2\pi} \left[\int\limits_0^{\delta} F_n(t) \big| f(x-) - f(x - t) \big| \, \mathrm{d}t + \int\limits_{\delta}^{\pi} F_n(t) \big| f(x-) - f(x - t) \big| \, \mathrm{d}t \right]$$

Die beiden Integrale lassen sich nun sehr leicht. Das erste ist kleiner als ε, das hintere kleiner als $\varepsilon \cdot \| f \|$. Also gilt:

$$\lim_{n \to \infty} \frac{1}{2\pi} \int\limits_0^{\pi} F_n(t) f(x - t) \, \mathrm{d}t = \frac{1}{2} f(x-).$$

Analog zeigt man

$$\lim_{n \to \infty} \frac{1}{2\pi} \int\limits_{-\pi}^{0} F_n(t) f(x - t) \, \mathrm{d}t = \frac{1}{2} f(x+).$$

Zusammen folgt daraus

$$\lim_{n \to \infty} \sigma_n f(x) = \frac{f(x-) + f(x+)}{2},$$

also der Satz von Fejér.   ◆

Wie lautet der Dirichlet'sche Satz über die punktweise Konvergenz der Fourierreihe $S_\infty f$ einer 2π-periodischen Regelfunktion f?

▶ **Antwort** Der Satz lautet:

Unter der Voraussetzung, dass die Funktion f in x sowohl eine links–, als auch rechtsseitige Ableitung besitzt, konvergiert die Folge der Fourierpolynome $(S_n f)$ im Punkt x gegen das arithmetische Mittel des links- und rechtsseitigen Grenzwerts von f in x:

$$S_\infty f(x) = \frac{f(x-) + f(x+)}{2}.$$

Insbesondere gilt an jeder Stetigkeitsstelle x von f: $S_\infty f(x) = f(x)$. ◆

Bestimmen Sie die Fourierkoeffizienten der 2π-periodischen „Sägezahnfunktion" h : $\mathbb{R} \to \mathbb{R}$ mit $h(2k\pi) = 0$, $k \in \mathbb{Z}$ und $h(x) = \frac{\pi-x}{2}$ für $x \in (0, 2\pi)$.

▶ **Antwort** Da h ungerade ist, ist $a_k = 0$ für alle $k \in \mathbb{Z}$. Für die b_k erhält man

$$b_k = \frac{1}{\pi} \int_{-\pi}^{\pi} \frac{\pi - x}{2} \sin kx \, dx = \frac{1}{\pi} \int_0^{\pi} (\pi - x) \sin kx \, dx$$

$$= \frac{-(\pi - x) \cos kx}{k\pi} \Big|_0^{\pi} - \frac{1}{k\pi} \int_0^{\pi} \cos kx \, dx = \frac{1}{k}.$$

Somit lautet die Fourierreihe von h

$$S_\infty h(x) = \sum_{k=1}^{\infty} = \sin x + \frac{\sin 2x}{2} + \frac{\sin 3x}{3} + \cdots$$

Abb. 8.19 zeigt die ersten drei Partialsummen von $S_\infty h$. ◆

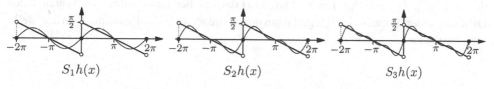

$S_1 h(x)$ $S_2 h(x)$ $S_3 h(x)$

Abb. 8.19 Approximation der „Sägezahnfunktion" durch Fourierpolynome

Frage 610

Erläutern Sie an der Funktion aus der vorigen Aufgabe qualitativ das **Gibbs'sche Phänomen**.

▶ **Antwort** Abb. 8.20 zeigt das zwanzigste Fourierpolynom zur Funktion h. Man erkennt, dass die approximierende Kurve an den beiden Extrema links und rechts neben der Unstetigkeitsstelle von f auffallend weit über die zu approximierende Funktion f hinausschießt.

Abb. 8.20 An den Unstetigkeitsstellen von f weicht das Fourierpolynom überproportional weit von f ab

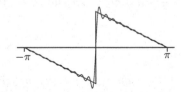

Dieses verhältnismäßig extreme Abweichen eines Fourierpolynoms von f an Punkten in der Nähe der Unstetigkeitsstellen von f tritt bei allen unstetigen Funktionen auf und wird Gibbs'sches Phänomen genannt. Es lässt sich zeigen, dass der maximale Betrag, mit dem $S_n f$ an den entsprechenden Stellen von f abweicht, nicht von n abhängt.

Genau bedeutet das Gibbs'sche Phänomen, dass zu jedem approximierenden Fourierpolynom $S_n f$ einer Funktion $f \in \mathcal{R}(2\pi)$ in der Umgebung der Unstetigkeitsstellen von f ein Punkt x_n existiert, sodass $|S_n f(x_n) - f(x_n)| > C$ gilt, wobei C eine nicht von n abhängige Konstante ist. ◆

Frage 611

Können Sie unter Anwendung des Dirichlet'schen Satzes das Integral

$$\int\limits_{-\infty}^{\infty} \frac{\sin t}{t}\, dt \qquad\qquad (*)$$

berechnen? (Die Existenz lässt sich mit Standardmethoden zur Untersuchung uneigentlicher Integrale zeigen.)

▶ **Antwort** Die Idee des Beweises besteht darin, das Integral als Limes von Integralen der Form $\int_{-\pi}^{\pi} f(a - t) D_n(t)\, dt = 2\pi S_n f(a)$ darzustellen und – unter Zuhilfenahme des Dirichlet'schen Satzes – das Integral dann durch Auswertung der Funktion f an der Stelle a zu bestimmen.

Konkret sieht das dann so aus: Das Integral $(*)$ ist der Grenzwert der Integrale

$$I_n := \int_{-(n+1/2)\pi}^{(n+1/2)\pi} \frac{\sin t}{t}\, dt = \int_{-\pi}^{\pi} \frac{\sin\left(n+\frac{1}{2}\right)}{t}\, dt = \frac{1}{2} \int_{-\pi}^{\pi} \underbrace{\frac{\sin\frac{1}{2}t}{\frac{1}{2}t}}_{=f(t)=f(0-t)} D_n(t)\, dt.$$

Durch $f(0) := 1$ lässt sich $f(t)$ stetig in den Nullpunkt fortsetzen und ist dort dann auch differenzierbar. Mit dem Satz von Dirichlet folgt also $I = \pi \cdot f(0) = \pi$. ◆

Frage 612

Wie ist die sogenannte L^2-**Norm** bzgl. $[0, 2\pi]$ für eine Funktion $f \in \mathcal{R}(2\pi)$ definiert?

▶ **Antwort** Die L^2-Norm ist die von dem Skalarprodukt aus Frage 596 induzierte Norm auf $\mathcal{R}(2\pi)$. Diese ist also folgendermaßen definiert

$$\|f\|_2 := \sqrt{\langle f, f \rangle} = \sqrt{\frac{1}{2\pi} \int_{-\pi}^{\pi} |f(t)|^2\, dt}.$$ ◆

Bei stetigem f hat die L^2-Norm die gewohnten Eigenschaften einer Norm. Für beliebiges $f \in \mathcal{R}(2\pi)$ kann jedoch $\|f\|_2 = 0$ sein ohne dass f die Nullfunktion ist.

Frage 613

Was bedeutet **Konvergenz im quadratischen Mittel**?

▶ **Antwort** Eine Folge (f_n) von Regelfunktionen konvergiert auf $[a, b]$ im quadratischen Mittel gegen f, wenn gilt

$$\int_a^b |f - f_n|^2\, dx \to 0.$$

Speziell für $f \in \mathcal{R}(2\pi)$ heißt das also

$$\lim_{n\to\infty} \|f - f_n\|_2 = 0.$$ ◆

Frage 614

Welche Informationen beinhaltet die Konvergenz im quadratischen Mittel bezüglich der punktweisen Konvergenz?

▶ **Antwort** Der Ausdruck $\int_a^b |f - f_n|^2 \, dx$ gibt einen in bestimmten Sinn gemittelten Wert der Abweichung von f und f_n auf dem Intervall $[a, b]$ wieder, und insofern enthält er keine Informationen darüber, was an den einzelnen Punkten des Intervalls geschieht. Punktweise Konvergenz lässt sich daraus also nicht ableiten, und in der Tat ändert sich der Wert des Integrals ja auch nicht, wenn man die Werte von f und f_n an endlich vielen Stellen willkürlich verändert. Aus der Konvergenz im quadratischen Mittel lässt sich allenfalls schließen, dass (f_n) zumindest außerhalb einer Ausnahmemenge vom Maß Null gegen f konvergiert.

Konvergenz im quadratischen Mittel zu untersuchen empfiehlt sich also in den Fällen, in denen man von etwaigen Ausnahmen an einigen wenigen Stellen absehen kann. ◆

Frage 615

Können Sie diese Behauptung zeigen: Die Fourierpolynome $S_n f$ liefern im Raum der trigonometrischen Polynome mit einem Grad $\leq n$ bezüglich der L^2-Norm die beste Annäherung an f in folgendem Sinne: Ist T ein weiteres trigonometrisches Polynom mit $\deg T \leq n$, so gilt

$$\|S_n f - f\|_2 \leq \|T - f\|_2.$$

▶ **Antwort** Sei $T = \sum_{k=-n}^{n} \gamma_k e^{ikx}$ ein beliebiges Polynom aus $\mathcal{T}_n$, und sei $S_n f = \sum_{k=-n}^{n} c_k e^{ikx}$ das n-te Fourierpolynom von f. Für den Abstand $\|f - T\|_2$ gilt dann

$$
\begin{aligned}
\langle f - T, f - T \rangle &= \|f\|_2^2 - \sum_k \gamma_k \langle \mathbf{e}_k, f \rangle - \sum_k \overline{\gamma_k} \langle f, \mathbf{e}_k \rangle + \sum_k \gamma_k \overline{\gamma_k} \\
&= \|f\|_2^2 - \sum_k \gamma_k \overline{c_k} - \sum_k \overline{\gamma_k} c_k + \sum_k \gamma_k \overline{\gamma_k} \\
&= \|f\|_2^2 - \sum_k c_k \overline{c_k} + \sum_k |c_k - \gamma_k|^2.
\end{aligned}
$$

Hieraus folgt, dass $\|f - T\|_2$ minimal wird genau dann, wenn $\sum_{k=-n}^{n} |c_k - \gamma_k|^2 = 0$ ist, also wenn $\gamma_k = c_k$ gilt. ◆

Frage 616

Können Sie daraus die **Bessel'sche Ungleichung** ableiten?

▶ **Antwort** Für $T = S_n f$ folgt aus der letzten Gleichung

$$\|f - S_n\|_2^2 = \|f\|_2^2 - \sum_{k=-n}^{n} |c_k|^2.$$

Da die linke Seite positiv ist, erhält man daraus die Bessel'sche Ungleichung

$$\boxed{\sum_{k=-n}^{n} |c_k|^2 \leq \|f\|_2^2.}$$ ◆

Frage 617

Können Sie erläutern, inwiefern $S_n f$ die *orthogonale Projektion von f in den Raum $\mathcal{T}_n$ der trigonometrischen Polynome vom Grad $\leq n$* ist (vgl. auch Abb. 8.21)?

▶ **Antwort** Wegen

$$\langle f - S_n f, \mathbf{e}_k \rangle = \langle g, \mathbf{e}_k \rangle - \langle S_n f, \mathbf{e}_k \rangle$$
$$= \hat{f}(k) - \hat{f}(k) = 0, \quad \text{für } |k| \leq n$$

steht $f - S_n$ senkrecht auf allen Elementen von $\mathcal{T}_n$. ◆

Abb. 8.21 $S_n f$ ist die ortho-
gonale Projektion von f in den
Raum der trigonometrischen
Polynome vom Grad $\leq n$

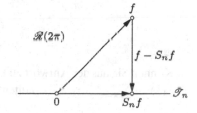

Frage 618

Wie lautet der **Satz über die Konvergenz im quadratischen Mittel** einer Fourierreihe?

▶ **Antwort** Der Satz lautet:

Für jede Funktion $f \in \mathcal{R}(2\pi)$ konvergiert die Folge $(S_n f)$ im quadratischen Mittel gegen f:

$$\|f - S_n f\|_2 \to 0 \quad \text{für } n \to \infty.$$ ◆

Frage 619

Können Sie daraus die **Parseval'sche Gleichung** ableiten?

▶ **Antwort** Aus dem Ergebnis von Frage 616 und 618 folgt durch Grenzübergang $n \to \infty$ die *Parseval'sche Gleichung*

$$\| f \|_2^2 = \sum_{k=-\infty}^{+\infty} | \hat{f}(k) |^2.$$ ◆

Frage 620

Wie lautet die Parseval'sche Gleichung bzgl. der Koeffizienten a_k, b_k der Sinus-Cosinus-Darstellung von $S_\infty f$?

▶ **Antwort** Mit $c_k = (a_k - ib_k)/2$ und $c_{-k} = (a_k + ib_k)/2$ folgt aus Frage 619

$$\frac{1}{\pi} \int_{-\pi}^{\pi} | f(x) |^2 \, \mathrm{d}x = \frac{1}{2} |a_0|^2 + \sum_{k=1}^{\infty} (|a_k|^2 + |b_k|^2).$$ ◆

Frage 621

Können Sie aus der Antwort zu Frage 609 und der Parseval'schen Gleichung die Formel $\zeta(2) = \sum_{k=1}^{\infty} \frac{1}{k^2} = \frac{\pi^2}{6}$. ableiten?

▶ **Antwort** Nach Frage 609 gilt $\dfrac{\pi - x}{2} = \displaystyle\sum_{k=1}^{\infty} \dfrac{\sin kx}{k}$ für $x \in (0, 2\pi)$. Mit der Parseval'schen Gleichung aus Frage 620 folgt daraus

$$\sum_{k=1}^{\infty} \frac{1}{k^2} = \frac{1}{\pi} \int_{0}^{2\pi} \left(\frac{\pi - x}{2} \right)^2 \, \mathrm{d}x = \frac{\pi^2}{6}.$$ ◆

Frage 622

Wie lautet die **allgemeine Parseval'sche Gleichung**?

▶ **Antwort** Die allgemeine Parseval'sche Gleichung lautet:

Für $f, g \in \mathcal{R}(2\pi)$ gilt

$$\langle f, g \rangle = \frac{1}{2\pi} \int_{-\pi}^{\pi} f(t) \overline{g(t)} \, \mathrm{d}t = \sum_{k=-\infty}^{\infty} \hat{f}(k) \overline{\hat{g}(k)}.$$

Die Gleichung folgt aus der Parseval'schen Gleichung unter Benutzung der Identität $z\overline{w} = \frac{1}{4}\left(|z+w|^2 - |z-w|^2 + i\,|z+iw|^2 - i\,|z-iw|^2\right)$. ◆

Frage 623

Sei $f \in \mathcal{R}(2\pi)$ eine Stammfunktion von $\varphi \in \mathcal{R}(2\pi)$. Wieso erhält man die Fourierreihe von φ durch gliedweises Differenzieren der Fourierreihe von f?

▶ **Antwort** Die Behauptung folgt unmittelbar aus der Ableitungsregel

$$\hat{\varphi}(k) = \mathrm{i}k \cdot \hat{f}(k),$$

diese wiederum erhält man durch partielle Integration von φ:

$$\hat{\varphi}(x) = \frac{1}{2\pi} \int\limits_{-\pi}^{\pi} \varphi(x) e^{-\mathrm{i}kx}\, \mathrm{d}x$$

$$= f(x)e^{-\mathrm{i}kx}\Big|_{-\pi}^{\pi} + \mathrm{i}k \cdot \frac{1}{2\pi} \int\limits_{-\pi}^{\pi} f(x) e^{-\mathrm{i}kx}\, \mathrm{d}x = \mathrm{i}k \cdot \hat{f}(k). \qquad ◆$$

Frage 624

Ist $f \in \mathcal{R}(2\pi)$ Stammfunktion einer Funktion $\varphi \in \mathcal{R}(2\pi)$, so konvergiert $(S_n f)$ normal auf $\mathbb{R}$ gegen f. Können Sie das beweisen?

▶ **Antwort** Zu zeigen ist $\sum_{k=-\infty}^{+\infty} \|\hat{f}(k)e^{\mathrm{i}kx}\|_{\mathbb{R}} \leq \infty$. Wegen $\|e^{\mathrm{i}kx}\|_{\mathbb{R}} = 1$ ist das gleichbedeutend mit $\sum_{k=-\infty}^{+\infty} |\hat{f}(k)| \leq \infty$.

Nach der Ableitungsregel gilt $\hat{\varphi}(x) = \mathrm{i}k \cdot \hat{f}(x)$ für $k \in \mathbb{Z}$. Mit der Ungleichung zwischen arithmetischem und geometrischem Mittel ergibt sich

$$|\hat{f}(k)| = \sqrt{1 \cdot \left(\frac{|\hat{\varphi}(k)|}{|k|}\right)^2} \leq \frac{1}{2}\left(\frac{1}{k^2} + |\hat{\varphi}|^2\right).$$

Nach 616 ist aber $\sum_{k=-\infty}^{+\infty} |\hat{\varphi}|^2 \leq \infty$. Insgesamt folgt die Behauptung. ◆

Frage 625

Wie lautet die Verschärfung des Satzes von Dirichlet bezüglich gleichmäßiger Konvergenz?

▶ **Antwort** Bezüglich gleichmäßiger Konvergenz lässt sich über die Fourierreihen folgendes beweisen:

Die Fourierreihe einer stückweise stetig differenzierbaren Funktion $f \in \mathcal{R}(2\pi)$ *konvergiert auf jedem Intervall* $[a, b]$, *das keine Unstetigkeitsstelle von* f *enthält, gleichmäßig gegen* f. ◆

Frage 626

Haben Sie eine Idee, wie man aus dem Satz von Fejér den **Weierstraß'schen Approximationssatz** bekommen könnte: *Zu jeder stetigen Funktion* $f : M \to \mathbb{C}$ *auf einem kompakten Intervall* $M := [a, b] \subset \mathbb{R}$ *und jedem* $\varepsilon > 0$ *gibt es ein Polynom* P *mit*

$$\| f - P \|_M < \varepsilon.$$

▶ **Antwort** Nach einer eventuellen linearen Variablensubstitution kann man $M \subset \,]-\pi, \pi[$ annehmen. f lässt sich dann zu einer 2π-periodischen Funktion $\tilde{f}$ auf $\mathbb{R}$ fortsetzen, die innerhalb von $\,]-\pi, \pi[$ stetig ist. Nach dem Satz von Fejér gibt es also ein trigonometrisches Polynom $\sum_{k=-n_0}^{n_0} c_k e^{ikx} = \sigma_{n_0} \tilde{f}(x)$ mit

$$\sup_{x \in M} \left| \tilde{f} - \sum_{k=-n_0}^{n_0} c_k e^{ikx} \right| < \varepsilon.$$

Die Funktionen $c_k e^{ikx}$ lassen sich aufgrund der gleichmäßigen Konvergenz der Exponentialreihe auf M für alle $k \in M$ durch ein Polynom approximieren. Genauer existiert für jedes k ein $N_k \in \mathbb{N}$, sodass gilt:

$$\sup_{x \in M} \left| c_k e^{ikx} - c_k \sum_{\ell=0}^{N_k} \frac{(ik)^\ell}{\ell!} x^\ell \right| < \frac{\varepsilon}{2(2n_0 + 1)}.$$

Man setze $N := \max\{N_{-k}, \ldots, N_k\}$. Mit

$$P(x) := \sum_{\ell=0}^{N} \left(\sum_{k=-n_0}^{n_0} c_k \frac{(ik)^\ell}{\ell!} \right) x^\ell$$

folgt dann die Behauptung. ◆

8.7 Differenzierbare Kurven und ihre Geometrie

Bevor wir uns im nächsten Kapitel wieder mit abstrakteren Objekten befassen, stellen wir in diesem Kapitel einige Fragen zu konkreten geometrischen Gebilden, nämlich Kurven im $\mathbb{R}^n$. Man sollte sich dabei von kinematischen Vorstellungen, etwa der Bewegung eines Punktes im Raum leiten lassen.

Mit der Norm $\| \ \|$ ist in diesem ganzen Abschnitt immer die Euklidische Norm $\| \ \|_2$ gemeint.

Frage 627

Was versteht man unter einer **parametrisierten Kurve im $\mathbb{R}^n$**? Wann heißt eine Kurve s-mal stetig differenzierbar?

▶ **Antwort** Sei $I \subset \mathbb{R}$ ein Intervall. Eine *parametrisierte Kurve* im $\mathbb{R}^n$ ist eine Abbildung

$$\gamma : I \to \mathbb{R}^n, \qquad t \mapsto \big(\gamma_1(t), \ldots, \gamma_n(t)\big),$$

deren Komponentenfunktionen $\gamma_1, \ldots, \gamma_n$ alle stetig sind. γ heißt *s-mal stetig differenzierbar*, wenn alle Komponentenfunktionen dies sind. ◆

Frage 628

Können Sie einige Beispiele für differenzierbare Kurven nennen?

▶ **Antwort** Einfachste Beispiele für Kurven sind Geraden, Kreislinien, Ellipsen, auch Funktionsgraphen. Abb. 8.22 zeigt weitere Beispiele. ◆

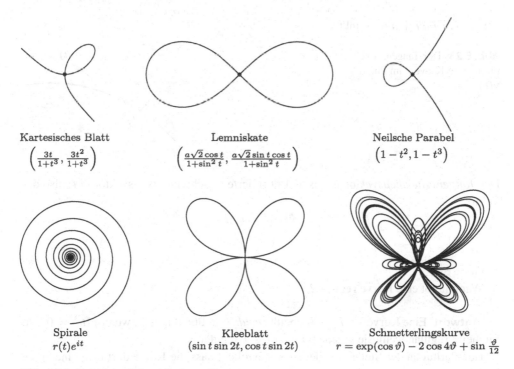

Kartesisches Blatt
$\left(\frac{3t}{1+t^3}, \frac{3t^2}{1+t^3}\right)$

Lemniskate
$\left(\frac{a\sqrt{2}\cos t}{1+\sin^2 t}, \frac{a\sqrt{2}\sin t\cos t}{1+\sin^2 t}\right)$

Neilsche Parabel
$\left(1 - t^2, 1 - t^3\right)$

Spirale
$r(t)e^{it}$

Kleeblatt
$(\sin t \sin 2t, \cos t \sin 2t)$

Schmetterlingskurve
$r = \exp(\cos \vartheta) - 2\cos 4\vartheta + \sin \frac{\vartheta}{12}$

Abb. 8.22 Beispiele differenzierbarer Kurven

Frage 629

Was ist der Unterschied zwischen einer Kurve und ihrer Spur?

▶ **Antwort** Die *Spur*, also das Bild von I unter γ, ist eine bloße Punktmenge im $\mathbb{R}^n$. Im Unterschied dazu enthält eine Kurve Informationen über den „Zeitplan", mit dem die Spur durchlaufen wird. Damit hängt zusammen, dass eine $\mathcal{C}^1$-Kurve in jedem Punkt ihrer Spur eine eindeutige *Richtung* und „*Geschwindigkeit*" besitzt.   ◆

Frage 630

Was versteht man unter dem **Tangentialvektor** einer differenzierbaren Kurve zu einem Parameter? Wie ist der **Tangentialeinheitsvektor** definiert?

▶ **Antwort** Für eine differenzierbare Kurve $\gamma : I \to \mathbb{R}^n$ heißt

$$\dot{\gamma}(t) := \big(\dot{\gamma}_1(t), \ldots, \dot{\gamma}_n(t)\big)$$

der *Tangentialvektor* zum Parameter t (s. Abb. 8.23). Ferner heißt

$$\|\dot{\gamma}\|_2 := \sqrt{\dot{\gamma}_1^2(t) + \cdots + \dot{\gamma}_n^2(t)}$$

die *Geschwindigkeit* im Punkt t.

Abb. 8.23 Der Tangentialvektor an eine Kurve γ im Punkt $\gamma(t)$

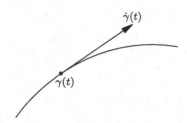

Der *Tangentialeinheitsvektor* in t ist der normierte Geschwindigkeitsvektor in t, also der Vektor

$$\dot{\gamma}(t)/\|\dot{\gamma}\|(t).$$ ◆

Frage 631

Wann heißt eine Kurve **regulär**?

▶ **Antwort** Eine Kurve $\gamma : I \to \mathbb{R}^n$ heißt *regulär* im Punkt $t_0 \in I$, wenn $\dot{\gamma}(t_0) \neq 0$ gilt. Sie heißt regulär, wenn sie in jedem Punkt $t \in I$ regulär ist.

Regularität an der Stelle t_0 bedeutet anschaulich, dass die Kurve dort eine eindeutige Richtung und keine „Spitze" hat.   ◆

Frage 632

Wie ist der **Schnittwinkel** zweier regulärer Kurven definiert?

▶ **Antwort** Sind γ und α zwei im Parameter t_0 bzw. s_0 reguläre Kurven und gilt $\gamma(t_0) = \alpha(s_0)$, dann ist der Schnittwinkel φ von γ und α im Schnittpunkt der Winkel zwischen den Tangentialeinheitsvektoren $T_\gamma(t_0)$ und $T_\alpha(s_0)$, s. Abb. 8.24. Der Cosinus des Winkels ist damit gegeben durch das Skalarprodukt

$$\boxed{\cos\varphi = \langle T_\gamma(t_0), T_\alpha(s_0)\rangle.}$$ ◆

Abb. 8.24 Der Schnittwinkel zweier differenzierbarer Kurven ist der Winkel zwischen ihren Einheitsvektoren

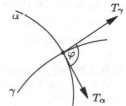

Frage 633

Wann gehen zwei $\mathbb{C}^k$-Kurven ($k = 1, 2, 3, \cdots$) durch eine Parametertransformation auseinander hervor?

▶ **Antwort** Eine $\mathbb{C}^k$-Abbildung $s\colon I \to J$ zwischen zwei Intervallen I und J heißt *Parametertransformation*, wenn sie bijektiv ist und die Umkehrabbildung s^{-1} ebenfalls zu $\mathbb{C}^k$ gehört. s heißt *orientierungstreu*, wenn s' monoton wächst, und *orientierungsumkehrend*, wenn s' monoton fällt.

Ist $\gamma\colon I \to \mathbb{R}^n$ eine $\mathbb{C}^k$-Kurve und $s\colon I \to J$ eine $\mathbb{C}^k$-Parametertransformation, dann ist durch

$$\alpha := \gamma \circ s^{-1}\colon J \to I \to \mathbb{R}^n$$

eine weitere $\mathbb{C}^k$-Kurve gegeben, die dieselbe Spur wie γ durchläuft, nun aber auf dem Intervall J definiert ist.

Man sagt dann, α gehe durch *Umparametrisierung* aus γ hervor. Für die Tangentialvektoren ergibt sich mit der Kettenregel dann der Zusammenhang

$$\dot\alpha\big(s(t)\big) = \frac{\dot\gamma(t)}{s'(t)}.$$ ◆

Frage 634

Wie ist für eine stetig differenzierbare Kurve γ auf einem kompakten Intervall $[a, b]$ die *Kurvenlänge* $\ell(\alpha)$ definiert? Wieso wird durch diesen Ausdruck auch wirklich die „Länge" der Kurve erfasst?

► **Antwort** Sei γ stetig differenzierbar. Für den Fall, dass das Integral in der unten stehenden Formel existiert, wird die *Kurvenlänge* $s(\gamma)$ definiert durch

$$\ell(\gamma) := \int_a^b \|\dot\gamma(t)\| \, dt = \int_a^b \sqrt{\dot\gamma_1^2(t) + \cdots + \dot\gamma_n^2(t)} \, dt.$$

Im Fall der Existenz dieses Integrals heißt γ *rektifizierbar*.

Ein Indiz dafür, dass obige Formel die „richtige" ist, ist die Tatsache, dass sie für die Länge der Strecke zwischen a und b das Ergebnis $\|a - b\|$ und für die Länge der Kreislinie mit Radius r das Ergebnis $2\pi r$ liefert.

Man kommt auf die Formel, indem man die Kurve wie in Abb. 8.25 durch *Sehnenpolygone* approximiert.

Abb. 8.25 Approximation einer Kurve durch Sehnenpolygone

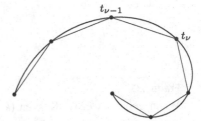

Ist $t_0 := a < t_1 < \cdots < t_k = b$ eine Zerlegung Z von $[a, b]$, dann setzt sich das Sehnenpolygon $P_\gamma(Z)$ aus den Strecken von $\gamma(t_{\nu-1})$ nach $\gamma(t_\nu)$ zusammen, und die Kurvenlänge von $P_\gamma(Z)$ ist elementargeometrisch gegeben durch

$$\ell\big(P_\gamma(Z)\big) = \sum_{\nu=1}^k \|\gamma(t_\nu) - \gamma(t_{\nu-1})\|.$$

Anschaulich ist klar, dass man $\ell\big(P_\gamma(Z)\big)$ als Annäherung an $\ell(\gamma)$ auffassen kann, dass die Annäherung besser wird, je feiner die Zerlegung Z ist und dass beim Grenzübergang $|Z| \to 0$ (unter „normalen" Bedingungen) die Kurvenlänge von γ erfasst wird.

Den Zusammenhang zwischen beiden Formeln erhält man etwa mit dem Mittelwertsatz der Integralrechnung. Ist die Zerlegung Z so gewählt, dass γ auf den Intervallen $[t_{\nu-1}, t_\nu[$ stetig ist, dann gibt es Zahlen $\tau_\nu \in \,]t_{\nu-1}, t_\nu[$ mit

$$\ell(\gamma) = \sum_{\nu=1}^k \int_{t_{\nu-1}}^{t_\nu} \|\dot\gamma(t)\| \, dt = \sum_{\nu=1}^k \|\dot\gamma(\tau_\nu)\| \cdot (t_\nu - t_{\nu-1}).$$

Andererseits ist

$$\|\dot\gamma(t_\nu)\| = \lim_{t_{\nu-1} \to t_\nu} \frac{\|\gamma(t_\nu) - \gamma(t_{\nu-1})\|}{t_\nu - t_{\nu-1}}.$$

Für $|Z| \to 0$ (soll heißen, dass die maximale Länge der Zerlegungsintervalle gegen 0 geht) gilt $t_\nu \to \tau_\nu$ für alle ν, und damit kann man schon erkennen, dass am Ende $\lim\limits_{|Z|\to 0} \ell(P_\gamma(Z)) = \ell(\gamma)$ herauskommen sollte.

Für einen sauberen Beweis sind noch etwas sorgfältigere Untersuchungen des Konvergenzverhaltens notwendig, insbesondere muss die Unabhängigkeit des Grenzwerts von der Wahl der Folge der Zerlegungen gezeigt werden. Mit den bewährten Standardmethoden der Infinitesimalrechnung (Mittelwertsätze etc.) sollte das aber kein Problem mehr sein.
◆

Frage 635

Wie lautet die Formel für die Kurvenlänge speziell für die durch eine $\mathcal{C}^1$-Funktion $f : [a, b] \to \mathbb{R}$ beschriebene Kurve γ_f?

▶ **Antwort** Wegen $\|\dot{\gamma}_f(t)\|_2 = \sqrt{1 + f'^2(t)}$ gilt in diesem Fall

$$\ell(\gamma_f) = \int\limits_a^b \sqrt{1 + f'^2(t)}\, dt.$$

◆

Frage 636

Was versteht man bei einer regulären Kurve $\gamma : I \to \mathbb{R}^n$ unter der **Umparametrisierung auf Bogenlänge**?

▶ **Antwort** Ist $\gamma : [a, b] \to \mathbb{R}^n$ eine reguläre Kurve, so ist durch

$$s(t) := \int\limits_a^t \gamma(\tau)\, d\tau, \qquad t \in I \tag{$*$}$$

eine Parametertransformation $[a, b] \to [0, c]$ mit $c = \|\dot{\gamma}(b)\|$ definiert, die wegen $s'(t) = \|\dot{\gamma}(t)\| \geq 0$ orientierungstreu ist.

Für die Umparametrisierung $\alpha := \gamma \circ s^{-1}$ von γ gilt also nach der Antwort zu Frage 633:

$$\dot{\alpha}(s) = \frac{\dot{\gamma}(t)}{\|\dot{\gamma}(t)\|}, \qquad \text{mit } s := s(t).$$

Durch die Parametertransformation $(*)$ erhält man eine Umparametrisierung von γ, die die konstante Geschwindigkeit 1 hat: $\|\dot{\alpha}(t)\| \equiv 1$.

Die Kurve α nennt man *Umparametrisierung von γ auf Bogenlänge*.
◆

Frage 637

Welche Länge hat der **Standardzykloidenbogen**

$$\varrho\colon t \mapsto (t - \sin t, 1 - \cos t), \qquad t \in [0, 2\pi]\ ?$$

▶ **Antwort** Nach der Antwort zu Frage 634 gilt für die Bogenlänge

$$\ell(\varrho) = \int\limits_0^{2\pi} \|\dot{\varrho}(t)\|\ \mathrm{d}t = \int\limits_0^{2\pi} \sqrt{(1 - \cos t)^2 + \sin^2 t}\ \mathrm{d}t = \int\limits_0^{2\pi} \sqrt{2 - 2\cos t}\ \mathrm{d}t. \qquad (*)$$

Der Integrand lässt sich mit den Additionstheoremen umformen:

$$\cos t = \cos\left(\frac{t}{2} + \frac{t}{2}\right) = \cos^2\left(\frac{t}{2}\right) - \sin^2\left(\frac{t}{2}\right) = 1 - 2\sin^2\left(\frac{t}{2}\right).$$

Eingesetzt in $(*)$ liefert das

$$\ell(\varrho) = 2\int\limits_0^{2\pi} \sin\left(\frac{t}{2}\right)\ \mathrm{d}t = 4\int\limits_0^{\pi} \sin u\ \mathrm{d}u = 8. \qquad \blacklozenge$$

Frage 638

Wie ist die **Krümmung** einer 2-mal stetig differenzierbaren ebenen Kurve definiert?

▶ **Antwort** Insofern die Krümmung ein Maß der *Abweichung* vom geradlinigen Verlauf einer Kurve ist, hängt sie mit der Änderung des Tangentialvektors T im Punkt s zusammen, also mit der „Größe" der Ableitung T' (die im Unterschied zur Norm auch negativ sein darf).

Um hier eine Normierung zu bekommen, betrachten wir zunächst $\mathcal{C}^2$-Kurven γ mit der konstanten Geschwindigkeit 1. Wegen $\|T\| \equiv 1$ gilt dann

$$0 = \left(\|T(s)\|^2\right)' = \frac{\mathrm{d}}{\mathrm{d}s}\left(T_1^2(s) + T_2^2(s)\right) = 2\left(T_1(s)T_1'(s) + T_2(s)T_2'(s)\right) = 2\langle T(s), T'(s)\rangle.$$

Somit stehen T und T' aufeinander senkrecht. Bezeichnet $N(s)$ den Einheitsnormalenvektor an γ im Punkt s, der so orientiert ist, dass $N(s)$ mit dem im positiven Sinn um den Winkel $\frac{\pi}{2}$ gedrehten Einheitstangentialvektor übereinstimmt (d. h. $N = (-T_1', T_2')^T$), dann ist $T'(s)$ damit ein skalares Vielfaches von $N(s)$, es ist also

$$T'(s) = \kappa(s)N(s)$$

mit einer Zahl $\kappa(s) \in \mathbb{R}$. Für diese gilt

$$\boxed{\kappa(s) = \langle T'(s), N(s) \rangle}$$

Die Zahl $\kappa(s)$ ist ein Maß für die gesuchte Änderungsgröße des Tangentialvektors in s. Daher definiert man $\kappa(s)$ als die *Krümmung* von γ an der Stelle s.

Für jede reguläre Kurve ist somit via Umparametrisierung auf Bogenlänge die Krümmung definiert. Ist α eine Umparametrisierung von β auf Bogenlänge $s = s(t)$, so setzt man $\kappa_\beta(t) = \kappa_\alpha(s(t))$. ◆

Frage 639

Können Sie zeigen, dass an jeder Regularitätsstelle einer $\mathcal{C}^2$-Kurve $\gamma := (x, y)$ gilt:

$$\boxed{\kappa(t) = \frac{\dot{x}\ddot{y} - \dot{y}\ddot{x}}{\sqrt{\dot{x}^2 + \dot{y}^2}^3}(t).}$$

▶ **Antwort** Sei α eine Umparametrisierung von γ auf Bogenlänge $s = s(t)$. Dann ist $\frac{\dot{\gamma}(t)}{s'(t)} = \dot{\alpha}(s(t))$ mit $s'(t) = \|\dot{\gamma}(t)\|$. Ferner gilt

$$\ddot{\alpha}(s(t)) = \frac{\ddot{\gamma}(t)s'(t) - s''(t)\dot{\gamma}(t)}{s'(t)^2} = \ddot{\gamma}(t)\frac{1}{s'(t)^2} - \dot{\gamma}\frac{s''(t)}{s'(t)^2}.$$

Die Krümmung von γ in t lässt sich damit einfach berechnen:

$$k_\gamma(t) = \kappa_\alpha(s) = \langle T'(s), N(s) \rangle = \langle \ddot{\alpha}, (-\dot{\alpha}_2, \dot{\alpha}_1)^T \rangle$$

$$= \left\langle \ddot{\gamma}\frac{1}{s'^2} - \dot{\gamma}\frac{s''}{s'^2}, \begin{pmatrix} -\dot{y}/s' \\ \dot{x}/s' \end{pmatrix} \right\rangle = \frac{1}{s'^3}\left(-\ddot{x}\dot{y} + \ddot{y}\dot{x} - (-\dot{x}\dot{y} + \dot{y}\dot{x})\right)$$

$$= \frac{\dot{x}\ddot{y} - \dot{y}\ddot{x}}{\sqrt{\dot{x}^2 + \dot{y}^2}^3}.$$ ◆

Speziell für eine $\mathcal{C}^1$-Funktion $f : I \to \mathbb{R}$ erhält man als Krümmung die Formel

$$\kappa_(x) = \frac{f''(x)}{\sqrt{1 + f'^2(x)}^3}.$$ ◆

Frage 640

Welche Krümmung hat die positiv orientierte Kreislinie mit Radius r?

▶ **Antwort** Für die Parametrisierung $\gamma(t) := (r \cdot \cos t, r \cdot \sin t)$ mit $t \in [0, 2\pi]$ folgt für die Krümmung

$$\kappa_\gamma(t) = \frac{r^2 \cdot \sin^2 t - (-r^2 \cdot \cos^2 t)}{r^3} = \frac{1}{r}.$$

Bei negativer Orientierung bekommt man entsprechend die Krümmung $-1/r$.   ◆

Metrische Räume und ihre Topologie

Ein allgemeines begriffliches Konzept für die Behandlung der in der Analysis und ihren Anwendungen auftretenden Funktionen und Abbildungen stellen die *metrischen Räume* und ihre Spezialfälle, die *normierten Räume*, dar. Allgemeiner ist der Begriff des *topologischen Raumes*, den wir in diesem Kapitel aber nur streifen werden. Wir nehmen hier einen schon früher gesponnenen Faden etwas systematischer wieder auf.

9.1 Grundbegriffe

Frage 641

Was versteht man unter einer **Metrik** auf einer nichtleeren Menge X?

▶ **Antwort** Eine Metrik auf X ist eine Funktion $d : X \times X \to \mathbb{R}$ mit den Eigenschaften

(M1) $d(x, y) = 0 \Leftrightarrow x = y$ *(Definitheit)*,

(M2) $d(x, y) = d(y, x)$ *für alle* $x, y \in X$ *(Symmetrie)*,

(M3) $d(x, z) \leq d(x, y) + d(y, z)$ *für alle* $x, y, z \in X$ *(Dreiecksungleichung)*.

Die Zahl $d(x, y)$ heißt *Abstand* von x und y. Der Abstand ist immer größer-gleich 0. ◆

Frage 642

Was ist ein **metrischer Raum**?

▶ **Antwort** Ein *metrischer Raum* (X, d) ist eine nichtleere Menge X zusammen mit einer Abbildung $d : X \times X \to \mathbb{R}$, die die Eigenschaften (M1), (M2) und (M3) besitzt. ◆

© Springer-Verlag GmbH Deutschland 2018
R. Busam, T. Epp, *Prüfungstrainer Analysis*, https://doi.org/10.1007/978-3-662-55020-5_9

Frage 643

Was versteht man unter einer **Norm** auf einem $\mathbb{K}$-Vektorraum V ($\mathbb{K} = \mathbb{C}$ oder $\mathbb{K} = \mathbb{R}$)?

▶ **Antwort** Eine *Norm* ist eine Funktion $\| \ \| : V \to \mathbb{R}$ mit der Eigenschaft, dass für alle $x, y \in V$ und $\alpha \in \mathbb{K}$ gilt:

(N1) $\|x\| = 0 \Leftrightarrow x = 0$ *(Definitheit)*,

(N2) $\|\alpha x\| = |\alpha| \cdot \|x\|$ *(absolute Homogenität)*,

(N3) $\|x + y\| \leq \|x\| + \|y\|$ *(Dreiecksungleichung)*.   ◆

Frage 644

Wie erhält man aus einer Norm auf V eine Metrik auf V?

▶ **Antwort** Für $x, y \in V$ setze man $d(x, y) := \|x - y\|$. Dann erfüllt die Abbildung $d : V \times V \to \mathbb{R}$ alle Eigenschaften einer Metrik, wie man ohne Weiteres nachprüft. ◆

Frage 645

Kennen Sie ein Beispiel eines metrischen Raumes, dessen Metrik *nicht* von einer Norm induziert wird?

▶ **Antwort** Durch

$$d(x, y) := \begin{cases} 0, & \text{falls } x = y, \\ 1, & \text{falls } x \neq y. \end{cases}$$

ist auf jeder nichtleeren Menge X eine Metrik (die sogenannte *diskrete* oder *triviale Metrik*) gegeben. Diese kann nicht von einer Norm induziert sein, denn für $0 \neq \alpha \neq 1$ und $x \neq y$ erhielte man aus dieser Annahme den Widerspruch

$$1 = \|x - y\| = d(x, y) = d(\alpha x, \alpha y) = \alpha \cdot \|x - y\| = \alpha \neq 1.$$ ◆

Frage 646

Können Sie Beispiele für metrische bzw. normierte Räume nennen?

▶ **Antwort** Beispiele für normierte Räume sind:

(i) $\mathbb{K}$-Vektorräume ($\mathbb{K} = \mathbb{R}$ oder $\mathbb{K} = \mathbb{C}$), wenn man sie zum Beispiel mit einer der p-Normen aus Frage 647 versieht,

(ii) der Raum der stetigen (differenzierbaren, integrierbaren) Funktionen auf $[a, b]$ bezüglich der Supremumsnorm,

(iii) jeder Unterraum eines normierten Raums,

(iv) Der Raum der *quadratintegrierbaren* Funktionen auf einer beliebigen Menge U, d. i. die Menge aller auf U lokal integrierbaren Funktionen mit $\int_U |f(x)|^2 \, dx < \infty$. Die Norm von f ist dann gerade der Wert dieses Integrals,

(v) Banach- und Hilberträume.

Alle diese Räume sind zusammen mit der durch die Norm induzierten Metrik automatisch auch metrische Räume. Beispiele metrischer Räume, deren Metrik nicht von einer Norm induziert ist, sind nach Frage 645 beliebige mit der diskreten Metrik versehenen nichtleere Mengen X. ◆

Frage 647

Wie sind die sogenannten p-Normen auf $\mathbb{K}^n$ definiert?

▶ **Antwort** Für $p \geq 1$ ist die p-Norm eines Vektors $x \in \mathbb{K}^n$ definiert durch

$$\|x\|_p := \left(|x_1|^p + \cdots + |x_n|^p \right)^{1/p}.$$

Für $p = 2$ ist das gerade die *euklidische Norm*

$$\|x\|_2 = \sqrt{x_1^2 + \cdots + x_n^2}.$$

Weiter definiert man als *Maximumsnorm*

$$\|x\|_\infty := \max\{|x_1|, \ldots, |x_n|\}.$$

Abb. 9.1 Einheitskreis im $\mathbb{R}^2$ bezüglich unterschiedlicher p-Normen

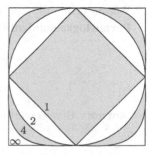

Die Abb. 9.1 zeigt den Einheitskreis im $\mathbb{R}^2$ bezüglich unterschiedlicher p-Normen. ◆

Frage 648

Können Sie für $x \in \mathbb{K}^n$ und $1 \leq p \leq q < \infty$ die Abschätzungen

$$\|x\|_\infty \leq \|x\|_p \leq \|x\|_q \leq \|x\|_1 \leq n\|x\|_\infty.$$

beweisen?

▶ **Antwort** Die Antwort zu dieser Frage wurde schon in Frage 113 gegeben. ◆

Frage 649

Was bedeutet die **Translationsinvarianz** einer von einer Norm abgeleiteten Metrik d auf V?

▶ **Antwort** Der Begriff besagt, dass für je zwei Vektoren $x, y \in V$ und einen beliebigen Vektor $v \in V$ gilt:

$$d(x + v, y + v) = d(x, y),$$

s. Abb. 9.2

Abb. 9.2 Der Abstand von x
und y ist translationsinvariant

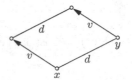

Diese Beziehung folgt für jede aus einer Norm abgeleiteten Metrik unmittelbar aus $d(x, y) = \|x - y\|$. ◆

Frage 650

Warum erfüllt die von einem Skalarprodukt induzierte Norm $\|v\| := \sqrt{\langle v, v \rangle}$ die **Parallelogrammidentität**

$$\|v + w\|^2 + \|v - w\|^2 = 2\left(\|v\|^2 + \|w\|^2\right)?$$

▶ **Antwort** Beweis wörtlich wie in der Antwort zu Frage 114, also mit purem Nachrechnen. ◆

Frage 651

Gilt zu der Behauptung aus Frage 650 auch die Umkehrung?

▶ **Antwort** Die Umkehrung gilt ebenfalls. Um das entsprechende Skalarprodukt $\langle\,,\,\rangle$ zu finden, beachte man, dass dieses die Gleichung (im Fall $\mathbb{K} = \mathbb{R}$)

$$\|v + w\|^2 = \|v\|^2 + \|w\|^2 + 2\langle v, w \rangle$$

erfüllen muss. Daraus folgt mit der Parallelogrammidentität

$$\langle v, w \rangle = \frac{1}{4}\left(\|v + w\|^2 - \|v - w\|^2\right).$$

Damit hätte man einen Kandidaten gefunden, für den jetzt noch im Einzelnen nachgewiesen werden muss, dass er die Eigenschaften eines Skalarprodukts (Bilinearität, Symmetrie, positive Definitheit) besitzt. Die Symmetrie und positive Definitheit ergeben sich unmittelbar aus den Eigenschaften der Norm. Die Bilinearität weist man in mehreren Schritten nach. Durch eine direkte Rechnung zeigt man $\langle v + v', w \rangle = \langle v, w \rangle + \langle v', w \rangle$ und folgert daraus, dass $\langle \lambda v, w \rangle = \lambda \cdot \langle v, w \rangle$ zunächst für alle $\lambda \in \mathbb{N}$ gilt. Aus Linearitätsgründen folgt daraus, dass die Gleichung auch für alle $\lambda \in \mathbb{Q}$ gilt. In einem letzten Schritt folgert man daraus mit einem Stetigkeitsargument, dass die Gleichung auch noch für beliebige $\lambda \in \mathbb{R}$ gültig bleibt. ◆

Frage 652

Warum kann die Maximumsnorm $\|x\|_\infty$ auf $\mathbb{K}^n$ nicht von einem Skalarprodukt induziert sein?

▶ **Antwort** Für die Maximumsnorm gilt die Parallelogramm-Identität nicht. Für die Vektoren $v := (1, 0, 0, \ldots, 0)$ und $w := (0, 1, 0, \ldots, 0)$ aus $\mathbb{K}^n$ etwa erhält man

$$2 = \|v + w\|_\infty^2 + \|v - w\|_\infty^2 \neq 2\left(\|v\|_\infty^2 + \|w\|_\infty^2\right) = 4. \qquad ◆$$

Frage 653

Wie ist der Begriff der ε-Umgebung (offene Kugel) eines Punktes in einem metrischen Raum X erklärt?

▶ **Antwort** Unter der offenen ε-Umgebung $U_\varepsilon(a)$ eines Punktes $a \in X$ versteht man die Menge aller Punkte, die von a bezüglich der Metrik auf X einen kleineren Abstand als ε haben, also die Menge

$$U_\varepsilon(a) := \{x \in X \; ; \; d(x, a) < \varepsilon\}. \qquad ◆$$

Abb. 9.3 ε-Umgebung von a

Frage 654

Wie sind die Begriffe „**offene Menge**" und „**Umgebung**" in einem metrischen Raum X erklärt?

▶ **Antwort** Eine Menge $U \subset X$ heißt *Umgebung* von $a \in X$, wenn sie eine offene ε-Kugel um a enthält.

Eine Menge U heißt *offen*, wenn sie für jeden ihrer Punkte eine Umgebung ist, d.h. wenn zu jedem $a \in U$ eine ε-Kugel $U_\varepsilon(a)$ existiert, die vollständig in U enthalten ist, s. Abb. 9.4.

Abb. 9.4 Jede offene Umgebung U von a enthält eine ε-Kugel um a

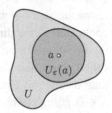

In metrischen Räumen wird „Offenheit" somit über den Begriff der ε-Umgebung definiert, der seinerseits über den Abstandsbegriff eingeführt wird.   ◆

Frage 655

Warum ist die offene Kugel (ε-Umgebung) $U_\varepsilon(a)$ eines Punktes $a \in X$ stets offen?

▶ **Antwort** Für einen Punkt $x \in U_\varepsilon(a)$ ist eine vollständige ε^*-Umgebung von x in $K_\varepsilon(a)$ enthalten, s. Abb. 9.5. Das ist eine Konsequenz aus der Dreiecksungleichung. Setzt man $\varepsilon^* := \varepsilon - d(x, a) > 0$, so gilt für jedes $y \in U_{\varepsilon^*}(x)$

$$d(a, y) \leq d(a, x) + d(x, y) < (\varepsilon - \varepsilon^*) + \varepsilon^* = \varepsilon,$$

also $y \in U_\varepsilon(a)$. Das zeigt $U_{\varepsilon^*}(a) \subset U_\varepsilon(a)$, nach Definition ist $U_\varepsilon(a)$ somit offen.   ◆

Abb. 9.5 Jeder Punkt x einer ε-Umgebung besitzt selbst eine ε^*-Umgebung, die in der ersten enthalten ist

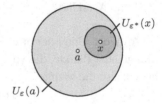

Frage 656

Wann heißt eine Teilmenge eines metrischen Raumes **abgeschlossen**?

▶ **Antwort** Eine Teilmenge A eines metrischen Raumes X heißt abgeschlossen, wenn das Komplement $A^C = X \setminus A$ offen ist. ◆

Frage 657

Sind $\emptyset$ und X offen oder abgeschlossen in X?

▶ **Antwort** Die leere Menge und X selbst sind beide gleichzeitig offen *und* abgeschlossen. Offen sind sie, weil sie die Definition der „Offenheit" aus Frage 654 erfüllen. Daraus folgt aber wegen $X^C = \emptyset$ und $\emptyset^C = X$ auch deren Abgeschlossenheit. ◆

Frage 658

Welche **Grundeigenschaften** hat das System $\mathcal{O}(d)$ der offenen Mengen in einem metrischen Raum?

▶ **Antwort** Es gilt:

(O1) Der Durchschnitt endlich vieler offener Mengen ist offen.

(O2) Die Vereinigung beliebig vieler offener Mengen ist offen.

Abb. 9.6 Jeder Punkt im Durchschnitt zweier offener Mengen besitzt eine offene ε-Umgebung, die im Durchschnitt enthalten ist

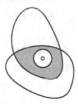

Die erste Eigenschaft ergibt sich daraus, dass der Durchschnitt je zweier offener Kugeln eines Punktes wieder eine offene Kugel enthält (nämlich zumindest die offene Kugel mit dem kleineren Radius, vgl. Abb. 9.6), bezüglich der zweiten ist nur zu sagen, dass wenn eine Teilmenge eine offene Kugel enthält, diese Kugel erst recht in jeder Obermenge enthalten ist. ◆

Frage 659

Warum ist der Durchschnitt beliebig vieler offener Mengen eines metrischen Raumes im Allgemeinen nicht mehr offen?

▶ **Antwort** Als Beispiel betrachte man zu einem Punkt $a \in \mathbb{R}^n$ die Menge aller offenen Kugeln $U_{1/k}(a)$ mit $k \in \mathbb{N}$. Dann ist $\bigcap_{k \in \mathbb{N}} U_{1/k}(a) = \{a\}$ nicht mehr offen in $\mathbb{R}^n$.   ◆

Frage 660

Ist (X, d) ein metrischer Raum, was versteht man unter der von d **induzierten Metrik** auf einer Teilmenge $M \subset X$?

▶ **Antwort** Die induzierte Metrik ist die Einschränkung der Abbildung d auf M, also die Abbildung $d|_M : M \times M \to \mathbb{R}$. Auf diese Weise wird $(M, d|_M)$ selbst zu einem metrischen Raum.   ◆

Frage 661

Was versteht man unter einem **topologischen Raum**?

▶ **Antwort** Ein *topologischer Raum* ist ein Paar $(X, \mathcal{O})$, bestehend aus einer Menge X und einer Menge $\mathcal{O}$ von Teilmengen (*offene* Mengen genannt) von X, derart, dass gilt:

(T1) Beliebige Vereinigungen von offenen Mengen sind offen.
(T2) Der Durchschnitt von je zwei offenen Mengen ist offen.
(T3) Die leere Menge und X sind offen.   ◆

Frage 662

Wie ist der **Umgebungsbegriff** in einem allgemeinen topologischen Raum X definiert?

▶ **Antwort** Eine Menge $U \subset X$ heißt *Umgebung* eines Punktes $a \in X$, wenn eine offene Menge V mit $a \in V$ und $V \subset U$ existiert.   ◆

Frage 663

Wie lassen sich die offenen Mengen in einem topologischen Raum mit dem Umgebungsbegriff charakterisieren?

▶ **Antwort** Eine Teilmenge $M \subset X$ ist genau dann offen in X, wenn M eine Umgebung für jeden ihrer Punkte ist.

Enthält nämlich M zu jedem Punkt $a \in M$ eine offene Umgebung $U(a)$ von a, dann ist M gerade die Vereinigung aller $U(a)$ und daher nach 661 (T2) offen. Ist M andersherum offen, so ist M selbst bereits eine *offene* Umgebung für jeden ihrer Punkte und damit erst recht eine Umgebung.   ◆

Frage 664

Warum ist jeder metrische Raum ein topologischer Raum?

▶ **Antwort** Die durch die Metrik induzierte Menge an offenen Teilmengen eines metrischen Raumes erfüllt nach Frage 658 die drei Eigenschaften (T1), (T2) und (T3) eines topologischen Raumes. ◆

Frage 665

Wann heißen zwei Metriken auf einem Raum X **äquivalent**?

▶ **Antwort** Zwei Metriken d und d^* auf X heißen *äquivalent*, wenn sie dieselbe Topologie auf X induzieren, wenn also die Systeme offener Mengen $\mathcal{O}(d)$ und $\mathcal{O}(d^*)$ gleich sind. ◆

Frage 666

Was versteht man unter der **diskreten Topologie** auf einer Menge X?

▶ **Antwort** Die *diskrete Topologie* erhält man, wenn man *alle* Teilmengen von X als offen kennzeichnet. In dem Fall ist $\mathcal{O} = \mathfrak{P}(X)$. ◆

Frage 667

Was versteht man unter der **chaotischen Topologie** bzw. **Klumpentopologie** auf X?

▶ **Antwort** Die *Klumpentopologie* ist diejenige Topologie auf X, in der nur die Mengen X und $\emptyset$ offen sind, also $\mathcal{O} = \{X, \emptyset\}$. ◆

Frage 668

Induziert die *diskrete Metrik* die *diskrete Topologie d* auf X?

▶ **Antwort** Hinsichtlich der diskreten Metrik enthält jede ε-Kugel $U_\varepsilon(a)$ für $\varepsilon < 1$ nur den Punkt a selbst, es gilt also $U_\varepsilon(a) = \{a\}$. Für eine beliebige Teilmenge M von X folgt aus $a \in M$ damit sogleich $U_\varepsilon(a) \subset M$, d. h. M ist offen. Somit ist *jede* Teilmenge des metrischen Raums (X, d) offen. Die diskrete Metrik induziert also in der Tat die diskrete Topologie auf X. ◆

Frage 669

Wann heißt ein topologischer Raum **metrisierbar**?

▶ **Antwort** Ein topologischer Raum $(X, \mathcal{O})$ ist dann metrisierbar, wenn eine Metrik d auf X existiert, die als offene Mengen gerade diejenigen der Topologie $\mathcal{O}$ bestimmt, mit der also $\mathcal{O}(d) = \mathcal{O}$ gilt. ◆

Frage 670

Ist $(X, \mathfrak{Q})$ mit $\mathfrak{Q} := \{\emptyset, \mathrm{Pot}(X)\}$ ($\mathfrak{Q}$ ist die **chaotische Topologie**) metrisierbar?

▶ **Antwort** Ist ein topologischer Raum X metrisierbar, so existieren zu je zwei verschiedenen Punkten $a, b \in X$ disjunkte offene ε-Umgebungen (Hausdorff'sche Trennungseigenschaft). Das folgt mit $\varepsilon := d(a, b)/2$ aus der Dreiecksungleichung.

Man kann also festhalten, dass ein metrisierbarer topologischer Raum mit mehr als einem Punkt stets mindestens zwei nichtleere offene Mengen besitzt, und hieraus folgt schon, dass $(X, \mathfrak{Q})$ (falls X mehr als einen Punkt hat) nicht metrisierbar sein kann, da die Topologie $\mathfrak{Q}$ nur eine einzige nichtleere Menge enthält. ◆

Frage 671

Wie sind in einem beliebigen topologischen Raum X für eine Teilmenge $M \subset X$ und einen Punkt $a \in X$ die folgenden Begriffe erklärt:

(i) a ist ein **Häufungspunkt** von M,   (ii) a ist ein **Berührpunkt** von M,

(iii) a ist ein **isolierter Punkt** von M,   (iv) a ist ein **äußerer Punkt** von M,

(v) a ist ein **innerer Punkt** von M,   (vi) a ist ein **Randpunkt** von M?

▶ **Antwort** Die Bezeichnungen treffen genau dann zu, wenn

(i)   jede Umgebung von a einen von a verschiedenen weiteren Punkt aus M enthält,

(ii)   jede Umgebung von a mit M einen nichtleeren Durchschnitt hat,

(iii)   eine offene Menge $V \subset X$ existiert, für die $M \cap V = \{a\}$ gilt,

(iv) $X \setminus M$ eine Umgebung von a ist (äquivalent: wenn eine Umgebung von a existiert, in der keine Punkte aus M liegen),

(v) M eine Umgebung von a ist,

(vi)   weder M noch $X \setminus M$ eine Umgebung von a ist (äquivalent: wenn in jeder Umgebung von a sowohl Punkte aus M als auch Punkte aus $X \setminus M$ liegen). ◆

Frage 672

Warum liegen **innere Punkte** und **isolierte Punkte** von M stets in M?

▶ **Antwort** Nach Definition gibt es für einen inneren Punkt a eine Umgebung U mit $U \subset M$, und freilich gilt $a \in U$ und somit $a \in M$. Ist a ein isolierter Punkt von M, so gibt es eine offene Menge $V \subset X$ mit $\{a\} = V \cap M$. Daraus folgt $a \in M$. ◆

Frage 673

Warum ist ein Häufungspunkt von M stets auch ein Berührpunkt von M? Gilt hiervon auch die Umkehrung?

▶ **Antwort** Ist U eine Umgebung von a und a ein Häufungspunkt von M, so enthält U einen Punkt aus M. Damit gilt $U \cap M \neq \emptyset$, und a ist ein Berührpunkt von M.

Ein Berührungspunkt muss aber kein Häufungspunkt sein, da die Definition von „Berührpunkt" den Fall $U \cap M = \{a\}$ (also den Fall, dass a ein isolierter Punkt ist) miteinbezieht. In diesem Fall ist a aber kein Häufungspunkt. ◆

Frage 674

Wieso besteht jede offene Teilmenge von M nur aus inneren Punkten von M?

▶ **Antwort** Andernfalls läge ein Randpunkt $\overline{m} \in M$ in U. Aber dann enthält jede Umgebung von $\overline{m}$ definitionsgemäß einen Punkt, der nicht zu $U \subset M$ gehört, d. h., U kann nicht offen in M sein. ◆

Frage 675

Warum ist die Menge M° der inneren Punkte von M stets offen und warum gilt

$$M \text{ offen in } X \quad \Longleftrightarrow \quad M = M^\circ \ ?$$

▶ **Antwort** Ist M offen in X, dann gilt nach der vorigen Frage gilt $M \subset M^\circ$. Da andererseits nach Frage 672 stets $M^\circ \subset M$ ist, folgt daraus die Implikation „$\Longrightarrow$".

Da jede offene Teilmenge von M nur innere Punkte enthält, gilt

$$\bigcup_{\substack{U \subset M \\ U \text{ offen in } X}} U \subset M^\circ.$$

Andererseits liegt jeder innere Punkt aus M in einer offenen Teilmenge von M, woraus sich

$$M^\circ \subset \bigcup_{\substack{U \subset M \\ U \text{ offen in } X}} U$$

ergibt. Daraus folgt, dass M° gerade die Vereinigung aller in X offenen Teilmengen von M ist. Nach Frage 661 (T2) ist dann M° offen in X. Das zeigt die Behauptung und die Richtung „$\Longleftarrow$“.   ◆

Frage 676

Ist $\overline{M}$ die Menge aller Berührpunkte von M, dann ist $\overline{M}$ stets abgeschlossen und es gilt:

$$M \text{ abgeschlossen in } X \quad \Longleftrightarrow \quad M = \overline{M}.$$

▶ **Antwort** Für den Beweis der ersten Behauptung und der Richtung „$\Longleftarrow$“ müssen wir zeigen, dass $X \setminus \overline{M}$ offen ist. Angenommen, das ist nicht der Fall. Dann existiert ein $x \in X \setminus \overline{M}$ derart, dass *jede* offene Umgebung U von x einen Punkt $\overline{m} \in \overline{M}$ enthält. Da U offen ist, gibt es dann aber auch eine Umgebung V von $\overline{m}$ mit $V \subset U$. Nun ist $\overline{m}$ ein Berührpunkt von M, folglich liegt ein $a \in M$ in V. Jede Umgebung von x enthält also einen Punkt aus M. Daraus folgt $x \in \overline{M}$, im Widerspruch zur Annahme.

Um „$\Longrightarrow$“ zu zeigen, sei M jetzt abgeschlossen, d. h., $X \setminus M$ ist offen in X. Sei a ein beliebiger Punkt aus $\overline{M}$. Da a Berührpunkt von M ist, liegt in jeder Umgebung von a ein Punkt aus M. Das bedeutet aber, dass a nicht in $X \setminus M$ liegen kann, weil $X \setminus M$ andernfalls nicht offen wäre. Folglich gilt $a \in M$ und insgesamt $M = \overline{M}$.   ◆

Frage 677

Ist M' die Menge aller Häufungspunkte von M, warum gilt dann $\overline{M} = M \cup M'$, und warum ist M genau dann abgeschlossen in X, wenn $M \supset M'$ gilt?

▶ **Antwort** $\overline{M}$ besteht aus der Menge aller Häufungspunkte M' zusammen mit den isolierten Punkten von M. Da Letztere in M liegen, folgt $\overline{M} = M \cup M'$.

Gilt $M \supset M'$, so folgt daraus $M = \overline{M}$ und schließlich mit der Äquivalenz aus Frage 676 die Abgeschlossenheit von M.   ◆

Frage 678

Durch Anwendung der De Morgan'schen Regeln für die Komplementbildung erhält man aus den Grundeigenschaften der offenen Mengen auch Grundeigenschaften abgeschlossener Mengen. Welche sind das?

▶ **Antwort** Durch Anwendung der Regel $(A \cup B)^C = A^C \cap B^C$ erhält man aus den Grundeigenschaften (T1) bis (T3) für offene Mengen als korrespondierende Eigenschaften abgeschlossener Mengen:

(TA1) Beliebige Durchschnitte abgeschlossener Mengen sind abgeschlossen.

(TA2) Die Vereinigung von je zwei abgeschlossenen Mengen ist abgeschlossen.

(TA3) Die leere Menge und X sind abgeschlossen.

Diese drei „Axiome" liefern eine alternative Definition des Begriffs „topologischer Raum". ◆

Frage 679

Warum ist eine *beliebige Vereinigung* abgeschlossener Mengen im Allgemeinen nicht abgeschlossen?

▶ **Antwort** Ein Gegenbeispiel liefert etwa die Vereinigung aller abgeschlossenen Mengen $\mathbb{R} \supset A_n := [-1 + 1/n, 1 - 1/n]$ mit $n \in \mathbb{N}$. Die Menge $\bigcup_{n \in \mathbb{N}} A_n = \;]-1, 1[$ ist nicht abgeschlossen in $\mathbb{R}$. ◆

Frage 680

Was versteht man unter eine **folgenabgeschlossenen Teilmenge** eines metrischen Raumes?

▶ **Antwort** Eine Teilmenge $M \subset X$ heißt *folgenabgeschlossen*, wenn der Grenzwert $a \in X$ jeder konvergenten Folge $(a_n) \subset M$ in M liegt.

So ist beispielsweise die Menge $\mathbb{Q}$ als Teilmenge von $\mathbb{R}$ *nicht* folgenabgeschlossen, $\mathbb{Z} \subset \mathbb{R}$ aber schon, da die einzig konvergenten Folgen in $\mathbb{Z}$ diejenigen sind, die ab einem bestimmten Glied konstant sind. ◆

Frage 681

Warum ist eine Teilmenge M eines metrischen Raumes X genau dann abgeschlossen, wenn sie folgenabgeschlossen ist?

▶ **Antwort** Sei (a_n) eine Folge in M mit dem Grenzwert a und sei M abgeschlossen. Wenn a nicht in M liegt, dann gibt es – da $X \setminus M$ offen ist – eine offene ε-Umgebung von a, die vollständig in $X \setminus M$ liegt. Dann gilt $d(a_n, a) > \varepsilon$ für alle $n \in \mathbb{N}$ und (a_n) kann somit nicht konvergieren.

Sei jetzt M folgenabgeschlossen und sei $h \in X$ ein beliebiger Häufungspunkt von M. Nach Frage 677 ist für die Abgeschlossenheit von M nur $h \in M$ zu zeigen. Da h ein Häufungspunkt ist, enthält die Umgebung $K_{\frac{1}{n}}(h)$ für jedes $n \in \mathbb{N}$ einen Punkt $b_n \in M$. Die Folge (b_n) konvergiert gegen h, und da M nach Voraussetzung folgenabgeschlossen ist, folgt $h \in M$. Das zeigt die Behauptung. ◆

Frage 682

Ist ∂M die Menge aller Randpunkte von M, dann ist ∂M stets abgeschlossen. Können Sie das begründen?

▶ **Antwort** Für jeden Punkt $a \in X \setminus \partial M$ ist nach Definition entweder M oder $X \setminus M$ eine Umgebung. $X \setminus \partial M$ ist also offen, ∂M folglich abgeschlossen.   ◆

Frage 683

Kennen Sie ein Beispiel eines metrischen Raumes M, für den $M \subset \partial M$ gilt, der also in seinem Rand enthalten ist?

▶ **Antwort** Die Menge $\mathbb{Q} \subset \mathbb{R}$ mit der durch den Absolutbetrag induzierten Metrik $d(x, y) = |x - y|$ ist z. B. ein metrischer Raum mit dieser Eigenschaft. Da sowohl die rationalen als auch die irrationalen Zahlen dicht in $\mathbb{R}$ liegen, besitzt jede reelle Zahl die Eigenschaft, ein Randpunkt von $\mathbb{Q}$ zu sein. Es ist also in der Tat $\mathbb{Q} \subset \partial \mathbb{Q} = \mathbb{R}$ ◆

9.2 Konvergenz, Cauchy-Folgen, Vollständigkeit

Die Begriffe „Cauchy-Folgen",„Konvergenz" und „Vollständigkeit" werden in allgemeinen metrischen Räumen in völliger Analogie zu $\mathbb{R}$ oder $\mathbb{C}$ erklärt.

Frage 684

Wann heißt eine Folge (x_k) von Elementen eines metrischen Raumes **konvergent**?

▶ **Antwort** Eine Folge (x_k) in einem metrischen Raum (X, d) heißt *konvergent*, wenn ein $a \in X$ mit der folgenden Eigenschaft existiert: Zu jedem $\varepsilon > 0$ gibt es ein $N \in \mathbb{N}$, sodass $d(a, x_k) < \varepsilon$ für alle $k > N$ gilt. In diesem Fall heißt a dann der *Grenzwert* Folge.

Äquivalent dazu ist die Formulierung, dass für jedes $\varepsilon > 0$ *fast alle* Folgenglieder in $U_\varepsilon(a)$ liegen.   ◆

Frage 685

Warum ist im Falle der Konvergenz einer Folge der Grenzwert eindeutig bestimmt?

▶ **Antwort** Ein metrischer Raum besitzt die *Hausdorff'sche Trennungseigenschaft*. Damit folgt die Eindeutigkeit des Grenzwerts wie in Frage 138.   ◆

Frage 686

* Wie kann man die Konvergenz einer Folge in einem beliebigen *topologischen Raum* definieren?

▶ **Antwort** Eine Folge (x_k) in einem topologischen Raum konvergiert, wenn ein $x \in X$ existiert, sodass zu *jeder* Umgebung U von x ein $N \in \mathbb{N}$ derart existiert, dass für alle $k > N$ gilt: $x_k \in U$.   ◆

Frage 687

Ist X eine nichtleere Menge, die mit der „Klumpentopologie" aus Frage 666 versehen ist, warum konvergiert dann *jede* Folge aus X gegen *jedes* Element aus X?

▶ **Antwort** Bezüglich der Klumpentopologie besitzt jedes Element aus X nur eine einzige Umgebung, nämlich X. Ist $a \in X$ ein beliebiges Element und (a_k) eine beliebige Folge aus X, dann liegen also alle Folgenglieder a_k in jeder Umgebung von X. Die Folge konvergiert also im Sinne der Definition gegen x.   ◆

Frage 688

Ist d die *diskrete Metrik* auf einer Menge X (vgl. Frage 645). Wie kann man die konvergenten Folgen aus X charakterisieren?

▶ **Antwort** Wegen $d(x, y) = 1$ für alle $x \neq y$ sind die konvergenten Folgen genau die ab einem bestimmten Index konstanten.

Alternativ kann man mit dem Ergebnis aus Frage 668 auch rein topologisch argumentieren: Die diskrete Metrik induziert die triviale Topologie auf X, und bezüglich dieser sind alle Teilmengen offen. Insbesondere hat dann jedes Element a die Menge $\{a\}$ als ihre Umgebung, und diese kann nur dann fast alle Glieder einer Folge (a_k) enthalten, wenn ab einem bestimmten Index $a_k = a$ gilt.   ◆

Frage 689

Versieht man den $\mathbb{R}^n$ mit einer der p-Normen (vgl. Frage 647), dann ist eine Folge $(a_k)_{k \in \mathbb{N}}$ mit $a_k := (\alpha_{1,k}, \ldots \alpha_{n,k})$ genau dann konvergent gegen $a := (\alpha_1, \ldots, \alpha_n)$, wenn jede Komponentenfolge $(\alpha_{v,k})_{k \in \mathbb{N}}$, $v = 1, \ldots, n$, gegen α_v konvergiert. Können Sie das begründen?

▶ **Antwort** Aus

$$\|a_k - a\|_p = \left(|\alpha_{1,k} - \alpha_1|^p + \cdots + |\alpha_{n,k} - \alpha_n|^p \right)^{1/p} < \varepsilon \qquad \text{für alle } k > N \qquad (*)$$

folgt $|\alpha_{v,k} - \alpha_v|^p \leq \varepsilon^p$ und damit $|\alpha_{v,k} - \alpha_v| < \varepsilon$ für alle $k > N$ und $v = 1, \ldots, n$. Die Komponentenfolgen sind also konvergent.

Gilt umgekehrt $|\alpha_{v,k} - \alpha_v| < \varepsilon$ für alle $v = 1, \ldots, n$ und alle $k > N$, dann folgt $\|a_k - a\|_p \leq \sqrt[p]{n}\varepsilon$ für alle $k > N$. Das zeigt die Behauptung auch in der anderen Richtung.   ◆

Frage 690

Ist X ein metrischer Raum und $A \subset X$ eine Teilmenge. Können Sie begründen, warum A genau dann abgeschlossen in X ist, wenn A **folgenabgeschlossen** ist in dem Sinne, dass für jede Folge $(a_k) \subset A$, die gegen einen Punkt $x \in X$ konvergiert, bereits $x \in A$ gilt? Kurz gesagt, können Sie zeigen, dass eine Teilmenge A eines metrischen Raumes genau dann abgeschlossen ist, wenn sie folgenabgeschlossen ist?

▶ **Antwort** Man betrachte einen beliebigen Punkt $x \in X \setminus A$. Ist A folgenabgeschlossen, dann kann nicht jede Umgebung von x Punkte aus A enthalten. Daraus folgt die Offenheit von $X \setminus A$. Aus dieser folgt umgekehrt, dass jeder Punkt aus $X \setminus A$ eine Umgebung besitzt, die keine Elemente aus A enthält und damit nicht Grenzwert einer Folge aus A sein kann. ◆

Frage 691

Wann heißt eine Folge (x_k) eines metrischen Raums (X, d) eine Cauchy-Folge?

▶ **Antwort** Eine Folge (x_k) ist eine *Cauchy-Folge* in (X, d) genau dann, wenn sie die Eigenschaft besitzt, dass für jedes $\varepsilon > 0$ ein $N \in \mathbb{N}$ existiert, sodass gilt:

$$d(x_m, x_n) < \varepsilon \quad \text{für alle } n, m > N.$$ ◆

Frage 692

Können Sie begründen, warum jede *konvergente* Folge in einem metrischen Raum eine Cauchy-Folge ist?

▶ **Antwort** Sei x der Grenzwert der Folge (x_k). Der Zusammenhang beruht auf der Dreiecksungleichung:

$$d(x_m, x_n) \leq d(x_m, x) + d(x_n, x).$$

Die beiden hinteren Summen sind beide kleiner als $\varepsilon/2$, wenn n und m beide größer als ein bestimmtes $N \in \mathbb{N}$ sind. ◆

Frage 693

Können Sie Beispiele für metrische Räume angeben, für welche die Umkehrung *nicht* gilt?

▶ **Antwort** Das erste Beispiel, das einem dafür in der Mathematik begegnet, ist die Menge $\mathbb{Q}$ der rationalen Zahlen. Bekanntlich (oder wie man in der Antwort zu Frage 191 nachlesen kann) besitzt etwa die konvergente Folge $(e_n) \subset \mathbb{Q}$ mit $e_n := (1 + 1/n)^n$ keinen Grenzwert in $\mathbb{Q}$.

Ein weiteres Beispiel ist der Raum der Treppenfunktionen auf einem Intervall $[a, b]$ bezüglich der Supremumsnorm. Der Grenzwert einer konvergenten Folge von Treppenfunktionen auf $[a, b]$ ist eine Regelfunktion, also im Allgemeinen keine Treppenfunktion mehr. ◆

Frage 694

Was ist ein **vollständiger metrischer Raum**?

▶ **Antwort** Ein metrischer Raum X ist vollständig genau dann, wenn er die Eigenschaft besitzt, dass *jede* Cauchy-Folge aus X einen Grenzwert in X besitzt.

Beispielsweise ist $\mathbb{Q}$ *nicht* vollständig, $\mathbb{R}$ aber schon. ◆

Frage 695

Warum ist ein folgenkompakter metrischer Raum X stets vollständig?

▶ **Antwort** Eine Cauchy-Folge (x_n) in X konvergiert genau dann gegen $x \in X$, falls eine Teilfolge (x_{n_k}) gegen x konvergiert.

Bemerkung: Da ein kompakter metrischer Raum X stets folgenkompakt ist, ist ein kompakter metrischer Raum X stets vollständig. ◆

Frage 696

Was ist ein **Banachraum**, was ein **Hilbertraum**? Können Sie jeweils zwei Beispiele nennen?

▶ **Antwort** Banach- und Hilberträume haben gemeinsam, beides $\mathbb{K}$-Vektorräume zu sein, die mit einer *Norm* versehen sind und die *vollständig* im Sinne von Frage 694 sind.

Hilberträume besitzen darüber hinaus die Eigenschaft, dass ihre Norm durch ein Skalarprodukt $\langle\,,\,\rangle$ gegeben ist, sie sind also *euklidische bzw. unitäre Vektorräume*.

Der Begriff des Banachraums ist damit allgemeiner. Jeder Hilbertraum ist auch Banachraum, aber nicht umgekehrt.

Das naheliegendste Beispiel für einen Hilbertraum ist der $\mathbb{R}^n$ bzw. der $\mathbb{C}^n$ mit dem jeweiligen Standardskalarprodukt. Speziellere Kandidaten sind etwa der Folgenraum ℓ^2, der in Frage 697 behandelt wird. Auch der Raum $C[a,b]$ der stetigen reellen Funktionen mit dem Skalarprodukt $\langle f, g\rangle := \int_a^b f(x)g(x)\,\mathrm{d}x$ und der daraus abgeleiteten Norm ist kein Hilbertraum! Versuchen Sie das zu beweisen. Ein äußerst wichtiges Beispiel ist ferner der Raum der Äquivalenzklassen 2π-periodischer, sogenannter messbarer Funktionen $f : [-\pi, \pi] \to \mathbb{C}$, die im Sinne von Lebesgue integrierbar sind und für die $\int_{-\pi}^{\pi} |f(x)|^2 \,\mathrm{d}x < \infty$ gilt. Das Skalarprodukt ist hier durch $\langle f, g\rangle = \frac{1}{2\pi} \int_{-\pi}^{\pi} f(x)\overline{g(x)}\,\mathrm{d}x$ definiert. $\|f\|_2 := \sqrt{\frac{1}{2\pi} \int_{-\pi}^{\pi} |f(x)|^2 \,\mathrm{d}x}$ ist hier eine Norm (nicht nur eine Halbnorm wie in Abschn. 8.6).

Hier werden zwei Funktionen identifiziert, wenn sie sich auf einer Nullmenge (s. Frage 917) unterscheiden. Diese Funktionen bilden einen Hilbertraum, der in der Literatur häufig mit $L^2(\mathbb{R}/2\pi\mathbb{Z})$ oder $L^2(\pi)$ oder ähnlich bezeichnet wird (s. hierzu auch Abschn. 11.8 für Verallgemeinerungen).

Dies alles sind auch Beispiele für Banachräume. Banachräume, die keine Hilberträume sind, sind z. B. der $\mathbb{R}^n$ versehen mit der Maximumsnorm $\| \ \|_\infty$ oder der Raum $\mathcal{C}([a, b])$ der stetigen Funktionen auf $[a, b]$ bezüglich der Supremumsnorm. Dass diese Räume keine Hilberträume sind, kann man mit dem Ergebnis von Frage 650 daran sehen, dass in ihnen die Parallelogrammidentität nicht gilt.   ◆

Frage 697

Warum ist der **Hilbert'sche Folgenraum** ℓ^2, das ist der Raum aller Folgen $a := (\alpha_\nu)$ komplexer Zahlen mit

$$\|a\|_2 := \left(\sum_{\nu=1}^{\infty} |\alpha_\nu|^2 \right)^{1/2} < \infty,$$

ein Vektorraum?

▶ **Antwort** Seien $a := (\alpha_\nu)$ und $b := (\beta_\nu)$ zwei Folgen aus ℓ^2. Es muss gezeigt werden, dass $\sum_{\nu=1}^{\infty} |\alpha_\nu + \beta_\nu|^2 < \infty$ gilt (die Abgeschlossenheit des Raumes bezüglich Skalarmultiplikation ist offensichtlich). Mit Binomischer Formel und Dreiecksungleichung erhält man für alle $n \in \mathbb{N}$ die Abschätzung

$$\sum_{\nu=1}^{n} |\alpha_\nu + \beta_\nu|^2 \leq \|a\|_2^2 + 2 \sum_{\nu=1}^{n} |\alpha_\nu \beta_\nu| + \|b\|_2^2.$$

Für die Abschätzung des mittleren Terms beachte man, dass nach der Cauchy-Schwarz'schen Ungleichung für alle $n \in \mathbb{N}$ gilt: $\sum_{\nu=1}^{n} |\alpha_\nu \beta_\nu| \leq \|a\|_2 \cdot \|b\|_2$. Damit ist $\sum_{\nu=1}^{\infty} |\alpha_\nu + \beta_\nu|^2 < \infty$, und folglich ist mit a und b auch die Folge $(a + b)$ ein Element aus dem Folgenraum ℓ^2, der damit tatsächlich ein $\mathbb{C}$-Vektorraum ist. Ein Skalarprodukt ist gegeben durch

$$\langle a, b \rangle := \sum_{\nu=1}^{\infty} \alpha_\nu \overline{\beta}_\nu$$ ◆

Frage 698

Können Sie zeigen, dass ℓ^2 vollständig ist?

▶ **Antwort** Sei $(a_k)_{k \in \mathbb{N}}$ mit $a_k := (\alpha_{k,\nu})_{\nu \in \mathbb{N}}$ eine Cauchy-Folge in ℓ^2 und N so gewählt, dass für $k, l > N$ die Abschätzung

$$\|a_k - a_l\|_2^2 = \sum_{\nu=1}^{\infty} |\alpha_{k,\nu} - \alpha_{l,\nu}|^2 < \varepsilon^2 \qquad (*)$$

zutrifft. Dann gilt $|\alpha_{k,\nu} - \alpha_{l,\nu}| < \varepsilon$ für alle $\nu \in \mathbb{N}$. Die Komponentenfolgen $(\alpha_{k,\nu})_{k \in \mathbb{N}}$ sind also Cauchy-Folgen, folglich konvergent gegen einen Grenzwert $\alpha_{.,\nu} \in \mathbb{C}$. Mit $a :=$ $(\alpha_{.,1}, \alpha_{.,2}, \ldots)$ folgt damit für $l \to \infty$ aus $(*)$ zunächst für endliche Summen

$$\sum_{\nu=1}^{K} |\alpha_{k,\nu} - \alpha_{.,\nu}|^2 \le \varepsilon^2 \qquad \text{für alle } k > N \text{ und alle } K \in \mathbb{N},$$

und daraus schließlich für $K \to \infty$

$$\|a_k - a\|_2^2 = \sum_{\nu=1}^{\infty} |\alpha_{k,\nu} - \alpha_{.,\nu}|^2 \le \varepsilon^2 \qquad \text{für alle } k > N. \qquad (**)$$

Demnach gehört die Folge $a_N - a$ zu ℓ^2 und damit wegen der Vektorraumeigenschaft von ℓ^2 auch a selbst. a ist aber nach $(**)$ der Grenzwert der Folge $(a_k)_{k \in \mathbb{N}}$. Damit ist die Vollständigkeit von ℓ^2 gezeigt. ◆

Frage 699

Wann nennt man zwei Normen auf einem $\mathbb{K}$-Vektorraum V **äquivalent**?

▶ **Antwort** Zwei Normen $\| \; \|$ und $\| \; \|^*$ heißen *äquivalent*, wenn es positive reelle Zahlen c und C gibt, sodass für alle $v \in V$ gilt

$$c \cdot \|v\| \le \|v\|^* \le C \cdot \|v\|.$$

Das Ergebnis aus Frage 648 besagt zum Beispiel, dass alle p-Normen im $\mathbb{R}^n$ äquivalent sind. In Frage 757 wird das wichtige Ergebnis bewiesen, dass dies für *sämtliche* Normen auf einem *endlichdimensionalen* Vektorraum zutrifft. ◆

Frage 700

Warum ergeben äquivalente Normen auf einem $\mathbb{K}$-Vektorraum V denselben Konvergenzbegriff?

▶ **Antwort** Sei $(a_k) \subset V$ eine Folge und a deren Grenzwert. Gilt bezüglich einer Norm $\lim \|a - a_k\| = 0$, so gilt wegen $\|a - a_k\|^* < C\|a - a_k\|$ auch $\lim \|a - a_k\|^* = 0$ bezüglich einer äquivalenten Norm $\| \; \|^*$. ◆

Frage 701

Warum ist $\mathbb{K}^n$ für $\mathbb{K} = \mathbb{C}$ oder $\mathbb{K} = \mathbb{R}$ ein Banachraum?

▶ **Antwort** Die Räume $\mathbb{R}^n$ bzw. $\mathbb{C}^n$ sind vollständig, weil $\mathbb{R}$ bzw. $\mathbb{C}$ vollständig sind und der Grenzwert einer Folge von Vektoren in $\mathbb{K}^n$ komponentenweise gebildet wird.   ◆

Frage 702

Sei $\mathcal{C}([a,b])$ der Vektorraum der stetigen Funktionen auf $[a,b]$ mit der Supremums-norm $\|\ \|_\infty$ und mit der 1-Norm $\|f\|_1 := \int_a^b |f(x)|\ dx$. Sind diese beiden Normen äquivalent?

▶ **Antwort** Die Normen sind nicht äquivalent. Angenommen, es würde $C \cdot \|f\|_1 \geq \|f\|_\infty$ für ein $C \in \mathbb{R}_+$ gelten. Man wähle ein $K > C$ und betrachte die stetige Funktion $g \colon [a,b] \to \mathbb{R}$ mit

$$g(x) := \begin{cases} K^2 \cdot (x - a), & \text{für } x \in [a, a + \frac{1}{K}] \\ 2K - K^2 \cdot (x - a), & \text{für } x \in (a + \frac{1}{K}, a + \frac{2}{K}] \\ 0, & \text{sonst,} \end{cases}$$

s. Abb. 9.7. Es gilt dann $C \cdot \|g\|_1 = C \cdot 1 < K = \|g\|_\infty$, im Widerspruch zur Annahme.   ◆

Abb. 9.7 Konstruktion der
Funktion g aus Frage 702

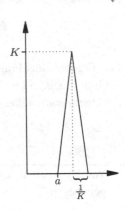

Frage 703

Was besagt das **allgemeine Schachtelungsprinzip** für vollständige metrische Räume?

▶ **Antwort** Für die Formulierung des Schachtelungsprinzips ist der Begriff des *Durch-messers*

$$\text{diam}(A) = \sup\{d(a,b)\ ;\ a,b \in A\}$$

einer *beschränkten* Teilmenge A eines metrischen Raumes X hilfreich. Dabei heißt eine eine Teilmenge A eines metrischen Raumes *beschränkt*, wenn eine Kugel $U_R \subset X$ mit $A \subset U_R$ existiert.

Das allgemeine Schachtelungsprinzip besagt:

Ist (A_k) eine Folge von abgeschlossenen, beschränkten Intervallen in einem vollständigen metrischen Raum X, für die $A_{k+1} \subset A_k$ für alle $k \in \mathbb{N}$ sowie diam $A_k \to 0$ *für $k \to \infty$ gilt, dann gibt es genau einen Punkt $a \in X$, der in allen A_k enthalten ist: $a \in \bigcap_{k \in \mathbb{N}} A_k$.*

Der Beweis ist nicht schwierig. Man wähle eine Folge (a_k) von Punkten $a_k \in A_k$. Da die Durchmesser der A_k gegen 0 konvergieren, gilt $d(a_n, a_m) < \varepsilon$, falls n und m hinreichend groß sind. Somit ist (a_k) eine Cauchy-Folge und besitzt wegen der Vollständigkeit von X einen Grenzwert $a \in X$.

Für ein beliebiges $N \in \mathbb{N}$ gilt $a_n \in A_N$ für alle $n \geq N$. Damit ist a ein Häufungspunkt von A_N, und wegen der Abgeschlossenheit von A_N folgt $a \in A_N$. Da das für eine beliebige Wahl von N gilt, ist der Grenzwert a also in allen Mengen A_k enthalten. Das beweist die Existenzbehauptung, die Eindeutigkeit folgt aus $\lim_{k \to \infty}$ diam $A_k = 0$. ◆

Frage 704

Sind (X, d_X) und (Y, d_Y) metrische Räume. Wie ist die **Produkt-Metrik** auf $X \times Y$ definiert?

▶ **Antwort** Seien (x_1, y_1) und (x_2, y_2) Elemente aus $X \times Y$. Die Produktmetrik d ist gegeben durch

$$d\big((x_1, y_1), (x_2, y_2)\big) := \max\{d_X(x_1, x_2), d_Y(y_1, y_2)\}.$$

Man prüft ohne Probleme nach, dass die so definierte Funktion alle drei Eigenschaften einer Metrik besitzt.

Die universelle Eigenschaft der Produktmetrik besteht darin, dass eine Abbildung $F : Z \to X \times Y$ von einem beliebigen metrischen Raum Z bezüglich der Produktmetrik genau dann stetig ist, wenn die Zusammensetzungen mit den Projektionen, also die beiden Abbildungen $\mathrm{pr}_1 \circ F$ und $\mathrm{pr}_2 \circ F$ stetig sind.

Die offene Kugel $U_\varepsilon\big((x.y)\big)$ um ein Element $(x, y) \in X \times Y$ ist bezüglich der Produktmetrik damit gerade das direkte Produkt der offenen Kugeln $U_\varepsilon(x) \subset X$ und $U_\varepsilon(y) \subset Y$, s. Abb. 9.8. ◆

Abb. 9.8 Offene Kugel $U_\varepsilon((x.y))$ in der Produktmetrik

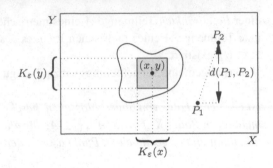

Frage 705

Was besagt der **Banach'sche Fixpunktsatz** für vollständige metrische Räume?

▶ **Antwort** Der Satz besagt:

Ist M eine nichtleere abgeschlossene Teilmenge eines vollständigen metrischen Raumes und $\varphi : M \to M$ eine kontrahierende Selbstabbildung, dann besitzt φ genau einen Fixpunkt, also genau einen Punkt $\xi \in M$ mit $\varphi(\xi) = \xi$. Für jeden Startwert $x_0 \in M$ konvergiert die durch

$$x_{n+1} = \varphi(x_n)$$

rekursiv definierte Folge (x_n) gegen ξ.

Der Beweis ist sehr einfach. Sei x_0 irgendein Punkt aus M. Mit der Kontraktionskonstanten $\lambda < 1$ erhält man wegen $d\big(\varphi(x), \varphi(y)\big) \leq \lambda d(x, y)$ für alle $x, y \in M$ induktiv

$$d(x_n, x_{n+1}) \leq \lambda^n d(x_0, x_1).$$

Es folgt mit $C := d(x_0, x_1)$

$$d\big(x_n, x_{n+k}\big) \leq C \cdot (\lambda^n + \lambda^{n+1} + \cdots + \lambda^{n+k-1}) \leq C \cdot \frac{\lambda^n}{1 - \lambda}.$$

Der Term auf der rechten konvergiert für $n \to \infty$ gegen Null, die Folge (x_n) ist also eine Cauchy-Folge. Da M als Teilraum eines vollständigen metrischen Raumes selbst vollständig ist (vgl. Frage 753), existiert dazu ein Grenzwert $\xi \in M$. Dieser ist ein Fixpunkt von φ. Das folgt aus der Stetigkeit von φ:

$$\varphi(\xi) = \lim_{n \to \infty} \varphi(x_n) = \lim_{n \to \infty} x_{n+1} = \xi.$$

Ferner ist ξ der einzige Fixpunkt. Denn für einen weiteren Fixpunkt η gälte

$$d(\xi, \eta) = d\big(\varphi(\xi), \varphi(\eta)\big) \leq \lambda d(\xi, \eta),$$

wegen $\lambda < 1$ also $d(\xi, \eta) = 0$.   ♦

Abb. 9.9 Die Folge
$\varphi(M), \varphi(\varphi(M)), \ldots$ konvergiert gegen einen Fixpunkt

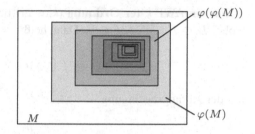

Frage 706

Kennen Sie eine Anwendung des Banach'schen Fixpunktsatzes?

▶ **Antwort** Der Banach'sche Fixpunktsatz wird beispielsweise an einer zentralen Stelle beim Beweis des *lokalen Umkehrsatzes* verwendet (s. Kap. 10.6, insbesondere Frage 833). Die gesuchte Umkehrfunktion wird dort als Lösung einer Fixpunktgleichung konstruiert.

Ein weitere interessante Anwendung findet sich beim Beweis der Existenz von Lösungen gewöhnlicher Differenzialgleichungen, speziell dem Beweis des Satzes von *Picard-Lindelöf*.

Wir holen hierfür etwas weiter aus und machen einen kurzen Exkurs in die Theorie der gewöhnlichen Differentialgleichungen (kurz DGL). Betrachten wir hierfür zunächst einmal die reelle Exponentialfunktion:

$$\exp : \mathbb{R} \to \mathbb{R}, \ \exp(x) = \sum_{k=0}^{\infty} \frac{x^k}{k!}$$

Die Exponentialfunktion ist bekanntlich differenzierbar und stimmt mit ihrer Ableitung überein. Das heißt $\exp'(x) = \exp(x) \ \forall x \in \mathbb{R}$. Ferner gilt: $\exp(0) = 1$. Jede weitere Funktion $f : \mathbb{R} \to \mathbb{R}$ mit $f' = f$ und $f(0) = 1$ stimmt mit der Exponentialfunktion überein.

Der Beweis hierfür ist offensichtlich und darf gerne kurz überdacht werden. Als Hinweis betrachte man den Quotienten $\frac{f}{\exp} := g$.

Wie wir an diesem Beispiel gesehen haben, haben sogenannte **Anfangswertprobleme** (kurz: AWP) **erster Ordnung** die Form:

$$y'(t) = f(t, y(t))$$

mit einer zusätzlichen **Anfangsbedingung** $y(t_0) = y_0$, wobei y_0 **Anfangswert** heißt. Man sucht hierbei nun eine Lösung $y \in C^1([c, d], \mathbb{R}^n)$:

$$y : [t_0, t_f] \to \mathbb{R}^n$$

die das AWP erfüllt.

Für ein AWP **k-ter Ordnung** ($k \in \mathbb{N}$) betrachten wir eine Funktion $f : D \to \mathbb{R}^n$, wobei $D \subset I \times \mathbb{R}^{n \times n}$, $I \subset \mathbb{R}$. Dann heißt

$$y^{(k)} = f\left(t, y(t), y'(t), \ldots, y^{(k-1)}(t)\right)$$

mit der Anfangsbedingung

$$y^{(i)}(t_0) = y_i$$

$i = 0, 1, \ldots, k - 1$ und $t_0 \in I$, ein AWP k-ter Ordnung.

Bemerkung: Jedes AWP k-ter Ordnung lässt sich in ein AWP erster Ordnung transformieren.

Sei $a : [c, d] \times \mathbb{R}^n \to \mathbb{R}^n$ eine stetige Funktion. Gesucht ist nun eine differenzierbare Funktion $f : [c, d] \to \mathbb{R}^n$ mit der Eigenschaft

$$f'(x) = a(x, f(x)), \ f(x_0) = y_0$$

für $x_0 \in [c, d]$, $y_0 \in \mathbb{R}^n$.

Fordern wir weiter die Lipschitz-Stetigkeit von $a(x, y)$ mit einer nicht von x abhängigen Lipschitz-Konstanten M. Dann existiert nach dem **Satz von Picard-Lindelöf** (benannt nach dem französischen Mathematiker C.E. Picard, 1856–1941 und dem finnischen Mathematiker E.L. Lindelöf, 1870–1946) auf $[c, d]$ eine eindeutig bestimmte Lösung $f(x) \in C^1([c, d], \mathbb{R}^n)$ der Differentialgleichung $f'(x) = a(x, f(x))$ zu jedem gegebenen Anfangswert $f(x_0) = y_0$.

Beweis (vgl. [36]): Nach dem Hauptsatz der Differential- und Integralrechnung (auch als Fundamentalsatz der Analysis bekannt) ist die DGL äquivalent zu einer Integralgleichung:

„⇐": $a(t, y)$, $f(t)$ stetig ⇒ $a(t, f(t))$ stetig. Daher ist $F(x) = \int_{x_0}^{x} a(t, f(t))$ komponentenweise definiert und alle Komponenten in x differenzierbare Funktionen. Es gilt $F'(x) = a(x, f(x))$. Aus $f(x) = y_0 + F(x)$ folgt daher $f'(x) = a(x, f(x))$. Wegen $F(x_0) = 0$ gilt für $x = x_0$: $f(x_0) = y_0$.

„⇒" f differenzierbar ⇒ f ist stetig. Also $f(x) - f(x_0) = \int_{x_0}^{x} f'(t)\mathrm{d}t = \int_{x_0}^{x} a(t, f(t))\mathrm{d}t$.

Nachdem wir nun die Äquivalenz gezeigt haben, lösen wir die Integralgleichung **lokal** auf Teilintervallen der Länge $< \frac{1}{m\sqrt{n}}$. Eine Verallgemeinerung auf den globalen Fall erreicht man durch eine Überdeckung des Intervalls $[c, d]$ durch überlappende Teilintervalle der Länge $< \frac{1}{m\sqrt{n}}$. Wählt man dann Hilfspunkte x_i aus den Überlappungen und wendet das vorausgesetzte lokale Resultat für alle x_i an, so hat man eine globale Lösung.

Abb. 9.10 Die x_i liegen hier innerhalb der überlappenden Intervalle ($< \frac{1}{m\sqrt{n}}$), wo das lokale Resultat sukzessive für alle x_i angewendet wird und so die Funktion „stückweise" fortgesetzt bzw. gelöst wird

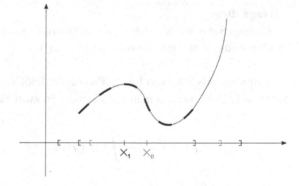

Es bleibt also „nur" die lokale Version zu zeigen:

Der Raum $X = C([c,d], \mathbb{R}^n)$ aller stetigen $\mathbb{R}^n$-wertigen Funktionen, versehen mit der Supremumsnorm, ist ein vollständiger metrischer Raum.

$F : X \to X$ mit $F(f)(x) = y_0 + \int_{x_0}^x a(t, f(t)) dt$ ist wohldefiniert, da $F(f)$ stetig ist. Wir schreiben also unser Problem um: Die Lösung unserer Integralgleichung ist äquivalent zur Fixpunktgleichung

$$F(f) = f, \ f \in X$$

Behauptung: Falls $|d - c| < \frac{1}{M\sqrt{n}}$, erfüllt F die Anforderungen für den Banach'schen Fixpunktsatz.

Wir zeigen die Behauptung:

$$d_x(F(f), F(g)) = d_x\left(y_0 + \int_{x_0}^x a(t, f(t)) dt, \ y_0 + \int_{x_0}^x a(t, g(t)) dt \right)$$

$$= \sup_{x \in [c,d]} \left\| \int_{x_0}^x (a(t, f(t)) - a(t, g(t))) \, dt \right\|_{\mathbb{R}^n}$$

Abschätzen liefert für $\lambda = |d - c| M \sqrt{n}$:

$$d_x(F(f), F(g)) \leq \sqrt{n} |d - c| \sup_{t \in [c,d]} \| a(t, f(t)) - a(t, g(t)) \|_{\mathbb{R}^n}$$

$$\leq \sqrt{n} |d - c| M \sup_{t \in [c,d]} \| f(t) - g(t) \|_{\mathbb{R}^n}$$

$$= \lambda d_x(f, g)$$

Wegen $|d - c| < \frac{1}{M\sqrt{n}} \Rightarrow \lambda < 1$.

Die Behauptung über die lokale Existenz und Eindeutigkeit ergibt sich also direkt aus dem Banach'schen Fixpunktsatz, dessen Anforderungen hiermit erfüllt sind. ◆

Frage 707

Können Sie mithilfe des Iterationsverfahrens von Picard-Lindelöf die Differenzialgleichung (das Anfangswertproblem) $x' = tx$ für $x(0) = 1$ lösen?

▶ **Antwort** Als Startwert für die Picard-Lindelöf'sche Iteration wählen wir die Funktion $x_0(t) \equiv 1$. Daraus erhält man nach den ersten zwei Schritten

$$x_1(t) := Tx_0(t) = 1 + \int_0^t u x_0(u) \, du = 1 + \frac{t^2}{2},$$

$$x_2(t) := Tx_1(t) = 1 + \int_0^t u x_1(u) \, du = x_1(t) + \int_0^t \frac{u^3}{2} \, du = 1 + \frac{t^2}{2} + \frac{t^4}{8},$$

und durch n-malige Wiederholung dieser Rechnung

$$x_n(t) := Tx_{n-1}(t) = x_{n-1}(t) + \int_0^t \frac{u^{2n-1}}{2 \cdot 4 \cdots (2n-2)} \, du = 1 + \sum_{k=1}^n \frac{t^{2k}}{2^k k!}.$$

Die Lösung des Anfangswertproblems lautet damit

$$x(t) = \lim_{n \to \infty} x_n(t) = \sum_{k=0}^\infty \frac{t^{2k}}{2^k k!}. \qquad \blacklozenge$$

Exkurs: Ein Ausblick in das p-adische Universum

Schränkt man den auf den reellen Zahlen durch

$$|x| := \max\{x, -x\} = \begin{cases} x, & \text{falls } x \geq 0, \\ -x, & \text{falls } x < 0, \end{cases}$$

definierten (Absolut-)Betrag auf die rationalen Zahlen $\mathbb{Q}$ ein, so erhält man eine Abbildung

$$\mathbb{Q} \to \mathbb{R}_+, \ x \mapsto |x|$$

mit folgenden Eigenschaften:

(B1) $|x| = 0 \Leftrightarrow x = 0$,

(B2) $|xy| = |x||y|$,

(B3) $|x + y| \leq |x| + |y|$

für alle $x, y \in \mathbb{Q}$.

Mit der Abstandsdefinition

$$d(x, y) = |x - y|, \ x, y \in \mathbb{Q}$$

wird $\mathbb{Q}$ zu einem metrischen Raum. Allerdings gibt es in $\mathbb{Q}$ Cauchy-Folgen, deren Grenzwerte nicht notwendig rationale Zahlen sind. So konvergieren z. B. die durch $a_n = (1 + \frac{1}{n})^n$, $n \in \mathbb{N}$, bzw. $E_n := \sum_{k=0}^{n} \frac{1}{k!}$ definierten rationalen Zahlenfolgen gegen die irrationale Euler'sche Zahl $e = 2{,}71828\ldots$.

Ferner konvergiert bekanntlich die durch $x_0 = 1$ und $x_{n+1} = \frac{1}{2}(x_n + \frac{2}{x_n})$ für $(n \geq 0)$ definierte rekursive Folge von rationalen Zahlen gegen die irrationale Zahl $\sqrt{2}$.

1883 hat *Georg Cantor* (1845–1918) die folgende Konstruktion der reellen Zahlen $\mathbb{R}$ aus den rationalen Zahlen $\mathbb{Q}$ angegeben:

Sei $C\mathcal{F}(\mathbb{Q})$ die Menge aller Cauchy-Folgen in $\mathbb{Q}$. Diese bilden bezüglich der Addition

$$(x_n) + (y_n) = (x_n + y_n)$$

und Multiplikation

$$(x_n) \cdot (y_n) = (x_n \cdot y_n)$$

einen Ring.

Die Nullfolgen $\mathcal{N}(\mathbb{Q})$ bilden ein Ideal in $C\mathcal{F}(\mathbb{Q})$ – sogar ein maximales Ideal $\mathfrak{m}$. Dabei heißt ein Ideal $\mathfrak{m}$ in einem Ring R **maximal**, wenn für ein Ideal $\mathfrak{a} \subset R$ mit $\mathfrak{m} \subset \mathfrak{a} \subset R$ gilt: $\mathfrak{a} = \mathfrak{m}$ oder $\mathfrak{a} = R$ (vgl. [7] bzw. [25]).

Der Restklassenring $C\mathcal{F}(\mathbb{Q})/\mathcal{N}(\mathbb{Q})$ ist daher ein Körper, nämlich der Körper der reellen Zahlen (vgl. [34], Kap 9.1).

Auf analoge Weise konstruiert man die p-adischen Zahlkörper $\mathbb{Q}_p$.

Sei zunächst p eine beliebige, aber fest gewählte Primzahl. Jedes $r \in \mathbb{Q} \setminus \{0\}$ lässt sich eindeutig in der Form

$$r = \frac{a}{b} p^m$$

mit $a, b, m \in \mathbb{Z}$, $b > 0$ und $\mathrm{ggt}(a, b) = \mathrm{ggt}(a, p) = \mathrm{ggt}(b, p) = 1$ darstellen. Dies ergibt sich aus dem Hauptsatz der elementaren Zahlentheorie. Für die ganze Zahl m schreibt man

$$m = v_p(r)$$

und nennt sie p-**Bewertung** von r. Man definiert

$$|r_p| := \begin{cases} p^{-v_p(r)}, & \text{falls } r \neq 0, \\ 0, & \text{falls } r = 0, \end{cases}$$

und nennt $|r_p|$ p-**adischen** Betrag oder p-Betrag von r.

Man beachte, dass $|r|_p \leq 1$ für alle $r \in \mathbb{Z}$ gilt. $|\cdot|_p$ nennt man deshalb auch **nichtarchimedische** Bewertung von $\mathbb{Q}$. Bezüglich des gewöhnlichen Abstandbetrages $|\cdot|$ sind

z. B. die natürlichen Zahlen $\mathbb{N}$ (als Teilmenge von $\mathbb{R}$) nicht nach oben beschränkt. Angenommen, $\mathbb{N}$ wäre nach oben beschränkt. Dann existiert ein $s = \sup \mathbb{N}$ und $s - 1$ ist keine obere Schranke für $\mathbb{N}$. Daher gibt es ein $n \in \mathbb{N}$ mit $s - 1 < n$. Damit ist $s < n + 1 \in \mathbb{N}$ im Widerspruch zur Definition von s.

Für $r, s \in \mathbb{Q}$ heißt

$$d_p(r, s) = |r - s|_p$$

p-adischer Abstand von r und s.

Für jedes $p \in \mathbb{P}$ ist d_p eine Metrik auf $\mathbb{Q}$. Der p-Betrag hat die Eigenschaften einer Norm auf $\mathbb{Q}$. Für $r, s \in \mathbb{Q}$ gilt:

(P1) $|r|_p = 0 \Leftrightarrow r = 0$,

(P2) $|rs|_p = |r|_p |s|_p$,

(P3) $|r + s|_p \leq \max\{|r|_p, |s|_p\}$, und dies ist $\leq |r|_p + |s|_p$.

Bei (P3) handelt es sich um die **verschärfte Dreiecksungleichung**. Diese folgt aus der Ungleichung

$$v_p(x + y) \geq \min\{v_p(x), v_p(y)\}, \ x, y \in \mathbb{Q}.$$

Aus (P3) folgt für den p-adischen Abstand für $x, y, z \in \mathbb{Q}$

(P4) $d_p(x, z) = |x - z|_p = |(x - y) + (y - z)|_p \leq \max\{|x - y|_p, |y - z|_p\} = \max\{d_p(x, y), d_p(y, z)\}$.

d_p ist eine sogenannte „Ultrametrik".

Weisen Sie nach, dass die *diskrete Metrik* auf einer Menge X (vgl. Frage 23) eine Ultrametrik ist.

Für eine solche gilt $d(x, z) \leq \max\{d(x, y), d(y, z)\}$, die sogenannte verschärfte Dreiecksungleichung. ($\mathbb{Q}, d_p$) ist speziell ein metrischer Raum, und man hat den ganzen Begriffsapparat (offene Kugel, abgeschlossene Kugel, offene Menge, abgeschlossene Menge, kompakte Menge, konvergente Folge, Cauchy-Folge, Vollständigkeit) zur Verfügung.

Die ultrametrische Ungleichung hat überraschende und gewöhnungsbedürftige Konsequenzen.

Eine kleine Auswahl an Beispielen:

(1) Die offene Kugel $U_\varepsilon(x) := \{y \in \mathbb{Q} : d_p(x, y) < \varepsilon\}$, mit $\varepsilon \in \mathbb{R}, \varepsilon > 0$ ist offen (wie in jedem metrischen Raum). Jedoch gilt:

$$U_\varepsilon(x) = U_\varepsilon(x')$$

für jedes $x' \in U_\varepsilon(x)$. Das heißt, jeder Punkt x' kann also als Mittelpunkt gewählt werden.

Versuchen Sie dies zu beweisen!

(2) Die offene Kugel ist auch stets abgeschlossen, und umgekehrt ist auch jede abgeschlossene Kugel offen.

(3) Die Folge $(p^n)_{n \geq 0}$ bezüglich d_p ($p \in \mathbb{P}$) ist eine Nullfolge: $d_p(0, p^n) = \frac{1}{p^n}$.

(4) Es ist $d_2(0, 6^n) = 2^{-n}$, also (6^n) ist bezüglich d_2 eine Nullfolge.

(5) Eine Folge (x_n) ist bezüglich d_p genau dann eine Cauchy-Folge, wenn $\lim_{n \to \infty} d_p(x_n, x_{n+1}) = 0$ gilt.
    Wegen $d_5(6^n, 6^{n+1}) = \frac{1}{5}$ ist (6^n) keine Cauchy-Folge bezüglich d_5.

Ferner zeigt sich, dass mit den p-Beträgen $| \cdot |_p$ und dem gewöhnlichen Betrag auf $\mathbb{Q}$, den wir auch mit $| \cdot |_\infty$ bezeichnen, „im Wesentlichen" alle Betragsfunktionen erschöpft sind, d. h., jede weitere Betragsfunktion auf $\mathbb{Q}$ ist eine Potenz $| \cdot |_p^\alpha$ oder $|x|_\infty^\alpha$ mit einer reellen Zahl $\alpha > 0$. Dies ist die Aussage des Satzes von Ostrowski (vgl. [15], Theorem 3.1.3).

Ferner gilt die sogenannte Geschlossenheitsrelation.

$$\prod_{p \in \mathbb{P} \cup \{\infty\}} |x|_p = 1$$

für alle $x \in \mathbb{Q}^\times$. Das folgt unmittelbar aus der Definition der $|x|_p$.

Die Konstruktion der Körper $\mathbb{Q}_p$, $p \in \mathbb{P}$ geschieht nun wie bei Cantor:

Sei $C_p(\mathbb{Q})$ die Menge der Cauchy-Folgen von rationalen Zahlen bezüglich der Metrik d_p und $\mathcal{N}_p(\mathbb{Q})$ die Menge der Nullfolgen in $\mathbb{Q}$. Dann ist $C\mathcal{F}_p(\mathbb{Q})$ ein kommutativer Ring und $\mathfrak{m} := \mathcal{N}_p(\mathbb{Q})$ wieder ein maximales Ideal. Also ist

$$\mathbb{Q}_p := C\mathcal{F}_p(\mathbb{Q})/\mathfrak{m}$$

ein Körper (vgl. [7] bzw. [25]).

Der p-Betrag wird durch

$$|x|_p := \lim_{n \to \infty} |x_n|_p$$

für $x = (x_n) + \mathfrak{m}$ auf $\mathbb{Q}_p$ fortgesetzt. Es gilt dann auch

$$|x|_p = p^{-\nu_p(x)}$$

mit $\nu_p(x) = \lim_{n \to \infty} \nu_p(x_n)$.

Wie bei der Konstruktion von $\mathbb{R}$ auf $\mathbb{Q}$ nach Cantor, weist man nach, dass $\mathbb{Q}_p$ mit dem fortgesetzten p-adischen Betrag vollständig ist, d. h., jede Cauchy-Folge in $\mathbb{Q}_p$ ist bezüglich $| \cdot |_p$ konvergent in $\mathbb{Q}_p$.

Neben dem Körper der reellen Zahlen $\mathbb{R} = \mathbb{Q}_\infty$ gibt es also zu jeder Primzahl p einen gleichberechtigten Körper $\mathbb{Q}_p$. Man erhält so eine Familie von Körpern $\mathbb{Q}_2, \mathbb{Q}_3, \mathbb{Q}_5, \mathbb{Q}_7, \ldots$

Zur Auflockerung eine kurze Frage:

Warum gilt für jedes p in $\mathbb{Q}_p$ die Identität

$$1 + p + p^2 + p^3 + \ldots = \frac{1}{1 - p}?$$

Hinweis: In einem ultrametrischen Raum X ist eine Reihe $\sum a_k$, $a_k \in X$, genau dann konvergent, wenn a_k eine p-adische Nullfolge ist.

Wir behandeln nun ein Beispiel einer Folge von rationalen Zahlen, die bezüglich der Metrik d_p eine Cauchy-Folge ist, deren Grenzwert aber nicht in $\mathbb{Q}$ liegt.

Sei $p \in \mathbb{P}$, $p > 2$ und $a \in \mathbb{Z}$ mit folgenden Eigenschaften:

(1) a ist kein Quadrat in $\mathbb{Q}$,

(2) p ist kein Teiler von a,

(3) a ist quadratischer Rest mod (p), d. h.

die Kongruenz $x^2 \equiv a$ mod (p) besitzt eine Lösung.

Man nehme dazu z. B. ein Quadrat in $\mathbb{Q}$ und addiere ein Vielfaches von p, um ein geeignetes a zu erhalten.

Die folgende Konstruktion liefert eine Cauchy-Folge bezüglich $|\cdot|_p$:

(1) Sei x_0 irgendeine Lösung von $x_0^2 \equiv a$ mod (p).

(2) Wähle x_1 so, dass $x_1 \equiv x_0$ mod (p) und $x_1^2 \equiv a$ mod (p^2) gilt.

(3) Wähle x_n so, dass $x_n \equiv x_{n-1}$ mod (p^n) und $x_n^2 \equiv a$ mod (p^n) gilt.

Man überlegt sich leicht, dass solche Folgen immer existieren, vorausgesetzt, das Startelement x_0 existiert.

Nach Konstruktion ist

$$|x_{n+1} - x_n|_p = |cp^{n+1}|_p \leq \frac{1}{p^{n+1}} \to 0 \ (n \to \infty).$$

Nach dem Beispiel (5) ist (x_n) eine Cauchy-Folge.

Andererseits wissen wir

$$|x_n^2 - a|_p = |dp^{n+1}|_p \leq \frac{1}{p^{n+1}} \to 0 \ (n \to \infty).$$

Wenn der Grenzwert x von x_n existiert, muss also

$$x^2 = a$$

gelten. Aber nach Voraussetzung ist a kein Quadrat in $\mathbb{Q}$. (x_n) hat also keinen Grenzwert in $\mathbb{Q}$, $\mathbb{Q}$ ist also bezüglich $|\cdot|_p$ nicht vollständig.

Bemerkung: $\mathbb{Q}$ ist auch bezüglich der Metrik d_2 nicht vollständig (man versuche das zu beweisen, indem man dritte Wurzeln benutzt, anstatt Quadratwurzeln).

Lemma: Der Körper $\mathbb{Q}$ der rationalen Zahlen ist bezüglich **keiner** der Metriken d_p, $p \in \mathbb{P} \cup \{\infty\}$ vollständig. Dass $\mathbb{Q}$ bezüglich der Standardmetrik $d_\infty(x,y) = d(x,y) = |x-y|$ nicht vollständig ist, zeigen die früheren Bemerkungen (vgl. [15], Lemma 3.2.3).

Durch die Zuordnung

$$\iota: \mathbb{Q} \to \mathbb{Q}_p, \ x \mapsto (x,x,x,\dots)$$

erhält man eine Einbettung von $\mathbb{Q}$ in den Körper $\mathbb{Q}_p$, wobei das Bild $\iota(\mathbb{Q})$ dicht in $\mathbb{Q}_p$ ist.

Identifiziert man $\mathbb{Q}$ mit seinem Bild $\iota(\mathbb{Q})$, so kann man $\mathbb{Q}$ als Unterkörper von $\mathbb{Q}_p$ auffassen. Alle Körper $\mathbb{Q}_p$ haben deshalb Charakteristik null.

Nach Definition sind p-adische Zahlen Äquivalenzklassen von Cauchy-Folgen von rationalen Zahlen. Wie bei den reellen Zahlen, die nach der Cantor'schen Definition ja auch Äquivalenzklassen von Cauchy-Folgen rationaler Zahlen sind, will man mit p-adischen Zahlen rechnen. Bei den reellen Zahlen gibt es die Darstellung etwa durch Kettenbrüche oder als Verallgemeinerung der Dezimaldarstellung die Darstellung mit einer beliebigen Grundzahl $g \in \mathbb{N}$, $g \geq 2$, mit diesen Objekten wird praktisch gerechnet. Die Körper $\mathbb{Q}_p$ enthalten die Menge

$$\mathbb{Z}_p = \{x \in \mathbb{Q}_p \mid |x|_p \leq 1\}.$$

$\mathbb{Z}_p$ ist ein Teilring von $\mathbb{Q}_p$ und heißt **Ring der ganzen p-adischen Zahlen**. (Beachte: aus $|x|_p \leq 1$ und $|y|_p \leq 1 \Rightarrow |x+y|_p \leq 1$.)

Bemerkung: Der Ring $\mathbb{Z}_p$ ist also Teilmenge in $\mathbb{Q}_p$, beschränkt, offen und abgeschlossen. Speziell ist $\mathbb{Z}_p$ kompakt.

Für die Einheiten $\mathbb{Z}_p^\times$ in diesem Ring gilt:

$$\mathbb{Z}_p^\times = \{x \in \mathbb{Q}_p \mid |x|_p = 1\}.$$

Der Beweis hierfür ist elementar.

Es gilt nun (vgl. [15], Theorem 3.3.11):

Jedes $x \in \mathbb{Z}_p$ kann in der Gestalt

$$x = b_0 + b_1 p + b_2 p^2 + \dots + b_n p^n + \dots$$

mit $0 \leq b_i < p - 1$ geschrieben werden. Ferner ist diese Darstellung eindeutig. Für $\mathbb{Q}_p$ ergibt sich (vgl. [15], Theorem 3.3.12): Jedes $x \in \mathbb{Q}_p$ kann in der Gestalt

$$x = b_{-n_0} p^{-n_0} + \dots + b_0 + b_1 p + b_2 p^2 + \dots + b_n p^n = \sum_{n \geq -n_0} b_n p^n$$

mit $0 \leq b_n \leq p - 1$ und $-n_0 = v_p(x)$, geschrieben werden. Ferner ist auch diese Darstellung eindeutig.

Unter den p-adischen Zahlen, also den Elementen von $\mathbb{Q}_p$ kann man sich nun ihre p-adischen Entwicklungen vorstellen. Dass die Reihen $\sum_{j=0}^{\infty} b_j\, p^j$ konvergieren, liegt daran, dass (p^j) eine p-adische Nullfolge und d_p eine Ultrametrik ist.

Zum Abschluss noch einige Bemerkungen zum **Lokal-Global-Prinzip**:

Man stelle sich die Frage, wann ein $x \in \mathbb{Q}$ ein Quadrat in $\mathbb{Q}$ ist. Ist x ein Quadrat in $\mathbb{Q}$, dann ist x auch in jedem $\mathbb{Q}_p$ ein Quadrat ($\mathbb{Q}_\infty := \mathbb{R}$). Ist umgekehrt x in jedem $\mathbb{Q}_p$ ein Quadrat, dann auch in $\mathbb{Q}$. Wegen $x = \pm \prod_{p\in\mathbb{P}} p^{\nu_p(x)}$ folgt:

Ist x in $\mathbb{Q}_p$ ein Quadrat, dann ist $\nu_p(x)$ gerade, und da x in $\mathbb{R}$ ein Quadrat ist, ist x positiv und damit auch ein Quadrat in $\mathbb{Q}$.

Unter dem *Lokal-Global-Prinzip* versteht man folgende Feststellung: Die Existenz bzw. Nicht-Existenz von Lösungen in $\mathbb{Q}$ (globalen Lösungen) einer diophantischen Gleichung kann man ausfindig machen, indem man für jedes $p \in \mathbb{P} \cup \{\infty\}$ Lösungen im Körper $\mathbb{Q}_p$ ($p \in \mathbb{P} \cup \{\infty\}$) studiert.

Die Feststellung ist etwas vage, gibt aber Hinweise auf eine Strategie. Zuerst versucht man, lokale Lösungen zu finden, um daraus dann Informationen für globale Lösungen zu erhalten. Wie das Beispiel der Gleichung [15], Problem 121

$$(x^2 - 2)(x^2 - 17)(x^2 - 34) = 0 \tag{1}$$

zeigt, hat (1) Lösungen in allen Körpern $\mathbb{Q}_p$ ($p \in \mathbb{P} \cup \{\infty\}$), aber keine Lösung in $\mathbb{Q}$.

Allerdings gilt für eine bestimmte Sorte von diophantischen Gleichungen das folgende Theorem (vgl. [15], Theorem 3.5.2, Hasse-Minkowski):

Ist

$$F(X_1, \ldots, X_n) \in \mathbb{Q}[X_1, \ldots, X_n]$$

eine quadratische Form (d. h. ein Polynom vom Grad 2 in n Variablen), dann hat die Gleichung

$$F(x_1, \ldots, X_n) = 0$$

nicht-triviale Lösungen in $\mathbb{Q}$ genau dann, wenn sie nicht-triviale Lösungen in allen Körpern $\mathbb{Q}_p$ hat ($p \in \mathbb{P} \cup \{\infty\}$).

Einen Beweis dieses Theorems findet man beispielsweise in *J. P. Serre, A Course in Arithmetic*.

Historische Bemerkung: Als Schöpfer der p-adischen Zahlen gilt *Kurt Hensel* (1861–1941), der diese Anfang des 20. Jahrhunderts in die Mathematik eingeführt und ihre grundlegende Bedeutung für die algebraische Zahlentheorie erkannt hat. Sein Schüler *Helmut Hasse* (1898–1979) hat die Theorie ausgebaut und weiterentwickelt.

Die *p*-adischen Zahlen und ihre Verallgemeinerungen spielen heute in der algebraischen Zahlentheorie und Algebra eine zentrale Rolle.

Dieser Exkurs hatte die Absicht, das Interesse für dieses Teilgebiet der Mathematik zu wecken.

9.3 Stetigkeit, gleichmäßige Konvergenz, stetige Fortsetzbarkeit, Grenzwerte

Frage 708

Sind (X, d_X) und (Y, d_Y) metrische Räume, $D \subset X$ eine nichtleere Teilmenge und $f : D \to Y$ eine Abbildung. Wann heißt f

(a) **stetig in einem Punkt a $\in$ D**,

(b) **stetig auf D**,

(c) **gleichmäßig stetig** auf **D**?

▶ **Antwort** Diese Begriffe wurden für reelle Funktionen bereits erklärt und bringen auch im Zusammenhang allgemeiner metrischer Räume keine konzeptionellen Neuerungen mit sich. Die Definitionen bleiben dieselben. Zur Wiederholung:

(a) f ist *stetig in* $a \in D$, wenn für jedes $\varepsilon > 0$ ein $\delta > 0$ existiert, sodass aus $d_X(a, x) < \delta$ stets $d_Y\big(f(a), f(x)\big) < \varepsilon$ folgt. Das ist die adäquate Formulierung der zugrunde liegenden Idee, dass eine „kleine" Veränderung des Arguments a auch nur eine „kleine" Änderung des Funktionswerts bewirkt.

(b) f ist *stetig auf* D, wenn in f in jedem Punkt $a \in D$ stetig ist.

(c) f ist *gleichmäßig stetig auf* D, wenn für *jedes* $\varepsilon > 0$ ein $\delta > 0$ existiert, so dass für alle $x, y \in D$ gilt:

$$d_X(x, y) < \delta \Longrightarrow d_Y\big(f(x), f(y)\big) < \varepsilon$$

Die Zahl δ ist im Fall gleichmäßiger Stetigkeit also nicht abhängig vom jeweiligen Stetigkeitspunkt, sondern gilt global auf ganz X. ◆

Frage 709

Können Sie den Begriff „Folgenstetigkeit" erläutern?

▶ **Antwort** Die Funktion $f : D \to Y$ heißt **folgenstetig** in $a \in D$, wenn für jede gegen a konvergente Folge (a_n) mit $a_n \in D$ gilt:

$$\lim_{n\to\infty} f(a_n) = f(a).$$ ◆

Frage 710

Warum sind Folgenstetigkeit und $\varepsilon\delta$-Stetigkeit für einen metrischen Raum äquivalente Eigenschaften?

▶ **Antwort** Die Äquivalenz beider Formulierung erhält man, wenn man den Konvergenzbegriff in metrische Terminologie übersetzt. Der Ausdruck $\lim a_n = a$ ist dann so zu verstehen, dass für jedes $\delta > 0$ ab einem bestimmten Index N alle Folgenglieder in $U_\delta(a)$ liegen. Wählt man für eine stetige Funktion f zu einem vorgegebenen ε speziell δ so, wie es in der $\varepsilon\delta$-Definition der Stetigkeit gefordert ist, so gilt damit:

$$f(a_n) \subset U_\varepsilon\big(f(a)\big) \quad \text{für alle } n > N.$$

Da ε beliebig klein sein kann, folgt daraus $\lim f(a_n) = f(a)$.

Gelte nun umgekehrt $\lim f(a_n) = f(a)$ für jede gegen a konvergente Folge $(a_n) \subset D$. Angenommen, f erfüllt in a nicht die $\varepsilon\delta$-Definition der Stetigkeit. Dann gibt es ein $\varepsilon_0 > 0$ mit der Eigenschaft, dass in jeder Umgebung von a ein Punkt a^* liegt, sodass $f(a^*)$ nicht in $U_{\varepsilon_0}\big(f(a)\big)$ enthalten ist. Insbesondere existiert zu jedem $n \in \mathbb{N}$ ein Punkt a_n^* mit

$$a_n^* \in U_{1/n}(a), \qquad f(a_n^*) \notin U_{\varepsilon_0}(a).$$

Die Folge (a_n^*) konvergiert gegen a, aber keines ihrer Glieder ist in $U_{\varepsilon_0}\big(f(a)\big)$ enthalten. Somit kann auch nicht $\lim f(a_n^*) = f(a)$ gelten, im Widerspruch zur Voraussetzung. ◆

Frage 711

Können Sie das Schlagwort „Die Zusammensetzung stetiger Funktionen ist stetig" erläutern und begründen?

▶ **Antwort** Die Aussage bedeutet, dass für zwei stetige Funktionen $g : D \to X$ und $f : X \to Y$ die zusammengesetzte Funktion $f \circ g : D \to Y$ ebenfalls stetig auf D ist.

Das folgt z. B. unmittelbar aus dem Folgenkriterium. Ist a_n eine Folge in D mit $\lim a_n = a$, dann gilt nach Voraussetzung $\lim g(a_n) = g(a)$, und daraus folgt wegen der Stetigkeit wiederum $\lim f\big(g(a_n)\big) = f\big(g(a)\big)$ ◆

Frage 712

Warum ist für einen beliebigen metrischen Raum X eine Abbildung $f : X \to \mathbb{R}^n$ mit $f(x) := \big(f_1(x), \dots, f_n(x)\big)$ genau dann stetig, wenn die Komponentenfunktionen $f_\nu : X \to \mathbb{R}$ für alle $\nu \in \{1, \dots, n\}$ stetig sind?

▶ **Antwort** Das hängt damit zusammen, dass der Grenzwert einer Folge im $\mathbb{R}^n$ komponentenweise gebildet wird. Genauer: Konvergieren für eine Folge $(x_k) \subset X$ die Folgen $\big(f_\nu(x_k)\big)$ gegen den Wert $f_\nu(x)$ ($\nu = 1, \dots, n$), so gilt

$$\lim_{k \to \infty} f(x_k) = \big(f_1(x), \dots, f_n(x)\big) = f(x). \qquad (*)$$

Sind die Komponentenfunktionen stetig, dann gilt für jede gegen x konvergente Folge (x_k): $\lim_{k\to\infty} f_\nu(x_k) = f_\nu(x)$ und somit wegen $(*)$ $\lim_{k\to\infty} f(x_k) = f(x)$. Nach dem Folgenkriterium ist f also stetig. ◆

Frage 713

Können Sie begründen, warum die folgenden Abbildungen stetig sind:

$$\text{add}: \mathbb{R} \times \mathbb{R}, \qquad (x, y) \mapsto x + y,$$
$$\text{mult}: \mathbb{R} \times \mathbb{R}, \qquad (x, y) \mapsto x \cdot y,$$
$$\text{quot}: \mathbb{R} \times \mathbb{R}^*, \qquad (x, y) \mapsto x/y.$$

▶ **Antwort** Ist $\big((x_n, y_n)\big)$ eine Folge in $\mathbb{R} \times \mathbb{R}$, die gegen (x, y) konvergiert, dann gilt $x_n \to x$ und $y_n \to y$, und daraus folgt mit den Permanenzeigenschaften für reelle Zahlenfolgen (vgl. Frage 159):

$$\lim_{n\to\infty} (x_n + y_n) = x + y, \qquad \lim_{n\to\infty} x_n \cdot y_n = x \cdot y, \qquad \lim_{n\to\infty} x_n/y_n = x/y.$$

Daraus folgt die Stetigkeit der drei Abbildungen mithilfe des Folgenkriteriums.

(Im Fall des Quotienten schränkt man die Folge $((x_n, y_n))$ auf eine Umgebung von (x, y) ein, in der die y_n nicht Null sind, die im Fall $y \neq 0$ existiert). ◆

Frage 714

Warum sind Monome, d. h. Abbildungen

$$\mathbb{R}^n \to \mathbb{R}; \qquad (x_1, \ldots, x_n) \mapsto x_1^{k_1} x_2^{k_2} \cdots x_n^{k_n} \qquad \text{mit } k_1, \ldots, k_n \in \mathbb{N}_0$$

stetige Funktionen (und damit auch Polynome)?

▶ **Antwort** Induktiv zeigt man zunächst, dass die Abbildung $x \mapsto x^m$ für jedes $m \in \mathbb{N}$ stetig ist. Für $m = 0$ ist das offensichtlich. Ist es für $m - 1$ bereits gezeigt, so ist die Abbildung

$$\mathbb{R} \to \mathbb{R} \times \mathbb{R} \overset{\text{mult}}{\to} \mathbb{R}, \quad \text{mit} \quad x \mapsto (x, x^{m-1}) \mapsto x \cdot x^{m-1} = x^m \qquad (*)$$

eine Verkettung stetiger Abbildungen und damit nach Frage 711 stetig.

Die Stetigkeit der Abbildung

$$\varphi: \mathbb{R}^n \to \mathbb{R}; \qquad (x_1, \ldots, x_n) \mapsto x_1 \cdots x_n \qquad (**)$$

zeigt man ebenfalls induktiv. Dabei bezieht man sich im Induktionsschritt auf die Abbildung

$$\varphi_{n-1}: \mathbb{R}^n \to \mathbb{R}^{n-1}; \qquad (x_1, \ldots, x_n) \mapsto (x_1, \ldots, x_{n-2}, \text{mult}\,(x_{n-1}, x_n)),$$

die, wie wir aufgrund von Frage 712 und 713 bereits wissen, stetig ist. Daraus folgt dann die Stetigkeit von $\varphi = \varphi_1 \circ \cdots \circ \varphi_{n-1}$.

Schließlich folgt die Stetigkeit der Monome durch Zusammenfassung und Einsetzung der Abbildungen in $(*)$ und $(**)$ sowie einer wiederholten Anwendung der in Frage 711 und 712 bewiesenen Zusammenhänge.   ◆

Frage 715

Wann heißen zwei metrische Räume **homöomorph** (oder **topologisch äquivalent**)?

▶ **Antwort** Zwei topologische Räume X und Y heißen homöomorph, wenn ein *Homöomorphismus* zwischen ihnen existiert, d. i. eine *bijektive* Abbildung $f: X \to Y$ derart, dass sowohl f als auch f^{-1} stetig sind.   ◆

Frage 716

Können Sie begründen, warum der $\mathbb{R}^n$ und die offene euklidische Kugel

$$U_1(0) := \{x \in \mathbb{R}^n \; ; \; \|x\|_2 < 1\}$$

homöomorph sind?

▶ **Antwort** Ein Homöomorphismus ist gegeben durch die Abbildung f (und ihre Umkehrabbildung f^{-1}) mit

$$f: \mathbb{R}^n \to U_1(0); \quad x \mapsto \frac{x}{1 + \|x\|_2}, \qquad f^{-1}: U_1(0) \to \mathbb{R}^n; \quad x \mapsto \frac{x}{1 - \|x\|_2}.$$

Beide Abbildungen sind stetig, da das für die Identität, die Normfunktion, die Division in $\mathbb{R}$ und die Multiplikation mit einem Skalar in $\mathbb{R}^n$ gilt.   ◆

Frage 717

Ist X eine beliebige nichtleere Menge und (Y, d_Y) ein metrischer Raum, wann heißt eine Folge (f_n) von Abbildungen $f_n: X \to Y$ *gleichmäßig konvergent* gegen eine Abbildung $f: X \to Y$?

▶ **Antwort** Die Folge von Abbildungen ist genau dann *gleichmäßig konvergent* gegen die Grenzfunktion f, wenn es zu jedem $\varepsilon > 0$ einen Index $N \in \mathbb{N}$ gibt, sodass gilt

$$d_Y\big(f_n(x), f(x)\big) < \varepsilon \quad \textit{für alle } x \in X \text{ und alle } n > N.$$

(Im Unterschied dazu ist bei nur punktweiser Konvergenz die Schranke N von x abhängig.)   ◆

Frage 718

Sind X und Y metrische Räume und ist (f_k) eine Folge von *stetigen* Abbildungen $f_n : X \to Y$, die *gleichmäßig* gegen die Abbildung $f : X \to Y$ konvergiert. Warum ist dann die Grenzfunktion ebenfalls wieder stetig?

▶ **Antwort** Sei a ein beliebiges Element aus X. Mit der Dreiecksungleichung bekommt man die für alle $x \in X$ und $n \in \mathbb{N}$ gültige Abschätzung

$$d\big(f(a), f(x)\big) \le d\big(f(a), f_n(a)\big) + d\big(f_n(a), f_n(x)\big) + d\big(f_n(x), f(x)\big). \qquad (*)$$

Wegen der gleichmäßigen Konvergenz der Folge (f_k) lässt sich n nun speziell so wählen, dass der erste und letzte Summand in der rechten Summe jeweils kleiner als $\varepsilon/3$ sind. Man fixiere ein $N \in \mathbb{N}$ mit dieser Eigenschaft. Aufgrund der Stetigkeit von f_N in a gibt es dann ein $\delta > 0$ derart, dass der mittlere Summand für $n = N$ ebenfalls kleiner als $\varepsilon/3$ ist, falls $x \in U_\delta(a)$ gilt. Mit $n = N$ folgt damit aus $(*)$

$$d\big(f(a), f(x)\big) < \varepsilon \quad \text{für alle } x \in K_\delta(a),$$

also die Stetigkeit von f in a.   ◆

Frage 719

* Was besagt das **Fortsetzungslemma von Tietze**?

▶ **Antwort** Das Fortsetzungslemma von Tietze ist ein wichtiges Hilfsmittel bei der Konstruktion stetiger Funktionen auf metrischen Räumen, deren Verhalten lokal (also auf bestimmten Teilmengen des metrischen Raumes) vorgegeben ist. Es besagt:

Jede stetige Funktion $f : A \to \mathbb{R}$ auf einer abgeschlossenen Teilmenge A eines metrischen Raumes X kann zu einer stetigen Funktion $F : X \to \mathbb{R}$ fortgesetzt werden.

Wir geben hier nur eine Beweisskizze (für einen vollständigen Beweis s. [28]). Man beweist das Fortsetzungslemma durch die Konstruktion einer gleichmäßig konvergenten Folge (f_k) von auf X stetigen Funktionen, die auf A punktweise gegen f konvergiert.

Entscheidend dabei ist, dass es zu jeder stetigen Funktion $g : A \to \mathbb{R}$ eine stetige „Näherungsfunktion" $v : X \to \mathbb{R}$ gibt, für die gilt:

$$|v(x)| \leq \frac{1}{3} \cdot \sup_{x \in A} |g(x)| \qquad \text{für alle } x \in X \text{ und} \qquad (*)$$

$$|v(x) - g(x)| \leq \frac{2}{3} \cdot \sup_{x \in A} |g(x)| \qquad \text{für alle } x \in A, \qquad (**)$$

s. Abb. 9.11.

Abb. 9.11 Die Näherungsfunktion v zu g im Beweis
des Fortsetzungslemmas von
Tietze

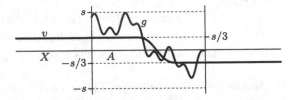

Die Existenz einer Funktion v mit diesen Eigenschaften folgt für metrische Räume direkt aus dem *Urysohn'schen Lemma*, sie lässt sich aber auch ohne Weiteres explizit angeben.

Die gesuchte Funktionenfolge (f_k) kann man mit diesem Hilfsmittel nun induktiv konstruieren. Man beginne mit $f_0 := 0$. Ist f_k bereits gegeben, so finde man eine Näherungsfunktion v_k zu der „Fehlerfunktion" $g_k := f - f_k$ mit den Eigenschaften $(*)$ und $(**)$ und setze $f_{k+1} := f_k + v_k$. Dann gilt für jedes $k \in \mathbb{N}$ mit $a := \sup_{x \in A} |f(x)|$

$$|f(x) - f_{k+1}(x)| = |f(x) - f_k(x) - v_k(x)| \leq a \left(\frac{2}{3}\right)^{k+1} \qquad \text{für alle } x \in A \text{ sowie}$$

$$|v_k(x)| \leq a \cdot \frac{1}{3} \left(\frac{2}{3}\right)^k \qquad \text{für alle } x \in X.$$

Man prüft dann leicht nach, dass die Folge (f_k) auf X gleichmäßig konvergiert, und dass deren Grenzfunktion F auf A mit f übereinstimmt. Die Funktion F ist dann die gesuchte stetige Fortsetzung von f. ◆

Frage 720

Können Sie zeigen, dass für eine *lineare Abbildung* $L : V \to W$ von normierten $\mathbb{K}$-Vektorräumen V und W die folgenden Aussagen äquivalent sind:

(a)   Es gibt ein $C \geq 0$, sodass für alle $x \in V$ gilt:

$$\|L(x)\|_W \leq C \cdot \|x\|_V,$$

wobei $\| \ \|_W$ und $\| \ \|_V$ die Normen auf V bzw. W bezeichnen.

(b) L ist gleichmäßig stetig (also insbesondere stetig) auf V,

(c) L ist stetig in 0,

(d) Es ist $\|L\|_{V,W} := \sup\{\|L(x)\|_W \; ; \; \|x\|_V \le 1\} < \infty$.

▶ **Antwort** (a) $\Longrightarrow$ (b): Ist $\delta < \varepsilon/C$, so gilt wegen der Linearität von L für alle x, y mit $\|x - y\|_V < \delta$:

$$\|L(x) - L(y)\|_W = \|L(x - y)\|_W \le C \|x - y\|_V < \varepsilon.$$

Das zeigt die gleichmäßige Stetigkeit von L (und insbesondere die Stetigkeit in 0).

(c) $\Longrightarrow$ (d): Sei L stetig in 0. Dann gibt es ein $\delta > 0$ so, dass $\|L(\xi)\|_W < 1$ für alle $\xi \in V$ mit $\|\xi\|_V < \delta$ gilt. Für $\|x\|_V \le 1$ folgt daraus

$$\|L(x)\|_W = \frac{\|x\|_V}{\delta} \cdot \underbrace{\left\| L\left(\delta \cdot \frac{x}{\|x\|_V} \right) \right\|_W}_{\le 1} \le \frac{1}{\delta} \|x\|_V \le \infty.$$

(d) $\Longrightarrow$ (a): Aus der Voraussetzung (d) folgt insbesondere $\|L(\xi)\|_W \le C$ für ein $C \in \mathbb{R}$ und alle $\xi \in V$ mit $\|\xi\|_V = 1$. Damit gilt für alle $x \in V$

$$\|L(x)\|_W = \left\| L\left(\|x\|_V \cdot \frac{x}{\|x\|_V} \right) \right\|_W = \|x\|_V \cdot \left\| L\left(\frac{x}{\|x\|_V} \right) \right\|_W \le C \|x\|_V. \qquad \blacklozenge$$

Frage 721

Wie ist die **Operator-Norm** im Raum der *stetigen* linearen Abbildungen $L : V \to W$ definiert und welche Haupteigenschaften hat sie?

▶ **Antwort** Die Operatornorm ist für eine stetige lineare Abbildung $L : V \to W$ definiert durch

$$\boxed{\|L\|_{\mathrm{Lin}(V,W)} := \sup \left\{ \|L(x)\|_W \; ; \; x \in V, \; \|x\|_V \le 1 \right\}.} \qquad (*)$$

Dabei bezeichnet $\mathrm{Lin}(V, W)$ den Raum der stetigen linearen Abbildungen $V \to W$. Wenn keine Verwechslungsgefahr besteht, schreibt man auch einfach $\|L\|$.

Aus der Linearität von L folgt, dass die Bedingung $\|x\|_V \le 1$ in $(*)$ auch durch $\|x\| = 1$ ersetzt werden kann. Wegen $L\left(\frac{x}{\|x\|_V} \right) = \frac{Lx}{\|x\|_V}$ gilt ferner

$$\|L\| = \sup \left\{ \frac{\|L(x)\|_W}{\|x\|_V} \; ; \; x \in V, \; x \ne 0 \right\}. \qquad (**)$$

Diese Darstellung erlaubt es, die reelle Zahl $\|L\|$ als den größten *Streckungsfaktor* der linearen Abbildung L zu interpretieren. ◆

Frage 722

Wieso ist durch (∗) auch wirklich eine Norm auf $\mathrm{Lin}(V, W)$ gegeben?

▶ **Antwort** Nach Frage 720 ist $\|L\| < \infty$ für alle $L \in \mathrm{Lin}(V, W)$. Die Eigenschaften (N1) und (N2) einer Norm folgen aus deren Gültigkeit für die Norm $\|\ \|_W$ und der Linearität von L, die Dreiecksungleichung ergibt sich mit der in der nächsten Frage unter (i) erwähnten Eigenschaft. Nach dieser gilt für alle $x \in V$:

$$\|(L_1 + L_2)x\|_W \leq \|L_1 x\|_W + \|L_2 x\|_W \overset{(i)}{\leq} (\|L_1\| + \|L_2\|) \cdot \|x\|_V,$$

und daraus folgt $\|L_1 + L_2\| \leq \|L_1\| + \|L_2\|$. ◆

Frage 723

Welche Eigenschaften hat die Operatornorm?

▶ **Antwort** Es gelten die folgenden Eigenschaften:

(i) Aus 721 (∗∗) folgt unmittelbar

$$\|L(x)\|_W \leq \|L\| \cdot \|x\|_V \quad \text{für alle } x \in V.$$

(ii) Sind $L : U \to V$ und $L' : V \to W$ stetige Abbildungen zwischen normierten Räumen, so gilt

$$\|L' \circ L\|_{\mathrm{Lin}(U,W)} \leq \|L'\|_{\mathrm{Lin}(V,W)} \cdot \|L\|_{\mathrm{Lin}(U,V)}.$$

Nach (i) ist nämlich $\|(L' \circ L)(x)\| \leq \|L'\| \cdot \|L(x)\| \leq \|L'\| \cdot \|L\| \cdot \|x\|$ für alle $x \in U$, und daraus folgt

$$\sup_{\|x\|_U = 1} \{(L' \circ L)(x)\} \leq \|L'\| \cdot \|L\|. \quad ◆$$

Frage 724

Warum ist jede *lineare* Abbildung $L : V \to W$ mit $V := \mathbb{K}^n$ und $W := \mathbb{K}^m$ stetig, sogar Lipschitz-stetig und damit gleichmäßig stetig?

▶ **Antwort** Seien $e_1, \ldots, e_n$ die Einheitsvektoren des $\mathbb{K}^n$ und sei

$$M := \max \left\{ \|L(e_i)\|_W \; ; \; 1 \leq i \leq n \right\}.$$

Dann gilt für jeden Vektor $x := (x_1, \ldots, x_n)$ aus V:

$$\|L(x)\|_W = \left\| L \left(\sum_{k=1}^{n} e_k \cdot x_k \right) \right\|_W \leq \sum_{k=1}^{n} \|L(e_k) \cdot x_k\|_W \leq M \cdot \sum_{k=1}^{n} |x_k| = M \cdot \|x\|_1.$$

Da alle Normen auf einem endlich-dimensionalen Vektorraum äquivalent sind, folgt daraus für jede Norm $\| \ \|_W$ auf W die Existenz eines $C \in \mathbb{R}$ mit $\|L(x)\| \leq C \|x\|_V$. Aus Linearitätsgründen gilt dann für $x, y \in V$:

$$\|L(x) - L(y)\| = \|L(x - y)\| \leq C \|x - y\|_V.$$

Das zeigt die Lipschitz-Stetigkeit von L. ◆

Frage 725

Was versteht man unter **Zeilensummennorm** einer Matrix $A = (a_{ij}) \in \mathbb{K}^{m \cdot n}$?

▶ **Antwort** Die *Zeilensummennorm* ist die durch die Maximumsnorm induzierte Operatornorm. Das heißt, die Zeilensummennorm ist für eine Matrix A definiert durch

$$\|A\|_\infty := \sup_{\|x\|_\infty = 1} \|Ax\|_\infty.$$

Das führt auf die Darstellung

$$\|A\|_\infty = \sup_{\|x\|_\infty = 1} \left\{ \max_i \sum_{j=1}^{n} |a_{ij} x_j| \right\} = \max_i \sum_{j=1}^{n} |a_{ij}|.$$

Der letzte Schritt ist hier gerechtfertigt, da das Supremum gerade für die Vektoren der Form $x = (\pm 1, \ldots, \pm 1)$ angenommen wird. ◆

Frage 726

Wie ist die **Spaltensummennorm** einer Matrix $A = (a_{ij}) \in \mathbb{K}^{m \cdot n}$ definiert?

▶ **Antwort** Die *Spaltensummennorm* ist die durch die 1-Norm induzierte Operatornorm auf $K^{m \times n}$, also definiert durch

$$\|A\|_1 := \sup_{\|x\|_1 = 1} \|Ax\|_1.$$

Auch die Spaltensummennorm lässt sich durch die Einträge der Matrix A ausdrücken. Es gilt

$$\|A\|_1 = \sup_{\|x\|_1 = 1} = \max_j \sum_{i=1}^{m} |a_{ij}|,$$

was sich mit einem ähnlichen Argument wie für die Zeilensummennorm zeigen lässt. ◆

Frage 727

Wie ist die **Hilbert-Schmidt-Norm** für eine Matrix $A := (a_{ij}) \in K^{m \times n}$ definiert?

▶ **Antwort** Die Hilbert-Schmidt-Norm ist definiert durch

$$\|A\|_{HS} := \sqrt{\sum_{i,j} a_{ij}^2}.$$

Von den drei Eigenschaften einer Norm ist allein die Gültigkeit der Dreiecksungleichung hier nicht offensichtlich. Diese folgt aus

$$\|A+B\|_{HS} = \sqrt{\sum_{i,j}(a_{ij}+b_{ij})^2} \leq \sqrt{\sum_{i,j} a_{ij}^2 + \sum_{i,j} b_{ij}^2 + 2\sum_{i,j} |a_{ij}b_{ij}|} \leq \|A\|_{HS} + \|B\|_{HS}.$$

Dabei wurde im letzten Schritt von der für alle $x, y \in \mathbb{R}_+$ gültigen Ungleichung $\sqrt{x+y} \leq \sqrt{x} + \sqrt{y}$ Gebrauch gemacht. ◆

Frage 728

Wann heißt eine Matrix-Norm **verträglich** mit irgendwelchen Normen auf $V = \mathbb{K}^n$ bzw. $W = \mathbb{K}^m$.

▶ **Antwort** Eine Matrix-Norm heißt *verträglich* mit Normen $\| \ \|_V$ und $\| \ \|_W$, wenn für alle $x \in V$ gilt

$$\|Ax\|_W \leq \|A\| \cdot \|x\|_V$$

Nach Frage 721, (1) sind z. B. alle Operatornormen verträglich mit den Normen auf $\mathbb{K}^n$ und $\mathbb{K}^m$. ◆

Frage 729

Warum ist die Hilbert-Schmidt-Norm (Quadratsummennorm) auf $\mathbb{K}^{m \times n}$ keine Operatornorm?

▶ **Antwort** Für eine Operatornorm $\| \ \|$ gilt stets $\|\text{id}\| = 1$, die Hilbert-Schmidt-Norm liefert aber für die Einheitsmatrix $\| E_n \|_{HS} = \sqrt{n}$. ◆

Frage 730

Wie lässt sich die (globale) Stetigkeit einer Abbildung $X \to Y$ zwischen metrischen Räumen mithilfe offener Mengen charakterisieren?

▶ **Antwort** Das Kriterium lautet:

Eine Abbildung $f : X \to Y$ ist stetig genau dann, wenn das Urbild $f^{-1}(V)$ jeder offenen Menge $V \subset Y$ offen in X ist.

Ist nämlich f stetig im Sinne dieser Definition, dann ist für jedes $x \in X$ die Menge $f^{-1}\big(U_\varepsilon(f(x))\big)$ offen in X und enthält damit eine volle δ-Umgebung von X. Das heißt, f ist stetig im Sinne der $\varepsilon\delta$-Definition.

Sei umgekehrt f $\varepsilon\delta$-stetig und sei $V \subset Y$ offen. Für hinreichend kleine ε ist $U_\varepsilon\big(f(x)\big) \subset V$. Dann gilt $f\big(U_\delta(x)\big) \subset U_\varepsilon\big(f(x)\big)$ für ein hinreichend kleines, also $U_\delta(x) \subset f^{-1}(V)$. Das heißt, $f^{-1}(V)$ ist offen. ◆

Frage 731

Wie lautet eine äquivalente Definition der Stetigkeit mithilfe des Begriffs der abgeschlossenen Menge?

▶ **Antwort** Mit der Charakterisierung abgeschlossener Mengen als Komplemente offener Mengen erhält man aus Antwort 730

Eine Abbildung $f : X \to Y$ ist stetig genau dann, wenn das Bild jeder in X abgeschlossenen Menge abgeschlossen in Y ist. ◆

Frage 732

Warum sind für eine stetige Abbildung $f : X \to \mathbb{R}$ eines metrischen Raumes für jedes $c \in \mathbb{R}$ die Mengen $U := \{x \in X \, ; \, f(x) < c\}$ offen und $A := \{x \in X \, ; \, f(x) \le c\}$ abgeschlossen in X?

▶ **Antwort** Die Menge U ist das Urbild der offenen Menge $\{y \in Y \, ; \, y < c\} \subset Y$ unter f. Wegen der Stetigkeit von f ist U damit offen in X.

Die Menge A^C ist das Urbild der offenen Menge $\{y \in Y \, ; \, y > c\}$ und damit offen in X, folglich ist A abgeschlossen. ◆

Frage 733

Warum sind im $\mathbb{R}^n$ die Einheitskugeln bezüglich der Normen $\| \ \|_1$, $\| \ \|_2$ und $\| \ \|_\infty$ homöomorph?

▶ **Antwort** Die in Frage 716 speziell für die euklidische Norm betrachtete Abbildung

$$f_{\| \ \|} : x \mapsto \frac{x}{1 + \|x\|}$$

liefert für beliebige Normen $\| \ \|$ einen Homöomorphismus zwischen $\mathbb{R}^n$ und der jeweiligen Einheitskugel $U_{1, \| \ \|}$. Da jede Norm im $\mathbb{R}^n$ bezüglich einer anderen eine stetige Abbildung darstellt, liefert die Verkettung dieser Funktionen bzw. ihrer Umkehrungen umkehrbare stetige Abbildungen zwischen den jeweiligen Einheitskugeln. ◆

Frage 734

Sind (X, d_X) und (Y, d_Y) beliebige metrische Räume, $D \subset X$ eine nichtleere Teilmenge, $a \in X$ ein Häufungspunkt von D und $l \in Y$. Was besagt dann für eine Funktion $f : D \to Y$ die Schreibweise

$$\lim_{x \to a} f(x) = l?$$

Welche Sprechweise verwendet man hierfür?

▶ **Antwort** Die Aussage $\lim_{x \to a} = l$ bedeutet, dass die Funktion

$$\tilde{f} : D \cup \{a\} \to Y, \qquad \tilde{f}(x) := \begin{cases} f(x), & \text{für } x \in D, \ x \neq a \\ l, & \text{für } x = a \end{cases}$$

im Punkt a stetig ist (vgl. auch Frage 331).

Man verwendet in diesem Zusammenhang die Sprechweise „f hat bei Annäherung an a den Grenzwert l." ◆

Frage 735

Warum ist l in diesem Fall eindeutig bestimmt?

▶ **Antwort** Wäre $l^* \neq l$ ein anderer Grenzwert, dann besäßen l und l^* disjunkte ε-Umgebungen, und für ein hinreichend kleines δ lägen die Funktionswerte $\tilde{f}(x)$ für alle $x \in D$ mit $d(x, a) < \delta$ in beiden disjunkten Umgebungen – Widerspruch. ◆

Frage 736

Warum gilt im Fall $a \in D$

$$\lim_{x \to a} f(x) = f(a) \iff f \text{ stetig in } a?$$

▶ **Antwort** Ist f stetig in a, dann muss nach der vorigen Frage $f(a) = l$ gelten. Gilt andersherum $f(a) = l$, dann sind f und $\tilde{f}$ identische Funktionen.   ◆

Frage 737

Wie lautet die $\varepsilon\delta$-Charakterisierung bzw. das Folgenkriterium für die Aussage $\lim_{x \to a} f(x) = l$?

▶ **Antwort** Die Funktion f hat bei Annäherung an a den Grenzwert l,

(i)   wenn für jedes $\varepsilon > 0$ ein $\delta > 0$ existiert, sodass für alle $x \in D$ mit $d_X(a, x) < \delta$ gilt: $d_Y(a, x) < \varepsilon$ ($\varepsilon\delta$-*Charakterisierung*)

(ii) wenn für jede gegen a konvergente Folge $(x_k) \subset D$ die Folge $\big(f(x_k)\big)$ der Funktionswerte gegen l konvergiert (*Folgenkriterium*).   ◆

9.4   Kompaktheit, stetige Funktionen auf kompakten Räumen

Im Folgenden werden verschiedene Kompaktheitsbegriffe vorgestellt und das Verhalten stetiger Funktionen auf kompakten Mengen untersucht. Man erhält auf diese Weise auch neue Beweise und Verallgemeinerungen für bereits aus der reellen Analysis bekannte Tatsachen.

Frage 738

Können Sie den Begriff **Überdeckung** erläutern?

▶ **Antwort** Ist X ein topologischer Raum und $\mathfrak{U} := \{U_\lambda\}_{\lambda \in \Lambda}$ (Λ bezeichnet hier irgendeine Indexmenge) ein System von Mengen $U_\lambda \subset X$, dann heißt $\mathfrak{U}$ eine *Überdeckung von* X, wenn $X = \bigcup_{\lambda \in \Lambda} U_\lambda$ gilt.

Analog kann man von einer Überdeckung einer Teilmenge $M \subset X$ sprechen, wenn $M \subset \bigcup_{\lambda \in \Lambda} U_\lambda$ für ein System $\{U_\lambda\}_{\lambda \in \Lambda}$ von Teilmengen aus X gilt.

Im Folgenden spielen vor allem die *offenen Überdeckungen* eine Rolle. Eine Überdeckung heißt *offen*, wenn die Überdeckungsmengen U_λ offen in X sind.   ◆

Frage 739

Was versteht man unter einer **Teilüberdeckung**?

▶ **Antwort** Ist $\mathfrak{U} = \{U_\lambda\}_{\lambda \in \Lambda}$ eine Überdeckung von X (bzw. $M \subset X$), dann heißt jede Teilmenge $\{U_k\}_{k \in K \subset \Lambda}$ von $\mathfrak{U}$ eine *Teilüberdeckung* von X (bzw. M), wenn $\{U_k\}_{k \in K}$ ebenfalls eine Überdeckung von X (bzw. M) ist.

Zum Beispiel ist die Menge $\mathfrak{U}_1 := \{]k, k+3[\subset \mathbb{R} \; ; \; k \in \mathbb{Z}\}$ eine Überdeckung von $\mathbb{R}$. Da bereits die Intervalle des Typs $]2k, 2k+3[$ die reellen Zahlen überdecken, ist $\mathfrak{U}_2 := \{]2k, 2k+3[\subset \mathbb{R} \; ; \; k \in \mathbb{Z}\}$ eine Teilüberdeckung von $\mathfrak{U}_1$.   ◆

Frage 740

Wann heißt ein metrischer Raum X (**überdeckungs-)kompakt**?

▶ **Antwort** Ein metrischer Raum X heißt kompakt, wenn er die *Heine-Borel'sche Überdeckungseigenschaft* besitzt.

X besitzt diese Eigenschaft, wenn jede (wohlgemerkt: *jede*) *offene* Überdeckung $\{U_\lambda\}$ eine endliche Teilüberdeckung besitzt, wenn also endlich viele $U_{\lambda_1}, \dots, U_{\lambda_n}$ aus $\{U_\lambda\}_{\lambda \in \Lambda}$ existieren, sodass $X = U_{\lambda_1} \cup \dots \cup U_{\lambda_n}$ gilt.   ◆

Frage 741

Wann heißt eine Teilmenge $K \subset X$ kompakt?

▶ **Antwort** Eine Teilmenge $K \subset X$ heißt kompakt, wenn sich aus *jeder* Überdeckung von K durch offene Mengen aus X endlich viele auswählen lassen, die zusammen bereits eine Überdeckung von K bilden, für die (mit den Bezeichnungen von oben) dann gilt: $M \subset U_{\lambda_1} \cup \dots U_{\lambda_n}$.   ◆

Frage 742

Ist (a_k) eine konvergente Folge in einem metrischen Raum X, und $a \in X$ deren Grenzwert, warum ist die Menge $A_0 := \{a_k \; ; \; k \in \mathbb{N}\} \cup \{a\}$ dann kompakt?

▶ **Antwort** Sei $\mathfrak{U} := \{U_\lambda\}_{\lambda \in \Lambda}$ eine beliebige offene Überdeckung von A_0. Es muss gezeigt werden, dass A_0 bereits von endlich vielen der Mengen U_λ überdeckt wird. Nun, mindestens eine der Mengen aus $\mathfrak{U}$ – sagen wir U_{λ_0} – enthält den Grenzwert a, und nach der Definition der Konvergenz liegen in U_{λ_0} dann fast alle Folgenglieder. Die endlich vielen anderen Folgenglieder $a_1, \dots, a_r$ liegen jeweils in (nicht notwendig verschiedenen) Überdeckungsmengen $U_{\lambda_1}, \dots, U_{\lambda_r}$ aus $\mathfrak{U}$. Somit wird A_0 bereits von den endlich vielen Mengen $U_{\lambda_0}, U_{\lambda_1}, \dots, U_{\lambda_r}$ aus $\mathfrak{U}$ überdeckt. A_0 ist damit nach Definition eine kompakte Teilmenge von X.   ◆

Frage 743

Ist in der Situation aus der vorigen Frage auch die Menge $A := \{a_k \; ; \; k \in \mathbb{N}\}$ stets kompakt?

▶ **Antwort** Nein. Man betrachte etwa die Folge $(a_k) \subset \mathbb{R}$ mit $a_k = 1/k$. Die Mengen aus $\mathfrak{U} := \{U_{1/(1+k)^3}(a_k) \; ; \; k \in \mathbb{N}\}$ bilden zusammen eine Überdeckung von A, es existiert dazu aber keine endliche Teilüberdeckung, denn jedes Element aus $\mathfrak{U}$ enthält nur ein Folgenglied. ◆

Frage 744

Warum ist der $\mathbb{R}^n$ (versehen etwa mit der euklidischen Metrik) kein kompakter metrischer Raum?

▶ **Antwort** Die Menge $\{U_k(0) \; ; \; k \in \mathbb{N}\}$ von offenen Kugeln um den Nullpunkt ist eine Überdeckung von $\mathbb{R}^n$. Diese besitzt aber keine endliche Teilüberdeckung. ◆

Frage 745

Wann heißt ein metrischer Raum X bzw. ein Teilraum $K \subset X$ (mit der induzierten Metrik) **folgenkompakt**?

▶ **Antwort** X heißt folgenkompakt, wenn jede Folge in X eine konvergente Teilfolge besitzt. Entsprechend heißt ein Teilraum $K \subset X$ folgenkompakt, wenn jede Folge in K eine in K konvergente Teilfolge besitzt.

Zum Beispiel ist $\mathbb{R}$ ersichtlich *nicht* folgenkompakt, da etwa die Folge der natürlichen Zahlen keine konvergente Teilfolge besitzt. Beispiele für folgenkompakte Räume sind alle kompakten *metrischen* Räume, was in der nächsten Frage gezeigt wird. ◆

Frage 746

Können Sie zeigen, dass ein kompakter metrischer Raum X stets folgenkompakt ist?

▶ **Antwort** Sei (a_k) eine Folge in X und sei $A \subset X$ die Menge ihrer Folgenglieder. Nimmt die Folge nur endlich viele verschiedene Werte an, so kann man offensichtlich eine (dann sogar konstante) konvergente Teilfolge auswählen. Wir können also davon ausgehen, dass A unendlich ist. Dann muss A einen Häufungspunkt besitzen. Denn angenommen, das wäre nicht der Fall. Dann gäbe es zu jedem $x \in X$ eine Umgebung $U(x)$, in der nur endlich viele Folgenglieder liegen. Die Mengen $U(x)$ bilden zusammen eine offene Überdeckung von X, und da X kompakt ist, existiert dazu eine endliche Teilüberdeckung $\{U(x_1), \ldots, U(x_r)\}$. Insbesondere gilt dann $A \subset U(x_1) \cup \ldots \cup U(x_r)$, und da A

unendlich ist, muss mindestens eine der Umgebungen $U(x_i)$ unendlich viele Folgenglieder enthalten, im Widerspruch zur Annahme. Also besitzt A einen Häufungspunkt h.

Ausgehend von h konstruieren wir jetzt eine konvergente Teilfolge nach wohlbekanntem Muster. Die Umgebungen $K_{1/\nu}(h)$ enthalten für alle $\nu \in \mathbb{N}$ unendlich viele der Folgenglieder a_k. Daher lässt sich eine monoton wachsende Folge von Indizes $(k_\nu)_{\nu \in \mathbb{N}}$ so bestimmen, dass $a_{k_\nu} \in K_{1/\nu}(h)$ für alle $\nu \in \mathbb{N}$ gilt. Die Folge (a_{k_ν}) ist dann eine gegen h konvergente Teilfolge von (a_k). Das zeigt die Folgenkompaktheit von X.   ◆

Frage 747

Wieso ist jede *folgenkompakte* Teilmenge K eines metrischen Raumes stets beschränkt und abgeschlossen? (Eine Teilmenge K heißt *beschränkt*, wenn eine offene Kugel $U \subset X$ mit $K \subset U$ existiert.)

▶ **Antwort** Ist K folgenkompakt, so muss K beschränkt sein. Denn andernfalls ließe sich zu jedem beliebigen Punkt $a \in K$ eine Folge (x_k) mit $d(a, x_k) > k$ konstruieren. Wegen $d(x_m, x_n) \geq |d(a, x_m) - d(a, x_n)| = |m - n|$ für alle $m, n \in \mathbb{N}$ könnte diese aber keine konvergente Teilfolge besitzen.

Wäre K nicht abgeschlossen, dann hätte K einen Häufungspunkt h, der nicht zu K gehört, und es gäbe eine Folge in K, die gegen h konvergiert. Diese kann dann aber keine in K konvergente Teilfolge besitzen.   ◆

Frage 748

Ist ein *folgenkompakter* metrischer Raum stets kompakt?

▶ **Antwort** Dieser Zusammenhang gilt auch, für den Beweis s. etwa [21]. Für metrische Räume sind die beiden Begriffe „kompakt" und „folgenkompakt" somit äquivalent. Das gilt allerdings nicht für allgemeine topologische Räume, die durchaus eine der beiden Eigenschaften haben können, ohne die andere zu besitzen.   ◆

Frage 749

Ist eine beschränkte und abgeschlossene Teilmenge K eines metrischen Raumes stets kompakt?

▶ **Antwort** Nein. Man betrachte etwa die Teilmenge $E := \{\exp(ikx) \; ; \; k \in \mathbb{N}\}$ des metrischen Raumes $\mathcal{C}[0, \pi]$ bezüglich der Supremumsnorm. E ist beschränkt und abgeschlossen, aber wegen $\| \exp(ikx) - \exp(inx) \|_\infty = 2$ für alle $k \neq n$ ist sie nicht folgenkompakt und daher auch nicht kompakt.   ◆

Frage 750

Können Sie begründen, warum im Standardvektorraum $\mathbb{K}^n$ für eine Teilmenge K folgende Eigenschaften äquivalent sind:

(a) K ist beschränkt und abgeschlossen,
(b) K ist kompakt (im Sinne der Überdeckungseigenschaft),
(c) K ist folgenkompakt.

▶ **Antwort** Nach den in Frage 746 und 747 gegebenen Beweisen ist hier nur noch die Implikation (a) $\Longrightarrow$ (b) zu zeigen. Dies beweist man zunächst für $\mathbb{K} = \mathbb{R}$ mit einem Schachtelungsargument.

Sei also $K \subset \mathbb{R}^n$ beschränkt und abgeschlossen. Dann gibt es einen abgeschlossenen Würfel $W_0 \subset \mathbb{R}^n$ mit $K \subset W_0$. Angenommen, es gäbe eine Überdeckung $\{U_\lambda\}_{\lambda \in \Lambda}$ von K, die keine endliche Teilüberdeckung von K enthält. Ausgehend von W_0 ließe sich dann durch sukzessive Halbierung der Seitenlängen eine Folge $W_0 \supset W_1 \supset W_2 \supset \ldots$ von abgeschlossenen Würfeln konstruieren (s. Abb. 9.12), bei der W_k für jedes $k \in \mathbb{N}$ so ausgewählt wird, dass gilt:

$$W_k \cap K \text{ wird von keiner endlichen Teilmenge von } \{U_\lambda\}_{\lambda \in \Lambda} \text{ überdeckt} \qquad (*)$$

Eine derartige Auswahl ist aufgrund der Annahme, dass K nicht kompakt ist, in jedem Schritt möglich. Wegen diam $(W_k \cap K) \to 0$ und der Abgeschlossenheit von K gibt es nach dem allgemeinen Schachtelungsprinzip genau ein $x \in K$, das in allen Mengen $W_k \cap K$ enthalten ist. Andererseits liegt x in mindestens einer offenen Menge $U_x \in \{U_\lambda\}_{\lambda \in \Lambda}$, und für hinreichend große k sind die Mengen $W_k \cap K$ alle in U_x enthalten, im Widerspruch zu $(*)$.

Abb. 9.12 Die Konstruktion der Folge abgeschlossener Würfel im Beweis von Frage 750

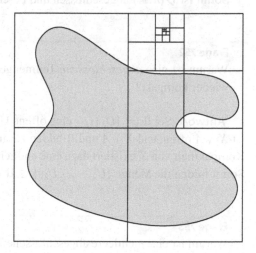

Um aus diesem Ergebnis für reelle Vektorräume den allgemeinen Fall abzuleiten, betrachte man einen Isomorphismus $\varphi : \mathbb{K}^n \to \mathbb{R}^n$. Dieser ist in jedem Fall auch ein Homöomorphismus und gibt daher Anlass für die Schlusskette

$$K \subset \mathbb{K}^n \text{ beschränkt und abgeschlossen} \qquad\qquad K \subset \mathbb{K}^n \text{ kompakt}$$
$$\Downarrow \qquad\qquad\qquad\qquad\qquad\qquad\qquad \Uparrow$$
$$\varphi(K) \subset \mathbb{R}^n \text{ beschränkt und abgeschlossen} \implies \varphi(K) \subset \mathbb{R}^n \text{ kompakt}$$

Damit ist der Zusammenhang auch für allgemeine endlichdimensionale Vektorräume gezeigt. ◆

Frage 751

Fasst man die *orthogonale Gruppe*

$$O(n, \mathbb{R}) := \{A \in \mathbb{R}^{n \times n} \; ; \; A^T A = E_n\}$$

als Teilmenge von $\mathbb{R}^{n^2} \simeq \mathbb{R}^{n \times n}$ auf, dann ist $O(n, \mathbb{R})$ kompakt. Können Sie das begründen?

▶ **Antwort** Jedes Element aus $O(n, \mathbb{R})$ liegt bezüglich der Maximumsnorm in der abgeschlossenen Einheitskugel von $\mathbb{R}^{n^2}$ (d. h., eine Matrix aus $O(n, \mathbb{R})$ besitzt keine Einträge, die betragsmäßig größer als 1 sind). Die orthogonale Gruppe ist also beschränkt.

Ferner ist $\mathbb{R}^{n^2} \setminus O(n, \mathbb{R})$ offen. Das liegt daran, dass für jede Matrix $X = (x_{ij})$ die Komponenten von $X^T X$ *stetig* von den x_{ij} abhängen. Aus $X^T X \neq E_N$ folgt damit, dass auch in einer Umgebung von X die Ungleichung gilt.

Somit ist $O(n, \mathbb{R})$ abgeschlossen und beschränkt, nach Frage 750 also kompakt. ◆

Frage 752

Warum ist eine *abgeschlossene* Teilmenge A eines *kompakten* metrischen Raumes X wieder kompakt?

▶ **Antwort** Sei $\mathfrak{U} := \{U_\lambda\}_{\lambda \in \Lambda}$ eine offene Überdeckung von A. Da A abgeschlossen ist, ist $X \setminus A$ offen, und $X \setminus A$ und $\mathfrak{U}$ bilden zusammen eine Überdeckung von X. Wegen der Kompaktheit von X existiert dazu eine endliche Teilüberdeckung $\{(X \setminus A), U_{\lambda_1}, \ldots, U_{\lambda_r}\}$. Somit bilden die Menge $\{U_{\lambda_1}, \ldots, U_{\lambda_r}\} \subset \mathfrak{U}$ eine endliche Teilüberdeckung von A. ◆

Frage 753

Warum ist eine nichtleere abgeschlossene Teilmenge A eines vollständigen metrischen Raumes X wieder vollständig?

▶ **Antwort** Sei (a_k) eine Cauchy-Folge in A. Wegen der Vollständigkeit von X besitzt diese einen Grenzwert $a \in X$. In jeder Umgebung von a liegen dann Elemente aus A. Würde a nicht zu A, sondern zu $X \setminus A$ gehören, dann folgte daraus, dass $X \setminus A$ nicht offen und damit A nicht abgeschlossen sein kann – Widerspruch. ◆

Frage 754

Können Sie das Schlagwort „stetige Bilder kompakter Räume sind kompakt" erläutern und begründen?

▶ **Antwort** Die Sprechweise besagt, dass für eine *stetige* Abbildung $f : X \to Y$ zwischen metrischen Räumen und eine kompakte Teilmenge $K \subset X$ das Bild $f(K)$ eine kompakte Teilmenge von Y ist.

Für den Beweis sei $\{U_\lambda\}_{\lambda \in \Lambda}$ eine offene Überdeckung von $f(K)$. Wegen der Stetigkeit von f sind die Urbilder der U_λ offen in X, und $\{f^{-1}(U_\lambda)\}_{\lambda \in \Lambda}$ ist eine offene Überdeckung von K. Wegen der Kompaktheit von K existiert dazu eine endliche Teilüberdeckung $\{f^{-1}(U_{\lambda_1}), \dots, f^{-1}(U_{\lambda_r})\}$, und die Mengen $U_{\lambda_1}, \dots, U_{\lambda_r}$ bilden dann eine endliche Teilüberdeckung von $f(K)$. ◆

Frage 755

Können Sie diesen **Satz von Weierstraß** begründen. Ist X ein kompakter metrischer Raum und $f : X \to \mathbb{R}$ eine stetige Funktion, dann nimmt f auf X ein absolutes Maximum und absolutes Minimum an, d. h., es gibt ein $x_{\min} \in X$ und ein $x_{\max} \in X$ mit $f(x_{\min}) \leq f(x) \leq f(x_{\max})$ für alle $x \in X$?

▶ **Antwort** Der Beweis für diesen wichtigen Satz ergibt sich mit der erarbeiteten Terminologie wie von selbst: $f(X) \subset \mathbb{R}$ ist als stetiges Bild einer kompakten Menge kompakt, folglich beschränkt und besitzt ein Infimum t und ein Supremum s. Diese müssen wegen der Abgeschlossenheit von $f(X)$ zu $f(X)$ gehören. Es gibt also ein $x_{\min}$ und ein $x_{\max}$ aus X mit $f(x_{\min}) = t$ und $f(x_{\max}) = s$. ◆

Frage 756

Können Sie zeigen, dass eine stetige Abbildung $f : X \to Y$ zwischen metrischen Räumen sogar *gleichmäßig stetig* ist, falls X kompakt ist?

▶ **Antwort** Es muss gezeigt werden, dass es zu jedem $\varepsilon > 0$ ein $\delta > 0$ gibt, sodass *für alle* $x_1, x_2 \in X$ gilt:

$$d_X(x_1, x_2) < \delta \implies d_Y\big(f(x_1), f(x_2)\big) < \varepsilon.$$

Angenommen, es gibt ein ε_0, für das kein δ mit dieser globalen Eigenschaft existiert. Dann gibt es zu jedem $n \in \mathbb{N}$ zwei Punkte $x_n, x'_n \in X$ mit $d(x_n, x'_n) < 1/n$ aber $d\big(f(x_n), f(x'_n)\big) > \varepsilon_0$. Wegen der Kompaktheit von X besitzt (x_n) eine Teilfolge (x_{n_k}), die gegen einen Punkt $\xi \in X$ konvergiert. Dann konvergiert aber auch (x'_{n_k}) gegen ξ. Wegen der Stetigkeit von f folgt $\lim\limits_{k \to \infty} f(x_{n_k}) = f(\xi) = \lim\limits_{k \to \infty} f(x'_{n_k})$, und das steht im Widerspruch zu $d_Y\big(f(x_n), f(x'_n)\big) > \varepsilon_0$ für alle $n \in \mathbb{N}$.   ◆

Frage 757

Warum sind im $\mathbb{K}^n$ ($\mathbb{K} = \mathbb{R}$ oder $\mathbb{K} = \mathbb{C}$) alle Normen äquivalent?

▶ **Antwort** Zum Beweis genügt es, die Äquivalenz einer beliebigen Norm $\| \ \|$ mit der 1-Norm $\| \ \|_1$ zu zeigen. Das Argument beruht im Wesentlichen auf einer Anwendung des Satzes vom Maximum und Minimum und benutzt die beiden Tatsachen

(i) *Die Norm $\| \ \|$ ist stetig bezüglich $\| \ \|_1$.*

(ii) *Die Sphäre $S_1^{n-1} := \{x \in \mathbb{K}^n \ ; \ \|x\|_1 = 1\}$ ist kompakt.*

Aus (i) und (ii) folgt, dass die Funktion $\| \ \|$ auf S_1^{n-1} ein Maximum und ein Minimum annimmt, es gibt also reelle Zahlen c und C mit

$$c \leq \|x\| \leq C \quad \text{für alle } x \in S_1^{n-1}, \tag{$*$}$$

wobei c und C wegen $0 \notin S_1^{n-1}$ beide $\neq 0$ sind. Sei nun $x \in \mathbb{R}^n \setminus \{0\}$ beliebig. Dann ist $\frac{x}{\|x\|_1} \in S_1$, und aus $(*)$ folgt $c \leq \left\| \frac{x}{\|x\|_1} \right\| \leq C$ und damit

$$c \cdot \|x\|_1 \leq \|x\| \leq C \cdot \|x\|_1.$$

Diese Ungleichungskette drückt die Äquivalenz von $\| \ \|$ und $\| \ \|_1$ auf $\mathbb{K}^n$ aus.   ◆

Frage 758

Warum können die Einheitskreislinie

$$S^1 := \{(x, y) \in \mathbb{R}^2 \ ; \ x^2 + y^2 = 1\}$$

und das Intervall $[0, 2\pi[$ nicht homöomorph sein?

▶ **Antwort** Bekanntlich lässt sich zwar das Intervall $[0, 2\pi[$ stetig aus S^1 abbilden (etwa durch $t \mapsto (\cos t, \sin t)$), die Umkehrung kann aber nicht stetig sein, und zwar deswegen, weil S^1 kompakt ist und $]0, 2\pi[$ nicht (s. Abb. 9.13), und weil die Bilder kompakter Mengen unter stetigen Abbildungen nach Frage 754 immer kompakt sind.   ◆

Abb. 9.13 Das Intervall $[0, 2\pi[$ und die Einheitskreislinie S^1 sind nicht homöomorph

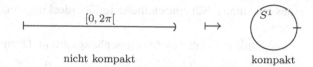

nicht kompakt   kompakt

Frage 759

Ist X ein metrischer Raum und sind $A, B \subset X$ kompakte Teilmengen. Warum sind dann $A \cap B$ und $A \cup B$ ebenfalls kompakt?

▶ **Antwort** (i) Sei $\{U_\lambda\}_{\lambda \in \Lambda}$ eine Überdeckung von $A \cap B$. Die Menge $A \cap B$ ist als Durchschnitt abgeschlossener Mengen abgeschlossen, und somit ist $\{X \setminus (A \cap B)\} \cup \{U_\lambda\}$ eine offene Überdeckung von A und von B. Davon gibt es jeweils endliche Teilüberdeckungen für A ebenso wie für B. Die Zusammenfassung dieser beiden Teilüberdeckungen ist dann eine endliche Teilüberdeckung für $A \cap B$. Das zeigt, dass der Durchschnitt kompakt ist.

(ii) Ist $\{U_\lambda\}_{\lambda \in \Lambda}$ eine Überdeckung von $A \cup B$, so auch von A und von B. Es existieren also jeweils endliche Teilüberdeckungen für A und für B, und durch Zusammenfassung von diesen erhält man eine endliche Teilüberdeckung für $A \cup B$. ◆

Frage 760

* Sind X und Y kompakte metrische Räume, ist dann auch das kartesische Produkt $X \times Y$ bezüglich der Produktmetrik kompakt?

▶ **Antwort** Das kartesische Produkt ist in diesem Fall auch kompakt.

Für den Beweis sei $\{U_\lambda\}_{\lambda \in \Lambda}$ eine offene Überdeckung von $X \times Y$. Zu jedem $(x, y) \in U_\lambda$ gibt es eine offene Umgebungen $V_{(x,y)}$ in X und $W_{(x,y)}$ in Y, sodass das offene „Kästchen" $V_{(x,y)} \times W_{(x,y)}$ in U_λ enthalten ist (vgl. die erste Grafik in Abb. 9.14).

Die Mengen $V_{(x,y)}$ bilden bei festgehaltenem y eine offene Überdeckung von X, und wegen der Kompaktheit von X gibt es endlich viele Punkte $x_1, \ldots, x_{r(y)} \in X$, sodass gilt:

$$X \subset V_{(x_1,y)} \cup \cdots \cup V_{(x_r,y)}. \qquad \text{vgl. die zweite Abbildung}$$

Im nächsten Schritt bilden wir für jedes $y \in Y$ die Menge

$$W(y) := W_{(x_1,y)} \cap \cdots \cap W_{(x_{r(y)},y)}. \qquad \text{vgl. die dritte Grafik in Abbildung 9.14}$$

Die $W(y)$ sind dann eine Überdeckung von Y, und wegen der Kompaktheit von Y lassen sich endlich viele $y_1, \ldots, y_s$ auswählen, für die bereits

$$Y \subset W(y_1) \cup \cdots \cup W(y_s)$$

gilt. Die Mengen $V_{(x_{r(y_j)}, y_j)} \times W(y_j)$, $1 \leq j \leq s$ sind dann eine endliche Überdeckung von $X \times Y$, und jedes dieser Kästchen ist in einem U_λ enthalten. Man wähle zu jedem Kästchen eines, und man erhält eine endliche Teilüberdeckung der ursprünglichen Überdeckung von $X \times Y$.

Die Umkehrung dieses Zusammenhangs gilt im Übrigen auch und ist eine Folge davon, dass die kanonischen Projektionen $X \times Y \to X$ bzw. $X \times Y \to Y$ stetige Abbildungen sind. ◆

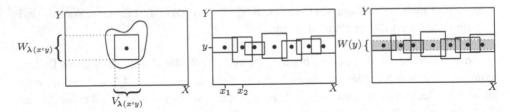

Abb. 9.14 Konstruktionsschritte im Beweis zu Frage 760

9.5 Wege, Zusammenhangsbegriffe

Frage 761

Wann heißt ein metrischer Raum X bzw. eine Teilmenge $D \subset X$ **wegweise** oder **bogenweise zusammenhängend**?

▶ **Antwort** X heißt bogenweise zusammenhängend, wenn es zu je zwei Punkten $a, b \in X$ einen *Weg*, d. h. eine stetige Abbildung $\gamma : [0, 1] \to X$ mit $\gamma(0) = a$ und $\gamma(1) = b$ gibt. ◆

Frage 762

Was sind die bogenweise zusammenhängenden Teilmengen von $\mathbb{R}$ (mit der natürlichen Metrik)?

▶ **Antwort** Die bogenweise zusammenhängenden Teilmengen von $\mathbb{R}$ sind gerade alle Typen von Intervallen.

Dass für je zwei Punkte eines reellen Intervalls ein Weg existiert, ist offensichtlich. Die Umkehrung ergibt sich als Folgerung aus dem Zwischenwertsatz. ◆

Frage 763

Warum ist das stetige Bild eines bogenweise zusammenhängenden Raums wieder bogenweise zusammenhängend (allgemeiner Zwischenwertsatz)?

▶ **Antwort** Ist $f : X \to Y$ stetig und γ ein Weg von $a \in X$ nach $b \in X$, so ist $f \circ \gamma$ ein Weg von $f(a)$ nach $f(b)$. ◆

Frage 764

Wann heißt eine Teilmenge S eines normierten $\mathbb{K}$-Vektorraums **sternförmig**?

▶ **Antwort** S heißt *sternförmig*, wenn ein Punkt $s^* \in S$ existiert, sodass für jeden Punkt $s \in S$ auch die „Verbindungsstrecke"

$$\{s + t \cdot (s^* - s) \; ; \; t \in [0, 1]\}$$

vollständig in S enthalten ist, s. Abb. 9.15.

Abb. 9.15 Eine sternförmige
Menge

Abb. 9.16 Die „geschlitzte"
komplexe Zahlenebene $\mathbb{C}_-$ ist
ein Sterngebiet

Beispielsweise ist die längs der negativen reellen Achse „geschlitzte" komplexe Zahlen ebene $\mathbb{C}_- := \mathbb{C} \setminus \{x \in \mathbb{R} \; ; \; x \leq 0\}$ eine sternförmige Menge, s. Abb. 9.16. Jeder Punkt auf der positiven reellen Achse ist ein Sternpunkt von $\mathbb{C}_-$. ◆

Frage 765

Wann heißt eine Teilmenge eines normierten $\mathbb{K}$-Vektorraums X **polygonzusammenhängend**?

▶ **Antwort** Eine Menge $M \subset X$ heißt polygonzusammenhängend, wenn zu je zwei Punkten $a, b \in M$ Punkte $a = a_0, a_1, \ldots, a_n = b$ aus M existieren derart, dass die Strecken

$$S_{a_{k-1}, a_k} := \{x \in X \; ; \; x = a_{k-1} + t(a_k - a_{k-1}), \, t \in [0, 1]\}$$

für $1 \leq k \leq n$ ganz in M enthalten sind. Diese einzelnen Strecken lassen sich dann zu einem *Streckenzug* zusammenfassen, der a und b verbindet. ◆

Frage 766

Warum ist eine sternförmige Menge S stets bogenweise zusammenhängend?

▶ **Antwort** Für zwei Elemente s_1 und s_2 eines sternförmig zusammenhängenden Raumes gibt es Verbindungsstrecken von s_1 nach s^* und von s_1 nach s^*. Diese lassen sich zu Weg zwischen s_1 und s_2 zusammenfassen. ◆

Frage 767

Warum sind für $n \geq 2$ der Raum $\mathbb{R}^n \setminus \{0\}$ und die Sphäre S^{n-1} bogenweise zusammenhängend?

▶ **Antwort** Seien a und b beliebige Punkte auf S^{n-1}. Verläuft deren Verbindungsstrecke $\gamma(t)$ nicht durch den Nullpunkt, dann ist

$$\gamma: t \to S^{n-1}; \quad t \mapsto \frac{\gamma(t)}{\|\gamma(t)\|}$$

ein stetiger Weg auf S^{n-1} von a nach b, s. Abb. 9.17.

Abb. 9.17 Ein stetiger Weg auf S^{n-1} von a nach b

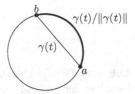

Für den Fall, dass die Verbindungsgerade von a und b durch den Nullpunkt läuft, gibt es einen weiteren Punkt c derart, dass weder die Strecke von a nach c noch die von b nach c den Nullpunkt schneidet. Es gibt dann nach obigem stetige Wege von a nach c und von c nach b. Diese lassen sich zu einem stetigen Weg von a nach b verbinden. ◆

Frage 768

Können Sie begründen, warum für einen normierten Raum X und eine nichtleere Teilmenge $D \subset X$ folgende Aussagen äquivalent sind:

(a) D ist polygonzusammenhängend,

(b) D ist bogenweise zusammenhängend,

(c) Ist $\emptyset \neq M \subset D$ und M in D offen und abgeschlossen bezüglich der induzierten Metrik ist, dann ist $M = D$.

▶ **Antwort** (a) $\Longrightarrow$ (b) ist offensichtlich.

(b) $\Longrightarrow$ (c) Sei D bogenweise zusammenhängend und $M \subset D$ offen und abgeschlossen in D. Angenommen, es ist $M \neq D$. Dann sind $D \setminus M$ und M beide offen, nichtleer und disjunkt. Für einen stetigen Weg $\gamma : [0,1] \to D$ mit $\gamma(0) = a \in M$ und $\gamma(1) = b \in D \setminus M$ sind dann die Urbilder $\gamma^{-1}(M)$ und $\gamma^{-1}(D \setminus M)$ beide offene, nichtleere und disjunkte Teilmengen von $[0,1]$, deren Vereinigung gerade das Intervall $[0,1]$ ist. Zwei Mengen mit dieser Eigenschaft kann es aber nicht geben (vgl. Frage 770). Also muss wirklich $M = D$ gelten.

(c) $\implies$ (a) Sei a irgendein Punkt aus D. Man betrachte die Teilmenge

$$U := \{x \in D \; ; \; \text{Es gibt einen Streckenzug in } D \text{ von } a \text{ nach } x\}.$$

Wir zeigen, dass U gleichzeitig offen und abgeschlossen ist. Aus der Voraussetzung folgt dann $U = D$, also (a).

(i)   Sei $u \in U$ und $K(u)$ eine beliebige offene Kugel um u. Jedes $b \in K(u)$ lässt sich durch einen Streckenzug mit dem Mittelpunkt u verbinden, und für diesen wiederum existiert wegen $u \in U$ ein Streckenzug nach a. Die beiden Streckenzüge lassen sich dann zu einem Streckenzug von a nach b verbinden, s. Abb. 9.18. Das zeigt $b \in U$ für jedes $b \in K(u)$.

Abb. 9.18 a und b lassen sich durch einen Polygonzug verbinden

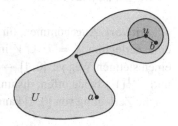

Also ist $K(u)$ in U enthalten. Das zeigt die Offenheit von U.

(ii)   Für jedes Element $v \in D \setminus U$ liegt jede Kugel $K(v)$ um v ebenfalls in $D \setminus U$, denn für einen Punkt $b \in K(v) \cap U$ existierten Polygonzüge nach v und nach a, und durch Verknüpfung erhielte man einen von a nach v, woraus $v \in U$ folgen würde, im Widerspruch zu $v \subseteq D \setminus U$.

U und $D \setminus U$ sind also beide offen, U folglich offen *und* abgeschlossen in D. Nach Voraussetzung folgt $D = U$. Für jeden Punkt aus D existiert also ein Streckenzug nach a. Da a beliebig gewählt war, folgt, dass D polygonzusammenhängend ist. ◆

Frage 769

Wann nennt man einen metrischen Raum im allgemeinen Sinne **zusammenhängend**?

▶ **Antwort** Ein metrischer Raum X heißt *zusammenhängend*, wenn es *keine* Zerlegung $X = U \cup V$ gibt, in welcher U und V beide offen, disjunkt und nicht leer sind. ◆

Frage 770

Können Sie zeigen, dass das Intervall $[0, 1]$ zusammenhängend ist?

▶ **Antwort** Angenommen, es gäbe eine Zerlegung von $[0, 1]$ in zwei disjunkte, offene und nichtleere Umgebungen A und B. Man wähle irgendein $a \in A$ und ein $b \in B$. Ohne

Beschränkung der Allgemeinheit sei $b > a$. Dann kann

$$t := \inf\{x \in B \; ; \; x > a\}$$

jedenfalls nicht in B enthalten sein, denn B ist offen. Andererseits liegen in jeder Umgebung von t auch Punkte aus a. Denn wenn nicht schon $t = a$ gilt, dann ist $a < t$, und das Intervall $]a, t[$ ist vollständig in A enthalten. Da a offen ist, folgt $t \notin A$. Es ist also $t \subset [0, 1]$ weder in A noch in B enthalten, im Widerspruch zu $A \cup B = [0, 1]$.   ◆

Frage 771

Warum ist jeder bogenweise zusammenhängende Raum zusammenhängend?

▶ **Antwort** Angenommen, für einen bogenweise zusammenhängenden Raum X gibt es eine Zerlegung $X = U \cup V$ in offene, disjunkte und nichtleere Mengen U und V. Für einen stetigen Weg $\gamma \colon [0, 1] \to X$ von $u \in U$ nach $v \in V$ sind dann die Mengen $\gamma^{-1}(U)$ und $\gamma^{-1}(V)$ beide offen, disjunkt, nichtleer und es gilt $\gamma^{-1}(U) \cup \gamma^{-1}(V) = [0, 1]$. Eine solche Zerlegung von $[0, 1]$ kann es aber nach Frage 770 nicht geben.   ◆

Frage 772

Ist jeder zusammenhängende Raum auch wegzusammenhängend?

▶ **Antwort** Nein. Ein Gegenbeispiel ist etwa die Menge

$$M := A \cup B; \text{ wobei}$$

$$A := \left\{(x, y) \in \mathbb{R}^2 \,|\, x = 0; -1 \leq y \leq 1\right\} \quad \text{und}$$

$$B := \left\{(x, y) \in \mathbb{R}^2 \,|\, 0 < x \leq 1; \; y = \sin\left(\frac{1}{x}\right)\right\}$$

In der Literatur ist diese Menge auch bekannt als *Sinuskurve der Topologie*.

Warum ist nun M zusammenhängend?

Die Menge $B := \{(x, y) \in \mathbb{R}^2 \,|\, 0 < x \leq 1, \; y = \sin(\frac{1}{x})\}$ ist Graph der Funktion

$$f \colon]0, 1] \to \mathbb{R} \text{ mit } f(x) = \sin\left(\frac{1}{x}\right)$$

und damit als stetiges Bild eines Intervalles zusammenhängend.

Allgemein gilt: Ist B eine zusammenhängende Teilmenge eines metrischen Raumes X, dann ist auch ihr Abschluss $\overline{B}$ zusammenhängend (man beweise dies als Übung).

Für unser obiges B ist aber $\overline{B} = M$, d. h. M ist zusammenhängend.

Abb. 9.19 Die Menge M ist zwar zusammenhängend, aber nicht wegzusammenhängend

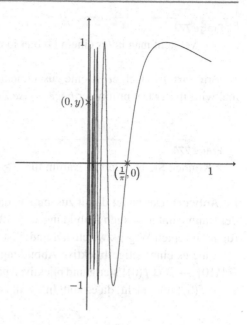

M ist aber nicht wegzusammenhängend, wie wir gleich zeigen werden.

Wir zeigen, dass sich der Punkt $(0, y) \in M$, $-1 \le y \le 1$ nicht mit einem Punkt $(\frac{1}{\pi}, 0) \in M$ stetig verbinden lässt. Wir führen einen Widerspruchsbeweis und nehmen an, dass es eine stetige Abbildung $\alpha := (\alpha_1, \alpha_2)$, $\alpha : [0, 1] \to M$ mit

$$\alpha(0) = (0, y) \in M \quad \text{und} \quad \alpha(1) = \left(\frac{1}{\pi}, 0\right) \subset M,$$

gibt. Mit α sind auch α_1 und α_2 stetig. Wir setzen:

$$t_0 := \inf\{t \in [0, 1] \mid \alpha_1(t) > 0\}$$

Für $t < t_0$ mit $\alpha_1(t) \ne 0$, also

$$\alpha(t) = \left(\alpha_1(t), \sin\left(\frac{1}{\alpha_1(t)}\right)\right).$$

Nach einer Eigenschaft des Infimums gibt es eine Folge (t_n), $t_n \in [0, 1]$, mit $\lim_{n \to \infty} t_n = t_0$ und $t_n < t_0$ für alle n.

Dann ist $\alpha(t_0) = \lim_{n \to \infty} \alpha(t_n) = \lim_{n \to \infty} (a_1(t_n), \sin(\frac{1}{\alpha_1(t_n)}))$.
Wegen der Stetigkeit von α ist dann

$$\lim_{n \to \infty} \alpha(t_n) = (0, \alpha_2(t_0))$$

Da aber der Grenzwert $\lim_{x \to 0,\, x > 0} \sin(\frac{1}{x})$ nicht existiert (Begründung?), existiert auch der Grenzwert $\lim_{t \to t_0,\, t > t_0} \sin(\frac{1}{\alpha_1(t)})$ nicht. Das widerspricht der vorausgesetzten Stetigkeit von $\alpha = (\alpha_1, \alpha_2)$.

M ist also nicht wegzusammenhängend. ◆

Frage 773

Was versteht man unter einem **Gebiet** in einem normierten Raum?

▶ **Antwort** Ein Gebiet ist eine zusammenhängende offene Teilmenge von X. (Manchmal wird in der Definition der *bogenweise Zusammenhang* gefordert.)   ◆

Frage 774

* Können Sie begründen, warum für $n \geq 2$ $\mathbb{R}^n$ und $\mathbb{R}$ nicht homöomorph sind?

▶ **Antwort** Das hängt damit zusammen, dass die Bilder bogenweise zusammenhängender Räume unter stetigen Abbildungen $f : X \to Y$ wieder bogenzusammenhängend sind (denn für einen Weg γ zwischen a und b ist $f \circ \gamma$ ein Weg zwischen $f(a)$ und $f(b)$).

Gäbe es eine stetige bijektive Abbildung $f : \mathbb{R}^n \to \mathbb{R}$, so wäre auch die Abbildung $\mathbb{R}^n \setminus \{0\} \to \mathbb{R} \setminus \{f(0)\}$ stetig und bijektiv. Aber $\mathbb{R}^n \setminus \{0\}$ ist bogenweise zusammenhängend, $\mathbb{R} \setminus \{f(0)\}$ aber nicht, da es kein Intervall ist.   ◆

9.6   Der Satz von Stone-Weierstraß

Der klassische Approximationssatz von Weierstraß besagt, dass man jede stetige Funktion $f : [a,b] \to \mathbb{R}$ *gleichmäßig* durch Polynome approximieren kann, dass also die Funktionenalgebra der Polynome auf $[a,b]$ dicht im Raum $\mathcal{C}([a,b])$ liegt. Der Satz besitzt wichtige Verallgemeinerungen für *kompakte* metrische Räume X, mit dem man für geeignete Funktionenräume $\mathcal{F}(X) \subset \mathcal{C}(X)$ deren Dichtheit in $\mathcal{C}(X)$ nachweisen kann.

Frage 775

Welche Voraussetzungen an einen Unterraum $\mathcal{F} \subset \mathcal{C}(X, \mathbb{R})$ (X kompakter metrischer Raum) muss man z. B. stellen, damit $\mathcal{F}$ dicht in $\mathcal{C}(X, \mathbb{R})$ ist?

▶ **Antwort** Es gilt: *Besitzt der Unterraum $\mathcal{F} \subset \mathcal{C}(X, \mathbb{R})$ die Eigenschaften*

(i)   *$f \in \mathcal{F} \Longrightarrow |f| \in \mathcal{F}$,*

(ii) *$\mathcal{F}$ trennt die Punkte von X, d. h., zu $x, y \in X$ mit $x \neq y$ gibt es ein $f \in \mathcal{F}$ mit $f(x) \neq f(y)$,*

dann ist $\mathcal{F}$ dicht in $\mathbb{R}$. Das heißt, zu jedem $\varphi \in \mathcal{C}(X, \mathbb{R})$ und jedem $\varepsilon > 0$ gibt es ein $f \in \mathcal{F}$ mit $|\varphi(x) - f(x)| < \varepsilon$ für alle $x \in X$.   ◆

Wir geben hier als Zugabe einen Beweis dieses Approximationssatzes, weil er dazu beiträgt, den Nutzen der in diesem Kapitel entwickelten topologischen Methoden an einem interessanten Beispiel zu illustrieren.

Zwei Bemerkungen vorweg. Die Eigenschaften (i) bzw. (ii) implizieren:

(i') Mit f und g gehören auch die Funktionen $f \wedge g$ und $f \vee g$, die durch

$$(f \vee g)(x) := \max\{f(x), g(x)\}, \quad (f \wedge g)(x) := \min\{f(x), g(x)\}$$

definiert sind, zu $\mathcal{F}$.

(ii') Zu je zwei Punkten $x_1, x_2 \in$ mit $x_1 \neq x_2$ und zwei Zahlen $a, b \in \mathbb{R}$ gibt es eine Funktion $f \in \mathcal{F}$ mit $f(x_1) = a$ und $f(x_2) = b$.

Die Eigenschaft (i') folgt aus (i) wegen

$$f \vee g = \frac{f+g}{2} + \left|\frac{f-g}{2}\right|, \quad \text{und} \quad f \wedge g = \frac{f+g}{2} - \left|\frac{f-g}{2}\right|.$$

Eigenschaft (ii') wird von der Funktion

$$f(x) = a \frac{g(x) - g(x_2)}{g(x_1) - g(x_2)} + b \frac{g(x) - g(x_1)}{g(x_2) - g(x_1)}$$

erfüllt, wobei g eine Funktion aus $\mathcal{F}$ ist, die die Punkte x_1 und x_2 trennt.

Zum eigentlichen Beweis: Sei $\varphi \in \mathcal{C}(X, \mathbb{R})$ und $\varepsilon > 0$ gegeben. Zu je zwei Punkten $x, y \in X$ gibt es aufgrund von (2') eine Funktion $f_{x,y} \in \mathcal{F}$ mit $f_{x,y}(x) = \varphi(x)$ und $f_{x,y}(y) = \varphi(y)$. Das weitere Vorgehen besteht nun darin, aus „Teilstücken" der Funktionen $f_{x,y}$ mit den Operationen $\vee$ und $\wedge$ eine stetige Funktion zu konstruieren, deren Graph vollkommen im ε-Streifen von φ verläuft. Dass das mit endlich vielen Teilstücken funktioniert, hängt mit der Kompaktheit von X zusammen. Man betrachte zu festgehaltenem x zu jedem $y \in X$ die Mengen

$$U_{x,y} := \{z \in X \; ; \; \varphi(z) - \varepsilon < f_{x,y}(z)\}.$$

Diese Mengen sind jeweils offene Umgebungen von y und überdecken zusammen X. Wegen der Kompaktheit von X existiert dazu eine endliche Teilüberdeckung $\{U_{x,y_1(x)}, \ldots, U_{x,y_{r(x)}(x)}\}$ (wobei die y_i genauso wie deren Anzahl von x abhängt). Die Funktionen f_{x,y_i} verlaufen nun für alle $i \in \{1, \ldots, n(x)\}$ auf U_{x,y_i} oberhalb von $\varphi - \varepsilon$, die Funktion $g_x := f_{x,y_1(x)} \vee \cdots \vee f_{x,y_{r(x)}(x)}$ hat aus diesem Grund die Eigenschaft

$$g_x(z) > \varphi(z) - \varepsilon \quad \text{für alle } z \in X.$$

Jetzt wenden wir auf die Funktionen g_x dasselbe Verfahren „von oben" an. Die Mengen

$$V_x = \{z \in X \ ; \ g_x(z) < \varphi + \varepsilon\}$$

sind jeweils offene Umgebungen von x und überdecken zusammen X. Es gibt also eine endliche Teilüberdeckung $\{V_{x_1}, \ldots, V_{x_s}\}$. Auf U_{x_i} verläuft g_{x_i} dann für alle $i = 1, \ldots, s$ unterhalb von $\varphi + \varepsilon$. Man bilde also $h := g_{x_1} \wedge \cdots \wedge g_{x_s}$. Dann gilt $\varphi(z) - \varepsilon < h(z) < \varphi(z) + \varepsilon$ für alle $z \in X$, also $|h(z) - \varphi(z)| < \varepsilon$ für alle $z \in X$. Die Funktion $h(z)$ ist damit die gesuchte Approximation zu φ.   ◆

Frage 776

Was besagt der **Satz von Stone-Weierstraß**?

▶ **Antwort** Der Satz besagt: *Ist X ein kompakter metrischer Raum und $\mathcal{A} \subset \mathcal{C}(X, \mathbb{K})$ ($\mathbb{K} = \mathbb{R}$ oder $\mathbb{K} = \mathbb{C}$) eine Funktionenalgebra mit*

(1) $1 \in \mathcal{A}$,

(2) $f \in \mathcal{A} \Longrightarrow \overline{f} \in \mathcal{A}$,

(3) $\mathcal{A}$ trennt die Punkte von X,

dann liegt $\mathcal{A}$ dicht in X.

Es gibt viele verschiedene Wege, den Satz von Stone-Weierstraß zu beweisen. Eine Möglichkeit besteht darin, ihn aus dem vorhergehenden Approximationssatz abzuleiten. Dabei sind aber erst einige Hindernisse zu überwinden, denn die Voraussetzung $f \in \mathcal{A} \Longrightarrow |f| \in \mathcal{A}$ ist für eine Funktionenalgebra im Allgemeinen nicht erfüllt. Man kann aber zeigen, dass für eine reelle Funktionenalgebra $\mathcal{A}$ die die oberen drei Voraussetzungen erfüllt, $|f|$ beliebig genau durch Elemente aus $\mathcal{A}$ approximiert werden kann. Mit diesem Ergebnis greift dann der Satz aus Frage 775 und liefert den Satz von Stone-Weierstraß zunächst für reelle Funktionenalgebren.

Für komplexe Funktionenalgebren, die die Eigenschaft (2) erfüllen, lässt er sich auf den reellen Fall zurückführen. Denn diese Eigenschaft gilt genau dann, wenn mit f auch $\operatorname{Re} f$ und $\operatorname{Im} f$ in $\mathcal{A}$ enthalten sind.   ◆

Frage 777

Können Sie aus dem allgemeinen Satz von Stone-Weierstraß folgern:

(a) Ist $X \subset \mathbb{R}^n$ kompakt, dann ist die Algebra der Polynome mit Koeffizienten in $\mathbb{K}$ dicht in $\mathcal{C}(X, \mathbb{K})$.

(b) Ist $S^1 := \{z \in \mathbb{C} \; ; \; |z| - 1\}$ die Einheitskreislinie, dann ist die Algebra der trigonometrischen Polynome

$$\mathcal{T} := \left\{ \sum_{k=-n}^{n} c_k z^k \; ; \; n \in \mathbb{N}_0; c_k \in \mathbb{C} \right\}$$

dicht in $\mathcal{C}(S^1, \mathbb{C})$. (Dies folgt auch aus dem Satz von Fejér (vgl. Frage 606).

(c) Sind X, Y kompakte metrische Räume, dann ist die Algebra

$$\mathcal{C}(X) \otimes \mathcal{C}(Y) := \left\{ \sum_{k=1}^{n} f_k(x) g_k(y) \; ; \; f_k \in \mathcal{C}(X), \; g_k \in \mathcal{C}(Y) \right\}$$

dicht in $\mathcal{C}(X \times Y)$. (Das ist für die Integrationstheorie sehr nützlich, vgl. Frage 864.)

▶ **Antwort** Es muss bei allen drei Antworten nur gezeigt werden, dass die jeweiligen Funktionenalgebren die Voraussetzungen des Satzes von Stone-Weierstraß erfüllen. Das ist aber offensichtlich. Alle enthalten nach Definition das Einselement und mit f auch $\overline{f}$. In (b) hat die identische Funktion die Eigenschaft, die Punkte zu trennen. Im Fall der Polynome $\mathbb{R}^n \to \mathbb{K}$ beachte man, dass sich zwei verschiedene Punkte des $\mathbb{R}^n$ in mindestens einer Koordinate – sagen wir der k-ten – unterscheiden. Dann trennt das Polynom p mit $p(x_1, \ldots, x_n) := x_k$ die beiden Punkte.

Dass auch die Algebra unter (c) die Eigenschaft besitzt, die Punkte in $X \times Y$ zu trennen, folgt daraus, dass es zu zwei verschiedenen Punkten x_1, x_2 eines metrischen Raumes stets eine stetige Funktion mit $\varphi(x_1) = 0$ und $\varphi(x_2) = 1$ gibt (eine Konsequenz des *Urysohn'schen Lemmas*). Zu zwei verschiedenen Punkten (x_1, y_1) und (x_2, y_2) aus $X \times Y$, die sich etwa in der ersten Koordinate unterscheiden, hat dann die Funktion $\varphi(x) \cdot 1 \in \mathcal{C}(X) \otimes \mathcal{C}(Y)$ die Eigenschaft, die beiden Punkte zu trennen (im Fall $x_1 = x_2$ funktioniert dasselbe natürlich mit Y statt X). ◆

Differenzialrechnung in mehreren Variablen 10

Die folgenden Fragen beziehen sich auf *Differenzierbarkeitsbegriffe* und *Differenziationsregeln* im Mehrdimensionalen sowie deren Anwendungen (lokale Extrema, lokaler Umkehrsatz, implizite Funktionen u. a.). Die Grundidee der mehrdimensionalen Differenzialrechnung ist dieselbe wie bei Funktionen einer Variablen, bei welchen die Änderungsrate einer Funktion, also die Zahl $f(a + h) - f(a)$ durch eine lineare Funktion $L : \mathbb{R} \to \mathbb{R}$ in einer Umgebung von a so gut approximiert wird, dass

$$\lim_{h \to 0} \frac{f(a + h) - f(a) - L(h)}{h} = 0$$

gilt. Da jede lineare Funktion $L : \mathbb{R} \to \mathbb{R}$ die Form $h \mapsto lh$ (mit $l = L(1)$) hat, ist die Existenz des Grenzwerts gleichbedeutend mit der Existenz einer Zahl l mit

$$\lim_{h \to 0} \frac{f(a + h) - f(a)}{h} = l = f'(a).$$

Im Eindimensionalen steht meist die Zahl $l = f'(a)$ im Fokus des Interesses und nicht in erster Linie die approximierende lineare Abbildung L. Im Mehrdimensionalen dagegen rückt der Approximationsgedanke zwangsläufig in den Vordergrund, dabei sind Hilfsmittel aus der linearen Algebra unverzichtbar.

Wir beschränken uns hier auf Abbildungen zwischen den Standardvektorräumen $\mathbb{R}^n$ und $\mathbb{R}^m$ (eine Übertragung auf $\mathbb{C}^n$ und $\mathbb{C}^m$ ist direkt möglich, aber auch eine solche auf Abbildungen $f : V \to W$, in denen V und W nicht notwendig endlichdimensionale normierte $\mathbb{K}$-Vektorräume sind). Ein naheliegender Begriff ist der der *partiellen Differenzierbarkeit*. Aus der partiellen Differenzierbarkeit einer Funktion an einer Stelle folgt aber im Allgemeinen nicht die Stetigkeit an der betreffenden Stelle. Dies ist jedoch bei den stärkeren Begriffen der *stetigen partiellen Differenzierbarkeit* und der *totalen Differenzierbarkeit* der Fall.

© Springer-Verlag GmbH Deutschland 2018
R. Busam, T. Epp, *Prüfungstrainer Analysis*, https://doi.org/10.1007/978-3-662-55020-5_10

10.1   Partielle Ableitungen

Frage 778

Ist $D \subset \mathbb{R}^n$ eine nicht leere offene Menge. Wann heißt eine Funktion $f : D \to \mathbb{R}$

(a) im Punkt $a \in D$ nach der j-ten Variablen (Koordinatenrichtung) $(1 \le j \le n)$ partiell differenzierbar,

(b) in D partiell differenzierbar,

(c) stetig partiell differenzierbar in D?

▶ **Antwort** Die Funktion $f : D \to \mathbb{R}$ heißt

(a) *partiell differenzierbar nach der j-ten Variablen im Punkt $a \in D$*, falls der Grenzwert

$$\partial_j f(a) := \lim_{\substack{t \to 0 \\ t \ne 0}} \frac{f(a + te_j) - f(a)}{t}$$

existiert (dabei bezeichnet e_j den j-ten Einheitsvektor im $\mathbb{R}^n$),

(b) *partiell differenzierbar auf D*, falls $\partial_j f(x)$ für *alle* $x \in D$ und alle $j \in \{1, \ldots, n\}$ existiert,

(c) *stetig partiell differenzierbar auf D*, falls alle Funktionen $\partial_j f : D \to \mathbb{R}$ stetig sind. ◆

Frage 779

Welche alternativen Notationen für partielle Ableitungen sind Ihnen geläufig?

▶ **Antwort** Statt $\partial_j f(a)$ schreibt man auch $\partial_{x_j} f(a)$ oder $D_{x_j} f(a)$ oder $\frac{\partial f}{\partial x_j}(a)$.

Jede der Schreibweisen hat Vor- und Nachteile, das hängt vom Kontext ab. Wir benutzen in den meisten Fällen die Schreibweise $\partial_j f(a)$, greifen aber hin und wieder auch auf die Schreibweise $\frac{\partial f}{\partial x_j}(a)$ zurück, wo es der Verständlichkeit dient. ◆

Frage 780

Wie lassen sich die partiellen Ableitungen einer Funktion $f : D \to \mathbb{R}$ als gewöhnliche Ableitungen von Funktionen *einer* Variablen interpretieren?

▶ **Antwort** Mit $a = (a_1, \ldots, a_n)$ und $e_j = (0, \ldots, 0, 1, 0, \ldots, 0)$ unterscheidet sich der Vektor $a + te_j$ von a nur in der j-ten Koordinate. Es ist

$$a + te_j = (a_1, \ldots, a_{j-1}, a_j + t, a_{j+1}, \ldots, a_n),$$

die restlichen Komponenten bleiben „eingefroren".

Betrachtet man daher für $j \subset \{1,\ldots,n\}$ in einer geeigneten Umgebung $U(a_j)$ die „partiellen Funktionen" $f_{[j]}\colon U(a_j) \to \mathbb{R}$ mit

$$f_{[j]}(\xi) := f(a_1,\ldots,a_{j-1},\xi,a_{j+1},\ldots,a_n),$$

so ist gerade

$$\partial_j f(a) = \lim_{t\to 0} \frac{f_{[j]}(a_j + t) - f_{[j]}(a_j)}{t} = f'_{[j]}(a_j).$$

Abb. 10.1 Die partiellen Funktionen $f_{[1]}$ und $f_{[2]}$ einer Funktion $f\colon \mathbb{R}^2 \to \mathbb{R}^2$

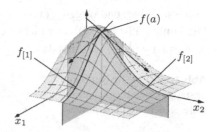

Die Variablen a_k werden für $k \neq j$ festgehalten, s. Abb. 10.1. Aus diesem Grund gelten für partielle Ableitungen vollkommen analoge Rechenregeln wie für gewöhnliche Ableitungen. ◆

Frage 781

Können Sie die partiellen Ableitungen der folgenden Funktionen berechnen?

(a) $f\colon \mathbb{R}^n \to \mathbb{R}, \quad x \mapsto \exp(x_1^2 + \cdots + x_n^2)$

(b) $\upsilon\colon \mathbb{R}^n \setminus \{0\} \to \mathbb{R}, \quad x \mapsto \|x\|_2 := \sqrt{x_1^2 + \cdots + x_n^2}.$

▶ **Antwort** (a) Wir denken uns $x_2,\ldots,x_n$ festgehalten. Dann ist nach der Kettenregel $\partial_1 f(x) = \exp(x_1^2 + \cdots + x_n^2) \cdot 2x_1$. Analog erhält man für alle $j \in \{1,\ldots,n\}$

$$\partial_j f(x) = \exp(x_1^2 + \cdots + x_n^2) \cdot 2x_j.$$

(b) Die Funktion υ ist auf $\mathbb{R}^n \setminus \{0\}$ nach allen Variablen partiell differenzierbar. Wir denken uns $x_1,\ldots,x_{j-1},x_{j+1},\ldots,x_n$ festgehalten. Damit erhält man durch Anwendung der Kettenregel und Ableitung der Wurzel für $j = 1,\ldots,n$

$$\partial_j \upsilon(x) = \partial_j (x_1^2 + \cdots + x_j^2 + \cdots + x_n^2)^{1/2} = \frac{1}{2} \cdot \frac{2x_j}{\sqrt{x_1^2 + \cdots + x_n^2}} = \frac{x_j}{\upsilon(x)} \qquad ◆$$

Frage 782

Kennen Sie ein Beispiel einer Funktion $f : \mathbb{R}^2 + \mathbb{R}$, die in ganz $\mathbb{R}^2$ partiell differenzierbar ist, die aber an der Stelle $(0, 0)$ nicht stetig ist?

▶ Ein Beispiel für eine solche Funktion ist etwa $f : \mathbb{R}^n \to \mathbb{R}$ mit $f(0, 0) := 0$ und

$$f(x, y) := \frac{2xy}{x^2 + y^2} \quad \text{für } (x, y) \neq (0, 0).$$

Abb. 10.2 zeigt den Graphen von f. Als rationale Funktion ist f in $\mathbb{R}^2 \setminus \{0, 0\}$ partiell differenzierbar, und wegen $f(x, 0) = f(0, y) = 0$ ist auch $\partial_1 f(0, 0) = \partial_2 f(0, 0) = 0$. Die Funktion ist in $(0, 0)$ aber nicht stetig, denn die Folge $(\frac{1}{k}, \frac{1}{k})_{k \in \mathbb{N}}$ konvergiert gegen 0, aber es ist $f(\frac{1}{k}, \frac{1}{k}) = 1$ und damit $1 = \lim f(\frac{1}{k}, \frac{1}{k}) \neq 0 = f(0, 0)$.   ◆

Abb. 10.2 Eine im Nullpunkt unstetige, aber überall partiell differenzierbare Funktion

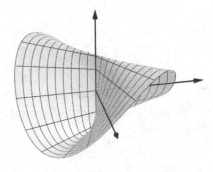

Frage 783

Was versteht man unter dem **Gradienten** einer partiell differenzierbaren Funktion $f : D \to \mathbb{R}$ ($D \subset \mathbb{R}^n$ offen und nicht leer)?

▶ **Antwort** Für eine partiell differenzierbare Funktion $f : D \to \mathbb{R}$ und $x \in D$ heißt der Vektor

$$\operatorname{grad} f(x) := \big(\partial_1 f(x), \dots, \partial_n f(x)\big)^\top$$

der *Gradient von f in x*, s. Abb. 10.3. Statt grad f schreibt man speziell in der physikalischen Literatur auch ∇f (gesprochen „Nabla f", s. Frage 982). Zur Interpretation des Gradienten vergleiche auch die Fragen 799 und 806.   ◆

Abb. 10.3 Der Gradient wird von den partiellen Ableitungen gebildet

Frage 784

Bestimmen Sie den Gradienten der Funktionen f und υ aus Frage 781.

▶ **Antwort** Man erhält

$$\operatorname{grad} f(x) = 2 \exp\left(\|x\|\right) \cdot (x_1, \ldots, x_n) = 2 \exp\left(\|x\|\right) \cdot x,$$

$$\operatorname{grad} \upsilon(x) = \frac{1}{\|x\|} \cdot (x_1, \ldots, x_n) = \frac{x}{\|x\|}. \qquad \blacklozenge$$

Frage 785

Können Sie für zwei partiell differenzierbare Funktionen $f, g : D \to \mathbb{R}$ die **Produktregel**

$$\operatorname{grad}(fg)(a) = g(a) \operatorname{grad} f(a) + f(a) \operatorname{grad} g(a)$$

beweisen?

▶ **Antwort** Diese Produktregel folgt sofort aus der Produktregel für Funktionen einer Variablen wegen

$$\partial_j (fg)(a) = \partial_j f(a) \cdot g(a) + f(a) \cdot \partial_j g(a).$$

Aufgrund desselben Zusammenhangs erhält man auch Summen- und Quotientenregel für partiell differenzierbare Funktionen

$$\operatorname{grad}(f + g)(a) = \operatorname{grad} f(a) + \operatorname{grad} g(a)$$

$$\operatorname{grad}\left(\frac{f}{g}\right)(a) = \frac{\operatorname{grad} f(a) \cdot g(a) - f(a) \cdot \operatorname{grad} g(a)}{g(a)^2}, \quad g(a) \neq 0. \qquad \blacklozenge$$

10.2 Höhere partielle Ableitungen, Satz von Schwarz

Frage 786

Wie sind die **höheren Ableitungen** einer partiell differenzierbaren Funktion $f : D \to \mathbb{R}$ definiert?

▶ **Antwort** Falls die partiellen Ableitungen $\partial_j f : D \to \mathbb{R}$ selbst alle wieder partiell differenzierbar sind, so nennt man f *zweimal partiell differenzierbar*. Man kann in diesem Fall $\partial_l \partial_k f$ für $1 \leq l, k \leq n$ bilden. Sind diese n^2 Funktionen wieder alle partiell differenzierbar, kann man dritte partielle Ableitungen $\partial_m \partial_l \partial_k f$ bilden usw.

Dies führt auf folgende präzise rekursive Definition: Die Funktion $f : D \to \mathbb{R}$ heißt $(k + 1)$-*mal partiell differenzierbar* ($k \in \mathbb{N}_0$), wenn f k-mal partiell differenzierbar ist und alle partiellen Ableitungen

$$\partial_{i_k}\partial_{i_{k-1}} \ldots \partial_{i_2}\partial_{i_1} f : D \to \mathbb{R}$$

partiell differenzierbar sind.   ♦

Frage 787

Wann heißt $f : D \to \mathbb{R}$ **k-mal stetig partiell differenzierbar**?

▶ **Antwort** Die Funktion f heißt *k-mal stetig partiell differenzierbar*, wenn sie k-mal partiell differenzierbar ist und alle Ableitungen der Ordnung $\leq k$ stetig sind.   ♦

Frage 788

Welche Notationen verwendet man für die höheren partiellen Ableitungen?

▶ **Antwort** Statt $\partial_l\partial_j f(a)$ (bedeutet: Erst wird nach der j-ten, dann nach der l-ten Variable abgeleitet) schreibt man auch $\frac{\partial^2 f}{\partial x_l \partial x_j}(a)$. Unglücklicherweise bedeutet dieser Ausdruck bei manchen Autoren aber auch, dass zuerst nach der l-ten Variable, dann nach der j-ten Variable abgeleitet wird. Weniger mißverständlich ist die ebenfalls gebräuchliche Ausdrucksweise $\frac{\partial}{\partial x_l}\left(\frac{\partial f}{\partial x_j}\right)$. Wir bevorzugen die Schreibweise $\partial_l\partial_j f(a)$. Für $\partial_j\partial_j f(a)$ schreiben wir auch $\partial_j^2 f(a)$.   ♦

Frage 789

Für $x > 0$ und $y \in \mathbb{R}$ sei $f(x, y) := x^y = \exp(y \log x)$. Können Sie zeigen

$$\partial_1\partial_2 f(x, y) = \partial_2\partial_1 f(x, y)$$

zeigen?

▶ **Antwort** Man erhält

$$\partial_1 f(x, y) = \frac{y}{x}e^{y \log x}, \qquad \partial_2\partial_1 f(x, y) = \frac{1 + y \log x}{x}e^{y \log x}$$

$$\partial_2 f(x, y) = \log x \cdot e^{y \log x}, \qquad \partial_1\partial_2 f(x, y) = \frac{1 + y \log x}{x}e^{y \log x}.$$ ♦

Frage 790

Was besagt der **Satz von H. A. Schwarz** über die Vertauschbarkeit der Differenziationsreihenfolge bei mehrfacher partieller Differenziation?

▶ **Antwort** Der Satz von Schwarz sagt Folgendes aus:

Sei $a \in \mathbb{R}^n$ und U eine offene Umgebung von a. Die Funktion $f : U \to \mathbb{R}$ besitze auf U die partiellen Ableitungen $\partial_l f$, $\partial_j f$ und $\partial_j \partial_l f$. Ist dann $\partial_j \partial_l f$ stetig in a, dann existiert auch die partielle Ableitung $\partial_l \partial_j f(a)$ und es gilt die Gleichheit

$$\boxed{\partial_l \partial_j f(a) = \partial_j \partial_l f(a),}$$

die partiellen Ableitungen sind dann also vertauschbar.

Meist wird der Satz von Schwarz in einer schwächeren Version unter stärkeren Voraussetzungen bewiesen, nämlich dass alle gemischten Ableitungen existieren und stetig sind. In dieser Form wurde er bereits von Euler bewiesen. Ein Beweis findet sich z. B. in [24] oder [28]. ◆

Frage 791

Welche Vereinfachung bringt der Satz von Schwarz mit sich?

▶ **Antwort** Aus dem Satz von Schwarz folgt insbesondere, dass für eine mindestens 2-mal stetig differenzierbare Funktion die Reihenfolge der Ableitungen keine Rolle spielt. Das erleichtert die Berechnung der Ableitungen erheblich, denn deren Anzahl steigt mit der Ordnung der Ableitungen rasch an. So gibt es etwa schon n^2 partielle Ableitungen der Ordnung 2. Unter der Voraussetzung der zweimaligen stetigen partiellen Differenzierbarkeit braucht man aber nur $\frac{1}{2}n(n+1)$ partielle Ableitungen auszurechnen. Anders formuliert, die Matrix

$$\begin{pmatrix} \partial_1 \partial_1 f(a) & \cdots & \partial_n \partial_1 f(a) \\ \vdots & \ddots & \vdots \\ \partial_1 \partial_n f(a) & \cdots & \partial_n \partial_n f(a) \end{pmatrix} \qquad \text{(Hesse-Matrix)}$$

ist symmetrisch. ◆

Frage 792

Kennen Sie ein Beispiel für eine Funktion $f : \mathbb{R}^2 \to \mathbb{R}$, für welche der Satz von Schwarz *nicht* gilt?

▶ **Antwort** Ein solches Beispiel stammt von H. A. Schwarz selbst. Man betrachte die Funktion $f : \mathbb{R}^2 \to \mathbb{R}$ mit $f(0,0) := 0$ und

$$f(x, y) := xy \frac{x^2 - y^2}{x^2 + y^2} \quad \text{für } (x, y) \neq (0, 0).$$

f ist in $\mathbb{R}^2$ zweimal partiell differenzierbar, aber es gilt

$$\partial_2 \partial_1 f(0,0) = -1 \neq 1 = \partial_1 \partial_2 f(0,0),$$

folglich können die Ableitungen $\partial_1 \partial_2 f$ bzw. $\partial_2 \partial_1 f$ nicht stetig sein.   ◆

10.3   (Totale) Differenzierbarkeit, Kettenregel

Der Begriff der *totalen Differenzierbarkeit* scheint für Studierende um einiges schwieriger zu sein als der Begriff der partiellen Differenzierbarkeit. Er ist jedoch der stärkere Begriff, aus der totalen Differenzierbarkeit folgt die partielle Differenzierbarkeit und die Stetigkeit der betrachteten Funktion.

Frage 793

Wann heißt eine Abbildung $f : D \to \mathbb{R}^n$ ($D \subset \mathbb{R}^n$ offen) an der Stelle $a \in D$ **total differenzierbar** oder schlicht **differenzierbar**?

▶ **Antwort** f heißt genau dann an der Stelle $a \in D$ (total) differenzierbar, wenn es eine (im Allgemeinen von a abhängige) lineare Abbildung $L : \mathbb{R}^n \to \mathbb{R}^m$ gibt, sodass gilt

$$\boxed{\lim_{x \to a} \frac{f(x) - f(a) - L(x - a)}{\|x - a\|} = 0} \tag{D1}$$

Äquivalent hierzu ist die Existenz einer linearen Abbildung $L : \mathbb{R}^n \to \mathbb{R}^m$ und einer in a stetigen Funktion $\varphi : D \to \mathbb{R}^m$ mit $\varphi(a) = 0$ und

$$\boxed{f(x) - f(a) = L(x - a) + \|x - a\| \cdot \varphi(x).} \tag{D2}$$

Die lineare Abbildung L aus (D2) ist im Fall der Existenz eindeutig bestimmt (s. Frage 795) und heißt das *Differenzial* von f in a. Die Bezeichnungen $\mathrm{d}f(a)$, $\mathrm{d}f|_a$, $\mathrm{D}f(a)$ sind üblich, manche Autoren schreiben auch einfach $f'(a)$, wieder andere benutzen die Bezeichnung $f'(a)$ für die der linearen Abbildung L zugeordneten Matrix bezüglich der kanonischen Basen im $\mathbb{R}^n$ bzw. $\mathbb{R}^m$ (der sogenannten *Funktional-* oder *Jacobi-Matrix*).

In der Darstellung (D2) kommt die Idee der Approximation durch eine lineare Abbildung sehr klar zum Ausdruck: Das Differenzial approximiert die Änderung $f(x) - f(a)$

bis auf einen Fehler (Rest) $r(x) := \|x - a\|\varphi(x)$, der die Eigenschaft hat, beim Grenzübergang $x \to a$ schneller gegen null zu konvergieren als $\|x - a\|$. Da im $\mathbb{R}^n$ alle Normen äquivalent sind, ist es gleichgültig, welche Norm man hier verwendet.

Da lineare Abbildungen stetig sind, kann man aus der Darstellung (D1) auch unmittelbar ablesen:

Eine in a total differenzierbare Abbildung ist dort auch stetig. ◆

Frage 794

Sei $A \in \mathbb{R}^{m \times n}$ eine $m \times n$-Matrix und $f : \mathbb{R}^n \to \mathbb{R}^m$ die Abbildung $x \mapsto Ax + b$ mit $b := (b_1, \ldots, b_m)^T \in \mathbb{R}^m$ und $x = (x_1, \ldots, x_n)^T \in \mathbb{R}^n$. Können Sie möglichst einfach begründen, warum für jedes $a \in \mathbb{R}^n$ und jedes $h \in \mathbb{R}^n$ gilt: $\mathrm{d}f(a)h = Ah$?

▶ **Antwort** Wegen $f(x) - f(a) = A(x - a)$ erfüllt die durch die Matrix A gegebene lineare Abbildung die Bedingung (D1). ◆

Frage 795

Können Sie den folgenden Satz beweisen: Sei $D \subset \mathbb{R}^n$ offen und $f : D \to \mathbb{R}^m$ eine Abbildung. Ist f in $a \in D$ total differenzierbar, dann sind alle Komponentenfunktionen $f_1, \ldots, f_m$ von f in a partiell differenzierbar und das Differenzial $\mathrm{d}f(a)$ hat bezüglich der kanonischen Basen im $\mathbb{R}^n$ bzw. $\mathbb{R}^m$ die **Jacobi-Matrix**

$$\mathfrak{J}(f;a) = \begin{pmatrix} \operatorname{grad} f_1(a)^\top \\ \vdots \\ \operatorname{grad} f_m(a)^\top \end{pmatrix} = \begin{pmatrix} \partial_1 f_1(a) & \cdots & \partial_n f_1(a) \\ \vdots & \ddots & \vdots \\ \partial_1 f_m(a) & \cdots & \partial_n f_m(a) \end{pmatrix}$$

als Darstellungsmatrix. (Hieraus folgt insbesondere die Eindeutigkeit der linearen Abbildung L in der Definition (D1).)

▶ **Antwort** Ist $(e_1, \ldots, e_n)$ bzw. $(\tilde{e}_1, \ldots, \tilde{e}_m)$ die kanonische Basis im $\mathbb{R}^n$ bzw. $\mathbb{R}^m$, so ist nach der Definition der Matrix einer linearen Abbildung zu zeigen

$$\mathrm{d}f(a)e_k = \sum_{j=1}^{m} \partial_k f_j(a)\tilde{e}_j, \quad k = 1, \ldots, n.$$

Das folgt aber einfach durch Grenzübergang $t \to 0$ aus

$$\sum_{j=1}^{m} \frac{f_j(a + te_k) - f_j(a)}{t} \tilde{e}_j = \frac{f(a + te_k) - f(a)}{t} = \frac{\mathrm{d}f(a)(te_k) + r(te_k)}{t}$$

$$= \mathrm{d}f(a)e_k \pm \frac{r(te_k)}{\|te_k\|} \qquad (\text{wegen } \|e_k\| = 1).$$

Die rechte Seite hat nach Voraussetzung den Grenzwert $\mathrm{d}f(a)e_k$, also existiert auch der Grenzwert der linken Seite. Da dieser koordinatenweise gebildet wird, erhält man als k-te Spalte der Darstellungsmatrix

$$\left(\partial_k f_1(a), \partial_k f_2(a), \dots, \partial_k f_m(a)\right)^T. \qquad \blacklozenge$$

Frage 796

Wie lautet das **Hauptkriterium für totale Differenzierbarkeit**?

▶ **Antwort**   Das Kriterium lautet:

Existieren für eine Abbildung $f : D \to \mathbb{R}^m$ in einer Umgebung U von a alle partiellen Ableitungen $\partial_v f_k$ der Komponentenfunktionen von f und sind diese in a stetig, dann ist f in a total differenzierbar.

Da man partielle Ableitungen meist leicht berechnen kann und man ihnen die Stetigkeit häufig auch ohne Rechnung ansieht, ist dieses hinreichende (allerdings nicht notwendige!) Kriterium ausgesprochen von Vorteil gegenüber einer direkten Verwendung der Definitionen (D1) oder (D2), bei der man erst die Jacobi-Matrix berechnen muss (was in der Regel noch relativ problemlos ist), dann aber nachprüfen muss, ob für den durch $r(x) := f(x) - f(a) - \mathfrak{J}(f;a)(x-a)$ gegebenen Rest $\lim\limits_{x \to a} \frac{r(x)}{\|x-a\|} = 0$ gilt. $\blacklozenge$

Frage 797

Können Sie die **Kettenregel** formulieren und einen Beweis skizzieren?

▶ **Antwort**   *Sind $U \subset \mathbb{R}^n$ und $V \subset \mathbb{R}^m$ nichtleere offene Mengen sowie $f : U \to \mathbb{R}^m$ und $g : V \to \mathbb{R}^k$ Abbildungen mit $f(U) \subset V$. Ist dann die Abbildung f im Punkt $a \in U$ total differenzierbar und die Abbildung g im Punkt $b = f(a) \in V$ total differenzierbar, dann ist die zusammengesetzte Abbildung $g \circ f : U \to \mathbb{R}^k$ im Punkt a total differenzierbar und für die Jacobi-Matrix gilt:*

$$\boxed{\mathfrak{J}(g \circ f; a) = \mathfrak{J}(g; f(a)) \cdot \mathfrak{J}(f; a).}$$

Beweisskizze: Nach Voraussetzung gilt:

$$f(a+h) = f(a) + Ah + r(h) \qquad \text{mit } \lim_{h \to 0} \frac{r(h)}{\|h\|} = 0 \text{ und } A = \mathfrak{J}(f;a),$$

$$g(b+k) = g(b) + Bk + s(k) \qquad \text{mit } \lim_{h \to 0} \frac{s(k)}{\|k\|} = 0 \text{ und } B = \mathfrak{J}(g;b).$$

Setzt man speziell $k := f(a + h) - f(a) = Ah + r(h)$, so folgt

$$(g \circ f)(a + h) = g\big(f(a + h)\big) = g\big(f(a) + k\big) = g\big(f(a) + Ah + r(h)\big)$$
$$= g\big(f(a)\big) + BAh + Br(h) + s\big(Ah + r(h)\big)$$
$$= (g \circ f)(a) + BAh + \chi(h)$$

mit $\chi(h) := Br(h) + s\big(Ah + r(h)\big)$.

An dieser Stelle muss jetzt „nur noch" $\lim\limits_{h \to h} \dfrac{\chi(h)}{\|h\|} = 0$ gezeigt werden. Dies ergibt sich aber leicht aus den Voraussetzungen $\lim\limits_{h \to 0} \dfrac{r(h)}{\|h\|} = 0$ und $\lim\limits_{h \to 0} \dfrac{s(k)}{\|k\|} = 0$ zusammen mit der Stetigkeit linearer Abbildungen.   ◆

Frage 798

Welche Spezialfälle der Kettenregel sind von besonderer Bedeutung?

▶ **Antwort** Von besonderer Bedeutung ist der Fall $n = 1$. Dann ist $U \subset \mathbb{R}$ ein (nicht notwendig offenes) Intervall und $\alpha : U \to \mathbb{R}^m$ eine *stetig differenzierbare Kurve*. Die Abbildung

$$g \circ \alpha. \ U \to \mathbb{R}^k$$

ist nach der Kettenregel ebenfalls differenzierbar und hat an der Stelle $t_0 \in U$ den Tangentialvektor

$$(g \circ \alpha)'(t_0) = \mathfrak{J}\big(g; \alpha(t_0)\big) \cdot \dot{\alpha}(t_0).$$

(α werde als Spaltenvektor geschrieben.)

Gilt auch noch $k = 1$, dann erhält man eine Abbildung $\varphi : U \to \mathbb{R}$ mit $t \mapsto g\big(\alpha(t)\big)$, und für diese gilt

$$\boxed{\varphi'(t) = \operatorname{grad} g\big(\alpha(t)\big) \cdot \dot{\alpha}(t).}$$
                                                                                              ◆

Frage 799

Können Sie erläutern, was die „Orthogonalität von Gradient und Niveaumenge" bedeutet?

▶ **Antwort** Ist $f : D \to \mathbb{R}$ eine differenzierbare Funktion auf einer offenen Menge $D \subset \mathbb{R}^n$ und $\alpha : M \to \mathbb{R}^n$ eine differenzierbare Kurve, die in einer *Niveaumenge* von f verläuft, d. h., es gilt $\varphi(t) := f\big(\alpha(t)\big) = c$ für alle $t \in M$, dann folgt aus der Gleichung aus Frage 798

$$0 = \varphi'(t) = \operatorname{grad} f\big(\alpha(t)\big) \cdot \dot{\alpha}(t).$$

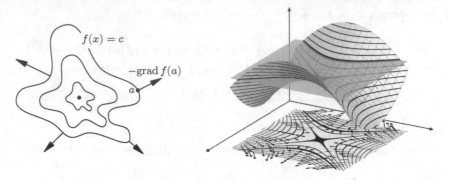

Abb. 10.4 Der Gradient steht senkrecht auf den Niveaulinien. Die linke Abbildung zeigt einzelne Niveaulinien einer Funktion, die rechte zeigt den Graph einer Funktion im Dreidimensionalen und deutet deren *Vektorfeld* an

Versieht man den $\mathbb{R}^n$ mit dem Standardskalarprodukt, so sagt diese Gleichung aus, dass der Tangentialvektor $\dot{\alpha}(t)$ für alle $t \in M$ senkrecht zum Gradienten von f im Punkt t steht (vgl. bezüglich der Eigenschaften des Gradienten auch die Frage 806).   ◆

Frage 800

Wie lauten der **Mittelwertsatz** für differenzierbare Funktionen $f : D \to \mathbb{R}$ auf einer offenen Menge $D \subset \mathbb{R}^n$?

▶ **Antwort** Der Mittelwertsatz lautet:

Sind $x, y \in D$ zwei verschiedene Punkte, für welche auch die Verbindungsstrecke $S_{a,b} := \{x + t(y - x) ; 0 \le t \le 1\}$ in D liegt, dann gibt es einen Punkt $\xi \in S_{x,y}$ mit

$$f(y) - f(x) = \operatorname{grad} f(\xi) \cdot (y - x).$$

Denn definiert man eine Kurve $\alpha : [0, 1] \to D$ durch $\alpha(t) = x + t(y - x)$ und betrachtet

$$\varphi : [0, 1] \to \mathbb{R}; \qquad t \mapsto f\big(\alpha(t)\big),$$

dann ist einerseits $f(y) - f(x) = \varphi(1) - \varphi(0)$, andererseits liefert der gewöhnliche Mittelwertsatz in einer Variablen für die Funktion $\varphi : [0, 1] \to \mathbb{R}$ die Existenz eines Zwischenpunktes $\tau \in (0, 1)$ mit $\varphi(1) - \varphi(0) = \varphi'(\tau) \cdot 1 = \varphi'(\tau)$. Daher gilt

$$f(y) - f(x) = \varphi(1) - \varphi(0) = \varphi'(\tau) = \operatorname{grad} f\big(\alpha(\tau)\big) \cdot (y - x) = \operatorname{grad} f(\xi) \cdot (y - x).$$

Übrigens: die Voraussetzung, dass zu zwei Punkten aus D auch deren Verbindungsstrecke $S_{a,b}$ in D liegt, ist für jede *konvexe* Menge erfüllt.   ◆

Frage 801

Wie lautet der **Schrankensatz** für eine Funktion $f : D \to \mathbb{R}$ ($D \subset \mathbb{R}^n$ offen)?

▶ **Antwort** Der Schrankensatz besagt:

Ist $f : D \to \mathbb{R}$ stetig differenzierbar und liegt für $x, y \in D$ auch deren Verbindungsstrecke in D, dann gilt

$$|f(y) - f(x)| \leq M \|y - x\| \quad \text{mit} \quad M = \max_{\xi \in S_{x,y}} \| \operatorname{grad} f(\xi)\|.$$

Der Schrankensatz folgt aus dem Mittelwertsatz durch Anwendung der Cauchy-Schwarz'-schen Ungleichung $|\langle a, b\rangle| \leq \|a\| \cdot \|b\|$. ◆

Frage 802

Wie lautet die **Integraldarstellung** für den Funktionszuwachs?

▶ **Antwort** *Unter der Voraussetzung des Schrankensatzes gilt für eine stetig differenzierbare Kurve $\alpha : [0, 1] \to D$ mit $\alpha(0) = \alpha$ und $\alpha(1) = y$*

$$f(y) - f(x) = \int_0^1 \operatorname{grad} f\big(\alpha(t)\big) \cdot \dot{\alpha}(t)\, dt.$$

Das folgt aus der Tatsache, dass $\varphi : [0, 1] \to \mathbb{R}$ mit $\varphi(t) := f\big(\alpha(t)\big)$ eine Stammfunktion von $t \mapsto \operatorname{grad} f\big(\alpha(t)\big) \cdot \dot{\alpha}(t)$ ist. Mit dem Hauptsatz der Differenzial- und Integralrechnung gilt also

$$f(y) - f(x) = f\big(\alpha(1)\big) - f\big(\alpha(0)\big) = \varphi(1) - \varphi(0)$$

$$= \int_0^1 \varphi'(t)\, dt = \int_0^1 \operatorname{grad} f\big(\alpha(t)\big) \cdot \dot{\alpha}(t)\, dt.$$

Aus dieser Darstellung ergibt sich nochmal der Schrankensatz. ◆

Frage 803

Können Sie begründen, warum eine stetig differenzierbare reellwertige Funktion f auf einem Gebiet $D \subset \mathbb{R}^n$ genau dann konstant ist, wenn $\operatorname{grad} f(x) = 0$ für alle $x \in D$ gilt?

▶ **Antwort** Ist eine Funktion konstant, so verschwinden alle partiellen Ableitungen und damit auch der Gradient. Das folgt unmittelbar aus der Definition der partiellen Ableitung und zeigt die eine Richtung der Behauptung.

Die andere Richtung ergibt sich zunächst für offene Mengen aus dem Mittelwertsatz (Frage 800). Dabei kann dasselbe Argument wie für reelle Funktionen verwendet werden (Frage 460).

Die Verallgemeinerung auf ein beliebiges Gebiet D folgt daraus, dass man in einem Gebiet je zwei Punkte durch einen in D verlaufenden Streckenzug verbinden kann, s. Abb. 10.5. Wendet man auf jede Teilstrecke den Mittelwertsatz an, erhält man die allgemeine Behauptung.   ◆

Abb. 10.5 In einem Gebiet lassen sich je zwei Punkte x und y durch einen Streckenzug verbinden

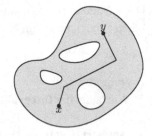

Frage 804

Was versteht man unter der **Richtungsableitung** nach einem Einheitsvektor einer stetig differenzierbaren Funktion $f : D \to \mathbb{R}$ ($D \subset \mathbb{R}^n$ offen) in einem Punkt $a \in D$? Welcher Zusammenhang besteht mit den partiellen Ableitungen?

▶ **Antwort** Unter der *Richtungsableitung* von f in einem Punkt $a \in D$ nach einem Einheitsvektor $v \in \mathbb{R}^n$ (d. h. $\|v\| = 1$) versteht man im Fall der Existenz den Grenzwert

$$\partial_v f(a) := \lim_{t \to 0} \frac{f(a + tv) - f(a)}{t}.$$

Speziell für die Basisvektoren e_j des $\mathbb{R}^n$ gilt $\partial_{e_j} f(a) = \partial_j f(a)$.

Im Fall einer Funktion $f : \mathbb{R}^2 \to \mathbb{R}$ lässt sich die Richtungsableitung als Steigung der Tangente an den Graph von f in Richtung v interpretieren, s. Abb. 10.6.   ◆

Abb. 10.6 Richtungsableitung einer Funktion entlang v

Frage 805

Warum existieren für stetig differenzierbare Funktionen $f : D \to \mathbb{R}$ in jedem Punkt $x \in D$ und für jeden Einheitsvektor $v \in \mathbb{R}^n$ mit $\|v\| = 1$ die Richtungsableitungen $\partial_v f(x)$, und warum gilt dann $\partial_v f(x) = \operatorname{grad} f(x) \cdot v$ für alle $x \in D$?

▶ **Antwort** Aus der stetigen Differenzierbarkeit folgt insbesondere die Differenzierbarkeit in jedem Punkt $x \in D$. Die Abbildung $\alpha : \mathbb{R} \to \mathbb{R}^n$, die durch

$$t \mapsto \alpha(t) := x + tv = (x_1 + tv_1, \ldots, x_n + tv_n)$$

gegeben ist, ist die Parameterdarstellung einer Geraden durch den Punkt x mit dem Richtungsvektor v. Für hinreichend kleines $\varepsilon > 0$ gilt dann $\varphi(]-\varepsilon, \varepsilon[) \subset D$, und daher ist die Zusammensetzung $g := f \circ \alpha :]-\varepsilon, \varepsilon[\to \mathbb{R}$ definiert. Nach Definition der Richtungsableitung ist dann

$$\partial_v f(x) = \lim_{t \to 0} \frac{f(x + tv) - f(v)}{t} = g'(0).$$

Andererseits gilt nach der Kettenregel $g'(t) = \operatorname{grad} f(\alpha(t)) \cdot \dot{\alpha}(t)$. Nun gilt mit $\alpha(t) = (\alpha_1(t), \ldots, \alpha_n(t))^t$ gerade $\dot{\alpha}_j(t) = \frac{\mathrm{d}}{\mathrm{d}t}(x_j + tv_j) = v_j$, und daher folgt insgesamt

$$\partial_v f(x) = g'(0) = \operatorname{grad} f(\alpha(0)) \cdot \dot{\alpha}(t) = \operatorname{grad} f(x) \cdot v. \qquad \blacklozenge$$

Frage 806

Was besagt die Sprechweise: „Der Gradient zeigt in die Richtung des stärksten Anstiegs einer Funktion"?

▶ **Antwort** Die Voraussetzungen der vorhergehenden Frage seien erfüllt, und es sei $\operatorname{grad} f(a) \neq 0$ für ein $a \in D$. Es gibt dann aufgrund der Cauchy-Schwarz'schen Ungleichung ein $\vartheta \in [0, \pi]$ mit

$$\partial_v f(a) = \operatorname{grad} f(a) \cdot v = \|\operatorname{grad} f(a)\| \cdot \|v\| \cdot \cos\vartheta = \|\operatorname{grad} f(a)\| \cdot \cos\vartheta.$$

Der Ausdruck rechts ist genau dann maximal, wenn $\cos\vartheta = 1$ gilt. In diesem Fall haben $\operatorname{grad} f(a)$ und v dieselbe Richtung.

Zum Verhältnis des Gradienten $\operatorname{grad} f(a)$ und der „Steilheit" an der Stelle a siehe auch die Abbildungen in den Fragen 783 und 799. $\qquad \blacklozenge$

Frage 807

Kennen Sie ein Beispiel einer Funktion $f : \mathbb{R}^2 \to \mathbb{R}$, für welche in einem Punkt $a \in \mathbb{R}$ *alle* Richtungsableitungen existieren, die aber in a nicht total differenzierbar ist?

▶ **Antwort** Ein Beispiel ist etwa die Funktion $f : \mathbb{R}^2 \to \mathbb{R}$ mit

$$f(x,y) := \begin{cases} \dfrac{xy^2}{x^2 + y^2} & \text{für } (x,y) \neq (0,0) \\ 0 & \text{für } (x,y) = (0,0). \end{cases}$$

f ist wegen $|f(x,y)| \leq |x|$ stetig auf $\mathbb{R}^2$ und für $v = (v_1, v_2)$ mit $\|v\| = 1$ ist $\partial_v f(0,0) = v_1 v_2^2$. Speziell ist $\partial_1 f(0,0) = \partial_2 f(0,0) = 0$ und damit $\operatorname{grad} f(0,0) = (0,0)$.

Abb. 10.7 Für die Funktion f existieren im Nullpunkt alle Richtungsableitungen, sie ist dort aber nicht total differenzierbar

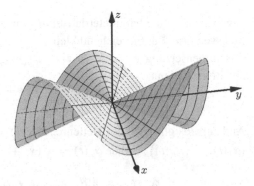

Es gilt also $\partial_v f((0,0)) \neq \operatorname{grad} f((0,0)) \cdot v$, und daher ist f im Nullpunkt nicht total differenzierbar. ◆

Frage 808

Sei $D \subset \mathbb{R}^n$ offen und $f : D \to \mathbb{R}^n$ eine Abbildung, $f = (f_1, \ldots, f_m)$. Wann heißt f stetig (partiell) differenzierbar? Welche Bezeichnung ist für die Menge aller stetig partiell differenzierbaren Abbildungen üblich? Wann heißt f k-mal stetig differenzierbar?

▶ **Antwort** Die Abbildung $f : D \to \mathbb{R}^n$ heißt *stetig differenzierbar*, wenn die Abbildung

$$\mathrm{d} : D \to \{\text{lineare Abbildungen } D \to \mathbb{R}^m\}; \qquad x \mapsto \mathrm{d}f(x)$$

stetig ist. f heißt *stetig partiell differenzierbar*, wenn alle partiellen Ableitungen $\partial_j f_i$ ($1 \leq j \leq n, 1 \leq i \leq k$) stetige Funktionen auf D sind. Ferner heißt f k-mal stetig differenzierbar, wenn alle Komponentenfunktionen $f_1, \ldots, f_m$ k-mal stetig differenzierbar sind.

Die Menge der k-mal stetig differenzierbaren Funktionen $D \to \mathbb{R}^m$ bezeichnet man mit $\mathcal{C}(D, \mathbb{R}^m)$. ◆

Frage 809

Warum gilt die folgende Aussage: Eine Abbildung $f : D \to \mathbb{R}^m$ auf einer offenen Menge $D \subset \mathbb{R}^n$ liegt genau dann im Raum $\mathcal{C}^1(D, \mathbb{R}^m)$, falls f in jedem Punkt $a \in D$ total differenzierbar ist und die Abbildung

$$D \to \mathbb{R}^{m \times n}; \quad x \mapsto \mathcal{J}(f; x)$$

stetig ist ($\mathbb{R}^{m \times n}$ werde dabei mit irgendeiner Matrixnorm versehen)?

▶ **Antwort** Ist die Abbildung $x \mapsto \mathcal{J}(f; x)$ stetig, dann sind alle jk Komponenten $\partial_j f_k$ der Jacobi-Matrix stetig. Daraus folgt, dass f total differenzierbar ist und das Differenzial $\mathrm{d}f(x)$ für alle $x \in D$ bezüglich der kanonischen Basen durch die Jacobi-Matrix $\mathcal{J}(f; x)$ dargestellt wird. Nach Voraussetzung ist dann auch $x \mapsto \mathrm{d}f(x)$ stetig und f somit eine $\mathcal{C}^1$-Funktion.

Ist umgekehrt f stetig differenzierbar, dann gilt bezüglich der kanonischen Basen wiederum $\mathrm{d}f(x)(v) = \mathcal{J}(f; x)v$ für alle $x, v \in \mathbb{R}^n$. Aus der Stetigkeit von $x \mapsto \mathrm{d}f(x)$ folgt daher diejenige von $x \mapsto \mathcal{J}(f; x)$.

Mit anderen Worten, „stetige Differenzierbarkeit" und „stetig partielle Differenzierbarkeit" sind äquivalente Begriffe. (Man beachte aber, dass deswegen nicht jede total differenzierbare Funktion auch stetig differenzierbar sein muss. Das Hauptkriterium zeigt die Implikation „stetig partiell differenzierbar" $\implies$ „total differenzierbar", die Umkehrung hiervon gilt aber nicht.) ◆

Frage 810

Welche Implikationen bestehen zwischen den Begriffen

  (i)   stetig differenzierbar,
 (ii)   stetig partiell differenzierbar,
(iii)   Existenz aller Richtungsableitungen,
 (iv)   partiell differenzierbar.

▶ **Antwort** Der Begriff der partiellen Differenzierbarkeit ist der schwächste von allen, er impliziert keinen der drei anderen Begriffen. Aus der Existenz aller Richtungsableitungen folgt die partielle Differenzierbarkeit, jedoch weder die stetig partielle noch die stetige Differenzierbarkeit. Die Begriffe „stetige partielle Differenzierbarkeit" und „stetige Differenzierbarkeit" sind nach Frage 809 äquivalent, und aus ihnen folgen die beiden anderen Begriffe. ◆

10.4   Differenzierbarkeit in ℂ, Cauchy-Riemann'sche Differenzialgleichungen

Zwischen der totalen Differenzierbarkeit einer Abbildung $\mathbb{R}^2 \to \mathbb{R}^2$ und der Differenzierbarkeit einer Funktion $\mathbb{C} \to \mathbb{C}$ besteht ein enger Zusammenhang.

Frage 811

Wie ist der Begriff der Differenzierbarkeit für *komplexe* Funktionen $f : D \to \mathbb{C}$ definiert, wobei D eine offene Teilmenge von $\mathbb{C}$ ist?

▶ **Antwort** Der Begriff wird für Funktionen einer komplexen Veränderlichen genauso definiert wie für Funktionen einer reellen Veränderlichen. Eine Funktion $f : D \to \mathbb{C}$ heißt also *komplex differenzierbar* oder schlicht *differenzierbar* in $a \in D$, wenn der Grenzwert

$$f'(a) := \lim_{z \to a} \frac{f(z) - f(a)}{z - a} \tag{C1}$$

existiert. f heißt (komplex) differenzierbar in D, wenn f in jedem Punkt $a \in D$ komplex differenzierbar ist. In diesem Fall nennt man f auch *holomorph in D*.

Ferner gelten sinngemäß auch die alternativen Differenzierbarkeitskriterien (D2) und (D2). f ist demnach $a \in D$ komplex differenzierbar genau dann, wenn

(i)   eine in a stetige Funktion $\varphi \colon D \to \mathbb{C}$ existiert mit

$$f(z) - f(a) = (z - a) \cdot \varphi(z), \tag{C3}$$

   wobei gegebenenfalls $\varphi(a) = f'(a)$ ist,

(ii)   es eine $\mathbb{C}$-lineare Abbildung $L \colon \mathbb{C} \to \mathbb{C}$ gibt mit der Eigenschaft

$$\lim_{z \to 0} \frac{f(a) - f(z) - L(z - a)}{z - a} = 0. \tag{C2}$$

Gegebenenfalls gilt $f'(a) = l := L(1)$.

Da bei der Herleitung der algebraischen Differenziationsregeln für reelle Funktionen nur die Definition der Differenzierbarkeit sowie die Körpereigenschaften von $\mathbb{R}$ benutzt wurden, übertragen sich diese Regeln unmittelbar auf komplexe Funktionen. Dasselbe gilt für die Kettenregel (allerdings nicht für die Differenziation der Umkehrfunktion, da bei deren Herleitung für reelle Funktionen Monotonieargumente verwendet wurden, die sich nicht aufs Komplexe übertragen lassen).   ◆

Frage 812

Wie lässt sich für eine Funktion $f : D \to \mathbb{C}$ durch Vergleich mit dem Begriff der *totalen Ableitung* eine hinreichende und notwendige Bedingung für komplexe Differenzierbarkeit finden?

▶ **Antwort** Von der Isomorphie $\mathbb{C} \simeq \mathbb{R}^2$ ausgehend lässt sich die Funktion f auch als eine Abbildung $f \colon D \to \mathbb{R}^2$ verstehen ($z = x + yi = (x, y)$).

Da die Multiplikation mit einer komplexen Zahl, aufgefasst als Abbildung $\mathbb{R}^2 \to \mathbb{R}^2$ stets $\mathbb{R}$-linear ist, folgt aus (C2) durch Vergleich mit der Definition (D2) der totalen Differenzierbarkeit aus Frage 793 unmittelbar:

Eine in $a \in D$ komplex differenzierbare Funktion ist dort als Abbildung $D \to \mathbb{R}^2$ auch total differenzierbar.

Die Umkehrung hiervon gilt allerdings nicht, da nicht jede lineare Abbildung $\mathbb{R}^2 \to \mathbb{R}^2$ in $\mathbb{C}$ durch Multiplikation mit einer komplexen Zahl realisiert werden kann.

Das führt auf die folgende Frage: Welche Eigenschaften muss eine $\mathbb{R}$-lineare Abbildung $L \colon \mathbb{R}^2 \to \mathbb{R}^2$ erfüllen, damit eine komplexe Zahl $l \in \mathbb{C}$ existiert mit der Eigenschaft

$$L(z) = l \cdot z, \qquad z = a + ib \simeq (a, b) \in \mathbb{R}^2.$$

Aus Linearitätsgründen ist das äquivalent zu der Bedingung

$$\boxed{L(\mathrm{i}) = \mathrm{i}L(1).} \tag{$*$}$$

Sei $A = \left(\begin{smallmatrix} a & b \\ c & d \end{smallmatrix}\right)$ die die Abbildung L bezüglich der kanonischen Basis beschreibende Matrix. Dann gilt einerseits $L(\mathrm{i}) = (b, d)^T$, und wegen $\mathrm{i} \cdot (x + \mathrm{i}y) = -y + \mathrm{i}x$ auf der anderen Seite $\mathrm{i}L(1) = \mathrm{i}(a, c)^T = (-c, a)$. Aus der Bedingung ($*$) folgt also $a = d$ und $-b = c$.

Da die lineare Abbildung L für eine im Punkt a total differenzierbare Abbildung gerade durch deren Jacobi-Matrix in a beschrieben wird, erhält man hieraus das folgende Kriterium für komplexe Differenzierbarkeit:

Eine Funktion $f \colon D \to \mathbb{C}$ mit $D \subset \mathbb{C}$ ist genau dann komplex differenzierbar in $a \in D$, wenn sie dort als reelle Abbildung $D \to \mathbb{R}^2$ total differenzierbar ist und die Jacobi-Matrix $\mathfrak{J}(f; a)$ die Form

$$\mathfrak{J}(f; a) = \begin{pmatrix} \alpha & -\beta \\ \beta & \alpha \end{pmatrix}.$$

besitzt. Sind $u, v \colon D \to \mathbb{R}$ die Real- und Imaginärteile von f, $f = u + \mathrm{i}v$, dann bedeutet das, dass die Cauchy-Riemann'schen Differenzialgleichungen

$$\boxed{\partial_1 u(a) = \partial_2 v(a), \qquad \partial_2 u(a) = -\partial_1 v(a).}$$

erfüllt sind. Es gilt dann

$$\boxed{f'(a) = \partial_1 u(a) + \mathrm{i}\partial_1 v(a) = \partial_2 v(a) - \mathrm{i}\partial_2 u(a).}$$ ◆

Frage 813

Kennen Sie ein einfaches Beispiel einer auf ganz $\mathbb{C}$ *stetigen*, dort aber nicht komplex differenzierbaren Funktion nennen?

▶ **Antwort** Ein Beispiel liefert die komplexe Konjugation $z = x + \mathrm{i}y \mapsto \bar{z} = x - \mathrm{i}y$. Diese Funktion ist offensichtlich stetig in ganz $\mathbb{C}$, wegen $\partial_1 u(z) = 1 \neq \partial_2 v(z) = -1$ erfüllt sie aber nicht die Cauchy-Riemann'schen Differenzialgleichungen und kann daher nicht komplex differenzierbar sein.   ◆

Frage 814

Warum ist die komplexe Exponentialfunktion für alle $z \in \mathbb{C}$ komplex differenzierbar und warum stimmt sie mit ihrer Ableitung überein?

▶ **Antwort** Ist $z = x + \mathrm{i}y$ mit $x, y \in \mathbb{R}$, dann ist

$$\exp(z) = \exp(x + \mathrm{i}y) = \exp(x)\exp(\mathrm{i}y) = \exp(x)(\cos y + \mathrm{i}\sin y)$$
$$= \exp(x)\cos(y) + \mathrm{i}\exp(x)\sin(y).$$

Durch $u(x, y) := \exp(x)\cos(y)$ und $v(x, y) := \exp(x)\sin(y)$ werden stetig partiell differenzierbare Funktionen definiert, die die Cauchy-Riemann'schen Differenzialgleichungen erfüllen, also ist $\exp\colon \mathbb{C} \to \mathbb{C}$ komplex differenzierbar, und es gilt:

$$\exp'(z) = \partial_1 u(x, y) + \mathrm{i}\partial_1 v(x, y) = \exp(x)\cos(y) + \mathrm{i}\exp(x)\sin(y)$$
$$= \exp(x)(\cos y + \mathrm{i}\sin y) = \exp(x)\exp(\mathrm{i}y) = \exp(z).   ◆$$

10.5 Lokale Extremwerte, Taylor'sche Formel

Mithilfe der Taylor'schen Formel für Funktionen mehrerer Variablen lassen sich auch allgemeine differenzierbare Funktionen auf lokale Extremwerte untersuchen. Ein wichtiges Werkzeug ist dafür die Taylor'sche Formel in einer Veränderlichen, aus der sich eine analoge Formel für Funktionen mehrerer Variablen herleiten lässt.

Frage 815

Wie geht man vor, um die Taylor'sche Formel erster Ordnung bzw. den **Mittelwertsatz** für eine $\mathcal{C}^1$-Funktion $f\colon D \to \mathbb{R}$ auf einer nichtleeren offenen Menge $D \subset \mathbb{R}^n$ in einem Punkt $a \in D$ herzuleiten?

▶ **Antwort** Man untersucht dabei das Änderungsverhalten von f längs aller in D liegenden Strecken $S_{a,a+h} := \{a + th \;;\; 0 \leq t \leq 1\}$, s. Abb. 10.8. Zu diesem Zweck betrachtet man die Funktion $g\colon [0,1] \to \mathbb{R}$ mit $g(t) = f(a + th)$. Die Taylorentwicklung für $g(1)$ im Entwicklungspunkt 0 ergibt eine Darstellung von $f(a + h)$. Da D offen ist, gibt es ein $\delta > 0$ mit $U_\delta(a) \subset D$ und $S_{a,b} \subset D$ für $\|h\| < \delta$. Die Taylorentwicklung von g ergibt dann

$$g(1) = g(0) + g'(\tau) \quad \text{mit } \tau \in [0,1].$$

Durch eine Anwendung der Kettenregel $(g'(\tau) = \operatorname{grad} f(a + \tau h) \cdot h)$ erhält man daraus den *Mittelwertsatz:*

Abb. 10.8 Die Verbin-
dungsstrecke $S_{a,a+h}$ liegt für
$\|h\| < \delta$ in $U_\delta(a)$

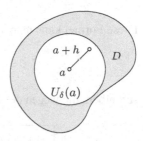

Sei $f \in \mathcal{C}^1(D)$. Liegt dann mit $a \in D$ auch die Verbindungsstrecke $S_{a,a+h}$ in D, dann gibt es ein $\tau \in [0,1]$ mit

$$\boxed{f(a + h) = f(a) + \operatorname{grad} f(a + \tau h) \cdot h.}$$

Das ist schon die Taylor'sche Formel 1. Ordnung.   ◆

Frage 816

Sei $f \in \mathcal{C}^2(D)$ und $a \in D$ so, dass auch die Verbindungsstrecke $S_{a,a+h}$ in D liegt. Können Sie begründen, warum es dann ein $\tau \in [0,1]$ gibt mit

$$f(a + h) = f(a) + \sum_{k=1}^{n} \partial_k f(a)h_k + \frac{1}{2}\sum_{j=1}^{n}\sum_{k=1}^{n} \partial_j\,\partial_k f(a + \tau h) \cdot h_j h_k.$$

▶ **Antwort** Man betrachtet die Funktion $g\colon [0,1] \to \mathbb{R}$ mit $g(t) = f(a + th)$. Für ihre Taylorentwicklung mit dem Lagrange'schen Restglied gilt einerseits für ein $\tau \in [0,1]$

$$g(1) = g(0) + g'(0) + \frac{1}{2}g''(\tau).$$

Andererseits berechnet man nach der Kettenregel

$$g'(t) = \sum_{k=1}^{n} \partial_k f(a + th) \cdot h_k = \operatorname{grad} f(a + th) \cdot h$$

und

$$g''(t) = \sum_{j=1}^{n} \sum_{k=1}^{n} \partial_j \partial_k f(a+th) \cdot h_j h_k.$$

Somit erhält man wegen $g(1) = f(a+h)$, $g(0) = f(a)$ und $g'(0) = \operatorname{grad} f(a) \cdot h$

$$f(a+h) = f(a) + \operatorname{grad} f(a) \cdot h + \frac{1}{2} \sum_{j=1}^{n} \sum_{k=1}^{n} f(a+\tau h) \cdot h_j h_k.$$

Diese Formel kann man viel einprägsamer mit der Hesse-Matrix

$$H_f(x) := \big(\partial_j \partial_k f(x)\big),$$

schreiben, die wegen des Satzes von Schwarz symmetrisch ist. Man erhält

$$\boxed{f(a+h) = f(a) + \operatorname{grad} f(a) \cdot h + \frac{1}{2} h^T H_f(a+\tau h) h.}$$ ◆

Frage 817

Ist X ein metrischer Raum, $D \subset X$ eine nichtleere Teilmenge und $f : D \to \mathbb{R}$ eine Funktion. Wann hat f in einem Punkt $a \in D$ ein **lokales Maximum bzw. Minimum**? Was ist der Unterschied zwischen einem lokalen Maximum (Minimum) und einem **globalen**? Wann spricht man von einem **isolierten Maximum oder Minimum**?

▶ **Antwort** f besitzt in a ein *lokales Maximum*, wenn eine Umgebung U von a existiert, sodass $f(x) \leq f(a)$ für alle $x \in U$ gilt. Ein *globales Maximum* liegt dann vor, wenn $f(x) \leq f(a)$ sogar auf ganz D gilt. Man spricht von einem *isolierten Maximum*, wenn $f(x) < f(a)$ auf einer Umgebung U von a gilt. Die Minimumsbegriffe werden analog mit umgekehrtem Ungleichheitszeichen definiert. ◆

Frage 818

Sei $D \subset \mathbb{R}^n$ offen, $f \in \mathcal{C}^1(D)$ und $a \in D$ eine lokale Extremalstelle von f. Warum gilt dann für *jede* Richtungsableitung $\partial_v f(a) = 0$, speziell also $\operatorname{grad} f(a) = 0$?

▶ **Antwort** Sei $v \in \mathbb{R}^n$ ein Einheitsvektor, also $\|n\|_2 = 1$ und $g :]-\varepsilon, \varepsilon[\to \mathbb{R}$ definiert durch $g_v(t) = f(a+tv)$ (wobei $\varepsilon > 0$ so gewählt ist, dass $a + tv \in D$ gilt). Hat f in a eine lokale Extremalstelle, so hat g_v in Null eine lokale Extremalstelle, und nach dem Fermat'schen Kriterium (vgl. Frage 456) muss $g'(0) = 0$ gelten, also wegen $g'(0) = \operatorname{grad} f(a) \cdot v = \partial_v f(a)$ auch $\partial_v f(a) = 0$ und $\operatorname{grad} f(a) = 0$. ◆

Frage 819

Was versteht man unter einem **kritischen Punkt** von $f: D \to \mathbb{R}$?

▶ **Antwort** f hat einen kritischen Punkt in $a \in D$, wenn grad $f(a) = 0$ gilt. Nach der Antwort zur vorigen Frage können lokale Extrema von f also höchstens in kritischen Punkten vorliegen. Leider ist dieses notwendige Kriterium – wie schon bei Funktionen in einer Variablen – im Allgemeinen nicht hinreichend für das Vorliegen einer Extremalstelle.   ◆

Frage 820

Sei $A = A^T \in \mathbb{R}^{n \times m}$ eine symmetrische Matrix und $g_A: \mathbb{R}^n \to \mathbb{R}$ mit $x \mapsto x^T A x$ die zugehörige assoziative quadratische Form. Wann heißen A bzw. g_A **positiv (semi-) definit**, wann **negativ (semi-) definit** und wann **indefinit**?

▶ **Antwort** Die Matrix A bzw. die quadratische Form g_A heißen

- *positiv definit* $\Longleftrightarrow x^T A x > 0$ für alle $x \neq 0$.
- *negativ definit* $\Longleftrightarrow x^T A x < 0$ für alle $x \neq 0$.
- *positiv semidefinit* $\Longleftrightarrow x^T A x \geq 0$ für alle x.
- *negativ semidefinit* $\Longleftrightarrow x^T A x \leq 0$ für alle x.
- *indefinit* $\Longleftrightarrow$ es gibt zwei Vektoren $v, w \in \mathbb{R}^n$ mit $v^T A v > 0$ und $w^T A w < 0$.   ◆

Frage 821

Welche Kriterien zur Untersuchung einer symmetrischen Matrix A bzw. der zugeordneten quadratischen Form $q(x) = x^T A x$ auf ihre Definitheitseigenschaften sind Ihnen bekannt? Welches von diesen Kriterien würden Sie bei einer 1000×1000-Matrix anwenden?

▶ **Antwort** Eine reelle symmetrische $n \times n$-Matrix besitzt n reelle Eigenwerte $\lambda_1, \ldots, \lambda_n$ (vgl. Frage 857). Bezüglich einer Basis aus Eigenvektoren $\tilde{e}_1, \ldots, \tilde{e}_n$ gilt dann für jedes $x = (\tilde{x}_1, \ldots, \tilde{x}_n)$

$$q(x) = \lambda_1 \tilde{x}^2 + \cdots \lambda_n \tilde{x}_n^2.$$

Demnach ist q bzw. A

- *positiv definit* $\Longleftrightarrow$ alle Eigenwerte sind > 0,
- *negativ definit* $\Longleftrightarrow$ alle Eigenwerte sind < 0,
- *positiv semidefinit* $\Longleftrightarrow$ alle Eigenwerte sind ≥ 0,
- *negativ semidefinit* $\Longleftrightarrow$ alle Eigenwerte sind ≤ 0,
- *indefinit* $\Longleftrightarrow A$ hat positive und negative Eigenwerte.

Um diese Informationen zu bekommen, muss man die Eigenwerte nicht explizit bestimmen (was im Allgemeinen äußerst aufwendig ist), sondern kann den *Trägheitssatz von Sylvester* heranziehen. Demzufolge hat für jede symmetrische Matrix A und jede invertierbare Matrix S die Matrix $S^T A S$ nämlich dieselbe Anzahl an positiven und negativen Eigenwerten wie A selbst. Führt man an der Matrix A eine Reihe elementarer Zeilenumformungen, gefolgt von den analogen Spaltenumformungen aus, so führt das gerade auf Matrizen der Gestalt $S^T A S$. Bringt man A also durch eine Umformung dieser Art auf eine Diagonalform (was für eine symmetrische Matrix möglich ist), dann entspricht die Anzahl der negativen und positiven Diagonalelemente genau der Anzahl positiver und negativer Eigenwerte von A.

Dieses Verfahren ist, zumal bei großen Matrizen, wesentlich effektiver als die Eigenwerte selbst zu bestimmen.

Hieraus lässt sich noch das *Hauptminoren-Kriterium* herleiten, das besagt, dass eine symmetrische Matrix genau dann positiv definit ist, wenn die Determinanten aller ihrer Hauptminoren positiv sind. Dieses Verfahren ist aber auch nur für kleine Matrizen praktikabel. ◆

Frage 822

Wie lautet ein notwendiges und hinreichendes Kriterium für positive Definitheit bei einer 2×2-Matrix? Können Sie dieses Kriterium beweisen?

▸ **Antwort** *Eine symmetrische 2×2-Matrix $A = \begin{pmatrix} a & b \\ b & c \end{pmatrix}$ ist genau dann positiv definit, wenn*

$$\det A > 0 \quad und \quad a > 0 \tag{$*$}$$

gilt. Das folgt unmittelbar aus dem Hauptminoren-Kriterium oder durch Umformungen der Art, wie sie in der vorigen Frage erwähnt wurden.

Man kann das aber auch ohne Kriterien direkt beweisen. Für $x = (x_1, x_2)$ erhält man durch quadratische Ergänzung

$$x^T A x = a x_1^2 + 2b x_1 x_2 + c x_2^2 = a\left(x_1^2 + 2\frac{b}{a}x_1 x_2 + \frac{b^2}{a^2}x_2^2\right) + c x_2^2 - \frac{b^2}{a^2}x_2^2$$

$$= a\left(x_1 + \frac{b}{a}x_2\right)^2 + \left(c - \frac{b^2}{a}\right)x_2^2 = a\left(x_1 + \frac{b}{a}x_2\right)^2 + \frac{\det A}{a}x_2^2$$

Der Ausdruck rechts ist genau dann positiv, wenn $(*)$ gilt. ◆

Frage 823

Können Sie den folgenden Satz beweisen:

(a) Hat $f \in \mathcal{C}^2(D)$ in $a \in D$ ein lokales Minimum, so ist notwendig $\mathrm{grad}\, f(a) = 0$ und die Hesse-Matrix $H_f(a)$ ist positiv-semidefinit.

(b) Die Bedingungen $\operatorname{grad} f(a) = 0$ und die positive Definitheit der Hesse-Matrix sind *hinreichend* für das Vorliegen eines lokalen Minimums an der Stelle $a \in D$, das dann sogar ein isoliertes Minimum ist.

(c) Nimmt die quadratische Form $\mathbb{R}^n \to \mathbb{R}$ mit $h \mapsto h^T H_f(a)h$ sowohl positive als auch negative Werte an, dann ist a keine Extremalstelle von f.

Entsprechende Zusammenhänge wie in (a) und (b) gelten für lokale Maxima, wenn man „positiv (semi-)definit" durch „negativ (semi-)definit" ersetzt.

▶ **Antwort** Man betrachte die aus Frage 816 gewonnene, auf einer geeigneten Umgebung von a gültigen Darstellung

$$f(a + h) = f(a) + \operatorname{grad} f(a) \cdot h + \frac{1}{2}h^T H_f(a + \tau h)h, \quad \tau \in [0, 1]. \qquad (*)$$

Die Antworten zu (a) und (b) folgen hieraus relativ problemlos zusammen mit dem in Frage 818 bereits gezeigten notwendigen Kriterium $\operatorname{grad} f(a) = 0$ und der Stetigkeit der Abbildung $x \mapsto H_f(x)$ in a.   ◆

Frage 824

Betrachtet man die Funktionen $f, g, h \colon \mathbb{R}^2 \to \mathbb{R}$ mit

$$f(x, y) = x^2 + y^4, \quad g(x, y) = x^2, \quad h(x, y) = x^2 - y^3,$$

dann ist in allen drei Fällen der Punkt $(0, 0)$ der einzige kritische Punkt. Warum ist das hinreichende Kriterium aus Frage 823 nicht anwendbar?

Welches Extremum liegt bei f bzw. g vor? Was kann man bei h sagen?

▶ **Antwort** Man erhält in allen drei Fällen die Hesse-Matrix

$$H := H_f\big((0, 0)\big) = H_g\big((0, 0)\big) = H_h\big((0, 0)\big) = \begin{pmatrix} 2 & 0 \\ 0 & 0 \end{pmatrix}.$$

Wegen $\det H = 0$ ist diese nicht positiv oder negativ definit, und ist das Kriterium aus Frage 823 ist nicht anwendbar.

Die Extremstellen der jeweiligen Funktionen lassen sich aber anhand der Funktionsgleichungen (oder an den Abbildungen) unmittelbar erkennen.   ◆

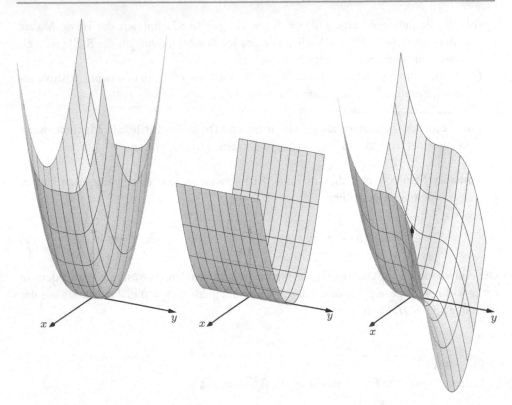

Abb. 10.9 Für die Funktionen $f(x, y) = x^2 + y^4$, $g(x, y) = x^2$, $h(x, y) = x^2 - y^3$ ist die Determinante der Hesse-Matrix im Nullpunkt gleich Null

Schlussbemerkung: Unter geeigneten Differenzierbarkeitsvoraussetzungen kann man mit den geschilderten Methoden Taylorentwicklungen höherer Ordnungen ableiten. Lesen Sie dazu die einschlägigen Ausführungen etwa in [24], [1] oder [28].

10.6   Der lokale Umkehrsatz

Der lokale Umkehrsatz befasst sich mit der folgenden Frage. Gegeben seien zwei nicht-leere offene Mengen $D \subset \mathbb{R}^n$ und $D^* \subset \mathbb{R}^n$ sowie eine stetig differenzierbare Abbildung $f : D \to D^*$. Unter welchen Voraussetzungen besitzt f dann eine Umkehrabbildung $g : D^* \to D$, die wieder stetig differenzierbar ist?

Die Idee, die man zur Lösung dieser Frage verfolgt, bezieht sich direkt auf das für die Differenzialrechnung grundlegende Konzept der *linearen Approximierbarkeit*. Salopp formuliert bedeutet dieses ja, dass in einer kleinen Umgebung eines Punktes $a \in D$ das Verhalten der $\mathcal{C}^1$-Funktion f durch die lineare Abbildung $\mathrm{d}f(a)$ „relativ gut" beschrieben wird. Wenn $\mathrm{d}f(a)$ nun in einem Punkt $a \in D$ die Eigenschaft besitzt, bijektiv zu sein, dann sollte man deswegen doch vermuten, dass f in einer hinreichend kleinen Umgebung

U von a sich ebenso verhält, dass also die Einschränkung von f auf U bijektiv abbildet. Der lokale Umkehrsatz bestätigt diese Vermutung und liefert darüber hinaus Aussagen über die Differenzierbarkeit der lokalen Umkehrfunktionen sowie darüber, wie die dabei auftretenden Jacobi-Matrizen zueinander in Beziehung stehen.

Frage 825

Seien $D \subset \mathbb{R}^n$ und $D^* \subset \mathbb{R}^m$ nichtleere offene Teilmengen. Es gebe stetig differenzierbare Abbildungen $f : D \to D^*$ und $g : D^* \to D$ mit $g \circ f = \mathrm{id}_D$ und $f \circ g = \mathrm{id}_{D^*}$. Warum gilt dann notwendig $n = m$?

▶ **Antwort** Für jedes $x \in D$ und $y = f(x) \in D^*$ gilt mit der Kettenregel

$$\mathfrak{J}(f;x) \cdot \mathfrak{J}(g;y) = E_n \quad \text{und} \quad \mathfrak{J}(g;y) \cdot \mathfrak{J}(f;x) = E_m$$

Demnach müssen $\mathfrak{J}(f;x)$ und $\mathfrak{J}(g;y)$ quadratische Matrizen aus $\mathbb{R}^{q \times q}$ sein. Die erste Gleichung liefert dann $q = n$, und die zweite $q = m$.   ◆

Frage 826

Was versteht man unter einem $\mathcal{C}^1$-**Diffeomorphismus** $f : D \to D^*$ zwischen offenen Mengen D, $D^* \subset \mathbb{R}^n$?

▶ **Antwort** Eine $\mathcal{C}^1$-Diffeomorphismus ist eine *bijektive* $\mathcal{C}^1$-Abbildung $f : D \to D^*$ mit der Eigenschaft, dass auch die Umkehrfunktion $f^{-1} : D^* \to D$ stetig differenzierbar ist, also eine $\mathcal{C}^1$-Funktion.   ◆

Frage 827

Warum ist für einen $\mathcal{C}^1$-Diffeomorphismus $\Psi : D \to D^*$ zwischen zwei offenen Mengen $D, D^* \subset \mathbb{R}^n$ für jedes $x \in D$ die Jacobi-Matrix $\mathfrak{J}(\Psi;x)$ invertierbar?

▶ **Antwort** Wie in Frage 825 folgt für jedes $x \in D$ mit $y = \Psi(x)$ wegen $\Psi \circ \Psi^{-1} = \mathrm{id}_{D^*}$ aus der Kettenregel

$$\mathfrak{J}(\Psi;x) \cdot \mathfrak{J}(\Psi^{-1};y) = E_n.$$

Damit ist die Matrix $\mathfrak{J}(\Psi^{-1};y)$ gerade die zu $\mathfrak{J}(\Psi;x)$ inverse Matrix.   ◆

Frage 828

Ist $M \subset \mathbb{R}$ ein echtes offenes Intervall und $f : M \to \mathbb{R}$ stetig differenzierbar, und gilt $f'(x) \neq 0$ für alle $x \in M$, warum ist in diesem Fall f ein $\mathcal{C}^1$-Diffeomorphismus auf dem Intervall $N = f(M)$, und warum gilt für die Umkehrabbildung $g : N \to M$ dann $g'(y) = f'(x) = 1$ für alle $y = f(x) \in M$?

▶ **Antwort** Aufgrund des Zwischenwertsatzes ist entweder $f'(x) > 0$ oder $f'(x) < 0$ für alle $x \in M$. Im ersten Fall ist f streng monoton wachsend auf M, im zweiten streng monoton fallend, also in jedem Fall injektiv. Damit ist $N = f(M)$ wieder ein offenes Intervall (Zwischenwertsatz). Nach dem Satz über die Differenzierbarkeit der Umkehrfunktion ist g in $y = f(x)$ differenzierbar und es gilt $g'(y) \cdot f'(x) = 1$, was man auch als $g'(y) = (f'(x))^{-1}$ schreiben kann.   ◆

Frage 829

Seien $U, V \subset \mathbb{R}^n$ nichtleere offene Mengen und $f : U \to V$ eine surjektive $\mathcal{C}^1$-Funktion. Die Jacobi-Matrix $\mathcal{J}(f; x)$ sei für alle $x \in U$ invertierbar. Ist f dann ein Diffeomorphismus?

▶ **Antwort** Nein. Man betrachte etwa die Abbildung $f : \mathbb{R}^2 \to \mathbb{R}^2$ mit

$$\begin{pmatrix} x \\ y \end{pmatrix} \mapsto \begin{pmatrix} e^x \cos y \\ e^x \sin y \end{pmatrix}$$

f ist surjektiv und stetig differenzierbar. Für jeden Punkt$(x, y) \in \mathbb{R}^2$ gilt

$$\det \mathcal{J}\big(f; (x, y)^t\big) = \det \begin{pmatrix} e^x \cos y & -e^x \sin y \\ e^x \sin y & e^x \cos y \end{pmatrix} = e^{2x} > 0.$$

Die Jacobi-Matrix ist somit in jedem Punkt $(x, y) \in \mathbb{R}^2$ invertierbar.

Wegen $f(x, y + 2k\pi) = f(x, y)$ für alle $k \in \mathbb{Z}$ ist f aber nicht injektiv und damit erst recht nicht bijektiv.

Man kann die Injektivität und damit die Umkehrbarkeit jedoch erzwingen, indem man f geeignet einschränkt, etwa y auf das Intervall $]-\pi, \pi[$ beschränkt.   ◆

Frage 830

Was ist das Bild der Funktion $f : \mathbb{R} \times]-\pi, \pi[\to \mathbb{R}^2$ aus der vorigen Frage?

▶ **Antwort** f bildet $\mathbb{R} \times]-\pi, \pi[$ auf die *geschlitzte Ebene* $\mathbb{R}^2 \setminus \{(x, 0) ; \ x \le 0\}$ ab.   ◆

Frage 831

Was besagt der **lokale Umkehrsatz**?

▶ **Antwort** Der lokale Umkehrsatz ist die folgende Aussage:

Sei $f : D \to \mathbb{R}^n$ eine $\mathcal{C}^1$-Abbildung auf einer nichtleeren offenen Menge $D \subset \mathbb{R}^n$ und sei $a \in D$ ein Punkt, für welchen die Jacobi-Matrix $\mathcal{J}(f; a)$ invertierbar ist. Dann gibt es *eine offene Umgebung U von a und V von b := f(a), sodass die auf U eingeschränkte Abbildung f|U ein $\mathcal{C}^1$-Diffeomorphismus zwischen U und V ist, d. h. die Umkehrabbildung g: V → U von f|U ist ebenfalls stetig differenzierbar, und für alle y ∈ V, x ∈ U mit y = f(x) gilt:*

$$\mathcal{J}(g; y) = \mathcal{J}(f; x)^{-1}.$$

Zusätzlich gilt noch: Ist $f \in \mathcal{C}^s(D, \mathbb{R}^n)$, die Funktion f also s-mal stetig partiell differenzierbar ($s \in \mathbb{R} \cup \{\infty\}$), dann hat auch g diese Eigenschaft.

Einen Beweis des Umkehrsatzes findet man z. B. in [3].   ♦

Frage 832

Warum kann man beim Beweis des lokalen Umkehrsatzes ohne Beschränkung der Allgemeinheit $a = f(a) = 0$ und $\mathcal{J}(f, 0) = E_n$ annehmen? Welche Rolle spielt der Schrankensatz (für vektorwertige Abbildungen) beim Beweis?

▶ **Antwort** Anstelle von f kann man die Abbildung $f(x + a) - f(a)$ auf der Definitionsmenge $D_* := \{x \in \mathbb{R}^n \; ; \; x + a \in D\}$ betrachten, deshalb kann man von Anfang an $a = f(a) = 0$ annehmen.

Ferner ist $f : D \to \mathbb{R}^n$ genau dann differenzierbar und umkehrbar, wenn dies für die Funktion $I \cdot f$ mit einem Isomorphismus $I : \mathbb{R}^n \to \mathbb{R}^n$ gilt. Nach der Voraussetzung beschreibt $\mathcal{J}(f; 0)^{-1}$ einen Isomorphismus, man kann also gleich die Funktion $\Phi := \mathcal{J}(f; 0)^{-1} \cdot f$ betrachten. Für diese gilt dann ebenfalls $\Phi(0) = 0$ und außerdem nach der Kettenregel

$$\mathcal{J}(\Phi; 0) = \mathcal{J}(f; 0)^{-1} \cdot \mathcal{J}(f; 0) = E_n.$$

Damit sind dann die Voraussetzungen so zurechtgerückt, wie man sie haben wollte. ♦

Frage 833

Welchen fundamentalen Existenzsatz kann man zum Beweis des lokalen Umkehrsatzes verwenden?

▶ **Antwort** Gemeint ist der *Banach'sche Fixpunktsatz* für kontrahierende Selbstabbildungen eines vollständigen metrischen Raumes (*„Eine kontrahierende Selbstabbildung φ: X → X eines vollständigen metrischen Raumes X besitzt genau einen Fixpunkt."*). Dieser Satz wurde in Frage 705 gezeigt.   ♦

Frage 834

Wie kann man die nach x aufzulösende Gleichung $f(x) = y$ auf eine Fixpunktgleichung umschreiben?

▶ **Antwort** Wegen $\mathfrak{J}(f;0) = E_n$ ist nahe bei null

$$y = f(x) = f(0) + \mathfrak{J}(f;0)x + r(x) = x + r(x),$$

also $x = y - r(x) = y + (x - f(x)) =: \Phi_y(x)$. Die Lösungen der Fixpunktgleichung

$$\Phi_y(x) := y + x - f(x)$$

sind zu gegebenem y dann gerade die Urbilder von y unter f, also die Punkte $x \in U$ mit $f(x) = y$.

Solange y und der Definitionsbereich von Φ_y noch nicht weiter spezifiziert sind, kann man nichts darüber sagen, ob überhaupt ein Fixpunkt existiert und ob dieser gegebenenfalls eindeutig ist. Man kann aber die Menge V der zugelassenen y und den Definitionsbereich U von Φ_y so festlegen, dass Φ_y eine kontrahierende Selbstabbildung ist, wobei in einem zentralen Argumentationsschritt der *Schrankensatz* für die Ermittlung einer Kontraktionskonstante angewendet wird.

Damit sind die Voraussetzungen des Banach'schen Fixpunktsatzes für Φ_y erfüllt, und man kann schließen, dass für jedes $y \in V$ genau ein $x \in U$ mit $\Phi_y(x) = x$, also $y = f(x)$ existiert. Das zeigt die Existenz der Umkehrabbildung.   ◆

Frage 835
Was besagt der **Satz über die Gebietstreue**?

▶ **Antwort** Der Satz besagt:

Ist $D \subset \mathbb{R}^n$ ein Gebiet und $f : D \to \mathbb{R}^n$ stetig differenzierbar sowie $\mathfrak{J}(f;x)$ invertierbar für alle $x \in D$, dann ist die Bildmenge $f(D)$ wieder ein Gebiet, es ist sogar für jede in D offene Menge U (was gleichbedeutend mit der Offenheit in $\mathbb{R}^n$ ist) auch das Bild $f(U)$ offen

Jeder Punkt $x \in U$ besitzt nämlich nach dem Umkehrsatz eine offene Umgebung U_x, deren Bild $f(U_x)$ offen ist. Die Vereinigung beliebig vieler offener Mengen ist aber offen, daher ist auch $f(D) = \cup_{x \in D} f(U_x)$ offen.

Dass $f(D)$ wieder zusammenhängend, also wieder ein Gebiet ist, folgt damit aus der Stetigkeit von f.   ◆

Frage 836

Was besagt der **Diffeomorphiesatz**?

▶ **Antwort** Der Diffeomorphiesatz besagt:

Ist $f : D \to \mathbb{R}^n$ stetig differenzierbar ($D \subset \mathbb{R}^n$ offen) und sind für alle $x \in D$ die Jacobi-Matrizen $\mathcal{J}(f;x)$ invertierbar und ist zusätzlich f injektiv, dann stiftet f einen Diffeomorphismus zwischen D und dem Bild $f(D)$.

Denn jedenfalls ist die Umkehrabbildung $f^{-1}: f(D) \to D$ stetig, weil das Urbild jeder in $f(D)$ offenen Menge nach dem vorhergehenden Satz offen in D ist. f ist also ein stetig differenzierbarer Homöomorphismus zwischen D und $f(D)$, dessen Jacobi-Matrizen an jeder Stelle $x \in D$ invertierbar sind. Man kann dann zeigen, dass unter diesem Fall die Umkehrabbildung ebenfalls stetig differenzierbar sein muss.   ◆

Frage 837

Im $\mathbb{R}^n$ mit dem Standardskalarprodukt sei $U_1(0) := \{x \in \mathbb{R}^n \; ; \; \|x\|_2^2 < 1\}$ die offene Einheitskugel. Warum ist die Abbildung

$$f: U_1(0) \to \mathbb{R}^n; \qquad x \mapsto x/\sqrt{1 - \|x\|_2^2}$$

ein Diffeomorphismus?

▶ **Antwort** Man rechnet leicht nach, dass f stetig partiell differenzierbar ist. Die Umkehrabbildung ist gegeben durch

$$g: \mathbb{R}^n \to U_1(0); \qquad y \mapsto y/\sqrt{1 + \|y\|_2^2}. \qquad ◆$$

Frage 838

Können Sie einen Diffeomorphismus von $U_1(0)$ auf den offenen Würfel $W :=]-1, 1[^n$ angeben?

▶ **Antwort** Wir benutzen den Diffeomorphismus f aus Frage 716 und kombinieren ihn mit der Abbildung

$$h: \mathbb{R}^n \to]-1, 1[^n, \qquad h(x_1, \ldots, x_n) = \left(\tfrac{2}{\pi} \arctan(x_1), \ldots, \tfrac{2}{\pi} \arctan(x_n)\right).$$

Die Abbildung h ist stetig differenzierbar und besitzt die stetig differenzierbare Umkehrabbildung

$$]-1, 1[^n \to \mathbb{R}^n, \qquad (y_1, \ldots, y_n) \mapsto \left(\tan\left(\tfrac{2}{\pi} y_1\right), \ldots, \tan\left(\tfrac{2}{\pi} y_n\right)\right).$$

Daher ist die Zusammensetzung $h \circ f: U_1(0) \to]-1, 1[^n$ ein Diffeomorphismus.   ◆

10.7   Der Satz über implizite Funktionen

Der Satz über implizite Funktionen behandelt die Frage, inwiefern sich die Nullstellenmenge einer stetig differenzierbaren Abbildung zumindest lokal durch eine Funktion bestimmen lässt. Man denke etwa an das sehr einfache Beispiel der Einheitskreislinie S^1 im $\mathbb{R}^2$. Diese ist die Nullstellenmenge der reellwertigen Funktion $f : \mathbb{R}^2 \to \mathbb{R}$ mit $f(x, y) = x^2 + y^2 - 1$. Nun kann es aus offensichtlichen Gründen keine Funktion $\varphi : [0, 1] \to \mathbb{R}$ geben, deren Graph genau der Einheitskreis wäre, aber es ist doch immerhin so, dass *fast* jeder Punkt aus S^1 eine Umgebung $U \subset S^1$ besitzt, in der die Punkte (x, y) durch eine funktionelle Beziehung $y = \varphi(x)$ einander zugeordnet sind (nämlich durch $\varphi(x) = \sqrt{1 - x^2}$ bzw. $\varphi(x) = -\sqrt{1 - x^2}$). Nur die Punkte $(-1, 0)$ und $(1, 0)$ besitzen keine solche Umgebung. Bezeichnenderweise sind das gerade die Punkte, an denen die partielle Ableitung $\partial_y f$ verschwindet.

Um die Problematik in einem allgemeineren Rahmen zu entfalten, orientiert man sich am besten an unterbestimmten linearen Gleichungssystemen. Sei dazu $A = (a_{ij}) \in \mathbb{R}^{m \times n}$ eine $m \times n$-Matrix ($m < n$) mit Rang $A = m$. Ist $x = (x_1, \ldots, x_n)^T$ eine Lösung des linearen Gleichungssystems $Ax = 0$, dann können nach eventueller Umnummerierung die ersten m Variablen durch die restlichen $n - m$ Variablen ausgedrückt werden.

Um das Problem für nichtlineare Gleichungen zu formulieren, führt man zweckmäßigerweise die folgenden Notationen ein. Wir setzen $n = k + m$, $\mathbb{R}^n = \mathbb{R}^{k+m} \cong \mathbb{R}^k \times \mathbb{R}^m$.

Sei $D \subset \mathbb{R}^{k+m}$ offen und $f = (f_1, \ldots, f_m)^T : D \to \mathbb{R}^k$ eine stetig differenzierbare Abbildung. Ferner gebe es ein $c = (a, b) \in D$ mit $f(c) = 0$. Die Jacobi-Matrix von f in c hat die Gestalt

$$\mathcal{J}(f; c) = \begin{pmatrix} \partial_{x_1} f_1(c) & \cdots & \partial_{x_k} f_1(c) & \partial_{y_1} f_1(c) & \cdots & \partial_{y_m} f_1(c) \\ \vdots & & \vdots & \vdots & & \vdots \\ \partial_{x_1} f_m(c) & \cdots & \partial_{x_k} f_m(c) & \partial_{y_1} f_m(c) & \cdots & \partial_{y_m} f_m(c) \end{pmatrix}$$

$$= \left(\partial_X f(c) \,\middle|\, \partial_Y f(c) \right),$$

dabei ist $\partial_Y f(c)$ eine quadratische Teilmatrix vom Typ $m \times m$.

Frage 839

Können Sie nach diesen Vorbereitungen den **Satz über implizite Funktionen** formulieren?

▶ **Antwort** Der Satz über implizite Funktionen lautet:

Sei $D \subset \mathbb{R}^{k+m}$ offen und $f = (f_1, \ldots, f_m) : D \to \mathbb{R}^m$ eine $\mathcal{C}^s$-Abbildung ($s \in \mathbb{N} \cup \{\infty\}$). Es gebe ein $c = (a, b) \in D$ mit $f(c) = 0$, und die partielle Jacobi-Matrix $\partial_Y f(c)$ sei invertierbar. Dann existieren offene Umgebungen $U \subset \mathbb{R}^k$ von a und $V \subset \mathbb{R}^m$ von b

mit $U \times V \subset D$, sodass die Gleichung $f(x, y) = 0$ in $U \times V$ eindeutig nach y auflösbar ist, d. h., es gibt genau eine $\mathcal{C}^s$-Abbildung $\varphi \colon U \to V$ mit der Eigenschaft

$$f(x, y) = 0 \iff y = \varphi(x) \qquad \text{für } (x, y) \in U \times V.$$ ◆

Frage 840

Können Sie anhand des unten stehenden (kommutativen) Diagramms eine Beweisskizze des Satzes implizite Funktionen geben, indem sie diesen auf den lokalen Umkehrsatz zurückführen?

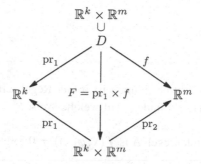

▶ **Antwort** Die Abbildung $f \colon D \to \mathbb{R}^m$ wird hier zu einer Abbildung

$$F \colon D \to \mathbb{R}^{k+m} \text{ mit } F(x, y) := (x, f(x, y))$$

erweitert. Es ist $\mathrm{pr}_1 \circ F = \mathrm{pr}_1$ und $\mathrm{pr}_2 \circ F = f$, und somit kommutiert das Diagramm. Die Jacobi-Matrix von F in $c = (a, b)$ ist quadratisch und hat die Gestalt

$$\mathcal{J}(F; c) = \left(\begin{array}{c|c} E_k & 0 \\ \hline * & \partial_Y f(c) \end{array} \right) \begin{array}{l} \} k \\ \} m \end{array}$$
$$\underbrace{}_{k} \quad \underbrace{}_{m}$$

und ist wegen $\det(\partial_Y f(c)) \neq 0$ auch invertierbar. Also ist der lokale Umkehrsatz anwendbar. Es gibt daher offene Umgebungen $W \subset D$ von $c = (a, b)$ und W' von $(a, 0)$ in $\mathbb{R}^k \times \mathbb{R}^m$, zwischen denen F einen $\mathcal{C}^1$-Diffeomorphismus stiftet. Wir berechnen die lokale Umkehrung $G \colon W' \to W$.

Wegen der Kommutativität des Diagramms ist G vom gleichen Typ wie F, d. h., $G(u, v) = (u, \varphi(u, v))$, wobei $\varphi \colon W' \to \mathbb{R}^m$ eine $\mathcal{C}^1$-Abbildung ist. Es gilt daher

$$(1) \quad \begin{pmatrix} u \\ v \end{pmatrix} = F(G(u, v)) = \begin{pmatrix} u \\ f(G(u, v)) \end{pmatrix} \quad \text{für } (u, v) \text{ nahe bei } (a, 0),$$

(2) $\begin{pmatrix} x \\ y \end{pmatrix} = G\big(F(x,y)\big) = G\big(x, f(x,y)\big)$ für (x,y) nahe bei (a,b).

Setzt man in (1) $v = 0$, so ergibt sich $0 = f\big(G(u,0)\big) = f\big(u, \Phi(u,0)\big)$. Definiert man nun φ durch $\varphi(u) = \Phi(u,0)$, dann ist φ s-mal stetig differenzierbar in einer Umgebung U von a, und es gilt $f\big(x, \varphi(x)\big) = 0$ für $(x,y) \in U \times V$. Nach (2) ist

$$\begin{pmatrix} x \\ y \end{pmatrix} = G(x,0) = \begin{pmatrix} x \\ \Phi(x,0) \end{pmatrix} = \begin{pmatrix} x \\ \varphi(x) \end{pmatrix},$$

d. h. $y = \varphi(x)$.   ◆

Frage 841

Die Funktion φ explizit zu bestimmen ist in der Regel schwierig. Die Jacobi-Matrix $\mathcal{J}(f;x)$ aber lässt sich leicht finden. Auf welche Weise?

▶ **Antwort** Stichwort Kettenregel. Aus $f\big(x, \varphi(x)\big) = 0$ folgt

$$\mathcal{J}\big(f; (x, \varphi(x))\big) \cdot \big(E_k, \mathcal{J}(\varphi; x)\big) = 0.$$

Dies lässt sich mit den partiellen Jacobi-Matrizen $\partial_X f(c)$ und $\partial_Y f(c)$ in der Form

$$\partial_X f\big(x, \varphi(x)\big) + \partial_Y f\big(x, \varphi(x)\big) \cdot \mathcal{J}(\varphi; x)$$

schreiben. Damit erhält man die Darstellung

$$\mathcal{J}(\varphi; x) = -\partial_Y f\big(x,y\big)^{-1} \cdot \partial_X f\big(x,y\big).   ◆$$

10.8 Untermannigfaltigkeiten im $\mathbb{R}^n$

Eine k-dimensionale Untermannigfaltigkeit des $\mathbb{R}^n$ ist eine Teilmenge von $\mathbb{R}^n$, die durch die Eigenschaft ausgezeichnet ist, *lokal*, also in einer hinreichend kleinen Umgebung jeder ihrer Punkte, „so ähnlich" auszusehen wie der $\mathbb{R}^k$. Das Ähnlichkeitskriterium, das dabei zugrunde gelegt wird, ist das der *Diffeomorphie*. Zu jedem Punkt a einer k-dimensionalen Mannigfaltigkeit gibt es eine offene Umgebung und eine Abbildung φ, die U diffeomorph auf eine offene Teilmenge des $\mathbb{R}^k$ abbildet (wobei sowohl $\mathbb{R}^k$ als auch M als Teilmengen des $\mathbb{R}^n$ aufzufassen sind). Im Hinblick auf die Strukturen, die in der Differenzial- und Integralrechnung bedeutend sind, besitzen die beiden Mengen dann dieselben Eigenschaften, was es ermöglicht, eine Analysis auf Mannigfaltigkeiten zu betreiben.

Mannigfaltigkeiten treten in vielen Zusammenhängen als Lösungsmengen bestimmter Gleichungssysteme oder als *Niveaumengen* stetig differenzierbarer Abbildungen $f : \mathbb{R}^n \supset D \to \mathbb{R}^{n-k}$ in Erscheinung. An diesem Punkt knüpft der Begriff der differenzierbaren Untermannigfaltigkeit direkt an den Satz über implizite Funktionen an.

Frage 842

Wie lautet die Definition einer k-dimensionalen Untermannigfaltigkeit von $M \subset \mathbb{R}^n$?

▶ **Antwort** Eine nichtleere Menge $M \subset \mathbb{R}^n$ heißt *k-dimensionale differenzierbare Untermannigfaltigkeit des $\mathbb{R}^n$*, wenn sie folgende Eigenschaft besitzt: Zu jedem $a \in M$ gibt es eine Umgebung U und einen Diffeomorphismus $\varphi : U \to V$ auf eine Teilmenge $V \subset \mathbb{R}^n$, sodass gilt

$$\boxed{\varphi(M \cap U) = \mathbb{R}_0^k \cap V.}$$

Dabei bezeichnet $\mathbb{R}_0^k \subset \mathbb{R}^n$ die Menge $\{(x_1, \ldots, x_n) \in \mathbb{R}^n \; ; \; x_{k+1} = \cdots = x_n = 0\} \cong \mathbb{R}^k$.

Die Abbildung φ nennt man in diesem Fall eine *Karte von M bei a*.

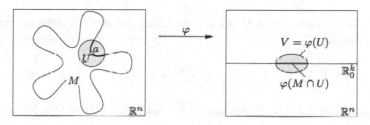

Abb. 10.10 Die Karte φ bildet $U \subset \mathbb{R}^n$ diffeomorph auf $\varphi(U) \subset \mathbb{R}^n$ ab, sodass $\varphi(M \cap U) = \varphi(U) \cap \mathbb{R}_0^k$ gilt

Der folgende *Äquivalenzsatz für Untermannigfaltigkeiten* liefert für differenzierbare Untermannigfaltigkeiten noch drei alternative Charakterisierungen bzw. Definitionen. ◆

Frage 843

Wie lautet der **Äquivalenzsatz** für k-dimensionale $\mathcal{C}^1$-Untermannigfaltigkeiten im $\mathbb{R}^n$?

▶ **Antwort** Eine nicht leere Teilmenge $M \subset \mathbb{R}^n$ ist genau dann eine k-dimensionale differenzierbare Untermannigfaltigkeit von $\mathbb{R}^n$, wenn eine der folgenden drei äquivalenten Bedingungen erfüllt ist:

(a) *(lokale Parameterdarstellung)* *Zu jedem Punkt $a \in M$ gibt es eine offene Umgebung $U \subset \mathbb{R}^n$ sowie eine offene Teilmenge $D \subset \mathbb{R}^k$ und eine Immersion, d. h. eine $\mathcal{C}^1$-Abbildung*

$$\alpha : D \to \mathbb{R}^n,$$

deren Funktionalmatrix $\mathfrak{J}(\alpha; x)$ in jedem Punkt $x \in D$ den Rang k hat, sodass α die Menge D diffeomorph auf $\alpha(D) = M \cap U$ abbildet.

(b) **(Darstellung als Graph)** *Zu jedem Punkt $a \in M$ gibt es nach eventueller Umnummerierung der Koordinaten offene Umgebungen $U' \subset \mathbb{R}^k$ von $a' := (a_1, \ldots, a_k)$ und $U'' \subset \mathbb{R}^k$ von $a'' := (a_{k+1}, \ldots, a_n)$ und eine $\mathcal{C}^1$-Abbildung $g: U' \to U''$, sodass*

$$M \cap (U' \times U'') = \{(x', x'') \in U' \times U''\ ;\ x'' = g(x')\}.$$

(c) **(Beschreibung durch Gleichungen)** *Zu jedem Punkt $a \in M$ gibt es eine Umgebung $U \subset \mathbb{R}^n$ und $(n - k)$ reellwertige Funktionen $f_1, \ldots, f_{n-k} : U \to \mathbb{R}$ gibt, sodass gilt:*

(i) $M \cap U = \{x \in U\ ;\ f_1(x) = f_2(x) = \cdots = f_{n-k}(x) = 0\}$.

(ii)   Die Differenziale $\mathrm{d} f_1(a), \ldots, \mathrm{d} f_{n-k}(a)$ sind linear unabhängig.

Zum Beweis sei (d) die Aussage in der Definition einer $\mathcal{C}^1$-Untermannigfaltigkeit aus Frage 842. Wir zeigen die Äquivalenzen in der Richtung (d) $\Longrightarrow$ (a) $\Longrightarrow$ (b) $\Longrightarrow$ (c) $\Longrightarrow$ (d).

(d) $\Longrightarrow$ (a): Ist φ eine Karte zu M bei a, dann leistet (mit den Bezeichnungen aus Frage 842) die Abbildung

$$\alpha: D \to \mathbb{R}^k, \qquad \alpha(x_1, \ldots, x_k) := \varphi^{-1}(x_1, \ldots, x_k, 0, \ldots, 0)$$

das Gewünschte, wobei D die Teilmenge im $\mathbb{R}^k$ mit $\varphi(M \cap U) = D \times \{0\}$ bezeichnet.

(a) $\Longrightarrow$ (b): Sei $a \in M$ gegeben sowie eine Immersion $\alpha: D \to \mathbb{R}^n$ mit $D \subset \mathbb{R}^k$ und $\alpha(D) = M \cap U$ mit einer Umgebung U von a. Der Punkt $t \in D$ sei das Urbild von a unter α. Man betrachte die Abbildung.

$$\tilde{\alpha} := (\alpha_1, \ldots, \alpha_k): D \to \mathbb{R}^k.$$

OBdA kann man $\det \mathfrak{J}(\tilde{\alpha}; t) \neq 0$ annehmen. Nach dem lokalen Umkehrsatz bildet $\tilde{\alpha}$ daher eine Umgebung $D' \subset D$ von t bijektiv und $\mathcal{C}^1$-invertierbar auf eine Menge $U' \subset \mathbb{R}^k$ ab, die eine Umgebung des Punktes $a' = (a_1, \ldots, a_k)$ ist. Sei $\psi: U' \to D'$ die Umkehrabbildung von $\tilde{\alpha}$. Für $x' := (x_1, \ldots, x_k) \in U'$ gilt dann

$$\alpha \circ \psi(x') = \big(\alpha_1 \circ \psi(x'), \ldots, \alpha_k \circ \psi(x'), \alpha_{k+1} \circ \psi(x'), \ldots, \alpha_n \circ \psi(x')\big) = \big(x', g(x')\big)$$

mit einer $\mathcal{C}^1$-Abbildung

$$g := \big(\alpha_{k+1} \circ \psi, \ldots, \alpha_n \circ \psi\big): U' \to \mathbb{R}^{n-k}.$$

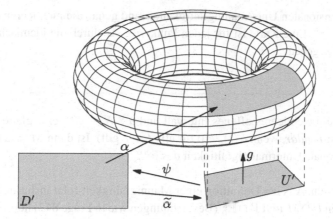

Die Abbildung g hat in diesem Fall die gesuchten Eigenschaften.

(b) $\Longrightarrow$ (c): Wird M in einer Umgebung von a als Graph der Funktion $g = (g_{k+1}, \ldots, g_n)$ dargestellt, so ist M dort die Lösungsmenge der $n - k$ Gleichungen

$$f_\nu(x_1, \ldots, x_n) := x_{k+\nu} - g_{k+\nu}(x_1, \ldots, x_k), \qquad \nu = 1, \ldots, n - k.$$

Wegen grad $f_\nu := e_\nu$ sind die Differenziale linear unabhängig.

(c) $\Longrightarrow$ (d): Gilt (ii), dann lassen sich die $n - k$ Linearformen $\mathrm{d}f_1(a), \ldots, \mathrm{d}f_{n-k}(a)$: $\mathbb{R}^n \to \mathbb{R}$ durch Hinzufügung von k Linearformen $l_1, \ldots, l_k \colon \mathbb{R}^n \to \mathbb{R}$ zu einer Basis des Vektorraums der Linearformen auf $\mathbb{R}^n$ ergänzen. Man betrachte die Abbildung

$$\Phi \colon U \to \mathbb{R}; \qquad x \mapsto \big(l_1(x), \ldots, l_k(x), f_1(x), \ldots, f_{n-k}(x)\big).$$

Nach der Voraussetzung ist $\mathrm{d}\Phi(a)$ dann ein Isomorphismus, nach dem Satz von der lokalen Umkehrbarkeit gibt es also eine Umgebung $U' \subset U$, die durch $\varphi := \Phi|U'$ diffeomorph auf $V := \varphi(U')$ abgebildet wird. Gilt dann für f auch noch (i), so ist die Abbildung $\varphi \colon U' \to V$ eine Karte von M bei a. $\blacklozenge$

Frage 844

Was sind die 0-dimensionalen bzw. n-dimensionalen Untermannigfaltigkeiten im $\mathbb{R}^n$?

▶ **Antwort** Die nulldimensionalen Untermannigfaltigkeiten des $\mathbb{R}^n$ sind genau die diskreten Teilmengen M des $\mathbb{R}^n$, also diejenigen Teilmengen, die keinen Häufungspunkt in $\mathbb{R}^n$ besitzen. Ist a ein Punkt aus M, dann gibt es eine Umgebung U von a, in der keine weiteren Punkte von M liegen. Die Abbildung $\varphi \colon U \to \mathbb{R}^n$ mit $\varphi(x) = x - a$ ist dann eine Karte von M bei a.

Die n-dimensionalen Untermannigfaltigkeiten sind genau die nichtleeren offenen Teilmengen $M \subset \mathbb{R}^n$. Eine Karte ist für jeden Punkt $a \in M$ durch die identische Abbildung id: $M \to \mathbb{R}^n$ gegeben.   ♦

Frage 845

Ist $I \subset \mathbb{R}$ ein nichtleeres offenes Intervall und $\alpha: N \to \mathbb{R}^n$ eine glatte und reguläre Kurve (α ist *regulär*, wenn $\dot{\alpha}(t) \neq 0$ für alle $t \in I$ gilt). Ist dann $M = \alpha(I)$ stets eine eindimensionale Untermannigfaltigkeit des $\mathbb{R}^n$?

▶ **Antwort** Nein. Aus der Definition einer Mannigfaltigkeit folgt insbesondere, dass die beiden Mengen $U \cap M$ und $V \cap \mathbb{R}_0^k$ (Bezeichnungen wie in Frage 842) homöomorph sind, diese sind jeweils offen in M bzw. $\mathbb{R}_0^k$. Daraus folgt (nach einer eventuellen Verkleinerung von U), dass jeder Punkt einer k-dimensionalen differenzierbaren Untermannigfaltigkeit eine Umgebung besitzt, die zu einer offenen Kugel in $\mathbb{R}^k$ homöomorph ist. Insbesondere hat jede solche Umgebung dieselben Zusammenhangseigenschaften wie eine offene Kugel in $\mathbb{R}^k$.

Aus diesem Grund kann zum Beispiel die Kurve

$$\gamma: \,]-3, 3[\to \mathbb{R}^2; \qquad t \mapsto (t^2 - 1, t^3 - t)$$

keine 1-dimensionale differenzierbare Untermannigfaltigkeit des $\mathbb{R}^2$ sein, denn durch Herausnahme des Nullpunktes zerfällt deren Graph in drei disjunkte offene Mengen, s. Abb. 10.11. Es gibt aber keine offene Kugel in $\mathbb{R}$, die diese Eigenschaft besitzt.   ♦

Abb. 10.11 Durch Herausnahme des Nullpunkts zerfällt der Graph von γ in *drei* disjunkte offene Mengen

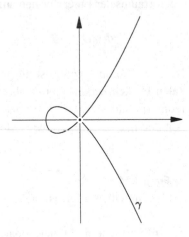

Frage 846

Warum ist $M = \{(x, y) \in \mathbb{R}^2 \; ; \; xy = 0\}$ keine Untermannigfaltigkeit?

▶ **Antwort** M ist die Vereinigung der beiden Geraden $x = 0$ und $y = 0$ des $\mathbb{R}^2$. Durch Herausnahme des Nullpunktes zerfällt M in vier disjunkte offene Mengen und kann daher aus denselben Gründen wie in der vorigen Frage keine Untermannigfaltigkeit sein. ◆

Frage 847

Ist M eine $\mathcal{C}^1$-Mannigfaltigkeit der Dimension k und a ein Punkt aus M. Was versteht man einem **Tangentialvektor** v an M in a bzw. dem **Tangentialraum** an M in a?

▶ **Antwort** Der Vektor $v \subset \mathbb{R}^n$ ist ein Tangentialvektor in dem Punkt $a \in M$, wenn eine in M verlaufende Kurve $\alpha : \,] - \varepsilon, \varepsilon[\to M \subset \mathbb{R}^n$ mit $\alpha(0) = a$ existiert, die im Punkt $t = 0$ den Richtungsvektor v besitzt, für die also $\dot{\alpha}(0) = v$ gilt.

Der Tangentialraum $T_a M$ ist die Vereinigung aller Tangentialvektoren von M in a, s. Abb. 10.12. In der Antwort zur Frage 850 wird gezeigt, dass es sich bei $T_a M$ um einen Vektorraum handelt. ◆

Abb. 10.12 Ein Tangentialvektor einer Untermannigfaltigkeit M ist Tangentenvektor einer in M verlaufenden Kurve

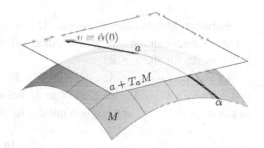

Frage 848

Was versteht man unter einem **regulären Punkt** und einem **regulären Wert** einer differenzierbaren Abbildung $f : D \to \mathbb{R}^m$ $(D \subset \mathbb{R}^n$ offen)?

▶ **Antwort** Ein Punkt $a \in D$ heißt *regulärer Punkt* von f, wenn das Differenzial $df(a) : D \to \mathbb{R}^m$ surjektiv ist bzw. die Jacobi-Matrix $\mathcal{J}(f; a)$ den maximalen Rang m hat. Ein Punkt $c \in f(U) \subset \mathbb{R}^m$ heißt *regulärer Wert*, wenn alle Urbilder a mit $f(a) = c$ reguläre Punkte sind.

Die Begriffe spielen in diesem Zusammenhang deswegen eine Rolle, weil die Niveaumengen $N_c f$ zu differenzierbaren Abbildungen $f : D \to \mathbb{R}^m$ Mannigfaltigkeiten sind, falls die Voraussetzung erfüllt ist, dass das „Niveau" c ein regulärer Wert von f ist (vgl. Frage 849). ◆

Frage 849

Was besagt der **Satz vom regulären Wert**?

▶ **Antwort** Der Satz besagt: *Sei* $f : D \to \mathbb{R}^{n-k}$ *eine* $\mathcal{C}^1$-*Abbildung auf einer offenen Teilmenge* $D \subset \mathbb{R}^n$ *und sei* $c \in f(D)$ *ein regulärer Wert von* f. *Dann ist die Niveaumenge* $M := f^{-1}(\{c\}) = \{a \in D \; ; \; f(a) = c\}$ *eine differenzierbare Untermannigfaltigkeit von* $\mathbb{R}^n$. *Für die Dimension von* M *gilt*

$$\dim M := n - (n - k) = k.$$

Der Satz ergibt sich als eine einfache Folgerung aus dem Äquivalenzsatz. Denn oBdA kann man $c = 0$ annehmen. Dann ist M durch $f_1(M) = \cdots = f_{n-k}(M) = 0$ eindeutig bestimmt. Ferner gilt wegen der Surjektivität von $d f(a) \colon \mathbb{R}^n \to \mathbb{R}^{n-k}$, dass die Komponentendifferenziale $d f_1(a), \ldots, d f_{n-k}(a)$ linear unabhängig sind. Mit dem Äquivalenzsatz folgt, dass M eine Untermannigfaltigkeit ist.   ◆

Frage 850

Warum ist der Tangentialraum $T_a M$ an eine k-dimensionale Untermannigfaltigkeit M in einem Punkt a überhaupt ein Vektorraum?

▶ **Antwort** Mittels einer Karte für M bei a führt man die Frage auf den $\mathbb{R}_0^k$ zurück, dessen Tangentialräume in jedem Punkt offensichtlich Vektorräume sind. Genauer gilt $T_x \mathbb{R}_0^k = \mathbb{R}_0^k$ für alle $x \in \mathbb{R}_0^k$.

Sei also $\alpha :]-\varepsilon, \varepsilon[\to M$ eine Kurve in M mit $\alpha(0) = a$. $U \subset \mathbb{R}^n$ sei eine Umgebung von a und $\varphi \colon U \to V$ eine Karte von M bei a. Dann ist $\alpha^* := \varphi \circ \alpha$ eine Kurve in $\mathbb{R}_0^k$, es gilt $\alpha := \varphi^{-1} \circ \alpha^*$ und folglich mit der Kettenregel

$$\dot{\alpha}(0) = \big(d\varphi(a)\big)^{-1}\dot{\alpha}^*(0).$$

Der Isomorphismus $\big(d\varphi(a)\big)^{-1}$ bildet jeden Tangentialvektor $w = \dot{\alpha}^*(0) \in T_{\varphi(a)}\mathbb{R}_0^k$ auf einen Tangentialvektor $v = \dot{\alpha}(0) \in T_a(M)$ ab. Daraus folgt $T_a(M) \cong \mathbb{R}_0^k$. Der Tangentialraum $T_a M$ an einen Punkt a einer k-dimensionalen Untermannigfaltigkeit M ist also ein Vektorraum der Dimension k.   ◆

Frage 851

Wie lässt sich der Tangentialraum $T_a M$ charakterisieren, falls M die Niveaumenge einer $\mathcal{C}^1$-Abbildung $f \colon \mathbb{R}^n \subset D \to \mathbb{R}^{n-k}$ zu einem regulären Wert c ist?

▶ **Antwort** In diesem Fall gilt

$$\boxed{T_a M = \text{Kern } d f(a).}$$ (∗)

Denn für $\alpha :] - \varepsilon, \varepsilon[\to M$ gilt $f \circ \alpha \equiv c$, und daher $\mathrm{d}f(a)\dot{\alpha}(0) - 0$. Also ist

$$T_a M \subset \operatorname{Kern} \mathrm{d}f(a).$$

Die beiden Vektorräume haben aber auch die gleiche Dimension, denn wegen der Surjektivität von $\mathrm{d}f(a)\colon \mathbb{R}^n \to \mathbb{R}^{n-k}$ gilt $\dim \operatorname{Kern} \mathrm{d}f(a) = k = \dim M = \dim T_a M$ (nach Frage 849 und 850). Insgesamt folgt daraus (∗). $\qquad\qquad\qquad\qquad\qquad$ ◆

Frage 852

Können Sie begründen, warum der Tangentialraum der Gruppe $O(n, \mathbb{R})$ der orthogonalen Matrizen im Einselement E_n genau aus den *schiefsymmetrischen* Matrizen besteht?

▶ **Antwort** Die Gruppe $O(n, \mathbb{R})$ lässt sich beschreiben als die Niveaumenge zum Wert E_n der Abbildung

$$f \colon \mathbb{R}^{n \times n} \to \mathbb{R}^{n \times n}, \qquad f(X) = X^T X.$$

Als lineare Abbildung ist f stetig differenzierbar. Man kann direkt die Definition der Differenzierbarkeit (D1) in Frage 793 heranziehen, um zu sehen, dass für jede Matrix $A \in O(n, \mathbb{R})$ und jede Matrix $H \in \mathbb{R}^{n \times n}$ gilt

$$\mathrm{d}f(A)H = A^T H + H^T A. \qquad\qquad\qquad (*)$$

Insbesondere ist $\mathrm{d}f(E_n)H = H + H^T$. Da jede orthogonale Matrix den Rang n hat, folgt aus (∗) die Surjektivität von $\mathrm{d}f(A)$, d. h. E_n ist ein regulärer Wert von f. Mit Frage 851 gilt daher

$$T_{E_n} O(n, \mathbb{R}) = \operatorname{Kern} \mathrm{d}f(E_n) = \{ H \in \mathbb{R}^{n \times n} : H + H^T = 0 \}$$

Die Menge rechts ist gerade die Menge der schiefsymmetrischen Matrizen aus $\mathbb{R}^{n \times n}$. ◆

Frage 853

Wie lässt sich der Tangentialraum der Sphäre S^{n-1} beschreiben?

▶ **Antwort** Die Sphäre S^{n-1} ist die Niveaumenge zum Wert 1 der Abbildung

$$\upsilon \colon \mathbb{R}^n \to \mathbb{R}; \qquad x \mapsto \|x\|_2.$$

Das Differenzial von υ an der Stelle a ist nach Frage 781 gegeben durch

$$\mathrm{d}\upsilon(a) = \left(\frac{a_1}{\|a\|_2}, \dots, \frac{a_n}{\|a\|_2} \right),$$

und ist offensichtlich für alle $a \in S^{n-1}$ surjektiv. 1 ist also ein regulärer Wert von υ, und es gilt

$$T_a S^{n-1} = \text{Kern } d\upsilon(a) = a^{\perp}.$$

Der Tangentialraum $T_a S^{n-1}$ ist damit das orthogonale Komplement zum Vektor $a \in \mathbb{R}^n$, s. Abb. 10.13.   ◆

Abb. 10.13 Der Tangentialraum $T_a S^{n-1}$ ist das
orthogonale Komplement zum
Vektor $a \in \mathbb{R}^n$

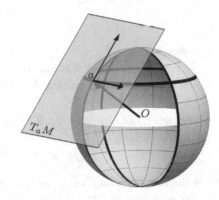

Frage 854

Können Sie begründen, warum im Falle, dass $M = f^{-1}(\{c\})$ mit einer stetig differenzierbaren Abbildung $f = (f_1, \ldots, f_{n-k}) : U \to \mathbb{R}^{n-k}$ ($U \subset \mathbb{R}^n$ offen) und einem
regulären Wert c gilt, dass die Gradienten grad $f_1(a), \ldots,$ grad $f_{n-k}(a)$ in einem Punkt
$a \in M$ eine Basis des Normalenraumes $N_a M := (T_a M)^{\perp}$ bilden?

▶ **Antwort** Das Differenzial $df(a)$ wird bezüglich der kanonischen Basen durch die
Jacobi-Matrix $\mathcal{J}(f; a)$ dargestellt, und diese hat die Gestalt

$$\mathcal{J}(f; a) = \big(\text{grad } f_1(a), \ldots, \text{grad } f_{n-k}(a)\big)^T.$$

Ferner liegt nach Frage 851 ein Vektor $v \in \mathbb{R}^k$ genau dann in $T_a M$, wenn $v \in$
Kern $df(a)$, also $\mathcal{J}(f; a)v = 0$ gilt. Letztere Beziehung bedeutet aber gerade, dass
$\langle \text{grad } f_i(a), v \rangle$ für alle $i \in \{1, \ldots, n - k\}$ gilt. Die Gradienten grad $f_i(a)$ stehen also
alle senkrecht auf $T_a M$ und liegen im Normalenraum $T_a M^{\perp}$. Da c ein regulärer Wert ist,
bildet $\mathcal{J}(f; a)$ surjektiv ab, und daher sind alle grad $f_i(a)$ linear unabhängig. Außerdem
gilt dim $T_a M = k$, also dim $T_a M^{\perp} = n - k$, woraus sich insgesamt die Behauptung
ergibt.   ◆

10.9 Extrema unter Nebenbedingungen, Lagrange'sche Multiplikatoren

In vielen Anwendungen ist man mit dem Problem konfrontiert, dass die Variablen einer Funktion, deren Werte man maximieren oder minimieren möchte, sich nicht „frei" in ihrem Definitionsbereich bewegen können, sondern Nebenbedingungen unterworfen sind, z. B. sich nur auf einer Kurve oder Fläche bewegen zu dürfen.

Frage 855

Was besagt der Satz über die **Lagrange'schen Multiplikatoren (die Lagrange'sche Multiplikatorregel)**?

▶ **Antwort** Der Satz lautet:

Seien $f, \varphi_1, \ldots, \varphi_r : U \to \mathbb{R}$ stetig differenzierbare Funktionen auf einer nichtleeren offenen Menge $U \subset \mathbb{R}^n$ und $\varphi = (\varphi_1, \ldots, \varphi_r)^T$. Ferner sei $M = \{x \in U \;;\; f(x) = 0\}$ die Nullstellenmenge von f und die Jacobi-Matrix $\mathfrak{J}(\varphi; x)$ habe in jedem Punkt $x \in M$ den maximalen Rang r. Dann gilt: hat die Funktion $f|M$ in einem Punkt $a \in M$ ein lokales Minimum (lokales Maximum), d. h. es gibt eine ε-Umgebung $U_\varepsilon(a) \subset U$ mit $f(x) \leq f(a)$ für alle $x \in M \cap U_\varepsilon(a)$, dann ist $\mathrm{grad}\, f(a)$ orthogonal zu jedem Tangentialvektor v an M im Punkt a.

Wegen $(T_a M)^{\perp} = N_a M$ kann man auch sagen, dass $\mathrm{grad}\, f(a)$ ein Normalenvektor von M in a ist. Da $\mathrm{grad}\, \varphi_1(a), \ldots, \mathrm{grad}\, \varphi_r(a)$ nach Frage 854 eine Basis von $N_a M$ bilden, gibt es daher eindeutig bestimmte Zahlen $\lambda_1, \ldots, \lambda_r \in \mathbb{R}$ mit

$$\mathrm{grad}\, f(a) = \lambda_1 \,\mathrm{grad}\, \varphi_1(a) + \cdots + \lambda_r \,\mathrm{grad}\, \varphi_r(a).$$

Man nennt die Zahlen $\lambda_1, \ldots, \lambda_r$ *Lagrange'sche Multiplikatoren* und sagt: *f hat im Punkt a ein Extremum unter der Nebenbedingung $\varphi = 0$ ($\varphi_1 = \cdots = \varphi_r = 0$).*

Man beachte: Der Satz liefert lediglich ein notwendiges Kriterium für das Vorliegen eines lokalen Extremums.

Zum Beweis des Satzes hat man lediglich zu zeigen, dass jeder Tangentialvektor $v \in T_a M$ auf dem Gradienten $\mathrm{grad}\, f(a)$ senkrecht steht: $v \perp \mathrm{grad}\, f(a)$. Nach Definition gibt es zu jedem $v \in T_a M$ eine stetig differenzierbare Kurve $\alpha : \,]-\varepsilon, \varepsilon[\to M$ mit $\alpha(0) = a$ und $\dot{\alpha}(0) = v$. Die Funktion

$$g : \,]-\varepsilon, \varepsilon[\to \mathbb{R}; \qquad t \mapsto f\big(\alpha(t)\big)$$

hat nach Voraussetzung in $t = 0$ ein lokales Extremum, also ist nach dem Fermat'schen Lemma notwendig $g'(0) = 0$. Nach der Kettenregel ist andrerseits $g'(t) = \mathrm{grad}\, \big(f(\alpha(t)\big) \cdot$

$\dot{\alpha}(t)$, also speziell

$$g'(0) = \operatorname{grad}\big(f(\alpha(0))\big) \cdot \dot{\alpha}(0) = \operatorname{grad} f(a) \cdot v,$$

und daher $v \perp \operatorname{grad} f(a)$.   ◆

Frage 856

Können Sie als Anwendung des Satzes über die Lagrange'schen Multiplikatoren zeigen, dass jede reelle symmetrische Matrix auch einen reellen Eigenwert hat?

▶ **Antwort** Sei $A = A^T \in \mathbb{R}^{n \times n}$ die gegebene reelle Matrix, der wir die Abbildung (quadratische Form)

$$f : \mathbb{R}^n \to \mathbb{R}; \qquad x \mapsto x^T A x$$

zuordnen. Wir fragen nach dem Minimum von f auf der Sphäre S^{n-1}. Diese lässt sich als Nullstellenmenge der Funktion $\varphi(x) := x_1^2 + \cdots + x_n^2 - 1$ schreiben, deren Jacobi-Matrix $\mathfrak{J}(\varphi; x) = \operatorname{grad} \varphi(x) = 2(x_1, \ldots, x_n)$ für alle $x \in S^{n-1}$ den Maximalrang 1 hat.

Die Sphäre S^{n-1} ist kompakt, und $f \,|\, S^{n-1}$ besitzt daher nach dem Satz von Weierstraß ein Minimum (und ein Maximum). Es gibt also ein $v \in S^{n-1}$ mit

$$f(v) = m := \min\left\{x^T A x \; ; \; x \in S^{n-1}\right\}.$$

Nach der Lagrange'schen Multiplikatorregel gibt es ein $\lambda \in \mathbb{R}$ mit $\operatorname{grad} f(v) = \lambda \operatorname{grad} \varphi(v)$. Wegen $\operatorname{grad} f(v) = 2v^T A$ folgt $2v^T A = 2\lambda v^T$, oder transponiert geschrieben

$$\boxed{Av = \lambda v.}$$

Also ist λ ein Eigenwert von A zum Eigenvektor v. Wegen $v^T v = \langle v, v \rangle = 1$ und der Bilinearität des Skalarprodukts gilt außerdem

$$\lambda = \lambda \cdot 1 = \lambda v^T v = v^T \lambda v = v^T A v = f(v) = m.$$

Wir halten das Ergebnis fest:

Jede Minimalstelle v von $f \,|\, S^{n-1}$ ist ein Eigenvektor von A und das Minimum $m = f(v)$ ist der Eigenwert von A zu v, speziell besitzt A einen reellen Eigenwert.   ◆

Frage 857

Folgern Sie aus den vorhergehenden Überlegungen den **Satz über die Hauptachsentransformation**.

▶ **Antwort** Der Satz von der Hauptachsentransformation besagt, dass jede symmetrische Matrix $A^{n \times n}$ ein orthogonales System von n Eigenvektoren besitzt, genauer:

*Jede symmetrische Matrix $A \in \mathbb{R}^{n \times n}$ hat Eigenvektoren $v_1, \ldots, v_n$, die paarweise aufein-
ander senkrecht stehen. Mit $H_k := \text{span}\{v_1, \ldots, v_k\}$ gilt außerdem, dass der Eigenwert
λ_{k+1} zum Eigenvektor v_{k+1} das Minimum der Funktion f auf der kompakten Menge
$S^{n-1} \cap H_k$ ist.*

Den Satz beweist man mit vollständiger Induktion. Nach dem Ergebnis der vorigen Frage
gibt es einen Eigenvektor v_1, der das Minimum von f auf S^{n-1} ist. Seien nun bereits
k paarweise orthogonale Eigenvektoren $v_1, \ldots, v_k$ ($k < n$) mit der zusätzlichen obigen
Eigenschaft gefunden. Bei der Konstruktion von v_{k+1} geht es nun darum, das Minimum
von f unter den Nebenbedingungen

$$\varphi_0(x) := \varphi(x) = \langle x, x \rangle - 1 = 0,$$
$$\varphi_1(x) := \langle v_1, x \rangle = 0,$$
$$\cdots\cdots\cdots$$
$$\varphi_k(x) := \langle v_k, x \rangle = 0,$$

zu bestimmen. Wegen der Kompaktheit von $S^{n-1} \cap H_k$ nimmt f an einer Stelle v_{k+1} auf
$S^{n-1} \cap H_k$ ein Minimum m an. Da die Vektoren

$$\text{grad}\, \varphi_0(x) = 2x^T, \quad \text{grad}\, \varphi_1(x) = v_1^T, \quad \ldots \quad \text{grad}\, \varphi_k(x) = v_k^T$$

für alle $x \in S^{n-1} \cap H_k$ linear unabhängig sind, gibt es Zahlen $\mu_0, \ldots, \mu_k$ mit

$$\text{grad}\, f(v_{k+1}) = \sum_{i=0}^{k} \mu_i \,\text{grad}\, \varphi_i(v_{k+1}),$$

das heißt

$$2v_{k+1}^T A = 2\mu_0 v_{k+1}^T + \sum_{i=1}^{k} \mu_i v_i^T. \tag{$*$}$$

Nun gilt mit den Eigenwerten λ_i nach der Induktionsvoraussetzung $v_{k+1}^T A v_i =
\lambda_i v_{k+1}^T v_i = \lambda_i \langle v_{k+1}, v_i \rangle = 0$ für alle $i \in \{1, \ldots, k\}$. Eingesetzt in $(*)$ folgt daraus
zusammen mit der Orthogonalität der $v_1, \ldots, v_k$, dass $\mu_1 = \cdots = \mu_k = 0$ und damit
$v_{k+1}^T A v_{k+1} = \mu_0 v_{k+1}^T v_{k+1}$, also $A v_{k+1} = \mu_0 v_{k+1}$ gilt. Also ist v_{k+1} ein Eigenvektor von
A mit dem Eigenwert μ_0. Dass μ_0 das Minimum von f auf $S^{n-1} \cap H_k$ ist, folgt wegen

$$\mu_0 = \mu_0 v_{k+1}^T v_{k+1} = v_{k+1}^T A v_{k+1} = f(v_{k+1}) = m. \qquad \blacklozenge$$

Integralrechnung in mehreren Variablen

11

„Die mehrdimensionale Integration ist wahrscheinlich innerhalb der mathematischen Grundvorlesungen das unangenehmste Stoffgebiet" (Otto Forster in [8]).

Eine der Schwierigkeiten ist sicher die Tatsache, dass mehrdimensionale Integrationsbereiche im Allgemeinen eine viel komplexere Gestalt haben können als im Eindimensionalen, wo zunächst nur kompakte Intervalle als Integrationsbereiche auftreten und das Integral über nicht beschränkte Intervalle durch „Ausschöpfen" mit kompakten Intervallen auf die Integration über diese zurückgeführt wird.

Ein Ziel der zu entwickelnden Integralrechnung sollte es sein, möglichst vielen auf geeigneten Teilmengen $A \subset \mathbb{R}^n$ erklärten Funktionen ein n-dimensionales Integral $\int_A f$ so zuzuordnen, dass

1. die Abhängigkeit von A und f überschaubaren Gesetzmäßigkeiten genügt, z. B. dass für zwei Funktionen $f, g : A \to \mathbb{R}$ gilt

$$\int_A (f + g) = \int_A f + \int_A g.$$

2. im Fall $A = [a, b] \in \mathbb{R}$ $\int_{[a,b]} f$ das gewohnte Integral $\int_a^b f$ ist.
3. eine geometrische Interpretation des Integrals $\int_A f$ für eine nichtnegative Funktion $f : A \to \mathbb{R}$ als $(n + 1)$-dimensionales Volumen v_{n+1} (als *Maß*) der Menge $K := \{(x, t) \in \mathbb{R}^n \times \mathbb{R} \; ; \; x \in A, \; 0 \le t \le f(x)\}$ ermöglicht wird, es soll also gelten

$$v_{n+1}(K) = \int_A f,$$

insbesondere soll für die konstante Funktion **1** das $(n + 1)$-dimensionale Volumen $\int_A \mathbf{1}$ des Zylinders mit „Basis A" und „Höhe 1" (Abb. 11.1) mit dem n-dimensionalen Volumen von $A \subset \mathbb{R}^n$ identisch sein.

© Springer-Verlag GmbH Deutschland 2018

R. Busam, T. Epp, *Prüfungstrainer Analysis*, https://doi.org/10.1007/978-3-662-55020-5_11

Abb. 11.1 Zylinder mit „Basis
A" und „Höhe 1"

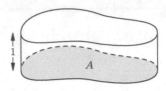

In den niederen Dimensionen $n = 1, 2, 3$ soll das n-dimensionale Volumen von A mit den elementargeometrischen Begriffen von Länge, Flächeninhalt und Rauminhalt übereinstimmen.

4. möglichst weitreichende Konvergenzsätze des folgenden Typs gelten: Konvergiert eine Folge (f_n) von Funktionen $f_n : A \to \mathbb{R}$ gegen $f : A \to \mathbb{R}$, so konvergiert auch die Folge der Integrale gegen das Integral von f:

$$\lim_{n \to \infty} \int_A f_n = \int_A f.$$

Die nachfolgenden Fragen beziehen sich auf die Konstruktion des *Lebesgue-Integrals* mithilfe des *Daniell-Lebesgue-Prozesses*. Ausgangspunkt ist dabei das Integral für *stetige Funktionen mit kompaktem Träger* (*Lebesgue'sches Elementarintegral*), das im ersten Schritt auf die *halbstetigen Funktionen* fortgesetzt und in einem zweiten Schritt auf die *Lebesgue-integrierbaren* Funktionen ausgedehnt wird. Dieser ökonomische und elegante Zugang, der auch auf allgemeinere Räume ausdehnbar ist, findet sich z. B. auch bei O. Forster (vgl. [8]). Wem dieser Zugang unbekannt ist, kann die nächsten drei Abschnitte einfach im Sinne eines Lehrbuchs lesen, die Begriffe werden ausführlich erläutert.

Es gibt alternative Zugänge zum Lebesgue-Integral, bei denen z. B. vom Integral für Treppenfunktionen als „Elementarintegral" ausgegangen wird. Ein derartiger Weg wir etwa in [28] und [11] beschritten. Bei den Eigenschaften des Lebesgue-Integrals treffen sich die verschiedenen Zugänge dann wieder.

Wir beginnen mit Integralen, die von einem Parameter abhängen und fragen nach der Stetigkeit und Differenzierbarkeit solcher Integrale.

11.1   Parameterabhängige und n-fache Integrale

Frage 858

Ist $[a, b] \subset \mathbb{R}$ ein kompaktes Intervall und $M \subset \mathbb{R}^n$ eine beliebige nichtleere Teilmenge sowie $f : [a, b] \times M \to \mathbb{R}$ eine stetige Funktion (s. Abb. 11.2), warum ist dann die Funktion

$$G : M \to \mathbb{R}; \qquad y \mapsto \int_a^b f(x, y) \, dx$$

stetig auf M?

Abb. 11.2 Der Wert der Funktion G an einer Stelle $y_0 \in M$ ist das Integral $\int_a^b f(x, y_0)\, \mathrm{d}x$

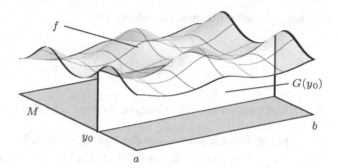

▶ **Antwort** Das folgt im Wesentlichen aus der *gleichmäßigen* Stetigkeit stetiger Funktionen auf kompakten Mengen (vgl. Frage 756).

Sei (y_k) eine Folge in M, die gegen $y_0 \in M$ konvergiert. Es ist $\lim G(y_k) = G(y_0)$ zu zeigen, also dass es zu jedem $\varepsilon > 0$ ein $k_0 \in \mathbb{N}$ gibt, sodass für alle $k > k_0$ gilt

$$\left| G(y_k) - G(y_0) \right| = \left| \int_a^b \big(f(x, y_k) - f(x, y_0) \big)\, \mathrm{d}x \right| < \varepsilon.$$

Nun ist die Menge $Y := \{ y_k \; ; \; k \in \mathbb{N} \} \cup \{ y_0 \}$ eine kompakte Teilmenge von M (vgl. Frage 742), und damit ist auch $K := [a, b] \times Y \subset \mathbb{R}^1 \times \mathbb{R}^n = \mathbb{R}^{1+n}$ kompakt, folglich f auf K gleichmäßig stetig. Insbesondere gibt es zu beliebig vorgegebenem $\varepsilon > 0$ ein $\delta > 0$ mit der Eigenschaft, dass für alle $x \in [a, b]$ gilt

$$\left| f(x, y_k) - f(x, y_0) \right| < \varepsilon, \quad \text{falls } \| (x, y_k) - (x, y_0) \| = \| y_k - y_0 \| < \delta.$$

Wegen $\lim y_k \to y_0$ ist dies für $k \geq k_0$ erfüllt. Für diese k gilt dann auch

$$\left| G(y_k) - G(y_0) \right| = \left| \int_a^b \big(f(x, y_k) - f(x, y_0) \big)\, \mathrm{d}x \right| < \varepsilon(b - a).$$

Das zeigt die Stetigkeit der Funktion G. ◆

Frage 859

Ist $[a, b] \subset \mathbb{R}$ ein kompaktes Intervall und $U \subset \mathbb{R}^n$ eine nichtleere offene Teilmenge (mit den Koordinaten $y_1, \ldots, y_n$) sowie $f : [a, b] \times U \to \mathbb{R}$ eine stetige Funktion, die eine auf $[a, b] \times U$ stetig partielle Ableitung nach der j-ten Variable y_j besitzt, warum ist dann die Funktion

$$G : U \to \mathbb{R}; \qquad y \mapsto \int_a^b f(x, y_1, \ldots, y_n)\, \mathrm{d}x$$

stetig partiell differenzierbar, und es gilt

$$\partial_j G(y) = \int\limits_a^b \partial_j f(x, y_1, \ldots, y_n)\, dx\ ?$$

(Differenziation unter dem Integral, Leibniz'sche Regel)

▶ **Antwort** Wir können uns auf den Fall $n = 1$ beschränken. Dann ist zu zeigen, dass für festes $y_0 \in U$ und alle hinreichend nahe bei y_0 gelegenen $y \in U \setminus y_0$ der Betrag von

$$\frac{G(y) - G(y_0)}{y - y_0} - \int\limits_a^b \frac{\partial f}{\partial y}(x, y_0)\, dx = \int\limits_a^b \left[\frac{f(x, y) - f(x, y_0)}{y - y_0} - \frac{\partial f}{\partial y}(x, y_0) \right] dx$$

beliebig klein wird.

Dazu schreibt man den Integranden auf der rechten Seite in der Form

$$\frac{1}{y - y_0} \left[f(x, y) - y\frac{\partial f}{\partial y}(x, y_0) - \left(f(x, y_0) - y_0 \frac{\partial f}{\partial y}(x, y_0) \right) \right] = \frac{h(x, y) - h(x, y_0)}{y - y_0}$$

mit $h(x, y) := f(x, y) - y\frac{\partial f}{\partial y}(x, y_0)$. Es gilt $\frac{\partial h}{\partial y}(x, y) = \frac{\partial f}{\partial y}(x, y) - \frac{\partial f}{\partial y}(x, y_0)$, also ist $\frac{\partial h}{\partial y}$ stetig mit $\frac{\partial h}{\partial y}(x, y_0) = 0$.

An dieser Stelle kommt wieder die gleichmäßige Stetigkeit ins Spiel. Da $\frac{\partial h}{\partial y}$ auf kompakten Mengen gleichmäßig stetig ist, können wir zu vorgegebenem $\varepsilon > 0$ ein $\delta > 0$ so wählen, dass für die abgeschlossene Kugel $K := \overline{U_\delta(y_0)}$ gilt

$$\left| \frac{\partial h}{\partial y}(x, y) \right| < \varepsilon \quad \text{für } (x, y) \in [a, b] \times K.$$

Der Mittelwertsatz liefert dann für $(x, y) \in [a, b] \times K$ für $y \neq y_0$

$$\left| \frac{h(x, y) - h(x, y_0)}{y - y_0} \right| \leq \sup\left\{ \left| \frac{\partial h}{\partial y}(x, y) \right| \, ; \, (x, y) \in [a, b] \times K \right\} < \varepsilon,$$

und daraus folgt

$$\left| \frac{G(y) - G(y_0)}{y - y_0} - \int\limits_a^b \frac{\partial f}{\partial y}(x, y)\, dx \right| < \varepsilon.$$

G besitzt also die behauptete Ableitung. Deren Stetigkeit folgt aus der Antwort zur vorhergehenden Frage.

Bemerkung: Die Ableitung parameterabhängiger Integrale spielt eine große Rolle bei der Herleitung der Euler-Lagrange'schen Differenzialgleichungen der Variationsrechnung. Man vergleiche hierzu [28].   ◆

Frage 860

Bleibt der Zusammenhang aus Frage 859 auch richtig, wenn U durch einen kompakten achsenparallelen Quader $Q \subset \mathbb{R}^n$ ersetzt wird?

▶ **Antwort** Der Zusammenhang bleibt gültig, da im Fall eines kompakten Quaders auch auf den Randpunkten alle partiellen Ableitungen (zumindest in einer Richtung) existieren.

◆

Frage 861

Seien $[a, b] \subset \mathbb{R}$ und $[c, d] \subset \mathbb{R}$ kompakte Intervalle und $Q := [a, b] \times [c, d]$. Wie sind für eine stetige Funktion $f \colon Q \to \mathbb{R}$ dann die „Doppelintegrale"

$$A := \int\limits_a^b \left(\int\limits_c^d f(x, y) \, \mathrm{d}x \right) \mathrm{d}y \quad \text{bzw.} \quad B := \int\limits_c^d \left(\int\limits_a^b f(x, y) \, \mathrm{d}y \right) \mathrm{d}x$$

erklärt, und warum gilt $A = B$?

▶ **Antwort** Als partielle Funktion der stetigen Funktion f ist die Funktion $[a, b] \to \mathbb{R}$ mit $x \mapsto f(x, y)$ bei festgehaltenem y stetig, kann also über $[a, b]$ integriert werden. Sei $G(y) := \int_a^b f(x, y) \, \mathrm{d}x$. Lässt man y im Intervall $[c, d]$ variieren, dann ist $G \colon [c, d] \to \mathbb{R}$ nach Frage 858 stetig, kann also integriert werden. Damit existiert

$$A := \int\limits_c^d G(y) \, \mathrm{d}y = \int\limits_c^d \left(\int\limits_a^b f(x, y) \, \mathrm{d}x \right) \mathrm{d}y,$$

und aus Symmetriegründen auch

$$B := \int\limits_a^b \left(\int\limits_c^d f(x, y) \, \mathrm{d}y \right) \mathrm{d}x.$$

Um $A = B$ zu zeigen, definieren wir $\varphi \colon [c, d] \to \mathbb{R}$ durch

$$\varphi(y) = \int\limits_a^b \left(\int\limits_c^y f(x, t) \, \mathrm{d}t \right) \mathrm{d}x.$$

Offensichtlich ist $\varphi(c) = 0$. Nach Frage 859 ist φ stetig differenzierbar, und es gilt

$$\varphi'(y) = \int\limits_a^b \left(\frac{\partial}{\partial y} \int\limits_c^y f(x, t) \, \mathrm{d}t \right) \mathrm{d}x = \int\limits_a^b f(x, y) \, \mathrm{d}x$$

nach dem Hauptsatz der Differenzial- und Integralrechnung. Wiederum aufgrund des Hauptsatzes gilt

$$\varphi(y) = \varphi(y) - \varphi(c) = \int\limits_c^y \varphi'(t)\,dt = \int\limits_c^y \left(\int\limits_a^b f(x,t)\,dx \right) dt.$$

Für $y = d$ erhält man einerseits

$$\varphi(d) = \int\limits_c^d \left(\int\limits_a^b f(x,t)\,dx \right) dt,$$

andererseits ist nach Definition

$$\varphi(d) = \int\limits_a^b \left(\int\limits_c^d f(x,t)\,dt \right) dx.$$

Damit ist die Gleichheit der Doppelintegrale A und B gezeigt. Man nennt diese das *Doppelintegral von f über den Quader* $[a,b] \times [c,d]$. ◆

Frage 862

Sei $Q := [a_1, b_1] \times \cdots \times [a_n, b_n] \subset \mathbb{R}^n$ ein achsenparalleler kompakter Quader und $f : Q \to \mathbb{R}$ eine stetige Funktion. Wie kann man rekursiv das n-fache Integral $I_Q(f)$ von f über den Quader Q erklären?

▶ **Antwort** Man denkt sich die Variablen $(x_2, x_3, \ldots, x_n)$ festgehalten und betrachtet die stetige Funktion $[a_1, b_1] \to \mathbb{R}$ mit $x_1 \mapsto f(x_1, x_2, \ldots, x_n)$. Integriert man diese Funktion, dann hängt das Resultat

$$F_1(x_2, \ldots, x_n) := \int\limits_{a_1}^{b_1} f(x_1, x_2, \ldots, x_n)\,dx_1$$

von den Parametern $(x_2, \ldots, x_n)$ ab. Lässt man diese Variablen nun wieder variieren, dann erhält man nach Frage 858 eine stetige Funktion

$$F_1 : Q' \to \mathbb{R}; (x_2, \ldots, x_n) \mapsto F_1(x_2, \ldots, x_n) := \int\limits_{a_1}^{b_1} f(x_1, \ldots, x_n)\,dx_1,$$

wobei $Q' := [a_2, b_2] \times \cdots \times [a_n, b_n]$.

Somit kann das Mehrfachintegral induktiv definiert werden. Im Fall $n = 1$ setzt man

$$\int_{[a,b]} f(x_1)\,dx_1 := \int_a^b f(x_1)\,dx_1,$$

und für $n \geq 2$ ist $I(Q)$ definiert durch

$$I_Q(f) := \int_Q f(x_1, \ldots, x_n)\,dx_1 \cdots dx_n := \int_{Q'} F_1(x_2, \ldots, x_n)\,dx_2 \cdots dx_n$$

$$= \int_{Q'} \left(\int_{a_1}^{b_1} f(x_1, \ldots, x_n)\,dx_1 \right) dx_2 \cdots dx_n. \qquad \blacklozenge$$

Frage 863

Ist $Q := [a_1, b_1] \times \cdots \times [a_n, b_n] \subset \mathbb{R}^n$ und $V := \mathcal{C}(Q)$ der Vektorraum der stetigen Funktionen auf Q, welche Haupteigenschaften hat dann die Abbildung (das Integral)

$$I_Q : V \to \mathbb{R}; \qquad f \mapsto I_Q(f).$$

▶ **Antwort** I_Q ist ein *lineares Funktional* mit den Eigenschaften

(a) I_Q *ist nichtnegativ, d. h., aus $f \geq 0$ folgt $I_Q(f) \geq 0$. Diese Eigenschaft ist äquivalent zur Monotonie*

$$f \leq g \Longrightarrow I_Q(f) \leq I_Q(f), \qquad f, g \in V.$$

(b) *Es gilt die Standardabschätzung*

$$\left| I_Q(f) \right| \leq \| f \|_\infty v_n(Q).$$

Dabei ist $\| \ \|_\infty$ die Maximumsnorm von f auf Q und $v_n(Q) := (b_1 - a_1) \cdots (b_n - a_n)$ das elementargeometrische Volumen des Quaders Q.

(c) *Ist $(f_k) \subset V$ eine Folge von Funktionen, die gleichmäßig gegen $f : Q \to \mathbb{R}$ konvergiert (woraus $f \in V$ folgt), dann gilt*

$$\lim_{k \to \infty} I(f_k) = I(f) = I(\lim_{k \to \infty} f_k).$$

Die Beweise für die Eigenschaften ergeben sich unmittelbar aus denen in einer Variablen. Ferner erfüllt das Mehrfachintegral nach den Fragen 861 und 862 noch folgende wichtige Eigenschaft

$(*)$ $I_Q(f)$ *ist unabhängig von der Integrationsreihenfolge, d. h., für jede Permutation*
$\sigma: \{1, \ldots, n\} \to \{1, \ldots, n\}$ *gilt*

$$
\int\limits_{a_{\sigma(n)}}^{b_{\sigma(n)}} \cdots \int\limits_{a_{\sigma(2)}}^{b_{\sigma(2)}} \left(\int\limits_{a_{\sigma(1)}}^{b_{\sigma(1)}} f(x_1, \ldots, x_n) \, dx_{\sigma(1)} \right) dx_{\sigma(2)} \cdots dx_{\sigma(n)} =
$$

$$
\int\limits_{a_n}^{b_n} \cdots \int\limits_{a_2}^{b_2} \left(\int\limits_{a_1}^{b_1} f(x_1, \ldots, x_n) \, dx_1 \right) dx_2 \cdots dx_n. \; \blacklozenge
$$

Frage 864

Können Sie für die Unabhängigkeit des Integrals $I_Q(f)$ von der Integrationsreihenfolge zwei methodisch verschiedene Beweise geben?

▶ **Antwort** 1. Beweis: Jede Permutation ist die Hintereinanderausführung von Nachbarschaftsvertauschungen. Damit lässt sich das Problem auf den Fall $n = 2$ aus Frage 861 reduzieren.

2. Beweis: Die Behauptung ist klar für stetige Funktionen $\varphi : Q \to \mathbb{R}$ der Gestalt $\varphi(x) = \varphi_1(x_1) \cdots \varphi_n(x_n)$ mit $\varphi_i \in \mathcal{C}([a, b])$. Nun wurde in Frage 777 mit dem Satz von Stone-Weierstraß gezeigt, dass die Algebra $\mathcal{C}([a_1, b_1]) \otimes \cdots \otimes \mathcal{C}([a_n, b_n])$ dicht in $\mathcal{C}(Q)$ liegt. Das heißt, zu jedem $f \in \mathcal{C}(Q)$ und jedem $\varepsilon > 0$ gibt es eine Funktion $\varphi \in \mathcal{C}([a_1, b_1]) \otimes \cdots \otimes \mathcal{C}([a_n, b_n])$ mit

$$
\left| f(x) - \varphi(x) \right| < \varepsilon \quad \text{für alle } x \in Q.
$$

Bezeichnet man mit $I_Q(f; \sigma)$ das Mehrfachintegral von f über Q mit der durch die Permutation σ vorgegebenen Integrationsreihenfolge, dann gilt für beliebige Permutationen σ_1, σ_2 also

$$
\left| I_Q(f; \sigma_1) - I_Q(\varphi; \sigma_1) \right| < v_n(Q) \cdot \varepsilon \quad \text{und} \quad \left| I_Q(f; \sigma_2) - I_Q(\varphi; \sigma_2) \right| < v_n(Q) \cdot \varepsilon,
$$

und wegen $I_Q(\varphi; \sigma_1) = I_Q(\varphi; \sigma_2)$ also

$$
\left| I_Q(f; \sigma_1) - I_Q(f; \sigma_2) \right| < 2 v_n(Q) \cdot \varepsilon.
$$

Da ε beliebig klein gewählt werden kann, folgt die Behauptung. $\blacklozenge$

11.2 Das Integral für stetige Funktionen mit kompaktem Träger

Wir beginnen jetzt damit, das Lebesgue-Integral mithilfe eines Fortsetzungsprozesses in mehreren Schritten zu konstruieren. Dazu wird das Integral in diesem Abschnitt zunächst für *stetige Funktionen mit kompaktem Träger* definiert. Ausgehend von diesem „Elementarintegral" erweitern wir den Integralbegriff in den darauf folgenden Abschnitten auf eine wesentlich größere Klasse von Funktionen. Wir konzentrieren uns dabei zunächst auf den $\mathbb{R}^n$ als Integrationsbereich.

Frage 865

Was versteht man unter dem **Träger** einer Funktion $f : X \to \mathbb{R}$ (X beliebiger metrischer Raum)?

▶ **Antwort** Unter dem *Träger von f* (englisch supp wie „support") versteht man die *abgeschlossene Menge*

$$\mathrm{Tr}(f) := \overline{\{x \in X \;;\; f(x) \neq 0\}}.$$

Ein Punkt $x \in X$ gehört also genau dann zum Träger von f, wenn $f(x) \neq 0$ gilt oder wenn es eine Folge (x_k) gibt mit $x_k \in X$, $\lim x_k = x$ und $f(x_k) \neq 0$. Zum Beispiel hat die Funktion $f : \mathbb{R} \times \mathbb{R} \to \mathbb{R}$ mit $(x, y) \mapsto \sin x \sin y$ den Träger $\mathrm{Tr}(f) = \mathbb{R} \times \mathbb{R}$. ◆

Frage 866

Hier und im Folgenden bezeichne

$$\mathcal{C}_c = \mathcal{C}_c(\mathbb{R}^n) := \{f : \mathbb{R}^n \to \mathbb{R} \;;\; f \text{ stetig}, \mathrm{Tr}(f) \text{ kompakt}\}.$$

die Menge der stetigen Funktionen auf $\mathbb{R}^n$ mit kompaktem Träger. Warum ist $\mathcal{C}_c(\mathbb{R}^n)$ ein $\mathbb{R}$-Vektorraum, der mit f, g auch

$$f \wedge g : \mathbb{R}^n \to \mathbb{R}; \qquad x \mapsto (f \wedge g)(x) := \min\{f(x), g(x)\},$$
$$f \vee g : \mathbb{R}^n \to \mathbb{R}; \qquad x \mapsto (f \vee g)(x) := \max\{f(x), g(x)\},$$

ferner $f_+ := f \vee 0$, $f_- := (-f) \vee 0$ und $|f|$ enthält? Warum liegt mit f auch $1 \wedge f$ in $\mathcal{C}_c(\mathbb{R}^n)$?

▶ **Antwort** Da $\mathcal{C}_c(\mathbb{R}^n)$ ein Untervektorraum des Vektorraums $\mathcal{C}(\mathbb{R}^n)$ der stetigen Funktionen ist, braucht man zum Nachweis der Vektorraumeigenschaft nur die Abgeschlossenheit bezüglich der Addition und der Multiplikation mit Skalaren sowie der Bildung von $f \wedge g$, $f \vee g$ und $|f|$ nachzuweisen. Dies folgt aus

$$\mathrm{Tr}(f + g) \subset \mathrm{Tr}(f) \cup \mathrm{Tr}(g) \qquad \mathrm{Tr}(C \cdot f) = Tr(f) \qquad \mathrm{Tr}(|f|) = \mathrm{Tr}(f)$$
$$\mathrm{Tr}(f \wedge g) \subset \mathrm{Tr}(f) \cup \mathrm{Tr}(g) \qquad \mathrm{Tr}(f \vee g) \subset \mathrm{Tr}(f) \cup \mathrm{Tr}(g)$$

Ferner gilt $\mathrm{Tr}(1 \wedge f) = \mathrm{Tr}(f)$. Damit gehört auch $1 \wedge f$ zu $\mathcal{C}_c(\mathbb{R}^n)$.

Zusammengefasst besagen diese Eigenschaften, dass $\mathcal{C}_c(\mathbb{R}^n)$ ein *Stone'scher Verband* ist.   ◆

Frage 867

Können Sie begründen, warum für eine stetige Funktion $f : \mathbb{R}^n \to \mathbb{R}$ gilt: f hat kompakten Träger genau dann, wenn es einen kompakten Würfel $W \subset \mathbb{R}^n$ gibt mit der Eigenschaft $f(x) = 0$ für alle $x \in \mathbb{R}^n \setminus W$?

▶ **Antwort** Als Teilmenge von $\mathbb{R}^n$ ist die abgeschlossene Menge $\mathrm{Tr}(f)$ genau dann kompakt, wenn sie beschränkt ist. Ist sie beschränkt, dann liegt sie in einem kompakten Würfel W. Liegt sie umgekehrt in einem kompakten Würfel, so ist sie beschränkt.   ◆

Frage 868

Wie ist das Integral für eine Funktion $f \in \mathcal{C}_c(\mathbb{R}^n)$ erklärt?

▶ **Antwort** Für eine stetige Funktion f mit kompaktem Träger $\mathrm{Tr}(f)$ definiert man das Integral $I(f)$ als das Mehrfachintegral über einen beliebigen achsenparallelen Quader $Q := [a_1, b_1] \times \cdots \times [a_n, b_n]$ mit $Q \supset \mathrm{Tr}(f)$, also

$$I(f) = \int_{\mathbb{R}^n} f(x)\, dx := \int_Q f(x)\, dx = \int_{a_n}^{b_n} \cdots \int_{a_1}^{b_1} f(x_1, \ldots, x_n)\, dx_1 \cdots dx_n.$$

Offensichtlich ist diese Definition unabhängig von dem gewählten Quader Q, sofern nur $\mathrm{Tr}(f) \subset Q$ gilt (Beweis durch Rückführung auf den eindimensionalen Fall).   ◆

Frage 869

Welche Permanenzeigenschaften hat die Abbildung (das Integral)

$$I : L \to \mathbb{R}; \qquad f \mapsto I(f)\,?$$

▶ **Antwort** *Für $f, g \in \mathcal{C}_c$ und $a, b \in \mathbb{R}$ gilt*

$$\begin{aligned}
&(a) \quad I(af + bg) = a \cdot I(f) + b \cdot I(g), & &\text{(Linearität)}\\
&(b) \quad f \leq g \Longrightarrow I(f) \leq I(g), & &\text{(Monotonie)}\\
&(c) \quad |I(f)| \leq \|f\|_\infty \cdot v_n(Q). & &\text{(Beschränktheit)}
\end{aligned}$$

Damit ist I ein lineares, monotones, beschränktes Funktional.

Ferner ist I *translationsinvariant* in folgendem Sinne: Für einen Vektor $v \in \mathbb{R}^n$ sei $\tau_v f : \mathbb{R}^n \to \mathbb{R}$ die durch $\tau_v f(x) = f(x + v)$ gegebene Funktion. Dann gilt $I(\tau_v f) = I(f)$. Das folgt wiederum durch Rückführung auf den eindimensionalen Fall und Anwendung der Substitutionsregel.   ♦

Frage 870

Was besagt der Satz von Dini?

▶ **Antwort** Der Satz liefert ein entscheidendes Verbindungsglied zwischen monotoner und gleichmäßiger Konvergenz für Funktionenfolgen auf einer kompakten Menge. Dieser Zusammenhang ist deswegen zentral, weil man sich bei der Konstruktion des Lebesgue-Integrals durch einen Fortsetzungsprozess von der Einschränkung der *gleichmäßigen Konvergenz* lösen möchte, andernfalls käme man nie über den Raum der stetigen Funktionen hinaus. Der Satz von Dini lautet:

Es sei $K \subset \mathbb{R}^n$ kompakt und (f_k) eine Folge stetiger Funktionen, die monoton wachsend gegen f konvergiert, d. h., es gilt

$$(i) \qquad f_1 \le f_2 \le f_3 \le \cdots,$$

$$(ii) \qquad \lim_{k \to \infty} f_k = f,$$

dann konvergiert (f_k) auf K sogar gleichmäßig gegen f.

Für den Beweis zeigt man, dass die Folge (g_k) mit $g_k := f - f_k$ auf K gleichmäßig gegen null konvergiert, das genügt. Sei dazu $\varepsilon > 0$ vorgegeben, dann gibt es zu jedem $\xi \in K$ eine Schranke $N(\xi) \in \mathbb{N}$, sodass

$$\left| g_{N(\xi)}(\xi) \right| < \varepsilon$$

gilt. Wegen der Stetigkeit von $g_{N(\xi)}$ gilt die Ungleichung auch noch in einer Umgebung $U(\xi)$ von ξ, also hat man

$$\left| g_{N(\xi)}(x) \right| < \varepsilon \qquad \text{für alle } x \in U(\xi).$$

Da K kompakt ist, wird K von endlich vielen Umgebungen $U(\xi_1), \ldots, U(\xi_r)$ überdeckt. Setzt man $N := \max\{N(\xi_1), \ldots, N(\xi_r)\}$, dann gilt

$$\left| g_N(x) \right| < \varepsilon \qquad \text{für alle } x \in K,$$

und da (g_k) monoton fällt, folgt daraus

$$\left| g_k(x) \right| < \varepsilon \qquad \text{für alle } x \in K \text{ und alle } k \ge N,$$

d. h., die Folge (g_k) konvergiert gleichmäßig.   ♦

Frage 871

Was versteht man unter der σ-Stetigkeit eines linearen, nichtnegativen Funktionals auf einem Unterraum $L \subset \mathrm{Abb}(X, \mathbb{R})$?

▶ **Antwort** Ein Funktional $I : L \to \mathbb{R}$ heißt σ-*stetig*, wenn für jede Folge (f_k) mit $f_k \in \mathcal{C}_c(\mathbb{R}^n)$ und

$$f_1 \geq f_2 \geq f_3 \geq \cdots,$$

die punktweise gegen 0 konvergiert, gilt

$$\lim_{k \to \infty} I(f_k) = I\left(\lim_{k \to \infty} f_k\right).$$

Für ein σ-stetiges Funktional sind „Integration" und Grenzwertbildung also vertauschbar, falls (f_k) monoton fallend gegen 0 konvergiert.

Diese Eigenschaft ist äquivalent dazu, dass für jede Folge (f_k) mit $f_k \in \mathcal{C}_c(\mathbb{R}^n)$ mit $f_1 \leq f_2 \leq f_3 \leq \cdots$, die punktweise gegen eine Funktion f konvergiert, der Zusammenhang $\lim_{k \to \infty} I(f_k) = I(f)$ gilt. ◆

Frage 872

Warum ist das Funktional (Integral) $I : \mathcal{C}_c(\mathbb{R}^n) \to \mathbb{R}$ mit $f \mapsto I(f)$ σ-stetig?

▶ **Antwort** Ist (f_k) eine monoton fallende Folge von Funktionen $f_k \in \mathcal{C}_c(\mathbb{R}^n)$, die punktweise gegen Null konvergiert, dann ist nach dem Satz von Dini die Konvergenz gleichmäßig auf dem Kompaktum $K := \mathrm{Tr}(f_1)$. Aufgrund der Monotonie gilt $\mathrm{Tr}(f_k) \subset \mathrm{Tr}(f_1)$ für alle $k \in \mathbb{N}$ und damit $\lim_{k \to \infty} \| f_k \|_K = 0$. Die Behauptung folgt dann aus der Standardabschätzung (c) aus Frage 869. ◆

11.3   Fortsetzung des Integrals auf halbstetige Funktionen

Wir wollen auch Funktionen integrieren, die nicht stetig sind und/oder die keinen kompakten Träger haben. Wir erweitern daher zunächst in einem ersten Schritt das Integral für Funktionen aus $\mathcal{C}_c(\mathbb{R}^n)$ auf eine größere Funktionenklasse, nämlich auf solche Funktionen, die sich als *monotone Limites* von Funktionen aus $\mathcal{C}_c(\mathbb{R}^n)$ darstellen lassen. Im Wesentlichen sind das die von unten bzw. oben *halbstetigen Funktionen*.

Frage 873

Was versteht man unter der **erweiterten Zahlengeraden** $\overline{\mathbb{R}}$?

▶ **Antwort** Unter der *erweiterten Zahlengeraden* versteht man die mit den Elementen $-\infty$ und $+\infty$ erweiterten reellen Zahlen, also

$$\overline{\mathbb{R}} = \mathbb{R} \cup \{-\infty, \infty\}.$$

Die Elemente $-\infty$ und ∞ sind charakterisiert durch

$$-\infty < x < \infty \qquad \text{für alle } x \in \mathbb{R}. \tag{$*$}$$

Die Erweiterung von $\mathbb{R}$ auf $\overline{\mathbb{R}}$ hat sich in der Integrationstheorie als nützlich erwiesen, da man auch Funktionen mit Werten in $\{-\infty, \infty\}$ zulassen möchte. Ein entscheidender Vorteil besteht darin, dass jede Teilmenge von $\overline{\mathbb{R}}$ eine größte obere und kleinste untere Schranke besitzt. Überträgt man die Definition von „Supremum" und „Infimum" auf $\overline{\mathbb{R}}$, dann besitzt also jede Teilmenge von $\overline{\mathbb{R}}$ ein Supremum und ein Infimum.

Die Menge $\overline{\mathbb{R}}$ besitzt in dem kompakten Intervall $[-1, 1]$ ein topologisches Modell, und zwar z. B. vermöge der bijektiven Abbildung $s \colon \overline{\mathbb{R}} \to [-1, 1]$ (s. Abb. 11.3), definiert durch

$$s(x) := \begin{cases} \dfrac{x}{1 + |x|} & \text{für } x \neq \pm\infty \\[2mm] 1 & \text{für } x = \infty \\[2mm] -1 & \text{für } x = -\infty. \end{cases}$$

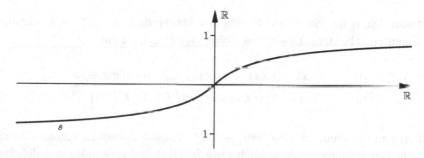

Abb. 11.3 Die Funktion s bildet $\overline{\mathbb{R}}$ bijektiv auf $[-1, 1]$ ab

Die Köperstruktur von $\mathbb{R}$ lässt sich nicht widerspruchsfrei auf $\overline{\mathbb{R}}$ erweitern. Die folgenden Regeln für das Rechnen mit ∞ und $-\infty$ implizieren aber keine Widersprüche:

$$\infty + x = \infty \quad \text{für alle } x \in \mathbb{R} \cup \{\infty\} \qquad x \cdot \infty = \infty \quad \text{für alle } x \in \mathbb{R}_+$$
$$-\infty + x = \infty \quad \text{für alle } x \in \mathbb{R} \cup \{-\infty\} \qquad -x \cdot \infty = -\infty \quad \text{für alle } x \in \mathbb{R}_+$$
$$\infty \cdot \infty = \infty, \quad \infty \cdot (-\infty) = -\infty, \quad (-\infty) \cdot (-\infty) = \infty, \quad 0 \cdot (\pm\infty) = 0.$$

Man beachte, dass $\infty + (-\infty)$ und $(-\infty) + \infty$ nicht definiert sind.   ◆

Frage 874

Wieso ist für eine nichtleere Teilmenge $M \subset \mathbb{R}$ die Definition

$$\text{Sup}(M) = \begin{cases} \sup M, & \text{falls } M \text{ nach oben beschränkt ist,} \\ \infty, & \text{falls } M \text{ nicht nach oben beschränkt ist,} \end{cases}$$

sinnvoll?

▶ **Antwort** Ist $M \subset \mathbb{R}$ eine nach oben unbeschränkte Menge, dann ist ∞ aufgrund von (∗) eine obere Schranke von M, gleichzeitig aber auch die *kleinste* obere Schranke, hat also dieselben Eigenschaften wie das gewöhnliche Supremum einer nichtleeren beschränkten Teilmenge von $\mathbb{R}$. Insofern macht die Definition Sinn.   ◆

Frage 875

Wie ist die sogenannte **Baire'sche Klasse** auf $\mathbb{R}^n$ definiert?

▶ **Antwort** Die Baire'sche Klasse besteht aus Abbildungen $f : \mathbb{R}^n \to \overline{\mathbb{R}}$, die die folgende Eigenschaft besitzen: Es gibt eine Folge $(f_k) \subset \mathcal{C}_c(\mathbb{R}^n)$ mit

(i) $f_1(x) \le f_2(x) \le f_3(x) \le \dots$ für alle $x \in \mathbb{R}^n$,

(ii) $f(x) = \lim\limits_{k\to\infty} f_k(x) = \text{Sup}\{f_k(x) \,;\, k \in \mathbb{N}\}$.

Gilt (i) und (ii), dann schreiben wir $f_k \uparrow f$. Für die Baire'sche Klasse sind unterschiedliche Bezeichnungen gebräuchlich, etwa $B^+(\mathbb{R}^n)$. Wir verwenden in Anlehnung an [8] die suggestive Schreibweise $\mathcal{H}^\uparrow(\mathbb{R}^n)$ oder auch einfach nur $\mathcal{H}^\uparrow$. Ferner definieren wir $\mathcal{H}^\downarrow(\mathbb{R}^n) := -\mathcal{H}^\uparrow(\mathbb{R}^n)$.   ◆

Frage 876

Welche Haupteigenschaften hat die Klasse $\mathcal{H}^\uparrow(\mathbb{R}^n)$?

▶ **Antwort** Für $f, g \in \mathcal{H}^\uparrow$ und $C \in \mathbb{R}$ mit $C \ge 0$ gilt

$$f + g \in \mathcal{H}^\uparrow, \quad Cf \in \mathcal{H}^\uparrow, \quad f \wedge g \in \mathcal{H}^\uparrow, \quad f \vee g \in \mathcal{H}^\uparrow,$$

wie man leicht nachprüft. Man beachte, dass mit $f \in \mathcal{H}^\uparrow$ noch lange nicht $-f \in \mathcal{H}^\uparrow$ zu gelten braucht. $\mathcal{H}^\uparrow$ ist also kein Vektorraum.

Die wichtigste Eigenschaft der Baire'schen Klasse allerdings ist ihre *Abgeschlossenheit gegenüber monotoner Konvergenz*: Ist (f_k) eine Folge von Funktionen $f_k \in \mathcal{H}^\uparrow$, die monoton wachsend gegen eine Funktion $f : \mathbb{R}^n \to \mathbb{R}$ konvergiert, dann gilt auch $f \in \mathcal{H}^\uparrow$. Das zeigt man, indem man aus den Folgen

$$f_{k,1}, f_{k,2}, f_{k,3}, \ldots \qquad f_{k,j} \in \mathcal{C}_c(\mathbb{R}^n), \qquad f_{k,j} \uparrow f_k$$

eine geeignete Folge (g_ℓ) mit $g_\ell \in \mathcal{C}_c(\mathbb{R}^n)$ und $g_\ell \uparrow f$ konstruiert. Man kann nachprüfen, dass etwa die durch

$$g_\ell = \bigvee_{j+k \leq \ell} f_{k,j}, \quad \text{also } g_\ell(x) = \max_{j+k \leq \ell} \{f_{k,j}(x)\}$$

gegebene Folge das Gewünschte leistet. ◆

Frage 877

Wie wird das Integral für eine Funktion $f \in \mathcal{H}$ definiert?

▶ **Antwort** Das Integral $\widetilde{I}(f)$ für eine Funktion $f \in \mathcal{H}^\uparrow$ wird in naheliegender Weise als der Grenzwert der Integrale der approximierenden Folge aus $\mathcal{C}_c(\mathbb{R}^n)$ definiert. Da dieser Grenzwert, wie in der nächsten Frage gezeigt wird, unabhängig von der approximierenden Funktionenfolge ist, ist diese Definition sinnvoll.

Ist $f \in \mathcal{H}^\uparrow$ und (f_k) eine Folge mit $f_k \in \mathcal{C}_c(\mathbb{R}^n)$ und $f_k \uparrow f$, dann definiert man also durch

$$\boxed{\widetilde{I}(f) := \lim_{k \to \infty} I(f_k) = \mathrm{Sup}_k \{I(f_k)\} \in \overline{\mathbb{R}}}$$

das *Integral von* $f \in \mathcal{H}^\uparrow(\mathbb{R}^n)$.

Da die Folge $(I(f_k))$ monoton wächst, existiert der Grenzwert immer im eigentlichen oder uneigentlichen Sinn. Für $f \in \mathcal{C}_c(\mathbb{R}^n)$ ist offensichtlich $\widetilde{I}(f) = I(f)$, aus diesem Grund verzichten wir im Folgenden zur Vereinfachung der Bezeichnungen auf die Tilde $\widetilde{}$. Ferner verwenden wir die Bezeichnung $\lim_{k \to \infty} a_k$ stets als Synonym für $\mathrm{Sup}_k\{a_k\}$. ◆

Frage 878

Warum ist die Integraldefinition in Frage 877 unabhängig von der approximierenden Folge?

▶ **Antwort** Für zwei Folgen (f_k) und (g_k) aus $\mathcal{C}_c(\mathbb{R}^n)$ mit $f_k \uparrow f$ und $g_k \uparrow g$ ist zu zeigen:

$$\lim_{k \to \infty} I(f_k) = \lim_{k \to \infty} I(g_k).$$

Zu festem $\ell \in \mathbb{N}$ und jedem $k \in \mathbb{N}$ sei

$$h_k := g_k \wedge f_\ell.$$

Die Folge (h_k) liegt dann in $\mathcal{C}_c(\mathbb{R}^n)$, und es gilt $h_k \uparrow f_\ell$. Wegen $\mathrm{Tr}(h_k) \subset \mathrm{Tr}(f_\ell)$ konvergiert (h_k) nach dem Satz von Dini sogar gleichmäßig gegen f_ℓ, und daher gilt:

$$I(f_\ell) = \lim_{k \to \infty} I(h_k) \qquad \text{für alle } \ell \in \mathbb{N}.$$

Wegen $h_k \leq g_k$ folgt daraus aufgrund der Monotonie des Integrals

$$I(f_\ell) \leq \lim_{k \to \infty} I(g_k) \qquad \text{für alle } \ell \in \mathbb{N},$$

also $\lim\limits_{\ell \to \infty} I(f_\ell) \leq \lim\limits_{k \to \infty} I(g_k)$. Aus Symmetriegründen gilt aber auch $\lim\limits_{k \to \infty} I(g_k) \leq \lim\limits_{\ell \to \infty} I(f_\ell)$, da die Rollen von (g_k) und (f_ℓ) in dem Beweis vertauscht werden können. Insgesamt folgt daraus die Behauptung.

Man beachte, dass hier in einem zentralen Argumentationsschritt der Satz von Dini und damit letztendlich die Stabilitätseigenschaften gleichmäßig konvergenter Funktionenfolgen benutzt wurden, um die Vertauschung von Integration und Limesbildung zu rechtfertigen. ◆

Frage 879

Welche **Permanenzeigenschaften** besitzt die Abbildung

$$I : \mathcal{H}^\uparrow \to \overline{\mathbb{R}}, \qquad f \mapsto I(f) ?$$

▶ **Antwort** Es gelten die folgenden Eigenschaften:

(i) *Mit $f, g \in \mathcal{H}^\uparrow$ und $C \geq 0$ liegen nach Frage 876 auch $f + g$ und $C \cdot f$ in $\mathcal{H}^\uparrow$, und es gilt $I(f + g) = I(f) + I(g)$ sowie $I(C \cdot f) = C \cdot I(f)$.*

(ii) *Aus $f \leq g$ folgt $I(f) \leq I(g)$.*

(iii) *Für eine Folge (f_k) von Funktionen $f_k \in \mathcal{H}^\uparrow$ mit $f_k \uparrow f$ ist nach Frage 876 auch $f \in \mathcal{H}^\uparrow$, und es gilt*

$$I\left(\lim_{k \to \infty} f_k\right) = I(f) = \lim_{k \to \infty} I(f_k).$$

Das heißt, dass auch das auf $\mathcal{H}^\uparrow$ fortgesetzte Integral σ-stetig ist.

Die Eigenschaften (i) und (ii) sind offensichtlich. Die Eigenschaft (iii) muss man dagegen wirklich *beweisen*. Dafür benutzt man die Eigenschaften der in Frage 876 angegeben Folge $(g_\ell) \subset \mathcal{C}_c(\mathbb{R}^n)$. Für diese gilt wegen $g_\ell \uparrow f$ nach Definition einerseits $\mathrm{Sup}_\ell \, I(g_\ell) = I(f)$, andererseits gilt nach Konstruktion auch $g_k \leq f_k$ für alle k und damit wegen der

Monotonie des Integrals $I(g_k) \leq I(f_k) \leq I(f)$. Daraus folgt zusammen wie gewünscht $\lim_{k \to \infty} (f_k) = I(f)$. ◆

Frage 880

Warum hat eine Funktion $f \in \mathcal{H}^\uparrow$ die folgende Eigenschaft: Ist $a \in \mathbb{R}^n$ und c eine beliebige reelle Zahl mit $c < f(a)$, dann gibt es eine Umgebung $U(a)$ von a mit der Eigenschaft $c < f(x)$ für alle $x \in U(a)$.

▶ **Antwort** Sei (f_k) eine Folge von Funktionen $f_k \in \mathcal{C}_c(\mathbb{R}^n)$ mit $f_k \uparrow f$. Dann gilt insbesondere $f_k(a) \uparrow f(a)$. Wegen $f(a) = \mathrm{Sup}_k\{f_k(a)\}$ gibt es nach der Definition des Supremums einen Index N mit $c < f_N(a) \leq f(a)$. Da f_N stetig ist, gilt $c < f_N(x)$ auch noch in einer Umgebung $U(a)$ von a. Für alle $x \in U(a)$ gilt dann aber erst recht $c < f(x)$. ◆

Frage 881

Wann heißt eine Funktion $f : \mathbb{R}^n \to \overline{\mathbb{R}}$ in einem Punkt $a \in \mathbb{R}^n$ (bzw. in $\mathbb{R}^n$) **von unten bzw. von oben halbstetig?**

▶ **Antwort** (a) Die Funktion f heißt *von unten halbstetig* in a, wenn zu jedem $c \in \mathbb{R}$ mit $c < f(a)$ eine Umgebung $U(a)$ existiert, in der die Ungleichung immer noch gilt:

$$c < f(x) \quad \text{für alle } x \in U(a).$$

(b) Analog heißt f *von oben halbstetig* in a, wenn zu jedem $c \in \mathbb{R}$ mit $c > f(a)$ eine Umgebung $U(a)$ existiert mit, in der $c > f(x)$ für alle $x \in U(a)$ gilt, s. Abb. 11.4

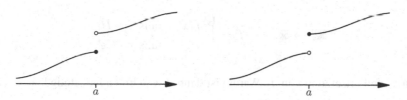

Abb. 11.4 Graph einer in a von unten (links) bzw. oben (rechts) halbstetigen Funktion

f heißt von *unten (von oben) halbstetig auf* $\mathbb{R}^n$, wenn sie in jedem Punkt $a \in \mathbb{R}^n$ von unten (von oben) halbstetig ist. Insbesondere sind also alle stetigen Funktionen von unten *und* oben halbstetig. ◆

Frage 882

Wie ist für eine nichtleere Teilmenge $M \subset \mathbb{R}^n$ die **charakteristische Funktion** $\chi_M : \mathbb{R}^n \to \mathbb{R}$ definiert?

▶ **Antwort** Die charakteristische Funktion von M ist definiert durch

$$\chi_M(x) := \begin{cases} 1 & \text{falls } x \in M \\ 0 & \text{falls } x \in \mathbb{R}^n \setminus M. \end{cases}$$

♦

Frage 883
Können Sie zeigen:

(a) χ_M ist von unten halbstetig $\Longleftrightarrow$ M ist offen in $\mathbb{R}^n$,

(b) χ_M ist von oben halbstetig $\Longleftrightarrow$ M ist abgeschlossen in $\mathbb{R}^n$

▶ **Antwort** (a) Sei $c \in \mathbb{R}$. Es ist

$$\mathfrak{M}(c) := \{x \in \mathbb{R}^n \; ; \; c < \chi_M(x)\} = \begin{cases} \mathbb{R}^n, & \text{falls } c < 0, \\ M, & \text{falls } 0 \leq c < 1, \\ \emptyset, & \text{falls } c \geq 1. \end{cases}$$

Ist M offen, so sind alle drei Mengen offen und enthalten zu jedem ihrer Punkte eine volle Umgebung, χ_M ist also von unten halbstetig. Ist umgekehrt χ_M halbstetig von unten, dann ist $\mathfrak{M}(c)$ für alle $c \in \mathbb{R}$ offen, insbesondere ist M offen.

(b) Wegen $\chi_{\mathbb{R}^n \setminus M} = 1 - \chi_M$ lässt sich dieser Fall auf (a) zurückführen.   ♦

Frage 884
Ist $U \subset \mathbb{R}^n$ eine nichtleere offene Menge, $f : U \to \mathbb{R}_+$ eine stetige Funktion und

$$\widetilde{f} : \mathbb{R}^n \to \mathbb{R}, \qquad \widetilde{f} = \begin{cases} f(x) & \text{falls } x \in U, \\ 0 & \text{falls } x \in \mathbb{R}^n \setminus U \end{cases}$$

die triviale Fortsetzung von f. Warum ist dann $\widetilde{f}$ von unten halbstetig?

▶ **Antwort** Die Funktion $\widetilde{f}$ ist in jedem Punkt $a \in U$ stetig, und damit für alle $a \in U$ erst recht halbstetig (von unten und von oben). In einem Punkt $b \in \mathbb{R}^n \setminus U$ ist sie aber ebenfalls von unten halbstetig, denn aus $\widetilde{f}(b) = 0 > c$ folgt wegen $\widetilde{f} \geq 0$, dass sogar für alle $x \in \mathbb{R}^n$ die Ungleichung $\widetilde{f}(x) > c$ gilt.   ♦

Frage 885
Ist $K \subset \mathbb{R}^n$ eine nichtleere kompakte Teilmenge des $\mathbb{R}^n$ und $f : K \to \mathbb{R}_+$ eine stetige Funktion. Warum ist dann die triviale Fortsetzung $\widetilde{f}$ von f von oben halbstetig?

▶ **Antwort** Zu jedem Punkt $b \in \mathbb{R}^n \setminus K$ gibt es wegen der Offenheit von $\mathbb{R}^n \setminus K$ auch eine Umgebung $U(b)$, die vollkommen in $\mathbb{R}^n \setminus K$ enthalten ist. Wegen $\widetilde{f}(x) = 0$ für alle $x \in U(b)$ folgt aus $\widetilde{f}(b) < c$ dann auch $\widetilde{f}(x) < c$ für alle $x \in U(b)$. Also ist $\widetilde{f}$ von oben halbstetig für $b \in \mathbb{R}^n \setminus K$.

Sei nun $a \in K$ und $c > f(a)$. Dann ist $c > 0$, und wegen der Stetigkeit von f gibt es eine Umgebung $U(a)$ mit $c > \widetilde{f}(x)$ für alle $x \in U(a) \cap K$. Ist $U(a)$ ganz in K enthalten, dann sind wir fertig. Im anderen Fall gibt es ein $y \in U(a) \setminus K$. Dann gilt aber $\widetilde{f}(y) = 0$ und damit ebenfalls $\widetilde{f}(y) < c$. Es folgt $\widetilde{f}(x) < c$ für alle $x \in U(a)$, also ist $\widetilde{f}$ von oben halbstetig in a. ◆

Frage 886

Wie kann man mithilfe des Begriffs der Halbstetigkeit die Funktionen aus $\mathcal{H}^\uparrow$ und $\mathcal{H}^\downarrow$ charakterisieren? Warum gilt $\mathcal{H}^\uparrow \cap \mathcal{H}^\downarrow = \mathcal{C}_c$?

▶ **Antwort** *Es ist $f \in \mathcal{H}^\uparrow$ genau dann, wenn gilt*

(i) *f ist von unten halbstetig.*

(ii) *Es gibt ein Kompaktum $K \subset \mathbb{R}^n$, sodass für alle $x \in \mathbb{R}^n \setminus K$ gilt: $f(x) \geq 0$ (äquivalent hierzu: es gibt ein $g \in \mathcal{C}_c(\mathbb{R}^n)$ mit $g \leq f$.*

Die eine Richtung der Aussage ist klar. Die Umkehrung erfordert einigen Aufwand. Einen Beweis findet man z. B. bei [8]. ◆

Frage 887

Zu einer nichtleeren offenen Menge $U \subset \mathbb{R}^n$ und ihrer charakteristischen Funktion χ_U kann man direkt eine Folge (χ_k) mit $\chi_k \in \mathcal{C}_c$ und $\chi_k \uparrow \chi_U$ konstruieren.

Die Existenz einer solchen Folge werde vorausgesetzt. Wie kann man dann zu einer nichtleeren kompakten Menge $K \subset \mathbb{R}^n$ eine Folge (χ_k) mit $\chi_k \in \mathcal{C}_c(\mathbb{R}^n)$ und $\chi_k \downarrow \chi_K$ konstruieren?

▶ **Antwort** Da die Menge $\mathbb{R}^n \setminus K$ offen ist, gibt es nach Voraussetzung eine Folge (χ_l) in $\mathcal{C}_c$ mit $\chi_l \uparrow \chi_{\mathbb{R}^n \setminus K}$. Wegen $\chi_K = 1 - \chi_{\mathbb{R}^n \setminus K}$ und $1 - \chi_l \in \mathcal{C}_c$ gilt dann $1 - \chi_l \downarrow \chi_K$. ◆

Frage 888

(a) Ist $U \subset \mathbb{R}^n$ eine nichtleere offene Teilmenge, $f : U \to \mathbb{R}_+$ eine stetige Funktion und $\widetilde{f}$ die triviale Fortsetzung von f auf $\mathbb{R}^n$, warum gilt dann $\widetilde{f} \in \mathcal{H}^\uparrow$?

(b) Ist $K \subset \mathbb{R}^n$ eine nichtleere kompakte Teilmenge und $f : K \to \mathbb{R}_+$ stetig. Warum gilt dann $\widetilde{f} \in \mathcal{H}^\downarrow$?

▶ **Antwort** (a) $\widetilde{f}$ erfüllt nach der Antwort zu Frage 884 und wegen $\widetilde{f} \geq 0$ die Voraussetzungen von (ii) aus Frage 886.

(b) Das folgt aus denselben Gründen wie unter (a) aus Frage 885 und 886. ◆

Frage 889

Was besagt der Spezialfall der **Transformationsformel** für eine Funktion $f \in \mathcal{H}^{\uparrow}(\mathbb{R}^n)$ und eine affine Abbildung $\varphi \colon \mathbb{R}^n \to \mathbb{R}^n$, die durch $\varphi(x) = Ax + b$ mit $A \in \mathrm{GL}(\mathbb{R}^n)$ gegeben ist?

▶ **Antwort** Die Transformationsformel lässt sich als Verallgemeinerung der Substitutionsregel für Regelintegrale auffassen. Sie lautet für den in der Frage formulierten Spezialfall

$$\int_{\mathbb{R}^n} f(y)\,\mathrm{d}y = \int_{\mathbb{R}^n} f(Ax + b)\big|\det A\big|\,\mathrm{d}x.$$

Um die Transformationsformel in diesem Spezialfall zu beweisen, betrachte man zunächst eine Funktion $g \in \mathcal{C}_c(\mathbb{R}^n)$. Für diese lässt sich das Integral $\int_{\mathbb{R}^n} g(x)\,\mathrm{d}x$ auf iterierte Regelintegrale über $\mathbb{R}$ zurückführen. Durch Anwendung der Substitutionsformel für das Regelintegral erhält man

$$\int g(x_1, \ldots, x_{i-1}, x_i + x_j, x_{i+1}, \ldots, x_n)\,\mathrm{d}x = \int f(x)\,\mathrm{d}x. \tag{1}$$

$$\int g(a_1 x_1, \ldots, a_n x_n)\,\mathrm{d}x = |a_1 \cdots a_n| \int g(x)\,\mathrm{d}x. \tag{2}$$

$$\int g(x_1, \ldots, x_n)\,\mathrm{d}x_{\sigma(1)} \cdots \mathrm{d}x_{\sigma(n)} = \int g(x)\,\mathrm{d}x_1 \cdots \mathrm{d}x_n. \tag{3}$$

$$\int g(x + b)\,\mathrm{d}x = \int g(x)\,\mathrm{d}x. \tag{4}$$

Man betrachte nun $\int g(Ax + b)\,\mathrm{d}x$. Wegen (4) kann man oBdA $b = 0$ annehmen. Nun muss man aus der Linearen Algebra nur wissen, dass sich die Matrix A als Produkt von Matrizen $A_1 \cdots A_\ell$ schreiben lässt, die jeweils eine der Variablentransformationen des Typs (1) bis (3) beschreiben. Wegen $\det(A) = \det(A_1) \cdots \det(A_\ell)$ folgt daraus die Transformationsformel für Funktionen $g \in \mathcal{C}_c(\mathbb{R}^n)$.

Für $f \in \mathcal{H}^{\uparrow}$ folgt die Transformationsformel nun einfach aus der Tatsache, dass mit $f_k \uparrow f$ und $f_k \in \mathcal{C}_c$ auch die Funktionen $g_k \colon \mathbb{R}^n \to \mathbb{R}$ mit

$$g_k(x) = f_k(Ax + b)$$

in $\mathcal{C}_c$ liegen und monoton wachsend gegen $f \circ \varphi$ konvergieren. Nach der Definition des Integrals für Funktionen der Baire'schen Klasse gilt also

$$\int f(y)\,\mathrm{d}y = \lim_{k \to \infty} \int f_k(y)\,\mathrm{d}x = \lim_{k \to \infty} \int f_k(Ax + b)|\det A|\,\mathrm{d}x$$
$$= \int f(Ax + b)|\det A|\,\mathrm{d}x.$$

Das beweist die Transformationsformel im Fall $f \in \mathcal{H}^\uparrow$ und $\varphi(x) = Ax + b$. In Frage 958 formulieren wir eine wesentliche Verallgemeinerung für Lebesgue-integrierbare Funktionen f und Diffeomorphismen φ. ◆

Frage 890

Was besagt der **(kleine) Satz von Fubini** für Funktionen $f \in \mathcal{H}^\uparrow$?

▶ **Antwort** Der Satz lautet in diesem Spezialfall:

Sei $n = k + m$ und $f : \mathbb{R}^n \to \mathbb{R}$ eine Funktion aus $f \in \mathcal{H}^\uparrow(\mathbb{R}^n)$. Dann liegen für $(x, y) \in \mathbb{R}^n = \mathbb{R}^{k+m} = \mathbb{R}^k \times \mathbb{R}^m$ die Funktionen

$$F : \mathbb{R}^k \to \mathbb{R}, \quad x \mapsto \int_{\mathbb{R}^m} f(x, y)\,\mathrm{d}y, \qquad G : \mathbb{R}^m \to \mathbb{R}, \quad y \mapsto \int_{\mathbb{R}^k} f(x, y)\,\mathrm{d}x$$

in $\mathcal{H}^\uparrow(\mathbb{R}^k)$ bzw. $\mathcal{H}^\uparrow(\mathbb{R}^m)$ und es gilt die Formel

$$\boxed{\int_{\mathbb{R}^n} f(x, y)\,\mathrm{d}(x, y) = \int_{\mathbb{R}^k} F(x)\,\mathrm{d}x = \int_{\mathbb{R}^m} G(y)\,\mathrm{d}y.}$$

Der Zusammenhang ist aufgrund von Frage 864 richtig für stetige Funktionen mit kompaktem Träger. Für $f \in \mathcal{H}^\uparrow(\mathbb{R}^n)$ wähle man eine Folge (f_ℓ) mit $f_\ell \in \mathcal{C}_c(\mathbb{R}^n)$ und $f_\ell \uparrow f$. Dann ist

$$\int_{\mathbb{R}^n} f(x, y)\,\mathrm{d}(x, y) = \lim_{\ell \to \infty} \int_{\mathbb{R}^n} f_\ell(x, y)\,\mathrm{d}(x, y) = \lim_{\ell \to \infty} \int_{\mathbb{R}^k} \left(\int_{\mathbb{R}^m} f_\ell(x, y)\,\mathrm{d}y \right) \mathrm{d}x. \quad (*)$$

Bei festgehaltenem x gilt dann

$$F_\ell(x) := \int_{\mathbb{R}^m} f_\ell(x, y)\,\mathrm{d}y \ \uparrow \ \int_{\mathbb{R}^m} f(x, y)\,\mathrm{d}y = F(x),$$

Die Funktionen F_ℓ verschwinden außerhalb eines Kompaktums und sind nach Frage 858 stetig, also ist $F \in \mathcal{H}^\uparrow(\mathbb{R}^k)$. Mit der Definition des Integrals für halbstetige Funktionen folgt also

$$\int_{\mathbb{R}^n} f(x,y)\,d(x,y) = \lim_{\ell \to \infty} \int_{\mathbb{R}^k} F_\ell(x)\,dx = \int_{\mathbb{R}^k} \lim_{\ell \to \infty} F_\ell(x)\,dx =: \int_{\mathbb{R}^k} F(x)\,dx.$$

Aus Symmetriegründen und der Vertauschbarkeit der Integrationsreihenfolge im letzten Term von $(*)$ gilt ebenso

$$\int_{\mathbb{R}^n} f(z)\,dz = \int_{\mathbb{R}^m} G(y)\,dy. \qquad \blacklozenge$$

11.4 Berechnung von Volumina einiger kompakter Mengen

Da für ein nichtleeres Kompaktum $K \subset \mathbb{R}^n$ gilt $\chi_K \in \mathcal{H}^\downarrow(\mathbb{R}^n)$, und das n-dimensionale Volumen durch

$$\mathrm{vol}_n(K) := \int_{\mathbb{R}^n} \chi_K(x)\,dx$$

definiert ist, kann man für zahlreiche geometrische Körper wie Quader, Zylinder, Simplices und Kugeln ihre Volumina berechnen. Entscheidende Hilfsmittel sind der Satz von Fubini und ein Spezialfall des Cavalieri-Prinzips.

Frage 891

Warum stimmen im Fall eines achsenparallelen Quaders $Q = [a_1, b_1] \times \cdots \times [a_n, b_n]$ das elementargeometrische Volumen $v_n(Q) = (b_1 - a_1) \cdots (b_n - a_n)$ und das mithilfe des Integrals

$$\mathrm{vol}_n(Q) = \int_{\mathbb{R}^n} \chi_Q(x)\,dx$$

---

definierte Volumen überein? Ist $\varphi \colon \mathbb{R}^n \to \mathbb{R}^n$ die durch $x \mapsto Ax + b$ mit $A \in O(n, \mathbb{R})$ und $b \in \mathbb{R}^n$ gegebene Abbildung. Warum gilt dann $\mathrm{vol}_n\big(\varphi(Q)\big) = \mathrm{vol}_n(Q)$?

▶ **Antwort** Es ist $\chi_Q(x_1, \ldots, x_n) = \chi_{[a_1,b_1]}(x_1) \cdots \chi_{[a_n,b_n]}(x_n)$, wenn Q ein achsenparalleler Quader ist. Da außerdem nach Frage 883 $\chi_Q \in \mathcal{H}^\downarrow$ gilt, folgt mit dem „kleinen" Satz von Fubini

$$\mathrm{vol}_n(Q) = \int_{\mathbb{R}} \cdots \int_{\mathbb{R}} \chi_Q(x_1, \ldots, x_n)\,dx_1 \cdots dx_n = \int_{\mathbb{R}} \chi_{[a_1,b_1]}(x)\,dx \cdots \int_{\mathbb{R}} \chi_{[a_1,b_1]}(x)\,dx.$$

Im Sinne der Abbildung lassen sich die Funktionen $\chi_{[a_k,b_k]}$ durch eine Folge von „Trapezfunktionen" $f_{k,i}$ (s. Abb. 11.5) approximieren.

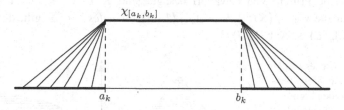

Abb. 11.5 Approximation von $\chi_{[a_k,b_k]}$ durch Trapezfunktionen

Es gilt $f_{k,i} \in \mathcal{C}_c(\mathbb{R}^n)$, $f_{k,i} \downarrow \chi_{[a_k,b_k]}$ und $\lim_{i\to\infty} I(f_{k,i}) = b_k - a_k$. Das beantwortet die erste Frage.

Die zweite Behauptung folgt unmittelbar aus der Transformationsformel, da für eine Matrix $A \in O(n,\mathbb{R})$ stets $|\det A| = 1$ gilt.   ◆

Frage 892

Was besagt das **Cavalieri-Prinzip** zur Berechnung des n-dimensionalen Volumens einer kompakten Teilmenge $K \subset \mathbb{R}^n$ mithilfe von $(n-1)$-dimensionalen „Schnittmengen"? Was besagt das klassische Prinzip von Cavalieri?

▶ Für $t \in \mathbb{R}$ sei

$$K(t) := \{(x_1,\ldots,x_{n-1}) \in \mathbb{R}^{n-1} \; ; \; (x_1,\ldots,x_{n-1},t) \in K\}$$

die $(n-1)$-dimensionale „Schnittmenge" von K zum Wert $x_n = t$ (s. Abb. 11.6). Nach dem *Cavalieri-Prinzip* gilt dann

$$\boxed{\mathrm{vol}_n(K) = \int_{\mathbb{R}} \mathrm{vol}_{n-1} K(t)\,\mathrm{d}t.}$$

Abb. 11.6 „Schnittmenge"
$K(t)$ von K zum Wert t

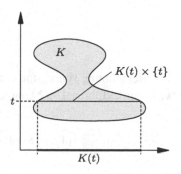

(Die Bezeichnung „Schnittmenge" für $K(t)$ ist sprachlich nicht ganz richtig. Die Schnitt-menge ist eigentlich $K(t) \times \{t\}$.)

Das klassische Prinzip von Cavalieri besagt: Sind $K, L \in \mathbb{R}^n$ zwei vorgegebene Kompakta, für die $\mathrm{vol}_{n-1}\big(K(t)\big) = \mathrm{vol}_{n-1}\big(L(t)\big)$ für *jedes* $t \in \mathbb{R}$ gilt, dann gilt auch $\mathrm{vol}_n(K) = \mathrm{vol}_n(L)$ (s. Abb. 11.7).   ◆

Abb. 11.7 Klassisches Prinzip von Cavalieri: Die horizonta-len Schnitte mit den Figuren sind jeweils gleich lang, also haben beide Figuren dasselbe Volumen

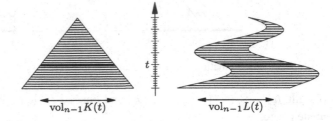

$$\mathrm{vol}_{n-1}\, K(t) \qquad\qquad \mathrm{vol}_{n-1}\, L(t)$$

Frage 893

Können Sie mithilfe des Cavalieri-Prinzips das Volumen der n-dimensionalen Kugel $K_n(r) = \{x \in \mathbb{R}^n \; ; \; \|x\|_2 \leq r\}$ berechnen?

▶ **Antwort** Die Kugel $K_n(r)$ ist das Bild der Einheitskugel $K_n(1)$ unter der Abbildung $\mathbb{R}^n \to \mathbb{R}^n$ mit $x \mapsto rx$. Diese Abbildung hat die Determinante r^n. Damit folgt aus der Transformationsformel zunächst $\mathrm{vol}_n\big(K_n(r)\big) = r^n\,\mathrm{vol}_n\big(K_n(1)\big)$, und daher genügt es, das Volumen

$$\kappa_n := \mathrm{vol}_n\big(K_n(1)\big)$$

zu berechnen. Für $n = 1$ gilt $K_1 = [-1, 1]$ und man erhält $\kappa_1 = 2$.

Abb. 11.8 Durch Betrachtung der „Schnitte" $K(1, t)$ lässt sich die Volumenberechung der n-dimensionalen Einheits-kugel auf die Dimension $n - 1$ zurückführen

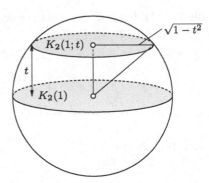

Die Berechnung von κ_n für $n > 1$ lässt sich nun mit dem Cavalieri-Prinzip auf die von κ_{n-1} zurückführen. Die Mengen $K_n(1; t)$ (vgl. Abb. 11.8) haben das Volumen

$$\mathrm{vol}_{n-1}\big(K_n(1; t)\big) = \begin{cases} \kappa_{n-1}\sqrt{1 - t^2}^{\,n-1} & \text{für } |t| \leq 1, \\ \emptyset & \text{für } |t| > 1. \end{cases}$$

Also erhält man mit dem Cavalieri-Prinzip und der Transformationsformel

$$\kappa_n = \mathrm{vol}_n \left(K_n(1) \right) = \int_{-1}^{1} \mathrm{vol}_{n-1} \left(K_{n-1}(1; t) \right) dt = \kappa_{n-1} \int_{-1}^{1} (1 - t^2)^{\frac{n-1}{2}} dt.$$

$$= \kappa_{n-1} \int_{\pi}^{0} \sin^{n-1} x \, (-\sin x) \, dx = \kappa_{n-1} \int_{0}^{\pi} \sin^n x \, dx = 2 \cdot \kappa_{n-1} \int_{0}^{\frac{\pi}{2}} \sin^n x \, dx$$

Für das Integral $I_n := \int_0^{\pi/2} \sin^n x \, dx$ hatten wir in Frage 495 bereits eine Rekursionsformel angegeben und

$$I_{2n} = \frac{2n - 1}{2n} \cdots \frac{3}{4} \cdot \frac{1}{2} \cdot \frac{\pi}{2}, \qquad I_{2n+1} = \frac{2n}{2n + 1} \cdots \frac{4}{5} \cdot \frac{2}{3}$$

hergeleitet. Damit gilt $I_n I_{n-1} = \frac{\pi}{2n}$ für alle $n \in \mathbb{N}$. Für die Kugelvolumina κ_n liefert das die Rekursionsformel

$$\kappa_n = 2\kappa_{n-1} I_n = 4\kappa_{n-2} I_n I_{n-1} = \frac{2\pi}{n} \kappa_{n-2}.$$

Damit lassen sich nun alle κ_n berechnen. Es gelten die Formeln

$$\boxed{\kappa_{2k} = \frac{1}{k!} \pi^k, \qquad \kappa_{2k+1} = \frac{2^{k+1}}{1 \cdot 3 \cdots (2k + 1)} \pi^k.}$$ ◆

Frage 894

Kennen Sie eine explizite Formel für das Volumen der n-dimensionalen Einheitskugel?

▶ **Antwort** Eine einheitliche Formel erhält man mithilfe der Γ-Funktion. Für gerades $n = 2k$ gilt

$$\Gamma\left(\frac{n}{2} + 1\right) = \Gamma(k + 1) = k!,$$

und für ungerade $n = 2k + 1$ hat man

$$\Gamma\left(\frac{n}{2} + 1\right) = \Gamma\left(k + \frac{3}{2}\right) = \left(k + \frac{1}{2}\right) \Gamma\left(k + \frac{1}{2}\right) = \left(k + \frac{1}{2}\right)\left(k - \frac{1}{2}\right) \Gamma\left(k - \frac{1}{2}\right)$$

$$= \cdots = \left(\frac{2k + 1}{2}\right)\left(\frac{2k - 1}{2}\right) \cdots \left(\frac{3}{2}\right)\left(\frac{1}{2}\right) \Gamma\left(\frac{1}{2}\right).$$

Wegen $\Gamma(\frac{1}{2}) = \sqrt{\pi}$ folgt daraus durch Vergleich mit (∗) die Formel

$$\boxed{\kappa_n = \frac{\pi^{n/2}}{\Gamma(n/2 + 1)}}$$ ◆

Ist $\kappa_n = \mathrm{vol}_n\left(K_n(1)\right)$, für welches n ist κ_n dann maximal?

▶ **Antwort** Aus den Rekursionsformeln am Ende von Frage 893 folgt für $k \in \mathbb{N}$

$$\frac{\kappa_{2k}}{\kappa_{2k+1}} = \frac{1}{2} \cdot \left(\frac{3}{2} \cdot \frac{5}{4} \cdots \frac{2k+1}{2k}\right) > 1 \iff 2k+1 > 5,$$

$$\frac{\kappa_{2k+1}}{\kappa_{2k+2}} = \frac{2}{\pi} \cdot \left(\frac{4}{3} \cdot \frac{6}{5} \cdots \frac{2k+2}{2k+1}\right) > 1 \iff 2k+1 \geq 5.$$

Daraus folgt $\kappa_1\kappa_2 \leq \cdots \leq \kappa_5$ und $\kappa_{n+1} \leq \kappa_n$ für $n \geq 5$. Damit nimmt κ_n genau für $n = 5$ ein Maximum an. Die Tabelle listet die ersten zehn Werte von κ_n auf.

n	1	2	3	4	5	6	7	8	9	10
κ_n	2	π	$\frac{4}{3}\pi$	$\frac{\pi^2}{2}$	$\frac{8}{15}\pi^2$	$\frac{\pi^3}{6}$	$\frac{16}{105}\pi^3$	$\frac{1}{24}\pi^4$	$\frac{32}{945}\pi^4$	$\frac{1}{120}\pi^5$
$\approx$	2	3.141	4.189	4.935	5.264	5.168	4.729	4.059	3.299	2.550

Warum gilt $\lim\limits_{n\to\infty} \kappa_n = 0$?

▶ **Antwort** Aus den Ungleichungen der letzten Antwort folgt, dass die Folge (κ_n) für $n > 5$ streng monoton fällt. Da alle Glieder positiv sind, besitzt sie also einen Grenzwert. Es gilt

$$\lim_{n\to\infty} \kappa_n = \lim_{k\to\infty} \kappa_{2k} = \lim_{k\to\infty} \frac{1}{k!}\pi^k = 0.$$

11.5   Die Lebesgue-integrierbaren Funktionen

Wir erweitern nun den Integralbegriff ein weiteres Mal. Dazu definieren wir für beliebige Funktionen $f : \mathbb{R}^n \to \overline{\mathbb{R}}$ ein Oberintegral $I^*(f)$ und ein Unterintegral $I_*(f)$. Für die Funktionen $f \in \mathcal{H}^\uparrow$ bzw. $f \in \mathcal{H}^\downarrow$ wird sich dadurch nichts Neues ergeben. Die Funktionen $f : \mathbb{R}^n \to \overline{\mathbb{R}}$, für welche $I(f) := I_*(f) = I^*(f)$ gilt und für welche dieser gemeinsame Wert endlich ist, sind genau die Lebesgue-integrierbaren Funktionen. Die Lebesgue-integrierbaren Funktionen mit Werten in $\mathbb{R}$ bilden einen Vektorraum $\mathcal{L}^1(\mathbb{R}^n)$, auf dem

$$I : \mathcal{L}^1(\mathbb{R}^n) \to \mathbb{R} \qquad f \mapsto I(f)$$

ein nichtnegatives lineares Funktional ist und in dem starke Konvergenzsätze gelten (Satz von Beppo Levi, Grenzwertsatz von Lebesgue), die unter geeigneten Voraussetzungen gestatten, aus der punktweisen Konvergenz auf die Integration der Grenzfunktion und auf die Vertauschbarkeit von Grenzwertbildung und Integration zu schließen.

Frage 897

Wie sind für eine Funktion $f\colon \mathbb{R}^n \to \overline{\mathbb{R}}$ das **Ober- bzw. Unterintegral** definiert?

▶ **Antwort** Für $f\colon \mathbb{R}^n \to \overline{\mathbb{R}}$ heißt

$$I^*(f) = \mathrm{Inf}\{I(h)\,;\, h \in \mathcal{H}^\uparrow,\, h \geq f\} \quad \text{das } Oberintegral\ von\ f \text{ und}$$

$$I_*(f) = \mathrm{Sup}\{I(g)\,;\, g \in \mathcal{H}^\downarrow,\, g \leq f\} \quad \text{das } Unterintegral\ von\ f.$$

Wegen $\mathcal{H}^\downarrow = -\mathcal{H}^\uparrow$ gilt stets $I_*(f) = -I^*(-f)$.   ◆

Frage 898

Warum sind die Mengen, über die das Infimum bzw. Supremum gebildet werden, nicht leer?

▶ **Antwort** Die konstante Funktion $h\colon \mathbb{R}^n \to \overline{\mathbb{R}}$ mit $x \mapsto \infty$ liegt in $\mathcal{H}^\uparrow$, und die konstante Funktion $g\colon \mathbb{R}^n \to \overline{\mathbb{R}}$ mit $x \mapsto -\infty$ liegt in $\mathcal{H}^\downarrow$.

Beide Behauptungen zeigt man, indem man explizit eine Folge aus $\mathcal{C}_c(\mathbb{R}^n)$ angibt, die monoton wachsend gegen ∞ bzw. monoton fallend gegen $-\infty$ konvergiert, wie etwa für $n = 1$ die Folge der „Trapezfunktionen" in der Abb. 11.9.

Abb. 11.9 Die Folge der Trapezfunktionen konvergiert monoton wachsend gegen ∞

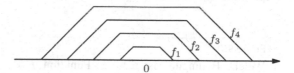

Die Konstruktion lässt sich leicht auf höhere Dimensionen verallgemeinern,   ◆

Frage 899

Warum gilt für alle Funktionen $f\colon \mathbb{R}^n \to \overline{\mathbb{R}}$ stets $I_*(f) \leq I^*(f)$, und warum gilt für $f \in \mathcal{H}^\uparrow(\mathbb{R}^n)$ stets $I(f) = I_*(f) = I^*(f)$?

▶ **Antwort** Für den ersten Teil der Frage muss nur gezeigt werden, dass mit $h \in \mathcal{H}^\uparrow$ und $g \in \mathcal{H}^\downarrow$ aus $h \geq g$ stets $I(h) \geq I(g)$ folgt. Wegen $\mathcal{H}^\downarrow = -\mathcal{H}^\uparrow$ ergibt sich das aus den Monotonieeigenschaften des Integrals für halbstetige Funktionen:

$$0 \leq I(h - g) = I(h + (-g)) = I(h) - I(g). \qquad (*)$$

Zum zweiten Teil: Die Identität $I^*(f) = f$ für $f \in \mathcal{H}^\uparrow$ folgt direkt aus der Definition des Oberintegrals. Um $I_*(f) = I(f)$ zu zeigen, wähle man eine Folge $(f_k) \subset \mathcal{C}_c(\mathbb{R}^n)$ mit $f_k \uparrow f$. Dann gilt nach Definition

$$I(f) = \mathrm{Sup}_k \int_{\mathbb{R}^n} f_k(x)\,\mathrm{d}x. \qquad (**)$$

Andererseits folgt aus der Definition des Unterintegrals zusammen mit $f_k \leq f$, $f_k \in \mathcal{C}_c \subset \mathcal{H}^\downarrow$ und $(*)$

$$\mathrm{Sup}_k \int_{\mathbb{R}^n} f_k(x)\,\mathrm{d}x \leq I_*(f) \leq I^*(f) = I(f).$$

Wegen $(**)$ muss hier überall ein Gleichheitszeichen stehen. ◆

Frage 900

Wann heißt eine Funktion $f: \mathbb{R}^n \to \overline{\mathbb{R}}$ **Lebesgue-integrierbar**?

▶ **Antwort** Eine Funktion $f: \mathbb{R} \to \overline{\mathbb{R}}$ heißt *Lebesgue-integrierbar* genau dann, wenn

$$\boxed{I^*(f) = I_*(f)}$$

gilt und dieser gemeinsame Wert von ∞ und $-\infty$ verschieden ist. Der gemeinsame Wert heißt in diesem Fall das *Integral von* f und wird wiederum mit $I(f)$ bezeichnet. ◆

Frage 901

Welche Bedingung ist für eine Funktion $f \in \mathcal{H}^\uparrow$ (bzw. $f \in \mathcal{H}^\downarrow$) notwendig und hinreichend für ihre Lebesgue-Integrierbarkeit?

▶ **Antwort** Nach Frage 899 gilt für halbstetige Funktionen f stets $I^*(f) = I_*(f)$. Für ihre Integrierbarkeit ist es daher hinreichend und notwendig, dass $I^*(f)$ einen endlichen Wert hat. ◆

Frage 902

Kennen Sie ein Kriterium für die Lebesgue-Integrierbarkeit einer Funktion $f: \mathbb{R}^n \to \overline{\mathbb{R}}$, in welcher Sup und Inf nicht vorkommen?

▶ **Antwort** Durch eine Anwendung der Definition des Supremums erhält man z. B. das folgende (häufig ε-Kriterium genannte) Kriterium:

Eine Funktion $f : \mathbb{R}^n \to \overline{\mathbb{R}}$ *ist genau dann Lebesgue-integrierbar, wenn es zu jedem* $\varepsilon > 0$ *Funktionen* $g \in \mathcal{H}^{\downarrow}$ *und* $h \in \mathcal{H}^{\uparrow}$ *mit endlichen Integralen gibt, für die gilt:*

$$g \leq f \leq h \quad \text{und} \quad 0 \leq I(h - g) = I(h) - I(g) \leq \varepsilon \qquad \blacklozenge$$

Frage 903

Welche Haupteigenschaften hat die Menge

$$\boxed{\mathcal{L}^1 = \mathcal{L}^1(\mathbb{R}^n) := \{f : \mathbb{R}^n \to \mathbb{R} \,;\, f \text{ Lebesgue-integrierbar}\}.}$$

(Wir schließen hier die Werte ∞ und $-\infty$ noch aus. Wie wir sehen werden, bedeutet das aber keine wesentliche Einschränkung.)

▶ **Antwort** $\mathcal{L}^1$ ist ein $\mathbb{R}$-Vektorraum, d. h.

$$f, g \in \mathcal{L}^1 \Longrightarrow f + g \in \mathcal{L}^1 \text{ und } cf \in \mathcal{L}^1 \text{ für } c \in \mathbb{R}.$$

Ferner gilt, dass mit f und g auch $f \wedge g$, $f \vee g$, f^+ und f^- und $|f|$ in $\mathcal{L}^1$ enthalten sind. Ist g zusätzlich beschränkt und ist $f(x) \neq \pm\infty$ für alle $x \in \mathbb{R}^n$, dann liegt auch fg in $\mathcal{L}^1$.

Diese Eigenschaften sind *nicht* offensichtlich, sondern müssen einzeln nachgewiesen werden. Dies gelingt in jedem einzelnen Fall aber mühelos mit den Ergebnissen aus Frage 899 und dem Kriterium aus Frage 902.

Speziell für den Nachweis der Linearität benutze man folgenden Zusammenhang: Sind f, g, h Funktionen mit $f + g = h$, so gilt

$$I^*(f) + I^*(g) \geq I^*(h), \qquad I_*(f) + I_*(g) \leq I_*(h). \tag{$*$}$$

Dies ist für Baire'sche Funktionen offensichtlich und folgt daraus für allgemeine Funktionen aus der Definition des Unter- und Oberintegrals. (Man beachte, dass der Zusammenhang $I^*(f + g) = I^*(f) + I^*(g)$ und $I_*(f + g) = I_*(f) + I_*(g)$ im Allgemeinen nicht gilt.) $\blacklozenge$

Frage 904

Welche **Permanenzeigenschaften** hat die Abbildung $I : \mathcal{L}^1(\mathbb{R}^n) \to \mathbb{R}$?

▶ **Antwort** Die Abbildung I ist ein *lineares, monotones Funktional*, für $f, g \in \mathcal{L}^1$ und $a, b \in \mathbb{R}$ gilt also

$$\begin{array}{lll} \text{(a)} & I(af + bg) = a \cdot I(f) + b \cdot I(g), & \text{(Linearität)} \\ \text{(c)} & f \leq g \Longrightarrow I(f) \leq I(g). & \text{(Monotonie)} \end{array}$$

Ferner ist $\mathcal{L}^1(\mathbb{R}^n)$ σ-stetig im Sinne von Frage 871. Ist also (f_k) eine Folge mit $f_k \in \mathcal{L}^1$ und $f_k \downarrow 0$, dann gilt stets $\lim_{k \to \infty} I(f_k) = 0$.   ◆

Frage 905

Wie ist die $\mathcal{L}^1$-Halbnorm für Funktionen $f : \mathbb{R}^n \to \overline{\mathbb{R}}$ definiert?

▶ **Antwort** Die $\mathcal{L}^1$-Halbnorm $\| \ \|_{\mathcal{L}^1}$ ist definiert durch

$$\|f\|_{\mathcal{L}^1} = I^*(|f|).$$

Die Eigenschaften einer Halbnorm folgen für $\| \ \|_{\mathcal{L}^1}$ unmittelbar aus denen des Lebesgue-Integrals. Da aber aus $\|f\|_{\mathcal{L}^1} = 0$ nicht $f = 0$ folgt, handelt es sich nicht um eine Norm.   ◆

Frage 906

Was besagt die Aussage „$\mathcal{C}_c(\mathbb{R}^n)$ ist dicht in $\mathcal{L}^1(\mathbb{R}^n)$"?

▶ **Antwort** Die Aussage bedeutet: *Eine Funktion $f : \mathbb{R}^n \to \overline{\mathbb{R}}$ liegt genau dann im Raum $\mathcal{L}^1(\mathbb{R}^n)$, wenn es zu jedem $\varepsilon > 0$ eine Funktion $g \in \mathcal{C}_c(\mathbb{R}^n)$ gibt mit*

$$\|f - g\|_{\mathcal{L}^1} = I^*(|f - g|) < \varepsilon. \qquad (*)$$

Es ist, wenn man die Konstruktion des Lebesgue-Integrals nachvollzieht, relativ klar, dass die Voraussetzungen *notwendig* sind. Denn $I(f)$ wird durch das Integral einer Baire'schen Funktion beliebig genau approximiert, und dieses wiederum durch das Integral einer stetigen Funktion mit kompaktem Träger.

Gilt umgekehrt (*), dann gibt es eine Baire'sche Funktion h mit $|f(x) - g(x)| < h(x)$ und $I^*(h) < \varepsilon$. Die Behauptung folgt dann durch Anwendung des Kriteriums aus Frage 902 auf die Funktionen $g - h \in \mathcal{H}^\downarrow$ und $g + h \in \mathcal{H}^\uparrow$.   ◆

11.6   Die Grenzwertsätze von Beppo Levi und Lebesgue

Die Stärke des Lebesgue-Integrals liegt in seiner fabelhaften Stabilität gegenüber Grenzprozessen. Unter bestimmten Voraussetzungen erlaubt die nur punktweise Konvergenz einer Funktionenfolge bereits, auf die Integrierbarkeit der Grenzfunktion und die Vertauschbarkeit von Limesbildung und Integration zu schließen.

Frage 907

Was besagt der **Satz von Beppo Levi**?

▶ **Antwort** Der Satz wird auch *Satz von der monotonen Konvergenz* genannt und besagt kurz formuliert, dass für eine monoton wachsende Folge Lebesgue-integrierbarer Funktionen mit beschränkter Integralfolge auch die Grenzfunktion Lebesgue-integrierbar ist, und dass deren Integral der Grenzwert der Integralfolge ist, genauer:

Ist (f_k) eine Folge von Funktionen mit $f_k \in \mathcal{L}^1(\mathbb{R}^n)$ und $f_{k+1} \geq f_k$ für die die Folge der Integrale $I(f_k)$ beschränkt ist, dann ist auch die punktweise gebildete Grenzfunktion $f = \lim_{k\to\infty} f_k$ Lebesgue-integrierbar, und es gilt:

$$I(f) = I\left(\lim_{k\to\infty} f\right) = \lim_{k\to\infty} I(f_k).$$

Dieser wichtige Satz lässt sich folgendermaßen beweisen. Zunächst gilt wegen $f_k \leq f$

$$\lim_{k\to\infty} I(f_k) \leq I_*(f).$$

Der Satz von Beppo Levi folgt also, wenn man zusätzlich

$$\lim_{k\to\infty} I(f_k) \geq I^*(f) \qquad (*)$$

zeigen kann. Um das zu beweisen, schreiben wir die Funktionen f_k als Summe

$$f_k = \sum_{\ell=1}^{k} h_\ell, \qquad h_\ell = f_\ell - f_{\ell-1}, \qquad f_0 := 0.$$

Die Funktionen h_ℓ sind wegen der Vektorraumeigenschaft von $\mathcal{L}^1$ integrierbar. Nach Definition des Integrals gibt es daher zu jedem $\ell \in \mathbb{N}$ eine Funktion $\overline{h}_\ell \in \mathcal{H}^\uparrow$ mit $\overline{h}_\ell \geq h_\ell$ sowie

$$I(\overline{h}_\ell) \leq I(h_\ell) + \frac{\varepsilon}{2^\ell}.$$

Aufgrund der Stabilität der Baire'schen Funktionen bezüglich monotoner Konvergenz (Frage 876) gilt $\sum_{k=1}^{\infty} \overline{h} \in \mathcal{H}^\uparrow$, also ist Integration und Grenzwertbildung vertauschbar. Daraus folgt

$$I^*(f) = I^*\left(\sum_{\ell=1}^{\infty} h_\ell\right) \leq I\left(\sum_{\ell=1}^{\infty} \overline{h}_\ell\right) = \sum_{\ell=1}^{\infty} I(\overline{h}_\ell) \leq \sum_{\ell=1}^{\infty}\left(I(h_\ell) + \frac{\varepsilon}{2^\ell}\right) = \lim_{k\to\infty} I(f_k) + \varepsilon.$$

Da ε beliebig klein gewählt werden kann, folgt daraus $(*)$ und damit der Satz von Beppo Levi.

Ein entsprechender Zusammenhang gilt für monoton fallende Folgen (f_k), deren Integralfolge nach unten beschränkt ist. Durch Übergang zur Folge $(-f_k)$ führt man das auf die im Satz formulierten Voraussetzungen zurück.   ♦

Frage 908

Was besagt der **Lebesgue'sche Grenzwertsatz (Satz von der majorisierten Konvergenz)**?

▶ **Antwort** Der Satz lautet (in einer Formulierung, die zunächst noch keine Ausnahme-Nullmengen zulässt):

Sei $(f_k) \subset \mathcal{L}^1(\mathbb{R}_n)$ eine Folge Lebesgue-integrierbarer Funktionen, die punktweise gegen eine Funktion $f : \mathbb{R}^n \to \mathbb{R}$ konvergiert. Gibt es dann eine Funktion $F : \mathbb{R}^n \to \overline{\mathbb{R}}$ mit $I^*(F) < \infty$, sodass

$$|f_k| \leq F \quad \text{für alle } k \in \mathbb{N}$$

gilt, dann ist auch f integrierbar, und es gilt

$$\boxed{I(f) = \lim_{k \to \infty} I(f_k).}$$

Anmerkung und Zusatz: Aufgrund des *Modifikationssatzes*, der in Frage 926 gezeigt wird, genügt es, die Konvergenz nur *fast überall* zu fordern, was die Voraussetzungen für die Gültigkeit des Satzes abschwächt.

Man kann den Lebesgue'schen Grenzwertsatz auf den Satz von Beppo Levi zurückführen, indem man die Folge der Funktionen $(\underline{g}_k)$ und $(\overline{g}_k)$ mit

$$\underline{g}_k(x) = \mathrm{Inf}\{f_\ell(x) \; ; \; \ell \geq k\}, \qquad \overline{g}_k(x) = \mathrm{Sup}\{f_\ell(x) \; ; \; \ell \geq k\}$$

betrachtet. Es gilt dann offensichtlich $\underline{g}_k \uparrow f$ und $\overline{g}_k \downarrow f$. Ferner lässt sich zeigen, dass die $\underline{g}_k$ und $\overline{g}_k$ integrierbar sind (s. [8]). Aus der Ungleichungskette

$$-F \leq \underline{g}_k \leq f_k \leq \overline{g}_k \leq F$$

folgt dann

$$-I^*(F) \leq I(\underline{g}_k) \leq I(f_k) \leq I(\overline{g}_k) \leq I^*(F).$$

Insbesondere sind die Folgen der Integrale $I(\underline{g}_k)$ und $I(\overline{g}_k)$ beschränkt. Nach dem Satz von Beppo Levi ist f damit integrierbar und es gilt

$$\lim_{k \to \infty} I(\underline{g}_k) = \lim_{k \to \infty} I(f_k) = \lim_{k \to \infty} I(\overline{g}_k) = I(f).$$ ♦

Frage 909

Wann heißt eine Teilmenge $A \subset \mathbb{R}^n$ **endlich messbar** und wie ist ihr Volumen definiert?

▶ **Antwort** Eine Teilmenge $A \subset \mathbb{R}^n$ heißt *endlich messbar* genau dann, wenn ihre charakteristische Funktion Lebesgue-integrierbar ist. ◆

Frage 910

Wann heißt eine Funktion $f : X \to \overline{\mathbb{R}}$ mit $X \subset \mathbb{R}^n$ **integrierbar**?

▶ **Antwort** Eine Funktion $f : X \to \overline{\mathbb{R}}$ heißt *integrierbar* genau dann, wenn die triviale Fortsetzung $\widetilde{f}$ Lebesgue-integrierbar ist. In diesem Fall schreibt man auch $\int_X f(x)\,dx$ für $\int_{\mathbb{R}^n} \widetilde{f}(x)\,dx$. ◆

Frage 911

Warum ist jede stetige beschränkte Funktion $f : D \to \mathbb{R}$ ($D \subset \mathbb{R}^n$ offen und beschränkt) integrierbar?

▶ **Antwort** Die triviale Fortsetzung $\widetilde{f}$ gehört nach Frage 888 (a) unter diesen Voraussetzungen zu $\mathcal{H}^{\uparrow}$. Wegen der Beschränktheit ist $\widetilde{f}$ integrierbar. ◆

Frage 912

Ist $K \subset \mathbb{R}^n$ kompakt, warum ist dann jede stetige Funktion über K integrierbar?

▶ **Antwort** Die Funktion liegt in diesem Fall in $\mathcal{H}^{\downarrow}$ (vgl. Frage 888 (b)). ◆

Frage 913

Warum ist jede beschränkte offene Menge des $\mathbb{R}^n$ endlich messbar? Warum ist jede kompakte Teilmenge des $\mathbb{R}^n$ endlich messbar?

▶ **Antwort** Nach den vorhergehenden beiden Fragen gehören die charakteristischen Funktionen zu $\mathcal{H}^{\uparrow}$ bzw. $\mathcal{H}^{\downarrow}$ und sind daher integrierbar, da das Oberintegral (im ersten Fall) bzw. das Unterintegral (im zweiten Fall) in $\mathbb{R}$ liegen. ◆

Frage 914

Welcher Zusammenhang besteht zwischen der Integrierbarkeit einer Funktion $f : \to \mathbb{R}$ ($D \subset \mathbb{R}$ ein Intervall) im Lebesgue'schen Sinne und der Integrierbarkeit von f im Sinne des Regelintegrals?

▶ **Antwort** Es gilt der Zusammenhang:

(i) *Ist die Funktion* $f : [a,b] \to \mathbb{R}$ *integrierbar im Sinne des Regelintegrals, dann ist sie auch Lebesgue-integrierbar, und die beiden Integrale stimmen überein.*

(ii) *Eine Regelfunktion* f *auf einem offenen Intervall* $]a,b[$ *(die Werte* $a = -\infty$ *und* $b = \infty$ *sind zugelassen) ist genau dann Lebesgue-integrierbar, wenn das uneigentliche Regelintegral* $\int_a^b |f|\,dx$ *existiert. In diesem Fall stimmen die Werte des uneigentlichen Regelintegrals und des Lebesgue-Integrals überein:*

$$\int_{]a,b[} f(x)\,dx = \int_a^b f(x)\,dx.$$

Die erste Behauptung beweist man, indem man zunächst für Treppenfunktionen zeigt, dass sie zu $\mathcal{H}^\uparrow$ gehören, wenn man die Werte an den Unstetigkeitsstellen entsprechend festlegt und dass für Treppenfunktionen Riemann- und Lebesgue-Integral übereinstimmen. Anschließend zeigt man, dass jede Regelfunktion auf $[a,b]$ der Grenzwert einer monoton wachsenden Folge (t_k) von Treppenfunktionen mit $\|t_k - f\|_\infty \to 0$ ist. Daraus folgt dann die Übereinstimmung von Regel- und Lebesgue-Integral von f über $[a,b]$.

Für den Beweis der zweiten Behauptung schließt man an dieses Ergebnis an und benutzt eine Ausschöpfung von $]a,b[$ durch eine Folge kompakter Intervalle $[a_k,b_k]$. Die uneigentliche Regel-Integrierbarkeit von f über $]a,b[$ folgt aus der Lebesgue-Integrierbarkeit dann aus der für alle k gültigen Abschätzung

$$\int_{a_k}^{b_k} |f(x)|\,dx = \int_{a_k}^{b_k} |f(x)|\,dx \le \int_{]a,b[} |f(x)|\,dx.$$

(Man beachte, dass nach Frage 903 mit f auch $|f|$ Lebesgue-integrierbar ist).

Um die andere Richtung zu zeigen, sei f_k die triviale Fortsetzung von f auf $[a_k,b_k]$. Die Folge $(|f_k|)$ konvergiert dann monoton wachsend gegen $|f|$, und für die Integrale gilt $\int_{[a_k,b_k]} |f_k| = \int_{a_k}^{b_k} f$. Ferner ist die Folge der Integrale beschränkt. Die Behauptung ergibt sich dann aus dem Satz von Beppo Levi.   ◆

Frage 915

Kennen Sie ein Beispiel einer Funktion, deren uneigentliches Regelintegral über $]a,b[$ existiert, die aber nicht Lebesgue-integrierbar ist?

▶ **Antwort** Das uneigentliche Regelintegral $\int_1^\infty \frac{\sin x}{x}\,dx$ konvergiert nach der Antwort zu Frage 547. Wenn man das dortige Argument nachvollzieht, erkennt man schnell, dass die Konvergenz wesentlich mit dem alternierenden Verhalten der Sinus-Funktion zusammenhängt, und dass das Integral nicht absolut konvergiert. Nach der Antwort zur vorigen Frage ist $\frac{\sin x}{x}$ (s. Abb. 11.10) über $]a, \infty[$ daher nicht Lebesgue-integrierbar.   ♦

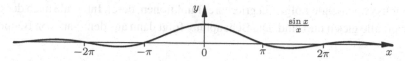

Abb. 11.10 Die Funktion $\frac{\sin x}{x}$ ist nicht Lebesgue-integrierbar

11.7   Nullmengen und fast überall geltende Eigenschaften

Frage 916

Wann heißt eine Funktion $f : \mathbb{R}^n \to \overline{\mathbb{R}}$ eine **Nullfunktion**?

▶ **Antwort** Eine Funktion $f : \mathbb{R}^n \to \overline{\mathbb{R}}$ heißt *Nullfunktion* genau dann, wenn das Oberintegral von $|f|$ gleich null ist: $I^*(|f|) = 0$.   ♦

Frage 917

Wann heißt eine Teilmenge $A \subset \mathbb{R}^n$ eine **Nullmenge**?

▶ **Antwort** Eine Teilmenge $A \subset \mathbb{R}^n$ heißt Nullmenge, wenn deren charakteristische Funktion χ_A eine Nullfunktion ist. Da das Unterintegral einer charakteristischen Funktion stets nichtnegativ und kleiner als das Oberintegral ist, ist diese Charakterisierung gleichbedeutend mit $\int \chi_A = 0$.   ♦

Frage 918

Warum ist eine Teilmenge einer Nullmenge wieder eine Nullmenge?

▶ **Antwort** Aus $B \subset A$ folgt $0 \leq \chi_B \leq \chi_A$. Gilt $I^*(\chi_A) = 0$, dann gilt also auch $I^*(\chi_B) = 0$.   ♦

Frage 919

Warum ist eine abzählbare Vereinigung von Nullmengen ebenfalls wieder eine Nullmenge?

▶ **Antwort** Für eine endliche Vereinigung folgt das aus der Linearität des Integrals, da sich die charakteristische Funktion der Vereinigung dann als endliche Summe charakteristischer Funktionen von Nullmengen schreiben lässt.

Sind $A_1, A_2, A_3, \dots$ abzählbar viele Nullmengen, dann ist

$$\chi_{A_1}, \chi_{A_1 \cup A_2}, \chi_{A_1 \cup A_2 \cup A_3}, \dots$$

eine monoton wachsende Folge integrierbarer Funktionen, deren Integrale nach der obigen Teilantwort alle gleich null sind. Die Behauptung folgt dann aus dem Satz von Beppo Levi.

◆

Frage 920
Ist $\mathbb{Q}^n$ in $\mathbb{R}^n$ eine Nullmenge?

▶ **Antwort** Für $\xi \in \mathbb{R}^n$ ist $\{\xi\}$ eine Nullmenge in $\mathbb{R}^n$. Da $\mathbb{Q}^n$ die Vereinigung abzählbar vieler derartiger Mengen ist, ist $\mathbb{Q}^n$ eine Nullmenge.   ◆

Frage 921
Wie lautet das ε-Kriterium für Nullmengen?

▶ **Antwort** Das Kriterium lautet:
Eine Menge $M \subset \mathbb{R}^n$ ist genau dann eine Nullmenge, wenn es zu jedem $\varepsilon > 0$ abzählbar viele Quader $Q_1, Q_2, Q_3, \dots$ gibt mit

$$M \subset \bigcup_{k=1}^{\infty}, \qquad \sum_{k=1}^{\infty} v(Q_n) < \varepsilon.$$

Beweis s. etwa [28].   ◆

Frage 922
Warum ist jeder affine Unterraum $A = a + U \subset \mathbb{R}^n$ der Dimension $< n$ eine Nullmenge in $\mathbb{R}^n$.

▶ **Antwort** Dies folgt für achsenparallele Unterräume direkt aus der Antwort zu Frage 891. Der allgemeine Fall lässt sich darauf mithilfe der Transformationsformel zurückführen.   ◆

Frage 923
Kennen Sie ein Beispiel einer überabzählbaren Nullmenge?

▶ **Antwort** Die Cantormenge $\mathfrak{C}$ liefert ein Beispiel. Das Bildungsprinzip ist in der unteren Grafik gezeigt. Ausgehend vom Intervall $[0, 1]$ verdoppelt man in jedem Schritt die Anzahl der Intervalle, indem man aus den bestehenden Intervallen $[a, b]$ das offene mittlere Intervall der Länge $1/3 \cdot (b - a)$ herausschneidet. Im Grenzfall erhält man die Cantormenge, s. Abb. 11.11.

Abb. 11.11 Die ersten sechs Rekursionsstufen zur Bildung der Cantormenge

Jedes der 2^n Intervalle, die man nach n Schritten erhält, lässt sich eindeutig durch ein n-Tupel $(a_1, \ldots, a_n)$ mit $a_i \in \{0, 1\}$ identifizieren (wo „0" das jeweils linke Intervall, „1" das jeweils rechte bedeuten möge). Es gibt also eine bijektive Abbildung der Cantormenge auf die Menge aller Folgen (a_n) mit $a_n \in \{0, 1\}$. Da diese überabzählbar ist, ist auch die Cantormenge überabzählbar.

Nach n Konstruktionsschritten hat man 2^n Intervalle der Länge $1/3^n$. Damit gilt

$$v(\mathfrak{C}) = \lim_{n \to \infty} \left(\frac{2}{3} \right)^n = 0 \qquad \blacklozenge$$

Frage 924

Was bedeutet die Sprechweise **„fast überall" (f. ü)**?

▶ **Antwort** Ist E eine Eigenschaft, die jeder Punkt $x \in \mathbb{R}^n$ haben kann oder nicht haben kann, dann sagt man „E gilt *fast überall*", wenn die Menge aller Punkte $x \in \mathbb{R}^n$, für die E nicht gilt, eine Nullmenge ist. $\qquad \blacklozenge$

Frage 925

Warum ist eine Funktion $f : \mathbb{R}^n \to \mathbb{R}$ genau dann eine Nullfunktion, wenn sie fast überall verschwindet?

▶ **Antwort** Man betrachte die monoton wachsende Funktionenfolge (h_k) mit

$$h_k(x) := \begin{cases} k \cdot |f(x)|, & \text{falls } |f(x)| < \infty, \\ 0, & \text{falls } |f(x)| = \infty. \end{cases} \qquad (*)$$

Sei h deren Grenzwert.

Ist f eine Nullfunktion, so folgt daraus $I^*(h_k) = I(h_k) = 0$ für alle k, und der Satz von Beppo Levi liefert $I(h) = 0$. Aus $f(x) = 0$ folgt $h(x) = 0$, und aus $f(x) \neq 0$ folgt $h(x) = \infty$. Mit $A := \{x \in \mathbb{R}^n \, ; \, f(x) \neq 0\}$ gilt also $\chi_A \leq h$ und damit $I(\chi_A) = 0$. Die Menge A ist somit eine Nullmenge.

Ist umgekehrt $A := \{x \in \mathbb{R}^n \; ; \; f(x) \neq 0\}$ eine Nullmenge, dann folgt wegen $(*)$, dass h eine Nullfunktion ist. Wegen $|f| < h$ ist dann auch f eine Nullfunktion.   ◆

Frage 926

Was besagt der **Modifikationssatz**?

▶ **Antwort** Der Modifikationssatz besagt:

Ist $f : \mathbb{R}^n \to \overline{\mathbb{R}}$ eine integrierbare Funktion und g eine Funktion, die fast überall mit f übereinstimmt, dann ist auch g integrierbar und es gilt $\int f = \int g$.

Gilt nämlich fast überall $f = g$, dann ist $f = g + h$ mit einer Nullfunktion h, und der Rest folgt dann aus der Ungleichung $(*)$ in Frage 903.

Aus dem Modifikationssatz folgt insbesondere, dass man die Werte einer integrierbaren Funktion auf einer Nullmenge willkürlich verändern darf, ohne die Integrierbarkeit der Funktion zu beeinflussen bzw. den Wert ihres Integrals zu verändern.   ◆

Frage 927

Wenn $A_1 \subset A_2 \subset A_3 \subset \ldots$ eine aufsteigende Folge endlich messbarer Teilmengen des $\mathbb{R}^n$ ist und die Folge $\big(\mathrm{vol}_n(A_k)\big)$ beschränkt ist, warum ist dann auch die Vereinigung $A := \bigcup_{k=1}^{\infty} A_k$ endlich messbar und warum gilt $\mathrm{vol}_n(A) = \lim_{k \to \infty} \mathrm{vol}_n(A_k)$?

▶ **Antwort** Man wende den Satz von Beppo Levi auf die Folge (χ_{A_k}) an.   ◆

Frage 928

Können Sie zeigen: Ist $B_1, B_n, B_3, \ldots$ eine beliebige Folge endlich messbarer Mengen derart, dass für alle ν, μ mit $\nu \neq \mu$ die Menge $B_\nu \cap B_\mu$ eine Nullmenge ist und außerdem $\sum_{k=1}^{\infty} \mathrm{vol}_n(B_k) < \infty$ gilt, dann ist $\mathrm{vol}_n\left(\bigcup_{k=1}^{\infty} B_k\right) = \sum_{k=1}^{\infty} \mathrm{vol}_n(B_k)$.

▶ **Antwort** Wegen der ersten Eigenschaft ist $\chi_{B_\nu \cup B_\mu} = \chi_{B_\nu} + \chi_{B_\mu} + h_{\nu\mu}$ mit einer Nullfunktion $h_{\nu\mu}$. Für jedes $N \in \mathbb{N}$ gilt daher

$$\mathrm{vol}_n\left(\bigcup_{n=1}^{N} B_k\right) = \sum_{k=1}^{N} \int \chi_{B_k} = \int \sum_{k=1}^{N} \chi_{B_k} = \sum_{k=1}^{N} \mathrm{vol}_n(B_k).$$

Wegen der zweiten Eigenschaft ist die Folge der Integrale $\int \sum_{k=1}^{N} \chi_{B_k}$ beschränkt und konvergiert damit nach dem Satz von Beppo Levi gegen $\sum_{k=1}^{\infty} \int \chi_{B_k} = \sum_{k=1}^{\infty} \mathrm{vol}_n(B_k)$.   ◆

Frage 929

Was besagt der Satz über die **Integration durch Ausschöpfung**?

▶ **Antwort** Der Satz besagt:

Sei $A_1 \subset A_2 \subset A_3 \subset \ldots$ eine aufsteigende Folge von Teilmengen des $\mathbb{R}^n$ und sei $A :=$ $\bigcup_{k=1}^{\infty} A_k$ (die Folge (A_k) nennt man in diesem Fall eine Ausschöpfungsfolge von A). Sei ferner $f : A \to \mathbb{R}$ eine Funktion mit der Eigenschaft, die für alle k über A_k integrierbar ist. Dann ist f über A integrierbar genau dann, wenn die Folge $\int_{A_k} |f|$ beschränkt ist. In diesem Fall gilt $\int_A f = \lim\limits_{k \to \infty} \int_{A_k} f$.

Der Satz folgt wiederum aus dem Satz von Beppo Levi. Man betrachte

$$f_k(x) := \begin{cases} f(x) & \text{für } x \in A_k, \\ 0 & \text{für } x \in \mathbb{R}^n \setminus A_k. \end{cases}$$

Dann gilt $f(x) = \lim f_k(x)$ für alle $x \in \mathbb{R}^n$. Insbesondere ist $|f_k|$ eine monoton wachsende Folge integrierbarer Funktionen mit beschränkter Integralfolge. Aus dem Satz von Beppo Levi folgt $\lim\limits_{k \to \infty} \int |f_k| = \int |f|$ und daraus die Behauptung. ◆

Frage 930

Was besagt der **Satz über rotationssymmetrische Funktionen**?

▶ **Antwort** Der Satz lautet:

Ist $f : \mathbb{R}_+ \to \overline{\mathbb{R}}$ eine über $]a, b[$ integrierbare Funktion, dann ist die durch Funktion $g(x) := f(\|x\|_2)$ definiert Funktion $g : \mathbb{R}^n \to \overline{\mathbb{R}}$ genau dann über die Kugelschale $K_{a,b} := \{x \in \mathbb{R}^n \; ; \; a < \|x\|_2 < b\}$ integrierbar, wenn $|f(r)|r^{n-1}$ über das Intervall $]a, b[$ integrierbar ist, und in diesem Fall gilt

$$\int\limits_{K_{a,b}} g(x)\, d^n x = \int\limits_{K_{a,b}} f(\|x\|_2)\, d^n x = n\kappa_n \int\limits_a^b f(r) r^{n-1}\, dr.$$

wobei κ_n das Volumen der n-dimensionalen Einheitskugel $K_1(0)$ ist.

Dieser Satz über rotationssymmetrische Funktionen wird in der Antwort zu Frage 980 mithilfe der Transformationsformel bewiesen. Für einen Beweis, der nur Konzepte aus dem gegenwärtigen Kontext benutzt s. [28] ◆

Frage 931

Ist α eine reelle Zahl mit $\alpha > n$ und ist $M := \{x \in \mathbb{R}^n \; ; \; \|x\|_2 \geq r\}$ mit $r > 0$, warum ist dann die Funktion $M \to \mathbb{R}$ mit $x \mapsto \|x\|_2^{-\alpha}$ über M integrierbar und warum gilt

$$\int\limits_M \frac{1}{\|x\|_2^\alpha} \, \mathrm{d}^n x = \frac{n\kappa_n}{\alpha - n} \cdot \frac{1}{r^{\alpha-n}}.$$

▶ **Antwort** Da die Funktion $r \mapsto r^{n-1-\alpha}$ unter den gegebenen Voraussetzungen über $[r, \infty[$ integrierbar ist, liefert der Satz über rotationssymmetrische Funktionen

$$\int\limits_M \frac{1}{\|x\|_2^\alpha} \, \mathrm{d}^n x = n\kappa_n \int\limits_r^\infty \frac{1}{r^\alpha} r^{n-1} \, \mathrm{d}r = \frac{n\kappa_n}{\alpha - n} \cdot \frac{1}{r^{\alpha-n}}. \qquad \blacklozenge$$

Frage 932

Was versteht man unter einer **σ-kompakten Teilmenge** im $\mathbb{R}^n$. Kennen Sie Beispiele?

▶ **Antwort** Eine Menge $A \subset \mathbb{R}^n$ heißt *σ-kompakt*, wenn sie eine Vereinigung abzählbar vieler kompakter Mengen ist. Beispiele σ-kompakter Mengen sind alle offenen Mengen und alle abgeschlossenen Mengen sowie die Vereinigung endlich vieler σ-kompakter Mengen. $\qquad \blacklozenge$

Frage 933

Wann heißt eine Funktion auf einer σ-kompakten Teilmenge $A \subset \mathbb{R}^n$ **lokal integrierbar**?

▶ **Antwort** Eine Funktion $f : A \to \overline{\mathbb{R}}$ heißt *lokal integrierbar*, wenn sie über jede kompakte Teilmenge $K \subset A$ integrierbar ist. $\qquad \blacklozenge$

Frage 934

Was besagt das **Majorantenkriterium** für eine Funktion auf einer σ-kompakten Teilmenge $A \subset \mathbb{R}^n$?

▶ **Antwort** Das Kriterium besagt: *Ist f eine lokal integrierbare Funktion auf der σ-kompakten Teilmenge A und existiert eine integrierbare Funktion $F : A \to \mathbb{R}^n$ mit $|f| \leq F$, dann ist f über A integrierbar.*

Es gibt in diesem Fall eine Ausschöpfung (A_k) von A durch kompakte Mengen. Das Kriterium folgt dann durch Anwendung des Lebesgue'schen Grenzwertsatzes auf die Folge der Funktionen f_{A_k}. $\qquad \blacklozenge$

Frage 935

Was besagt der **Satz von Fubini**?

▶ **Antwort** Der Satz von Fubini besagt:

Ist $f : \mathbb{R}^k \times \mathbb{R}^m \to \overline{\mathbb{R}}$ eine Lebesgue-integrierbare Funktion. Dann gibt es eine Nullmenge $N \subset \mathbb{R}^m$, so dass für jedes feste $y \in \mathbb{R}^m \setminus N$ die Funktion

$$\mathbb{R}^k \to \overline{\mathbb{R}}; \qquad x \mapsto f(x, y)$$

über $\mathbb{R}^k$ integrierbar ist. Definiert man für $y \in \mathbb{R}^m \setminus N$

$$F(y) := \int_{\mathbb{R}^k} f(x, y) \, \mathrm{d}^k x$$

und definiert $F(y)$ beliebig für $y \in N$, so ist die Funktion $F : \mathbb{R}^m \to \overline{\mathbb{R}}$ integrierbar, und es gilt

$$\int_{\mathbb{R}^{k+m}} f(x, y) \, \mathrm{d}(x, y) = \int_{\mathbb{R}^m} F(y) \, \mathrm{d}^m y,$$

oder prägnanter

$$\int_{\mathbb{R}^{k+m}} f(x, y) \, \mathrm{d}(x, y) = \int_{\mathbb{R}^m} \left(\int_{\mathbb{R}^k} f(x, y) \, \mathrm{d}^k x \right) \mathrm{d}^m y,$$

Der Satz von Fubini wurde im Spezialfall $f \in \mathcal{H}^\uparrow$ bereits in Frage 890 bewiesen. Man kann an dieses Zwischenergebnis anknüpfen, um den allgemeinen Fall zu beweisen, indem man den Satz Schritt für Schritt gemäß der Konstruktion des Lebesgue-Integrals auf eine größere Klasse von Funktionen und schließlich auf die Lebesgue-integrierbaren Funktionen ausdehnt. ◆

Frage 936

Was besagt der **Satz von Tonelli**?

▶ **Antwort** Der Satz von Tonelli liefert ein Kriterium für die Integrierbarkeit einer Funktion über einen Produktraum $\mathbb{R}^n \times \mathbb{R}^m = \mathbb{R}^{n+m}$ durch Rückführung auf das Mehrfachintegral über die Faktoren. Der Satz lautet

Eine lokal integrierbare Funktion $f : \mathbb{R}^{n+m} \to \mathbb{R}$ ist genau dann über $\mathbb{R}^{n+m}$ integrierbar, wenn wenigstens eines der beiden Integrale

$$\int\limits_{\mathbb{R}^n} \left(\int\limits_{\mathbb{R}^m} |f(x,y)|\,dy \right) dx \quad oder \quad \int\limits_{\mathbb{R}^n} \left(\int\limits_{\mathbb{R}^m} |f(x,y)|\,dx \right) dy$$

existiert.

Die Notwendigkeit der Bedingung folgt sofort mit dem Satz von Fubini. Für den Beweis der anderen Richtung konstruiert man wieder eine monoton wachsende Folge und wendet den Satz von Beppo-Levi an. Sei dazu $f_k := \min \left(|f|, k \cdot \chi_{W_k} \right)$, wobei $W_k := [-k,k]^n$ den abgeschlossenen Würfel mit Kantenlänge k bezeichnet. Die f_k sind dann nach der Voraussetzung alle integrierbar und konvergieren monoton wachsend gegen f. Ferner gilt mit dem Satz von Fubini

$$\int\limits_{\mathbb{R}^{n+m}} f_k(x,y)\,d(x,y) = \int\limits_{\mathbb{R}^m} \left(\int\limits_{\mathbb{R}^n} f_k(x,y)\,dx \right) dy \leq \int\limits_{\mathbb{R}^m} \left(\int\limits_{\mathbb{R}^n} |f_k(x,y)|\,dx \right) dy.$$

Unter der Voraussetzung des Satzes, dass das rechte Integral existiert, ist die Folge (f_k) also beschränkt und damit nach dem Satz von Beppo Levi f über $\mathbb{R}^{n+m}$ integrierbar. ◆

Frage 937
Was versteht man unter der **Faltung** von zwei Funktionen $f, g \in \mathcal{L}^1(\mathbb{R}^n)$?

▶ **Antwort** Betrachtet man die Funktion

$$\mathbb{R}^n \times \mathbb{R}^n \to \mathbb{R}, \qquad (x,y) \mapsto f(x)g(y-x),$$

dann ist diese über $\mathbb{R}^{2n}$ integrierbar. Nach dem Satz von Fubini existiert das Integral

$$(f * g)(y) = \int\limits_{\mathbb{R}^n} f(x)g(y-x)\,dx$$

für alle $y \in \mathbb{R}^n \setminus N$, wobei $N \subset \mathbb{R}^n$ eine geeignete Nullmenge ist. Setzt man z. B. $(f * g)(y) = 0$ für $y \in N$, dann erhält man eine integrierbare Funktion $f * g : \mathbb{R}^n$, indem man

$$\boxed{(f * g)(y) := \int\limits_{\mathbb{R}^n} f(x)g(y-x)\,dx}$$

setzt. Die Funktion $f * g$ heißt *Faltung* von f und g. Für das Integral über das Faltungsprodukt gilt

$$\int\limits_{\mathbb{R}^n} (f * g)(y)\,\mathrm{d}y = \int\limits_{\mathbb{R}^{2n}} f(x)g(y - x)\,\mathrm{d}x\,\mathrm{d}y$$

$$= \int\limits_{\mathbb{R}^n} f(x) \left(\int\limits_{\mathbb{R}^n} g(y - x)\,\mathrm{d}y \right) \mathrm{d}x = \int\limits_{\mathbb{R}^n} f(x)\,\mathrm{d}x \int\limits_{\mathbb{R}^n} g(y)\,\mathrm{d}y.$$

Es ist leicht nachzuweisen, dass das Faltungsprodukt kommutativ ist:

$$f * g = g * f, \qquad f, g \in \mathcal{L}^1(\mathbb{R}^n). \qquad \blacklozenge$$

Frage 938

Wie ist der Raum $L^1(\mathbb{R}^n)$ definiert?

▶ **Antwort** Der Raum $\mathcal{L}^1(\mathbb{R}^n)$ der Lebesgue-integrierbaren Funktionen ist bezüglich der $\mathcal{L}^1$-Halbnorm kein normierter Raum, da aus $\|f\|_{\mathcal{L}^1} = 0$ nicht $f = 0$ folgen muss, sondern nur, dass f eine Nullfunktion ist.

Aus diesem Grund bildet man den Quotientenraum

$$\boxed{L^1(\mathbb{R}^n) := \mathcal{L}^1(\mathbb{R}^n) \Big/ \mathcal{N},}$$

wobei $\mathcal{N}$ die Menge der Nullfunktionen in $\mathcal{L}^1(\mathbb{R}^n)$ ist. Die Elemente des Raums $L^1(\mathbb{R}^n)$ sind also die *Äquivalenzklassen integrierbarer Funktionen*, wobei zwei Funktionen $f, g \in \mathcal{L}^1(\mathbb{R}^n)$ genau dann äquivalent sind, wenn $f - g$ eine Nullfunktion ist.

Die $\mathcal{L}^1$-Halbnorm induziert auf $L^1(\mathbb{R}^n)$ eine Norm, bezüglich der $L^1(\mathbb{R}^n)$ ein *Banachraum* ist. Die Vollständigkeit von $L^1(\mathbb{R}^n)$ folgt dabei aus dem *Satz von Riesz-Fischer* (vgl. Frage 945 und 946). $\qquad \blacklozenge$

11.8 Der Banachraum L^1 und der Hilbertraum L^2

Analog zur Definition des Raums $\mathcal{L}^1(\mathbb{R}^n)$ der Lebesgue-integrierbaren Funktionen lassen sich für beliebiges $p \in \mathbb{R}$ mit $p \geq 1$ die Funktionenräume $\mathcal{L}^p(\mathbb{R}^n)$ definieren. Im Wesentlichen bestehen diese Räume aus den Funktionen $f : \mathbb{R}^n \to \mathbb{R}$, für die $|f|^p$ Lebesgue-integrierbar ist. Nach dem *Satz von Riesz-Fischer* sind diese Räume vollständig bezüglich der auf ihnen definierten $\mathcal{L}^p$-Halbnorm. Durch Übergang zum Quotientenraum $L^p(\mathbb{R}^n)$ erhält man aus $\mathcal{L}^p(\mathbb{R}^n)$ einen *Banachraum*.

Wir konzentrieren uns hier im Wesentlichen auf die Fälle $p = 1$ und $p = 2$.

Frage 939

Für eine Funktion $f : \mathbb{R}^n \to \overline{\mathbb{R}}$ hatten wir durch $\|f\|_{\mathcal{L}^1} = \|f\|_1 := I^*(|f|)$ eine Pseudo-Norm definiert. Wie kann man diese Pseudo-Norm verallgemeinern?

▶ **Antwort** Man definiert für $p \in \mathbb{R}$, $p \geq 1$:

$$\|f\|_{\mathcal{L}^p} = \|f\|_p := \left(I^*(|f|^p)\right)^{\frac{1}{p}} \in \mathbb{R}_+ \cup \{\infty\}.$$ ◆

Frage 940

Wie sind für $p \in \mathbb{R}$, $p \geq 1$ die Räume $\mathcal{L}^p(\mathbb{R}^n)$ definiert?

▶ **Antwort** Die Räume $\mathcal{L}^p(\mathbb{R}^n)$ sind definiert durch

$$\mathcal{L}^p(\mathbb{R}^n) := \{f : \mathbb{R}^n \to \mathbb{R} \; ; \; f \text{ lokal integrierbar}, \|f\|_{\mathcal{L}^p} < \infty\}.$$

Von besonderem Interesse ist dabei neben dem Fall $p = 1$ der Raum $\mathcal{L}^2(\mathbb{R}^n)$, der sich dadurch auszeichnet, dass man auf ihm ein (Pseudo-)Skalarprodukt definieren kann (s. Frage 948), und der damit eine besonders reichhaltige Struktur besitzt.   ◆

Frage 941

Wann konvergiert eine Folge (f_k) von Funktionen $f_k : \mathbb{R}^n \to \mathbb{R}$ f. ü. gegen eine Funktion $f : \mathbb{R}^n \to \mathbb{R}$? Wann konvergiert eine Folge (f_k) mit $f_k \in \mathcal{L}^p$ im Sinne der $\mathcal{L}^p$-Halbnorm gegen $f \in \mathcal{L}^p(\mathbb{R}^n)$.

▶ **Antwort** Eine Folge von Funktionen $f_k : \mathbb{R}^n \to \mathbb{R}$ konvergiert dann f. ü. gegen f, wenn es eine Nullmenge M gibt, so dass für alle $x \in \mathbb{R}^n \backslash M$ gilt: $\lim\limits_{k \to \infty} |f_k(x) - f(x)| = 0$, d. h. wenn (f_k) f. ü. punktweise gegen f konvergiert.

Die Funktionenfolge (f_k) konvergiert im Sinne der $\mathcal{L}^p$-Halbnorm gegen f, wenn $\lim\limits_{k \to \infty} \|f - f_k\|_p = 0$ gilt.   ◆

Frage 942

Welche Formel benutzt man um zu zeigen, dass die $\mathcal{L}^p$-Halbnorm die Dreiecksungleichung erfüllt?

▶ **Antwort** Die Dreiecksungleichung ergibt sich mit der Integralversion der Hölder'schen Ungleichung aus Frage 122.   ◆

Frage 943

Wann spricht man von **Konvergenz im absoluten Mittel**, wann von **Konvergenz im quadratischen Mittel**?

▶ **Antwort** *Konvergenz im absoluten Mittel* bedeutet „Konvergenz bezüglich der $\mathcal{L}^1$-Halbnorm", *Konvergenz im quadratischen Mittel* bedeutet „Konvergenz bezüglich der $\mathcal{L}^2$-Halbnorm". ◆

Frage 944

Was versteht man unter einer $\mathcal{L}^p$-Cauchy-Folge?

▶ **Antwort** Eine Folge (f_k) von Funktionen $f_k \in \mathcal{L}^p$ ist eine $\mathcal{L}^p$-Cauchy-Folge, wenn für alle $\varepsilon > 0$ ein $N \in \mathbb{N}$ existiert, so dass gilt

$$\|f_n - f_m\|_{\mathcal{L}^p} < \varepsilon \qquad \text{für alle } n, m > N. \qquad ◆$$

Frage 945

Wenn eine Folge (f_k) im Sinne der $\mathcal{L}^p$-Halbnorm gegen eine Funktion f konvergiert, dann ist (f_k) eine $\mathcal{L}^p$-Cauchy-Folge. Gilt hiervon auch die Umkehrung, d. h., hat jede Cauchy-Folge in $\mathcal{L}^p(\mathbb{R}^n)$ einen Grenzwert $f \in \mathcal{L}^p(\mathbb{R}^n)$?

▶ **Antwort** Die Umkehrung gilt auch. Das ist die Aussage des *Satzes von Riesz-Fischer* über die Vollständigkeit der Räume $\mathcal{L}^p$.

Die Räume $\mathcal{L}^p(\mathbb{R}^n)$ sind vollständig bezüglich der $\mathcal{L}^p$-Halbnorm. Das heißt, jede $\mathcal{L}^p$-Cauchy-Folge (f_k) von Funktionen $f_k \in \mathcal{L}^p(\mathbb{R}^n)$ besitzt einen Grenzwert in $\mathcal{L}^p(\mathbb{R}^n)$. ◆

Frage 946

Wie sind die Räume $L^p(\mathbb{R}^n)$ definiert und warum handelt es sich dabei um Banachräume?

▶ **Antwort** Die Elemente der Räume $L^p(\mathbb{R}^n)$ sind die Äquivalenzklassen $[f]$ von Funktionen $f \in \mathcal{L}^p(\mathbb{R}^n)$, wobei f und g genau dann äquivalent sind, wenn $f - g$ eine Nullfunktion bezüglich der $\mathcal{L}^p$-Halbnorm ist. Bezeichnet $\mathcal{N}_p$ die Menge der Nullfunktionen bezüglich $\|\ \|_{\mathcal{L}^p}$, dann ist also

$$\boxed{L^p(\mathbb{R}^n) := \mathcal{L}^p(\mathbb{R}^n)/\mathcal{N}_p.}$$

Für $[f] \in L^p$ wähle man einen Repräsentanten $f \in \mathcal{L}^p(\mathbb{R}^n)$ und definiere die L^p-Norm durch

$$\|[f]\|_p = \|f + \mathcal{N}_p\|_p := \|f\|_{\mathcal{L}^p}.$$

Die Definition ist offensichtlich unabhängig von der Auswahl der Repräsentanten. Ferner übertragen sich die Eigenschaften einer Halbnorm von $\|\ \|_{\mathcal{L}^p}$ auf $\|\ \|_p$. Zusätzlich erfüllt $\|\ \|_p$ aber jetzt auch

$$\|[f]\|_p = 0 \iff [f] = 0.$$

Damit ist $\|\ \|_p$ eine Norm auf $L^p(\mathbb{R}^n)$. Mit dem Satz von Riesz-Fischer folgt, dass $L^p(\mathbb{R}^n)$ ein *vollständiger* normierter Raum, also ein Banachraum ist. ◆

Frage 947

Wie definiert man für komplexwertige Funktionen $f\colon \mathbb{R}^n \to \mathbb{C}$ die Räume $\mathcal{L}^p(\mathbb{R}^n, \mathbb{C})$?

▶ **Antwort** Für eine komplexwertige Funktion $f\colon \mathbb{R}^n \to \mathbb{C}$ gilt

$$\int f = \int \operatorname{Re} f + i \int \operatorname{Im} f.$$

Daraus folgt, dass f genau dann (lokal) integrierbar ist, wenn $\operatorname{Re} f$ und $\operatorname{Im} f$ integrierbare Funktionen sind. In Analogie zum reellen Fall kann man also definieren:

$$\mathcal{L}^p(\mathbb{R}^n, \mathbb{C}) := \{f\colon \mathbb{R}^n \to \mathbb{C}\ ;\quad \operatorname{Re} f \text{ und } \operatorname{Im} f \text{ lokal integrierbar}, \|f\|_{\mathcal{L}^p} < \infty\}.\ ◆$$

Frage 948

Wie kann man auf $\mathcal{L}^2(\mathbb{R}^n, \mathbb{C})$ eine positiv-semidefinite Hermitesche Form definieren, die beim Übergang zu $L^2(\mathbb{R}^n, \mathbb{C})$ dort ein (positiv-definites) Skalarprodukt induziert, so dass $\mathcal{L}^2(\mathbb{R}^n, \mathbb{C})$ bezüglich der aus dem Skalarprodukt abgeleiteten Norm vollständig, also ein Hilbertraum ist?

▶ **Antwort** Die Abbildung $\langle\ ,\ \rangle\colon \mathcal{L}^1(\mathbb{R}^n, \mathbb{C}) \times \mathcal{L}^1(\mathbb{R}^n, \mathbb{C}) \to \mathbb{C}$ mit

$$\langle f, g \rangle := \int_{\mathbb{R}^n} f\overline{g}\,dx$$

erfüllt alle Rechenregeln einer positiv-semidefiniten Hermiteschen Form. Offensichtlich gilt $\langle f, f \rangle = \|f\|_{\mathcal{L}^2}$. Durch Übergang zu $L^2(\mathbb{R}^n)$ erhält man daraus ein positiv-definites Skalarprodukt auf $L^2(\mathbb{R}^n)$. Wegen seiner Vollständigkeit wird der Raum $L^2(\mathbb{R}^n)$ damit zu einem Hilbertraum. ◆

11.9 Parameterabhängige Integrale, Fouriertransformierte

Mithilfe des Lebesgue'schen Grenzwertsatzes erhält man starke Verallgemeinerungen der Sätze über Stetigkeit und Differenzierbarkeit parameterabhängiger Integrale aus Kap. 11.1. Wir legen folgende Notation zugrunde: Sei $X \subset \mathbb{R}^n$ und $T \subset \mathbb{R}^m$ und

$$f : X \times T \to \mathbb{C}, \qquad (x, t) \mapsto f(x, t), \qquad\qquad (*)$$

sodass für jeden fixierten Parameter x die Funktion $t \mapsto f(x, t)$ über T integrierbar ist. Die durch Integration über T entstehende Funktion sei

$$F(x) := \int_T f(x, t)\, dt.$$

Frage 949

Was besagt der **Stetigkeitssatz** für die Funktion F?

▶ **Antwort** Der Satz besagt: *Besitzt die Funktion f die Eigenschaften*

(i) *Für jedes fixierte $t \in T$ ist $x \mapsto f(x, t)$ stetig,*

(ii) *Es gibt eine auf T integrierbare Funktion $G \geq 0$ mit*

$$|f(x, t)| \leq G(t) \qquad \text{für alle } (x, t) \in \mathbb{R}^m \times T.$$

Dann ist die durch ($*$) definierte Funktion stetig.

Sei (x_k) eine Folge in $\mathbb{R}^m$ mit $x_k \to x$. Für die Stetigkeit von F in x genügt es zu zeigen, dass daraus $F(x_k) \to F(x)$ folgt. Dazu betrachte man die Folge der Funktionen $f_k : T \to \mathbb{C}$ mit $f_k(t) := f(x_k, t)$. Die Folge (f_k) konvergiert nach (i) dann punktweise gegen die Funktion $t \mapsto f(x, t)$, ferner gilt $|f_k| \leq G$ für alle $k \in \mathbb{N}$. Damit sind die Voraussetzungen des Lebesgue'schen Grenzwertsatzes für (f_k) erfüllt, und aus diesem folgt

$$\lim_{k \to \infty} F(x_k) = \lim_{k \to \infty} \int_T f_k(t)\, dt = \int_T f(x, t)\, dt = F(x). \qquad \blacklozenge$$

Frage 950

Können Sie zeigen, dass für eine integrierbare Funktion $f : \mathbb{R} \to \mathbb{C}$ die durch

$$\widehat{f}(x) := \frac{1}{\sqrt{2\pi}} \int_{\mathbb{R}} f(t) e^{-ixt}\, dt$$

definierte Funktion $\widehat{f} : \mathbb{R} \to \mathbb{C}$ stetig ist?

▶ **Antwort** Die Funktion $x \mapsto f(t)e^{ixt}$ ist für alle $t \in \mathbb{R}$ stetig. Ferner ist $|f|$ eine integrierbare Majorante des Integranden. Aus dem Stetigkeitssatz folgt damit die Stetigkeit von $\widehat{f}$. ◆

Frage 951

Was besagt der **Differenziationssatz** für F?

▶ **Antwort** Der Satz besagt:

Sei $X \subset \mathbb{R}^n$ offen und f habe die folgenden Eigenschaften

(i) *Für jedes fixierte $t \in T$ ist $x \mapsto f(x,t)$ stetig partiell differenzierbar.*

(ii) *Es gibt eine auf T integrierbare Funktion $G \geq 0$ mit*

$$\left| \frac{\partial f}{\partial x_\nu}(x,t) \right| \leq G(t) \qquad \text{für alle } (x,t) \in X \times T \text{ und } \nu = 1,\dots,n.$$

Dann ist die durch $(*)$ definierte Funktion stetig differenzierbar. Ferner ist für jedes $x \in X$ die Funktion $t \mapsto \partial_{x_\nu} f(x,t)$ integrierbar, und es gilt

$$\frac{\partial F}{\partial x_\nu}(x) = \int_T \frac{\partial f}{\partial x_\nu}(x,t)\,dt. \qquad (**)$$

Den Beweis erhält man wiederum durch eine Anwendung des Lebesgue'schen Grenzwertsatzes. Sei $x_0 \in X$. Man wähle eine Nullfolge (h_k) reeller Zahlen derart, dass für alle $k \in \mathbb{N}$ die Punkte $x_k := x_0 + h_k e_\nu$ in X liegen und betrachte die Funktionen

$$\varphi_k(t) := \frac{f(x_k,t) - f(x_0,t)}{h_k}.$$

Die φ_k sind integrierbare Funktionen, und für jedes $t \in T$ gilt $\lim \varphi_k(t) = \frac{\partial f}{\partial x_\nu}(x_0,t)$. Eine integrierbare Majorante für die φ_k erhält man aus dem Schrankensatz der Differenzialrechnung einer Veränderlichen. Fasst man f als Funktion der ν-ten Variablen auf, so gilt $|f(x_k,t) - f(x_0,t)| \leq |G(t)| \cdot h_k$, also $|\varphi_k| \leq G$.

Nach dem Lebesgue'schen Grenzwertsatz ist damit die Grenzfunktion der φ_k integrierbar, und es gilt

$$\lim_{k\to\infty} \int_T \varphi_k(t)\,dt = \int_T \frac{\partial f}{\partial x_\nu}(x_0,t)\,dt.$$

Wegen $\frac{1}{h_k}(F(x_k) - F(x_0)) = \int_T \varphi_k(t)\,dt$ existieren die partiellen Ableitungen von F und es gilt $(**)$.

Schließlich ergibt sich aus (∗∗) zusammen mit dem Stetigkeitssatz die Stetigkeit der partiellen Ableitungen $\partial_{x_\nu} F$.   ◆

Frage 952

Können Sie den Differenziationssatz anwenden, um zu zeigen, dass die durch

$$\Gamma(x) := \int_0^\infty e^{-t} t^{x-1}\, dt \qquad \text{für } x > 0$$

definierte Γ-Funktion auf $\mathbb{R}_+$ stetig und unendlich oft differenzierbar ist und dass für alle $k \in \mathbb{N}$ gilt:

$$\Gamma^{(k)}(x) = \int_0^\infty (\log t)^k \cdot t^{x-1} e^{-t}\, dt.$$

▶ **Antwort** Der Integrand ist für jedes feste t eine stetige Funktion von x. Auf jedem fixierten kompakten Intervall $[\alpha, \beta] \subset \mathbb{R}_+$ ist ferner die Funktion

$$G(t) := \begin{cases} t^{\alpha-1} & \text{für } 0 < t \leq 1 \\ M e^{-t/2} & \text{für } t > 1 \end{cases}$$

für ein geeignetes (von β abhängiges) $M \in \mathbb{R}_+$ eine Majorante des Integranden (vgl. Frage 558), die uneigentlich Riemann-integrierbar und damit nach Frage nach der Antwort zu Frage 914 auch Lebesgue-integrierbar ist. Damit sind die Voraussetzungen des Stetigkeitssatzes für die Γ-Funktion erfüllt.

Da ferner die stetige Funktion $\frac{\partial^k}{\partial x^k} t^{x-1} e^{-t} = \log^k t \cdot t^{x-1} e^{-t}$ für alle $x \in\ ]\alpha, \beta[$ und alle $k \in \mathbb{N}$ die integrierbare Majorante $|\log^k t| G(t)$ besitzt, liefert der Differenziationssatz auch den zweiten Zusammenhang.   ◆

Frage 953

Was besagt der **Holomorphiesatz** für die Funktion F?

▶ **Antwort** *Die Menge $X = U$ sei jetzt eine offene Menge in $\mathbb{C}$ und $f : U \times T \to \mathbb{C}$ habe die Eigenschaften*

(i)   *Für jedes fixierte $t \in T$ ist $z \mapsto f(z, t)$ holomorph in U.*

(ii) *Es gibt eine über T integrierbare Funktion G derart, dass*

$$|f(z, t)| \leq G(t) \qquad \text{für alle } (z, t) \in U \times T$$

Dann ist die durch $F(z) := \int_T f(z,t)\,\mathrm{d}t$ definierte Funktion $F : U \to \mathbb{C}$ holomorph, und es gilt

$$F'(z) = \int_T \frac{\partial}{\partial z} f(z,t)\,\mathrm{d}t.$$

Man beweist den Satz, indem man zeigt, dass die Funktion F die Cauchy-Riemann'schen Differenzialgleichungen $\partial_1 F = -\mathrm{i}\partial_2 F$ erfüllt, wobei man an einer Stelle ausnutzt, dass für eine in U holomorphe Funktion in jeder abgeschlossenen Kreisscheibe $\overline{K}_r(a) \subset U$ die Abschätzung

$$\left| f'(z) \right|_{\overline{K}_r(a)} \leq \frac{1}{r} \| f \|_{\overline{K}_r(a)}$$

gilt, die sich aus der Cauchy'schen Integralformel für die Ableitung ergibt (vgl. [10]). ◆

Frage 954

Können Sie mithilfe des Differenziationssatzes folgendes Integral berechnen:

$$\widehat{f}(x) = \frac{1}{\sqrt{2\pi}} \int_{\mathbb{R}} e^{-t^2/2} e^{-\mathrm{i}xt}\,\mathrm{d}t.$$

▶ **Antwort** Der Integrand wird durch die integrierbare Funktion $e^{-t^2/2}$ majorisiert, Differenziation unter dem Integralzeichen ist also erlaubt. Mit partieller Integration erhält man

$$\widehat{f}'(x) = \frac{-\mathrm{i}}{\sqrt{2\pi}} \int_{\mathbb{R}} t\, e^{-t^2/2} e^{-\mathrm{i}xt}\,\mathrm{d}t = \frac{-x}{\sqrt{2\pi}} \int_{\mathbb{R}} e^{-t^2/2} e^{-\mathrm{i}xt}\,\mathrm{d}t = -x\widehat{f}(x).$$

Daraus folgt $\frac{\mathrm{d}}{\mathrm{d}x}(\widehat{f}(x) \cdot e^{x^2/2}) = (-x\widehat{f}(x) + x\widehat{f}(x))e^{x^2/2} = 0$, also $\widehat{f}(x) = C \cdot e^{-x^2/2}$ mit einer Konstanten $C \in \mathbb{R}$. Das Ergebnis von Frage 962 liefert $\widehat{F}(0) = 1$ und damit $C = 1$. Folglich gilt $\widehat{f}(x) = e^{-x^2/2}$. ◆

Frage 955

Wie ist allgemein die **Fouriertransformierte** einer Funktion $f \in \mathcal{L}^1(\mathbb{R}^n)$ definiert?

▶ **Antwort** Für eine Funktion $f \in \mathcal{L}^1(\mathbb{R}^n, \mathbb{C})$ ist die *Fouriertransformierte* zu f die Funktion $\widehat{f} : \mathbb{R}^n \to \mathbb{C}$ mit

$$\boxed{\widehat{f}(x) := \frac{1}{(2\pi)^{n/2}} \int_{\mathbb{R}^n} f(t) e^{-\mathrm{i}\langle x,t \rangle}\,\mathrm{d}t.}$$

Dabei ist $\langle x, t \rangle$ das Standardskalarprodukt von $x \in \mathbb{R}^n$ und $t \in \mathbb{R}^n$.

Man vergleiche diese Darstellung für den Fall $n = 1$ auch mit der Darstellung der *Fourierkoeffizienten* einer 2π-periodischen Regelfunktion aus Frage 599.   ◆

Frage 956

Wieso stimmt die durch

$$f(x) := e^{-\|x\|_2^2/2} = e^{-(x_1^2 + \cdots + x_n^2)/2}$$

definierte Funktion $f: \mathbb{R}^n \to \mathbb{R}$ mit ihrer Fouriertransformierten überein?

▶ **Antwort** Mit dem Satz von Fubini und der Antwort zu Frage 954 erhält man

$$\widehat{f}(x) = \frac{1}{(2\pi)^{n/2}} \int\limits_{\mathbb{R}^n} e^{-(x_1^2 + \cdots + x_n^2)} e^{-\mathrm{i}\langle x,t\rangle} \, dt = \frac{1}{(2\pi)^{n/2}} \int\limits_{\mathbb{R}^n} \prod_{\nu=1}^n e^{-x_\nu^2/2} e^{-\mathrm{i} x_\nu t_\nu} \, dt$$

$$= \prod_{\nu=1}^n \frac{1}{\sqrt{2\pi}} \int\limits_{\mathbb{R}} e^{-x_\nu^2/2} e^{-\mathrm{i} x_\nu t_\nu} \, dt_\nu = \prod_{\nu=1}^n e^{-x_\nu^2/2} = f(x).$$ ◆

Frage 957

Was besagt der **Fourier'sche Umkehrsatz**?

▶ **Antwort** Die Aussage des Umkehrsatzes lässt sich als kontinuierliches Analogon zu der Darstellung einer Funktion durch ihre Fourier*reihe* verstehen. Er besagt:

Ist $f \in \mathcal{L}^1(\mathbb{R}^n)$ eine Funktion, deren Fourier-Transformierte $\widehat{f}$ ebenfalls zu $\mathcal{L}^1(\mathbb{R}^n)$ gehört. Dann gilt für alle $t \in \mathbb{R}^n$ mit eventueller Ausnahme einer Nullmenge

$$\boxed{f(t) = \frac{1}{(2\pi)^{n/2}} \int\limits_{\mathbb{R}^n} \widehat{f}(x) e^{\mathrm{i}\langle x,t\rangle} \, dx.}$$

Dabei gilt die Identität in jedem Stetigkeitspunkt $t \in \mathbb{R}^n$ von f. Insbesondere gilt dort $\widehat{\widehat{f}}(t) = f(-t)$.

Ein Beweis dieses Satzes wird etwa in [28], [8] oder [31] gegeben.

Im Fall $n = 1$ kann man den Umkehrsatz durch ein Plausibilitätsargument als Grenzfall aus der Darstellung einer periodischen Funktion durch ihre Fourier*reihe* ableiten, wobei der Grenzfall der Situation entspricht, dass die Periode der Funktion *unendlich* wird, was bedeutet, dass überhaupt keine Voraussetzungen mehr an die Periodizität von f gestellt werden.

Wir betrachten für $N \in \mathbb{N}$ eine Funktion f mit der Periode $N\pi$, die wir der Einfachheit wegen als *stetig* voraussetzen. Die Funktion $g(t) := f(Nt)$ ist dann eine stetige 2π-periodische Funktion, und der Satz von Fejér liefert für diese die Darstellung

$$g(t) = \frac{1}{2\pi} \sum_{k=-\infty}^{\infty} \widehat{g}(k) e^{ikt}$$

bzw. nach der Substitution $Nt \mapsto t$

$$f(t) = \frac{1}{2\pi} \sum_{k=-\infty}^{\infty} \widehat{g}(k) e^{i\frac{k}{N}t}.$$

Die Funktion f wird in dieser Darstellung in physikalischer Hinsicht in ihre harmonischen Oberschwingungen zerlegt. Die Periodenlängen dieser Oberschwingungen durchlaufen die Zahlen $N\pi, N\pi/2, N\pi/3, \dots$. Mit wachsendem N liegt die Menge dieser Zahlen beliebig dicht in $[0, N\pi]$. Der Grenzübergang $N \to \infty$ führt damit verständlicherweise auf ein Integral über $\mathbb{R}$.

Wir wollen das auch noch rechnerisch nachvollziehen. Für den Fourierkoeffizenten von g erhält man nach Frage 598

$$\widehat{g}(k) = \frac{1}{2\pi} \int_{-\pi}^{\pi} f(Nu) e^{-iku} \, \mathrm{d}u = \frac{1}{2\pi N} \int_{-N\pi}^{N\pi} f(u) e^{i\frac{k}{N}u} \, \mathrm{d}u.$$

Die Fourierreihe von $g(t) = f(Nt)$ lautet also

$$f(Nt) = \frac{1}{2\pi N} \sum_{k=-\infty}^{\infty} \left(\int_{-N\pi}^{N\pi} f(t) e^{-i\frac{k}{N}u} \, \mathrm{d}u \right) e^{ikt}.$$

bzw. nach der Substitution $Nt \mapsto t$

$$f(t) = \frac{1}{2\pi} \sum_{k=-\infty}^{\infty} \left(\int_{N\pi}^{N\pi} f(u) e^{-i\frac{k}{N}u} \, \mathrm{d}u \right) e^{i\frac{k}{N}t} \cdot \frac{1}{N}.$$

Für $N \to \infty$ liegen die Zahlen $\frac{k}{N}$ dicht in $\mathbb{R}$. Ferner wird jeder Summand der Reihe mit dem Faktor $\frac{1}{N}$ gewichtet. Es liegt also nahe, für den Grenzfall die Variable $\frac{k}{N}$ durch die reelle Variable x zu ersetzen, sowie $\frac{1}{N}$ durch $\mathrm{d}x$ und die Summe durch ein Integral. Das führt auf

$$f(t) = \frac{1}{2\pi} \int_{\mathbb{R}} \left(\int_{\mathbb{R}} f(u) e^{-ixu} \, \mathrm{d}u \right) e^{ixt} \, \mathrm{d}x,$$

und das ist gerade die Fourier'sche Umkehrformel im Fall $n = 1$, die auf diese Weise plausibel gemacht werden kann.   ◆

11.10 Die Transformationsformel für Lebesgue-integrierbare Funktionen

Frage 958

Was besagt die **Transformationsformel** für das n-dimensionale Lebesgue-Integral?

▶ **Antwort** Die Transformationsformel für das n-dimensionale Lebesgue-Integral ist eine starke Verallgemeinerung der Substitutionsregel für das eindimensionale Integral. Der Beweis erfordert jedoch erheblich mehr Aufwand. Die Transformationsformel besagt:

Sind $U, V \subset \mathbb{R}^n$ nicht leere offene Mengen und ist $\varphi \colon U \to V$ ein $\mathcal{C}^1$-Diffeomorphismus. Dann ist eine Funktion $f \colon V \to \mathbb{R}$ genau dann integrierbar, wenn die Funktion $(f \circ \varphi) \det \mathcal{J}(\varphi; \cdot)$ über U integrierbar ist. Ferner gilt dann

$$\int_U f\big(\varphi(x)\big) \big| \det \mathcal{J}(\varphi; x) \big| \, dx = \int_V f(y) \, dy.$$

Die Transformationsformel ist insofern geometrisch plausibel, als der Faktor $\big| \det \mathcal{J}(\varphi; x) \big|$ ein Maß dafür ist, wie das Volumen einer „infinitesimalen Umgebung" von x unter der Abbildung φ verzerrt wird. ◆

Frage 959

Haben Sie eine Idee, wie man die Transformationsformel beweisen könnte?

▶ **Antwort** Man kann die Transformationsformel gemäß der Einführung des Lebesgue-Integrals in mehreren Schritten beweisen.

Zunächst beweist man sie für stetige Funktionen mit kompaktem Träger und für die speziellen Diffeomorphismen

$$\varphi \colon \mathbb{R}^n \to \mathbb{R}^n; \qquad x \mapsto Ax + b \quad \text{mit } A \in \mathrm{GL}(n, \mathbb{R}).$$

Diesen Beweisschritt haben wir in der Antwort zu Frage 889 ausgearbeitet.

Für einen beliebigen Diffeomorphismus führt man die Transformationsformel durch lineare Approximation dann auf den linearen Fall zurück. Dabei spielen spezielle Würfelüberdeckungen eine wichtige Rolle.

In einem nächsten Schritt zeigt man, dass sich die Gültigkeit der Transformationsformel auf die nichtnegativen halbstetigen Funktionen überträgt. Damit gilt sie dann auch für das Ober- und Unterintegral einer beliebigen Funktion und damit schließlich allgemein für die Lebesgue-integrierbaren Funktionen.

Entscheidend bei dem Beweis ist unter anderem die Tatsache, dass ein Diffeomorphismus Nullmengen stets in Nullmengen überführt. ◆

Frage 960

Wie lautet die Transformationsformel für ebene bzw. räumliche Polarkoordinaten?

▶ **Antwort** (a) Für ebene Polarkoordinaten ergibt sich die folgende Formulierung: Ist $p \colon \mathbb{R}_+^* \times] - \pi, \pi[$ definiert durch

$$(r, \varphi) \mapsto (r \cos \varphi, r \sin \varphi) = (x, y),$$

dann ist eine Funktion $f \colon \mathbb{R}^2 \to \mathbb{R}$ genau dann integrierbar, wenn die Funktion

$$\mathbb{R}_+^* \times] - \pi, \pi[\to \mathbb{R}; \qquad (r, \varphi) \mapsto r f\big(p(r, \varphi)\big)$$

integrierbar ist, und es gilt dann

$$\int\limits_{\mathbb{R}^2} f(x, y)\, \mathrm{d}x\, \mathrm{d}y = \int\limits_{-\pi}^{\pi} \int\limits_{0}^{\infty} f(r \cos \varphi, r \sin \varphi) r\, \mathrm{d}r\, \mathrm{d}\varphi.$$

(b) Im dreidimensionalen Fall lautet eine Polarkoordinatenabbildung (vgl. Abb. 11.12)

$$p \colon \mathbb{R}_+^* \times] - \pi, \pi[\times] - \tfrac{\pi}{2}, \tfrac{\pi}{2}[\to \mathbb{R}^3$$
$$(r, \varphi, \psi) \mapsto (r \cos \varphi \cos \psi, r \sin \varphi \cos \psi, r \sin \psi) = (x, y, z).$$

Abb. 11.12 Zum Verständnis
der Polarkoordinatenabbildung

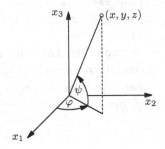

Mit der Transformationsformel ergibt sich, dass eine Funktion $f \colon \mathbb{R}^3 \to \mathbb{R}$ genau dann integrierbar ist, wenn die Funktion

$$\mathbb{R}_+^* \times] - \pi, \pi[\times] - \tfrac{\pi}{2}, \tfrac{\pi}{2}[\to \mathbb{R},$$
$$(r, \varphi, \psi) \mapsto f\big(p(r, \varphi, \psi)\big) r^2 \cos \psi$$

integrierbar ist, und in diesem Fall gilt:

$$\int\limits_{\mathbb{R}^3} f(x, y, z)\, \mathrm{d}x\, \mathrm{d}y\, \mathrm{d}z = \int\limits_{0}^{\infty} \int\limits_{-\pi}^{\pi} \int\limits_{-\frac{\pi}{2}}^{\frac{\pi}{2}} f\big(p(r, \varphi, \psi)\big) r^2 \cos \psi\, \mathrm{d}\varphi\, \mathrm{d}\psi\, \mathrm{d}r. \qquad \blacklozenge$$

Frage 961

Können Sie mit der letzten Formel das Volumen der Kugel $K_R(0) \subset \mathbb{R}^3$ berechnen?

► **Antwort** Man erhält

$$K_R(0) = \int\limits_0^\infty \int\limits_{-\pi}^\pi \int\limits_{-\frac{\pi}{2}}^{\frac{\pi}{2}} \chi_{K_R(0)}\big(p(r,\varphi,\psi)\big) r^2 \cos\psi \, \mathrm{d}\varphi \, \mathrm{d}\psi \, \mathrm{d}r$$

$$= \int\limits_0^R r^2 \, \mathrm{d}r \int\limits_{-\pi}^\pi \mathrm{d}\varphi \int\limits_{-\frac{\pi}{2}}^{\frac{\pi}{2}} \cos\psi \, \mathrm{d}\psi = \frac{R^3}{3} \cdot 2\pi \cdot 2 = \frac{4}{3} R^3 \pi. \qquad \blacklozenge$$

Frage 962

Können Sie das **Gauß-Integral** $I := \int_\mathbb{R} e^{-t^2} \, \mathrm{d}t$ berechnen, indem Sie es auf ein Doppelintegral zurückführen?

► **Antwort** Durch Quadrieren erhält man das Doppelintegral

$$I^2 = \left(\int\limits_\mathbb{R} e^{-x^2} \, \mathrm{d}x \right) \cdot \left(\int\limits_\mathbb{R} e^{-y^2} \, \mathrm{d}y \right) = \int\limits_\mathbb{R} \int\limits_\mathbb{R} e^{-x^2-y^2} \, \mathrm{d}x \, \mathrm{d}y,$$

das man mittels Polarkoordinaten nun sehr leicht bestimmen kann:

$$I^2 = \int\limits_{-\pi}^\pi \int\limits_0^\infty e^{-r^2} r \, \mathrm{d}r \, \mathrm{d}\varphi = \int\limits_{-\pi}^\pi \left[-\frac{e^{-r^2}}{2} \right]_0^\infty \mathrm{d}\varphi = \pi.$$

Daraus folgt

$$\boxed{\int\limits_\mathbb{R} e^{-t^2} \, \mathrm{d}t = \sqrt{\pi}.} \qquad \blacklozenge$$

Frage 963

Welche Variante der Transformationsformel ist in den Anwendungen häufig nützlich?

► **Antwort** Die Variante lässt Nullmengen als Ausnahmemengen zu. Sie besagt genauer:

Sei $U \subset \mathbb{R}^n$ offen und $\varphi : U \to \mathbb{R}^n$ stetig differenzierbar sowie $A \subset U$ eine messbare Teilmenge (eine Menge heißt messbar, wenn sie die abzählbare Vereinigung endlich messbarer Mengen ist) mit den folgenden Eigenschaften:

(i) $A \setminus A^\circ$ *ist eine Nullmenge*

(ii) *Die Einschränkung von φ auf A° induziert einen Diffeomorphismus zwischen A° und*
      $\varphi(A^\circ)$

*Unter diesen Voraussetzungen ist eine Funktion $f: \varphi(A) \to \mathbb{R}$ genau dann über $\varphi(A)$
integrierbar, wenn $(f \circ \varphi)|\det \mathcal{J}(\varphi; \cdot)|$ über A integrierbar ist, und es gilt dann*

$$\int_A (f \circ \varphi)|\det \mathcal{J}(\varphi; \cdot)|\, d^n x = \int_{\varphi(A)} f(y)\, d^n y.$$

Denn $N := A \setminus A^\circ$ ist nach Voraussetzung eine Nullmenge, daher kann man bei der Integration A durch A° ersetzen. Es ist aber auch $\varphi(N)$ eine Nullmenge, und daher kann man auch $\varphi(A)$ durch $\varphi(A^\circ)$ ersetzen. Die Behauptung folgt nun aus dem allgemeinen Transformationssatz für den durch φ induzierten Diffeomorphismus zwischen A° und $\varphi(A^\circ)$. ◆

11.11 Integration über Untermannigfaltigkeiten im $\mathbb{R}^n$

Im Folgenden sollen speziell *Flächeninhalte* und *Flächenintegrale* über Flächen im $\mathbb{R}^3$ definiert werden (klassischer Fall). Auch schon der Fall eindimensionaler Mannigfaltigkeiten (regulär parametrisierte Kurven) ist von Interesse. Allgemein betrachten wir p-dimensionale $\mathcal{C}^1$-Untermannigfaltigkeiten im $\mathbb{R}^n$ und erinnern zur Vorbereitung an den *Äquivalenzsatz für Untermannigfaltigkeiten* (s. Frage 843).

Frage 964

Wann heißt eine Teilmenge $M \subset \mathbb{R}^n$ eine **zusammenhängende eindimensionale parametrisierbare (Unter-)Mannigfaltigkeit**?

▶ **Antwort** $M \subset \mathbb{R}^n$ heißt zusammenhängende eindimensionale parametrisierbare (Unter-)Mannigfaltigkeit, wenn es eine topologische Abbildung $\alpha: \,]0, 1[\to M$ gibt, die regulär ist und für die $\dot{\alpha}(t) \neq 0$ für alle $t \in \,]0, 1[$ gilt.

Eine solche Abbildung nennt man auch *reguläre Parametrisierung* von M.   ◆

Frage 965

Wie unterscheiden sich zwei reguläre Parametrisierungen $\alpha: \,]0, 1[\to M$ und $\beta: \,]0, 1[\to M$?

▶ **Antwort** Sind α und β reguläre Parametrisierungen, dann ist

$$\tau := \beta^{-1} \circ \alpha: \,]0, 1[\to \,]0, 1[$$

ein Diffeomorphismus.   ◆

Frage 966

Wenn $M \subset \mathbb{R}^n$ eine 1-dimensionale zusammenhängende parametrisierbare Mannigfaltigkeit und $f : M \to \mathbb{R}$ eine stetige Funktion ist, und wenn das Integral

$$\int_0^1 f\big(\alpha(t)\big) \left\| \dot\alpha(t) \right\|_2 dt$$

für *eine* reguläre Parametrisierung α von M existiert, warum existiert es dann auch für jede andere reguläre Parametrisierung von M und warum haben die Integrale den gleichen Wert?

▶ **Antwort** Für eine zweite Parametrisierung β gilt nach der Antwort zur vorigen Frage $\beta = \alpha \circ \tau$ mit einem Diffeomorphismus $\tau : \,]0, 1[\,\to\,]0, 1[$. Die Integrierbarkeit folgt damit aus der Transformationsformel, ebenso die Identität der Integrale:

$$\int_0^1 f\big(\alpha(t)\big) \left\| \dot\alpha(t) \right\|_2 dt = \int_0^1 f\big(\alpha(\tau(u))\big) \left\| \dot\alpha(\tau(u)) \right\|_2 \left| \det\big(\tau'(u)\big) \right| du$$

$$= \int_0^1 f\big(\beta(u)\big) \left\| \frac{\dot\beta(u)}{\tau'(u)} \right\|_2 \left| \tau'(u) \right| du = \int_0^1 f\big(\beta(t)\big) \left\| \dot\beta(t) \right\|_2 dt. \quad \blacklozenge$$

Frage 967

Wie ist das **skalare Kurvenintegral** $\ell_f(M)$ einer Funktion $f : D \to \mathbb{R}$ mit $D \subset \mathbb{R}^n$ und $M \subset D$ über eine 1-dimensionale parametrisierbare Untermannigfaltigkeit M im $\mathbb{R}^n$ definiert?

▶ **Antwort** Das skalare Kurvenintegral von f über M ist definiert durch

$$\boxed{\ell_f(M) := \int_0^1 f\big(\alpha(t)\big) \left\| \dot\alpha(t) \right\|_2 dt,}$$

wobei α eine beliebige reguläre Parametrisierung von M ist. Nach der Antwort zur vorigen Frage hängt der Wert von $\ell_f(M)$ nicht von der Parametrisierung ab. $\blacklozenge$

Frage 968

Wie lässt sich die **Länge der Kurve** α berechnen?

▶ **Antwort** Für $f \equiv 1$ erhält man

$$\ell_1(M) = \int\limits_0^1 \|\dot{\alpha}(t)\|_2 \, dt = \int\limits_0^1 \sqrt{\langle \dot{\alpha}(t), \dot{\alpha}(t)\rangle} \, dt =: \ell(\alpha).$$

$\ell_1(M)$ kann man als eindimensionales Maß von M bezeichnen, es stimmt mit der Länge der Kurve α überein. ◆

Frage 969

Was versteht man unter einer **Immersion** von einer offenen Menge $V \subset \mathbb{R}^p$ in den $\mathbb{R}^n$ ($p < n$).

▶ **Antwort** Ist $V \subset \mathbb{R}^p$ offen und $\alpha: V \to \mathbb{R}^n$ stetig partiell differenzierbar, dann heißt α *Immersion*, falls das Differenzial $d\alpha(v)$ für alle $v \in V$ injektiv abbildet, d. h. wenn Rang $\mathcal{J}(\alpha; v) = p$ für alle $v \in V$ gilt. ◆

Frage 970

Was ist der Unterschied zwischen einer Immersion und einer **Einbettung**?

▶ **Antwort** Eine Immersion $\alpha: V \to \mathbb{R}^n$ heißt *Einbettung*, wenn α zusätzlich einen Homöomorphismus zwischen V und $\alpha(V)$ induziert. Dass eine Immersion diese Eigenschaft nicht notwendigerweise besitzt, zeigt das Beispiel der regulären Kurve in der Antwort zu Frage 843.

Für eine Einbettung $\alpha: V \to \mathbb{R}^n$ mit $V \subset \mathbb{R}^p$ ist $\alpha(V)$ stets eine p-dimensionale Mannigfaltigkeit. Das folgt aus dem Satz in Frage 845. ◆

Frage 971

Ist M eine p-dimensionale Untermannigfaltigkeit im $\mathbb{R}^n$ und (φ, U) eine Karte auf M ($U \subset M$ offen in M), warum gibt es dann stets eine Einbettung $\alpha: V \to U$?

▶ **Antwort** Nach der Definition einer Karte in Frage 842 gibt es offene Umgebungen $U', V' \subset \mathbb{R}^n$ mit $U = U' \cap M$, so dass $\varphi: U' \to V'$ ein Diffeomorphismus ist, für den gilt

$$\varphi(U) = V' \cap \mathbb{R}_0^p.$$

Sei $V \subset \mathbb{R}^p$ die Teilmenge mit $V' \cap \mathbb{R}_0^p = V \times \{0\}$. Die Abbildung

$$\alpha(u) := \varphi^{-1}(u, 0)$$

bildet V dann homöomorph auf U ab. Ferner ist α injektiv, denn die Jacobi-Matrix $\mathcal{J}(\alpha, u)$ besteht aus den ersten p Spalten der Jacobi-Matrix von φ^{-1} in u. Da φ^{-1} ein Diffeomorphismus ist, sind diese Spalten linear unabhängig. ◆

Frage 972

Wie ist der **Maßtensor**, wie die **Gram'sche Determinante** einer Einbettung $\alpha : V \to U$ definiert? Wie lässt sich die Gram'sche Determinante geometrisch interpretieren?

▶ **Antwort** Für eine Einbettung $\alpha : V \to U$ mit $V \subset \mathbb{R}^p$, V offen ist der Maßtensor von α im Punkt $v \in V$ die positiv definite symmetrische $p \times p$-Matrix

$$\mathcal{J}(\alpha; v)^T \cdot \mathcal{J}(\alpha; v).$$

Die Elemente der Matrix sind die Skalarprodukte

$$g_{ij}(v) := \langle \partial_i \alpha(v), \partial_j \alpha(v) \rangle$$

der Spaltenvektoren von $\mathcal{J}(\alpha; v)$.

Die *Gram'sche Determinante* $g^\alpha(v)$ von α im Punkt $v \in V$ ist die Determinante des Maßtensors in v:

$$\boxed{g^\alpha(v) := \det\left(\mathcal{J}(\alpha; v)^T \cdot \mathcal{J}(\alpha; v)\right).}$$

Für eine lineare Abbildung $L : \mathbb{R}^p \to \mathbb{R}^n$, die durch die Matrix A beschrieben wird, ist $\sqrt{\det A^T A}$ gerade das p-dimensionale Volumen des Bildes $L(W_p)$ des Einheitswürfels $W_p =]0, 1[^p$ unter l.

Abb. 11.13 Die Gram'sche Determinante misst die „infinitesimale Volumenverzerrung", die α in einem Punkt bewirkt

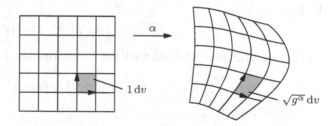

Für eine allgemeine Einbettung $\alpha : \mathbb{R}^n \to \mathbb{R}^p$ lässt sich die Gram'sche Determinante (bzw. deren Quadratwurzel) somit als Maß der „infinitesimalen Volumenverzerrung", die α in x bewirkt, interpretieren. ◆

Frage 973

Ist (φ, U) eine Karte für M und $\alpha : V \to U$ eine lokale Parametrisierung von U und $f : U \to \mathbb{R}$ eine stetige Funktion, wann heißt f über U integrierbar und wie ist das Integral von f über U erklärt?

▶ **Antwort** f heißt über U integrierbar, wenn die Funktion

$$V \to \mathbb{R}, \qquad v \mapsto f\big(\alpha(v)\big)\sqrt{g^{\alpha}(v)}$$

über V integrierbar ist. In diesem Fall definiert man

$$\int_U f \, dS := \int_U f(x) \, dS(x) := \int_V f\big(\alpha(v)\big)\sqrt{g^{\alpha}(v)} \, dv. \qquad (*)$$

Die Funktion f wird via Einbettung also auf V „heruntergeholt", was es ermöglicht, die Integration über Teilmengen einer Mannigfaltigkeit auf die Integration im $\mathbb{R}^p$ zurückzuführen, wobei die dabei auftretende Volumenverzerrung durch die Gram'sche Determinante in Rechnung gestellt wird.

$dS = \sqrt{g^{\alpha}} \, dv$ nennt man *Flächenelement*. In Frage 1038 interpretieren wir diese als Differenzialform. ◆

Frage 974

Warum ist die Definition des Integrals in $(*)$ unabhängig von der Parametrisierung α?

▶ **Antwort** Ist $\beta : V' \to U$ eine weitere lokale Parametrisierung von U, dann gilt $\alpha = \beta \circ T$ mit einem Diffeomorphismus $T : V' \to V$. Für die Maßtensoren der beiden Einbettungen liefert die Kettenregel in einem Punkt $u \in V$ und $v = T(u) \in V'$

$$\mathfrak{J}(\alpha; u)^T \cdot \mathfrak{J}(\alpha; u) = \mathfrak{J}(T; u)^T \cdot \Big(\mathfrak{J}(\beta; v)^T \cdot \mathfrak{J}(\beta; v)\Big) \cdot \mathfrak{J}(T; u).$$

Es folgt

$$\sqrt{g^{\alpha}(u)} = \big|\det T(u)\big| \cdot \sqrt{g^{\beta}(v)},$$

und daraus erhält man schließlich mit der Transformationsformel

$$\int_V f\big(\alpha(u)\big) \cdot \sqrt{g^{\alpha}(u)} \, du = \int_{V'} f\big(\beta(v)\big) \cdot \sqrt{g^{\beta}(v)} \, dv. \qquad ◆$$

Frage 975

Welche Technik verwendet man, um das Integral $\int_M f$ für eine stetige Funktion auf einer p-dimensionalen Mannigfaltigkeit zu erklären?

▶ **Antwort** Man benutzt dazu eine *Zerlegung der Eins* auf M. Darunter versteht man eine Familie stetiger Funktionen $\varepsilon_i : M \to [0,1]$, $i \in \mathbb{N}$ mit den Eigenschaften

(i) *Zu jedem $x \in M$ gibt es eine Umgebung $U(x)$ derart, dass alle bis auf endlich viele der Funktionen ε_i auf $U(x)$ verschwinden (die Zerlegung ist lokal endlich).*

(ii) *Es ist $\sum_{i=1}^{\infty} \varepsilon_i(x) = 1$ für alle $x \in M$.*

Entscheidend ist nun, dass es zu jeder offenen Überdeckung $\{U_\lambda\}_{\lambda \in \Lambda}$ von x eine *subordinierte Zerlegung der Eins* gibt, d. h., dass der Träger $\mathrm{Tr}\,\varepsilon_i$ für jedes $i \in \mathbb{N}$ in einer der Mengen U_λ enthalten ist.

Zu einem Atlas von M kann man also eine diesem Atlas untergeordnete Zerlegung der Eins $\{\varepsilon_i\}$ wählen. Die Funktion $\sum f\varepsilon_i$ stimmt dann auf M mit f überein und die Summanden $f\varepsilon_i$ verschwinden jeweils außerhalb eines Kartengebiets $U(i)$. Ist $f\varepsilon_i$ über $U(i)$ integrierbar, so kann man für diese Funktion das Integral über M einfach durch $\int_M f\varepsilon_i \, \mathrm{d}S := \int_{U(i)} f\varepsilon_i \, \mathrm{d}S$ definieren.

Sind alle Funktionen $f\varepsilon_i$ in diesem Sinne über M integrierbar und gilt zusätzlich noch $\sum_{i=1}^{\infty} \int_M |f|\varepsilon_i \, \mathrm{d}S < \infty$, dann definiert man

$$\int_M f \, \mathrm{d}S := \sum_{i=1}^{\infty} \int_M f\varepsilon_i \, \mathrm{d}S.$$

Dabei muss noch gezeigt werden, dass die Bedingungen und der Wert des Integrals nicht von der Wahl der Zerlegung der Eins abhängen.   ◆

Frage 976

Was versteht man unter dem p-dimensionalen Volumen einer Karte (φ, U) einer p-dimensionalen Mannigfaltigkeit?

▶ **Antwort** Falls die konstante Funktion 1 über U integrierbar ist, dann heißt

$$\mathrm{vol}_p(U) := \int_U 1 \cdot \mathrm{d}S = \int_V \sqrt{g^\alpha(v)} \, \mathrm{d}v$$

das p-dimensionale Volumen von U.   ◆

Frage 977

Können Sie die in der Literatur häufig anzutreffende Schreibweise

$$\mathrm{vol}_2(M) = \int_V \sqrt{EG - F^2} \, \mathrm{d}u \, \mathrm{d}v \qquad (*)$$

erläutern?

▶ **Antwort** Für eine Einbettung $\alpha : V \to U$ im Fall $V \subset \mathbb{R}^2$ und $U \subset \mathbb{R}^3$ bezeichnen die Buchstaben E, G und F die Einträge in der Maßtensor-Matrix $g_{ij}(u)$, und zwar ist $E = g_{11}$, $F = g_{12} = g_{21}$ und $G = g_{22}$. Mit diesen Bezeichnungen schreibt sich der Maßtensor von α im Punkt (u, v) dann in der Form

$$\begin{pmatrix} E(u, v) & F(u, v) \\ F(u, v) & G(u, v) \end{pmatrix}.$$

Für die Gram'sche Determinante gilt damit $\sqrt{g^\alpha(u, v)} = \sqrt{E(u, v)G(u, v) - F^2(u, v)}$. Also ist (∗) gleichbedeutend mit der Formel in Frage 976   ◆

Frage 978
Was besagt der Satz von der „**zwiebelweisen Integration**"?

▶ **Antwort** Der Satz besagt:

Ist $f : \mathbb{R}^n \to \mathbb{R}$ eine integrierbare Funktion, dann ist für alle $r \in \mathbb{R}_+$ außerhalb einer Nullmenge die Funktion f über die Sphäre $S_r := \{x \in \mathbb{R}^n \,;\, \|x\|_2 = r\}$ integrierbar, und es gilt

$$\int_{\mathbb{R}^n} f(x)\, \mathrm{d}^n x = \int_0^\infty \left(\int_{S_r} f(x)\, \mathrm{d}S \right) \mathrm{d}r = \int_0^\infty \left(\int_{S^{n-1}} f(rx)\, \mathrm{d}S \right) r^{n-1}\, \mathrm{d}r. \qquad (*)$$

Wir zeigen den Satz hier im Spezialfall $n = 3$. Der Beweis für die allgemeine Version funktioniert nach demselben Prinzip, nur dass man dafür erst Informationen über allgemeine Polarkoordinatenabbildungen $\mathbb{R}^n \to \mathbb{R}^n$ und deren Funktionaldeterminanten sammeln muss.

Sei also $f : \mathbb{R}^3 \to \mathbb{R}$ eine integrierbare Funktion. Nach Frage 960 gilt mit der dort definierten Polarkoordinatenabbildung $p : \mathbb{R}_+^* \times \,] - \pi, \pi [\, \times \,] - \frac{\pi}{2}, \frac{\pi}{2} [$ zunächst

$$\int_{\mathbb{R}^3} f(x)\, \mathrm{d}x = \int_0^\infty \int_{-\pi}^{\pi} \int_{-\frac{\pi}{2}}^{\frac{\pi}{2}} f\big(p(r, \varphi, \psi)\big) r^2 \cos \psi \, \mathrm{d}\varphi \, \mathrm{d}\psi \, \mathrm{d}r. \qquad (**)$$

Nun berechnen wir für festes $r \in \mathbb{R}$ das Oberflächenintegral $\int_{S_r} f\, \mathrm{d}S$ und betrachten dazu die Abbildung $\Phi : \,] - \pi, \pi [\, \times \,] - \frac{\pi}{2}, \frac{\pi}{2} [\, \to \mathbb{R}^3$ mit

$$(\varphi, \psi) \mapsto (r \cos \varphi \cos \psi, r \sin \varphi \cos \psi, r \sin \psi)^T$$

Abb. 11.14 Parametrisierung der Sphäre S_r mittels Polarkoordinaten

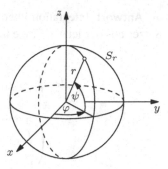

Diese ist für jedes feste $r \in \mathbb{R}$ eine zulässige Parametrisierung der geschlitzten Sphäre

$$S_r' = S_r \setminus N \quad \text{mit} \quad N := \{(x, 0, z) \; ; \; x \leq 0\}.$$

Nach dem Satz von Fubini und dem Transformationssatz ist f über S_r für jedes $r \in \mathbb{R}_+$ außerhalb einer Nullmenge integrierbar. Für den Maßtensor von Φ erhält man

$$\sqrt{g^\Phi(\varphi, \psi)} := \sqrt{\det \begin{pmatrix} r^2 \cos^2 \psi & 0 \\ 0 & r^2 \end{pmatrix}} = r^2 \cdot \cos \psi,$$

und damit

$$\int\limits_{S_r} f(x)\, \mathrm{d}S = \int\limits_{S_r'} f(x)\, \mathrm{d}S = \int\limits_{-\pi}^{\pi} \int\limits_{-\frac{\pi}{2}}^{\frac{\pi}{2}} f(\Phi(\varphi, \psi)) r^2 \cos \psi\, \mathrm{d}\varphi\, \mathrm{d}\psi.$$

Wegen $\Phi(\varphi, \psi) = p(r, \varphi, \psi)$ folgt daraus durch Vergleich mit $(**)$ die erste Gleichung in $(*)$ für den Fall $n = 3$, die zweite ergibt sich mit der Transformationsformel. ◆

Frage 979

Wie kann man den Satz anwenden, um die Formel

$$\boxed{\omega_n = n \kappa_n}$$

zu zeigen, wobei $\omega_n := \mathrm{vol}_{n-1}(S^{n-1})$ die Oberfläche und $\kappa_n := \mathrm{vol}_n(K_1(0))$ wie in Frage das Volumen Einheitskugel im $\mathbb{R}^n$ ist?

▶ **Antwort** Integration über die charakteristische Funktion $\chi_{K_0(1)}$ und Anwendung des Satzes aus der letzten Frage liefert

$$\kappa_n = \int\limits_{\mathbb{R}^n} \chi_{K_0(1)}(x)\,dx = \int\limits_0^1 \left(\int\limits_{S^{n-1}} \chi_{K_0(1)}(rx) r^{n-1}\,dS \right) dr$$

$$= \left(\int\limits_0^1 r^{n-1}\,dr \right) \cdot \left(\int\limits_{S^{n-1}} 1\,dS \right) = \frac{1}{n}\omega_n.$$

Damit weiß man jetzt speziell auch über die Oberfläche der dreidimensionalen Einheitskugel Bescheid. Deren Wert ist $\omega_3 = 4\pi$. ◆

Frage 980

Was besagt der Satz über **rotationssymmetrische Funktionen**? Wie kann man ihn mithilfe des Satzes über zwiebelweise Integration beweisen?

▶ **Antwort** Der Satz lautet: *Ist $f : \mathbb{R}_+ \to \mathbb{R}$ eine Funktion, für welche die Funktion*

$$g \colon \mathbb{R}^n \to \mathbb{R}, \qquad x \mapsto g(x) := f(\|x\|_2)$$

über $\mathbb{R}^n$ integrierbar ist, dann gilt

$$\int\limits_{\mathbb{R}} g(x)\,d^n x = \int\limits_{\mathbb{R}^n} f(\|x\|_2)\,d^n x = \omega_n \int\limits_0^\infty f(r) r^{n-1}\,dr.$$

Der Satz ergibt sich mit dem Satz über zwiebelweise Integration folgendermaßen:

$$\int\limits_{\mathbb{R}^n} f(\|x\|_2)\,d^n x = \int\limits_0^\infty \left(\int\limits_{S^{n-1}} f(r\|x\|_2)\,dS \right) r^{n-1}\,dr$$

$$= \int\limits_0^\infty \left(\int\limits_{S^{n-1}} f(r)\,dS \right) r^{n-1}\,dr = \int\limits_0^\infty r^{n-1} f(r) r^{n-1}\,dr \cdot \int\limits_{S^{n-1}} 1\,dS. \quad ◆$$

Vektorfelder, Kurvenintegrale, Integralsätze 12

Die Fragen in diesem Kapitel betreffen *Vektorfelder*, *Kurvenintegrale*, *Integration auf* $\mathcal{C}^1$-*Untermannigfaltigkeiten* und schließlich *Integralsätze*, speziell den Gauß'schen Integralsatz in seiner klassischen Form. Um den allgemeinen Stokes'schen Integralsatz mithilfe des Differentialformenkalküls formulieren zu können, ist erheblich größerer Aufwand nötig, z. B.

(i)   die Graßmann-Algebra (alternierende Multilinearformen),
(ii) Integration und Differenziation (Cartan-Ableitung) von Differenzialformen,
(iii) der Begriff der berandeten Mannigfaltigkeit,
(iv) der Begriff der *Orientierung* von Mannigfaltigkeiten.

Der Beweis des Stokes'schen Integralsatzes ist nach der Entwicklung dieses Begriffsapparates relativ einfach. Wir werden diese Themen im letzten Abschnitt anreißen, jedoch ohne die Theorie systematisch zu entwickeln und vollständige Beweise zu geben. Wir verweisen dafür (insbesondere hinsichtlich der Rückübersetzung des Cartan-Kalküls in die klassische Sprache der Vektoranalysis) auf [23].

12.1   Vektorfelder, Kurvenintegrale, Pfaff'sche Formen

Frage 981

Was versteht man unter einem **Vektorfeld** auf einem Gebiet $D \subset \mathbb{R}^n$?

▶ **Antwort** Unter einem *Vektorfeld* F auf einem Gebiet $D \subset \mathbb{R}^n$ versteht man eine Abbildung, die jedem Punkt $x \in D$ einen Vektor $F(x) \in \mathbb{R}^n$ zuordnet.

Eine Vektorfeld heißt (s-mal stetig) differenzierbar, wenn die Komponentenfunktionen die entsprechende Eigenschaft haben.

© Springer-Verlag GmbH Deutschland 2018   499
R. Busam, T. Epp, *Prüfungstrainer Analysis*, https://doi.org/10.1007/978-3-662-55020-5_12

Für $D \subset \mathbb{R}^2$ bzw. $D \subset \mathbb{R}^3$ lässt sich ein Vektorfeld F auf D visualisieren, indem man an ausgewählten Punkten $x \in D$ den Vektor $F(x)$ anträgt (genauer den Pfeil mit der Länge und der Richtung des Vektors $F(x)$.)

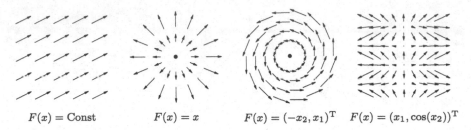

$F(x) = \text{Const}$ $\qquad$ $F(x) = x$ $\qquad$ $F(x) = (-x_2, x_1)^{\mathrm{T}}$ $\quad$ $F(x) = (x_1, \cos(x_2))^{\mathrm{T}}$

Abb. 12.1 Beispiele von Vektorfeldern

Abb. 12.1 zeigt einige Beispiele für Vektorfelder. Die zweite Abbildung zeigt ein *Zentralfeld*, die dritte ein *Rotationsfeld*. $\qquad\qquad\blacklozenge$

Frage 982

Wie ist der **Nabla-Operator** erklärt? Welcher Zusammenhang besteht mit dem Gradienten einer Funktion $f: \mathbb{R}^n \to \mathbb{R}$.

▶ **Antwort** Der Nabla-Operator ist ein *vektorwertiger Differenzialoperator*, symbolisch schreibt man $\nabla := (\partial_1, \ldots, \partial_n)^T$. Für eine partiell differenzierbare Funktion ist in einem Punkt $x \in D$ per Definition

$$\nabla f(x) = \big(\partial_1 f(x), \ldots, \partial_n f(x)\big) = \operatorname{grad} f(x).$$

Durch

$$D \to \mathbb{R}^n; \qquad x \mapsto \nabla f(x) = \operatorname{grad} f(x),$$

wird auf D ein spezielles *Vektorfeld*, das sogenannte *Gradientenfeld* definiert. $\qquad\blacklozenge$

Frage 983

Was versteht man unter der *Divergenz* eines Vektorfeldes $F = (F_1, \ldots, F_n)^T: D \to \mathbb{R}^n$?

▶ **Antwort** Die *Divergenz von F* ist ein Skalarenfeld auf D, definiert durch

$$\operatorname{div} F(x) := \frac{\partial F_1}{\partial x_1} + \cdots + \frac{\partial F_n}{\partial x_n}.$$

In der Antwort zur Frage 1014 wird die $\operatorname{div} F(x)$ physikalisch als Maß der *Quelldichte* von F im Punkt x interpretiert. $\qquad\qquad\blacklozenge$

Frage 984

Wie ist im Fall $n = 3$ die **Rotation** eines C^1-Vektorfeldes F erklärt?

▶ **Antwort** Die *Rotation von F* ist ein Vektorfeld rot $F : \mathbb{R}^3 \to \mathbb{R}^3$, definiert durch

$$\mathrm{rot}\, F := \left(\partial_2 F_3 - \partial_3 F_2,\ \partial_3 F_1 - \partial_1 F_3,\ \partial_1 F_2 - \partial_2 F_1\right)^T.$$

Die Rotation lässt sich als *Wirbeldichte* eines Vektorfelds interpretieren, anschaulich als Maß dafür, wie stark die Richtungsänderung des Felds in einem Punkt ist. Die Rotation spielt in der Formulierung des klassischen Integralsatzes von Stokes eine große Rolle. ◆

Frage 985

Wie lassen sich grad f, rot v und div v mithilfe des Nabla-Operators symbolisch ausdrücken?

▶ **Antwort** Man schreibt symbolisch

$$\mathrm{grad}\, f = \nabla f, \qquad \mathrm{rot}\, F = \nabla \times F, \qquad \mathrm{div}\, F = \nabla \cdot F.$$

Dabei ist „$\cdot$" bzw. „$\times$" in Analogie zum Skalarprodukt im $\mathbb{R}^n$ bzw. Vektorprodukt im $\mathbb{R}^3$ zu verstehen.

Man muss bei der Verwendung dieser Schreibweise allerdings etwas aufpassen. Sie suggeriert, dass sich mit ∇ wie mit einem Vektor rechnen ließe. Das ist aber aufgrund der Ableitungsregeln für Produkte und Quotienten nicht der Fall. ◆

Frage 986

Wie lautet die Definition des **Laplace-Operators**?

▶ **Antwort** Der *Laplace-Operator* Δ ist ein Differenzialoperator, für $U \subset \mathbb{R}^n$ ist durch ihn eine lineare Abbildung

$$C^2(U) \to C(U), \qquad \Delta f := \partial_1^2 f + \cdots + \partial_n^2 f$$

definiert. Man benutzt die Schreibweise

$$\Delta := \partial_1^2 + \cdots + \partial_n^2.$$

Mit dem Nabla-Operator hat man auch die Darstellung $\Delta = \nabla \cdot \nabla$. ◆

Frage 987

Was bedeutet die **Drehinvarianz** des Laplace-Operators?

▶ **Antwort** Der Laplace-Operator ist *drehinvariant* in folgendem Sinn: Ist $\{v_1, \ldots, v_n\}$ eine Orthonormalbasis, dann gilt für $f \in \mathcal{C}^2$:

$$\Delta f = \partial_{v_1}^2 f + \cdots + \partial_{v_n}^2 f.$$

Für jeden Basisvektor v_i gilt nämlich

$$\partial_{v_i}\left(\partial_{v_i} f(x)\right) = \sum_{i,j=1}^{n} \partial_{ij} f(a) v_i v_j = v_i^T H_f(x) v_i,$$

wobei $H_f(x) := H$ die Hesse-Matrix von f in x ist. Bezeichnet V die Matrix mit den Basisvektoren v_i als Spalten, so folgt daraus $\partial_{v_i} \partial_{v_i} f = e_i^T V^T H_f(x) V e_i$. Da V orthogonal ist, haben $V^T H_f(x) V$ und $H_f(x)$ dieselbe Spur. Diese ist aber nach Definition des Laplace-Operators gleich $\Delta f(x)$. Es gilt also tatsächlich

$$\partial_{v_1}^2 f + \cdots + \partial_{v_n}^2 = \mathrm{Spur}\, V^T H_f(x) V = \mathrm{Spur}\, H_f(x) = \Delta f(x). \qquad \blacklozenge$$

Frage 988

Was versteht man unter einer **harmonischen Funktion** $f : \mathbb{R}^n \to \mathbb{R}$? Kennen Sie eine wichtige Klasse von Funktionen, deren Elemente harmonische Funktionen sind?

▶ **Antwort** Eine Funktion f heißt *harmonisch*, wenn $\Delta f = 0$ gilt.

Wichtige harmonische Funktionen sind die *komplex differenzierbaren* bzw. *holomorphen Funktionen*. Das ist eine unmittelbare Folge der *Cauchy-Riemann'schen Differenzialgleichungen* (s. Frage 812). ♦

Frage 989

Wie lassen sich die **rotationssymmetrischen harmonischen Funktionen** bestimmen?

▶ **Antwort** Sei φ eine $\mathcal{C}^2$-Funktion auf einem Intervall $I \subset]0, \infty[$ und sei

$$f(x) = \varphi(\|x\|_2)$$

für $x \in K(I) := \{x \in \mathbb{R}^n \; ; \; \|x\|_2 \in I\}$. Die Funktion f heißt in diesem Fall *rotationssymmetrisch*.

Mit $r := \|x\|_2$ gilt $\partial_\nu f(x) = F'(r) \cdot \frac{x_\nu}{r}$ und damit

$$\partial_\nu^2 f(x) = \varphi''(r) \cdot \frac{x_\nu^2}{r^2} + \varphi'(r)\left(\frac{1}{r} - \frac{x_\nu^2}{r^3}\right),$$

also

$$\Delta f(x) = \varphi''(r) + \frac{n-1}{r}\varphi'(r), \qquad r = \|x\|_2.$$

Diese lineare Differenzialgleichung erster Ordnung in φ' besitzt die Lösungen $a\,r^{n-1}$ mit $a \in \mathbb{C}$. Also ist $\varphi(r) = c \log r + b$, falls $n = 2$ und $\varphi(r) = c\,r^{2-n} + b$ im Fall $n > 2$ mit $c, b \in \mathbb{C}$. Speziell sind also die in $\mathbb{R} \setminus \{0\}$ definierten Funktionen

$$h(x) := \log \|x\|_2 \quad \text{für } n = 2 \text{ und}, \qquad g(x) := 1/\|x\|_2^{2-n} \quad \text{für } n > 2$$

harmonisch, erfüllen also die Potenzialgleichung $\Delta f = 0$. ◆

Frage 990

Sei $\alpha\colon [a, b] \to D$ eine in einem Gebiet D verlaufende stetig differenzierbare Kurve. Wie ist dann für ein stetig differenzierbares Vektorfeld $F\colon D \to \mathbb{R}^n$ das **Kurvenintegral** von F längs α erklärt?

▶ **Antwort** Man definiert

$$\boxed{\int_\alpha F := \int_a^b F\big(\alpha(t)\big) \cdot \dot{\alpha}(t)\,dt = \int_a^b \langle F(\alpha(t)), \dot{\alpha}(t)\rangle\,dt.}$$

Abb. 12.2 Tangentieller Anteil des Vektorfeldes F im Bezug auf α

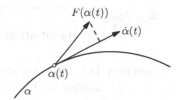

Das Integral $\int_\alpha F$ ist ein Maß für den *tangentiellen Anteil* des Vektorfeldes F im Bezug auf α im Mittel (s. Abb. 12.2). Physikalisch wird dadurch etwa die Arbeit angegeben, die ein Probekörper bei Durchlaufen der Kurve α in einem Kraftfeld F verrichtet. ◆

Welche **Permanenzeigenschaften** hat das Kurvenintegral?

▶ **Antwort** (i) Für zwei Vektorfelder F und G auf $D \subset \mathbb{R}^n$ und $a, b \in \mathbb{R}$ gilt:

$$\int_\alpha aF + bG = a \int_\alpha F + b \int_\alpha G.$$

(ii) Für jede Umparametrisierung $\beta \colon [c, d] \to \mathbb{R}^2$ von α, also jede reguläre Kurve β, die dieselbe Spur wie α beschreibt, folgt aus der Substitutionsregel für Integrale einer reellen Veränderlichen

$$\int_\beta F = \begin{cases} \int_\alpha F, & \text{falls } \beta(c) = \alpha(a) \text{ gilt,} \\ -\int_\alpha F, & \text{falls } \beta(c) = \alpha(b) \text{ gilt.} \end{cases}$$

Insbesondere ändert das Integral sein Vorzeichen, wenn der Integrationsweg in entgegengesetzter Richtung durchlaufen wird.

(iii) Ist $\alpha = \gamma_1 \oplus \gamma_2$ die Zusammensetzung zweier regulärer Kurven, dann gilt für das Kurvenintegral längs α:

$$\int_\alpha F = \int_{\gamma_1} F + \int_{\gamma_2} F.$$

(iv) Es gilt die Abschätzung

$$\int_\alpha F \leq \| F \circ \alpha \|_{[a,b]} \cdot \ell(\alpha),$$

wobei $\ell(\alpha)$ die *Kurvenlänge* angibt.   ◆

Wie lautet der **Hauptsatz über Kurvenintegrale**?

▶ **Antwort** In völliger Analogie zum Hauptsatz der Differenzial- und Integralrechnung liefert der Hauptsatz für Kurvenintegrale eine Aussage über die Beziehung zwischen Integration (längs einer Kurve) und Differenziation. Er lautet

Ist $F = \operatorname{grad} f \colon D \to \mathbb{R}^n$ ein stetiges Gradientenfeld auf dem Gebiet $D \subset \mathbb{R}^n$, dann gilt für jede stückweise reguläre Kurve α in D mit Anfangspunkt $\alpha(a)$ und Endpunkt $\alpha(b)$:

$$\boxed{\int_\alpha F = f\big(\alpha(b)\big) - f\big(\alpha(a)\big).}$$

Der Zusammenhang ergibt sich daraus, dass die Funktion $t \mapsto \operatorname{grad} f(\alpha(t)) \cdot \dot{\alpha}(t)$ nach der Kettenregel eine Stammfunktion der Funktion $t \mapsto f(\alpha(t))$ ist. Damit folgt der Hauptsatz für Kurvenintegrale aus dem Hauptsatz der Differenzial- und Integralrechnung einer Veränderlichen

$$\int_{\alpha} F = \int_a^b \operatorname{grad} f(\alpha(t)) \cdot \dot{\alpha}(t)\, dt = f(\alpha(b)) - f(\alpha(a)). \qquad \blacklozenge$$

Frage 993

Wann nennt man ein Vektorfeld **konservativ**?

▶ **Antwort** Ein Vektorfeld $F : D \to \mathbb{R}^n$ heißt *konservativ*, wenn es ein Gradientenfeld ist, d. h. wenn eine Funktion $f : D \to \mathbb{R}^n$ existiert, so dass $F = \operatorname{grad} f$ gilt. In diesem Fall heißt f *Stammfunktion* von F und $u := -f$ *Potenzial* von F. $\qquad \blacklozenge$

Frage 994

Welche notwendige Bedingung muss ein stetig differenzierbares Vektorfeld F erfüllen, damit es ein Potenzial besitzt?

▶ **Antwort** Aus $F = \operatorname{grad} f$ folgt $\partial_i F_k = \partial_i \partial_k f$ für alle $i, k \in \{1, \ldots, n\}$. Nach dem Satz von Schwarz ist die Reihenfolge der partiellen Ableitungen in $\partial_i \partial_k f$ vertauschbar, und es folgt

$$\partial_i F_k = \partial_k \partial_i f = \partial_k F_i, \qquad i, k \in 1, \ldots, n.$$

Das ist gleichbedeutend damit, dass die Jacobi-Matrix von F in jedem Punkt $x \in D$ symmetrisch ist:

$$\mathcal{J}(F; x) = \mathcal{J}(F; x)^T. \qquad \blacklozenge$$

Frage 995

Wie lässt sich die Integrabilitätsbedingung aus der vorigen Frage für ein Vektorfeld $F : \mathbb{R}^3 \to \mathbb{R}^3$ ausdrücken?

▶ **Antwort** Im Fall $n = 3$ ist die Bedingung gleichbedeutend mit $\operatorname{rot} F = 0$. $\qquad \blacklozenge$

Frage 996

Kennen Sie ein Beispiel eines Vektorfeldes, welches die Integrabilitätsbedingung erfüllt, die auf ihrem Definitionsbereich aber keine Stammfunktion besitzt?

▶ **Antwort** Sei $D = \mathbb{R}^2 \setminus \{0\}$ und $F \colon D \to \mathbb{R}^2$ definiert durch

$$F(x, y) := \frac{1}{x^2 + y^2}(-y, x).$$

Für F gilt $\partial_1 F_2 = \partial_2 F_1 = \frac{-x+y^2}{(x^2+y^2)^2}$, die Integrabilitätsbedingung ist also erfüllt.

Wir zeigen, dass F auf D keine Stammfunktion besitzt. Dazu integrieren wir F längs einer geschlossenen Kurve α, deren Spur die Einheitskreislinie im $\mathbb{R}^2$ ist. Da Anfangs- und Endpunkt von α identisch sind, müsste das Kurvenintegral $\int_\alpha F$ nach dem Hauptsatz gleich null sein, falls F in D eine Stammfunktion besitzt. Mit der Parametrisierung $\alpha(t) = (\cos t, \sin t)$ erhält man jedoch

$$\int_\alpha F(x)\,dx = F\big(\alpha(t)\big) \cdot \dot\alpha(t)\,dt = \int_0^{2\pi} \begin{pmatrix} -\sin t \\ \cos t \end{pmatrix} \cdot \begin{pmatrix} -\sin t \\ \cos t \end{pmatrix} dt = \int_0^{2\pi} 1\,dt = 2\pi.$$

F kann also auf D also keine Stammfunktion besitzen. Der Grund liegt darin, dass D kein einfach zusammenhängendes Gebiet ist (vgl. Frage 997 und 998).   ◆

Frage 997

Wenn $D \subset \mathbb{R}^n$ ein Sterngebiet ist und $F \colon D \to \mathbb{R}^n$ ein stetig differenzierbares Vektorfeld, das die Integrabilitätsbedingung erfüllt, wie kann man dann eine stetig differenzierbare Funktion $f \colon \mathbb{R}^n \to \mathbb{R}$ mit grad $f = F$ konstruieren?

▶ **Antwort** Sei x_0 das Zentrum des Sterngebiets. OBdA können wir $x_0 = 0$ annehmen und integrieren F längs des Streckenzugs α von 0 nach $x \in D$, also der Kurve $\alpha \colon [0, 1] \to D$ mit $t \mapsto xt$. Für eine eventuelle Stammfunktion f von F mit $f(0) = 0$ müsste nach Frage 992 gelten:

$$f(x) = \int_{x_0}^x F(u)\,du = \int_0^1 \sum_{i=1}^n F_i(xt)x_i\,dt$$

Wir zeigen, dass tatsächlich grad $f = F$, also $\partial_k f = F_k$ für $k = 1, \dots, n$ gilt. Differenziation unter dem Integral und die Voraussetzung $\partial_k F_i = \partial_i F_k$ ergibt zunächst

$$\partial_k f(x) = \int_0^1 \left(\sum_{i=1}^n t \cdot \partial_k F_i(xt) \cdot x_i + F_k(xt) \right) dt$$

$$= \int_0^1 \left(t \cdot \left(\sum_{i=1}^n \partial_i F_k(xt) \cdot x_i \right) + F_k(xt) \right) dt.$$

Nach der Kettenregel ist $\sum_{i=1}^{n} \partial_i F_k(xt) \cdot x_i = \frac{\mathrm{d}}{\mathrm{d}t} F_k(xt)$, also folgt zusammen mit Produktregel und dem Hauptsatz der Differenzialrechnung einer Veränderlichen

$$\partial_k f(x) = \int_0^1 \left(t \cdot \left(\frac{\mathrm{d}}{\mathrm{d}t} F_k(xt) \right) + F_k(xt) \right) \mathrm{d}t = \int_0^1 \left(\frac{\mathrm{d}}{\mathrm{d}t} t F_k(xt) \right) \mathrm{d}t = F_k(x). \quad \blacklozenge$$

Frage 998

Kennen Sie eine größere Klasse von Gebieten $D \subset \mathbb{R}^n$, für welche die Integrabilitätsbedingung *hinreichend* für die Existenz eines Potenzials ist?

▶ **Antwort** Der Satz gilt allgemein für *einfach zusammenhängende Gebiete*. Ein Gebiet $D \subset \mathbb{R}^n$ heißt *einfach zusammenhängend*, wenn jede geschlossene Kurve in D stetig auf einen Punkt in D zusammengezogen werden kann, ohne dass D verlassen wird. Speziell im Zweidimensionalen sind einfach zusammenhängende Gebiete als zusammenhängende Teilmengen dadurch ausgezeichnet, dass sie keine „Löcher" besitzen.

Aus dem vorhergehenden Satz über Sterngebiete folgt zunächst, dass jedes Vektorfeld, das auf einer beliebigen offenen Menge $D \subset \mathbb{R}^n$ die Integrabilitätsbedingung erfüllt, dort *lokal* eine Stammfunktion besitzt in dem Sinne, dass für jedes $x \in D$ eine Umgebung U_x existiert, auf der F eine Stammfunktion besitzt. Denn D enthält zu jedem Punkt $x \in D$ eine ε-Umgebung, und das ist ein Sterngebiet.

Besitzt F lokal eine Stammfunktion auf D, dann existiert eine globale Stammfunktion genau dann, wenn $\int_\alpha F = 0$ für jede in D verlaufende geschlossene Kurve α gilt. Das ist eine Konsequenz aus dem Hauptsatz für Kurvenintegrale. Diese Bedingung ist nicht für beliebige Gebiete D erfüllt, wohl aber für die einfach zusammenhängenden (Beweis s. [28]). $\quad \blacklozenge$

Frage 999

Was versteht man unter einer **Pfaff'schen Form (1-Form)** auf einer offenen Menge $D \subset \mathbb{R}^n$?

▶ **Antwort** Eine Pfaff'sche Form oder 1-Form auf einer offenen Menge $D \subset \mathbb{R}^n$ ist nach Definition eine Abbildung ω, die jedem $x \in D$ eine lineare Abbildung $\omega(x) : \mathbb{R}^n \to \mathbb{R}$ zuordnet, also eine Abbildung

$$\omega : D \to \mathrm{L}(\mathbb{R}^n, \mathbb{R}).$$

Eines der wichtigsten Beispiele einer Pfaff'schen Form ist das Differenzial $\mathrm{d}f$ einer differenzierbaren Funktion $f : \mathbb{R}^n \to \mathbb{R}$, welches jedem Punkt $x \in D$ die Linearform $\mathrm{d}f(x)$ zuordnet. $\quad \blacklozenge$

Frage 1000

Gibt es eine Bijektion zwischen 1-Formen und Vektorfeldern?

▶ **Antwort** Pfaff'sche Formen lassen sich als die zu Vektorfeldern $F : D \to \mathbb{R}^n$ *dualen Objekte* verstehen. Der Zusammenhang wird wie in der linearen Algebra durch das Skalarprodukt hergestellt. Ist F ein Vektorfeld auf D, dann ist durch

$$\omega(x)v := \langle F(x), v \rangle \qquad \text{für alle } v \in \mathbb{R}^n \tag{$*$}$$

für jeden Punkt $x \in D$ eine Linearform $\omega(x)$ definiert.

Ist umgekehrt eine 1-Form ω auf D gegeben, dann folgt mit linearer Algebra, dass durch die Gleichung $(*)$ der Vektor $F(x)$ für jedes $x \in D$ eindeutig bestimmt ist.   ◆

Frage 1001

Wie ist das **Kurvenintegral für eine 1-Form** ω erklärt?

▶ **Antwort** Aufgrund der Beziehung $(*)$ definiert man das Kurvenintegral von ω längs der Kurve $\alpha : [a, b] \to D$ durch

$$\int_\alpha \omega := \int_a^b \omega\big(\alpha(t)\big)\dot{\alpha}(t)\, dt.$$

Ist F_ω das der 1-Form ω assoziierte Vektorfeld, so gilt also $\int_\alpha \omega = \int_\alpha F_\omega$.   ◆

Frage 1002

Wie sind die 1-Formen dx_i definiert und wie lassen sich allgemeine 1-Formen durch diese ausdrücken?

▶ **Antwort** Die 1-Formen dx_i sind die Differenziale der Koordinatenfunktion $(\xi_1, \dots, \xi_n) \mapsto \xi_i$. Es handelt sich also bei dx_i um eine konstante 1-Form, für die $dx_i(\xi)v = v_i$ an jeder Stelle $\xi \in D$ und jeden Vektor $v \in \mathbb{R}^n$ gilt. Ferner gilt aufgrund der Linearität von $\omega(\xi)$

$$\omega(\xi)v = \sum_{i=1}^n \omega(\xi)e_i \cdot v_i = \sum_{i=1}^n \omega(\xi)e_i \cdot dx_i(\xi)v.$$

Durch $a(\xi) := \omega(\xi)e_i$ sind eindeutig n Funktionen $a_i : \mathbb{R}^n \to \mathbb{R}$ definiert. Mit diesen besitzt jede 1-Form eine Darstellung der Gestalt

$$\boxed{\omega = a_1\, dx_1 + \cdots + a_n\, dx_n.}$$ ◆

Frage 1003

Wie lautet die Darstellung aus der letzten Frage für den Fall, dass $\omega = \mathrm{d}f$ das Differenzial einer differenzierbaren Funktion f ist, wie lautet sie, wenn $\omega = \omega_F$ die dem Vektorfeld F zugeordnete 1-Form ist?

▶ **Antwort** Für $\omega = \mathrm{d}f$ ist $a_i(\xi) = \mathrm{d}f(\xi)e_i = \partial_i f(\xi)$, und damit besitzt $\mathrm{d}f$ die Darstellung

$$\mathrm{d}f = \partial_1 f \, \mathrm{d}x_1 + \cdots + \partial_n f \, \mathrm{d}x_n.$$

Ist ω die einem Vektorfeld $F = (F_1, \ldots, F_n)$ zugeordnete Form, so gilt $a_i(\xi) = \langle F(\xi), e_i \rangle = F_i(x)$ und damit

$$\omega_F = F_1 \, \mathrm{d}x_1 + \cdots + F_n \, \mathrm{d}x_n. \qquad \blacklozenge$$

Frage 1004

Was versteht man unter einer *Stammfunktion* einer 1-Form ω auf einer offenen Teilmenge $U \subset \mathbb{R}^n$?

▶ **Antwort** Eine *Stammfunktion* einer 1-Form $\omega = f_1 \, \mathrm{d}x_1 + \cdots + f_n \, \mathrm{d}x_n$ auf U ist eine differenzierbare Funktion $f : U \to \mathbb{R}$ mit $\omega = \mathrm{d}f$, also $f_1 = \partial_1 f, \ldots, f_n = \partial_n f$.
Eine 1-Form heißt *exakt* auf U, wenn sie auf U eine Stammfunktion besitzt. $\qquad \blacklozenge$

Frage 1005

Wie kann man die Integrabilitätsbedingung für eine 1-Form formulieren?

▶ **Antwort** Besitzt die 1-Form $\omega = f_1 \, \mathrm{d}x_1 + \cdots + f_n \, \mathrm{d}x_n$ auf U eine Stammfunktion, dann gilt $f_k = \partial_k \varphi$ für $k = 1, \ldots, n$ und einer Funktion $\varphi : U \to \mathbb{R}$. Ist ferner ω stetig differenzierbar, dann auch die Komponentenfunktionen $\partial_k \varphi$. Wegen des Satzes von Schwarz gilt dann $\partial_k \partial_j \varphi = \partial_j \partial_k \varphi$ und folglich wegen $f_k = \partial_k \varphi$

$$\boxed{\partial_j f_k - \partial_k f_j = 0, \qquad \text{für alle } j, k = 1, \ldots, n.} \qquad (*)$$

Die Integrabilitätsbedingung für 1-Formen ist also vergleichbar mit der für Vektorfelder, hat dieselbe Gestalt. $\qquad \blacklozenge$

Frage 1006

Was besagt das Poincaré'sche Lemma im Bezug auf 1-Formen?

▶ **Antwort** Das Poincaré'sche Lemma besagt:

Erfüllt eine stetig differenzierbare 1-Form ω auf einem Sterngebiet D die Integrabilitäts-bedingung (∗), dann besitzt sie auf D eine Stammfunktion.

Der Beweis geht wörtlich wie in Frage 997. Genauso treffen die Verallgemeinerungen aus Frage 998 ebenso auf 1-Formen zu.   ◆

12.2   Die Integralsätze von Gauß und Stokes

Mithilfe des Gauß'schen Integralsatzes kann man ein Volumenintegral über die Divergenz eines Vektorfeldes durch ein Oberflächenintegral ausdrücken.

Frage 1007

Wie definiert man für eine reguläre Hyperfläche $X \subset \mathbb{R}^n$ den Begriff der **Orientie-rung**?

Dabei heißt eine Teilmenge $X \subset \mathbb{R}^n$ reguläre Hyperfläche, wenn eine $(n-1)$-dimensionale $\mathcal{C}^1$-Untermannigfaltigkeit M existiert, sodass M offen und dicht in X ist und $X \setminus M$ eine Nullmenge zur Dimension $n-1$ ist.

▶ **Antwort** Den Orientierungsbegriff definiert man mithilfe eines *Einheitsnormalenfelds* auf X. Darunter versteht man ein stetiges Vektorfeld $\eta : X \to \mathbb{R}^n$ derart, dass für jedes $x \in X \cap M$ der Vektor $\eta(x)$ senkrecht auf dem Tangentialraum $T_x M$ steht und $\|x\| = 1$ gilt.

Eine reguläre Hyperfläche X heißt *orientierbar*, falls sie ein Einheitsnormalenfeld be-sitzt. Mit η ist stets auch $-\eta$ ein Einheitsnormalenfeld, die Orientierung einer Hyperfläche muss also in jedem speziellen Fall explizit angegeben werden.

Das Standardbeispiel einer nicht orientierbaren regulären Hyperfläche im $\mathbb{R}^3$ ist das *Möbius-Band*.   ◆

Frage 1008

Was versteht man unter einem **regulären Randpunkt** einer offenen Teilmenge $G \subset \mathbb{R}^n$, was unter einem **singulären Randpunkt**?

▶ **Antwort** Ein Punkt $a \in \partial G$ heißt *regulärer Randpunkt* von G, wenn eine Umgebung $U \subset \mathbb{R}^n$ von a und eine $\mathcal{C}^1$-Funktion $g : U \to \mathbb{R}$ mit $g' \neq 0$ existiert, sodass gilt: $G \cap U = \{x \in U \; ; \; g(x) < 0\}$ (s. Abb. 12.3).

Abb. 12.3 Der Punkt a ist ein
regulärer Randpunkt von G

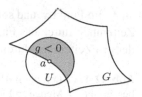

Ein Punkt aus ∂G heißt *singulärer Randpunkt*, wenn er nicht regulär ist.   ◆

Frage 1009

Wann heißt eine offene Teilmenge $G \subset \mathbb{R}^n$ **glatt berandet**, was versteht man unter
einem $\mathcal{C}^1$-**Polyeder**?

▶ **Antwort** $G \subset \mathbb{R}^n$ heißt

- *glatt berandet*, wenn jeder Randpunkt von G regulär ist,
- $\mathcal{C}^1$-*Polyeder*, wenn die Menge der singulären Randpunkte von G eine $(n-1)$-Nullmenge ist.

Es gilt, dass der glatte Rand einer Teilmenge $G \subset \mathbb{R}^n$ eine reguläre orientierbare $\mathcal{C}^1$-Hyperfläche ist.   ◆

Frage 1010

Ist (M, η) eine orientierbare reguläre Hyperfläche im $\mathbb{R}^n$ und $F : M \to \mathbb{R}^n$ ein Vektorfeld. Wann heißt dann F über M *integrierbar* und wie ist gegebenenfalls das Integral
definiert?

▶ **Antwort** F heißt über M integrierbar, wenn die Funktion $x \mapsto \langle F(x), n(x) \rangle$ über M
integrierbar ist. In diesem Fall ist das Integral von F über M definiert durch

$$\int_M F \, \vec{\mathrm{d}S} = \int_M \langle F, \eta \rangle \, \mathrm{d}S.$$

$\vec{\mathrm{d}S} = \eta \, \mathrm{d}S$ nennt man *vektorielles Flächenelement*.   ◆

Frage 1011

Wie lässt sich diese Integraldefinition physikalisch deuten?

▶ **Antwort** Man stelle sich F als Geschwindigkeitsfeld einer stationären Strömung vor.
Der Wert $\langle F(x), n(x) \rangle$ ist die Komponente des Vektors $F(x)$ in Richtung der Normalen

an M im Punkt x, und somit beschreibt $\langle F(x), \eta(x)\rangle\, \mathrm{d}S$ die Menge an Flüssigkeit, die pro Zeiteinheit durch das Flächenelement $\mathrm{d}S$ fließt, folglich $\int_M \langle F, n\rangle\, \mathrm{d}S$ die Gesamtmenge der pro Zeiteinheit durch M strömenden Flüssigkeit (s. Abb. 12.4).   ◆

Abb. 12.4 $\langle F(x), \eta(x)\rangle\, \mathrm{d}S$ beschreibt die Menge an Flüssigkeit, die pro Zeiteinheit durch das Flächenelement $\mathrm{d}S$ fließt

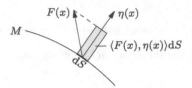

Frage 1012

Wie lautet der **Gauß'sche Integralsatz**

(a) für ein Kompaktum $A \subset \mathbb{R}^n$ mit glattem Rand,

(b) ein beschränktes $\mathcal{C}^1$-Polyeder?

▶ **Antwort** Der Fall (b) ist eine Verallgemeinerung von (a), deswegen genügt es, den Gauß'schen Integralsatz für $\mathcal{C}^1$-Polyeder zu formulieren. Der Satz lautet in diesem Fall

Sei $G \subset \mathbb{R}^n$ ein beschränktes $\mathcal{C}^1$-Polyeder und $F : D \to \mathbb{R}^n$ mit $\overline{G} \subset D$ ein stetig differenzierbares Vektorfeld. Ist dann div F *über G und F über ∂G integrierbar, dann gilt*

$$\int_G \operatorname{div} F \, \mathrm{d}x = \int_{\partial G} F \, \overrightarrow{\mathrm{d}S}.$$ ◆

Frage 1013

Können Sie den Gauß'schen Integralsatz in dem Spezialfall beweisen, dass es sich bei G um einen offenen Quader $Q = \,]a_1, b_1[\, \times \cdots \times\,]a_n, b_n[$ handelt?

▶ **Antwort** Es genügt zu zeigen, dass für alle Komponentenfunktionen F_k von F und alle Komponenten η_k des Einheitsnormalenfeldes η die Gleichung

$$\int_{\partial Q} F_k \eta_k \, \mathrm{d}S = \int_Q \partial_k F_k \, \mathrm{d}x$$

gilt. Die Formel im Gauß'schen Integralsatz folgt daraus durch Summation über k.

Nach einer eventuellen Umnummerierung der Variablen können wir $k = n$ annehmen (das vereinfacht die Notationen im Beweis). Sei $Q' \subset \mathbb{R}^{n-1}$ der $(n-1)$-dimensionale Quader mit $Q = Q' \times\,]a_n, b_n[$. Die n-te Komponente η_n des Einheitsnormalenfeldes verschwindet dann auf den Randstücken $\partial_{Q'} \times]a, b[$, $F_n \eta_n$ muss also nur über die „oberen" und „unteren" Randstücke $Q' \times \{b\}$ und $Q' \times \{a\}$ integriert werden (s. Abb. 12.5). Auf dem oberen gilt $\eta_n(x) = 1$ und auf dem unteren $\eta_n(x) = -1$. Mit der Notation $x' := (x_1, \ldots, x_{n-1})$ folgt dann

$$\int\limits_{\partial Q} F_n \eta_n \, \mathrm{d}S = \int\limits_{Q'} F_n(x', b) \, \mathrm{d}x' - \int\limits_{Q'} F_n(x', a) \, \mathrm{d}x'$$

$$= \int\limits_{Q'} \left(\int\limits_a^b \partial_n F_n(x', x_n) \, \mathrm{d}x_n \right) \mathrm{d}x' = \int\limits_{Q'} \partial_n F_n \, \mathrm{d}x.$$

Das beweist den Gauß'schen Integralsatz im Spezialfall eines offenen Quaders Q. Für einen Beweis der allgemeinen Version siehe [28]. ◆

Abb. 12.5 Zum Beweis des Gauß'schen Integralsatzes

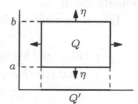

Frage 1014

Können Sie eine physikalische Interpretation des Gauß'schen Integralsatzes geben?

▶ **Antwort** Man stelle sich F als das stationäre Geschwindigkeitsfeld einer Flüssigkeit vor, die den $\mathcal{C}^1$-Polyeder G durchströmt (s. Abb. 12.6). Dann misst $F \overrightarrow{\mathrm{d}S}$ die Masse die in einer Zeiteinheit über das Flächenelement $\mathrm{d}S$ strömt. Entsprechend gibt $\int_{\partial G} F \overrightarrow{\mathrm{d}S}$ die Bilanz der Massen an, die in einer Zeiteinheit ins Innere des Polyeders bzw. aus ihm herausfließen. Diese Bilanz ist (bei einer inkompressiblen Flüssigkeit) gleich der Masse, die im Inneren von G in einer Zeiteinheit in Senken verschwindet bzw. durch Quellen zugeführt wird. Entsprechend ist $\frac{1}{\mathrm{vol}(G)} \int_{\partial G} F \overrightarrow{\mathrm{d}S}$ ein Maß für die *mittlere Quelldichte* des Vektorfeldes F in G.

Abb. 12.6 Zur physikalischen Interpretation des Gauß'schen Integralsatzes

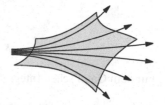

Im Grenzfall, in dem G zu einem Punkt x zusammenschrumpft, entspricht die mittlere Quelldichte von F in G gleich der Divergenz von F in in x. Dies sieht man folgendermaßen: Sei $(Q_k) \subset G$ eine Folge abgeschlossener Quader mit $\lim Q_k = x$. Der Gauß'sche Integralsatz impliziert dann

$$\min_{x \in Q_k} \text{div } F(x) \leq \frac{1}{v(Q_k)} \int_{\partial G} F \overrightarrow{\text{d}S} \leq \max_{x \in Q_k} \text{div } F(x).$$

Wegen der Stetigkeit von div F auf G muss also

$$\lim_{k \to \infty} \frac{1}{v(Q_k)} \int_{\partial G} F \overrightarrow{\text{d}S} = \text{div } x$$

gelten. Damit kann man div $F(x)$ als *Quelldichte* von F im Punkt x interpretieren. Das Volumenintegral über diese „Dichten" misst die in einem Zeitintervall in G entstehende Flüssigkeitsmasse.

Locker formuliert beinhaltet der Gauß'sche Integralsatz also eine Aussage der Art

$$\left\{ \begin{array}{l} \text{Bilanz der Mengen, die über den} \\ \text{Rand von } G \text{ ein- und ausfließen} \end{array} \right\} = \left\{ \begin{array}{l} \text{Bilanz der Mengen, die in } G \\ \text{erzeugt und vernichtet werden} \end{array} \right\} \quad \blacklozenge$$

Frage 1015

Welchen Zusammenhang zwischen dem Volumen der n-dimensionalen Einheitskugel $K_1(0)$ im $\mathbb{R}^n$ und des $(n-1)$-dimensionalen Volumens ω_n der Sphäre S^{n-1} erhält man durch Anwendung des Gauß'schen Integralsatzes auf das Vektorfeld $F \colon \mathbb{R}^n \to \mathbb{R}^n$ mit $x \mapsto x$?

▶ **Antwort** F ist auch das Einheitsnormalenfeld der Sphäre S^{n-1}. Damit gilt

$$\int_{S^{n-1}} F \overrightarrow{\text{d}S} = \int_{S^{n-1}} \langle F, F \rangle \, \text{d}S = \int_{S^{n-1}} \|x\|_2 \, \text{d}S = \int_{S^{n-1}} 1 \, \text{d}S = \omega_n.$$

Auf der anderen Seite erhält man wegen div $F = 1 + \cdots + 1 = n$

$$\int_{K_1(0)} \text{div } F \, \text{d}x = \int_{K_1(0)} n \, \text{d}x = n \kappa_n,$$

mit dem Gauß'schen Integralsatz folgt also $\omega_n = n \kappa_n$. $\blacklozenge$

Frage 1016

Wie erhält man aus dem Gauß'schen Integralsatz die **Kontinuitätsgleichung**?

▶ **Antwort** Sei $D \subset \mathbb{R}^n$ offen und $G \subset \mathbb{R}^n$ ein $\mathcal{C}^1$-Polyeder mit $\overline{G} \subset D$. Wir betrachten eine $\mathcal{C}^1$-Abbildung und eine $\mathcal{C}^1$-Funktion

$$v\colon R \times D \to \mathbb{R}^3, \qquad \varrho\colon R \times D \to \mathbb{R}.$$

Dabei können wir v etwa als das zeitabhängige Geschwindigkeitsfeld einer strömenden Flüssigkeit interpretieren und ϱ als ebenfalls zeitabhängige Funktion der Massendichte auf D.

Die Änderung des durch das Oberflächenelement $\mathrm{d}S$ fließenden Flüssigkeitsvolumens zum Zeitpunkt t wird durch $\int_{\partial G} v(t,x)\,\overrightarrow{\mathrm{d}S}$ beschrieben, die Gesamtänderung der Masse zum Zeitpunkt t also durch $\int_{\partial G} \varrho(t,x) v(t,x)\,\overrightarrow{\mathrm{d}S}$.

Wird in G keine Masse erzeugt oder vernichtet, dann ist die zeitliche Änderung der Masse auch durch $-\frac{\mathrm{d}}{\mathrm{d}t}\int_G \varrho\,\mathrm{d}V$ gegeben (das Minuszeichen kommt daher, dass das nach außen weisende Einheitsnormalenfeld zugrunde gelegt wurde). Es gilt also $\int_{\partial G} \varrho v\,\overrightarrow{\mathrm{d}S} + \int_G \frac{\partial \varrho}{\partial t}\,\mathrm{d}V = 0$ (Differenziation unter dem Integralzeichen), und mit dem Gauß'schen Integralsatz folgt daraus $\int_G \left(\operatorname{div} \varrho v + \frac{\partial \varrho}{\partial t} \right) \mathrm{d}V = 0$.

Da diese Gleichung (unter der Voraussetzung, dass die Gesamtmasse in D erhalten bleibt) für beliebige $\mathcal{C}^1$-Polyeder $G \subset D$ gilt und der Integrand stetig ist, folgt die *Kontinuitätsgleichung*

$$\boxed{\operatorname{div} \varrho v + \frac{\partial \varrho}{\partial t} = 0,}$$

◆

Frage 1017

Können Sie die den folgenden (häufig **Satz von Green** genannten) Satz aus dem Gauß'schen Integralsatz herleiten:

Ist $G \subset \mathbb{R}^2$ ein Gebiet mit stückweise glattem Rand und $U \subset \mathbb{R}^2$ eine offene Menge, die den Abschluss $\overline{D}$ enthält und $F = (f,g)\colon U \to \mathbb{R}^n$ ein stetig differenzierbares Vektorfeld. Dann ist

$$\boxed{\int_G (\partial_1 g - \partial_2 f)\,\mathrm{d}x_1\,\mathrm{d}x_2 = \int_{\partial G} f\,\mathrm{d}x_1 + g\,\mathrm{d}x_2,}$$

wobei ∂D so orientiert ist, dass das Gebiet D links vom Rand liegt.

▶ **Antwort** Sei $\Phi := (g, -f)$ das „um den Winkel $-\pi/2$ gedrehte" Vektorfeld F. Für dieses gilt $\operatorname{div} \Phi = \partial_1 g - \partial_2 f$ und

$$\langle \Phi, \eta \rangle = g\eta_1 - g\eta_2 = \langle F, \tau \rangle \quad \text{mit} \quad \tau := (-\eta_2, \eta_1).$$

Für alle $x \in \partial G$ ist also $\tau(x)$ der um den Winkel $\pi/2$ gedrehte Einheitsnormalenvektor $\eta(x)$.

Abb. 12.7 Die Menge G liegt „links" von der Kurve α

Man betrachte nun eine Kurve $\alpha: \ ]0,1[\ \to \partial G$, mit $\|\dot{\alpha}(t)\| = 1$, die ein glattes Teilstück von ∂G so durchläuft, dass G „links" von α liegt, s. Abb. 12.7. Für jedes $t \in \ ]0,1[$ gilt dann $\dot{\alpha}(t) = \tau\big(\alpha(t)\big)$ und folglich für das Kurvenintegral von F längs α

$$\int\limits_{\alpha} F = \int\limits_{0}^{1} \langle F\big(\alpha(t)\big), \tau\big(\alpha(t)\big)\rangle \, \mathrm{d}t = \int\limits_{0}^{1} \langle \Phi\big(\alpha(t)\big), \eta\big(\alpha(t)\big)\rangle \, \mathrm{d}t. \qquad (*)$$

Diese Gleichung gilt für beliebige Kurven, die die Spur von α in derselben Richtung wie α durchlaufen. Dies sind aber genau diejenigen Kurven, die so verlaufen, dass G „links" von ihnen liegt, bzw. deren Einheitstangentialvektor im Punkt $x \in \partial G$ gleich $(-\eta_2(x), \eta(x))$ ist. Ist γ eine beliege stückweise reguläre Kurve, die ∂G in diesem Sinn umrundet, dann kann man durch $\int_{\partial G} F := \int_{\gamma} F$ das Kurvenintegral längs ∂G eindeutig definieren.

Mit dieser Vereinbarung lautet $(*)$ $\int_{\partial G} F = \int_{\partial G} f \, \mathrm{d}x_1 + g \, \mathrm{d}x_2 = \int_{\partial G} \Phi \, \overrightarrow{\mathrm{d}S}$. Das hintere Integral ist gleich $\int_G \operatorname{div} \Phi \, \mathrm{d}x = \int_G (\partial_1 g - \partial_2 f) \, \mathrm{d}x_1 \, \mathrm{d}x_2$ nach dem Gauß'schen Integralsatz.   ◆

Frage 1018

Was versteht man unter einer **alternierenden k**-Form auf einem reellen Vektorraum V?

▶ **Antwort** Unter einer alternierenden k-Form ω auf V versteht man eine k-fach lineare Abbildung

$$\omega: \underbrace{V \times \cdots \times V}_{k} \to \mathbb{R}$$

mit der Eigenschaft, dass für linear abhängige Vektoren $v_1, \ldots, v_n$ gilt: $\omega(v_1, \ldots, v_n) = 0$.

Den Vektorraum der alternierenden k-Formen auf V bezeichnet man mit $\operatorname{Alt}^k(V)$.   ◆

Frage 1019

Ist $L : V \to W$ eine lineare Abbildung zwischen $\mathbb{R}$-Vektorräumen V und W und ω eine alternierende k-Form auf W, wie ist dann die durch L von W **zurückgeholte** **k-Form** $L^*\omega$ auf V definiert?

▶ **Antwort** Die k-Form $L^*\omega \in \mathrm{Alt}^k(W)$ ist gegeben durch

$$L^*\omega(v_1, \ldots, v_n) := \omega(Lv_1, \ldots, Lv_n).$$ ◆

Frage 1020

Ist $L : \mathbb{R}^n \to \mathbb{R}^n$ eine lineare Abbildung, die durch die Matrix A beschrieben ist, wie stehen dann $\omega \in \mathrm{Alt}^k(V)$ und die zurückgeholte k-Form $L^*\omega$ zueinander in Beziehung?

▶ **Antwort** In diesem Fall gilt

$$\boxed{L^*\omega = \det A \cdot \omega.}$$ ◆

Frage 1021

Wie ist für $\omega \in \mathrm{Alt}^r(V)$ und $\eta \in \mathrm{Alt}^s(V)$ das **Dachprodukt** oder **äußere Produkt** $\omega \wedge \eta$ definiert?

▶ **Antwort** Das Dachprodukt ist die durch

$$\omega \wedge \eta(v_1, \ldots, v_{r+s}) := \frac{1}{s! t!} \sum_{\tau \in \mathfrak{S}_{r+s}} \mathrm{sign}\,\tau \cdot \omega(v_{\tau(1)}, \ldots, v_{\tau(r)}) \cdot \eta(v_{\tau(r+1)}, \ldots, v_{\tau(r+s)})$$

gegebene $(k + s)$-Form auf V. Dabei bezeichnet $\mathfrak{S}_p$ die symmetrische Gruppe, also die Gruppe der Permutationen der Zahlen $1, \ldots, p$. ◆

Frage 1022

Ist $e_1, \ldots, e_n$ die Standardbasis des $\mathbb{R}^n$, wie lauten dann die dazugehörigen Basisvektoren von $\mathrm{Alt}^k(n)$?

▶ **Antwort** Man betrachte die in Frage 1002 eingeführten Koordinatendifferenziale $\mathrm{d}x_i$ $(i = 1, \ldots, n)$. Bei diesen handelt es sich um 1-Formen, daher sind alle äußeren Produkte $\mathrm{d}x_{i_1} \wedge \cdots \wedge \mathrm{d}x_{i_k}$ mit k Faktoren Elemente aus $\mathrm{Alt}^k(\mathbb{R}^n)$. Wegen $\mathrm{d}x_i(e_j) = \delta_{ij}$ folgt (Induktion nach k):

$$\mathrm{d}x_{i_1} \wedge \cdots \wedge \mathrm{d}x_{i_k}(e_{j_1}, \ldots, e_{j_k}) = \begin{cases} \mathrm{sign}\,\tau, & \text{falls } \sigma(\{i_1, \ldots, i_k\}) = \{j_1, \ldots, j_k\} \\ & \text{für ein } \sigma \in \mathfrak{S}_k \\ 0 & \text{sonst.} \end{cases}$$

Ähnlich wie in der linearen Algebra bezüglich des Dualraums zeigt man, dass die $\binom{n}{k}$ k-Formen $\mathrm{d}x_{i_1} \wedge \cdots \wedge \mathrm{d}x_{i_k}$ mit $i_1 < i_2 < \cdots < i_n$ eine Basis von $\mathrm{Alt}^k(\mathbb{R}^n)$ bilden. Beispielsweise ist

$$\mathrm{d}x_1, \ \mathrm{d}x_2, \ \mathrm{d}x_3 \qquad\qquad \text{eine Basis von } \mathrm{Alt}^1(\mathbb{R}^3),$$
$$\mathrm{d}x_1 \wedge \mathrm{d}x_2, \ \mathrm{d}x_1 \wedge \mathrm{d}x_3, \ \mathrm{d}x_2 \wedge \mathrm{d}x_3 \qquad \text{eine Basis von } \mathrm{Alt}^2(\mathbb{R}^3),$$
$$\mathrm{d}x_1 \wedge \mathrm{d}x_2 \wedge \mathrm{d}x_3 \qquad\qquad \text{eine Basis von } \mathrm{Alt}^3(\mathbb{R}^3).$$

Jede k-Form ω auf $\mathbb{R}^n$ besitzt damit genau eine Darstellung

$$\omega = \sum_{i_1 < \cdots < i_k} a_{i_1 \cdots i_k} \, \mathrm{d}x_{i_1} \wedge \cdots \wedge \mathrm{d}x_{i_k},$$

mit

$$a_{i_1 \cdots i_k} = \omega(e_{i_1}, \ldots, e_{i_k}). \qquad\qquad \blacklozenge$$

Frage 1023

Was ist eine **Differenzialform vom Grad k** auf einer offenen Teilmenge $U \subset \mathbb{R}^n$?

▶ **Antwort** Eine *Differenzialform vom Grad* **k** oder kurz *k-Form* auf U ist eine Abbildung, die jedem $x \in U$ eine alternierende k-Form $\omega(x)$ zuordnet, also eine Abbildung $U \to \mathrm{Alt}^k(\mathbb{R}^n)$. Ist diese Abbildung differenzierbar, so heißt ω differenzierbar. Der Raum der differenzierbaren k-Formen auf U wird mit $\Omega^k(U)$ bezeichnet. $\blacklozenge$

Frage 1024

Welches sind die 0-Formen auf $\mathbb{R}^n$?

▶ **Antwort** Eine Form $\omega \in \mathrm{Alt}^0(\mathbb{R}^n)$ ordnet jedem $x \in \mathbb{R}^n$ eine Abbildung $\omega(x)\colon \mathbb{R}^0 \to \mathbb{R}$ zu, also einfach ein Element aus $\mathbb{R}$. Die 0-Formen sind somit gerade die Funktionen $\mathbb{R}^n \to \mathbb{R}$. $\blacklozenge$

Frage 1025

Seien $V \subset \mathbb{R}^m$ und $U \subset \mathbb{R}^n$ offen und $\gamma : V \to U$ eine $\mathcal{C}^1$-Abbildung. Weiter sei ω eine Differenzialform vom Grad k auf U. Wie ist dann die mittels γ **zurückgeholte** Differenzialform $\gamma^*\omega \in \mathrm{Alt}^k(\mathbb{R}^m)$ definiert?

▶ **Antwort** Die Definition der auf V *zurückgeholten* Differenzialform $\gamma^*\omega$ wird über das Differenzial $\mathrm{d}\gamma$ mit der linearen Version aus Frage 1019 definiert:

$$(\gamma^*\omega)(x) := \big(\mathrm{d}\gamma(a)\big)^* \omega\big(\gamma(x)\big). \qquad\qquad (*)$$

Für Vektoren $v_1, \ldots, v_k \in \mathbb{R}^m$ gilt also

$$\big(\gamma^* \omega\big)_x(v_1, \ldots, v_k) = \omega_{\gamma(x)}\big(\mathrm{d}\gamma(x)v_1, \ldots, \mathrm{d}\gamma(x)v_k\big).$$
◆

Frage 1026

Was bedeutet diese Definition für eine 0-Form, also eine Funktion $g \colon V \to U$?

▶ **Antwort** Für eine Funktion bedeutet das gerade $\gamma^* f = f \circ \gamma$. Die Definition stimmt in diesem Fall also mit der üblichen Methode überein, „woanders" definierte Funktionen via einer $\mathcal{C}^1$-Abbildung „zurückzuholen".
◆

Frage 1027

Ist speziell $\gamma \colon \mathbb{R}^n \to \mathbb{R}^n$, wie lautet dann die Gleichung $(*)$? Woran erinnert dieses Transformationsverhalten?

▶ **Antwort** Wegen dem Zusammenhang aus Frage 1020 gilt in diesem Fall

$$\big(\gamma^* \omega\big)(x) = \det \mathcal{J}(x) \cdot \omega\big(\gamma(x)\big). \qquad (*)$$

Dieser Zusammenhang erinnert an die Transformationsformel. Diese stellt ja bei der Integration bezüglich verschiedener Koordinaten den Faktor $\big|\det x\big|$ als Maß für die dabei auftretende infinitesimale Volumenverzerrung in Rechnung. Die Gleichung $(*)$ deutet darauf hin, dass Differenzialformen diese bei der Integration zu berücksichtigende Invarianz gegenüber Parametertransformationen (bis auf das Vorzeichen) bereits von Natur aus besitzen. Diese Eigenschaft qualifiziert sie als die natürlichen Integranden bei einer Integration über Mannigfaltigkeiten.
◆

Frage 1028

Wie definiert man das **Integral** einer n-Form über eine Menge im $\mathbb{R}^n$?

▶ **Antwort** Eine n-Form $\omega = a\, \mathrm{d}x_1 \wedge \cdots \wedge \mathrm{d}x_n$ ist genau dann integrierbar über $U \subset \mathbb{R}^n$, wenn ihre Koeffizientenfunktion $a \colon \mathbb{R}^n \to \mathbb{R}$ über U integrierbar ist. In diesem Fall definiert man das *Integral von ω über U* durch

$$\int\limits_U \omega := \int\limits_U a(x)\, \mathrm{d}x.$$
◆

Frage 1029

Wie definiert man eine Differenzialform auf einer $\mathcal{C}^1$-Untermannigfaltigkeit?

▶ **Antwort** Eine Differenzialform vom Grad k auf einer differenzierbaren Untermannig-faltigkeit M ist eine Abbildung, die jedem $x \in M$ eine k-fach alternierende Abbildung auf dem Tangentialraum $T_x M$ zuordnet.   ◆

Frage 1030

Können Sie die kurz erläutern, wie man für Mannigfaltigkeit M den Begriff der **Orientierung** definiert?

▶ **Antwort** Mithilfe der lokalen Parameterdarstellungen führt man den Orientierungsbe-griff für M auf denjenigen des $\mathbb{R}^k$ zurück. Der $\mathbb{R}^k$ besitzt genau zwei Orientierungen, die definiert sind als die *Wegzusammenhangskomponenten* der Menge $\mathcal{B}(\mathbb{R}^k)$ der geordneten Basen von $\mathbb{R}^k$. Das heißt, zwei geordnete Basen $B = (b_1, \ldots, b_k)$ und $B' = (b'_1, \ldots, b'_k)$ besitzen genau dann dieselbe Orientierung, wenn sie stetig ineinander deformiert werden können, wenn also eine stetige Kurve $\beta \colon [0,1] \to \mathcal{B}(\mathbb{R}^k)$ mit $\beta(0) = B$ und $\beta(1) = B'$ existiert. Das ist gleichbedeutend damit, dass der Automorphismus $\mathbb{R}^k \to \mathbb{R}^k$, der B in B' überführt, eine positive Determinante besitzt. Als die *positive* Orientierung von $\mathbb{R}^k$ definiert man diejenige, die die Basis $(e_1, \ldots, e_k)$ enthält.

Für jeden Punkt $a \in M$ besitzt damit auch der Tangentialraum $T_a M$ genau zwei Ori-entierungen. Ist $\alpha \colon V \to U$ eine Einbettung mit $\alpha(v_0) = a \in U \subset M$ und $V \subset \mathbb{R}^k$, dann ordnet der Isomorphismus $d\alpha(v_0)\mathbb{R}^k \to T_a M$ der positiven Orientierung von $\mathbb{R}^k$ genau eine der beiden Orientierungen von $T_a M$ zu.

Eine Untermannigfaltigkeit M heißt nun *orientierbar*, wenn sich dem Tangentialraum $T_a M$ für jedes $a \in M$ je eine der beiden Orientierungen *in stetiger Weise* zuordnen lässt. Das heißt, dass für jedes $v \in V$ der Isomorphismus

$$d\alpha(v) \colon \mathbb{R}^k \to T_{\alpha(v)} M$$

der positiven Orientierung von $\mathbb{R}^k$ die vorgeschriebene Orientierung von $T_{\alpha(v)}$ zuordnet.

Abb. 12.8 Das Möbiusband ist nicht orientierbar

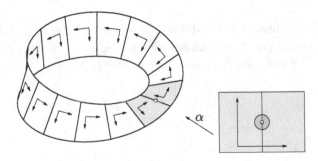

Demnach ist zum Beispiel das Möbius-Band, das in Abb. 12.8 dargestellt ist, *nicht* orientierbar, da das plötzliche „Umschlagen" der Orientierung an den „Nahtstelle" jedenfalls nicht mit der Forderung in Einklang zu bringen ist, dass in einer Umgebung des Urbilds eines Punktes der Nahtstelle das Differenzial $d\alpha$ stetig *und* orientierungstreu ist.   ◆

Frage 1031

Sei M eine k-dimensionale differenzierbare Untermannigfaltigkeit, $U \subset M$ ein Kartengebiet und $\alpha : V \to U$ eine orientierungstreue lokale Parametrisierung von U. Ferner sei ω eine k-Form auf U. Wie definiert man dann das Integral von ω über U? Welche Methode benutzt man, um ausgehend davon das Integral über die gesamte Untermannigfaltigkeit?

▶ **Antwort** ω heißt bezüglich über U *integrierbar*, wenn die auf den Parameterraum V zurückgeholte Differenzialform $\alpha^*\omega = a\, dx_1 \wedge \cdots \wedge dx_n$ dort integrierbar im Sinne von Frage 1028 ist. In diesem Fall ist das *Integral von ω über U* definiert durch:

$$\boxed{\int_U \omega := \int_V \alpha^*\omega = \int_V a(x)\, dx.} \qquad (*)$$

Das Integral über die gesamte Untermannigfaltigkeit wird mithilfe einer Zerlegung der Eins auf die Integration über Kartengebiete zurückgeführt, also mit derselben Methode, die in Antwort 975 beschrieben wurde.   ◆

Frage 1032

Können Sie der Definition $(*)$ aus Frage 1031 einen anschaulichen Sinn geben?

▶ **Antwort** Um eine anschauliche Vorstellung von Differenzialformen zu gewinnen, sieht man deren Aufgabe am besten darin, so etwas wie „Dichteverteilungen" im $\mathbb{R}^n$ zu beschreiben – mit der Besonderheit allerdings, dass diese aufgrund des alternierenden Verhaltens der Differenzialformen mit einen „Richtungssinn" ausgestattet sind.

Im Fall einer $(n-1)$-Form hat man dafür das adäquate Bild einer Strömungsdichte, und an diesem speziellen Bild wollen wir die folgenden Überlegungen ausrichten. Sei M eine k-dimensionale Untermannigfaltigkeit des $\mathbb{R}^n$ und in einer Umgebung von M sei eine k-Form ω gegeben, die man sich etwa als Geschwindigkeitsfeld einer durch M strömenden Flüssigkeit vorstellen kann. Die Integration von ω über M zielt natürlich darauf ab, die Strömungsbilanz zu erfassen, also die Menge an Flüssigkeit, die pro Zeiteinheit durch M hindurchfließt.

Abb. 12.9 In einer infinitesimalen Umgebung von a lässt sich die Differentialform als konstant auffassen und durch ihre Wirkung auf die k-Spate beschreiben

Gemäß dem üblichen Vorgehen der Analysis betrachtet man zu dieser Situation zunächst das lokale Modell in einer Umgebung U eines Punktes $a \in M$. Im Bezug auf diese Umgebung lässt sich die Differenzialform (die Strömungsdichte) als annähernd konstant betrachten, und augenscheinlich lässt sie sich durch ihre Wirkung auf die k-Spate charakterisieren, die von je k Vektoren, die man sich am Punkt a angeheftet denkt, aufgespannt werden, s. Abb. 12.9. Die in einer kleinen Umgebung von a durch M strömende Flüssigkeitsmenge wird damit annähernd durch eine alternierende k-Form auf dem Tangentialraum $T_a M$ beschrieben.

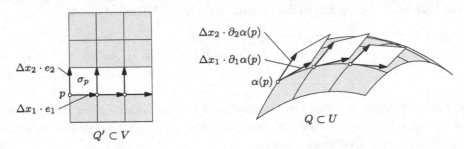

Abb. 12.10 Das Bild des Quaders σ_p unter dem Differenzial $d\alpha$ ist ein k-Spat im Tangentialraum $T_{\alpha(p)} U$

Man betrachte nun ein Kartengebiet U von M und dazu eine lokale Parametrisierung $\alpha : V \to U$ mit $V \subset \mathbb{R}^k$. In dem Parameterbereich V wähle man einen Quader $Q' = [a_1, b_1] \times \cdots \times [a_k, b_k]$, und unterteile diesen im Sinne der Abb. 12.10 in kleine Teilquader $\sigma_p := \prod_{i=1}^{k}[p, p + \Delta x_i \cdot e_i]$. Das Bild von Q' unter α bezeichnen wir mit Q, und die Menge aller Zerlegungspunkte $p \subset Q'$ soll *Gitter* heißen.

Das Bild des Quaders σ_p unter dem Differenzial $d\alpha$ ist dann der k-Spat im Tangentialraum $T_{\alpha(p)} U$, der durch die Vektoren

$$\Delta x_1 \partial_1 \alpha(p), \ldots, \Delta x_k \partial_k \alpha(p)$$

aufgespannt wird. Die Differenzialform ω ordnet diesem Spat die Zahl

$$\omega_{\alpha(p)}\big(\Delta x_1 \partial_1 \alpha(p), \ldots, \Delta x_n \partial_k \alpha(p)\big) = \omega_{\alpha(p)}\big(\partial_1 \alpha(p), \ldots, \partial_n \alpha(p)\big)\Delta x_1 \cdots \Delta x_k$$

zu, die sich als lineare Approximation an die durch die Masche $\alpha(\sigma_p)$ strömende Menge verstehen lässt, also als lineare Approximation an den Wert $\int_{\alpha(\sigma_p)} \omega$. Natürlich soll

$$\int_Q \omega = \sum_{p \in \text{Gitter}} \int_{\alpha(\sigma_p)} \omega$$

gelten. Die Gesamtbilanz der insgesamt durch Q strömenden Menge wird damit annähernd beschrieben durch

$$\sum_{p \in \text{Gitter}} \omega_{\alpha(p)} (\partial_1 \alpha(p), \dots, \partial_k \alpha(p)) \, \Delta x_1 \cdots \Delta x_k.$$

Nach Frage 1025 ist

$$\omega_{\alpha(p)} (\partial_1 \alpha(p), \dots, \partial_n \alpha(p)) = (\alpha^* \omega)_p (e_1, \dots, e_n) =: a(x),$$

wobei $a(x)$ die Koeffizientenfunktion der aus $\mathbb{R}^k$ zurückgeholten k-Form $(\alpha^* \omega)_p = a(x) \, dx_1 \wedge \cdots \wedge dx_k$ ist. Insgesamt erhält man als lineare Annäherung an $\int_Q \omega$ also

$$\sum_{p \in \text{Gitter}} a(p) \Delta x_1 \cdots \Delta x_n.$$

Wählt man nun eine Folge immer feiner werdender Rasterungen von Q', sodass die Kantenlängen Δx_i gegen 0 konvergieren, dann gelangt man auf diesem Wege zu der Formel

$$\int_\alpha \omega = \int_V \alpha^* \omega = \int_V a(x) \, dx,$$

die genau der Definition des Integrals aus Frage 1031 entspricht. ◆

Frage 1033

Was für ein Objekt ist das **Differenzial** oder die **äußere Ableitung** $d\omega$ einer differenzierbaren k-Form ω? Kennen Sie ein elementares Beispiel?

▶ **Antwort** Ist ω eine differenzierbaren k-Form, dann ist $d\omega$ eine $(k + 1)$-Form.

Ein einfaches Beispiel einer äußeren Ableitung ist das Differenzial df einer differenzierbaren Funktion f. f ist eine 0-Form, df eine 1-Form. ◆

Frage 1034

Durch welche Eigenschaften ist die Abbildung

$$d\colon \Omega^k(\mathbb{R}^n) \to \Omega^{k+1}(\mathbb{R}^n), \qquad \omega \mapsto d\omega, \qquad k = 0, 1, 2, 3, \dots$$

eindeutig bestimmt? Welche Rechenregel erhält man für die Ableitung einer Differenzialform

$$\omega = \sum_{i_1 < \cdots < i_k} a_{i_1 \ldots i_k} \, \mathrm{d}x_{i_1} \wedge \cdots \wedge \mathrm{d}x_{i_k}?$$

▶ **Antwort** Die Abbildung d ist durch die folgenden Eigenschaften eindeutig bestimmt:

(i)   d *ist linear:* $\mathrm{d}(\omega_1 + \omega_2) = \mathrm{d}\omega_1 + \mathrm{d}\omega_2$.

(ii)   *Für eine Funktion* f, *also im Fall* $k = 0$, *ist* $\mathrm{d}f$ *gleich dem Differenzial von* f:
$\mathrm{d}f = \partial_1 \, \mathrm{d}x_1 + \cdots + \partial_n \, \mathrm{d}x_n$.

(iii) *Es gilt die Produktregel:* $\mathrm{d}(\omega \wedge \eta) = \mathrm{d}\omega \wedge \eta + (-1)^k \omega \wedge \mathrm{d}\eta$.

(iv)   d *hat die Komplexeigenschaft:* $\mathrm{d}^2\omega := (\mathrm{d} \circ \mathrm{d})\omega = 0$.   ◆

Mit diesen Eigenschaften gilt die Regel

$$\mathrm{d}\left(\sum_{i_1 < \cdots < i_k} a_{i_1 \ldots i_k} \, \mathrm{d}x_{i_1} \wedge \cdots \wedge \mathrm{d}x_{i_k} \right) = \sum_{i_1 < \cdots < i_k} \mathrm{d}a_{i_1 \ldots i_k} \wedge \mathrm{d}x_{i_1} \wedge \cdots \wedge \mathrm{d}x_{i_k}$$

Für eine stetig differenzierbare 1-Form $\omega = \sum_{i=1}^{n} a_i x_i$ erhält man zum Beispiel

$$\mathrm{d}\omega = \sum_{i=1}^{n} \mathrm{d}a_i \wedge \mathrm{d}x_i = \sum_{i=1}^{n} \left(\sum_{k=1}^{n} \partial_k a_i \, \mathrm{d}x_k \right) \mathrm{d}x_i = \sum_{i<k} (\partial_i a_k - \partial_k a_i) \, \mathrm{d}x_i \wedge \mathrm{d}x_k.$$

Abb. 12.11 Zur Interpretation
der Cartan'schen Ableitung

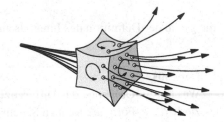

Intuitiv kann man die Cartan'sche Ableitung etwa folgendermaßen interpretieren. Man betrachte eine k-dimensionale „Masche" S im $\mathbb{R}^k$, also das Bild eines Quaders $Q \subset \mathbb{R}^n$ unter einer Immersion $\mathbb{R}^n \to \mathbb{R}^k$. Die Masche wird begrenzt von $2k$ Seitenmaschen $s_1, s_2, \ldots, s_{2k}$ der Dimension $(k-1)$, deren Orientierung durch diejenige von S vorgegeben ist. Eine $(k-1)$-Form ω wirkt auf jede dieser Seitenmaschen, ordnet diesen jeweils eine reelle Zahl $\int_{s_i} \omega$ zu, s. Abb. 12.11. Der Durchfluss durch die Masche ist also gegeben durch

$$\sum_{i=1}^{2k} \int_{s_i} \omega = \int_{\partial S} \omega.$$

Die äußere Ableitung $d\omega$ ist nun gerade die k-Form, die auf die Masche selbst so wirkt
wie die $(k-1)$-Form ω auf die $2n$ Seitenmaschen, für die also

$$\int_S d\omega = \int_{\partial S} \omega$$

gilt. Im Prinzip ist das schon der Satz von Stokes für Maschen.   ◆

Frage 1035

Können Sie (informal und ohne Beweise) erklären, wie man den Begriff der **berandeten Mannigfaltigkeit** einführen kann?

▶ **Antwort** Um den Begriff zu definieren, geht man von dem lokalen Modell einer k-
dimensionalen berandeten Mannigfaltigkeit aus, nämlich dem Halbraum

$$\mathbb{R}^k_- := \{(x_1, \ldots, x_n) \in \mathbb{R}^k \; ; \; x_1 \leq 0\}.$$

Der Rand $\partial \mathbb{R}^k_-$ dieses Halbraums ist dann die Menge aller Vektoren aus $\mathbb{R}^k$, deren erste Komponente gleich null ist. Als Parameterbereiche für berandete Mannigfaltigkeiten
kommen nun die offenen Mengen $V \subset \mathbb{R}^k_-$ zum Einsatz. Solche Mengen sind im Allge-
meinen nicht offen in $\mathbb{R}^k$, sondern nur dann, wenn $V \cap \partial \mathbb{R}^k_- = \emptyset$ gilt. Als *Rand* von V
definiert man $\partial V := \partial \mathbb{R}^k_- \cap V$. (Man beachte, dass diese Randdefinition nichts zu tun hat
mit dem *topologischen* Rand von V.)

   Damit V als Parameterbereich einer Einbettung α fungieren kann, muss noch geklärt
werden, wie die Differenzierbarkeit von α in den Randpunkten zu verstehen ist. Dazu
definiert man: α ist differenzierbar in einem Randpunkt $b \in V$, wenn α eine stetig differenzierbare Fortsetzung auf eine Umgebung $V' \subset \mathbb{R}^k$ von b besitzt. Die Fortsetzung ist
dann zwar auf $V' \setminus V$ nicht eindeutig bestimmt, wohl aber das Differenzial $d\alpha(b)$.

   Eine k-dimensionale Mannigfaltigkeit heißt nun *glatt berandet*, wenn es zu jedem
Punkt $a \in M$ eine Umgebung $U \subset M$ und eine Einbettung $\alpha : V \to U$ von einer
in $\mathbb{R}^k_-$ offenen Menge V gibt, s. Abb. 12.12.

Abb. 12.12 Eine glatte berandete Mannigfaltigkeit

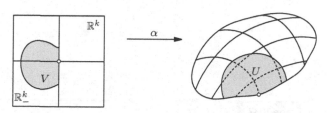

Der Rand ∂M ist dann gegeben durch $\alpha(\partial \mathbb{R}^k_- \cap V) = \partial M \cap U$, und diese Festlegung
ist *unabhängig* von der Einbettung. Ist nämlich $\beta : V' \to U$ mit $V' \in V$ eine weitere

Einbettung, so überführt der Übergangsdiffeomorphismus $V \to V'$ die Menge $\partial \mathbb{R}^k_- \cap V$ in die Menge $\partial \mathbb{R}^k_- \cap V'$.

Mit der Einschränkung $\alpha | \partial \mathbb{R}^k_- \cap V$ wird ∂M damit selbst zu einer Untermannigfaltigkeit.   ♦

Frage 1036

Inwiefern induziert die Orientierung auf einer berandeten Mannigfaltigkeit M eine Orientierung des Randes ∂M?

▶ **Antwort** Für jeden Punkt $a \in \partial M$ ist der Tangentialraum $T_a \partial M$ ein Unterraum des Tangentialraums $T_a M$, und für jede Einbettung α ist

$$d\alpha(\partial \mathbb{R}^k_- \cap V) = T_a \partial M.$$

Bezeichnet $\mathbb{R}^k_+ = \{\sum_{i=1}^k \lambda_i e_i \; ; \; \lambda_1 > 0\}$, dann ist der *Außenraum*

$$T_a^+ M := d\alpha \mathbb{R}^k_+$$

unabhängig von der Einbettung wohldefiniert. Ist $(v_2, \ldots, v_k)$ eine Basis von $T_\partial M$, dann gehören für je zwei in den Außenraum $T_a^+ M$ weisende Vektoren v_1 und v_1' die geordneten Basen $(v_1, v_2, \ldots, v_k)$ und $(v_1', v_2, \ldots, v_k)$ von $T_a M$ zur selben Orientierung von $T_a M$. Aufgrund dieser Tatsache ist der Rand von M ebenfalls orientierbar. Die Randorientierung legt man durch die Konvention fest, dass eine Basis $(v_2, \ldots, v_k)$ von $T_a \partial M$ genau dann zur ausgezeichneten Orientierung von $T_a \partial M$ gehören soll, wenn für jeden in den Außenraum weisenden Vektor v_1 der Vektor $(v_1, v_2, \ldots, v_k)$ zur ausgezeichneten Orientierung von $T_a M$ gehört.   ♦

Abb. 12.13 Zur Orientierung des Randes einer berandeten orientierbaren Mannigfaltigkeit

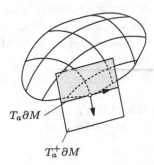

$T_a \partial M$

$T_a^+ \partial M$

Frage 1037

Kennen Sie eine Formulierung des Stokes'schen Integralsatzes in der Sprache des Differenzialformenkalküls?

► **Antwort** *Ist $U \subset \mathbb{R}^n$ offen und $M \subset U$ eine glatt berandete orientierbare Mannigfaltigkeit der Dimension $k \geq 2$ und ω eine stetig differenzierbare $k-1$-Form auf U, dann gilt für jedes Kompaktum $G \subset M$ mit glattem Rand:*

$$\boxed{\int\limits_G \mathrm{d}\omega = \int\limits_{\partial G} \omega.}$$

Dabei besitzt der Rand die durch die Orientierung von M induzierte Orientierung.

Man beweist den Satz schrittweise unter allgemeiner werdenden Voraussetzungen. Zuerst zeigt man ihn für den Halbraum und eine Differenzialform mit kompaktem Träger, erweitert dieses Ergebnis dann auf allgemeine Untermannigfaltigkeiten und Differenzialformen, deren Träger in einem Kartengebiet liegt. Den allgemeinen Fall führt man dann auf diesen mithilfe einer Zerlegung der Eins zurück.   ◆

Frage 1038

Können Sie den Differenzialformenkalkül in die klassische Sprache der Vektoranalysis zurückübersetzen und die klassische Version des Satzes von Stokes formulieren?

► **Antwort** Die klassische Vektoranalysis handelt von Vektorfeldern im $\mathbb{R}^3$ (oder $\mathbb{R}^2$) und nicht von Differenzialformen. Die „Übersetzung" eines Vektorfeldes in eine Differenzialform geschieht mithilfe des *vektoriellen Linienelements* $\overrightarrow{\mathrm{d}s}$, des *vektoriellen Flächenelements* $\overrightarrow{\mathrm{d}S}$ sowie des Volumenelements $\mathrm{d}V$, die schon an anderer Stelle rein symbolisch verwendet wurden. Diese lassen sich auch präzise als (vektorwertige) Formen im $\mathbb{R}^3$ einführen, nämlich durch die Festsetzungen

$$\overrightarrow{\mathrm{d}s} := \begin{pmatrix} \mathrm{d}x_1 \\ \mathrm{d}x_2 \\ \mathrm{d}x_3 \end{pmatrix}, \qquad \overrightarrow{\mathrm{d}S} := \begin{pmatrix} \mathrm{d}x_2 \wedge \mathrm{d}x_3 \\ \mathrm{d}x_3 \wedge \mathrm{d}x_1 \\ \mathrm{d}x_1 \wedge \mathrm{d}x_2 \end{pmatrix}, \qquad \mathrm{d}V := \mathrm{d}x_1 \wedge \mathrm{d}x_2 \wedge \mathrm{d}x_3.$$

Damit ist $\overrightarrow{\mathrm{d}s}$ also eine $\mathbb{R}^3$-wertige 1-Form, $\overrightarrow{\mathrm{d}S}$ eine $\mathbb{R}^3$-wertige 2-Form und $\mathrm{d}V$ eine normale 3-Form in $\mathbb{R}^3$.

Die Bedeutung dieser Formen wird durch ihre geometrischen Abbildungseigenschaften verständlich. Für jedes $x \in \mathbb{R}^3$ ist nämlich

$$\overrightarrow{\mathrm{d}s}_x \colon \mathbb{R}^3 \to \mathbb{R}^3 \qquad\qquad \text{die Identität}$$

$$\overrightarrow{\mathrm{d}S}_x \colon \mathbb{R}^3 \times \mathbb{R}^3 \to \mathbb{R}^3 \qquad\qquad \text{das Kreuzprodukt}$$

$$\mathrm{d}V_x \colon \mathbb{R}^3 \times \mathbb{R}^3 \times \mathbb{R}^3 \to \mathbb{R} \qquad\qquad \text{die Determinante,}$$

wie man leicht nachrechnet. Sei nun $U \subset \mathbb{R}^3$ und $\mathcal{V}(U)$ der Vektorraum der stetig differenzierbaren Vektorfelder $U \to \mathbb{R}^3$. Die Abbildungen

$$\mathcal{V}(U) \to \Omega^1 U, \qquad F \mapsto \langle F, \overrightarrow{\mathrm{d}s} \rangle$$

$$\mathcal{V}(U) \to \Omega^2 U, \qquad F \mapsto \langle F, \overrightarrow{\mathrm{d}S} \rangle$$

$$\mathcal{C}^1(U) \to \Omega^3 U, \qquad f \mapsto f \, \mathrm{d}V$$

siften dann eine eineindeutige Zuordnung zwischen den stetig differenzierbaren Vektorfeldern bzw. Funktionen auf U und den Formen auf U.

Mit dem Cartan-Kalkül lassen sich die äußeren Ableitungen der Differenzialformen $\langle F, \overrightarrow{\mathrm{d}s} \rangle$, $\langle F, \overrightarrow{\mathrm{d}S} \rangle$ bestimmen, und zwar erhält man

$$\mathrm{d}\langle F, \overrightarrow{\mathrm{d}s} \rangle = \sum_{j=1}^{3} \mathrm{d}F_j \wedge \mathrm{d}x_j = \sum_{j=1}^{3} \left(\partial_1 F_j \, \mathrm{d}x_1 + \partial_2 F_j \, \mathrm{d}x_2 + \partial_3 F_j \, \mathrm{d}x_3 \right) \wedge \mathrm{d}x_j$$

$$= (\partial_2 F_3 - \partial_3 F_2) \, \mathrm{d}x_2 \wedge \mathrm{d}x_3 + (\partial_3 F_1 - \partial_1 F_3) \, \mathrm{d}x_3 \wedge \mathrm{d}x_1$$

$$+ (\partial_1 F_2 - \partial_2 F_1) \, \mathrm{d}x_1 \wedge \mathrm{d}x_2$$

$$= \langle \mathrm{rot} \, F, \overrightarrow{\mathrm{d}S} \rangle. \tag{$*$}$$

und

$$\mathrm{d}\langle F, \overrightarrow{\mathrm{d}S} \rangle = \mathrm{d}F_1 \wedge \mathrm{d}x_2 \wedge \mathrm{d}x_3 + \mathrm{d}F_2 \wedge \mathrm{d}x_3 \wedge \mathrm{d}x_1 + \mathrm{d}F_3 \wedge \mathrm{d}x_1 \wedge \mathrm{d}x_2$$

$$= (\partial_1 F_1 + \partial_2 F_2 + \partial_3 F_3) \, \mathrm{d}x_1 \wedge \mathrm{d}x_2 \wedge \mathrm{d}x_3 = \mathrm{div} \, F \, \mathrm{d}V. \tag{$**$}$$

Aus der letzten Gleichung folgt zusammen mit dem Stokes'schen Integralsatz noch einmal der Gauß'sche Integralsatz für dreidimensionale Untermannigfaltigkeiten des $\mathbb{R}^3$:

Ist $U \subset \mathbb{R}^3$ offen und F ein differenzierbares Vektorfeld auf U, dann gilt für alle orientierten kompakten berandeten 3-dimensionalen Untermannigfaltigkeiten $M^3 \subset U$:

$$\boxed{\int\limits_{M^3} \mathrm{div} \, F \, \mathrm{d}V = \int\limits_{\partial M^3} \langle F, \overrightarrow{\mathrm{d}S} \rangle}$$

Aus der Gleichung $(**)$ erhält man den *Stokes'schen Integralsatz* in seiner klassischen Form:

Sei $U \subset \mathbb{R}^3$ offen und F ein differenzierbares Vektorfeld auf U. Dann gilt für alle orientierten kompakten berandeten 2-dimensionalen Untermannigfaltigkeiten $M^2 \subset U$:

$$\int\limits_{M^2} \langle \mathrm{rot}\, F, \overrightarrow{\mathrm{d}S} \rangle = \int\limits_{\partial M^2} \langle F, \overrightarrow{\mathrm{d}s} \rangle$$

Die letzte Formel kann man auch noch auf eine andere Weise ausdrücken. Mit $\mathrm{d}s$ bzw. $\mathrm{d}S$ bezeichnet man die sogenannten *kanonischen Volumenformen* von ∂M bzw. M. Das heißt, $\mathrm{d}s$ ist die 1-Form, die jedem positiv orientierten Einheitsvektor aus einem Tangentialraum $T_a \partial M$ den Wert $+1$ zuordnet und entsprechend $\mathrm{d}S$ diejenige 2-Form, die jeder orthonormalen Basis von $T_b M$ den Wert $+1$ zuordnet. Ist auf M ein Einheitsnormalenfeld η und auf ∂M Einheitstangentialfeld τ gegeben, dessen Orientierung von der durch η auf M gegebenen Orientierung induziert ist, dann kann man sich unter Berücksichtigung der Abbildungseigenschaften der vektoriellen Elemente $\overrightarrow{\mathrm{d}s}$ und $\overrightarrow{\mathrm{d}S}$ durch eine geometrische Überlegung zumindest plausibel machen, dass sich der klassische Stokes'sche Integralsatz auch in der Form

$$\int\limits_{M^2} \langle \mathrm{rot}\, F, \eta \rangle\, \mathrm{d}S = \int\limits_{\partial M^2} \langle F, \tau \rangle\, \mathrm{d}s$$

schreiben lässt.   ◆

Abb. 12.14   Zur Interpretation von Linien- und Flächenelement

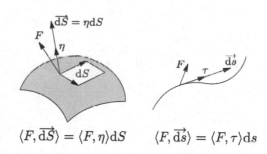

$$\langle F, \overrightarrow{\mathrm{d}S} \rangle = \langle F, \eta \rangle \mathrm{d}S \qquad \langle F, \overrightarrow{\mathrm{d}s} \rangle = \langle F, \tau \rangle \mathrm{d}s$$

Symbolverzeichnis

(a_n)	Folge a_n, Seite 62
[ ]	Gauß-Klammer, Seite 29
$\mathrm{Alt}^k(n)$	Vektorraum der alternierenden k-Formen im $\mathbb{R}^n$, Seite 517
$\binom{n}{k}$	Binomialkoeffizient, Seite 22
$\mathcal{C}^s(M)$	Raum der s-mal stetig differenzierbaren Funktionen auf M, Seite 405
$\mathcal{C}_c(\mathbb{R}^n)$	Raum der stetigen Funktionen mit kompaktem Träger auf $\mathbb{R}^n$, Seite 443
$\mathcal{H}^\uparrow$	Baire'sche Klasse, Seite 448
$\mathcal{J}(f;a)$	Jacobi-Matrix von f im Punkt a, Seite 397
$\mathcal{L}(\mathbb{R}^n)$	Raum der Lebesgue-integrierbaren Funktionen $\mathbb{R}^n \to \mathbb{R}$, Seite 460
$\mathcal{L}^p(\mathbb{R}^n)$	$\{f\colon \mathbb{R}^n \to \mathbb{R}\,;\ \lvert f\rvert^p\ \text{Lebesgue-integrierbar}\}$, Seite 478
$\mathcal{N}_p$	Menge der Nullfunktionen bzgl. der $\mathcal{L}^p$-Halbnorm, Seite 479
$\mathcal{O}$	System der offenen Mengen in einem topologischen Raum, Seite 331
$\mathcal{R}(2\pi)$	Raum der 2π-periodischen Regelfunktionen, Seite 301
$\mathcal{R}(M)$	Raum der Regelfunktionen auf $M = [a,b]$, Seite 208
$\mathcal{T}(M)$	Raum der Treppenfunktionen auf $M = [a,b]$, Seite 205
$\mathbb{C}$	Körper der komplexen Zahlen, Seite 38
χ_M	charakteristische Funktion der Menge M, Seite 451
$\mathrm{d}f$	Differenzial von f, Seite 217
$\mathrm{d}S$	Flächenelement, Seite 494
$\mathrm{d}\omega$	äußere Ableitung einer Differenzialform, Seite 523
$\mathrm{d}x_i$	Differenzial (1-Form) zur Koordinatenfunktion $(\xi_1,\dots,\xi_n) \mapsto \xi_i$, Seite 508
$\ell(\gamma)$	Länge der Kurve γ, Seite 320
ℓ^2	Hilbert'scher Folgenraum, Seite 342
$\ell_f(M)$	Kurvenintegral von f über die 1-dimensionale Untermannigfaltigkeit M, Seite 491
$\mathrm{grad}\, f$	Gradient von f, Seite 392
i	imaginäre Einheit, Seite 38
$\inf M$	Infimum von der Menge M, Seite 13
$\int_\alpha \omega$	Integral der 1-Form ω längs der Kurve α, Seite 508
$\int_\alpha F$	Kurvenintegral des Vektorfelds F längs α, Seite 503

© Springer-Verlag GmbH Deutschland 2018
R. Busam, T. Epp, *Prüfungstrainer Analysis*, https://doi.org/10.1007/978-3-662-55020-5

$\int_a^b f(x)\,\mathrm{d}x$	Regelintegral, Seite 207
$\int_M f\,\mathrm{d}S$	Integral über eine Untermannigfaltigkeit M, Seite 495
$\int_U f\,\mathrm{d}S$	Integral über ein Kartengebiet U, Seite 494
$\int_{\partial G} F\,\overrightarrow{\mathrm{d}S}$	Integral über den Rand des $\mathcal{C}^1$-Polyeders G, Seite 511
$\int_{\partial G} F$	Integral des Vektorfeldes F längs des orientierten Randes von G, Seite 516
$\kappa_\gamma(s)$	Krümmung der Kurve γ in s, Seite 322
κ_n	Volumen der n-dimensionalen Einheitskugel, Seite 458
$\mathbb{K}$	allgemeiner Körper, in der Regel $\mathbb{R}$ oder $\mathbb{C}$, Seite 2
$\langle\ \rangle$	Skalarprodukt, Seite 51
$\limsup,\ \liminf$	Limes Superior, Limes Inferior, Seite 81
$\vert\mathfrak{M}\vert$	Mächtigkeit der Menge $\mathfrak{M}$, Seite 23
$\mathfrak{P}(M)$	Potenzmenge, Seite 141
∇	Nabla-Operator, Seite 500
$\mathbb{N}$	Menge der natürlichen Zahlen: $\{1,2,3,\ldots\}$, Seite 19
$\mathbb{N}_0$	$=\mathbb{N}\cup\{0\}$, Seite 19
$\Vert\ \Vert_p$	$\mathcal{L}^p$-Halbnorm bzw. p-Norm auf L^p, Seite 478
$\Vert\ \Vert_{\mathcal{L}^1}$	$\mathcal{L}^1$-Halbnorm, Seite 464
$\Vert\ \Vert_{\mathcal{L}^p}$	$\mathcal{L}^p$-Halbnorm, Seite 478
$\omega\wedge\eta$	Dachprodukt, Seite 517
$\Omega^k(U)$	Raum der differenzierbaren k-Formen auf U, Seite 518
$]a,b[,\,[a,b],\,[a,b[,\,]a,b]$	Intervalle, Seite 17
$\operatorname{Im}z$	Imaginärteil von z, Seite 40
$\operatorname{Re}z$	Realteil von z, Seite 40
$\overline{\mathbb{R}}$	erweiterte Zahlengerade $\mathbb{R}\cup\{-\infty,\infty\}$, Seite 446
$\overline{M}$	topologischer Abschluss von M, Seite 335
$\overline{z}$	konjugiert komplexe Zahl, Seite 39
$\overrightarrow{\mathrm{d}S}$	vektorielles Flächenelement, Seite 527
$\overrightarrow{\mathrm{d}s}$	vektorielles Linienelement, Seite 527
∂M	Menge der Randpunkte der Menge M, Seite 337
∂M	Rand der Mannigfaltigkeit M, Seite 525
$\partial_j f$	partielle Ableitung von f, Seite 390
$\mathbb{Q}$	Menge der rationalen Zahlen, Seite 28
$\operatorname{Rie}(M)$	Raum der Riemann-integrierbaren Funktionen auf $M=[a,b]$, Seite 239
$\operatorname{rot}F$	Rotation des Vektorfelds F, Seite 501
$\mathbb{R}$	Menge der reellen Zahlen,. Seite 2
$\sup M$	Supremum der Menge M, Seite 13
Sup	verallgemeinertes Supremum in $\overline{\mathbb{R}}$, Seite 448
$\operatorname{Tr}(f)$	Träger der Funktion f, Seite 443
$\widetilde{f}$	triviale Fortsetzung von f, Seite 452
$\mathbb{Z}$	Menge der ganzen Zahlen, Seite 27
$B_n(x)$	n-te Bernoulli'sche Zahl, Seite 290

$B_n(x)$	n-tes Bernoulli-Polynom, Seite 289
e	Euler'sche Zahl e, Seite 79
$f'(x)$	Ableitung von f in x, Seite 215
f^{-1}	Umkehrabbildung, Seite 138
$g^\alpha(v)$	Gram'sche Determinante der Einbettung α im Punkt v, Seite 493
G_f	Graph von f, Seite 134
$H_f(a)$	Hesse-Matrix, Seite 395
$I^*(f)$	Oberintegral von f, Seite 239
$I^*(f)$, $I_*(f)$	Ober- bzw. Unterintegral von f, Seite 461
$I_*(f)$	Unterintegral von f, Seite 239
$int_U \omega$	Integral einer Differenzialform über ein Kartengebiet, Seite 521
$K_n(1)$	Einheitskugel im $\mathbb{R}^n$, Seite 458
$K_R(0)$	n-dimensionale Kugel mit Radius R und Mittelpunkt 0, Seite 489
$L^*\omega$	auf den Parameterraum zurückgeholte Differenzialform, Seite 517
$L^1(\mathbb{R}^n)$	Quotientenraum $\mathcal{L}^1/\mathcal{N}$, Seite 477
$L^p(\mathbb{R}^n)$	Quotientenraum $\mathcal{L}^p/\mathcal{N}_p$, Seite 479
M°	Menge der inneren Punkte von M, Seite 335
S^1	Einheitskreislinie, Seite 42
$S_n F$	n-tes Fourierpolynom zu f, Seite 303
$T_a M$	Tangentialraum an M im Punkt a, Seite 427
$Tf(x, u)$	Taylorreihe von f im Entwicklungspunkt a, Seite 255
$Tf_n(x; a)$	n-tes Taylorpolynom von f in a, Seite 251
$U_\varepsilon(a)$	ε-Umgebung von a, Seite 42
$v_n(G)$	elementargeometrisches Volumen von G, Seite 456
dV	Volumenelement, Seite 527
f. ü.	„fast überall", Seite 471

Literatur

1. Amann, H., EscherJ.: Analysis I–III. Birkhäuser (2006/2007)
2. Arens, T., Busam, R., Hettlich, F., Karpfinger, C., Stachel, H.: Arbeitsbuch Grundwissen Mathematikstudium. Springer Spektrum (2013)
3. Arens, T., Busam, R., Hettlich, F., Karpfinger, C., Stachel, H.: Grundwissen Mathematikstudium. Springer Spektrum (2013)
4. Barner, M., Flohr, F.: Analysis 1+2, 5./3. edition. de Gruyter (2000/1996)
5. Courant, R.: Funktionen einer Veränderlichen/Funktionen mehrerer Veränderlicher. Vorlesungen über Differential- und Integralrechnung, 4. edition, Bd. 1/2. Springer (1971/1972)
6. Ebbinghaus, H.-D., et al.: Zahlen, 3. edition. Springer (1992)
7. Fischer, G.: Lehrbuch der Algebra. Springer Spektrum (2017)
8. Forster, O.: Analysis 1–3, 11./10./7. edition. Vieweg (2013/2013/2012)
9. Freitag, E.: Vorlesungen über Analysis, Teil I–III. http://www.rzuser.uniheidelberg.de/~t91/skripten/analysis
10. Freitag, E., Busam, R.: Funktionentheorie I, 4. edition. Springer (2006)
11. Fritzsche, K.: Grundkurs Analysis 1, 2. edition. Springer Spektrum (2013)
12. Fritzsche, K.: Grundkurs Analysis 2, 2. edition. Springer Spektrum (2013)
13. Fritzsche, K.: Trainingsbuch zur Analysis 1. Springer Spektrum (2013)
14. Gloede, K.: Skriptum zur Vorlesung Deskriptive Mengenlehre. http://math.uniheidelberg.de/logic/md/lehre/dmengen.pdf (2006)
15. Gouvea, F.: p-adic Numbers. Springer-Verlag, Berlin Heidelberg (1997)
16. Heuser, H.: Lehrbuch der Analysis, Teil 1+2, 16./14. edition. Teubner (2006/2004)
17. Hildebrandt, S.: Analysis 1+2. Springer (2003/2005)
18. Hirzebruch, F., Scharlau, W.: Einführung in die Funktionalanalysis. Spektrum Akadem. Verlag (1996)
19. Holdgrün, H.: Analysis 1+2. Leins (1998/2001)
20. Huppert, B., Willems, W.: Lineare Algebra. Teubner (2006)
21. Jänich, K.: Topologie, 8. edition. Springer (2005)
22. Jänich, K.: Vektoranalysis, 5. edition. Springer (2005)
23. Jänich, K.: Mathematik: Geschrieben für Physiker, Bd. I–II. Springer (2005/2002)
24. Kaballo, W.: Einführung in die Analysis I,II,III. Spektrum Akademischer Verlag (2000/2000/1999)
25. Karpfinger, C., Meyberg, K.: Algebra. Springer Spektrum (2017)
26. Koblitz, N.: p-adic Numbers, p-adic Analysis, and Zeta-Functions. Springer-Verlag, New York (1984)
27. Koecher, M.: Lineare Algebra und Analytische Geometrie, 4. edition. Springer Spektrum (2013)
28. Königsberger, K.: Analysis 1+2, 6./5. edition. Springer (2004)

29. Kramer, J., Pippich, A.-M. von: Von den natürlichen Zahlen zu den Quaternionen. Springer Spektrum (2013)
30. Landau, E.: Grundlagen der Analysis: das Rechnen mit ganzen, rationalen, irrationalen, komplexen Zahlen. Heldermann, Lemgo (2004)
31. Rudin, W.: Reelle und komplexe Analysis, 3. edition. Oldenbourg Verlag (2005)
32. Scharlau, W., Opolka, H.: Von Fermat bis Minkowski. Eine Vorlesung über Zahlentheorie und ihre Entwicklung. Springer-Verlag, Berlin Heidelberg (1980)
33. Serre, J-P.: A Course in Arithmetic. Springer-Verlag, New York (1973)
34. Schmidt, A.: Einführung in die algebraische Zahlentheorie. Springer-Verlag, Berlin Heidelberg (2007)
35. Walter, W.: Analysis 1+2, 7./5. edition. Springer (2004/2002)
36. Weissauer, R.: Grundlagen der Analysis. Vorlesungsskriptum SS/WS 2011/12. https://www.mathi.uni-heidelberg.de/~weissaue/vorlesungsskripte/MFP.pdf. (2014)
37. Youschkevitch, A. P.: The concept of function up to the middle of the 19'th century. Arch. Hist. Exact Sci, 16(1):37–85 (1976/77)

Sachverzeichnis